Metodologia de Pesquisa em Psicologia

S524m Shaughnessy, John J.
          Metodologia de pesquisa em psicologia / John J. Shaughnessy, Eugene B. Zechmeister, Jeanne S. Zechmeister ; tradução: Ronaldo Cataldo Costa ; revisão técnica: Maria Lucia Tiellet Nunes. – 9. ed. – Porto Alegre : AMGH, 2012.
          488 p. : il. ; 25 cm.

          ISBN 978-85-8055-100-6

          1. Psicologia. 2. Métodos de pesquisa. I. Zechmeister, Eugene B. II. Zechmeister, Jeanne S. III. Título.

          CDU 159.9:001.891

Catalogação na publicação: Ana Paula M. Magnus – CRB 10/2052

John J. Shaughnessy
Eugene B. Zechmeister
Jeanne S. Zechmeister

Metodologia de Pesquisa em Psicologia

9ª edição

Tradução:
Ronaldo Cataldo Costa

Consultoria, supervisão e revisão técnica desta edição:
Maria Lucia Tiellet Nunes
Psicóloga. Doutora em Psicologia Clínica.
Professora da Faculdade de Psicologia da PUCRS.

AMGH Editora Ltda.
2012

Obra originalmente publicada sob o título
Research Methods in Psychology, 9th Edition
ISBN 007803518X / 9780078035180

Original English edition © 2012, The McGraw-Hill Companies, Inc., New York, New York 10020.
All rights reserved.

Portuguese language translation copyright © 2012, AMGH Editora Ltda. All rights reserved.

Capa: *Paola Manica*

Preparação de original: *Maria Guedes*

Leitura final: *Cristine Henderson Severo*

Editora responsável por esta obra: *Lívia Allgayer Freitag*

Coordenadora editorial: *Mônica Ballejo Canto*

Gerente editorial: *Letícia Bispo de Lima*

Editoração eletrônica: *Techbooks*

Reservados todos os direitos de publicação, em língua portuguesa, à
AMGH EDITORA LTDA., uma empresa do GRUPO A EDUCAÇÃO S.A.
Av. Jerônimo de Ornelas, 670 – Santana
90040-340 – Porto Alegre – RS
Fone: (51) 3027-7000   Fax: (51) 3027-7070

É proibida a duplicação ou reprodução deste volume, no todo ou em parte, sob quaisquer formas ou
por quaisquer meios (eletrônico, mecânico, gravação, fotocópia, distribuição na Web e outros), sem
permissão expressa da Editora.

Unidade São Paulo
Av. Embaixador Macedo Soares, 10.735 – Pavilhão 5 – Cond. Espace Center
Vila Anastácio – 05095-035 – São Paulo – SP
Fone: (11) 3665-1100   Fax: (11) 3667-1333

SAC 0800 703-3444 – www.grupoa.com.br

IMPRESSO NO BRASIL
PRINTED IN BRAZIL

Sobre os autores

JOHN J. SHAUGHNESSY é professor de psicologia na Hope College, uma faculdade de ciências humanas em Holland, Michigan. Depois de obter o bacharelado na Loyola University of Chicago em 1969, concluiu o Ph.D. em 1972 na Northwestern University. É membro da Association for Psychological Science, cujas pesquisas recentes concentram-se nos aspectos práticos da memória. Foi coautor, com Benton J. Underwood, de *Experimentation in Psychology* (Wiley, 1975). Foi escolhido por seus alunos como o Hope Outstanding Professor Educator em 1992, e recebeu o Janet L. Andersen Excellence in Teaching Award da faculdade em 2008.

EUGENE B. ZECHMEISTER é professor emérito de psicologia na Loyola University of Chicago, onde leciona diversas disciplinas de graduação e pós-graduação desde 1970. O professor Zechmeister concluiu o bacharelado em 1966 na University of New Mexico. Posteriormente, fez o mestrado (1968) e o Ph.D. (1970) na Northwestern University. Especialista no campo da cognição humana e metodologia experimental, o professor Zechmeister é coautor de livros sobre a memória humana, pensamento crítico, estatística e metodologia de pesquisa. É membro da American Psychological Association (Divisões 1, 2 e 3) e da Association for Psychological Science. Em 1994, foi condecorado com o Loyola University Sujack Award for Teaching Excellence, da Faculdade de Artes e Ciências.

JEANNE S. ZECHMEISTER fez parte do corpo docente de psicologia da Loyola University of Chicago de 1990 a 2002. A professora Zechmeister cursou o bacharelado na University of Wisconsin-Madison (1983) e o mestrado (1988) e Ph.D. (1990) em Psicologia Clínica na Northwestern University. Lecionou disciplinas de graduação e pós-graduação em metodologia de pesquisa, e suas pesquisas enfocavam os processos psicológicos associados ao esquecimento. Sua efetividade como professora é evidenciada pelos muitos anos com uma ótima avaliação docente e por ser identificada pelos formandos a cada ano entre os melhores professores da Loyola University.

Para Paula (J. J. S.)

Em memória de Ruth O'Keane,
James O'Keane, Kathleen O'Keane
Zechmeister e minha mãe (E. B. Z.)

Em memória de meu pai,
Harold W. Sumi (J. S. Z.)

Sumário

Prefácio   13

Parte Um
Questões Gerais   19

1   **Introdução   20**
A ciência da psicologia   20
Ciência em contexto   23
Pensando como pesquisador   31
Resumo   38

2   **O método científico   44**
Abordagens científicas e corriqueiras
ao conhecimento   44
Objetivos do método científico   55
Construção e testagem de teorias
científicas   64
Resumo   68

3   **Questões éticas na pesquisa**
psicológica   73
Introdução   73
Questões éticas a considerar antes de
começar a pesquisar   74
A razão risco/benefício   77

Consentimento informado   81
O engano na pesquisa psicológica   86
Debriefing   90
Pesquisas com animais   93
Publicação de pesquisas
psicológicas   95
Passos para adesão à ética   98
Resumo   99

Parte Dois
Métodos Descritivos   105

4   **Observação   106**
Visão geral   106
Amostrando o comportamento   107
Métodos observacionais   109
Métodos observacionais diretos   110
Métodos observacionais indiretos
(não obstrutivos)   119
Registrando o comportamento   125
Análise de dados
observacionais   132
Reflexão crítica sobre a pesquisa
observacional   138
Resumo   144

5 Pesquisa de levantamento 150

Visão geral 150
Usos de levantamentos 151
Características de levantamentos 152
Amostragem na pesquisa de levantamento 153
Métodos de levantamento 160
Desenhos de pesquisa de levantamento 165
Questionários 173
Reflexão crítica sobre a pesquisa de levantamento 183
Resumo 187

Parte Três
Métodos Experimentais 195

6 Desenhos de pesquisa com grupos independentes 196

Visão geral 196
Por que os psicólogos fazem experimentos 197
A lógica da pesquisa experimental 198
Desenho de grupos aleatórios 198
Análise e interpretação de resultados experimentais 211
Estabelecendo a validade externa de resultados experimentais 220
Desenho de grupos pareados 223
Desenho de grupos naturais 226
Resumo 227

7 Desenhos de pesquisa com medidas repetidas 235

Visão geral 235
Por que os pesquisadores usam desenhos de medidas repetidas 236
O papel dos efeitos da prática em desenhos de medidas repetidas 238
Análise de dados de desenhos de medidas repetidas 247

O problema da transferência diferencial 251
Resumo 252

8 Desenhos complexos 258

Visão geral 258
Descrevendo efeitos em um desenho complexo 258
Análise de desenhos complexos 269
Interpretando efeitos de interação 274
Resumo 281

Parte Quatro
Pesquisa Aplicada 287

9 Desenhos de caso único e pesquisas com *n* pequeno 288

Visão geral 288
O método do estudo de caso 289
Desenhos experimentais de sujeito único (*n* pequeno) 298
Resumo 311

10 Desenhos quase-experimentais e avaliação de programas 316

Visão geral 316
Experimentos verdadeiros 317
Quase-experimentos 327
Avaliação de programas 341
Resumo 345

Parte Cinco
Analisando e Publicando Pesquisas 351

11 Análise e interpretação de dados: Parte I. Descrição dos dados, intervalos de confiança, correlação 352

Visão geral 352
A história da análise 354

Análise de dados assistida por computador 354
Exemplo: análise de dados para um experimento comparando médias 355
Exemplo: análise de dados de um estudo correlacional 374
Resumo 380

12 Análise e interpretação de dados: Parte II. Testes de significância estatística e a história da análise 386

Visão geral 386
Teste de significância da hipótese nula 387
Sensibilidade experimental e poder estatístico 390
Teste de significância da hipótese nula: comparando duas médias 392
Significância estatística e significância científica ou prática 393
Recomendações para comparar duas médias 395
Relatando resultados ao comparar duas médias 395
Análise de dados envolvendo mais de duas condições 397
ANOVA para desenho unifatorial com grupos independentes 397

Análise de variância de medidas repetidas 407
Análise de variância bifatorial para desenhos de grupos independentes 410
O papel dos intervalos de confiança na análise de desenhos complexos 413
Análise de variância bifatorial para um desenho misto 414
Relatando resultados de um desenho complexo 415
Resumo 416

13 Comunicação em psicologia 420

Introdução 420
A internet e a pesquisa 422
Diretrizes para a escrita eficaz 423
Estrutura de um artigo científico 426
Apresentações orais 434
Projetos de pesquisa 436

Referências 439

Apêndice 451

Créditos 457

Glossário 459

Índice onomástico 467

Índice remissivo 475

Prefácio

Nesta 9ª edição, completamos mais de 25 anos apresentando métodos de pesquisa a estudantes com este livro. Nas oito edições anteriores, fomos contemplados com inúmeros comentários valiosos de professores e estudantes, de modo que às vezes é difícil saber o que resta das nossas ideias "originais". As mudanças nesta edição também refletem sugestões feitas por usuários do livro e, como sempre, somos muito gratos a eles. Continuamos em nossa tentativa de oferecer uma introdução a métodos de pesquisa em psicologia que anime os estudantes em relação ao processo de pesquisa e os ajude a se tornarem profissionais competentes nesses métodos.

Os usuários das edições anteriores assistiram a mudanças estilísticas, bem como à adição de elementos pedagógicos (por exemplo, ícones nas margens para identificar conceitos básicos e quadros com "Dicas de estatística" para demonstrar melhor o método e a análise). Essas mudanças foram bem recebidas e são mantidas na edição atual. Para aqueles que são novos ao livro, começamos por revisar a nossa organização e enfoque básicos. Aqueles que já usaram a edição anterior podem passar diretamente para "Mudanças nesta edição" para ver o que há de novo.

Organização e enfoque

Nosso enfoque baseia-se em nossos anos de experiência de ensino. Como professores de metodologia de pesquisa, reconhecemos que a maioria dos alunos em nossas classes é formada por consumidores de pesquisas, e não por criadores de pesquisas. Os estudantes que decidem assumir qualquer um desses papéis serão beneficiados por desenvolverem sua capacidade de reflexão crítica. Acreditamos que podemos ajudar nossos alunos a pensar criticamente adotando uma abordagem de resolução de problemas no estudo da metodologia de pesquisa. Conforme comentou Sharon Begley, articulista da *Newsweek,* em um recente ensaio sobre a educação em ciências: "a ciência não é uma coletânea de fatos, mas um modo de interrogar o mundo". Completando, "a habilidade mais proveitosa que podemos ensinar é o hábito de perguntar a nós mesmos e aos outros: *como você sabe?*" (*Newsweek*, Novembro de 2010, p. 26).

Os pesquisadores começam com uma boa pergunta e, então, selecionam uma metodologia de pesquisa que possa ajudá-los a responder à sua pergunta. A tarefa às vezes árdua de coletar evidências é apenas o começo do processo de pesquisa. É igualmente importante analisar e interpretar as evidências ao se fazerem afirmações sobre processos psicológicos. Os pesquisadores (e estudantes) devem analisar os pontos fortes e fracos do método que escolheram para que possam avaliar criticamente a natureza das evidências que obtiveram.

Como tem sido nosso enfoque para cada edição, os estudantes aprendem que uma abordagem *multimétodos* para responder as perguntas propostas é a mais indicada para promover a ciência da psicologia, e que um dos objetivos deste livro é "aumentar seu arsenal" com estratégias para realizar pesquisas. Assim, nossa organização após o capítulo introdutório se dá em termos de "métodos", avançando da mais simples das técnicas observacionais para desenhos experimentais complexos.

Permanecemos sensíveis a questões éticas na pesquisa psicológica e aos dilemas que os pesquisadores enfrentam quando estudam o comportamento animal ou humano. Para enfatizar a nossa preocupação, concedemos à "ética" o seu próprio capítulo (Capítulo 3), mas também discutimos questões éticas específicas em outros capítulos, pois elas estão relacionadas com metodologias específicas. A disseminação da pesquisa pela internet, por exemplo, suscita novas questões éticas, e identificamos algumas delas para os leitores.

Finalmente, acreditamos que os métodos de pesquisa devem ser ensinados no contexto da pesquisa publicada em psicologia. Assim, continuamos a usar a rica literatura da psicologia para proporcionar exemplos de maneiras em que os pesquisadores usam os métodos que discutimos. Sempre é divertido atualizar os exemplos de pesquisas, enquanto continuamos a incluir descobertas e estudos "clássicos" que se mostraram efetivos para ajudar os estudantes a aprender métodos de pesquisa. Acreditamos que uma maneira de motivar os alunos a se juntarem a nós nesse instigante caminho na busca do conhecimento é mostrar a "compensação" que a pesquisa psicológica proporciona.

Mudanças nesta edição

Continuamos a usar marcadores nos capítulos e questões de revisão ao final dos capítulos para ajudar os estudantes a enxergar claramente os pontos que consideramos mais importantes que eles aprendam. Fundamentados no modelo dos Desafios, incluímos Exercícios na maioria dos capítulos para possibilitar que os alunos apliquem os princípios de pesquisa enquanto aprendem. Uma revisão ampla de estatística permanece ao final do livro (Capítulos 11 e 12), e introduzimos essas questões sucintamente nos locais adequados no texto. Uma maneira em que isso é feito é por meio de um elemento pedagógico que chamamos de "Dicas de estatística", que chama a atenção dos alunos para questões relacionadas com a análise estatística. Em certos casos, respondemos as questões para os alunos; em outros, indicamos material dos Capítulos 11 e 12. Acreditamos que a nossa abordagem proporciona uma flexibilidade importante, que permite aos professores decidir quando e como devem cobrir a estatística em uma disciplina de metodologia de pesquisa.

As mudanças implementadas nesta edição visam economizar, simplificar e atualizar. Por exemplo, continuamos a reduzir, no Capítulo 3, a quantidade de material tirado diretamente do código de ética da APA (American Psychological Association, 2002) e de material do *Manual de Publicação** (*Publication Manual* [2010]), agora em sua 6ª edição, no Capítulo 13. Um uso menor de citações diretas dessas fontes proporciona uma introdução mais simples para essas questões, enquanto protege a integridade

---

* N. de R.: A sexta edição do *Manual* foi publicada, em português, pela editora Penso, em 2012.

das fontes originais, que os estudantes devem consultar quando quiserem mais informações. O *website* da APA (www.apa.org) também contém muitas informações que não precisam ser repetidas aqui. Além disso, usuários mais antigos também notarão o seguinte:

- Foram feitas pequenas mudanças na formulação das sentenças e estrutura dos parágrafos, na tentativa de tornar os conceitos mais fáceis de entender para os estudantes.
- Foram acrescentados diversos exemplos de novas pesquisas importantes (substituindo os anteriores). Tentamos mostrar aos estudantes os "últimos" achados na pesquisa psicológica e, de maneira mais importante, apresentar estudos que sejam relevantes para os estudantes de hoje e que também ajudem a ensinar claramente a metodologia ilustrada nos exemplos. Por exemplo, no Capítulo 1, discutimos as críticas levantadas recentemente contra os profissionais da psicologia clínica por Baker, McFall e Shoham (2009). Esses psicólogos, mesmo também sendo clínicos, argumentam que os psicólogos clínicos não aplicam os resultados de estudos científicos quando tratam pacientes. Que maneira melhor de começar um livro de metodologia de pesquisa do que desafiar os estudantes a aplicarem o que aprendem se vierem a trabalhar no campo da psicologia clínica ou utilizarem profissionais da saúde mental? Novos exemplos de pesquisa também são encontrados em outros capítulos.
- Mantivemos alguns exemplos antigos não apenas porque permanecem relevantes, mas também porque se tornaram "clássicos". Por exemplo, mantivemos o conhecido estudo de Rosenhan (1973) com observação participante, bem como críticas de outros autores do campo a essa pesquisa. Também mantivemos o estudo de Langer e Rodin (1976) sobre casas de repouso (Capítulo

10), que Zimbardo (2004) rotulou como um "clássico" no campo da psicologia social. Além disso, esse estudo é um exemplo maravilhoso de um método de pesquisa específico, nesse caso, o grupo controle não equivalente.

- Seguindo a sugestão de usuários do livro, e como parte da nossa postura de economia nesta edição, combinamos dois capítulos de edições anteriores – Observação (Capítulo 4) e Medidas não obstrutivas do comportamento (antes o Capítulo 6) – formando um novo Capítulo 4. Isso exigiu que reduzíssemos o espaço destinado às medidas não obstrutivas, mas continuamos a discutir esse tema para mostrar aos estudantes algumas aplicações criativas da abordagem multimétodos.
- Também foram feitas mudanças em alguns dos "Exercícios" e nos Quadros que aparecem nos capítulos para chamar atenção para pesquisas psicológicas oportunas. Um dos nossos favoritos é um estudo que usa cães farejadores para detectar câncer pela urina dos indivíduos (ver o Capítulo 2). Como os leitores verão, o efeito do Esperto Hans ainda está vivo e entre nós!
- A American Psychological Association impôs limitações rígidas ao uso do material da edição mais recente (6ª) do *Manual de Publicação* (2010). Portanto, os usuários anteriores do nosso livro encontrarão uma quantidade substancialmente menor de informações específicas sobre a preparação de manuscritos "segundo o estilo da APA". O novo *Manual* é mais compacto do que o seu predecessor, e alguns instrutores talvez prefiram que os estudantes o adquiram. Uma introdução ao estilo da APA, incluindo um tutorial gratuito e um exemplo de manuscrito, pode ser encontrada no endereço www.apastyle.org. As informações disponibilizadas no *website* devem ser suficientes para estudantes fazerem uma tarefa de classe. Embora continuemos a apresentar uma

visão geral da comunicação científica, além de dicas úteis para preparar um manuscrito de pesquisa (ver Capítulo 13), nesta edição do livro, indicamos o *Manual de Publicação* e o *website* da APA com mais frequência aos estudantes.
- Finalmente, se existe algo que cria cabelos brancos nos autores de um livro de metodologia, são as questões perenes relacionadas à fusão da análise estatística com a metodologia: quanta estatística? Onde ela fica? Essas questões assumem um novo sabor, devido ao recente debate sobre o teste de significância da hipótese nula (NHST) (ver o Capítulo 11 para uma breve revisão das questões) e o uso recomendado de medidas do tamanho do efeito e intervalos de confiança, entre outros, pela Força-tarefa da APA sobre inferência estatística (ver Wilkinson & Task Force on Statistical Inference, 1999). O uso dessas ferramentas estatísticas para complementar ou mesmo substituir o teste da hipótese nula está crescendo, mas de forma lenta (Cummings et al., 2007; Fidler, Thomason, Cumming, Finch e Leeman, 2004; Gingerenzer, Krauss e Vitouch, 2004). Além disso, são apresentadas novas medidas estatísticas, conforme ilustra o recente sopro de interesse na "probabilidade de replicação", ou p_{rep} (ver Killen, 2005). Mencionamos essa recente inovação estatística no Capítulo 12, mas esperaremos uma discussão mais aprofundada na literatura psicológica antes de desenvolver a nossa abordagem.

Nesta edição, reduzimos a apresentação de análises estatísticas, removendo muitas fórmulas e cálculos simples, e eliminamos algumas das tabelas estatísticas dos apêndices. A maioria das análises estatísticas é feita com o uso de programas de computador que contêm as probabilidades exatas para resultados de testes e diversas tabelas estatísticas, incluindo aquelas usadas para fazer análises de poder, são encontradas em muitas páginas da internet. A tabela de valores de t é importante para a construção de intervalos de confiança e foi mantida, juntamente com a tabela de F e a tabela de números aleatórios, que é útil para exercícios e experimentos com grupos aleatórios.

Continuamos a tentar cumprir três objetivos em nossa apresentação da análise estatística: (1) proporcionar uma introdução independente à análise estatística nos Capítulos 11 e 12, que dê aos estudantes os meios para analisar um estudo (e sirva como revisão para aqueles que já tiveram essa introdução); (2) mostrar como método e análise estão relacionados (ver também a nossa discussão de vários métodos e "Dicas de estatística" associadas); e (3) ajudar estudantes a entender que existem muitos instrumentos estatísticos disponíveis para eles, e que não devem se basear em apenas um quando deles buscarem confirmação para o que seus dados lhes dizem (ver nossa discussão sobre questões estatísticas ao longo do texto).

Conteúdo *online*

A 9ª edição desta obra vem acompanhada de suplementos para estudantes e professores, disponíveis no endereço www.grupoa.com.br. Esses recursos, criados por Shaughnessy, Zechmeister e Zechmeister para ampliar o material textual, foram atualizados para a 9ª edição pela coautora Jeanne Zechmeister.

Para estudantes

Quizzes traduzidos de todos os capítulos podem ser usados como apoio para o estudo ou como tarefa de casa.

Para professores

Os recursos a seguir estão disponíveis para os professores que usam o livro *Metodologia de Pesquisa em Psicologia* na exclusiva Área do Professor.

Apresentações de PowerPoint Os *slides* do PowerPoint para cada capítulo apresentam os pontos principais do capítulo. Conteúdo em português.

Manual do Professor O manual atualizado traz a estrutura e os objetivos dos capítulos, questões de revisão e respostas para cada capítulo, desafios e respostas, questões e problemas para discussão na classe, atividades relacionadas com a leitura crítica de pesquisas, exercícios para estudantes, projetos de classe e tarefas de casa, materiais para aulas e discussão para professores, e páginas que podem ser usadas para fazer *slides* de PowerPoint ou guias de estudo. Conteúdo em inglês.

Bancos de testes Os bancos de questões para cada capítulo trazem questões simples e de múltipla escolha com respostas para testar o conhecimento dos alunos. Cada questão é relacionada com uma avaliação da compreensão factual ou conceitual, ou a aplicação de conceitos metodológicos. Conteúdo em inglês.

Palavras de gratidão

É impossível agradecer adequadamente pelas contribuições cumulativas de tantas pessoas à 9ª edição do nosso livro. Queremos agradecer aos seguintes revisores, e demonstrar nosso pesar por não termos conseguido incorporar todas as mudanças sugeridas: Susan Lima (University of Winconsin-Millwaukee), Chris R. Logan (Southern Methodist University) e Joanne Walsh (Kean University).

John J. Shaughnessy
Eugene B. Zechmeister
Jeanne S. Zechmeister

PARTE UM

Questões Gerais

☑ 1

Introdução

A ciência da psicologia

- Os psicólogos desenvolvem teorias e fazem pesquisas psicológicas para responder perguntas sobre o comportamento e os processos mentais; essas respostas podem ter um impacto sobre os indivíduos e a sociedade.
- O método científico, um meio de adquirir conhecimento, refere-se às maneiras como as perguntas são feitas e à lógica e métodos usados para chegar às respostas.
- Duas características importantes do método científico envolvem usar uma abordagem empírica e manter uma atitude cética.

Provavelmente, podemos dizer que você já foi exposto a muitas pesquisas em psicologia, tanto em representações nos meios de comunicação quanto em seu trabalho no curso de psicologia. Se você é como os autores do seu livro, você é bastante curioso quanto à sua mente e seu comportamento. Você gosta de pensar sobre o comportamento das pessoas (e dos animais) – e faz questionamentos sobre as pessoas – por que agem como agem, como se tornaram as pessoas que são e como continuarão a crescer e a mudar. E talvez você questione o seu próprio pensamento e como a sua mente funciona. Esses pensamentos e reflexões diferenciam você de outras pessoas – nem todos são curiosos quanto à mente, e nem todos consideram as razões para o comportamento. Porém, se você é curioso, se você questiona por que as pessoas e animais agem como agem, você já deu o primeiro passo na intrigante, excitante e, sim, às vezes desafiadora jornada pelos métodos de pesquisa em psicologia.

Muitos estudantes entram para o campo da psicologia por interesse em melhorar as vidas das pessoas. Porém, quais métodos e intervenções ajudam as pessoas? Por exemplo, estudantes com um objetivo profissional que envolva trabalhar com psicoterapia devem aprender a identificar padrões de comportamento que sejam desadaptativos e distinguir as intervenções psicológicas que ajudam daquelas que não ajudam. Os psicólogos adquirem um entendimento e discernimento dos meios existentes para melhorar as vidas das pessoas, desenvolvendo e fazendo pesquisas psicológicas para responder suas perguntas sobre o comportamento.

Consideremos uma pergunta de pesquisa muito importante entre as tantas investigadas pelos psicólogos: qual é o efeito da violência na mídia? Os pesquisadores investigaram aspectos dessa questão por mais de cinco décadas em centenas de estudos e pesquisas. Uma revisão da pesquisa sobre esse tema foi publicada na *Psychological Science in the Public Interest* (Anderson et al., 2003), um periódico sobre psicologia dedicado a publicar pesquisas comportamentais sobre questões importantes de interesse público. Outros temas recentes nesse periódico são pesquisas que sugerem que combinar o modo de instrução com o estilo de aprendizagem dos estudantes (p.ex., visual, auditivo) *não* melhora a aprendizagem (Pashler, McDaniel, Rohrer e Bjork, 2008), que ter um estilo de vida intelectual e fisicamente ativo promove um envelhecimento cognitivo adequado (Hertzog, Kramer, Wilson e Lindenberger, 2008) e que as diferentes metáforas usadas para descrever a luta contra o terrorismo levam a decisões sociais e políticas diferentes (Kruglanski, Crenshaw, Post e Victoroff, 2007). Embora esses tópicos difiram, a característica crítica e comum das pesquisas publicadas nesse e em outros periódicos de grosso calibre é o uso de desenhos e métodos de pesquisa sólidos para responder perguntas sobre o comportamento.

Após décadas de pesquisa, o que os psicólogos dizem sobre os efeitos comportamentais, emocionais e sociais da violência na mídia? Anderson e colaboradores (2003) publicaram vários resultados importantes em sua revisão de pesquisas que investigam a violência na televisão, filmes, *videogames*, internet e na música:

– A exposição à violência na mídia causa um aumento na probabilidade de pensamentos, emoções e comportamentos agressivos e violentos em contextos de curto e longo prazo.
– Os efeitos da violência na mídia são consistentes entre uma variedade de estudos e métodos de pesquisa, tipos de mídia e amostras de pessoas.

– Estudos de longo prazo recentes relacionam a exposição frequente à violência na mídia durante a infância com a agressividade adulta, incluindo agressões físicas e abuso conjugal.
– Pesquisas corroboram as teorias dos psicólogos de que a violência na mídia "ativa" cognições agressivas e excitação fisiológica, facilita a aprendizagem de comportamentos agressivos pela observação e dessensibiliza as pessoas à violência.
– Entre os fatores que influenciam a probabilidade de agressividade em resposta à violência na mídia estão características dos espectadores (p.ex., idade e nível em que se identificam com personagens agressivos), ambientes sociais (p.ex., monitoramento parental da violência na mídia) e conteúdo da mídia (p.ex., realismo de representações violentas e consequências da violência).
– *Ninguém* está imune aos efeitos da violência na mídia.

Diversos estudos revelam que as crianças e jovens passam uma quantidade excessiva de tempo como consumidores dos meios de comunicação, possivelmente ficando atrás apenas do sono. Assim, uma implicação das pesquisas listadas é que um modo de reduzir o devastador impacto da agressividade e violência em nossa sociedade é diminuir a exposição à violência na mídia. De fato, a pesquisa psicológica desempenhou um papel importante no desenvolvimento do "chip V" (o "V" é de "violência") em televisões, para que os pais possam bloquear o conteúdo violento (Anderson et al., 2003).

Ainda restam outras perguntas de pesquisa. Uma questão importante diz respeito à distinção entre a observação *passiva* da violência (p.ex., representações na televisão) e o envolvimento *ativo* com a mídia violenta, que ocorre com *videogames* e jogos pela internet (Figura 1.1). Será possível que os efeitos da violência na mídia sejam ainda mais fortes quando os espectadores estão envolvidos ativamente com a violência enquanto jogam *videogames*? Esse pode ser o caso se o envolvimento ativo reforçar as tendências agressivas em um grau maior do que a observação passiva. Outras perguntas de pesquisa dizem respeito aos pas-

(a)

(b)

☑ **Figura 1.1** Será que o efeito da violência na mídia difere para (a) assistir à televisão passivamente e (b) jogar *videogames* ativamente?

sos necessários para diminuir o impacto da violência em nossa sociedade e o papel que limitar a violência na mídia deve ter em uma sociedade livre. Talvez essas questões algum dia sejam as *suas* perguntas de pesquisa, ou talvez você esteja interessado em explorar as causas da drogadição ou as raízes do preconceito. Literalmente, restam milhares de perguntas de pesquisa importantes. Um dia, à medida que continuar o seu estudo da pesquisa em psicologia, talvez você contribua para os esforços dos psicólogos para melhorar a condição humana!

Os psicólogos tentam responder perguntas sobre comportamentos, pensamentos e sentimentos usando o método científico. O **método científico** é um conceito abstrato que se refere às maneiras como as perguntas são feitas e à lógica e métodos usados para obter respostas. Duas características importantes do método científico são o uso de uma abordagem empírica e a atitude cética que os cientistas adotam ante explicações para o comportamento e processos mentais. Discutiremos essas duas características como parte da nossa introdução à pesquisa psicológica neste capítulo e, no Capítulo 2, descreveremos outras características do método científico.

Ciência em contexto

- A ciência ocorre em pelo menos três tipos de contextos: contextos históricos, socioculturais e morais.

Embora o conceito do método científico possa ser abstrato, a prática da ciência psicológica é uma atividade humana bastante concreta, que nos afeta em vários níveis. Os psicólogos podem ter um impacto no indivíduo (p.ex., intervenção terapêutica para agressividade), na família (p.ex., controle parental sobre o uso da mídia por seus filhos) e na sociedade (p.ex., esforços para reduzir a programação violenta em redes de televisão). *Para serem efetivos, porém, os psicólogos devem construir sobre uma base de pesquisas cuidadosamente planejadas e executadas.*

As atividades humanas são pesadamente influenciadas pelo contexto em que ocorrem, e a atividade científica não é exceção. Podemos sugerir que pelo menos três contextos desempenham um papel crítico de influenciar a ciência: o contexto histórico, o contexto sociocultural e o contexto moral. Discutiremos cada um deles brevemente.

O contexto histórico

- Uma abordagem empírica, baseada na observação direta e na experimentação para responder perguntas, foi crítica para o desenvolvimento da ciência da psicologia.
- A revolução do computador foi um fator crucial na mudança do behaviorismo para a psicologia cognitiva como tema dominante na investigação psicológica.

Não sabemos exatamente quando a psicologia se tornou uma disciplina independente. A psicologia emergiu de forma gradual, com raízes no pensamento de Aristóteles (Keller, 1937), nas obras de outros filósofos como Descartes e Locke e, mais adiante, no trabalho de fisiologistas e médicos do começo do século XIX. O começo oficial da psicologia costuma ser citado como tendo ocorrido em 1879, quando Wilhelm Wundt estabeleceu um laboratório formal de psicologia em Leipzig, na Alemanha.

Uma das decisões que os primeiros psicólogos enfrentavam no final do século XIX era se a psicologia devia se associar mais às ciências físicas ou permanecer como uma subdisciplina da filosofia (Sokal, 1992). Com o desenvolvimento de métodos psicofísicos (especialmente Gustav Theodor Fechner) e métodos baseados no tempo de reação para entender a transmissão no sistema nervoso (em particular, Hermann von Helmholtz), os psicólogos acreditavam que um dia chegariam a mensurar o próprio pensamento (Coon, 1992). Com esses poderosos métodos de observação, a psicologia estava no caminho de se tornar uma ciência laboratorial

24 Shaughnessy, Zechmeister & Zechmeister

quantificável. Os psicólogos científicos esperavam que seu estudo da mente atingisse igual proeminência com as ciências mais estabelecidas da física, química e astronomia (Coon, 1992).

Um dos obstáculos à emergente ciência da psicologia foi o forte interesse público no espiritualismo e fenômenos psíquicos na virada do século XX (Coon, 1992). O público em geral considerava que esses temas "da mente" estavam dentro da província da psicologia e procurava respostas científicas para suas questões sobre a clarividência, telepatia e comunicação com os mortos. Todavia, muitos psicólogos queriam divorciar a nova ciência desses temas pseudocientíficos. Para estabelecer a psicologia como ciência, os psicólogos abraçaram o empirismo como meio para promover o entendimento do comportamento humano. A **abordagem empírica** enfatiza a observação direta e a experimentação como meio de responder perguntas. Essa talvez seja a característica mais importante do método científico. Usando essa abordagem, os psicólogos concentravam-se em comportamentos e experiências que pudessem ser *observados diretamente.*

Embora a psicologia continue a enfatizar a abordagem empírica, ela mudou significativamente desde os seus primórdios. Os primeiros psicólogos estavam interessados principalmente em questões relacionadas com a sensação e a percepção – por exemplo, ilusões visuais e imagens. No início do século XX, a psicologia nos Estados Unidos era bastante influenciada por uma abordagem behaviorista introduzida por John B. Watson. As teorias psicológicas concentravam-se na aprendizagem, e os psicólogos baseavam-se principalmente em experimentos com animais para testar as suas teorias. Para o behaviorismo, a "mente" era uma "caixa preta" que representava a atividade entre um estímulo externo e uma resposta comportamental. O behaviorismo foi a perspectiva dominante em psicologia até a metade do século XX. Não obstante, quando *Psicologia Cognitiva,* de Ulric Neisser, foi publicado em 1967, a psicologia havia

se voltado novamente para o interesse nos processos mentais. Os psicólogos cognitivos também retornaram aos experimentos com o tempo de reação, que eram usados nos primeiros laboratórios de psicologia para investigar a natureza dos processos cognitivos. A perspectiva cognitiva ainda é dominante na psicologia, e a cognição recentemente se tornou um tema importante no campo da neurociência, à medida que os pesquisadores passaram a estudar a biologia da mente. Existe um grande potencial para o desenvolvimento da psicologia científica no começo do século XXI.

Um fator significativo na ascensão da psicologia cognitiva à proeminência foi a revolução do computador (Robins, Gosling e Craik, 1999). Com o advento dos computadores, a "caixa preta" do behaviorismo passou a ser representada usando-se uma metáfora com o computador. Os psicólogos falavam de processamento, armazenamento e recuperação de informações entre o *input* (estímulo) e o *output* (resposta). Assim como o computador era uma metáfora útil para entender os processos cognitivos, o desenvolvimento de computadores poderosos e acessíveis se mostrou excepcionalmente valioso para ampliar os limites e a precisão das medidas de processos cognitivos. Atualmente, em laboratórios de psicologia nos Estados Unidos e no mundo, a tecnologia do computador está substituindo as medidas de "lápis e papel" dos pensamentos, sentimentos e comportamentos das pessoas. De maneira semelhante, as melhoras constantes na tecnologia das imagens cerebrais (p.ex., IRMf, imagem de ressonância magnética funcional) promoverão a neurociência como uma disciplina importante dentro dos campos da psicologia, biologia e química.

Essas tendências amplas no desenvolvimento histórico da psicologia, do behaviorismo à neurociência cognitiva, representam o "quadro mais amplo" do que aconteceu na psicologia no século XX. Todavia, uma análise mais detalhada revela a miríade de temas investigados na ciência da psicologia.

Os psicólogos, hoje, fazem pesquisas em áreas tão gerais quanto a psicologia clínica, social, organizacional, de aconselhamento, fisiológica, cognitiva, educacional, do desenvolvimento e da saúde. Investigações em todas essas áreas nos ajudam a entender a complexidade do comportamento e dos processos mentais.

A ciência em geral – e a psicologia em particular – mudou por causa das ideias brilhantes de indivíduos excepcionais. As ideias de Galileu, Darwin e Einstein não apenas mudaram a maneira como os cientistas enxergam suas disciplinas, como também mudaram a maneira como as pessoas entendem a si mesmas e seu mundo. De maneira semelhante, muitos indivíduos excepcionais influenciaram o progresso da psicologia (Haggbloom et al., 2002), incluindo ganhadores do Prêmio Nobel (ver Quadro 1.1). No começo da psicologia norte-americana, William James (1842-1910) escreveu o primeiro livro introdutório, *Princípios da Psicologia*, e estudou os processos mentais usando a sua técnica de introspecção (ver Figura 1.2). À medida que aumentava a proeminência do behaviorismo, B. F. Skinner (1904-1990) expandiu a nossa compreensão de respostas ao reforço pela análise experimental do comportamento. Juntamente com Skinner, Sigmund Freud (1856-1939) é uma das figuras mais reconhecidas na psicologia, mas as ideias e métodos dos dois não podiam ser mais diferentes! As teorias de Freud sobre a personalidade, transtornos mentais e o inconsciente desviaram a atenção radicalmente do comportamento para os processos mentais, por seu método da associação livre. Muitos outros indivíduos influenciaram o pensamento em áreas específicas da psicologia, como a psicologia do desenvolvimento, a clínica, a social e a cognitiva. Esperamos que você possa aprender mais sobre esses psicólogos influentes, do passado e do presente, nas áreas de maior interesse para você.

A ciência também muda de forma menos dramática, de maneiras que resultam dos esforços cumulativos de muitos indivíduos. Um modo de descrever essas mudanças mais graduais é descrevendo o crescimento da profissão da psicologia. A American Psychological Association (APA) foi formada em 1892. A APA tinha apenas algumas dezenas de membros naquele primeiro ano; em 1992, quando a APA celebrou seu 100º aniversário, havia aproximadamente 70 mil membros. Quinze anos depois, em 2007, o número de membros da APA dobrou, para mais de 148 mil membros. A promoção da pesquisa psicológica é uma preocupação da APA, assim como da Association for Psychological Science (APS). A APS foi criada em 1988 para enfatizar questões científicas em psicologia. A APA e a APS patrocinam convenções anuais, das quais os psicólogos participam para aprender sobre os avanços mais recentes em seus campos. Cada organização também publica periódicos científicos para comunicar os últimos resultados de pesquisas para seus membros e para a sociedade em geral.

Você também pode fazer parte da história da psicologia. A APA e a APS incentivam os estudantes a se associarem, proporcionando oportunidades educacionais e de pesquisa para estudantes de graduação e pós-graduação em psicologia. Informações sobre como se filiar à APA e à APS como membro regular ou como estudante podem ser obtidas em seus *websites* na internet:

(APA) www.apa.org
(APS) www.psychologicalscience.org

Os *websites* da APA e da APS trazem notícias sobre pesquisas psicológicas recentes e importantes, informações sobre publicações em psicologia (incluindo assinaturas, relativamente de baixo custo para estudantes, para importantes revistas de psicologia) e *links* para muitas organizações de psicologia. Conheça!

Contexto social e cultural

- O contexto social e cultural influencia as escolhas de temas dos pesquisadores, a aceitação da sociedade para com

☑ **Quadro 1.1**

A PSICOLOGIA E O PRÊMIO NOBEL

A cada ano, a Real Academia Sueca de Ciências concede o aclamado Prêmio Nobel para o trabalho de pesquisadores em uma série de campos. Em outubro de 2002, o Dr. Daniel Kahneman tornou-se o primeiro psicólogo a ganhar esse prêmio. Ele foi reconhecido por sua pesquisa sobre o juízo intuitivo, o raciocínio humano e a tomada de decisões em condições de incerteza. Sua pesquisa, conduzida em colaboração com seu antigo colega Amos Tversky (1937-1996), recebeu a comenda por seu influente papel nas teorias econômicas (Kahneman, 2003). Kahneman dividiu o Prêmio Nobel de Economia com o economista Vernon Smith, que foi citado por seu trabalho com experimentos de laboratório (um tema importante neste texto) em economia.

Embora com formação em campos que não a psicologia, vários cientistas receberam o Prêmio Nobel por pesquisas diretamente relacionadas com as ciências do comportamento (Chernoff, 2002; Pickren, 2003), por exemplo:

- **1904**, Fisiologia ou Medicina: Ivan Pavlov ganhou o Prêmio Nobel por sua pesquisa sobre a digestão, que posteriormente influenciou o seu trabalho sobre o condicionamento clássico.
- **1961**, Fisiologia ou Medicina: um médico, Georg von Békésy, ganhou o Prêmio Nobel por seu trabalho em psicoacústica – a percepção do som.
- **1973**, Fisiologia ou Medicina: três etologistas, Karl von Frisch, Konrad Lorenz e Nikolaas Tinbergen, receberam o primeiro Prêmio Nobel concedido inteiramente à pesquisa comportamental (Pickren, 2003). A etologia é um ramo da biologia, no qual os pesquisadores observam o comportamento de organismos em relação ao seu ambiente natural (ver o Capítulo 4).
- **1978**, Economia: Herbert A. Simon recebeu o Prêmio Nobel por suas pesquisas pioneiras sobre a tomada de decisões organiza-

cionais (MacCoun, 2002; Pickren, 2003). Kahneman, comentando o seu Prêmio Nobel de 2002, citou a pesquisa de Simon como instrumental para as suas próprias pesquisas.
- **1981**, Fisiologia ou Medicina: o Prêmio Nobel foi concedido a Roger W. Sperry, um zoólogo que demonstrou os papéis distintos dos dois hemisférios cerebrais usando o procedimento *split brain*.

As realizações desses cientistas e de muitos outros prestam testemunho do alcance e da importância da pesquisa comportamental nas ciências. Embora não exista um "Prêmio Nobel de Psicologia" (uma distinção compartilhada pelo campo da matemática), reconhece-se que o trabalho de cientistas em uma variedade de áreas contribui para a nossa compreensão do comportamento.

(a) (b) (c)

Figura 1.2 Muitas pessoas influentes ajudaram a desenvolver o campo da psicologia, incluindo (a) William James, (b) B. F. Skinner e (c) Sigmund Freud.

os resultados e os locais onde as pesquisas são feitas.
- O etnocentrismo ocorre quando as visões das pessoas sobre outra cultura são influenciadas pelo modelo ou lente de sua própria cultura.

A ciência é influenciada não apenas por seu contexto histórico, mas também pelo contexto social e cultural prevalecente. Esse contexto predominante às vezes é chamado de *Zeitgeist* – o espírito da época. A pesquisa psicológica e sua aplicação coexistem em uma relação recíproca com a sociedade: a pesquisa afeta e é afetada pela sociedade. O contexto social e cultural pode influenciar o que os pesquisadores decidem estudar, os recursos disponíveis para amparar suas pesquisas e a aceitação da sociedade em relação aos resultados. Por exemplo, os pesquisadores desenvolveram novos programas de pesquisa por causa da ênfase crescente em questões femininas (e por causa dos números crescentes de mulheres que fazem pesquisa). Os temas nessa área emergente são o "teto de vidro" que impede o avanço das mulheres em organizações, a inter-relação entre o trabalho e a família para casais em que ambos os cônjuges trabalham, e os efeitos da disponibilidade de creches de qualidade sobre a produtividade da força de trabalho e o desenvolvimento infantil. As atitudes sociais e culturais podem afetar não apenas o que os pesquisadores estudam, mas a maneira como decidem fazer sua pesquisa. A atitude da sociedade ante o bilinguismo, por exemplo, pode afetar a ênfase dos pesquisadores nos *problemas* que surgem para crianças em educação bilíngue ou nos *benefícios* que as crianças têm com a educação bilíngue.

Os valores sociais e culturais podem afetar a maneira como as pessoas reagem a resultados publicados de pesquisas psicológicas. Por exemplo, a divulgação de pesquisas sobre temas controversos, como a orientação sexual, memórias recuperadas de abuso sexual na infância e violência televisiva, recebe mais atenção dos meios de comunicação por causa do interesse do público nessas questões. Às vezes, esse interesse maior leva a um debate público sobre a interpretação dos resultados e as implicações dos resultados para as políticas públicas de cunho social. A reação pública pode ser extrema, conforme ilustra a resposta a um artigo sobre abuso sexual na infância publicado em *Psychological Bulletin* (Rind, Tromovitch e Bauserman, 1998). Em sua revisão e análise de 59 estudos sobre os efeitos do abuso sexual na infância, Rind e colaboradores concluíram que o "abuso sexual na infância não causa um dano intenso e global, independentemente do gênero, na população universitária" (p. 46). Depois que suas pesquisas foram promovidas por *sites* pedófilos na internet, a "Dra. Laura" (Laura Schlessinger, apresentadora de *talk shows*) caracterizou o artigo como um endosso ao sexo adulto com crianças (que *não* era a intenção dos pesquisadores) e criticou a American Psychological Association por publicar o estudo em sua prestigiada revista, *Psychological Bulletin* (Ondersma et al., 2001). Em 1999, a Câmara de Deputados dos Estados Unidos respondeu à atenção negativa dos meios de comunicação aprovando por unanimidade uma resolução de censura à pesquisa divulgada no artigo. Além disso, o debate científico sobre os controversos resultados continua, com críticas e réplicas aparecendo em *Psychological Bulletin* (Dallam et al., 2001; Ondersma et al., 2001; Rind e Tromovich, 2007; Rind, Tromovich e Bauserman, 2001), outros periódicos e livros. Uma edição inteira da *American Psychologist* foi dedicada à turbulência política que resultou dessa pesquisa (Março 2002, Vol. 57, Edição 3). Essas críticas públicas para resultados de pesquisas, mesmo os baseados em ciência empírica sólida, parecem ser uma tendência cada vez maior. Ataques legais, administrativos e políticos surgem daqueles que se opõem às pesquisas por causa de fortes crenças pessoais ou interesses financeiros (Loftus, 2003). Esses ataques podem ter a infeliz consequência de impedir a investigação e debate científicos legítimos.

A sensibilidade dos psicólogos às preocupações da sociedade, como o abuso sexual na infância, é uma das razões por que a psicologia não evoluiu estritamente como uma ciência laboratorial. Embora a investigação de laboratório permaneça no coração da pesquisa psicológica, os psicólogos e outros cientistas comportamentais fazem pesquisa em escolas, clínicas, empresas, hospitais e outros ambientes não laboratoriais, incluindo a internet. De fato, a internet está se tornando uma ferramenta de pesquisa útil e popular para os cientistas psicológicos

(p.ex., Birnbaum, 2000). Segundo dados do censo norte-americano, no ano 2000, 54 milhões de lares americanos (51%) tinham um ou mais computadores. Em 44 milhões de famílias (42%), havia pelo menos uma pessoa que usava a internet em casa (Newburger, 2001). Esses dados obviamente subestimam o número de usuários da internet nos Estados Unidos, pois os números se referem a famílias e não a usuários individuais, e não consideram o acesso em ambientes empresariais ou educacionais. De maneira importante, essas cifras também não levam em conta o uso da internet em países que não os Estados Unidos. Ao final de 2009, o número estimado de usuários da internet ao redor do mundo aproximava-se de dois bilhões (www.internetworldstats.com). É suficiente dizer que não demorou muito para que os cientistas comportamentais reconhecessem o potencial desse espantosamente grande e diverso "grupo de sujeitos" para suas pesquisas (ver, por exemplo, Birnbaum, 2000; Gosling, Vazire, Srivastava e John, 2004; Skitka e Sargis, 2005). Ajudados pelo desenvolvimento da internet na década de 1990 e as linguagens de hipertexto (HTML), os psicólogos logo começaram a fazer pesquisas virtuais (p.ex., Musch e Reips, 2000). A internet permite praticamente qualquer tipo de pesquisa psicológica que use o computador como equipamento e seres humanos como sujeitos (Krantz e Dalal, 2000). Uma maneira em que os pesquisadores recrutam sujeitos para seus estudos é postar oportunidades de pesquisa em diversos *websites* de pesquisa. Por exemplo, a APS mantém uma página na internet que permite que os usuários participem de pesquisas psicológicas. Confira as oportunidades de pesquisa pela internet no endereço http://psych.hanover.edu/research/exponet.html. Falaremos mais das pesquisas realizadas pela internet quando apresentarmos métodos específicos de pesquisa em psicologia. São particularmente importantes as questões éticas suscitadas por essa forma de pesquisa (ver o Capítulo 3).

Se reconhecermos que a ciência é afetada por valores sociais e culturais, ainda resta uma questão sobre qual cultura está tendo – e qual cultura deve ter – influência. Uma análise recente de uma amostra de pesquisas psicológicas revelou que os colaboradores, as amostras e os editores de seis revistas importantes publicadas pela American Psychological Association eram predominantemente norte-americanos (Arnett, 2008). Em comparação, os norte-americanos representavam menos de 5% da população mundial, e as pessoas em vários outros países vivem em condições muito diferentes das dos norte-americanos. Pode-se questionar, portanto, se uma ciência psicológica que se concentra tanto nos norte-americanos pode ser completa.

Um problema potencial ocorre quando tentamos entender o comportamento de indivíduos em uma cultura *diferente* por meio do modelo ou visões na nossa *própria* cultura (Figura 1.3). Essa fonte potencial de viés se chama **etnocentrismo**. Como um exemplo do etnocentrismo, consideremos a controvérsia em torno das teorias do desenvolvimento moral. Em sua teoria de seis estágios do desenvolvimento moral, Kohlberg (1981, 1984) identificou o mais elevado estágio do desenvolvimento moral (desenvolvimento pós-convencional) como aquele em que os indivíduos tomam decisões morais com base em seus princípios éticos autodefinidos e no reconhecimento de direitos individuais. Pesquisas sugerem que a teoria de Kohlberg traz uma boa descrição do desenvolvimento moral para homens norte-americanos e europeus – culturas que enfatizam o individualismo. Em comparação, as pessoas que vivem em culturas que enfatizam o coletivismo, como as sociedades comunais da China ou Papua-Nova Guiné, não se encaixam na descrição de Kohlberg. As culturas coletivistas valorizam o bem-estar da comunidade sobre o do indivíduo. Estaríamos demonstrando etnocentrismo se usássemos a teoria de Kohlberg para declarar que os indivíduos dessas culturas coletivistas eram menos desenvolvidos moralmente. Estaríamos interpretando seu comportamento por meio de uma lente cultural inapropriada, o individualismo. A

pesquisa transcultural é um modo de nos ajudar a não estudar apenas uma cultura dominante e nos lembrar de que devemos ter cuidado ao usar lentes culturais além da nossa própria em nossas pesquisas.

O contexto moral

- O contexto moral da pesquisa exige que os pesquisadores mantenham os mais elevados padrões de comportamento ético.
- O código de ética da APA orienta a pesquisa e ajuda os pesquisadores a avaliarem dilemas éticos como os riscos e benefícios associados ao engano e ao uso de animais na pesquisa.

A ciência é uma busca pela verdade. Cientistas individuais e a atividade coletiva da ciência devem garantir que o contexto moral em que a atividade científica ocorre cumpra o mais elevado dos padrões. Fraudes, mentiras e representações errôneas não têm lugar em uma investigação científica. Porém, a ciência também é uma atividade humana e, muitas vezes, existe mais em jogo do que a verdade. Os cientistas e as instituições que os contratam competem por recompensas em um jogo com empregos, dinheiro e reputações a manter. O número de publicações científicas escritas por um professor universitário, por exemplo, geralmente é um fator importante que influencia as decisões relacionadas com o avanço profissional por promoção e titularidade. Nessas circunstâncias, existem casos impróprios, mas aparentemente inevitáveis, de conduta científica incorreta.

Uma variedade de atividades constitui violações da integridade científica. Elas incluem a invenção de dados, plágio, a divulgação seletiva de resultados de pesquisa, a falta de reconhecimento de indivíduos que fizeram contribuições importantes para a pesquisa, o uso inadequado de verbas de pesquisa e o tratamento eticamente incorreto de humanos ou animais (ver Adler, 1991). Algumas transgressões são mais fá-

☑ **Figura 1.3** Se removermos a nossa lente cultural, podemos ter novas ideias para temas de pesquisa que investiguem (a) potencialidades no envelhecimento, (b) capacidades ao invés de deficiências e (c) pais donos-de-casa.

ceis de detectar do que outras. A invenção explícita de dados, por exemplo, pode ser revelada quando, no curso normal da ciência, pesquisadores independentes não conseguem reproduzir (replicar) os resultados, ou quando incoerências lógicas aparecem em relatórios publicados. Todavia, transgressões sutis, como a divulgação apenas de dados que satisfaçam as expectativas ou a divulgação enganosa de resultados, são difíceis de detectar. A linha divisória entre a conduta errada intencional e a simples má ciência nem sempre é clara.

Para educar os pesquisadores quanto à conduta adequada da ciência, e para orientá-los a contornar as muitas armadilhas éticas que estão presentes, a maioria das organizações científicas adota códigos de ética formais. No Capítulo 3, apresentaremos os princípios éticos da APA que regem a pesquisa com humanos e animais. Como você verá, os dilemas éticos surgem com frequência. Veja uma pesquisa realizada por Klinesmith, Kasser e McAndrew (2006), que testou se sujeitos do sexo masculino que manuseavam uma arma em um ambiente laboratorial ficavam mais agressivos subsequentemente. Os pesquisadores disseram aos sujeitos que o experimento investigaria se prestar atenção a detalhes influencia a sensibilidade ao paladar. Os participantes foram divididos aleatoriamente em duas condições. Em um grupo, cada sujeito manuseava uma arma e escrevia um conjunto de instruções para montar e desmontar a arma. Na segunda condição, os participantes escreviam instruções semelhantes, enquanto interagiam com o jogo Mouse Trap™. Depois, cada um provava e avaliava uma amostra de água (85g) com uma gota de molho picante, preparada pelo sujeito anterior. Essa era a parte do "teste de sensibilidade" do experimento. A seguir, os sujeitos recebiam água e molho picante e deviam preparar a amostra para o próximo participante. A quantidade de molho picante que acrescentavam servia como medida da agressividade. De forma condizente com suas previsões, os pesquisadores observaram que os sujeitos que haviam manuseado a arma adicionaram uma quantidade significativamente maior de molho picante à água ($M = 13,61g$) do que os sujeitos que interagiram com o jogo ($M = 4,23g$).

Essa pesquisa suscita várias questões importantes: em que condições os pesquisadores devem ter permissão para enganar os sujeitos de pesquisa quanto à verdadeira natureza do experimento? Será que o benefício da informação obtida sobre armas e agressividade compensa o risco associado ao engano? Será que os sujeitos que manusearam a arma teriam adicionado menos molho picante se soubessem que o experimento na verdade investigava a relação entre armas e agressividade?[1]

O engano é apenas uma das muitas questões éticas que os pesquisadores devem confrontar. Como outra ilustração de preocupações éticas, considere que, às vezes, são usados sujeitos animais para ajudar a entender a psicopatologia humana. Isso pode significar expor sujeitos animais a condições estressantes e mesmo dolorosas e, às vezes, matar os animais para exames póstumos.

Em que condições se deve permitir a pesquisa psicológica com sujeitos animais? A lista de questões éticas suscitadas pela pesquisa psicológica é longa. Assim, é de máxima importância que você se familiarize com os princípios éticos da APA e sua aplicação nos primeiros estágios da sua carreira como pesquisador, e que você participe (como sujeito de pesquisa, assistente ou pesquisador principal) somente de pesquisas que cumpram os mais elevados padrões de integridade científica. Nossa esperança é que o seu estudo de métodos de pesquisa permita que você faça boas pesquisas e saiba discernir quais pesquisas devem ser feitas.

Pensando como pesquisador

- "Pensar como pesquisador" é ser cético quanto a hipóteses sobre as causas do comportamento e processos mentais, mesmo aquelas que são feitas com base em estudos científicos "publicados".
- As evidências mais fortes para uma hipótese sobre o comportamento advêm de evidências convergentes de muitos estudos, embora os cientistas reconheçam que as hipóteses são sempre probabilísticas.

Um passo importante que um estudante de psicologia deve dar é aprender a pensar como pesquisador. Mais do que qualquer outra coisa, os cientistas são céticos. Uma atitude cética quanto a hipóteses sobre as causas do comportamento e processos mentais é outra característica importante do método científico em psicologia. Os cientistas não apenas querem "ver para crer", como provavelmente vão de querer ver e ver de novo, talvez em condições que eles mesmos escolham. Os pesquisadores procuram tirar conclusões baseadas em evidências empíricas, em vez de em seu juízo subjetivo (ver Quadro 1.2). As evidências científicas mais fortes são evidências convergentes obtidas de diferentes estudos que investigam a mesma pergunta de pesquisa. Os cientistas comportamentais são céticos porque reconhecem que o comportamento é complexo e que, muitas vezes, muitos fatores interagem para causar um fenômeno psicológico. Descobrir esses fatores pode ser uma tarefa difícil. As explicações propostas às vezes são prematuras porque nem todos os fatores que podem explicar um fenômeno foram considerados ou sequer notados. Os cientistas comportamentais também reconhecem que a ciência é uma atividade humana. Portanto, os cientistas tendem a ser céticos quanto a "novas descobertas", tratamentos e afirmações extraordinárias, mesmo aquelas que advenham de estudos "publicados".

O ceticismo dos cientistas os leva a ser mais cautelosos do que muitas pessoas sem formação científica. Muitas pessoas têm facilidade para aceitar explicações baseadas em evidências insuficientes ou inadequadas. Isso é ilustrado pela crença disseminada no oculto. Em vez de abordar as hipóteses para acontecimentos paranormais com cautela, muitas pessoas aceitam tais afirmações de maneira acrítica. Segundo pesquisas sobre a opinião pública, a maioria dos norte-americanos acredita em percepção extrassensorial, e algumas pessoas estão convencidas de que seres do espaço já visitaram a Terra. Em torno de dois

---

☑ **Quadro 1.2**

PSICOLOGIA CLÍNICA E CIÊNCIA

Será que os psicólogos clínicos aplicam os últimos resultados de pesquisas científicas psicológicas no tratamento de seus pacientes?

Em uma crítica recente sobre a prática da psicologia clínica, os drs. Timothy Baker, Richard McFall e Varda Shoham, todos psicólogos clínicos renomados, respondem essa pergunta com um sonoro "não". Sua análise ampla da prática de psicólogos clínicos, que foi publicada na edição de novembro de 2009 da revista *Psychological Science in the Public Interest*, da APA, foi divulgada por vários órgãos da mídia, incluindo a revista *Newsweek* (12 de outubro de 2009).

Nas últimas décadas, os pesquisadores clínicos demonstraram a efetividade – inclusive em termos de custo – de tratamentos psicológicos para muitos transtornos mentais (p.ex., terapia cognitivo-comportamental). Ainda assim, segundo os autores, relativamente poucos psicólogos aprendem ou usam esses tratamentos efetivos. Baker e colaboradores afirmam que a psicologia clínica atual é parecida com a prática médica pré-científica que existia no século XIX e começo do século XX, na qual os médicos rejeitavam as práticas científicas em favor da sua experiência pessoal. Pesquisas indicam que o psicólogo clínico de hoje é mais provável de se basear em suas próprias opiniões sobre "o que funciona" do que em evidências

científicas para tratamentos com base empírica. De fato, Baker e colaboradores observavam que o psicólogo clínico mediano não conhece os resultados de pesquisas sobre tratamentos com base empírica e provavelmente não tem a formação científica necessária para entender a metodologia ou resultados das pesquisas.

Baker, McFall e Shoham (2009) afirmam que deve haver mudanças urgentes nos programas de formação para psicólogos clínicos, do mesmo modo como a formação médica foi totalmente reformada no começo dos 1900s para conferir uma base científica à medicina. Sem fundamentação científica, os psicólogos clínicos continuarão a perder seu papel na saúde mental e comportamental. Baker e colaboradores acreditam que uma formação e treinamento de qualidade e centrados na ciência devem ocupar um lugar central na formação em psicologia clínica, e que a prática da psicologia clínica sem uma forte base em ciência deve ser estigmatizada.

Para estudantes que usam este livro e se interessam por psicologia clínica, esperamos que, à medida que aprender nos diversos métodos de pesquisa em psicologia, vocês enxerguem esta introdução aos métodos de pesquisa apenas como um primeiro passo necessário em sua prática bem-sucedida e ética em psicologia clínica.

em cada cinco norte-americanos acreditam que o horóscopo é confiável, e até 12 milhões de adultos dizem mudar de comportamento depois de lerem textos de astrologia (Miller, 1986). Essas crenças existem, apesar das evidências mínimas e muitas vezes negativas para a validade do horóscopo.

Os cientistas, é claro, não pressupõem automaticamente que as interpretações heterodoxas de fenômenos inexplicados não possam ser verdadeiras. Eles simplesmente insistem em poder testar todas as hipóteses e rejeitar aquelas que inerentemente não possam ser testadas. O ceticismo científico é uma defesa do público crédulo contra charlatães e impostores que vendem remédios e curas ineficazes, esquemas impossíveis para enriquecer e explicações sobrenaturais para fenômenos naturais. Ao mesmo tempo, contudo, é importante lembrar que a confiança desempenha um papel tão grande quanto o ceticismo na vida do cientista. Para realizar suas pesquisas, os cientistas devem confiar em seus instrumentos, em seus sujeitos, nos relatórios de pesquisa dos seus colegas e em seu próprio juízo profissional.

Já dissemos que, para pensar como pesquisador, você deve ser cético quanto a evidências e hipóteses. Você certamente sabe alguma coisa sobre evidências e hipóteses se tiver lido qualquer livro detalhando um crime e julgamento, ou assistido a alguns filmes ou dramas jurídicos populares na televisão. Os detetives, advogados e outras pessoas que atuam na profissão da lei coletam evidências a partir de uma variedade de fontes e tentam convergir as evidências para construir hipóteses sobre o comportamento das pessoas. Uma pequena quantidade de evidências pode ser suficiente para *suspeitar* que alguém cometeu um crime, mas são necessárias evidências convergentes de muitas fontes para *condenar* a pessoa. Os cientistas da psicologia trabalham da mesma maneira – eles coletam evidências para construir hipóteses sobre o comportamento e processos psicológicos.

A ênfase principal deste texto será em detalhar os diferentes métodos de pesquisa que resultam em diferentes tipos de evidências e conclusões. À medida que avançar em seu estudo da metodologia de pesquisa, você verá que existem importantes – e diferentes – princípios científicos que se aplicam à publicação de uma observação comportamental ou levantamento estatístico, identificando uma relação entre fatores (ou "variáveis") e afirmando que existe uma conexão causal entre as variáveis. As evidências científicas mais fortes assemelham-se às evidências convergentes necessárias em um julgamento para obter uma condenação. Mesmo quando os pesquisadores têm evidências fortes para suas conclusões a partir de replicações (repetições) de um experimento, eles estão em uma situação semelhante à de jurados que consideram uma pessoa culpada além de dúvida. Os pesquisadores e os jurados buscam a verdade, mas suas conclusões são essencialmente probabilísticas. A certeza está além do alcance de jurados e cientistas.

Aprendendo a pensar como pesquisador, você pode desenvolver dois conjuntos importantes de habilidades. A primeira habilidade proporcionará que você seja um consumidor mais efetivo de publicações científicas, para que possa tomar decisões pessoais e profissionais mais informadas. A segunda habilidade proporcionará que você aprenda como fazer pesquisa, para que possa contribuir para a ciência da psicologia. Esmiuçaremos esses dois aspectos do método científico ao longo do texto, mas os apresentaremos brevemente neste capítulo. Primeiro, descrevemos uma ilustração para a razão por que é importante pensar como pesquisador ao avaliar resultados de pesquisas apresentadas na mídia. Depois, descrevemos como os pesquisadores começam quando querem reunir evidências usando o método científico.

Avaliando resultados de pesquisas divulgados na mídia

- Nem toda a ciência publicada na mídia é "boa ciência". Devemos questionar o que lemos e ouvimos.

34 Shaughnessy, Zechmeister & Zechmeister

- Os artigos publicados na mídia que resumem pesquisas originais podem omitir aspectos críticos do método, resultados ou interpretações da pesquisa.

Os pesquisadores em psicologia publicam seus resultados em periódicos profissionais, que estão disponíveis na forma impressa ou eletrônica. A maioria das pessoas que conhecem resultados de pesquisas psicológicas, contudo, o faz por intermédio dos meios de comunicação – a internet, periódicos e revistas, rádio e televisão. Grande parte dessas pesquisas é válida. A pesquisa psicológica pode ajudar as pessoas em uma variedade de áreas, como ajudar as pessoas a aprender maneiras de se comunicar com um parente com doença de Alzheimer, evitar brigas ou aprender a perdoar. Todavia, quando a pesquisa é divulgada na mídia, podem surgir dois problemas sérios. O primeiro problema é que a pesquisa publicada na mídia nem sempre é boa pesquisa. Um leitor crítico deve separar a boa da má pesquisa – quais resultados são sólidos e quais ainda não foram confirmados. Também devemos decidir quais resultados devemos aplicar em nossas vidas e quais exigem uma atitude de esperar para ver. É justo dizer que grande parte da pesquisa não é muito boa, devido aos diferentes meios pelos quais a pesquisa psicológica é divulgada. Então, temos uma boa razão para questionar a pesquisa sobre a qual lemos ou ouvimos pelos meios de comunicação.

Um segundo problema que pode surgir quando pesquisas científicas são divulgadas pelos meios de comunicação é que "algo pode se perder na tradução". Os relatos na mídia geralmente são resumos da pesquisa original, e certos aspectos críticos do método, resultados ou interpretação da pesquisa podem estar faltando no resumo apresentado. Quanto mais você descobrir sobre o método científico, melhores serão suas perguntas para discernir a qualidade da pesquisa divulgada e para determinar as informações críticas que faltam na matéria publicada. Por enquanto, podemos dar uma ideia dos tipos de perguntas que você pode fazer olhando um exemplo de uma pesquisa divulgada na mídia.

Não muito tempo atrás, houve um fenômeno amplamente divulgado, chamado "efeito Mozart". Manchetes como "Música clássica faz bem para cérebros de bebês" eram comuns à época. Essas manchetes chamavam a atenção das pessoas, especialmente a atenção de pais novos. As matérias da mídia indicavam que os pais estavam tocando música clássica para seus bebês na esperança de aumentar a inteligência dos filhos. Um milhão de novas mães receberam um CD gratuito chamado "Sinfonias inteligentes", juntamente com a fórmula grátis para o bebê. De forma clara, os distribuidores e muitos novos pais foram persuadidos de que o efeito Mozart era real.

A ideia de que ouvir música pode aumentar a inteligência de recém-nascidos é intrigante. Quando você encontrar ideias intrigantes como essa na mídia, um bom primeiro passo é: *consulte a fonte original em que a pesquisa foi publicada*. Nesse caso, o artigo original foi publicado em um periódico respeitável, *Nature*. Rauscher, Shaw e Ky (1993) descreveram um experimento em que um único grupo de estudantes universitários ouvia uma obra de Mozart por 10 minutos, ficava em silêncio por 10 minutos, ou ouvia instruções de relaxamento por 10 minutos antes de fazer um teste de raciocínio espacial. O desempenho no teste foi melhor após ouvir Mozart do que nas outras duas condições, mas o efeito desaparecia depois de um período adicional de 10 a 15 minutos.

Os resultados publicados na fonte original podem ser considerados sólidos, mas as extrapolações desses resultados são bastante questionáveis. Estavam incentivando um milhão de mulheres a tocar "sinfonias inteligentes" para seus bebês com base em um efeito demonstrado em um tipo muito específico de teste de raciocínio com estudantes universitários, e o efeito durou, no máximo, 15 minutos! Embora tenham sido realizados alguns estudos com crianças, os resultados ambíguos de todas as pesquisas indicam que algo se perdeu na "tradução" (pela mídia) da pesquisa original para a aplicação ampla do efeito Mozart. Pessoas que são suficientemente céticas para fazer perguntas quando ouvem ou leem relatos sobre pesquisas na mídia, e conhecedoras o suficiente para lerem pesquisas nas fontes originais, são menos prováveis de serem mal-informadas. Seu trabalho é ser cético; o nosso é proporcionar neste texto o conhecimento para permitir que você leia de forma crítica as fontes originais que publicam resultados de pesquisas.

Começando a fazer pesquisa

- Ao começar um projeto de pesquisa, os estudantes podem responder à primeira pergunta, "o que estudar?", revisando temas psicológicos discutidos nos periódicos, livros e disciplinas de psicologia.
- Uma hipótese de pesquisa é uma explicação provisória para um fenômeno; ela costuma ser formulada na forma de uma previsão, juntamente com uma explicação para o resultado previsto.
- Os pesquisadores geram hipóteses de muitas maneiras, mas sempre revisam estudos psicológicos publicados antes de começarem suas pesquisas.
- Para decidir se sua pergunta de pesquisa é boa, os pesquisadores consideram a importância científica, o escopo e os prováveis resultados da pesquisa, e se a ciência psicológica será beneficiada.
- A abordagem com métodos múltiplos, que busca respostas usando diversas metodologias de pesquisa e medidas, é a melhor esperança da psicologia para entender o comportamento e a mente.

À medida que começarmos a aprender como os pesquisadores da psicologia coletam dados, veremos conselhos de vários pesquisadores especialistas a respeito de um dos aspectos mais fundamentais da pesquisa – como começar. Organizaremos esta seção em torno de três perguntas que os pesquisadores se fazem quando começam um projeto de pesquisa:

- O que devo estudar?
- Como desenvolvo uma hipótese para testar em minha pesquisa?
- Minha pergunta de pesquisa é boa?

Existem muitas decisões que devem ser tomadas antes de começar a fazer pesquisa em psicologia. A primeira, é claro, é qual tema estudar. Muitos estudantes abordam o campo da psicologia com interesses em psicopatologia e questões associadas à saúde mental. Outros estão intrigados com os enigmas que rodeiam a cognição humana, como a memória, a resolução de problemas e a tomada de decisões. Outros, ainda, estão interessados em problemas da psicologia do desenvolvimento e social. A psicologia proporciona um cardápio de possibilidades de pesquisa a explorar, como é ilustrado pelas literalmente centenas de periódicos científicos que publicam os resultados de pesquisas em psicologia. Você pode encontrar informações sobre as muitas áreas de pesquisa em psicologia revisando o conteúdo de um livro de introdução à psicologia. Informações mais específicas podem ser encontradas, é claro, nas muitas classes oferecidas pelo departamento de psicologia da sua faculdade ou universidade, como psicologia anormal, psicologia cognitiva e psicologia social.

Não são apenas os estudantes que se interessam por perguntas de pesquisa em psicologia. Em julho de 2009, uma edição inteira da revista *Perspectives in Psychological Science* foi dedicada a discussões sobre perguntas de pesquisa e os rumos para o futuro da psicologia (Diener, 2009). Os principais pesquisadores de diversas áreas da psicologia identificaram perguntas importantes de seus campos – por exemplo, perguntas relacionadas com as conexões entre a mente e o cérebro, psicologia evolutiva e até interações entre seres humanos e androides. Ao procurar uma pergunta de pesquisa, ler esses artigos pode ser um bom modo de começar!

Os estudantes muitas vezes desenvolvem seus temas iniciais de pesquisa por meio de suas interações com professores de psicologia. Muitos professores fazem pesquisa e gostam de envolver estudantes em grupos de pesquisa. Você só precisa procurar. Os departamentos de psicologia também oferecem muitos outros recursos para ajudar os alunos a desenvolverem suas ideias de pesquisa. Uma oportunidade é na forma de "colóquios". Um colóquio é uma apresentação formal de pesquisas, na qual os pesquisadores, às vezes de outras universidades, apresentam suas teorias e resultados de pesquisas para professores e estudantes do departamento. Espere pelo convite para os próximos colóquios em seu departamento de psicologia.

Não importa como ou onde você começa a desenvolver um tema, um passo inicial importante é explorar a literatura publicada sobre pesquisas psicológicas. Existem várias razões por que você deve revisar a literatura da psicologia antes de começar a fazer pesquisa. Uma razão óbvia é que a resposta à sua pergunta de pesquisa pode já existir. Outra pessoa pode ter feito a mesma pergunta e oferecido uma resposta, ou pelo menos uma resposta parcial. É bastante provável que você encontre resultados de pesquisas que estejam relacionados com a sua pergunta de pesquisa. Embora talvez você fique decepcionado por descobrir que sua pergunta de pesquisa já foi investigada, considere que o fato de encontrar outras pessoas que fizeram pesquisas sobre a mesma ideia ou uma ideia semelhante reafirma a importância da sua ideia. Fazer pesquisa sem uma análise cuidadosa do que já se sabe pode ser interessante ou divertido (certamente pode ser fácil); talvez você possa chamar isso de *hobby*, mas não pode chamar de ciência. *A ciência é uma atividade cumulativa – a pesquisa atual baseia-se em pesquisas anteriores.*

Uma vez que você identificou um *corpus* de literatura relacionado com a sua ideia de pesquisa, suas leituras podem levá-lo a descobrir inconsistências ou contradições nas pesquisas publicadas. Talvez você também verifique que os resultados das pesquisas são limitados, em termos da natureza dos participantes estudados ou das circunstâncias em que a pesquisa foi feita, ou existe uma teoria psicológica que precisa ser testada. Depois de fazer tal descoberta, você tem uma pista sólida, um caminho a seguir em sua pesquisa.

Ao ler a literatura psicológica e refletir sobre perguntas de pesquisa possíveis, você também pode considerar como os resultados de estudos psicológicos são aplicados a problemas da sociedade. Enquanto aprende a fazer pesquisa em psicologia, você pode considerar maneiras em que esse conhecimento pode ser usado para gerar investigações que tornem a humanidade um pouquinho melhor.

Revisar a literatura psicológica não é a tediosa tarefa que costumava ser; as buscas na literatura com o auxílio do computador, incluindo o uso da internet, tornaram a identificação de pesquisas psicológicas uma tarefa relativamente fácil, e até animadora. No Capítulo 13 deste livro, mostramos como pesquisar a literatura da psicologia, incluindo modos de usar bancos de dados computadorizados para a sua busca.

Finalmente, conforme aponta Sternberg (1997), a escolha de uma questão para investigar não deve ser abordada superficialmente. Certas perguntas simplesmente não merecem ser feitas, pois suas respostas não trazem esperança de avançar a ciência da psicologia. As perguntas são, em uma palavra, insignificantes, ou, na melhor hipótese, triviais. Sternberg (1997) sugere que os estudantes que sejam novos no campo da pesquisa psicológica considerem várias perguntas antes de decidirem que têm uma boa pergunta de pesquisa:

- Por que essa questão poderia ser cientificamente importante?
- Qual é o escopo dessa pergunta?
- Quais são os resultados prováveis se eu implementar esse projeto de pesquisa?
- Até que nível a ciência psicológica avançará ao se descobrir a resposta a essa pergunta?

– Por que alguém estaria interessado nos resultados obtidos ao se fazer essa pergunta?

À medida que você começa o processo de pesquisa, a busca por respostas para essas perguntas pode exigir a ajuda de orientadores de pesquisa e outras pessoas que fizeram suas próprias pesquisas com sucesso. Esperamos que a sua capacidade de responder essas perguntas aumente à medida que você aprender mais sobre a teoria e pesquisa em psicologia, e à medida que você ler sobre os muitos exemplos de pesquisas psicológicas interessantes e significativas que descrevemos neste livro.

A próxima decisão é um pouco mais difícil. Quando os pesquisadores começam, eles procuram identificar sua hipótese de pesquisa. Uma **hipótese** é uma tentativa de explicação para um fenômeno. Muitas vezes, a hipótese é enunciada na forma de uma previsão para um certo resultado, juntamente com uma explicação para a previsão. Propusemos uma hipótese de pesquisa anteriormente, quando sugerimos que os efeitos (p.ex., aumento na agressividade) da violência na mídia podem ser mais fortes para *videogames* do que para assistir à televisão passivamente, pois os jogadores estão ativamente envolvidos em atos agressivos, aumentando assim as suas tendências agressivas. (Uma hipótese alternativa pode sugerir que os efeitos dos *videogames* talvez sejam *menores* porque os jogadores têm uma oportunidade que os telespectadores passivos não têm para liberar seus impulsos agressivos.)

McGuire (1997) identificou 49 regras simples ("heurísticas") para gerar uma hipótese a ser testada cientificamente. Não podemos revisar todas as 49 sugestões aqui, mas podemos dar uma ideia do raciocínio de McGuire listando algumas dessas heurísticas. Ele sugere, por exemplo, que podemos gerar uma hipótese para um estudo

– pensando sobre desvios (singularidades, exceções) em relação a uma tendência ou princípio geral;

– imaginando como agiríamos em uma determinada situação ou se enfrentássemos um determinado problema;
– considerando problemas semelhantes cuja solução seja conhecida;
– fazendo observações prolongadas e deliberadas de uma pessoa ou fenômeno (p.ex., fazendo um "estudo de caso");
– gerando exemplos contrários para uma conclusão óbvia sobre o comportamento;
– tomando emprestadas as ideias ou teorias de outras disciplinas.

É claro que identificar uma pergunta ou hipótese de pesquisa não diz necessariamente como se deve fazer a pesquisa. O que se quer saber exatamente? Responder essa pergunta significa que você deve tomar outras decisões que abordaremos no decorrer deste texto. Como pesquisador, você deve se fazer perguntas como "devo fazer um estudo qualitativo ou quantitativo? Qual é a natureza das variáveis que quero investigar? Como encontro medidas do comportamento que sejam confiáveis e válidas? Qual é o método de pesquisa mais adequado para minha pergunta de pesquisa? Que tipos de análises estatísticas serão necessárias? Os métodos que eu escolhi cumprem padrões morais e éticos aceitos?". Esses e outros passos associados ao processo científico são ilustrados na Tabela 1.1. Não se preocupe se os termos nessas perguntas e na Tabela 1.1 não forem familiares. À medida que avançar neste texto sobre metodologia de pesquisa em psicologia, você aprenderá sobre esses passos do processo de pesquisa. A Tabela 1.1 será um ótimo guia quando você começar a fazer a sua própria pesquisa.

Este texto apresenta as maneiras como os psicólogos usam o método científico. Como você sabe, a psicologia é uma disciplina com muitas áreas de estudo e muitas questões. Nenhuma metodologia de pesquisa única pode responder todas as perguntas que os psicólogos têm sobre o comportamento e os processos mentais. Assim, a melhor abordagem para responder nossas questões é a **abordagem multimétodos** – ou

☑ EXERCÍCIO

Neste exercício, crie hipóteses usando um item de cada coluna. Relacione um evento ou comportamento da primeira coluna com um resultado da segunda, e uma explicação possível da terceira. Um exemplo de hipótese é ilustrado.

Evento ou comportamento	Resultado	Explicação
1 exposição a imagens de corpos magros	1 aumentar a solicitude	1 reinterpretação de fatos
2 ataque terrorista de 11/9/2001	2 benefícios à saúde	2 aumento na empatia
3 escrever sobre eventos emotivos	3 aumento em mortes no trânsito	3 comparação do *self* com o ideal
4 imitar comportamento e atitude	4 insatisfação com o corpo	4 medo de viagens aéreas

Exemplo de hipótese: escrever sobre fatos emotivos causa benefícios à saúde, possivelmente devido à reinterpretação dos fatos que se faz ao escrever. [Pennebaker e Francis, 1996]

seja, procurar uma resposta usando várias metodologias de pesquisa e medidas do comportamento. O objetivo deste livro é ajudar você a montar um "arsenal" com estratégias para fazer pesquisa. Como você verá ao longo do livro, qualquer método ou medida do comportamento pode ter falhas ou ser incompleto em sua capacidade de responder perguntas de pesquisa de forma plena. Quando os pesquisadores usam métodos múltiplos, as falhas associadas a um método específico são superadas por outros métodos que "preenchem as lacunas". Assim, uma vantagem importante da abordagem multimétodos é que os pesquisadores obtêm uma compreensão mais completa do comportamento e dos processos mentais. Esperamos que, com essas ferramentas – os métodos de pesquisa descritos neste texto – você esteja no caminho para responder suas próprias perguntas no campo da psicologia.

Resumo

Os psicólogos buscam entender o comportamento e os processos mentais desenvolvendo teorias e fazendo pesquisas psicológicas. Os estudos psicológicos podem ter um impacto importante sobre os indivíduos e a sociedade; um exemplo é a pesquisa que mostra o impacto negativo da violência nos meios de comunicação. Os pesquisadores usam o método científico, que enfatiza uma abordagem empírica para entender o comportamento; essa abordagem baseia-se na observação direta e experimentação para responder as perguntas. A prática científica ocorre em contextos históricos, socioculturais e morais. Historicamente, a revolução digital foi instrumental na mudança de ênfase do behaviorismo para a psicologia cognitiva. Muitos psicólogos, do passado e do presente, ajudaram a desenvolver o diverso campo da psicologia.

O contexto sociocultural influencia a pesquisa psicológica em termos do que os pesquisadores decidem estudar e da aceitação da sociedade em relação a seus achados. A cultura também influencia a pesquisa quando ocorre etnocentrismo. Nesse viés, as pessoas tentam entender o comportamento de indivíduos que vivem em uma cultura diferente por meio dos modelos ou visões da sua própria cultura. O contexto moral exige que os pesquisadores mantenham os mais elevados padrões de comportamento ético. Violações claras da integridade científica incluem a fabricação de dados, plágio, a divulgação seletiva de resultados de pesquisa, a falta de reconhecimento de indivíduos que fizeram contribuições signi-

Tabela 1.1 Etapas do processo de pesquisa

Etapa	Como?	Capítulo
Desenvolver uma pergunta de pesquisa.	• Mantenha-se atento ao etnocentrismo.	1
	• Adquira experiência pessoal fazendo pesquisa.	1
	• Leia a literatura psicológica.	1, 13
Gerar uma hipótese de pesquisa.	• Leia teorias psicológicas sobre o seu tema.	1, 2
	• Considere a experiência pessoal, pense em exceções e observe inconsistências em pesquisas anteriores.	1
Criar definições operacionais.	• Procure pesquisas anteriores para ver como outras pessoas definiram o mesmo construto ou construtos semelhantes.	2
	• Identifique as variáveis que vai analisar.	2
Escolher um desenho de pesquisa.	• Identifique uma amostra de participantes.	4, 5
	• Decida se a sua pergunta de pesquisa procura descrever, fazer previsões ou identificar relações causais.	2
	• Escolha desenhos observacionais e correlacionais de descrição e previsão.	4, 5
	• Escolha um desenho experimental para uma pergunta de pesquisa causal.	6, 7, 8
	• Escolha um desenho de caso único quando quiser entender e tratar um grupo pequeno ou um indivíduo.	9
	• Escolha um desenho quase-experimental para uma pergunta de pesquisa causal em situações onde o controle experimental for pouco possível.	10
Avaliar a ética da sua pesquisa.	• Identifique os riscos e benefícios potenciais da pesquisa e as maneiras em que o bem-estar dos sujeitos será protegido.	3
	• Submeta a proposta a um comitê de ética.	3
	• Peça permissão de pessoas em posição de autoridade.	3, 10
Coletar e analisar dados; tirar conclusões.	• Conheça os dados.	11
	• Sintetize os dados.	11
	• Confirme o que os dados revelam.	12
Divulgar os resultados da pesquisa.	• Apresente os resultados em uma conferência científica.	13
	• Submeta um artigo escrito sobre o estudo para um periódico de psicologia.	13

ficativas para a pesquisa, o uso indevido de verbas de pesquisa e o tratamento eticamente incorreto de seres humanos e animais. O código de ética da APA orienta a pesquisa e ajuda os pesquisadores a avaliar dilemas éticos como os riscos e benefícios associados ao engano e ao uso de animais na pesquisa.

Os pesquisadores devem se manter céticos quanto a afirmações sobre o comportamento e os processos mentais. As evidências mais fortes para uma hipótese advêm de evidências convergentes entre muitos estudos, embora os cientistas reconheçam que todos os resultados de pesquisas são probabilísticos, em vez de definitivos. Existem dois problemas com os relatos de pesquisas publicados na mídia: a pesquisa pode não cumprir os padrões, e as matérias publicadas nos meios de comunicação geralmente são resumos da pesquisa original. Um importante primeiro passo para avaliar os relatos da mídia é ir à publicação original para aprender mais sobre os métodos e procedimentos da pesquisa.

O primeiro passo para começar a pesquisar é criar uma pergunta de pesquisa. Os estudantes têm ideias de pesquisa a partir de seus livros e disciplinas e por meio de interações com os professores. O próximo passo é desenvolver uma hipótese de pesquisa. Uma hipótese de pesquisa é uma tentativa de explicação para o fenômeno a ser testado, e costuma ser formulada como uma previsão, juntamente com uma explicação para o resultado previsto. Embora hipóteses de pesquisa sejam desenvolvidas de muitas maneiras, uma parte essencial desse passo é revisar a literatura de pesquisa psicológica relacionada com o tema. Finalmente, é importante avaliar se as respostas a uma pergunta de pesquisa contribuirão significativamente para a compreensão dos psicólogos sobre o comportamento e os processos mentais.

Uma abordagem multimétodos emprega diversas metodologias de pesquisa e medidas para responder perguntas de pesquisa e chegar a um entendimento mais completo do comportamento. Os cientistas reconhecem que qualquer método ou medida do comportamento tem falhas ou é incompleto; o uso de métodos múltiplos permite que os pesquisadores "preencham as lacunas" deixadas por algum método específico. O objetivo deste livro é apresentar a variedade de métodos de pesquisa que os psicólogos usam para responder suas perguntas.

Conceitos básicos

método científico   23
abordagem empírica   24
etnocentrismo   29

hipótese   37
abordagem multimétodos   37

Questões de revisão

1. Descreva duas características importantes do método científico.
2. Por que os primeiros psicólogos escolheram a abordagem empírica como seu método preferido para investigações psicológicas?
3. Identifique duas maneiras em que o computador foi crítico para o desenvolvimento da psicologia no século XX.
4. Dê um exemplo de (1) como fatores sociais e culturais podem influenciar a escolha de temas de pesquisa dos psicólogos e (2) como fatores socioculturais podem influenciar a aceitação de resultados de pesquisas pela sociedade.
5. Descreva como o etnocentrismo pode ser um problema na pesquisa e sugira um modo em que os pesquisadores podem prevenir esse viés.
6. O que significa dizer que a pesquisa ocorre dentro de um "contexto moral"?

7. Descreva dois dilemas éticos que os psicólogos podem enfrentar quando fazem pesquisa.
8. Explique por que os pesquisadores são céticos quanto aos resultados de pesquisas, e explique como sua atitude provavelmente difere da do público em geral.
9. Identifique duas razões que você daria a outra pessoa para explicar por que ela deve avaliar criticamente os resultados das pesquisas divulgadas no noticiário (p.ex., televisão, revistas).
10. Quais são os três passos iniciais que os pesquisadores dão quando começam um projeto de pesquisa?
11. Identifique duas razões por que é importante revisar a literatura psicológica quando se começa uma pesquisa.
12. Descreva a abordagem multimétodos de pesquisa e identifique sua principal vantagem.

Metodologia de pesquisa em psicologia **41**

☑ DESAFIOS

1. Considere a hipótese de que jogar *videogames* violentos faz as pessoas serem mais agressivas, comparado com assistir a violência passivamente na televisão.
   A. Como você testaria essa hipótese? Ou seja, o que você pode fazer para comparar as duas experiências diferentes de exposição à violência?
   B. Como você determinaria se as pessoas agiram de maneira violenta após a exposição à violência?
   C. Que outros fatores você deveria considerar para garantir que a *exposição à violência*, e não algum outro fator, foi o fator importante?
2. Em suas disciplinas, você aprendeu uma variedade de abordagens para adquirir conhecimento sobre as pessoas. Por exemplo, ao ler literatura, aprendemos sobre as pessoas pelos olhos do autor e dos personagens que ele criou. Como essa abordagem para adquirir conhecimento difere da usada por pesquisadores em psicologia? Quais são as vantagens e desvantagens de cada abordagem?
3. Ao longo da história da pesquisa em psicologia, testemunhamos uma mudança de ênfase da sensação-percepção para o behaviorismo e depois para a psicologia cognitiva. Dentro das diferentes áreas ou subdisciplinas da psicologia (p.ex., clínica, do desenvolvimento, neurociência, social), o número de temas de pesquisa aumentou imensamente.
   A. Que áreas da psicologia são de maior interesse para você, e por quê?
   B. Em sua biblioteca, folheie três ou quatro edições atuais de revistas em sua área de interesse (p.ex., *Developmental Psychology, Journal of Consulting and Clinical Psychology, Journal of Personality and Social Psychology*). (Peça nomes de outros periódicos ao seu professor ou bibliotecário.) Que temas os pesquisadores investigam? Você consegue observar alguma tendência nos temas ou no tipo de pesquisa feita? Descreva suas observações.
4. Identifique como o etnocentrismo pode desempenhar um papel no tipo de pesquisa que os seguintes grupos decidem fazer, apresentando uma pergunta de pesquisa que provavelmente seria de interesse para cada grupo.
   A. Homens ou mulheres
   B. Maioria étnica ou minoria étnica
   C. Conservador em política ou liberal em política
   D. Idades 18-25 ou 35-45 ou 55-65 ou 75-85

Resposta ao Exercício

1. A exposição a imagens de corpos magros causa insatisfação com o próprio corpo, possivelmente devido à comparação do *self* com uma imagem corporal ideal. (Dittmar, Halliwell e Ive, 2006)
2. Após o ataque terrorista de 11/9/2001, as mortes no trânsito aumentaram, possivelmente devido ao aumento no medo de viagens aéreas. (Gigerenzer, 2004)
3. Imitar o comportamento e a atitude de indivíduos faz com que busquem mais ajuda, possivelmente pelo aumento em seus sentimentos de empatia. (van Baaren, Holland, Kawakami e van Knippenberg, 2004)

Resposta ao Desafio 1

A. Um modo de testar essa hipótese seria usar dois grupos de sujeitos. Um grupo jogaria *videogames* violentos, e um segundo grupo assistiria a violência na televisão. Uma segunda maneira de testar a hipótese seria usar o mesmo grupo de sujeitos e expô-los aos dois tipos de violência em diferentes momentos.

B. Para determinar se as pessoas agem de forma mais agressiva após a exposição a *videogames* ou à televisão, seria necessário usar alguma medida do comportamento agressivo. Existe um número potencialmente ilimitado de medidas, talvez limitado apenas pela criatividade do pesquisador. Um bom primeiro passo é usar medidas que outros pesquisadores já usaram; desse modo, você pode comparar os resultados do seu estudo com resultados anteriores. As medidas da agressividade incluem pedir às pessoas para indicarem como responderiam a situações hipotéticas envolvendo raiva, ou observar como elas respondem aos experimentadores (ou outras pessoas) após a exposição à violência. No segundo caso, o pesquisador precisaria de uma *checklist* ou algum outro método para registrar o comportamento violento (ou não violento) dos participantes. Tenha em mente que a agressividade pode ser definida de diversas maneiras, incluindo comportamentos físicos, comportamentos verbais e mesmo pensamentos (mas observe a dificuldade para mensurar os últimos).

C. Seria importante garantir que os dois grupos – televisão *versus videogame* – fossem semelhantes em cada maneira, *exceto* na exposição à televisão ou ao *videogame*. Por exemplo, suponhamos que a sua pesquisa tivesse dois grupos de participantes: um grupo assistiria à televisão, e o outro jogaria *videogames*. Suponhamos, também, que seus resultados indicassem que os participantes que jogassem *videogames* fossem mais agressivos do que os que assistissem à televisão em sua medida da agressividade.

Haveria um problema se os participantes do *videogame* fossem naturalmente mais agressivos já no começo, comparados com os participantes da televisão. Seria impossível saber se a exposição à violência em sua pesquisa ou se suas diferenças naturais em agressividade explicam a diferença observada em agressividade em seu experimento. Portanto, você deveria se certificar de que os participantes de cada grupo fossem semelhantes antes da exposição à violência. Mais adiante no texto, você aprenderá a tornar os grupos semelhantes.

Você também deveria garantir que outros aspectos das experiências dos sujeitos fossem semelhantes. Por exemplo, você se certificaria de que o tempo de exposição à violência em cada grupo fosse o mesmo. Além disso, você tentaria garantir que o grau de violência no programa de televisão fosse semelhante ao grau de violência no *videogame*. Também seria importante que as experiências dos participantes não diferissem em outros fatores, como o fato de se existem outras pessoas presentes ou a hora do dia. Para demonstrar que jogar *videogame* causa mais (ou menos) agressividade do que assistir à televisão, o mais importante é que o único fator a diferir entre os grupos seja o tipo de exposição.

☑ Nota

1. Um componente crítico de qualquer pesquisa que usa engano é o procedimento de *debriefing* ao final do experimento, durante o qual a verdadeira natureza do experimento é explicada aos participantes (ver o Capítulo 3). Os participantes do estudo de Klinesmith e colaboradores (2006) foram informados de que o experimento investigava a agressividade, e não a sensibilidade do paladar, e que eles não deviam se sentir mal por algum comportamento agressivo que tivessem exibido. Nenhum dos participantes declarou ter suspeitado da verdadeira natureza do experimento durante o *debriefing*. Curiosamente, Klinesmith e colaboradores apontaram que alguns participantes ficaram decepcionados quando sua amostra de molho picante não era dada ao próximo participante!

2

O método científico

Abordagens científicas e corriqueiras ao conhecimento

- O método científico é empírico e exige observação sistemática e controlada.
- Os cientistas adquirem maior controle quando fazem um experimento; em um experimento, os pesquisadores manipulam variáveis independentes para determinar seu efeito sobre o comportamento.
- As variáveis dependentes são medidas do comportamento usadas para avaliar os efeitos de variáveis independentes.
- A publicação científica é imparcial e objetiva; a comunicação clara de construtos ocorre com o uso de definições operacionais.
- Instrumentos científicos acurados e precisos; mensurações físicas e psicológicas devem ser válidas e fidedignas.
- Uma hipótese é uma tentativa de explicar um fenômeno; as hipóteses testáveis têm conceitos (definições operacionais) definidos de forma clara, não são circulares e referem-se a conceitos que possam ser observados.

Por mais de 100 anos, o método científico foi a base para a investigação na disciplina da psicologia. O método científico não exige um tipo específico de instrumento, e não é associado a um determinado procedimento ou técnica. Conforme descrito no Capítulo 1, o método científico refere-se às maneiras como os cientistas fazem perguntas e à lógica e métodos usados para obter respostas. Existem muitas abordagens frutíferas para adquirirmos conhecimento sobre nós mesmos e o nosso mundo, como a filosofia, a teologia, a literatura, a arte e outras disciplinas. O método científico pode ser distinguido das outras abordagens, mas todas compartilham do mesmo objetivo – buscar a verdade. Uma das melhores maneiras de entender o método científico como meio para buscar a verdade é distingui-lo de nossos modos "corriqueiros" de saber. Assim como um telescópio e um microscópio ampliam as nossas capacidades corriqueiras de enxergar, o método científico amplia nossos meios corriqueiros de saber.

A Tabela 2.1 apresenta algumas diferenças importantes entre os modos científicos e corriqueiros de saber. Coletivamente, as características listadas como "científicas" definem o método científico. As distinções feitas na Tabela 2.1 enfatizam diferenças en-

Metodologia de pesquisa em psicologia **45**

tre os modos de pensar que caracterizam a abordagem do cientista ao conhecimento e a abordagem informal e casual que normalmente caracteriza o nosso pensamento corriqueiro. Essas distinções são sintetizadas nas páginas a seguir.

Abordagem e atitude geral

No Capítulo 1, descrevemos que, para pensar como pesquisador, você deve ser cético. Os cientistas psicológicos são cautelosos quanto a aceitar afirmações sobre o comportamento e os processos mentais e avaliam criticamente as evidências antes de aceitarem quaisquer afirmações. Todavia, em nossos modos corriqueiros de pensar, costumamos aceitar evidências e afirmações com pouca ou nenhuma avaliação das evidências. De um modo geral, fazemos muitos dos nossos juízos corriqueiros usando a intuição. Isso geralmente significa que agimos com base no que "parece certo" ou no que "parece razoável". Embora a intuição possa ser valiosa quando temos poucas informações, ela não está sempre correta. Considere, por exemplo, o que a intuição pode sugerir sobre as classificações de *videogames*, filmes e programas de televisão em relação ao conteúdo violento e sexual. Os pais usam as classificações para julgar a adequação do conteúdo da mídia para seus filhos, e a intuição faz crer que essas classificações sejam ferramentas

efetivas para prevenir a exposição ao conteúdo violento. Na verdade, talvez ocorra o exato oposto! A pesquisa indica que essas classificações podem atrair espectadores adolescentes para assistir a programas violentos e sexuais – o que Bushman e Cantor (2003) chamam de "efeito da fruta proibida". Assim, em vez de limitar a exposição ao conteúdo violento e sexual, as classificações podem *aumentar* a exposição, pois "as classificações servem como uma forma conveniente de encontrar tal conteúdo" (p. 138).

Quando usamos a nossa intuição para fazer avaliações, muitas vezes não reconhecemos que as nossas percepções podem estar distorcidas por vieses cognitivos, ou que podemos não ter considerado todas as evidências disponíveis (Kahneman e Tversky, 1973; Tversky e Kahneman, 1974). Daniel Kahneman ganhou o Prêmio Nobel em 2002 por sua pesquisa sobre como os vieses cognitivos influenciam as escolhas econômicas das pessoas. Um tipo de viés cognitivo, chamado de correlação ilusória, envolve a nossa tendência de perceber uma relação entre fatos quando não existe nenhuma. Susskind (2003) mostrou que as crianças são suscetíveis a esse viés quando fazem avaliações sobre comportamentos de homens e mulheres. Em seu estudo, crianças olhavam fotografias de homens e mulheres em comportamentos estereotípicos (p.ex., uma mulher tricotando), contrários ao estereótipo (p.ex., um ho-

☑ **Tabela 2.1** Características de abordagens científicas e não científicas (corriqueiras) ao conhecimento

	Não científicas (corriqueiras)	Científicas
Abordagem geral:	Intuitiva	Empírica
Atitude:	Acrítica, aberta	Crítica, cética
Observação:	Casual, não controlada	Sistemática, controlada
Divulgação:	Tendenciosa, subjetiva	Imparcial, objetiva
Conceitos:	Ambíguos, com significados excessivos	Definições claras, especificidade operacional
Instrumentos:	Inacurados, imprecisos	Acurados, precisos
Medição:	Não válida ou fidedigna	Válida e fidedigna
Hipóteses:	Não testáveis	Testáveis

Baseadas em parte em distinções sugeridas por Marx (1963).

mem tricotando) e neutros (p.ex., uma mulher ou um homem lendo um livro), e depois deviam estimar a frequência com que viam cada fotografia. Os resultados indicaram que as crianças superestimaram o número de vezes que viam fotografias mostrando comportamentos estereotípicos, apresentando uma correlação ilusória. Suas expectativas de que homens e mulheres agiriam de modos estereotipados as levavam a crer que esses tipos de fotografias foram mostrados com mais frequência do que realmente o foram. Uma base possível para o viés de correlação ilusória é que somos mais prováveis de notar situações que condigam com as nossas crenças do que situações que as contradigam.

A abordagem científica ao conhecimento é empírica, em vez de intuitiva. A abordagem empírica enfatiza a *observação direta* e a *experimentação* como um modo de responder questões. Isso não significa dizer que a intuição não tenha nenhum papel na ciência. A princípio, a pesquisa pode ser orientada pela intuição do cientista. Todavia, em um certo momento, o cientista deve se orientar pelas evidências empíricas que a observação direta e a experimentação proporcionam.

Observação

Podemos aprender muito sobre o comportamento simplesmente observando os atos das pessoas. No entanto, as observações corriqueiras nem sempre são feitas de forma cuidadosa ou sistemática. A maioria das pessoas não tenta controlar ou eliminar fatores que possam influenciar os fatos em observação. Como resultado, muitas vezes, tiramos conclusões incorretas com base em nossas observações casuais. Considere, por exemplo, o caso clássico de Hans, o cavalo esperto. Hans era um cavalo que, segundo seu dono, um professor de matemática alemão, tinha talentos impressionantes. Hans sabia contar, fazer adições e subtrações simples (mesmo envolvendo frações), ler em alemão, responder perguntas simples ("o que a moça está segurando em suas mãos?"), dizer a data e a hora (Watson,

1914–1967). Hans respondia às perguntas batendo com a pata dianteira ou apontando o focinho para diferentes alternativas que lhe eram oferecidas. Seu dono o considerava realmente inteligente e negava que usasse qualquer truque para orientar o comportamento do cavalo. E, de fato, o Esperto Hans era esperto mesmo quando quem fazia a pergunta era alguém que não o seu dono.

Os jornais noticiavam histórias sobre suas apresentações, e centenas de pessoas vinham para ver o impressionante cavalo (Figura 2.1). Em 1904, formou-se uma comissão científica com o objetivo de descobrir a base para as capacidades de Hans. Para decepção de seu dono, os cientistas observaram que Hans não era inteligente em duas situações. Primeiro, ele não sabia as respostas para perguntas se a pessoa que fizesse a pergunta também não soubesse. Em segundo lugar, Hans não era muito inteligente se não conseguisse ver a pessoa que fazia as perguntas. O que os cientistas observaram? Eles descobriram que Hans estava respondendo a movimentos sutis da pessoa. Uma leve inclinação da pessoa fazia Hans começar a bater a pata, e qualquer movimento para cima ou para baixo o fazia parar de bater. A comissão demonstrou que as pessoas estavam involuntariamente dando pistas para Hans enquanto ele batia com a pata ou apontava. Desse modo, parece que Hans era melhor observador do que muitas das pessoas que o observavam!

Essa história famosa de Hans, o cavalo esperto, ilustra o fato de que a observação científica (ao contrário da observação casual) é sistemática e controlada. De fato, foi sugerido que o **controle** é o ingrediente essencial da ciência, distinguindo-a de procedimentos não científicos (Boring, 1954; Marx, 1963). No caso do Esperto Hans, os investigadores exerciam controle manipulando as condições, uma de cada vez, por exemplo, se a pessoa sabia a resposta para as perguntas que fazia e se Hans conseguia ver a pessoa que perguntava (ver a Figura 2.1). Usando a observação controlada, os cientistas obtêm um quadro mais claro dos fatores que causam um fenômeno. A obser-

☑ **Figura 2.1** Superior: Hans se apresenta perante uma plateia. Inferior: Hans sendo testado em condições mais controladas, quando não podia ver a pessoa que fazia as perguntas.

vação cuidadosa e sistemática do Esperto Hans é um exemplo do uso de controle por cientistas para entender o comportamento. O Quadro 2.1 descreve um exemplo de como a história do Esperto Hans de mais de 100 anos atrás informa os cientistas até hoje.

Os cientistas usam maior controle quando fazem um experimento. Em um **experimento**, os cientistas manipulam um ou mais fatores e observam os efeitos dessa manipulação sobre o comportamento. Os fatores que o pesquisador controla ou ma-

☑ Quadro 2.1
CÃES CONSEGUEM DETECTAR O CÂNCER? SÓ O FOCINHO PODE DIZER

A pesquisa sobre métodos para detectar o câncer deu uma virada interessante em 2004, quando pesquisadores publicaram os resultados de um estudo no *British Medical Journal*, demonstrando que cães treinados para cheirar amostras de urina conseguiram detectar câncer de bexiga nos pacientes em proporções maiores do que o acaso (Willis et al., 2004). A pesquisa continuou com relatos anedóticos em que donos de cachorros descreviam que seus animais de estimação haviam subitamente se tornado superprotetores ou obcecados por lesões na pele antes deles serem diagnosticados com câncer. O interesse na história foi tão grande que demonstrações semelhantes foram veiculadas em programas de televisão como *60 Minutes*.

Os céticos, contudo, citaram o exemplo do Esperto Hans para desafiar as observações divulgadas, argumentando que os cães usavam sinais sutis dos pesquisadores para discriminar amostras tiradas de pacientes com câncer ou de controles. Os proponentes do estudo insistiam que os pesquisadores e observadores estavam cegos ao verdadeiro *status* das amostras, de modo que não poderiam estar dando pistas aos cães. Estudos mais recentes sugerem resultados ambíguos (p.ex., Gordon et al., 2008; McCulloch et al., 2006). Os pesquisadores dessa nova área de

detecção do câncer solicitaram verbas de pesquisa para fazer mais experimentos. Atualmente, estamos esperando que os resultados desses estudos rigorosos nos digam se os cães podem, de fato, detectar o câncer.

nipula para determinar seu efeito sobre o comportamento são chamados **variáveis independentes**.[1] No mais simples dos estudos, a variável independente tem dois níveis. Esses dois níveis costumam representar a presença e a ausência de tratamento, respectivamente. A condição em que o tratamento está presente costuma ser chamada de condição experimental, e a condição em que o tratamento está ausente é chamada de condição de controle. Por exemplo, se quisermos estudar o efeito de beber álcool sobre a capacidade de processar informações complexas de forma rápida e precisa, a variável independente seria a presença ou ausência

de álcool em uma bebida. Os participantes na condição experimental receberiam álcool, ao passo que aqueles da condição de controle receberiam a mesma bebida sem álcool. Depois de manipular essa variável independente, o pesquisador pode pedir que os participantes joguem um *videogame* complicado para ver se eles são capazes de processar informações complexas.

As medidas do comportamento que são usadas para avaliar o efeito (se algum) das variáveis independentes são chamadas de **variáveis dependentes**. Em nosso exemplo de um estudo que investiga os efeitos do álcool sobre o processamento de informações complexas, o pesquisador pode medir o número de erros cometidos por sujeitos nas condições experimental e de controle ao jogarem o *videogame* difícil. O número de erros, então, seria a variável dependente.

Os cientistas tentam determinar se as diferenças que surgirem em suas observações da variável independente são causadas pelas diferentes condições da variável independente. Em nosso exemplo, isso significaria que, se houvesse diferença no número de erros ao jogar *videogame*, ela seria causada pelas diferenças nas condições da variável independente – se o álcool estava presente ou ausente. Para chegar a essa conclusão clara, porém, os pesquisadores devem usar técnicas adequadas de controle. Cada capítulo deste livro enfatiza como os pesquisadores usam técnicas de controle para estudar o comportamento e a mente.

Comunicação

Suponhamos que alguém lhe conte a respeito de uma aula a que você faltou. Provavelmente, você gostaria de um relato preciso do que aconteceu na classe. Ou talvez você tenha faltado a uma festa onde dois dos seus amigos tiveram uma discussão acalorada, e agora quer que alguém lhe conte o que aconteceu. Como você pode imaginar, tendências pessoais e impressões subjetivas costumam entrar nos relatos que recebemos em nosso cotidiano. Quando você pede a alguém para descrever um acontecimento, é provável que receba detalhes do fato (nem sempre corretos) juntamente com impressões pessoais.

Quando os cientistas divulgam seus resultados, eles tentam separar o que observaram do que concluíram ou inferiram com base nas observações. Por exemplo, considere a fotografia na Figura 2.2. Como você descreveria a alguém o que vê nela? Um modo de descrever essa cena é dizer que três pessoas estão correndo ao longo de um caminho. Você também pode descrever essa cena como três pessoas competindo. Se usar esta segunda descrição, estará relatando uma inferência tirada do que você viu, e não apenas relatando o que observou. A descrição de três pessoas correndo seria preferida em um artigo científico.

Podemos levar essa distinção entre descrição e inferência na divulgação a extremos. Por exemplo, descrever o que a Figura 2.2 mostra como correr pode ser considerado uma inferência, pois a observação pode ser que três pessoas estão mexendo as pernas para baixo e para cima com movimentos rápidos e longos. Essa descrição literal também não seria adequada. A questão é que, na divulgação científica, os observadores devem se proteger contra a tendência de fazer inferências rápidas demais. Além disso, os fatos devem ser descritos em suficiente detalhamento, mas sem incluir minúcias triviais e desnecessárias. No Capítulo 4, serão discutidos métodos adequados para fazer observações e relatá-las.

A comunicação científica deve ser *imparcial* e *objetiva*. Uma maneira de determinar se uma comunicação é imparcial é checar se ela pode ser verificada por um observador independente. Isso se chama "concordância entre os observadores" (ver Capítulo 4). Infelizmente, muitos vieses são sutis e nem sempre são detectados, mesmo na comunicação científica. Considere o fato de que existe uma espécie de peixe cujos ovos são incubados na boca do macho até desovarem. O primeiro cientista a observar os ovos desaparecerem na boca do pai certamente pode ser desculpado por pressupor, a princípio, que ele os estava comendo. Isso simplesmente é o que esperamos que os organismos façam com suas bocas! Porém, o observador cuidadoso espera, procura resultados inesperados e não toma nada como óbvio.

Conceitos

Usamos o termo *conceitos* em referência a coisas (vivas e inanimadas), acontecimentos (coisas em ação) e a relações entre coisas ou acontecimentos, assim como suas características (Marx, 1963). "Cão" é um conceito, assim como "latir" e "obediência". Os con-

☑ **Figura 2.2** Como você descreveria essa cena?

ceitos são os símbolos pelos quais nos comunicamos normalmente. A comunicação clara e exata de ideias exige que usemos conceitos que sejam definidos claramente.

Em nossas conversas cotidianas, muitas vezes não precisamos nos preocupar com a maneira como definimos um conceito. Muitas palavras, por exemplo, são usadas e aparentemente compreendidas mesmo que nenhum dos lados da conversa saiba exatamente o que significam. Ou seja, as pessoas seguidamente se comunicam sem estarem plenamente cientes daquilo sobre o que estão falando! Isso pode soar ridículo, mas, para ilustrar nosso argumento, experimente o seguinte.

Pergunte a algumas pessoas se elas acreditam que a inteligência é principalmente hereditária ou principalmente aprendida. Você pode tentar defender um ponto de vista oposto ao delas apenas para se divertir. Depois de discutir as raízes da inteligência, pergunte o que elas querem dizer com "inteligência". Você provavelmente verá que a maioria das pessoas tem dificuldade para definir esse conceito, mesmo depois de debater suas origens, e as pessoas darão definições diferentes. Ou seja, "inteligência" significa uma coisa para uma pessoa e outra coisa para outra. De forma clara, para tentar responder a questão de se a inteligência é principalmente herdada ou principalmente aprendida, precisamos de uma definição exata, que todas as partes envolvidas possam aceitar.

O estudo dos "conceitos" é tão importante para a ciência psicológica que os pesquisadores se referem a conceitos por um nome especial: construtos. Um **construto** é um conceito ou ideia; exemplos de construtos psicológicos são a inteligência, a depressão, a agressividade e a memória. Um modo de um cientista conferir significado a um construto é definindo-o operacionalmente.

Metodologia de pesquisa em psicologia **51**

☑ Exercício

Neste exercício, queremos que você responda às perguntas que se seguem a esta breve descrição de uma pesquisa.

Uma área relativamente nova da psicologia, chamada "psicologia positiva", concentra-se em emoções positivas, traços de caráter positivos e instituições positivas; o objetivo da pesquisa em psicologia positiva é identificar maneiras de promover o bem-estar e a felicidade (Seligman, Steen, Park e Peterson, 2005). Uma área de pesquisa concentra-se na *gratidão*, a emoção positiva que as pessoas sentem quando recebem algo de valor de outra pessoa (Bartlett e DeSteno, 2006). Algumas pesquisas sugerem que as pessoas que sentem gratidão são mais prováveis de agirem de forma pró-social – ou seja, de agirem de maneiras que beneficiem os outros.

Bartlett e DeSteno (2006) testaram a relação entre a gratidão e a probabilidade de que os participantes ajudassem outra pessoa em um experimento envolvendo *cúmplices* (pessoas que trabalhavam junto com o pesquisador para criar uma situação experimental; ver o Capítulo 4). Cada participante se unia a um cúmplice para fazer uma tarefa longa e tediosa, envolvendo a coordenação entre mãos e olhos. Depois disso, para um terço

dos sujeitos, a tela do computador apagava, e eles eram instruídos de que deveriam fazer a tarefa novamente. O cúmplice, contudo, induzia uma emoção de gratidão resolvendo o problema, salvando o participante de ter que refazer a tarefa. A situação diferia para os outros participantes. Depois de terminarem a tarefa, o outro terço dos participantes assistia a um vídeo divertido com o cúmplice (emoção positiva) e um terço tinha uma breve interação verbal com o cúmplice (emoção neutra). Depois de preencher alguns questionários, o cúmplice pedia para cada sujeito preencher um longo questionário para uma das suas classes, como um favor. Bartlett e DeSteno observaram que os participantes na condição de gratidão passavam mais tempo trabalhando no questionário ($M = 20,94$ minutos) do que os participantes nas condições da emoção positiva ($M = 12,11$ min) e da emoção neutra ($M = 14,49$ min).

1. Identifique a variável independente (incluindo seus níveis) e a variável dependente nesse estudo.
2. Como os pesquisadores puderam determinar que era a *gratidão*, e não apenas o fato de sentirem emoções positivas, que aumentava a disposição dos participantes para ajudar o cúmplice?

Uma **definição operacional** explica um conceito unicamente em termos dos procedimentos observáveis usados para produzi-lo e mensurá-lo. A inteligência, por exemplo, pode ser definida operacionalmente usando um teste de "lápis e papel" que enfatize a compreensão de relações lógicas, da memória de curto prazo e da familiaridade com o significado das palavras. Alguns podem não gostar dessa definição operacional de inteligência, mas, uma vez que um determinado teste foi identificado, não pode haver discussão sobre o que a inteligência significa *segundo essa definição*. As definições operacionais facilitam a comunicação, pelo menos entre aqueles que sabem como e por quê são usadas.

Embora o significado exato seja transmitido por meio de definições operacionais, essa abordagem de comunicação sobre construtos não escapa a críticas. Um problema já foi mencionado. Qual seja, se não gostarmos de uma definição operacional de inteligência, não existe nada que nos impeça de usar outra definição operacional de inteligência. Isso significa que existem tantos casos de inteligência quanto definições operacionais? A resposta, infelizmente, é que realmente não sabemos. Para determinar se um procedimento ou teste diferente gera uma nova definição de inteligência, teríamos que buscar mais evidências. Por exemplo, será que pessoas com escores elevados em um teste também tiram escores elevados no segundo teste? No caso positivo, o novo teste pode estar mensurando o mesmo construto que o primeiro.

Outra crítica ao uso de definições operacionais é que as definições nem sempre são significativas. Isso é particularmente relevante na pesquisa transcultural, onde, por exemplo, um teste escrito da inteligência pode avaliar conhecimento que seja específico de um determinado contexto cultural. Como decidimos se um construto foi definido de forma significativa? Mais uma vez, a solução é apelar para outras formas de evidências. Como podemos comparar o desempenho em um teste com o desempenho em outros testes que costumam ser aceitos como medidas da inteligência? Os cientistas normalmente estão cientes das limitações das definições operacionais; porém, uma das grandes vantagens de usar definições operacionais é que elas ajudam a esclarecer a comunicação entre os cientistas em relação a seus construtos. Acredita-se que essa vantagem compense as limitações.

Instrumentos

Você depende mais de instrumentos para medir os fatos do que provavelmente percebe. Por exemplo, se você se baseia no velocímetro do carro e no relógio do seu quarto, talvez entenda os problemas que surgem quando um desses instrumentos não é acurado. A *acurácia* refere-se à diferença entre o que um instrumento diz ser verdade e o que se sabe ser verdade. Um relógio que está sempre cinco minutos atrasado não é muito acurado. Os relógios inacurados podem nos atrasar e velocímetros inacurados podem nos gerar multas de trânsito. A acurácia de um instrumento é determinada com *calibração*, ou confirmando a medida com outro instrumento que sabemos estar correto.

As medições podem ser feitas em diferentes graus de *precisão*. Uma medida do tempo em décimos de segundo não é tão precisa quanto uma medida em centésimos de segundo. Um instrumento que gera medidas imprecisas é o marcador de combustível da maioria dos carros mais velhos. Embora razoavelmente acurados, os marcadores de combustível não dão leituras precisas. A maioria das pessoas gostaria, em certas ocasiões, que o marcador de combustível tivesse permitido determinar se tínhamos o litro extra de gasolina que nos permitiria chegar ao próximo posto.

Também precisamos de instrumentos para medir o comportamento. Podemos garantir que a precisão e mesmo a acurácia dos instrumentos usados em psicologia melhoraram significativamente desde 1879, data da fundação do primeiro laboratório de psicologia. Atualmente, muitos instrumentos sofisticados são usados na psicologia contemporânea (Figura 2.3). Para realizar um experimento em psicofisiologia (p.ex., avaliar o nível de excitação de uma pessoa), é necessário usar instrumentos que forneçam medidas precisas de estados internos como a frequência cardíaca e a pressão sanguínea. Os testes de ansiedade às vezes empregam instrumentos para medir a resposta galvânica da pele (GSR). Outros instrumentos comportamentais são da variedade escrita, de "lápis e papel". Questionários e testes são instrumentos populares que os psicólogos usam para medir o comportamento, assim como as escalas de avaliação usadas por observadores humanos. Por exemplo, avaliar a agressividade em crianças em uma escala de 7 pontos, variando de nada agressivo (1) a muito agressivo (7) pode gerar medidas relativamente acuradas (embora talvez não precisas) da agressividade. É responsabilidade do cientista comportamental usar instrumentos que sejam tão acurados e precisos quanto possível.

Medição

Os cientistas usam dois tipos de medições para registrar as observações cuidadosas e controladas que caracterizam o método científico. Um tipo de medição científica, a *medição física*, envolve dimensões para as quais existe um padrão aceito e um instrumento para fazer a medição. Por exemplo, o

 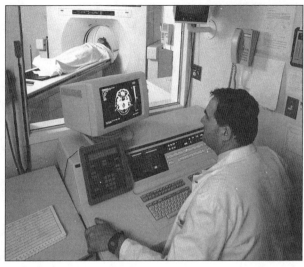

Figura 2.3 Os instrumentos científicos usados em psicologia melhoraram radicalmente em sua precisão e acurácia.

comprimento é uma dimensão que pode ser medida com uma medição física, e existem padrões aceitos para as unidades de comprimento (p.ex., centímetros, metros). De maneira semelhante, as unidades de peso e tempo representam medições físicas.

Todavia, na maior parte da pesquisa psicológica, as medições não envolvem dimensões físicas. Não existem réguas para medir construtos psicológicos como beleza, agressividade ou inteligência. Essas dimensões exigem um segundo tipo de medição – a *medição psicológica*. De certo modo, o observador humano é o instrumento para a medição psicológica. Mais especificamente, a concordância entre diversos observadores proporciona a base para a medição psicológica. Por exemplo, se vários observadores independentes concordam que um certo ato justifica um escore de 3 em uma escala de 7 pontos para a agressividade, essa é uma medição psicológica da agressividade do ato.

As medições devem ser válidas e fidedignas. De um modo geral, a **validade** refere-se à "veracidade" de uma medida. Uma medida válida de um construto é aquela que mede o que alega medir. Suponhamos que um pesquisador definisse a inteligência em termos do tempo em que o indivíduo conseguisse equilibrar uma bola no nariz. Segundo o princípio do "operacionalismo", essa é uma definição operacional perfeitamente permissível. Todavia, a maioria das pessoas questionaria se esse ato de equilíbrio realmente é uma medida válida da inteligência. A validade de uma medida é corroborada quando as pessoas se saem bem nela, como em outros testes que supostamente medem o mesmo construto. Por exemplo, se o tempo equilibrando a bola é uma medida válida da inteligência, uma pessoa que se sair bem no teste de equilíbrio também deveria se sair bem outras medidas aceitas da inteligência.

A **fidedignidade** ou **confiabilidade** de uma medida é indicada por sua consistência. Podemos distinguir vários tipos de fidedignidade. Quando falamos de fidedignidade de um instrumento, estamos discutindo se o instrumento funciona de maneira consistente. Um carro que às vezes liga e às vezes não liga não é muito confiável. Diz-se que as observações feitas por dois ou mais observadores independentes são fidedignas se concordarem – ou seja, se as observações forem consistentes de um observador para outro. Por exemplo, quando psicólogos pediram para estudantes avaliarem a "felicidade" dos medalhistas nas Olimpíadas de verão de 1992 em Barcelona, na Espanha, observaram que a concordância entre os avaliadores foi bastante elevada (Medvec, Madey e Gilovich, 1995). Eles também observaram, de maneira um pouco contraintuitiva, que os medalhistas de bronze (terceiro lugar) eram percebidos como mais felizes do que os de prata (segundo lugar), uma observação que foi explicada por uma teoria do pensamento contrafactual. Aparentemente, as pessoas são mais felizes por vencer (chegar ao pódio) do que por perder (i.e., perder a medalha de ouro).

A validade e a fidedignidade de medidas são questões centrais na pesquisa psicológica. Você encontrará várias maneiras em que os pesquisadores determinam a fidedignidade e a validade quando apresentarmos os diferentes métodos de pesquisa.

Hipóteses

Uma hipótese é uma explicação tentativa para algo. As hipóteses costumam tentar responder às questões "como?" e "por quê?". Em um nível, uma hipótese pode simplesmente sugerir como determinadas variáveis se relacionam. Por exemplo, uma área emergente da pesquisa psicológica questiona a razão para as pessoas comprarem produtos "verdes", especialmente quando esses produtos são mais caros e talvez sejam ser menos exuberantes ou efetivos do que produtos convencionais, sem conotação ecológica? Um exemplo é o Toyota Prius, um carro de sucesso, que é tão caro quanto carros mais confortáveis e de melhor desempenho. Uma hipótese para as compras verdes envolve o altruísmo, a tendência de atos abnegados que beneficiem outras pessoas (Griskevicius, Tybur e Van der Bergh, 2010). Comprar produtos verdes pode ser considerado um ato altruísta, pois o meio ambiente e a sociedade se beneficiam, com um custo maior para o comprador abnegado.

Teóricos recentes descrevem o "altruísmo competitivo", no qual os indivíduos são altruístas porque ser considerado pró--social e abnegado melhora a sua reputação e *status* na sociedade (Griskevicius et al., 2010). Assim, os atos altruístas podem funcionar como um "sinal caro" do *status* superior do indivíduo – que a pessoa tem o tempo, a energia, a riqueza e outros recursos necessários para agir com altruísmo. Considerada sob essa luz, a compra de produtos verdes pode indicar o *status* social superior do comprador. Griskevicius e colaboradores postularam a hipótese de que ativar (i.e., tornar proeminente) o desejo das pessoas por *status* deve fazê-las escolher produtos verdes a produtos não verdes mais luxuosos.

Griskevicius e colaboradores (2010) fizeram três experimentos para testar a sua hipótese. Em cada um deles, manipularam a motivação de estudantes universitários para buscar *status*, usando duas condições: *status* e controle. Os motivos para o *status* eram ativados solicitando-se que os participantes nessa condição lessem um conto sobre formar-se na faculdade, procurar emprego e trabalhar para uma empresa desejável, com oportunidades de promoção. Na condição de controle, os participantes liam uma história sobre procurar um ingresso perdido para um *show*, encontrá-lo, e assistir ao *show*. Depois de lerem a história, os participantes acreditavam que estavam fazendo um segundo estudo, sem relação com o primeiro, a respeito de preferências de consumo. Eles identificaram coisas que provavelmente comprariam (p.ex., carro, lavadora de louça, mochila); em cada caso, um produto verde foi combinado com algo mais luxuoso e não verde. Griskevicius e colaboradores observaram que, em comparação com a condição de controle, ativar o *status* aumentou a probabilidade de que os sujeitos escolhessem produtos verdes a produtos não verdes (Experimento 1). Além disso, a preferência por produtos verdes somente ocorreu quando participantes com status motivado imaginaram-se em situações públicas de compras, mas não sozinhos (*online*) (Experimento 2), e quando os produtos verdes custavam mais que os não verdes (Experimento 3).

No nível teórico, uma hipótese pode propor uma razão ("por que") para a maneira como determinadas variáveis estão relacionadas. Griskevicius e seus colegas encontraram uma relação entre duas variáveis: os motivos para o *status* e a probabilidade de comprar produtos verdes. Com base nas teorias do altruísmo competitivo, essas variáveis estão relacionadas porque as pessoas adquirem *status* social quando outras pessoas consideram que elas agem de forma altruística, como quando compram produtos verdes. Uma implicação prática para essa observação é que as vendas de produtos verdes podem aumentar relacionando-se esses produtos com um *status* superior (p.ex., obter apoio de celebridades), ao invés de enfatizar a sina do meio ambiente ou reduzir o preço dos produtos verdes.

Quase todos propõem hipóteses para explicar algum comportamento humano em um ou outro momento. Por que as pessoas cometem atos aparentemente insensatos de violência? O que faz as pessoas começarem a fumar? Por que certos estudantes têm mais sucesso acadêmico do que outros? Uma característica que distingue hipóteses casuais e corriqueiras de hipóteses científicas é a *testabilidade*. Se uma hipótese não pode ser testada, ela não tem utilidade para a ciência (Marx, 1963). Três tipos de hipóteses não passam no "teste da testabilidade". Uma hipótese não é testável quando seus construtos não são definidos adequadamente, quando a hipótese é circular ou quando a hipótese interessa a ideias que não são reconhecidas pela ciência.

As hipóteses não serão testáveis se os conceitos a que se referem não forem definidos ou medidos adequadamente. Por exemplo, dizer que um possível homicida atirou em uma figura proeminente porque estava mentalmente perturbado não seria uma hipótese testável, a menos que se pudesse chegar a uma definição de comum acordo para "mentalmente perturbado". Infelizmente, os psicólogos e psiquiatras nem sempre concordam em relação ao significado de termos como "mentalmente perturbado", pois não há uma definição operacional aceita para esses conceitos. Talvez você tenha aprendido em uma disciplina de psicologia que muitas das hipóteses de Freud não são testáveis. Isso ocorre porque não existem definições operacionais e medidas claras para construtos fundamentais das teorias de Freud, como *id, ego* e *superego*.

As hipóteses também não são testáveis se forem circulares. Uma hipótese circular ocorre quando um fato é usado como explicação para si mesmo (Kimble, 1989, p. 495). Como exemplo, considere a afirmação de que um "garoto de 8 anos se distrai na escola e tem dificuldades de leitura porque tem um transtorno de déficit de atenção". Um transtorno de déficit de atenção é definido como a incapacidade de prestar atenção. Assim, a afirmação simplesmente diz que o garoto não presta atenção porque não presta atenção – essa é uma hipótese circular.

Uma hipótese também pode não ser testável se interessar a ideias ou forças que a ciência não reconhece. A ciência lida com o observável, o demonstrável, o empírico. Sugerir que pessoas que cometem atos horrendos de violência são controladas pelo demônio não é testável, pois invoca um princípio (o demônio) que não está no domínio da ciência. Essas hipóteses podem ter valor para filósofos ou teólogos, mas não para o cientista.

Objetivos do método científico

- O método científico visa cumprir quatro objetivos: descrição, previsão, explicação e aplicação.

Na primeira parte deste capítulo, analisamos as maneiras em que nossos modos corriqueiros de pensar diferem do método científico. De um modo geral, o método científico se caracteriza por uma abordagem empírica, observação sistemática e controlada, divulgação imparcial e objetiva, definições operacionais claras de construtos, instrumentos acurados e precisos, medidas válidas e fidedignas e hipóteses testáveis. Na próxima seção, analisamos os objetivos do método científico. Os psicólogos usam o método científico para satisfazer quatro objetivos da pesquisa: descrição, previsão, explicação e aplicação (ver Tabela 2.2).

Descrição

- Os psicólogos buscam descrever fatos e relações entre variáveis; com frequência, os pesquisadores usam a abordagem nomotética e análise quantitativa.

A descrição refere-se aos procedimentos que os pesquisadores usam para definir, classificar, catalogar ou categorizar os fatos e suas relações. A pesquisa clínica, por exemplo, fornece critérios para os pesquisadores classificarem transtornos mentais. Muitos deles são encontrados no *Manual Diagnóstico e Estatístico de Transtornos Mentais* (*Diagnostic and Statistical Manual of Mental Disorders*, 4ª ed. Texto Revisado, 2000) da American Psychiatric Association,

também conhecido como DSM-IV-TR* (ver a Figura 2.4). Considere, como exemplo, os critérios usados para definir o transtorno denominado fuga dissociativa (antes fuga psicogênica).

Critérios diagnósticos para fuga dissociativa

- **A.** A perturbação predominante é uma viagem súbita e inesperada para longe de casa ou do local costumeiro de trabalho do indivíduo, com incapacidade de recordar o próprio passado.
- **B.** Confusão acerca da identidade pessoal ou adoção (parcial ou completa) de uma nova identidade.
- **C.** A perturbação não ocorre exclusivamente durante o curso de um Transtorno Dissociativo de Identidade nem se deve aos efeitos fisiológicos diretos de uma substância (p.ex., abuso de droga, medicamento) ou de uma condição médica geral (p.ex., epilepsia do lobo temporal).

---

* N. de R.: A edição em português do DSM-IV-TR foi publicado pela editora Artmed em 2002.

☑ **Tabela 2.2** Quatro objetivos da pesquisa psicológica

Objetivo	O que se realiza	Exemplo
Descrição	Os pesquisadores definem, classificam, catalogam ou categorizam situações e relações para descrever processos mentais e comportamentos.	Os psicólogos descrevem sintomas de impotência na depressão, como a falta de iniciativa e pessimismo quanto ao futuro.
Previsão	Quando os pesquisadores identificam correlações entre variáveis, eles conseguem prever processos mentais e comportamentos.	À medida que aumenta o nível de depressão, os indivíduos apresentam mais sintomas de impotência.
Explicação	Os pesquisadores entendem um fenômeno quando conseguem identificar a causa.	Sujeitos expostos a problemas insolúveis se tornam mais pessimistas e menos dispostos a fazer novos testes (i.e., impotentes) do que sujeitos que devem resolver problemas solucionáveis.
Aplicação	Os psicólogos aplicam o seu conhecimento e métodos de pesquisa para mudar as vidas das pessoas para melhor.	O tratamento que estimula indivíduos depressivos a tentar tarefas que possam ser aprendidas ou concluídas facilmente diminui a sensação de impotência e o pessimismo.

Baseada na Tabela 1.2, Zechmeister, Zechmeister e Shaughnessy, 2001, p. 12.

☑ **Figura 2.4** Os clínicos classificam os transtornos mentais conforme os critérios encontrados no *Manual Diagnóstico e Estatístico de Transtornos Mentais* (DSM-IV-TR).

D. Os sintomas causam sofrimento clinicamente significativo ou prejuízo no funcionamento social ou ocupacional ou em outras áreas importantes da vida do indivíduo. (DSM-IV-TR, 2000, p. 503)

Os critérios diagnósticos usados para definir a fuga dissociativa proporcionam uma definição operacional para esse transtorno. As fugas dissociativas são relativamente raras; assim, geralmente, aprendemos sobre esses tipos de transtornos com base em descrições de indivíduos que os apresentam, usando "estudos de caso". Os pesquisadores também buscam fornecer aos clínicos descrições da prevalência de um transtorno mental, bem como da relação entre a presença de sintomas variados e outras variáveis, como idade e gênero. Segundo o DSM-IV-TR (2000), por exemplo, a fuga dissociativa é vista principalmente em adultos e, embora seja relativamente rara, é mais frequente "durante períodos de eventos extremamente estressantes, como guerras ou desastres naturais" (p. 502).

A ciência, de um modo geral, e a psicologia, em particular, desenvolvem descrições de fenômenos usando a *abordagem nomotética*. Usando a abordagem nomotética, os psicólogos tentam estabelecer generalizações amplas e leis gerais que se apliquem a uma população diversa. Para alcançar esse objetivo, os estudos psicológicos costumam envolver grandes números de participantes. Os pesquisadores tentam descrever o comportamento "médio", ou típico, de um grupo. Essa média pode ou não descrever o comportamento de qualquer indivíduo no grupo.

Por exemplo, Levine (1990) descreveu o "ritmo da vida" em várias culturas do mundo observando a acurácia de relógios externos de bancos e cronometrando a velocidade do passo de pedestres a uma distância de 100 pés (aproximadamente 30,5 metros). Os resultados desse estudo são mostrados na Figura 2.5. Os cidadãos do Japão apresentaram, de um modo geral, o ritmo de vida mais rápido, com os cidadãos norte-americanos em segundo lugar. Os cidadãos da Indonésia foram os mais lentos. Todavia, nem todos os cidadãos do Japão e dos Estados Unidos vivem apressados. De fato, Levine (1990) e colaboradores encontraram grandes diferenças no ritmo de vida entre diversas cidades nos Estados Unidos, dependendo da região do país. Cidades do nordeste (p.ex., Boston, Nova York) tinham um ritmo mais rápido do que cidades da costa oeste (p.ex., Sacramento, Los Angeles). É claro, também existem variações individuais dentro das cidades. Nem todos os cidadãos de Los Angeles terão um ritmo lento, e nem todos os novaiorquinos serão apressados. Todavia, os japoneses, *em geral*, andam em um ritmo mais rápido do que os indonésios, e os americanos da costa oeste apresentam, *em média*, um ritmo de vida mais lento do que residentes da região nordeste.

Os pesquisadores que usam a abordagem nomotética compreendem que existem diferenças importantes entre os indivíduos; eles tentam, contudo, enfatizar as similaridades em vez das diferenças. Por exemplo, a individualidade de uma pessoa não é ameaçada por nosso conhecimento de que o coração daquela pessoa, assim como os corações de outros seres humanos, está localizado na cavidade torácica superior esquerda. De maneira semelhante, não negamos a individualidade de uma pessoa quando dizemos que o seu comportamento é influenciado por padrões de reforço (p.ex., recompensas, punições). Os pesquisadores simplesmente tentam descrever como os organismos são em geral, com base no comportamento médio de um grupo de organismos diferentes.

Alguns psicólogos, notavelmente Gordon Allport (1961), afirmam que a abordagem nomotética é inadequada – indivíduos singulares não podem ser descritos por um valor médio. Os pesquisadores que usam a *abordagem idiográfica* estudam o indivíduo, em vez de grupos. Esses pesquisadores acreditam que, embora os indivíduos ajam em conformidade com leis ou princípios gerais, a singularidade dos indivíduos também deve ser descrita. Uma forma impor-

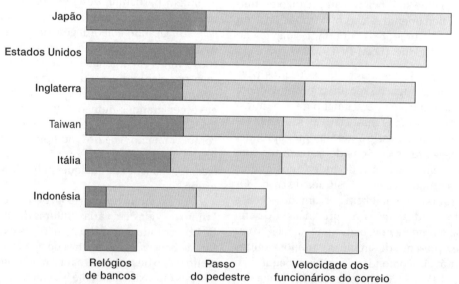

☑ **Figura 2.5** Medidas da acurácia dos relógios de banco, velocidade do passo de pedestres e velocidade em que funcionários do correio realizam uma tarefa de rotina em cada país serviram para descrever o ritmo de vida no país. No gráfico, uma barra mais longa representa maior acurácia dos relógios ou maior velocidade do passo e do cumprimento da tarefa. (Levine, 1990)

tante de pesquisa idiográfica é o método do estudo de caso, que descreveremos no Capítulo 9.

Dependendo da sua pergunta de pesquisa, os pesquisadores decidem se devem descrever grupos de indivíduos ou o comportamento de um indivíduo. Embora muitos pesquisadores façam principalmente um ou o outro tipo de pesquisa, outros podem fazer ambos. Um psicólogo clínico, por exemplo, pode fazer principalmente investigações idiográficas de uns poucos clientes em terapia, mas considerar questões nomotéticas para responder perguntas de pesquisa com grupos de estudantes universitários. Outra decisão que o pesquisador deve tomar é se deve fazer pesquisa quantitativa ou qualitativa. A *pesquisa quantitativa* refere-se a estudos cujos resultados são produto principalmente de síntese e análise estatísticas. A *pesquisa qualitativa* gera sínteses verbais de resultados de pesquisa com poucas sínteses ou análises estatísticas. Assim como a pesquisa psicológica costuma ser mais nomotética do que idiográfica, ela também costuma ser mais quantitativa do que qualitativa.

A pesquisa qualitativa é usada amplamente por sociólogos e antropólogos (ver, por exemplo, Seale, 1999). Os dados da pesquisa qualitativa são obtidos principalmente em entrevistas e observações e podem ser usados para descrever indivíduos, grupos e movimentos sociais (Strauss e Corbin, 1990). A pesquisa qualitativa costuma envolver "eventos comuns e de ocorrência natural em ambientes naturais" (Miles e Huberman, 1994, p. 10). É central à pesquisa qualitativa que os investigadores solicitem que os participantes descrevam suas experiências de maneiras que sejam significativas para *eles*, em vez de pedirem aos participantes para usarem categorias e dimensões estabelecidas por teóricos e pesquisas prévias (Kidd, 2002). Essa abordagem qualitativa foi usada por Kidd e Kral (2002) para adquirir conhecimento das experiências de 29 jovens de rua em Toronto (idades 17-24). O foco das entrevistas dizia respeito a experiências com

o suicídio. A maioria (76%) dos entrevistados tinha histórico de tentativa de suicídio, e análises de suas narrativas revelaram que as experiências suicidas eram ligadas especialmente a sentimentos de isolamento, rejeição/traição, baixa autoestima e prostituição. De maneira importante, os pesquisadores relataram que suas análises revelaram vários temas associados a experiências suicidas que não haviam sido identificados em pesquisas anteriores envolvendo jovens de rua. Isto é, "perda do controle, agressão durante sexo prostituído, abuso de drogas como um 'suicídio lento' e rompimentos em relacionamentos íntimos" estavam relacionados com as experiências suicidas desses jovens (p. 411). Outros exemplos de pesquisa qualitativa são encontrados no Capítulo 4, quando discutimos os registros narrativos do comportamento observado; os estudos de caso, descritos no Capítulo 9, também são uma forma de pesquisa qualitativa.

Previsão

- As relações correlacionais permitem que os psicólogos prevejam o comportamento ou os acontecimentos, mas não permitem que os psicólogos infiram o que causa essas relações.

A descrição de fatos e suas relações proporciona a base para a *previsão*, o segundo objetivo do método científico. Muitas questões importantes em psicologia exigem previsões. Por exemplo: será que a perda precoce de um dos pais torna uma criança especialmente vulnerável à depressão? Crianças que são excessivamente agressivas são propensas a ter problemas emocionais quando adultas? Os acontecimentos estressantes da vida levam a mais doenças físicas? Pesquisas sugerem uma resposta afirmativa para todas essas perguntas. Essas informações não apenas acrescentam um conhecimento valioso à disciplina da psicologia, como também ajudam no tratamento e prevenção de transtornos emocionais.

Uma ocupação importante de muitos psicólogos é a previsão do desempenho (p.ex., no trabalho, na escola ou em vocações específicas) com base no desempenho anterior em vários testes padronizados. Por exemplo, os escores no teste Graduate Record Examination (GRE), bem como a média do histórico escolar, podem ser usados para prever como o estudante se sairá na pós-graduação. Sternberg e Williams (1997) observaram que os escores no GRE previam em um grau razoável as notas do primeiro ano de estudantes de pós-graduação em suas instituições. Todavia, também observaram que o GRE não previa outros critérios importantes do desempenho, como as avaliações de orientadores sobre a criatividade do aluno, bem como a capacidade de ensinar e de fazer pesquisa. Como não seria de surpreender, esses pesquisadores iniciaram um debate ao questionarem a validade preditiva (i.e., a acurácia como medida de previsão) do GRE, que é considerado um prognóstico do desenvolvimento profissional dos estudantes (ver, como exemplo, a seção "Comment" da *American Psychologist*, 1998, 63, 566-577).

Quando os escores em uma variável podem ser usados para prever os escores em uma segunda variável, dizemos que as duas estão correlacionadas. Uma **correlação** ocorre quando duas medidas diferentes das mesmas pessoas, situações ou coisas variam juntas – ou seja, quando determinados escores em uma variável tendem a ser associados a determinados escores em outra variável. Quando isso ocorre, diz-se que os escores "covariam". Por exemplo, sabe-se que o estresse e a doença estão correlacionados; quanto mais situações estressantes as pessoas passam na vida, mais propensas elas serão a ter doenças físicas.

Considere uma medida com a qual você provavelmente já tenha alguma experiência, ou seja, avaliações do professor/disciplina em classes que cursou. Os estudantes universitários normalmente devem avaliar seus instrutores e o material didático no final da disciplina. Quando uma disciplina

termina, você provavelmente terá formado muitas impressões do professor (p.ex., se ele é solícito, entusiástico, amigável). Afinal, você acaba de passar 12 ou 14 semanas (talvez mais de 30 horas) na sala de aula desse professor. Ambady e Rosenthal (1993) estudaram como as avaliações de professores por alunos que *não* estavam matriculados na classe se correlacionariam com as avaliações de final de semestre feitas por alunos *matriculados*. Eles mostraram clipes (sem som) de professores para um grupo de alunas de graduação. Porém, e eis a parte interessante, mostraram os clipes por apenas 30 segundos, 10 segundos e 6 segundos (em vários estudos). Os pesquisadores observaram que as avaliações dos professores baseadas em "fatias finas do comportamento não verbal" tinham uma boa correlação com as avaliações de final de semestre feitas por alunos matriculados na disciplina. Ou seja, as avaliações mais positivas dos professores estavam associadas a avaliações melhores para o seu comportamento filmado; de maneira semelhante, avaliações mais negativas estavam associadas a avaliações piores do comportamento filmado. Assim, podemos prever as avaliações do comportamento afetivo dos professores (p.ex., amabilidade) com base em avaliações do comportamento filmado e apresentado brevemente. Esses resultados indicam que as pessoas (nesse caso, os professores) revelam muito sobre si mesmas quando o seu comportamento não verbal é mostrado apenas brevemente, e também que nós (como observadores) podemos fazer avaliações relativamente acuradas do comportamento afetivo de forma bastante rápida. Os resultados de Ambady e Rosenthal, é claro, não significam que todas as informações nas avaliações do ensino possam ser compreendidas por esse método, pois elas se concentram apenas em juízos sobre o comportamento afetivo (p.ex., amabilidade).

É importante dizer que a previsão bem-sucedida nem sempre depende de saber *por que* existe uma relação entre duas variáveis. Considere a observação de que certas pessoas observam o comportamento de animais para ajudá-los a prever terremotos. Certos animais, aparentemente, agem de um modo estranho pouco antes de um terremoto. O cachorro que late e corre em círculos e a cobra que foge da sua toca, portanto, podem ser indicadores confiáveis de terremotos. Nesse caso, eles podem ser usados para advertir as pessoas sobre desastres iminentes. Podemos até imaginar que, em áreas onde é provável haver terremotos, os residentes deveriam manter certos animais sob observação (como os mineiros costumavam ter canários) para avisá-los de condições que ainda não notaram. Isso não exige entender *por que* certos animais agiram estranhamente antes do terremoto, ou sequer por que os terremotos ocorrem. Além disso, jamais diríamos que o comportamento estranho de um animal causou um terremoto.

De maneira interessante, Levine (1990) mostrou que medidas do ritmo de uma cidade podem ser usadas para prever as taxas de mortalidade por doenças cardíacas. Todavia, podemos apenas especular sobre as razões por que essas medidas estão relacionadas. Uma explicação possível para essa correlação sugerida pelos pesquisadores é que as pessoas que vivem em ambientes com urgência de tempo têm hábitos insalubres, como o tabagismo e a má alimentação, que aumentam o risco de doenças cardíacas (Levine, 1990). Ambady e Rosenthal (1993) propuseram uma explicação para a correlação entre as avaliações de professores por alunos que não estavam matriculados na classe e por alunos matriculados. Eles sugeriram que as pessoas estavam "sintonizadas" para captar informações sobre o afeto de uma pessoa rapidamente, pois essa informação é importante (adaptativa) para a tomada de decisões na vida real. Sem informações adicionais, contudo, as explicações propostas para esses fenômenos são especulativas.

Explicação

- Os psicólogos entendem a causa de um fenômeno quando são satisfeitas as três condições necessárias para a inferência causal: covariação, uma relação de ordem temporal e a exclusão de causas alternativas plausíveis.
- O método experimental, no qual os pesquisadores manipulam variáveis independentes para determinar seu efeito sobre variáveis dependentes, estabelece a ordem temporal e permite uma determinação mais clara da covariação.
- As causas alternativas plausíveis para uma relação são excluídas se não houver variáveis confundidoras no estudo.
- Os pesquisadores buscam generalizar os resultados de um estudo para descrever diferentes populações, situações e condições.

Embora a descrição e a previsão sejam objetivos importantes da ciência, elas são apenas os primeiros passos em nossa capacidade de explicar e entender um fenômeno. A explicação é o terceiro objetivo do método científico. Entendemos e podemos explicar um fenômeno quando podemos identificar as suas causas. Os pesquisadores geralmente fazem *experimentos* para identificar as causas de um fenômeno. A pesquisa experimental difere da pesquisa descritiva e preditiva (correlacional) por causa do elevado grau de controle que os cientistas buscam nos experimentos. Lembre que, quando os pesquisadores controlam a situação, eles manipulam variáveis independentes, uma de cada vez, para determinar o seu efeito sobre a variável dependente – o fenômeno de interesse. Fazendo experimentos controlados, os psicólogos inferem o que causa um fenômeno; fazem uma inferência causal. Como os experimentos são muito importantes para as tentativas dos psicólogos de fazer inferências causais, dedicamos os Capítulos 6, 7 e 8 a uma discussão detalhada do método experimental.

Os cientistas estabelecem três condições importantes para fazer uma **inferência causal**: *covariação de eventos, uma relação de ordem temporal* e *a exclusão de causas alternativas plausíveis*. Um exemplo simples ajudará a entender essas três condições. Suponhamos que você bata a cabeça em uma porta e fique com dor de cabeça; presume-se que você *infira* que bater a cabeça *causou* a dor de cabeça. A primeira condição para a inferência causal é a covariação de eventos. Se um evento é a causa de outro, os dois eventos devem variar juntos; ou seja, quando um muda, o outro também deve mudar. Em nosso exemplo, o evento de mudar a posição da cabeça até bater na porta deve covariar com a experiência de não sentir dor até a experiência da dor de cabeça.

A segunda condição para uma inferência causal é uma *relação de ordem temporal* (também conhecida como contingência). A suposta causa (bater a cabeça) deve ocorrer antes do efeito presumido (dor de cabeça). Se a dor de cabeça começasse antes de você bater a cabeça, você não inferiria que bater a cabeça causou a dor de cabeça. Em outras palavras, a dor de cabeça depende de bater a cabeça antes. Finalmente, as explicações causais somente são aceitas depois que outras possíveis causas do efeito foram excluídas – quando *causas alternativas plausíveis foram eliminadas*. Em nosso exemplo, isso significa que, para fazer a inferência causal de que bater a cabeça causou a dor de cabeça, você deve considerar e excluir outras causas possíveis para a sua dor de cabeça (como ler um livro difícil).

Infelizmente, as pessoas têm a tendência de concluir que todas as três condições para uma inferência causal foram cumpridas quando, na verdade, apenas a primeira condição foi satisfeita. Por exemplo, sugere-se que pais que usam disciplina rígida e punição física são mais propensos a ter filhos agressivos do que pais menos rígidos e que usam outras formas de disciplina. A disciplina parental e a agressividade dos filhos obviamente covariam. Além disso, o fato de supormos que os pais influenciam o comportamento dos filhos pode nos levar a pensar que a condição de ordem temporal foi satisfeita – os pais usam disciplina física, que resulta em agressividade nos filhos. Todavia, também ocorre que os bebês variam no quanto são ativos e agressivos, e o comportamento do bebê tem uma forte influência sobre as respostas dos pais, que tentam exercer controle. Em outras palavras, certas crianças podem ser naturalmente agressivas e necessitar de disciplina rígida, em vez de a disciplina rígida gerar crianças agressivas. Portanto, o sentido da relação causal pode ser contrário ao que pensávamos inicialmente.

É importante reconhecer, porém, que as causas dos acontecimentos não podem ser identificadas se não for demonstrada covariação. O primeiro objetivo do método científico, a descrição, pode ser cumprido descrevendo eventos em um conjunto único de circunstâncias. Não obstante, o objetivo de entender exige mais do que isso. Por exemplo, suponhamos que uma professora quisesse demonstrar que as chamadas "estratégias ativas de aprendizagem" (p.ex., debates, apresentações em grupo) ajudam os alunos a aprender. Ela poderia ensinar os alunos a usar essa abordagem e descrever o desempenho dos alunos que receberam esse tipo de instrução. Porém, nesse ponto, o que ela saberia? Talvez outro grupo de estudantes ensinados com outra abordagem aprendesse a mesma coisa. Antes que a professora pudesse dizer que as estratégias ativas de aprendizagem *causaram* o desempenho que observou, ela teria que comparar esse método com alguma outra abordagem razoável. Ou seja, ela procuraria uma diferença na aprendizagem entre o grupo que usara estratégias ativas de aprendizagem e um grupo que não usasse o método. Isso mostraria que a estratégia de ensino covaria com o desempenho. Quando se faz um experimento controlado, existe um bônus quando as variáveis independentes e dependentes covariam. A condição de ordem temporal para uma inferência causal é satisfeita porque o pesquisador manipula a variável independente (p.ex., o método de ensino) e *subsequentemente* mede as diferenças entre as condições da variável dependente (p.ex., uma medida da aprendizagem estudantil).

A condição mais desafiadora que os pesquisadores devem satisfazer para fazerem uma inferência causal, de longe, é excluir outras causas alternativas plausíveis. Considere um estudo em que se avalia o efeito de duas abordagens de ensino diferentes (ativa e passiva). Suponhamos que o pesquisador dividisse os alunos em condições de ensino com todos os homens em um grupo e todas as mulheres no outro. Se isso ocorrer, qualquer diferença entre os dois grupos talvez se deva ao método de ensino *ou* ao gênero dos estudantes. Assim, o pesquisador não poderia determinar se a diferença no desempenho entre os dois grupos se devia à variável independente que foi testada (aprendizagem passiva ou ativa) ou à explicação alternativa do gênero dos estudantes. Dito de maneira mais formal, a variável independente do método de ensino seria "confundida" com a variável independente do gênero. A **confusão** ocorre quando se permite que duas variáveis independentes potencialmente efetivas variem simultaneamente. Quando a pesquisa contém variáveis confundidoras, é impossível determinar qual variável é responsável por qualquer diferença obtida nos resultados.

Os pesquisadores tentam explicar as causas de fenômenos por meio de experimentos. Todavia, mesmo quando um experimento cuidadosamente controlado permite que o pesquisador faça uma inferência causal, restam outras questões. Uma questão importante diz respeito ao nível em que os resultados do experimento se aplicam apenas às pessoas que participaram do experimento. Os pesquisadores muitas vezes tentam generalizar seus resultados para descrever pessoas que não participaram do experimento.

Muitos dos sujeitos da pesquisa em psicologia são estudantes de introdução à psicologia de faculdades e universidades. Será que os psicólogos estão desenvolvendo princípios que se aplicam apenas a calouros universitários? De maneira semelhante, a pesquisa laboratorial costuma ser conduzida sob condições mais controladas do que o observado em ambientes naturais. Assim, uma tarefa importante do cientista é determinar se os resultados laboratoriais podem ser generalizados para o "mundo real". Certas pessoas pressupõem automaticamente que a pesquisa laboratorial é inútil ou irrelevante para os interesses do mundo real. Todavia, à medida que analisarmos métodos de pesquisa ao longo do texto, veremos que essas visões sobre a relação entre a ciência laboratorial e o mundo real não são produtivas ou satisfatórias. Em vez disso, os psicólogos reconhecem a importância de ambos. Os resultados de experimentos laboratoriais ajudam a explicar fenômenos, e esse conhecimento é aplicado a problemas do mundo real em pesquisas e intervenções.

Aplicação

- Na pesquisa aplicada, os psicólogos aplicam seu conhecimento e métodos de pesquisa para melhorar as vidas das pessoas.
- Os psicólogos fazem pesquisa básica para adquirir conhecimento sobre o comportamento e os processos mentais e para testar teorias.

O quarto objetivo da pesquisa em psicologia é a aplicação. Embora os psicólogos estejam interessados em descrever, prever e explicar o comportamento e os processos mentais, esse conhecimento não existe em um vácuo. Ao contrário, esse conhecimento existe em um mundo onde as pessoas sofrem de transtornos mentais e são vítimas da violência e agressividade, e onde estereótipos e preconceitos influenciam a maneira como as pessoas vivem e funcionam na sociedade (para citar apenas alguns problemas que enfrentamos). A lista de problemas em nosso mundo muitas vezes pode parecer interminável, mas isso não deve nos desencorajar. A amplitude das perguntas e resultados das pesquisas dos psicólogos proporciona muitas maneiras para os pesquisadores ajudarem a abordar aspectos importantes das nossas vidas e para se criarem mudanças nas vidas de indivíduos.

A pesquisa que visa levar a mudanças costuma ser chamada de "pesquisa aplicada". Na **pesquisa aplicada**, os psicólogos fazem pesquisas para mudar as vidas das pessoas para melhor. Para pessoas que sofrem de transtornos mentais, essa mudança pode se dar por meio da pesquisa sobre técnicas terapêuticas. Todavia, os psicólogos aplicados estão envolvidos em muitos tipos diferentes de intervenções, incluindo aquelas que visam melhorar as vidas de estudantes em escolas, empregados no trabalho e indivíduos na comunidade. Por outro lado, pesquisadores que fazem **pesquisa básica** buscam primeiramente entender o comportamento e os processos mentais. As pessoas muitas vezes descrevem a pesquisa básica como "procurar o conhecimento por si só". A pesquisa básica costuma ocorrer em situações laboratoriais, com o objetivo de testar uma teoria sobre um fenômeno.

No decorrer da história da psicologia, sempre houve tensão entre a pesquisa básica e a pesquisa aplicada. Todavia, nas últimas décadas, os pesquisadores aumentaram seu foco em aplicações criativas e importantes de princípios psicológicos para melhorar a vida humana (Zimbardo, 2004). De fato, a aplicação de princípios conhecidos da psicologia – descobertos por meio da pesquisa básica – hoje é tão convincente que as pessoas tendem a esquecer os anos de pesquisa básica em laboratórios que precederam o que hoje consideramos lugar-comum. Por exemplo, o uso de técnicas de reforço positivo, testes psicológicos e terapias, bem como de práticas de autoajuda, se tornou parte da vida cotidiana. Além disso, a aplicação de princípios psicológicos está se tornando cada vez mais importante na educação, saúde e justiça criminal. Para ver algumas das muitas aplicações da psicologia em nossa vida cotidiana, confira o seguinte *website*: www.psychologymatters.org.

Um fator importante conecta as pesquisas básicas e aplicadas: o uso de teorias para orientar a pesquisa e a aplicação no mundo real. Na próxima seção, descreveremos como as teorias psicológicas são desenvolvidas.

Construção e testagem de teorias científicas

- As teorias são explicações propostas para as causas de fenômenos, e variam em seu escopo e nível de explicação.
- Uma teoria científica é um conjunto de proposições organizadas de forma lógica, que define fatos, descreve relações entre os fatos e explica a sua ocorrência.
- As variáveis intervenientes são conceitos usados em teorias para explicar por que as variáveis independentes e dependentes estão relacionadas.
- As teorias científicas bem-sucedidas organizam o conhecimento empírico, orientam a pesquisa oferecendo hipóteses testáveis e sobrevivem a testes rigorosos.
- Os pesquisadores avaliam teorias julgando a sua consistência interna, observando se os resultados postulados ocorrem quando a teoria é testada e observando se a teoria faz previsões precisas com base em explicações parcimoniosas.

As teorias são "ideias" sobre como a natureza funciona. Os psicólogos propõem teorias sobre a natureza do comportamento e dos processos mentais, bem como sobre as razões pelas quais as pessoas e animais agem e pensam de um determinado modo. Uma teoria psicológica pode ser desenvolvida usando-se diferentes níveis de explicação; por exemplo, a teoria pode ser desenvolvida em um nível fisiológico ou conceitual (ver Anderson, 1990; Simon, 1992). Uma teoria de base fisiológica para a esquizofrenia proporia causas biológicas, como genes portadores específicos. Uma teoria desenvolvida no nível conceitual provavelmente proporia causas psicológicas, como padrões de conflito emocional ou estresse. Uma teoria da esquizofrenia também poderia compreender causas biológicas e psicológicas.

As teorias muitas vezes diferem em seu escopo – a variedade de fenômenos que buscam explicar. Algumas teorias tentam explicar fenômenos específicos. Por exemplo, a teoria de Brown e Kulik (1977) tentava explicar o fenômeno da "memória do tipo *flashbulb*", na qual as pessoas se lembram de circunstâncias pessoais muito específicas relacionadas com eventos particularmente emocionais e surpreendentes, como os terríveis fatos ocorridos em 11 de setembro de 2001. Outras teorias têm um escopo muito mais amplo, e tentam descrever e explicar fenômenos mais complexos, como o amor (Sternberg, 1986) ou a cognição humana (Anderson, 1990, 1993; Anderson e Milson, 1989). De um modo geral, quanto maior o escopo de uma teoria, mais complexa ela provavelmente será. A maioria das teorias na psicologia contemporânea tende a ser relativamente modesta em seu escopo, tentando explicar apenas uma variedade limitada de fenômenos.

Os cientistas desenvolvem teorias a partir de uma mistura de intuição, observação pessoal e fatos e ideias conhecidos. Karl Popper (1976), o famoso filósofo da ciência, sugere que as teorias verdadeiramente criativas advêm de uma combinação de interesse intenso em um problema e imaginação crítica – a capacidade de pensar criticamente e "fora da caixa". Os pesquisadores começam a construir uma teoria considerando o que

se sabe sobre um problema ou pergunta de pesquisa e também procurando erros ou o que está faltando. A abordagem é semelhante à que descrevemos no Capítulo 1, sobre como começar na pesquisa e construção de hipóteses.

Embora as teorias difiram em seu nível de explicação e alcance, entre essas diferenças, estão características comuns que definem todas as teorias (ver Tabela 2.3). Podemos propor a seguinte definição formal de uma **teoria** científica: *um conjunto de proposições (alegações, afirmações, declarações) organizadas de forma lógica, que serve para definir fatos (conceitos), descrever relações entre esses fatos e explicar a ocorrência desses fatos.* Por exemplo, uma teoria para a memória do tipo *flashbulb* deve dizer exatamente o que é uma memória do tipo *flashbulb*, e como uma memória do tipo *flashbulb* difere de memórias típicas. A teoria também teria descrições de relações, como a relação entre o grau de envolvimento emocional e a quantidade lembrada. Finalmente, a teoria também deveria explicar por que, em certos casos, a chamada memória do tipo *flashbulb* de uma pessoa está claramente errada, mesmo que o indivíduo seja muito confiante quanto à memória (incorreta) (ver Neisser e Harsch, 1992). Esse foi o caso no estudo de Talarico e Rubin (2003) sobre as memórias de estu-

☑ **Tabela 2.3** Características de teorias

Definição	Uma teoria é um conjunto de proposições, organizado de maneira lógica, que serve para definir fatos, descrever relações entre esses fatos e explicar a ocorrência desses fatos.
Alcance	As teorias diferem na amplitude dos fatos que buscam explicar, de fenômenos bastante específicos (p.ex., memória do tipo *flashbulb*) a fenômenos complexos (p.ex., amor).
Funções	Uma teoria organiza o conhecimento empírico de estudos anteriores e orienta pesquisas futuras, sugerindo hipóteses testáveis.
Características Importantes	Variáveis intervenientes proporcionam uma conexão explicativa entre variáveis. As boas teorias são: • *Lógicas*: fazem sentido e possibilitam fazer previsões logicamente. • *Precisas*: as previsões sobre o comportamento são específicas, ao invés de gerais. • *Parcimoniosas*: a explicação mais simples para um fenômeno é a melhor.

Baseada na Tabela 2.3, Zechmeister, Zechmeister e Shaughnessy, 2001, p. 29.

dantes para os ataques terroristas de 11 de setembro de 2001; apesar da diminuição na acurácia de suas memórias com o passar do tempo, os participantes mantinham a confiança em suas memórias vívidas.

As principais funções de uma teoria são organizar o conhecimento empírico e *orientar* a pesquisa (Marx, 1963). Mesmo em áreas relativamente específicas de pesquisa, como as memórias do tipo *flashbulb*, foram realizados muitos estudos. À medida que aumenta o escopo de uma área de pesquisa, também aumenta o número de estudos relevantes. As teorias científicas são importantes porque proporcionam uma organização lógica para os resultados de muitos estudos e identificam relações entre os resultados. Essa organização lógica de resultados orienta os pesquisadores à medida que identificam hipóteses testáveis para suas pesquisas futuras.

Com frequência, as teorias exigem que proponhamos processos intervenientes para explicar o comportamento observado (Underwood e Shaughnessy, 1975). Esses processos intervenientes proporcionam uma conexão entre as variáveis independentes que os pesquisadores manipulam e as variáveis dependentes que mensuram subsequentemente. Como esses processos "ocorrem entre" as variáveis independentes e dependentes, eles são chamados de *variáveis intervenientes*. Você provavelmente sabe o que queremos dizer com uma variável interveniente se você pensa sobre a forma como usa o computador. Quando você aperta teclas no teclado ou clica o *mouse*, você vê (e ouve) vários resultados no monitor, na impressora ou a partir dos alto-falantes. Ainda assim, não é o apertar das teclas ou clicar do mouse que causa esses resultados; a variável interveniente é o *software* "invisível" que serve como conexão entre os toques nas teclas e o resultado no monitor.

As variáveis intervenientes são como programas de computador. Correspondendo à conexão entre os toques e o que se vê no monitor, as variáveis intervenientes conectam variáveis independentes e dependentes. Outro exemplo familiar da psicologia é o construto de "sede". Por exemplo, um pesquisador pode manipular o número de horas que os participantes são privados de líquidos e, depois do tempo especificado, a quantidade de líquido consumida. Entre o tempo de privação e o tempo em que os participantes podem beber, podemos dizer que eles estão "sedentos" – a experiência psicológica de precisar repor os fluidos corporais. A sede é um construto que permite que os teóricos conectem variáveis como o número de horas com privação de líquidos (a variável independente) e a quantidade de líquido consumida (a variável dependente). *Variáveis intervenientes como a sede não apenas conectam variáveis independentes e dependentes; as variáveis intervenientes também são usadas para explicar por que as variáveis são conectadas.* Assim, as variáveis intervenientes desempenham um papel importante quando os pesquisadores usam teorias para explicar as suas observações.

As variáveis intervenientes e as teorias são úteis porque permitem que os pesquisadores identifiquem relações entre variáveis aparentemente dessemelhantes. Outras variáveis independentes provavelmente influenciam a "sede". Considere, por exemplo, uma variável independente diferente: a quantidade de sal consumida. À primeira vista, essas duas variáveis independentes – o número de horas privado de líquidos e a quantidade de sal consumida – são bastante dessemelhantes. Todavia, ambas influenciam o consumo subsequente de líquido e podem ser explicadas pela variável interveniente da sede. Outras variáveis independentes relacionadas com o consumo de líquidos são a quantidade de exercícios e a temperatura; quanto mais exercícios ou quanto maior a temperatura, mais as pessoas ficarão "sedentas" e mais líquidos elas consumirão. Embora esses exemplos enfatizem variáveis independentes, é importante observar que as variáveis dependentes também desempenham um papel no desenvolvimento de teorias. Assim, em vez de medir o "consumo de líquidos" como a variável dependente, pesquisadores criativos podem medir outros efeitos relacionados com a experiência psicológica da sede. Por exemplo, quando privados de líquidos, os indivíduos podem fazer grandes esforços para obter um líquido ou até beber um líquido com gosto amargo. Desse modo, o esforço para obter líquidos e o amargor no líquido podem ser medidos como variáveis dependentes.

As variáveis intervenientes são críticas para o desenvolvimento de teorias em psicologia. Em nosso exemplo, as variáveis aparentemente dessemelhantes da privação de líquido, consumo de sal, exercício, temperatura, consumo de líquido, esforço para obter líquido e sabor de líquidos podem ser unidas em uma teoria baseada na variável interveniente "sede". Outros exemplos de variáveis intervenientes – e teorias – são abundantes na psicologia. A variável interveniente "depressão", por exemplo, conecta os fatores teorizados como causa da depressão (p.ex., fatores neurológicos, exposição a traumas) e os diversos sintomas (p.ex., tristeza, desamparo, perturbações do sono e do apetite). De maneira semelhante, a "memória" é usada como variável interveniente para explicar a relação entre a quantidade (ou qualidade) de tempo gasto estudando e o desempenho posterior em um teste. Como você aprenderá em seu estudo em psicologia, as variáveis intervenientes proporcionam a chave que destrava as relações complexas entre variáveis.

De que maneiras avaliamos e testamos teorias científicas é uma das questões mais difíceis em psicologia e filosofia (p.ex., Meehl, 1978, 1990a, 1990b; Popper, 1959). Kimble (1989) sugere uma abordagem simples e direta. Ele diz que "a melhor teoria é aquela que sobrevive aos fogos da lógica e da testagem empírica" (p. 498). Os cientistas avaliam uma teoria primeiro considerando se ela é lógica. Ou seja, eles determinam se a teoria faz sentido e se suas proposições não têm contradições. A consistência lógica das teorias é testada pela lente do olho crítico da comunidade científica.

O segundo "fogo" que Kimble (1989) recomenda para avaliar teorias é submeter as hipóteses derivadas da teoria a testes empíricos. Um teste bem-sucedido de uma hipótese serve para aumentar a aceitabilidade de uma teoria; testes malsucedidos servem para diminuir a aceitabilidade da teoria. A melhor teoria, segundo essa visão, é aquela que passa nesses testes. Porém, existem obstáculos sérios ao teste de hipóteses e, como consequência, a confirmar ou refutar teorias científicas. Por exemplo, uma teoria, especialmente uma teoria complexa, pode produzir muitas hipóteses testáveis específicas. Não é provável que uma teoria fracasse com base em um único teste (p.ex., Lakatos, 1978). Ademais, as teorias podem conter conceitos que não sejam definidos adequadamente ou sugerir relações complexas entre variáveis intervenientes e o comportamento. Essas teorias podem ter vida longa, mas seu valor para a ciência é questionável (Meehl, 1978). Em última análise, a comunidade científica determina se um teste de uma determinada teoria é definitivo.

De um modo geral, as teorias que proporcionam *precisão de previsão* provavelmente sejam muito mais úteis (Meehl, 1990a). Por exemplo, uma teoria que preveja que as crianças geralmente apresentam raciocínio abstrato aos 12 anos de idade é mais precisa (e testável) em suas previsões do que uma teoria que preveja o desenvolvimento do raciocínio abstrato entre as idades de 12 e 20 anos. Ao construir e avaliar uma teoria, os cientistas também valorizam a parcimônia (Marx, 1963). A *regra da parcimônia* é seguida quando se aceita a mais simples das explicações alternativas. Os cientistas preferem teorias que proporcionem as explicações mais simples para os fenômenos.

Em síntese, uma boa teoria científica é aquela que consegue passar na maioria dos testes rigorosos. De forma um pouco contraintuitiva, a testagem rigorosa é mais informativa quando os pesquisadores fazem testes que busquem *refutar* as proposições de uma teoria do que quando fazem testes que as confirmem (Shadish, Cook e Campbell, 2002). Embora os testes que confirmam as proposições de uma determinada teoria proporcionem amparo para a teoria testada, é lógico que a confirmação não exclui outras teorias alternativas sobre o mesmo fenômeno. Os testes de refutação são a melhor maneira de podar os ramos mortos de uma teoria. Construir e avaliar teorias científicas está no âmago da atividade científica e é absolutamente essencial para o crescimento saudável da ciência da psicologia.

Resumo

Como abordagem ao conhecimento, o método científico se caracteriza pelo uso de procedimentos empíricos, em vez de basear-se apenas na intuição, e pela tentativa de controlar a investigação dos fatores considerados responsáveis por um fenômeno. Os cientistas têm maior controle quando fazem um experimento. Em um experimento, os fatores que são manipulados sistematicamente na tentativa de determinar seu efeito sobre o comportamento são chamados de variáveis independentes. As medidas do comportamento usadas para avaliar o efeito (se houver) das variáveis independentes são chamadas de variáveis dependentes.

Os cientistas tentam divulgar seus resultados de maneira imparcial e objetiva. Esse objetivo é promovido aplicando-se definições operacionais aos conceitos. Os pesquisadores psicológicos referem-se aos conceitos como "construtos". Os cientistas também usam instrumentos que sejam o mais acurado e preciso possível. Os fenômenos são quantificados com medições físicas e psicológicas, e os cientistas procuram medidas que tenham validade e fidedignidade. As hipóteses são explicações tentativas dos fatos e acontecimentos. Todavia, para que tenham validade para o cientista, as hipóteses devem ser testáveis. Hipóteses que careçam de definição adequada, que sejam circulares ou que interessem a ideias ou forças fora do domínio da ciência não são testáveis. As hipóteses muitas vezes são derivadas de teorias.

Os objetivos do método científico são a descrição, previsão, explicação e aplicação. A pesquisa quantitativa e a pesquisa qualitativa são usadas para descrever o comportamento. A observação é a principal base da descrição científica. Quando duas medidas se correlacionam, podemos prever o valor de uma medida sabendo o valor da outra. Chega-se à compreensão e explicação quando as causas de um fenômeno são descobertas. Isso exige que sejam apresentadas evidências de covariação dos eventos, que haja uma relação de ordem temporal e que as causas alternativas sejam excluídas. Quando duas variáveis potencialmente efetivas covariam de modo que não se possa determinar o efeito independente de cada variável sobre o comportamento, dizemos que nossa pesquisa apresenta confusão (contém variáveis confundidoras). Mesmo quando um experimento cuidadosamente controlado permite que o pesquisador faça uma inferência causal, restam outras questões, relacionadas com o nível em que os resultados podem ser generalizados para descrever outras pessoas e situações. Na pesquisa aplicada, os psicólogos tentam aplicar o seu conhecimento e métodos de pesquisa para melhorar as vidas das pessoas. A pesquisa básica é conduzida para se adquirir conhecimento sobre o comportamento e processos mentais e para testar teorias.

A construção e a testagem de teorias científicas estão no âmago da abordagem científica à psicologia. Uma teoria é definida como um conjunto de proposições organizadas logicamente, que serve para definir eventos, descrever relações entre esses eventos e explicar a ocorrência dos eventos. As teorias têm as importantes funções de organizar o conhecimento empírico e orientar a pesquisa, oferecendo hipóteses testáveis. As variáveis intervenientes são críticas para o desenvolvimento de teorias em psicologia, pois esses construtos permitem que os pesquisadores expliquem as relações entre as variáveis independentes e dependentes.

Conceitos básicos

controle 46
experimento 47
variável independente 48
variável dependente 48
construto 50
definição operacional 51
validade 53

fidedignidade/confiabilidade 53
correlação 60
inferência causal 61
confusão 63
pesquisa aplicada 64
pesquisa básica 64
teoria 65

Questões de revisão

1. Para cada uma das características seguintes, estabeleça uma distinção entre a abordagem científica e as abordagens corriqueiras ao conhecimento: abordagem e atitude geral, observação, divulgação, conceitos, instrumentos, medição e hipóteses.

2. Diferencie uma variável independente e uma variável dependente, e dê um exemplo de cada uma que possa ser usado em um experimento.

3. Qual é a maior vantagem do uso de definições operacionais em psicologia? Quais são duas maneiras em que o uso de definições operacionais é criticado?

4. Diferencie a acurácia e a precisão de um instrumento de medição.

5. Qual é a diferença entre a validade de uma medida e a fidedignidade de uma medida?

6. Quais são os três tipos de hipóteses que não possuem a característica crítica de ser testável?

7. Identifique os quatro objetivos do método científico e descreva brevemente o que cada objetivo visa alcançar.

8. Diferencie a abordagem nomotética e a abordagem idiográfica em termos de quem é estudado e da natureza das generalizações procuradas.

9. Identifique duas diferenças entre pesquisa quantitativa e qualitativa.

10. O que os pesquisadores podem fazer quando sabem que duas variáveis estão correlacionadas?

11. Dê um exemplo de uma pesquisa descrita no texto que ilustre cada uma das três condições para uma inferência causal. [Você pode usar o mesmo exemplo para mais de uma condição.]

12. Qual é a diferença entre pesquisa básica e aplicada?

13. O que é uma variável interveniente? Proponha um construto psicológico que possa servir como variável interveniente entre "insulto" (presente/ausente) e "respostas agressivas". Explique como essas variáveis podem estar relacionadas, propondo uma hipótese que inclua sua variável interveniente.

14. Descreva os papéis da consistência lógica e testagem empírica na avaliação de uma teoria científica.

15. Explique por que testes rigorosos que buscam refutar as proposições de uma teoria podem ser mais informativos do que testes que visem confirmar as suas proposições.

☑ DESAFIOS

1. Em cada uma das descrições seguintes sobre projetos de pesquisa, identifique as variáveis independentes. Identifique também pelo menos uma variável dependente em cada estudo.

   A. Uma psicóloga estava interessada no efeito da privação alimentar sobre a atividade motora. Ela dividiu 60 ratos em quatro condições, diferindo o tempo pelo qual os animais foram privados de alimento: 0 horas, 8 horas, 16 horas, 24 horas. Depois, mediu a quantidade de tempo que os animais passavam na roda de atividade em suas gaiolas.

   B. Um professor de educação física estava interessado em especificar as mudanças na coordenação motora que ocorrem quando crianças adquirem experiência com grandes equipamentos no *playground* (p.ex., escorregadores, balanços, paredes de escalada). Por um período de 8 semanas, crianças pré-escolares foram divididas em 4, 6 e 8 horas por semana de tempo no equipamento. Ela então testou sua coordenação motora, pedindo para as crianças pularem, saltarem e ficarem em um pé só.

   C. Um psicólogo do desenvolvimento estava interessado na quantidade de comportamento verbal apresentado por crianças muito pequenas, dependendo de quem estava presente. As crianças estudadas tinham 3 anos de idade, e foram observadas em um ambiente laboratorial por um período de 30 minutos. A metade das crianças foi colocada em uma condição em que um adulto estava presente com a criança durante a sessão. A outra metade das crianças ficou em uma condição em que havia outra criança presente durante a sessão junto com a criança observada.

2. Uma psicóloga fisiologista desenvolveu uma droga acreditando que revolucionaria o mundo das corridas de cavalos. Batizou a droga de Speedo, e confiava que a droga faria os cavalos correrem muito mais rápido que atualmente. (Para nosso problema hipotético, estamos omitindo o fato de que é ilegal dar drogas para cavalos de corrida.) Ela selecionou dois grupos de cavalos e deu injeções de Speedo a um dos grupos uma vez por semana, durante quatro semanas. Como se sabia que o Speedo tinha efeitos negativos sobre os sistemas digestivos dos cavalos, aqueles que receberam Speedo tiveram que ser colocados em uma dieta especial com nível elevado de proteína. Os cavalos que não receberam a droga mantiveram suas dietas regulares. Após o período de quatro semanas, todos os cavalos foram avaliados em uma corrida de duas milhas, e os tempos médios dos cavalos que receberam Speedo foram significativamente mais rápidos do que os tempos médios daqueles que não receberam a droga. A psicóloga concluiu que sua droga era efetiva.

   A. Identifique a variável independente de interesse (e seus níveis) e uma variável independente potencialmente relevante, com a qual a variável independente primária é confundida. Explique de forma clara como a confusão ocorreu.

   B. Formule uma conclusão sobre o efeito da droga Speedo que tenha o amparo das evidências apresentadas.

   C. Finalmente, sugira maneiras em que o estudo poderia ser feito de um modo que você pudesse tirar uma conclusão clara sobre a efetividade da droga Speedo.

Metodologia de pesquisa em psicologia **71**

☑ DESAFIOS (CONTINUAÇÃO)

3. O *New York Times* publicou os resultados de um estudo de dois anos e $1,5 milhão, realizado por pesquisadores da Carnegie Mellon University e financiado pela National Science Foundation e importantes empresas de tecnologia. O estudo teve 169 participantes, obtidos na área de Pittsburgh. Os pesquisadores analisaram a relação entre o uso da internet e o bem-estar psicológico. Um diretor do estudo afirmou que o estudo não envolvia testar quantidades extremas de uso da internet. Os participantes eram adultos normais e suas famílias. Em média, para aqueles que usaram a internet por mais tempo, observou-se o pior bem-estar psicológico. Por exemplo, uma hora de uso da internet por semana levou a leves aumentos em uma escala de depressão e em uma escala de solidão, bem como um declínio relatado nas interações pessoais com familiares. Os pesquisadores concluíram que o uso da internet parece causar um declínio no bem-estar psicológico. Eles sugerem que os usuários da internet estavam construindo relacionamentos superficiais que levavam a um declínio geral nos sentimentos de conexão com outras pessoas.

   A. Os pesquisadores alegam que o uso da internet leva a um declínio no bem-estar das pessoas. Que evidências são apresentadas nesse resumo do estudo que satisfazem as condições necessárias para fazer essa inferência causal, e que evidências faltam?

   B. Que fontes além desta questão você gostaria de verificar antes de chegar a uma conclusão sobre os resultados relatados? [Talvez você possa começar com os artigos "The Lonely Net", do *New York Times* de 30 de agosto de 1998, e "Net Depression Study Criticized", do *Washington Post* de 7 de setembro de 1998.]

4. Foi realizado um estudo para determinar se fazer anotações em uma disciplina de psicologia do desenvolvimento afetava o desempenho de alunos em testes. Estudantes registraram suas anotações durante todo o semestre em um guia de estudo de 125 páginas. O guia de estudo continha questões sobre o conteúdo disciplinar coberto no livro-texto e nas aulas. As anotações dos alunos foram avaliadas usando três dimensões: perfeição, tamanho e exatidão. Os resultados do estudo indicaram que estudantes com anotações mais exatas tiveram melhor desempenho em testes dissertativos e de múltipla escolha do que alunos com anotações menos exatas. Com base nessas observações, os pesquisadores sugeriram que os professores deviam usar técnicas de ensino como pausar por breves períodos durante a aula e fazer perguntas para esclarecer as informações. Os pesquisadores afirmam que essas técnicas podem facilitar a exatidão das anotações que os alunos fazem na aula, e que as anotações exatas contribuem significativamente para o sucesso geral dos alunos em disciplinas universitárias.

   A. Que evidências existem nesse relato para cumprir as condições necessárias para uma inferência causal entre a exatidão das anotações dos alunos e seu desempenho nos testes? Que evidências faltam? (Certifique-se de identificar claramente as três condições para a inferência causal.)

   B. Identifique um objetivo do método científico que pode ser cumprido com base nos resultados desse estudo.

Resposta ao Exercício

1. A variável independente no estudo é a condição emocional dos participantes após o teste de coordenação entre mãos e olhos. Havia três níveis: gratidão, emoção positiva e neutro. A variável dependente era o número de minutos em que os participantes ajudaram preenchendo o questionário dos cúmplices.

2. Uma explicação alternativa para os resultados do estudo é que os participantes simplesmente se sentiram bem quando o cúmplice resolveu o problema do computador e, portanto, ajudaram mais no final do experimento. Para mostrar que a emoção específica da gratidão era importante, os pesquisadores usaram uma condição experimental, a condição do vídeo divertido, como controle para emoções positivas em geral. Ou seja, se as emoções positivas fazem as pessoas ajudarem mais, esses sujeitos também deveriam ajudar mais. Como apenas os sujeitos na condição de gratidão ajudaram mais, os pesquisadores podem dizer que a gratidão, especificamente, causou o aumento na solicitude.

Resposta ao Desafio 1

A. Variável independente (VI): horas de privação alimentar com quatro níveis (0, 8, 16, 24); variável dependente (VD): tempo (p.ex., em minutos) que os animais passaram na roda de atividade

B. VI: tempo nos equipamentos do *playground* com três níveis: 4, 6 ou 8 horas por semana; VD: escores em testes de coordenação motora

C. VI: pessoa adicional presente com dois níveis (adulto, criança); VD: número, duração e complexidade das falas da criança

☑ Nota

1. Às vezes, os níveis da variável independente são *selecionados* por um pesquisador, em vez de manipulados. Uma *variável de diferenças individual* é uma característica ou traço que varia entre os indivíduos; por exemplo, sexo dos participantes (masculino, feminino) é uma variável de diferenças individual. Ao investigarem sobre se o comportamento difere de acordo com o sexo dos participantes, os pesquisadores selecionam homens e mulheres e examinam esse fator como uma variável de diferenças individual. Como veremos no Capítulo 6, há diferenças significativas entre variáveis independentes manipuladas e selecionadas.

3

Questões éticas na pesquisa psicológica

Introdução

A boa ciência exige bons cientistas. A competência e a integridade profissional dos cientistas são essenciais para garantir uma ciência de qualidade. Manter a integridade do processo científico é uma responsabilidade compartilhada de cada cientista e da comunidade de cientistas (representada por organizações profissionais como a APA e a APS). Cada cientista tem uma responsabilidade ética de buscar o conhecimento e tentar melhorar a qualidade de vida. Diener e Crandall (1978) identificam várias responsabilidades específicas que decorrem desse princípio geral. Os cientistas devem

– fazer pesquisas de maneira competente;
– publicar os resultados corretamente;
– gerenciar os recursos de pesquisa de forma honesta;
– reconhecer de forma justa, em comunicações científicas, os indivíduos que contribuíram com suas ideias ou seu tempo e esforços;
– considerar as consequências de qualquer pesquisa para a sociedade;

– falar em público sobre as preocupações sociais relacionadas com o conhecimento de um cientista.

Ao tentarem cumprir essas obrigações, os cientistas enfrentam questões e problemas éticos desafiadores e, às vezes, ambíguos. Para orientar os psicólogos a tomar decisões éticas, a American Psychological Association (APA) formulou um código de ética. O código de ética da APA estabelece padrões de comportamento ético para psicólogos que fazem pesquisas ou terapia ou que lecionam ou atuam como administradores (ver American Psychological Association, 2002). O código de ética lida com questões tão diversas quanto o assédio sexual, cobrança por serviços psicológicos, orientação ao público na mídia, desenvolvimento de testes e ensino em sala de aula. Também é importante que todos os estudantes de psicologia se esforcem ao máximo para cumprir esses ideais e padrões de comportamento declarados. Você pode se familiarizar com o código de ética visitando o *website* da APA: www.apa.org/ethics.

Muitos dos padrões apresentados no código de ética da APA lidam diretamente com a pesquisa psicológica (ver especialmente os Padrões 8.01 a 8.15 do Código), incluindo o tratamento de seres humanos e animais na pesquisa psicológica. Como na maioria dos códigos de ética, os padrões tendem a ser de natureza geral e exigem definição específica em contextos particulares. Mais de um padrão ético pode se aplicar a uma situação específica de pesquisa e, às vezes, pode parecer que os padrões são contraditórios. Por exemplo, a pesquisa ética exige que os sujeitos humanos sejam protegidos de danos físicos. Todavia, as pesquisas que envolvem drogas ou outros tratamentos invasivos podem colocar os sujeitos em risco de dano físico. Deve-se garantir o bem-estar de sujeitos animais, mas certos tipos de pesquisa podem envolver causar dor ou outra forma de sofrimento no animal. Nem sempre é fácil resolver esses dilemas éticos, exigindo uma abordagem deliberada e consciente de resolução de problemas para tomar decisões éticas.

A internet mudou a maneira como muitos cientistas fazem pesquisa, e os psicólogos não são exceção. Pesquisadores ao redor do mundo, por exemplo, costumam colaborar em projetos científicos e podem trocar ideias e resultados de forma rápida e fácil pela internet. Vastas quantidades de informações arquivadas estão acessíveis por meio de *sites* patrocinados pelos governos (p.ex., o U.S. Census Bureau). Como os pesquisadores podem coletar dados de sujeitos humanos pela internet, existe o potencial de incluir *milhões* de pessoas em um estudo! Os tipos de pesquisa psicológica pela internet envolvem observações simples (p.ex., registrar o "comportamento" em salas de bate-papo), levantamentos (questionários, incluindo testes de personalidade) e experimentos envolvendo variáveis manipuladas.

Embora a internet ofereça muitas oportunidades para o cientista comportamental, ela também suscita muitas questões éticas. Questões importantes surgem devido à ausência do pesquisador em ambientes de pesquisa virtual, à dificuldade em obter o consentimento informado adequado e fazer o *debriefing*, e a preocupações com a prote-

ção da confidencialidade dos participantes (ver, especialmente, Kraut et al., 2004, e Nosek, Banaji e Greenwald, 2002, para revisões desses problemas e algumas soluções sugeridas). Discutimos algumas dessas questões éticas neste capítulo, mas também continuamos a discussão em capítulos posteriores, quando descrevemos estudos específicos que usam a internet.

As decisões éticas devem ser tomadas após uma consulta com outras pessoas, incluindo os colegas, mas especialmente pessoas que sejam mais experientes ou tenham mais conhecimento na área em questão. De fato, a revisão do plano de pesquisa por pessoas que não estejam envolvidas na pesquisa é exigida legalmente na maioria das situações. Nas seções restantes deste capítulo, comentamos os padrões do código de ética que lidam especificamente com a pesquisa psicológica. Também apresentamos vários cenários hipotéticos de pesquisa que suscitam questões éticas. Colocando-se na posição de ter de fazer juízos sobre as questões éticas levantadas nessas propostas de pesquisa, você começará a aprender a lidar com os desafios que surgirem na aplicação de padrões éticos específicos e com as dificuldades da tomada de decisões éticas em geral (ver Figura 3.1). Incitamos você a discutir essas propostas com seus colegas, professores e outras pessoas que já tiveram experiência com a realização de pesquisas psicológicas.

Questões éticas a considerar antes de começar a pesquisar

- Antes de fazer qualquer estudo, a pesquisa proposta deve ser revisada para determinar se cumpre padrões éticos.
- Os Comitês de Revisão Institucional (*Institutional Review Boards, IRB*) revisam pesquisas psicológicas para proteger os direitos e o bem-estar de sujeitos humanos.
- Os Comitês Institucionais para o Uso e Cuidado de Animais (*Institutional Animal Care and Use Committees, IACUC*) revisam pesquisas realizadas com ani-

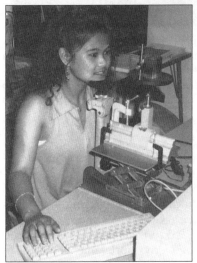 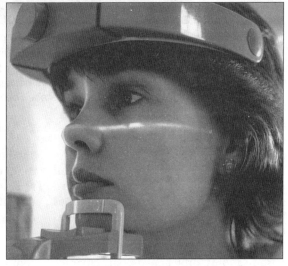

☑ **Figura 3.1** Muitas questões éticas são suscitadas quando se faz pesquisa com seres humanos.

mais para garantir que os animais sejam tratados humanamente.

Os pesquisadores devem considerar questões éticas antes de começarem um projeto de pesquisa. Problemas éticos podem ser evitados com um planejamento cuidadoso e buscando-se orientação com indivíduos e grupos apropriados *antes de fazer a pesquisa*. Fazer pesquisa de uma maneira que não seja ética prejudica todo o processo científico, atrapalha o avanço do conhecimento e erode o respeito do público pelas comunidades científica e acadêmica (ver Figura 3.2). Além disso, também pode levar a grandes penalidades legais e financeiras para indivíduos e instituições. Um passo importante que os pesquisadores devem dar quando começam a fazer pesquisas psicológicas é obter aprovação institucional.

O National Research Act, de 1974, resultou na criação da Comissão Nacional para Proteção de Sujeitos Humanos na Pesquisa Biomédica e Comportamental. Essa lei exige que as instituições que tentam obter verbas de pesquisa com agências federais específicas devem estabelecer comitês para revisar

☑ **Figura 3.2** Após a Segunda Guerra Mundial, o Tribunal de Crimes de Guerra de Nuremberg acusou médicos alemães por crimes contra a humanidade, incluindo a realização de experimentos médicos com seres humanos sem o seu consentimento. O veredicto do tribunal nesses casos levou ao desenvolvimento do Código de Nuremberg, que estabeleceu regras para experimentos permissíveis com seres humanos.

a pesquisa patrocinada pela instituição. As faculdades e universidades estabeleceram esses comitês, chamados de *Institutional Review Boards (IRBs)*. As regulamentações federais para os IRBs podem ser encontradas no *website*: www.hhs.gov/ohrp. O IRB de uma instituição pode garantir que os pesquisadores protejam os participantes de riscos e preservem os seus direitos. As normas federais impõem requisitos bastante específicos sobre os membros e deveres dos IRBs (ver *Federal Register*, 23 de junho de 2005). Por exemplo, um IRB deve ser composto por pelo menos cinco membros com formação em campos variados do conhecimento. Cientistas e não cientistas devem estar representados, e deve haver pelo menos um membro no IRB que não seja associado à instituição. Membros responsáveis da comunidade, como representantes do clero, advogados e enfermeiras, costumam ser chamados para atuarem nesses comitês.

O IRB tem autoridade para aprovar, desaprovar ou exigir modificações no projeto de pesquisa antes de aprovar a pesquisa. Também tem a responsabilidade ética de garantir que sua revisão de projetos de pesquisa seja justa, considerando as perspectivas da instituição, do pesquisador e dos sujeitos da pesquisa (Chastain e Landrum, 1999).

Em 1985, o Departamento da Agricultura do governo norte-americano, assim como o Serviço de Saúde Pública, formulou novas diretrizes para o cuidado de cobaias de laboratório (Holden, 1987). Como resultado, as instituições que fazem pesquisas com sujeitos animais devem ter um Comitê Institucional para o Uso e Cuidado de Animais (IACUC). Esses comitês devem ter, no mínimo, um cientista, um veterinário e pelo menos uma pessoa que não seja associada à instituição. A revisão de pesquisas com animais pelos comitês envolve mais do que apenas supervisionar procedimentos de pesquisa. As normas federais que regem a conduta da pesquisa com animais estendem-se a especificações para os ambientes onde os animais vivem e ao treinamento adequado do pessoal que trabalha diretamente com eles (Holden, 1987).

Metodologia de pesquisa em psicologia **77**

Quase todas as faculdades e universidades exigem que todas as pesquisas realizadas na instituição sejam revisadas por um comitê independente antes da coleta de dados. A violação de normas federais relacionadas com a revisão de pesquisas envolvendo seres humanos ou animais pode levar à interrupção de todas as pesquisas em uma instituição, causar a perda de recursos federais e resultar em multas substanciais (Holden, 1987). *Qualquer indivíduo que queira fazer pesquisas deve consultar as autoridades encarregadas, antes de começar a pesquisa, em relação ao procedimento adequado para a revisão institucional.* Também existem orientações para estudantes que pretendam submeter um projeto de pesquisa a um IRB (McCallum, 2001) ou a um IACUC (LeBlanc, 2001).

A razão risco/benefício

- Para determinar se a pesquisa deve ser realizada, usa-se uma avaliação subjetiva dos riscos e benefícios de um projeto de pesquisa.

Além de conferir se os princípios éticos apropriados estão sendo seguidos, o IRB considera a *razão risco/benefício* do estudo. A sociedade e os indivíduos se beneficiam com uma pesquisa quando se adquire novo conhecimento e quando se identificam novos tratamentos que melhoram as vidas das pessoas. Também existem custos potenciais quando a pesquisa *não* é feita. Perdemos a oportunidade de adquirir conhecimento e, em última análise, perdemos a oportunidade de melhorar a condição humana. A pesquisa também pode ter um custo elevado para os participantes individualmente se forem prejudicados durante o estudo. O pesquisador principal deve, é claro, ser o primeiro a considerar esses custos e benefícios potenciais. O IRB é formado por indivíduos com conhecimento e que não tenham interesse pessoal na pesquisa. Desse modo, o IRB está em melhor posição para determinar a razão risco/benefício e, em última análise, decidir se deve aprovar a pesquisa proposta.

A **razão risco/benefício** propõe a seguinte pergunta: "vale a pena?". Não existem respostas matemáticas para a razão risco/benefício. Ao contrário, os membros de um IRB baseiam-se em uma avaliação *subjetiva* dos riscos e benefícios para os participantes individuais e a sociedade e questionam: *os benefícios são maiores do que os riscos?*. Quando os riscos superam os benefícios potenciais, o IRB não aprova a pesquisa; quando os benefícios superam os riscos, o IRB aprova a pesquisa.

Muitos fatores afetam a decisão sobre o equilíbrio adequado entre os riscos e benefícios de uma pesquisa. Os mais básicos são a natureza do risco e a magnitude do benefício provável para o participante, bem como o potencial valor científico e social da pesquisa (Fisher e Fryberg, 1994). Pode-se tolerar maior risco quando existe a previsão de benefícios claros e imediatos ou quando a pesquisa tem valor científico e social óbvio. Por exemplo, um projeto de pesquisa que investiga um novo tratamento para o comportamento psicótico pode acarretar risco para os participantes. Todavia, se o tratamento proposto tem uma boa chance de ter um efeito benéfico, os benefícios possíveis para os indivíduos e a sociedade podem superar o risco envolvido no estudo.

Para determinar a razão risco/benefício, os pesquisadores também consideram a qualidade da pesquisa, ou seja, se serão produzidos resultados válidos e interpretáveis. Mais especificamente, "se, por causa da má qualidade da ciência, não se tiram benefícios de um projeto de pesquisa, como podemos justificar o uso do tempo, atenção e esforço dos sujeitos e do dinheiro, espaço, materiais e outros recursos que foram gastos no projeto de pesquisa?" (Rosenthal, 1994b, p. 128). Assim, *o pesquisador é obrigado a tentar fazer pesquisas que satisfaçam os mais elevados padrões de excelência científica.*

Quando existem riscos potenciais, o pesquisador deve garantir que não existam procedimentos alternativos de baixo risco que possam ser usados em substituição. O pesquisador também deve garantir que outras pesquisas já não tenham conseguido responder a pergunta de pesquisa em questão. Sem uma revisão cuidadosa da literatura psicológica, o pesquisador pode fazer uma pesquisa que já tenha sido feita antes, expondo assim os indivíduos a riscos desnecessários.

Determinando o risco

- Os riscos potenciais na pesquisa psicológica incluem o risco de dano físico, dano social e estresse mental e emocional.
- Os riscos devem ser avaliados em termos das atividades cotidianas dos participantes potenciais, sua saúde física e mental e suas capacidades.

Determinar se os sujeitos de pesquisa estão "em situação de risco" ilustra as dificuldades envolvidas na tomada de decisões éticas. A vida em si já é arriscada. Deslocar-se para o trabalho ou a escola, atravessar a rua e andar de elevador são situações que têm um elemento de risco. O fato de simplesmente comparecer a um experimento de psicologia tem um certo grau de risco. Dizer que os sujeitos humanos na pesquisa psicológica jamais podem enfrentar riscos equivaleria a acabar com a pesquisa. As decisões sobre o que constitui risco devem levar em consideração os riscos que fazem parte da vida cotidiana.

Os pesquisadores também devem considerar as características dos sujeitos quando determinam o risco. Certas atividades podem representar um risco sério para certos indivíduos, mas não para outros. Subir escadas correndo pode aumentar o risco de um ataque cardíaco para uma pessoa idosa, mas a mesma tarefa provavelmente não seria arriscada para a maioria dos adultos. De maneira semelhante, indivíduos que são excepcionalmente deprimidos ou ansiosos devem apresentar reações mais severas a certos testes psicológicos do que outras pessoas. Assim, ao considerar o risco, os pesquisadores devem considerar as populações específicas de indivíduos que são prováveis de participar do estudo.

Muitas vezes, pensamos no risco em termos da possibilidade de danos físicos. Todavia, com frequência, os participantes de pesquisas em ciências sociais correm riscos de danos sociais ou psicológicos. Por exemplo, se as informações pessoais dos sujeitos forem reveladas a outras pessoas, haverá potencial para risco social, como situações embaraçosas. Informações pessoais coletadas durante a pesquisa psicológica podem incluir fatos sobre a inteligência, traços da personalidade, crenças políticas, sociais ou religiosas, e determinados comportamentos. Um sujeito de pesquisa provavelmente não desejaria que essas informações fossem reveladas a professores, patrões ou colegas. Se a confidencialidade das respostas dos sujeitos não for protegida, isso pode aumentar a possibilidade de danos sociais.

O maior risco para os participantes de pesquisas pela internet é a possibilidade de revelação de informações pessoais identificáveis fora do âmbito da pesquisa (Kraut et al., 2004). Outros pesquisadores sugerem que, embora a internet propicie uma "percepção de anonimato" (Nosek et al., 2002, p. 165), em certas circunstâncias, essa percepção é falsa, e os pesquisadores devem considerar maneiras de proteger a confidencialidade na transmissão e armazenamento dos dados, bem como em interações com os participantes após o estudo.

Certas pesquisas psicológicas podem representar risco psicológico se os participantes do estudo sofrerem estresse mental ou emocional sério. Imagine o estresse que um sujeito pode sentir quando entra fumaça na sala onde está esperando. A fumaça pode estar entrando na sala para que o pesquisador possa simular uma emergência. Até que se revele a verdadeira natureza da fumaça, os participantes da pesquisa podem sentir uma tensão considerável. Nem sempre é fácil prever quando haverá estresse emocional ou psicológico.

Considere o dilema que ocorre quando os pesquisadores tentam obter informações sobre o abuso infantil e a violência interpessoal (ver Becker-Blease e Freyd, 2006). Pedir a indivíduos para descreverem casos de abuso infantil ou violência familiar de seu passado pode ser emocionalmente estressante. Ainda assim, a maioria dos pesquisadores concorda que o conhecimento dessas experiências pode fornecer visões importantes aos cientistas comportamentais sobre alguns dos males da sociedade (p.ex., o divórcio, o baixo rendimento escolar, a criminalidade), bem como orientar estudos com pesquisas clínicas. Mas como e quando fazer isso? Becker-Blease e Freyd (2006) discutem a ética de perguntar ou não perguntar sobre o abuso. Eles mostram que *não* perguntar também tem os seus custos, na forma de barrar a ciência e impedir que os participantes busquem ajuda ou aprendam sobre reações normais ao abuso e os recursos da comunidade que podem ajudar. Estudos sobre o abuso infantil também podem quebrar o tabu que existe contra falar sobre o abuso e mostram às vítimas que essas discussões podem ser importantes. Segundo a visão de Becker-Blease e Freyd, não perguntar "ajuda os agressores e agride as vítimas" (p. 225). Assim, o custo de não perguntar pode ter um peso importante em qualquer análise de riscos e benefícios.

Apenas o fato de participar de um experimento de psicologia já provoca ansiedade em alguns indivíduos. Depois de aprender uma lista de sílabas sem sentido (p.ex., *HAP, BEK*), um estudante disse que tinha certeza de que o pesquisador agora sabia muita coisa sobre ele! O estudante pressupôs que o psicólogo estava interessado em conhecer a sua personalidade, analisando as associações de palavras que tinha usado ao aprender a lista. Na realidade, essa pessoa estava participando de um experimento simples sobre a memória, projetado para avaliar o esquecimento. *O pesquisador é obrigado a proteger os sujeitos de estresse emocional ou mental, incluindo, quando possível, o estresse que pode surgir devido às concepções equivocadas dos sujeitos em relação ao teste psicológico.*

Risco mínimo

- Diz-se que um estudo envolve "risco mínimo" quando os procedimentos ou atividades do estudo são semelhantes aos que os participantes encontram em suas vidas cotidianas.

Às vezes, faz-se uma distinção entre um participante "em risco" e aquele que está em "risco mínimo". O **risco mínimo** significa que o perigo ou desconforto que os sujeitos podem experimentar na pesquisa *não é maior* do que o que podem experimentar em suas vidas cotidianas ou durante testes físicos ou psicológicos de rotina. Como exemplo de risco mínimo, considere o fato de que muitos estudos laboratoriais em psicologia envolvem longos testes de preencher à mão, visando avaliar diversas capacidades mentais. Os sujeitos também podem preencher os testes rapidamente e receber *feedback* específico sobre o seu desempenho. Embora seja provável que haja estresse nessa situação, o risco de dano psicológico provavelmente não será maior do que o que estudantes costumam experimentar. Portanto, esses estudos envolveriam apenas um risco mínimo para estudantes universitários. Quando a possibilidade de dano é considerada mais que mínima, diz-se que os indivíduos estão *em risco*. Quando um estudo coloca os participantes em risco, o pesquisador tem obrigações mais sérias de proteger o seu bem-estar.

Lidando com o risco

- Independentemente de estarem "em risco" ou "em risco mínimo", os sujeitos de pesquisa devem ser protegidos. À medida que os riscos ficam maiores, são necessárias mais medidas de proteção.
- Para proteger os participantes de riscos sociais, as informações que eles fornecem devem ser anônimas ou, se isso não for possível, deve-se manter a confidencialidade das suas informações.

80 Shaughnessy, Zechmeister & Zechmeister

☑ EXERCÍCIO I

Para cada uma das situações de pesquisa seguintes, você deve decidir se existe "risco mínimo" (i.e., um risco não maior do que o da vida cotidiana) ou se os participantes estão "em risco". Se você decidir que os participantes estão "em risco", pense em recomendações que você possa fazer ao pesquisador que reduzam o risco para os participantes. Ao fazê-lo, você sem dúvida começará a prever algumas das questões éticas que serão discutidas neste capítulo.

1. Solicitou-se que estudantes universitários fizessem uma lista de adjetivos descrevendo o seu humor atual. O pesquisador quer identificar estudantes que estejam deprimidos, para que possam ser incluídos em um estudo que analisará os déficits cognitivos associados à depressão.

2. Adultos idosos em um lar de repouso fazem uma bateria de testes de desempenho na sala de convivência de seu lar. Um psicólogo tenta determinar se existe um declínio no funcionamento mental com a idade avançada.

3. Estudantes de uma disciplina de metodologia de pesquisa em psicologia veem outro aluno entrar em sua sala no meio do período da classe, falar em voz alta e de maneira rude com o professor, e depois sair. Como parte de um estudo sobre a memória de testemunhas oculares, os estudantes devem descrever o intruso.

4. Um pesquisador recruta estudantes de classes de introdução à psicologia para participarem de um estudo sobre os efeitos do álcool para o funcionamento cognitivo. O experimento exige que alguns alunos bebam duas onças (cerca de 60ml) de álcool (misturado com suco de laranja) antes de jogarem um jogo de computador.

Mesmo que o risco potencial seja pequeno, os pesquisadores devem tentar minimizar o risco e proteger os participantes. Por exemplo, informar no começo de um experimento com a memória que os testes não visam avaliar a inteligência ou a personalidade já reduz o nível de estresse para certos participantes. Em situações em que a possibilidade de dano é considerada significativamente maior do que a que ocorre na vida cotidiana, a obrigação do pesquisador de proteger os participantes aumenta proporcionalmente. Por exemplo, quando os participantes são expostos à possibilidade de estresse emocional sério em um experimento de psicologia, o IRB deve exigir que haja um psicólogo clínico disponível para aconselhar os indivíduos sobre o que sentirem no estudo. Como se pode imaginar, a pesquisa pela internet traz difíceis dilemas éticos nesse sentido. Os participantes podem experimentar estresse emocional no contexto de um estudo pela internet, assim como fariam em um estudo laboratorial. Todavia, como estão ausentes da situação de pesquisa, os pesquisadores talvez se-

jam menos capazes de monitorar o nível de perturbação e reduzir o risco em estudos virtuais (Kraut et al., 2004). Uma abordagem pode ser obter dados preliminares com o objetivo de identificar indivíduos que possam estar em risco e excluí-los do estudo. Todavia, talvez não seja possível realizar estudos com risco elevado pela internet (Kraut et al., 2004).

Não devem ser realizadas pesquisas envolvendo risco acima do mínimo para os participantes, a menos que já tenham sido procurados métodos alternativos de coleta de dados com menos riscos. Em certos casos, devem-se usar abordagens descritivas, envolvendo observação ou questionários, em vez de tratamentos experimentais. Os pesquisadores também aproveitam "tratamentos" de ocorrência natural que não envolvem induzir estresse por meio de um experimento. Por exemplo, Anderson (1976) entrevistou gerentes-proprietários de pequenas empresas que haviam sido prejudicadas pelas enchentes causadas por um furacão. O autor observou que havia um nível ideal de tensão que levava os participantes a resolverem problemas e lidarem com a situação de maneira efetiva. Uma relação semelhante foi demonstrada em diversos testes laboratoriais experimentais que usavam indução de estresse pelo pesquisador.

Para proteger os participantes da pesquisa de danos sociais, a coleta de dados deve manter as respostas dos participantes anônimas, pedindo que não usem seus nomes ou qualquer outra informação que os identifique. Quando isso não é possível, os pesquisadores devem manter as respostas dos participantes confidenciais, removendo qualquer informação de identificação de seus registros durante a pesquisa. Quando o pesquisador precisa testar as pessoas em mais de uma ocasião ou acompanhar determinados indivíduos, ou quando as informações fornecidas pelos participantes são particularmente sensíveis, podem-se atribuir códigos numéricos aos participantes no começo da pesquisa. Somente esses números precisam aparecer nas fichas de respostas dos sujeitos, e os nomes são relacionados aos códigos numéricos em uma lista de acesso restrito. Os pesquisadores virtuais devem ser particularmente sensíveis à possibilidade de bisbilhotagem eletrônica ou roubo de dados armazenados, devendo adotar as precauções adequadas para reduzir o risco social (ver Kraut et al., 2004).

Garantir que as respostas dos participantes sejam anônimas ou confidenciais também pode beneficiar o pesquisador, se isso levar os participantes a serem mais honestos e abertos em suas respostas (Blanck, Bellack, Rosnow, Rotheram-Borus e Schooler, 1992). Os participantes serão menos prováveis de mentir ou omitir informações se não estiverem preocupados com quem terá acesso às suas respostas.

Consentimento informado

- Os pesquisadores e os sujeitos firmam um contrato social, muitas vezes usando um procedimento de consentimento informado.

- Os pesquisadores têm a obrigação ética de descrever os procedimentos de pesquisa de forma clara, identificar quaisquer aspectos do estudo que possam influenciar a disposição dos indivíduos de participar, e responder questões que os participantes possam ter sobre a pesquisa.
- Os participantes da pesquisa devem ter a possibilidade de revogar seu consentimento a qualquer momento e sem nenhuma penalidade.
- Não se deve pressionar indivíduos a participar da pesquisa.
- Os participantes da pesquisa têm a obrigação ética de agir de forma apropriada durante a pesquisa, sem mentir, enganar ou cometer outros atos fraudulentos.
- O consentimento informado deve ser obtido com guardiões legais para indivíduos incapacitados para dar consentimento (p.ex., crianças pequenas, indivíduos com problemas mentais); alguma forma de concordância em participar deve ser obtida com indivíduos que não possam dar consentimento informado.
- Os pesquisadores devem buscar a orientação de outros indivíduos com conhecimento, incluindo um IRB, para decidir se devem abrir mão do consentimento informado, como quando a pesquisa é realizada em ambientes públicos. Esses ambientes exigem atenção especial para proteger a privacidade dos indivíduos.
- A privacidade refere-se aos direitos de indivíduos decidirem como informações a seu respeito devem ser comunicadas a outras pessoas.

Uma parte substancial do código de ética relacionado com a pesquisa é dedicada a questões ligadas ao consentimento informado. Isso é correto, pois o consentimento informado é um componente essencial do contrato social entre o pesquisador e o sujeito. O **consentimento informado** é a disposição da pessoa, expressa explicitamente, para participar de um projeto de pesquisa, baseada em

☑ **Figura 3.3** O Serviço de Saúde Pública dos Estados Unidos, entre 1932 e 1972, analisou o curso da sífilis não tratada em homens afro-americanos pobres do condado de Macon, no estado do Alabama, que não haviam dado consentimento informado. Eles não sabiam que tinham sífilis, e sua doença foi deixada sem tratamento. Os sobreviventes receberam reconhecimento do governo Clinton.

uma compreensão clara na natureza da pesquisa, das consequências de não participar e de todos os fatores que podemos esperar que influenciem a disposição daquela pessoa para participar (ver Figura 3.3).

Os pesquisadores fazem esforços razoáveis para responder a quaisquer perguntas que os sujeitos tenham sobre a pesquisa e respeitar a dignidade e os direitos do indivíduo durante a experiência da pesquisa. Desse modo, os indivíduos podem tomar uma decisão informada sobre sua participação. O consentimento dos participantes deve ser dado livremente, sem indução ou pressão indevida. Os participantes também devem saber que são livres para revogar o seu consentimento a qualquer momento, sem sofrerem nenhuma penalidade ou prejuízo. Os pesquisadores sempre devem obter consentimento informado. *O consentimento informado escrito é absolutamente essencial quando os participantes são expostos a mais do que o risco mínimo.*

Os sujeitos de pesquisa que consentem em participar também têm responsabilidades éticas de agir de modo adequado. Por exemplo, os sujeitos devem prestar atenção em instruções e fazer os testes da maneira descrita pelo pesquisador. Taylor e Shepperd (1996) descrevem um estudo que ilustra as consequências possíveis quando os participantes não agem de forma responsável. No estudo, os sujeitos foram deixados brevemente a sós pelo pesquisador, que os advertiu a não discutir a experiência entre eles. Contudo, quando ficaram a sós, os participantes falaram sobre o experimento e obtiveram informações com os outros que negavam o valor da pesquisa. Além disso, posteriormente, quando o pesquisador perguntou aos participantes o que sabiam sobre os procedimentos e objetivos do estudo, nenhum revelou ter obtido informações importantes sobre o estudo durante sua conversa ilícita. Esse exemplo ilustra o princípio mais amplo de que *mentir, enganar ou outro comportamento fraudulento por sujeitos de pesquisa viola a integridade científica da situação de pesquisa.*

Não é possível obter um consentimento informado verdadeiro de certos indivíduos, como pessoas com problemas mentais ou emocionais, crianças pequenas e aqueles que têm pouca capacidade para entender a natureza da pesquisa e os riscos possíveis (ver Figura 3.4). Nesses casos, deve-se obter o consentimento informado formal com os pais ou guardiões legais dos participantes. Sempre que possível, contudo, deve se obter a "aceitação" dos próprios participantes, ou seja, sua disposição expressa em participar.

A pesquisa pela internet representa problemas éticos específicos para a obtenção de consentimento informado. Considere que, na maioria dos casos, os participantes virtuais geralmente clicam o *mouse* do computador para indicar que leram e entenderam a declaração de consentimento. Mas será que isso constitui uma "assinatura" do participante com valor legal? Como o pesquisador sabe se os participantes têm a idade exigida ou que eles entendem totalmente a declaração de consentimento informado? Uma sugestão para determinar se os participantes entenderam a declaração de consentimento informado é administrar pequenos testes sobre o conteúdo; procedimentos para distinguir crianças de adultos podem envolver solicitar informações que normalmente só estão disponíveis a adultos (Kraut et al., 2004). Sempre que surgirem dilemas éticos desse tipo, é sensato procurar a orientação de profissionais experientes, mas a *responsabilidade final por fazer pesquisas éticas sempre é do pesquisador.*

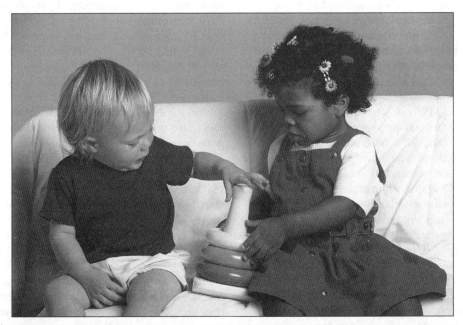

☑ **Figura 3.4** A questão do consentimento informado é especialmente importante quando crianças participam de uma pesquisa.

Nem sempre é fácil decidir o que constitui um incentivo ou pressão indevida para participar. Pagar 9 dólares por hora a estudantes universitários para participarem de um experimento de psicologia geralmente não seria considerado coerção imprópria, mas recrutar pessoas muito pobres ou destituídas das ruas com uma oferta de 9 dólares talvez seja mais coercitivo e menos aceitável (Kelman, 1972). Prisioneiros podem crer que as autoridades considerarão uma recusa da sua parte em participar de um experimento de psicologia como evidência de falta de cooperação e, portanto, será mais difícil receberem liberdade condicional.

Quando estudantes universitários devem cumprir uma exigência de uma classe, servindo como sujeitos em experimentos de psicologia (uma experiência que supostamente tem valor educacional), deve-se oferecer um método alternativo de cumprir o requisito àqueles que não queiram participar de pesquisas psicológicas. O tempo e o esforço necessários para essas opções alternativas devem ser equivalentes aos necessários para a participação na pesquisa. Tarefas alternativas que costumam ser usadas são ler e resumir artigos descrevendo pesquisas, fazer observações de campo informais sobre o comportamento, assistir a apresentações de resultados de pesquisa por estudantes ou professores da pós-graduação e prestar serviços comunitários voluntários (ver Kimmel, 1996).

Os IRBs exigem que os pesquisadores documentem que o procedimento adequado de obtenção do consentimento informado foi seguido para qualquer pesquisa que envolva sujeitos humanos. Todavia, é importante reconhecer que, como afirmam as diretrizes do Office for Human Research Protections, "o consentimento informado é um processo, e não apenas um formulário". A coordenadora de um IRB nos disse que fala para os pesquisadores imaginarem que estão sentados com a pessoa explicando o projeto. No Quadro 3.1, apresentamos algumas dicas sobre o processo adequado de obtenção do consentimento informado, em vez de apresentar um formulário que possa implicar que "o mes-mo modelo serve para qualquer ocasião". Os procedimentos de consentimento informado e documentação escrita variam um pouco dependendo das situações e populações. Os membros de um IRB são uma boa fonte de orientações sobre como obter e documentar o consentimento informado de um modo que cumpra as diretrizes éticas e proteja os direitos dos participantes.

Em certas situações, não existe exigência de que os pesquisadores obtenham o consentimento informado. O exemplo mais claro é quando os pesquisadores estão observando o comportamento de indivíduos em locais públicos sem fazerem nenhuma intervenção. Por exemplo, um pesquisador pode obter evidências sobre as relações raciais em um *campus* universitário observando a frequência de grupos com e sem mistura de raças que andam pelo *campus*. O pesquisador não precisaria obter a permissão dos estudantes antes de fazer as observações. Todavia, seria exigido consentimento informado se a identidade de certos indivíduos fosse registrada.

Nem sempre é fácil decidir quando um comportamento é público ou privado. A **privacidade** se refere aos direitos de indivíduos decidirem como informações sobre eles devem ser comunicadas a outras pessoas. Diener e Crandall (1978) identificam três dimensões principais que os pesquisadores podem considerar para ajudá-los a decidir quais informações são privadas: a sensibilidade das informações, o cenário e o método de disseminação das informações. De forma clara, alguns tipos de informações são mais sensíveis do que outros. Os indivíduos que são entrevistados sobre suas práticas sexuais, crenças religiosas ou atividades criminais são prováveis de se preocupar muito com a maneira como suas informações serão usadas.

O cenário também desempenha um papel em decidir se o comportamento é público ou privado. Certos comportamentos, como assistir a um show, podem razoavelmente ser considerados públicos. Em situações públicas, as pessoas abrem mão de um certo grau de privacidade. Certos comportamentos que ocorrem em situações públicas,

Metodologia de pesquisa em psicologia **85**

☑ **Quadro 3.1**

DICAS PARA OBTER O CONSENTIMENTO INFORMADO

O consentimento informado adequado deve indicar claramente o propósito da pergunta de pesquisa, a identidade e vínculo institucional do pesquisador e os procedimentos que serão seguidos durante a experiência da pesquisa. Depois que os participantes leram o formulário de consentimento e suas perguntas foram respondidas, o formulário deve ser assinado e datado pelo pesquisador e pelo participante. O Office for Human Research Protections (OHRP) publicou dicas para ajudar os pesquisadores no processo de obtenção do consentimento informado. Um IRB pode exigir informações adicionais. O texto completo das dicas do OHRP, bem como *links* para documentos federais afins e importantes, pode ser obtido no endereço www.hhs.gov/ohrp/humansubjects/guidance/ictips.htm.

- Evite usar jargão científico ou termos técnicos; o documento do consentimento informado deve ser escrito em uma linguagem que seja claramente compreensível para o participante.
- Evite o uso da primeira pessoa (p.ex., "eu entendo que..." ou "eu concordo..."), pois isso pode ser interpretado como sugestivo e usado incorretamente como um substituto para informações factuais suficientes. Formulações como "se você concorda em participar, deverá fazer o seguinte" são preferíveis. Pense no documento principalmente como uma ferramenta de ensino, e não como um instrumento legal.
- Descreva a experiência geral que o sujeito encontrará, de um modo que identifique a natureza da experiência (p.ex., como ela é experimental), bem como os danos, desconfortos, inconveniências e riscos razoavelmente previsíveis.

- Descreva os benefícios para os sujeitos por sua participação. Se os benefícios são apenas favorecer a sociedade ou a ciência de um modo geral, isso deve ser informado.
- Descreva possíveis alternativas à participação. Se um "grupo de participantes" formado por estudantes universitários está sendo estudado, devem-se explicar modos alternativos de aprender sobre a pesquisa psicológica.
- Deve-se dizer aos participantes como as informações pessoais identificáveis serão mantidas confidenciais. Em situações em que são coletadas informações muito sensíveis, o IRB pode exigir proteções adicionais, como um Certificado de Confidencialidade.
- Se houver a possibilidade de danos relacionados à pesquisa além do risco mínimo, deve-se dar uma explicação sobre compensações e tratamentos voluntários.
- Os direitos legais dos participantes não devem ser desrespeitados.
- Deve-se identificar uma "pessoa de contato" que tenha conhecimento sobre a pesquisa, para que os participantes que tenham dúvidas após a pesquisa possam esclarecê-las. Podem surgir questões em qualquer uma das três áreas seguintes, *e essas áreas devem ser explicitamente identificadas e abordadas no processo e documentos de consentimento:* a experiência de pesquisa, os direitos dos participantes e danos relacionados à pesquisa. Às vezes, isso pode envolver mais de uma pessoa de contato, por exemplo, ao encaminhar o sujeito ao IRB ou a um representante institucional.
- Deve-se incluir uma declaração de participação voluntária, que enfatize o direito do participante de retirar-se da pesquisa a qualquer momento sem nenhuma penalidade.

---

contudo, não são classificados facilmente como públicos ou privados (ver Figura 3.5). Quando você anda em seu carro, usa um banheiro público, ou faz um piquenique com a família no parque, esses comportamentos são públicos ou privados? A comunicação em uma "sala de bate-papo" na internet é pública ou privada? As decisões sobre a prática ética nessas situações dependem da sensibilidade dos dados coletados e das maneiras como essas informações serão usadas.

Quando as informações são disseminadas na forma de médias de grupo ou proporções, é improvável que revelem muito sobre

Figura 3.5 Nem sempre é fácil decidir o que é comportamento público e o que é comportamento privado.

indivíduos específicos. Em outras situações, podem-se usar sistemas codificados para proteger a confidencialidade dos participantes. *Disseminar informações sensíveis sobre indivíduos ou grupos sem a sua permissão é uma quebra séria da ética*. Quando informações potencialmente sensíveis sobre indivíduos são coletadas sem o seu conhecimento (p.ex., por um observador oculto), o pesquisador pode contatar os indivíduos após as observações terem sido feitas e perguntar se pode usar as informações. O pesquisador não poderia usar as informações de sujeitos que negassem a sua permissão. As decisões mais difíceis relacionadas com a privacidade envolvem situações em que existe um problema ético óbvio em uma dimensão, mas não nas outras duas, ou situações em que existe um leve problema em todas as três dimensões. Por exemplo, o comportamento de indivíduos no ambiente escuro de um cinema parece ter o potencial de gerar informações sensíveis para o indivíduo, mas pode ser razoavelmente classificado como público.

Sempre que possível, deve-se explicar aos participantes de que maneira suas informações serão mantidas confidenciais, para que possam avaliar por si mesmos se as medidas adotadas para garantir a sua proteção são razoáveis. Implementar o princípio do consentimento informado exige que o pesquisador busque equilibrar a necessidade de investigar o comportamento humano, por um lado, com os direitos dos participantes humanos, por outro.

O engano na pesquisa psicológica

- O engano ocorre na pesquisa psicológica quando os pesquisadores omitem informações ou informam os participantes incorretamente de maneira intencional sobre a pesquisa. Por sua natureza, o engano viola o princípio ético do consentimento informado.
- O engano é considerado uma estratégia de pesquisa necessária em certas pesquisas psicológicas.
- Enganar indivíduos para fazê-los participar da pesquisa sempre é eticamente incorreto.
- Os pesquisadores devem ponderar cuidadosamente os custos do engano com os benefícios potenciais da pesquisa ao considerarem o uso de engano.

Metodologia de pesquisa em psicologia **87**

☑ EXERCÍCIO II

O código de ética da APA afirma que os psicólogos podem dispensar o consentimento informado quando a pesquisa envolve uma observação naturalística (ver o Padrão 8.05). Todavia, como já vimos, nem sempre é fácil decidir quando se está fazendo observação naturalística em um cenário "público". Considere os seguintes cenários de pesquisa e decida se você acha que deve ser pedido o consentimento informado dos participantes antes do pesquisador começar a pesquisa. Talvez você queira mais informações do pesquisador. Nesse caso, quais informações adicionais você gostaria de ter antes de decidir se o consentimento informado é necessário na situação? Você verá que o consentimento informado pode ter um efeito dramático em uma situação de pesquisa. Por exemplo, exigir o consentimento informado pode tornar difícil para o pesquisador registrar o comportamento em condições "naturais". Esses são os dilemas da tomada de decisões ética.

1. Em um estudo sobre o consumo de álcool por estudantes universitários, um aluno de graduação que trabalha para um professor participa de uma festa em uma casa de estudantes e registra a quantidade que os outros estudantes bebem na festa.
2. Como parte de um estudo sobre a comunidade *gay*, um pesquisador *gay* entra para um time de basquete formado por *gays*, com o objetivo de registrar comportamentos dos jogadores no contexto da competição esportiva durante a temporada. Todos os jogos ocorrem em uma liga recreativa municipal, com o público em geral como espectador.
3. O comportamento em banheiros públicos (p.ex., puxar a descarga, lavar as mãos, jogar lixo, grafitar) de homens e mulheres é observado por pesquisadores de ambos os sexos escondidos nas cabines dos respectivos banheiros.
4. Um aluno de pós-graduação quer investigar comportamentos ilícitos de estudantes universitários. Ele se esconde em uma cabine de projeção em um auditório onde são administrados exames em turmas bastante grandes. A partir de seu ponto de vista, ele consegue ver os movimentos da maioria dos alunos com o auxílio de um binóculo. Ele registra movimentos da cabeça, trocas de papéis, notas passadas de mão em mão, o uso do telefone celular, mensagens de texto e outros comportamentos considerados suspeitos na realização de exames.

Uma das mais controversas questões éticas relacionadas com a pesquisa é o uso de engano. O **engano** pode ocorrer por *omissão*, a ocultação de informações, ou *comissão*, informar os participantes incorretamente e de forma intencional a respeito de um aspecto da pesquisa. Certas pessoas argumentam que os sujeitos de pesquisa *nunca* devem ser enganados, pois a prática ética exige que a relação entre o pesquisador e o participante seja aberta e honesta (p.ex., Baumrind, 1995). Para alguns, o engano é moralmente repugnante, não sendo diferente de mentir. O engano contradiz o princípio do consentimento informado. Apesar da maior atenção dedicada ao engano na pesquisa nas últimas décadas, o uso de engano na pesquisa psicológica não diminuiu

e continua sendo uma estratégia comum de pesquisa (Sharpe, Adair e Roese, 1992). Por exemplo, Skitka e Sargis (2005) analisaram psicólogos sociais que usaram a internet como ferramenta para coleta de dados e observaram que 27% dos estudos publicados envolviam alguma forma de engano aos participantes da pesquisa.

Por que o engano ainda é tão usado, apesar das controvérsias éticas? Uma razão é que é impossível realizar certos tipos de pesquisa sem omitir informações dos participantes sobre alguns aspectos da pesquisa (ver Figura 3.6). Em outras situações, é necessário informá-los incorretamente para que adotem certas atitudes ou comportamentos. Por exemplo, Kassin e Kiechel (1996) investigaram fatores que afetam o

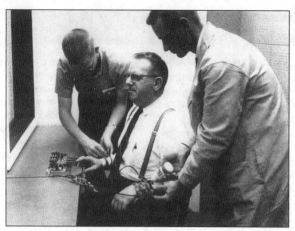

☑ **Figura 3.6** Na década de 1960, os sujeitos dos experimentos de Stanley Milgram não eram informados de que o propósito da pesquisa era observar a obediência das pessoas à autoridade, e muitos seguiam as instruções do pesquisador para dar choques elétricos severos em outro ser humano. Ver Burger (2009).

fato de se as pessoas confessam ter feito algo que não fizeram. Seu objetivo era entender os fatores que levam suspeitos de crimes a confessar falsamente. Em seu experimento, a tarefa dos sujeitos era digitar cartas lidas em voz alta. Elas recebiam a ordem de não tocar na tecla Alt enquanto digitassem pois isso travaria o computador. O computador era programado para travar depois de um breve período, e o pesquisador acusava o sujeito de ter pressionado a tecla Alt. Embora nenhum dos participantes tivesse teclado Alt, quase 70% deles assinaram uma confissão escrita dizendo que o tinham feito. Se os participantes tivessem sabido antes que os procedimentos eram programados para evocar suas confissões falsas, eles provavelmente não teriam confessado. A abertura necessária para o consentimento informado teria impossibilitado estudar a probabilidade de que as pessoas fizessem uma confissão falsa.

Embora o engano às vezes seja justificado para possibilitar a investigação de perguntas de pesquisa importantes, sempre é eticamente incorreto enganar os sujeitos com o propósito de fazê-los participar de uma pesquisa que envolva mais que o risco mínimo. Conforme explicitado no código de ética, *"os psicólogos não enganam os sujeitos sobre pesquisas que se espera, em um nível razoável, que causem dor física ou estresse emocional severo"* (Padrão 8.07b).

Um dos objetivos da pesquisa é observar o comportamento normal dos indivíduos. Um pressuposto básico para o uso de engano é que, às vezes, é necessário ocultar a verdadeira natureza de um experimento, para que os participantes ajam como agiriam normalmente, ou ajam de acordo com as instruções fornecidas pelo pesquisador. Todavia, podem surgir problemas com o uso frequente e casual de engano (Kelman, 1967). Se as pessoas acreditarem que os pesquisadores enganam os participantes com frequência, elas podem esperar que sejam enganadas quando participarem de um experimento psicológico. As suspeitas dos participantes quanto à pesquisa podem impedir que ajam normalmente (ver Quadro 3.2). Isso é exatamente o contrário do que os pesquisadores esperam alcançar. De maneira interessante, Epley e Huff (1998) compararam diretamente as reações de participantes que foram ou não informados, em uma sessão de *debriefing*, de que haviam sido enganados. Aqueles que foram informados do engodo se mostraram mais desconfiados em relação a pesquisas psicológicas subsequentes do que os participantes

☑ Quadro 3.2

ENGANAR OU NÃO ENGANAR: EIS UMA DIFÍCIL QUESTÃO

Os pesquisadores continuam a usar práticas enganosas na pesquisa psicológica (p.ex., Sieber, Ianuzzo e Rodriguez, 1995). O debate na comunidade científica com relação ao uso de engano também não arrefeçou (ver, por exemplo, Bröder, 1998; Fisher e Fryberg, 1994; Ortmann e Hertwig, 1997). Essa é uma questão complexa, e aqueles que tomam parte no debate às vezes discordam em relação à definição de engano (ver Ortmann e Hertwig, 1998). Fisher e Fryberg (1994) sintetizaram o debate da seguinte maneira: "os argumentos éticos têm enfocado em se práticas de pesquisa enganosas se justificam com base em seu benefício potencial para a sociedade ou se violam princípios morais de beneficência e respeito pelos indivíduos e as obrigações fiduciárias de psicólogos com sujeitos de pesquisa" (p. 417). Isso é complicado; vamos tentar decompô-lo.

Um dos princípios morais da "beneficência" se refere à ideia de que as atividades de pesquisa devem ser beneficentes (trazer benefícios) para os indivíduos e a sociedade. Se o engano prejudica indivíduos ou a sociedade, pode-se questionar a beneficência da pesquisa. O princípio moral do "respeito pelos indivíduos" é que: as pessoas devem ser tratadas como pessoas, e não como "objetos" de estudo, por exemplo. Esse princípio sugere que as pessoas têm o direito de fazer seus próprios juízos sobre os procedimentos e propósitos da pesquisa de que estão participando (Fisher e Fryberg, 1994). As "obrigações fiduciárias dos psicólogos" referem-se às responsabilidades de indivíduos aos quais se confiaram outras pessoas, mesmo que apenas temporariamente. No caso da pesquisa psicológica, considera-se que o pesquisador tem responsabilidade pelo bem-estar dos participantes durante o estudo e pelas consequências da sua participação.

Essas ideias e princípios talvez possam ser ilustradas com os argumentos de Baumrind (1985), que argumenta persuasivamente que "o uso de engano intencional na situação de pesquisa é eticamente incorreto, imprudente e injustificável cientificamente" (p. 165). Especificamente, ela afirma que os custos do uso de engano para os participantes, para a profissão e

para a sociedade são grandes demais para justificar o seu uso continuado. Embora esses argumentos sejam extensos e complexos, vamos tentar fazer um breve resumo. Primeiro, segundo Baumrind, o engano tem um custo para os participantes, pois sabota a sua confiança em seu próprio juízo e em um "fiduciário" (alguém que guarda algo para outra pessoa com base na confiança). Quando os sujeitos da pesquisa descobrem que foram enganados, Baumrind acredita que isso possa levá-los a questionar o que aprenderam sobre si mesmos e levá-los a desconfiar de pessoas (p.ex., cientistas sociais) que antes acreditavam que lhes dariam informações e orientações válidas. Existe um custo para a sociedade porque os participantes (e a sociedade mais ampla) logo entendem que os psicólogos são "cheios de truques" e não se deve confiar em suas instruções sobre a participação em pesquisas. Se os participantes tendem a suspeitar que os psicólogos estão mentindo, pode-se questionar se o engano funcionará conforme pretendia o pesquisador, uma questão levantada anteriormente por Kelman (1972). Baumrind também argumenta que o uso de engano revela que os psicólogos estão dispostos a mentir, o que aparentemente contradiz a sua suposta dedicação à busca da verdade. Finalmente, existe um prejuízo à sociedade, pois o engano sabota a confiança das pessoas em especialistas e as torna desconfiadas, de um modo geral, de qualquer situação inventada.

É claro, essas não representam as visões de todos os psicólogos (ver Christensen, 1988; Kimmel, 1998). Milgram (1977), por exemplo, sugere que práticas enganosas por parte de psicólogos na verdade são um tipo de "ilusão técnica" e devem ser permitidas nos interesses da investigação científica. Afinal, às vezes, criamos ilusões na vida real para fazer as pessoas acreditarem em algo. Ao ouvir um programa de rádio, as pessoas geralmente não se importam com o fato de que o trovão que ouvem ou o som de um cavalo galopando é apenas uma ilusão técnica criada por um especialista em efeitos sonoros. Milgram argumenta que as ilusões técnicas devem ser permitidas no caso da pesquisa científica. Fazemos as

☑ Quadro 3.2 (continuação)

crianças acreditarem no Papai Noel. Por que os cientistas não podem criar ilusões para ajudá-los a entender o comportamento humano?

Assim como ilusões costumam ser criadas em situações da vida real, segundo Milgram, pode haver uma suspensão de um princípio moral geral. Se ficamos sabendo de um crime, somos eticamente obrigados a relatá-lo às autoridades. Por outro lado, um advogado que recebe informações de um cliente deve considerar essas informações privilegiadas, mesmo que revelem que o cliente é culpado. Os médicos fazem exames bastante pessoais de nossos corpos. Embora isso seja moralmente permissível no consultório médico, o mesmo tipo de comportamento não seria aceito fora do consultório. Milgram afirma que, no interesse da ciência, os psicólogos devem ter a permissão de, ocasionalmente, suspender o princípio moral da veracidade e honestidade.

Aqueles que defendem o engano citam estudos que mostram que os sujeitos geralmente não parecem reagir negativamente quando são enganados (p.ex., Christensen, 1988; Epley e Huff, 1998; Kimmel, 1996). Embora a "desconfiança" das pessoas em relação à pesquisa psicológica possa aumentar, os efeitos gerais parecem ser pequenos (ver Kimmel, 1998). Entretanto, a questão, segundo aqueles que defendem o uso continuado do engano, é resumida adequadamente por Kimmel (1998): "uma regra absoluta que proíba o uso de engano em qualquer pesquisa psicológica teria a egrégia consequência de impedir que os pesquisadores fizessem uma ampla variedade de estudos importantes" (p. 805). Ninguém na comunidade científica sugere que as práticas enganosas devam ser tratadas superficialmente; todavia, para muitos cientistas, o uso do engano é menos nocivo (para usar o termo de Kelman) do que não ter o conhecimento obtido com tais estudos.

Você acha que se deve usar engano na pesquisa psicológica?

---

que não ficaram sabendo do engano. À medida que aumenta a frequência das pesquisas virtuais, é importante que os pesquisadores prestem particular atenção no uso do engano, não apenas por causa do potencial para aumentar a desconfiança da sociedade em relação aos pesquisadores, como também porque o engano tem o potencial de "envenenar" um sistema (i.e., a internet) que as pessoas usam para apoio social e para se conectarem com outras pessoas (Stikta e Sargis, 2005).

Kelman (1972) sugere que, *antes de usar engano, o pesquisador considere seriamente (1) a importância do estudo para o nosso conhecimento científico, (2) a disponibilidade de métodos alternativos sem engano, e (3) a "nocividade" do engano*. Esta última consideração refere-se ao grau de engano envolvido e à possibilidade de dano aos participantes. Na visão de Kelman: "somente se um estudo for muito importante e não houver métodos alternativos disponíveis é que se pode justificar algo além da forma mais leve de engano" (p. 997).

Debriefing

- Os pesquisadores têm a obrigação ética de procurar maneiras de beneficiar os participantes, mesmo depois da conclusão da pesquisa. Uma das melhores maneiras de cumprir esse objetivo é proporcionando uma sessão detalhada de *debriefing* aos participantes.
- O *debriefing* beneficia os participantes e os pesquisadores.
- Os pesquisadores têm a obrigação ética de explicar o uso de engano aos participantes assim que possível.
- O *debriefing* informa os participantes sobre a natureza da pesquisa e seu papel no estudo e o os instrui sobre o processo de pesquisa. O objetivo geral do *debriefing* é fazer os indivíduos se sentirem bem por sua participação.
- O *debriefing* permite que os pesquisadores aprendam como os participantes enxergam os procedimentos, permite

insights sobre a natureza dos resultados da pesquisa, e proporciona ideias para pesquisas futuras.

Ao longo dos anos, muitos pesquisadores caíram na armadilha de enxergar os sujeitos humanos em suas pesquisas como "objetos", dos quais podem obter dados para cumprir suas metas de pesquisa. Os pesquisadores, às vezes, consideram que sua responsabilidade para com os participantes termina quando os últimos dados são coletados. Com frequência, um aperto de mão ou um "muito obrigado" era tudo que marcava o final de uma sessão de pesquisa. Os participantes provavelmente saíam com dúvidas por resolver sobre a situação de pesquisa e apenas com uma noção muito vaga sobre o seu papel no estudo. Ao planejar e fazer pesquisa, é importante considerar como a experiência pode afetar os participantes da pesquisa *depois* que a pesquisa está concluída e procurar maneiras em que eles possam se beneficiar com a participação. Essas preocupações partem diretamente de dois dos princípios morais identificados no código de ética da APA, o da beneficência (agir pelo bem da pessoa) e respeitar os direitos e a dignidade das pessoas.

Anteriormente, discutimos que proteger a confidencialidade das respostas dos participantes beneficia tanto os participantes (protegendo-os de danos sociais) quanto o pesquisador (p.ex., aumentando a probabilidade de que os participantes respondam de forma honesta). De maneira semelhante, fazer um rápido **debriefing** com os participantes ao final de uma sessão de pesquisa beneficia os participantes e o pesquisador (Blanck et al., 1992). Quando se usa engano na pesquisa, o debriefing *é necessário para explicar aos participantes a necessidade de engano, para abordar possíveis concepções errôneas que os participantes possam ter sobre sua participação, e para anular quaisquer efeitos nocivos resultantes do engano.* O debriefing *também tem os importantes objetivos de instruir os participantes sobre a pesquisa (sua fundamentação, método, resultados) e de deixá-los com senti-*

mentos positivos sobre a sua participação. Os pesquisadores devem proporcionar oportunidades para os participantes aprenderem mais sobre a sua contribuição específica para o projeto de pesquisa e se sentirem envolvidos em um nível mais pessoal no processo científico (ver Figura 3.7). Após o *debriefing*, os participantes do experimento de Kassin e Kiechel (1996) sobre confissões falsas relataram que consideraram o estudo significativo e acreditavam que a sua contribuição para a pesquisa havia sido valiosa.

O *debriefing* proporciona uma oportunidade para os participantes aprenderem mais sobre seu desempenho específico no estudo e sobre a pesquisa em geral. Por exemplo, os participantes podem aprender que o seu desempenho individual em um estudo pode refletir as suas habilidades, mas também fatores situacionais, como o que o pesquisador pediu que fizessem e as condições do teste. Como o valor educacional da participação em pesquisas psicológicas é usado para justificar o uso de grandes números de voluntários de classes de introdução à psicologia, os pesquisadores que testam estudantes universitários têm a importante obrigação de garantir que a participação em pesquisas seja uma experiência educativa. Os professores às vezes baseiam-se na fundamentação educacional do *debriefing* e pedem para seus alunos refletirem sobre o propósito do estudo, as técnicas usadas e a significância da pesquisa para a compreensão do comportamento. Uma avaliação desse procedimento mostrou que estudantes que escreviam artigos e relatórios de pesquisa ficavam mais satisfeitos com a sua experiência de pesquisa e tinham mais benefícios educacionais em geral do que estudantes que não escreviam (Richardson, Pegalis e Britton, 1992).

O *debriefing* ajuda os pesquisadores a saber como os participantes enxergam os procedimentos do estudo. O pesquisador talvez queira descobrir se os participantes percebiam um determinado procedimento experimental da maneira que o pesquisador pretendia (Blanck et al., 1992). Por

☑ **Figura 3.7** Uma sessão de *debriefing* informativa é crítica para garantir que os sujeitos da pesquisa tenham uma boa experiência.

exemplo, um estudo sobre como as pessoas respondem ao fracasso pode incluir tarefas que sejam impossíveis de cumprir. Porém, se os participantes não considerarem o seu desempenho um fracasso, não há como testar a hipótese do pesquisador. O *debriefing* permite que o pesquisador descubra se os participantes consideravam seu desempenho um fracasso ou se eles reconheciam que o sucesso era impossível.

Ao tentar descobrir as percepções dos participantes do estudo, os pesquisadores não devem pressioná-los demais. Os participantes da pesquisa geralmente querem ajudar no processo científico. Os participantes podem saber que é possível que se omitam informações deles na pesquisa psicológica. Talvez até temam "arruinar" a pesquisa se revelarem que na verdade sabiam detalhes importantes sobre o estudo (p.ex., que as tarefas eram impossíveis). Para evitar esse problema possível, o *debriefing* deve ser informal e indireto. Isso costuma ser feito usando questões gerais em um formato aberto (p.ex., "sobre o que você acha que é este estudo?" ou "o que você achou da sua experiência nesta pesquisa?"). O pesquisador pode continuar com perguntas específicas sobre os procedimentos da pesquisa. No maior grau possível, essas perguntas específicas não devem dar dicas ao participante sobre as respostas esperadas (Orne, 1962).

O *debriefing* também beneficia os pesquisadores, pois proporciona "dicas para pesquisas futuras e ajuda a identificar problemas em seus protocolos atuais" (Blanck et al., 1992, p. 962). O *debriefing*, em outras palavras, pode fornecer pistas das razões para o desempenho dos participantes, que podem ajudar os pesquisadores a interpretar os resultados do estudo. Os pesquisadores também podem descobrir ideias para pesquisas futuras durante as sessões de *debriefing*. Finalmente, os participantes às vezes detectam erros em materiais experimentais – por exemplo, informações ausentes ou instruções ambíguas – e podem relatar tais erros para o pesquisador durante a sessão.

Como já dissemos, *o debriefing é bom para o participante e para o pesquisador*.

Como o pesquisador está ausente em um ambiente de pesquisa virtual, pode ser difícil fazer um processo de *debriefing* adequado. Esse aspecto da pesquisa pela internet aumenta a lista de dilemas éticos representados por esse tipo de pesquisa (Kraut et al., 2004). O fato de que os sujeitos virtuais podem se retirar facilmente do estudo a qualquer momento é particularmente problemático nesse sentido. Uma sugestão é programar o experimento de maneira tal que uma página de *debriefing* seja apresentada automaticamente se um participante fechar a janela prematuramente (Nosek et al., 2002). Quando um estudo chega ao final, os pesquisadores podem enviar um relatório por *e-mail* aos participantes resumindo os resultados do estudo, para que possam entender melhor como os objetivos estavam relacionados com o resultado experimental. Depois de um estudo pela internet, o pesquisador pode disponibilizar material de *debriefing* em um *website* e inclusive atualizar esses materiais à medida que chegam novos resultados (ver Kraut et al., 2004).

Pesquisas com animais

- Os animais são usados na pesquisa para se obter conhecimento que beneficie os humanos, por exemplo, para ajudar a curar doenças.
- Os pesquisadores têm a obrigação ética de adquirir, cuidar, usar e dispor de animais em obediência a leis e normas federais, estaduais e municipais, e com padrões profissionais.
- O uso de animais na pesquisa envolve questões complexas e é tema de muito debate.

A cada ano, milhões de animais são testados em pesquisas laboratoriais visando responder uma ampla variedade de questões importantes. Novas drogas são testadas em animais antes de serem usadas com seres humanos. Substâncias introduzi-

das no ambiente são antes dadas a animais para testar os seus efeitos. Os animais são expostos a doenças, para que os pesquisadores possam observar sintomas e testar as diversas curas possíveis. Novos procedimentos cirúrgicos – especialmente aqueles que envolvam o cérebro – costumam ser testados antes em animais. Muitos animais também são estudados na pesquisa comportamental, por exemplo, por etologistas e psicólogos experimentais. Por exemplo, os modelos animais da relação entre o estresse e o diabetes ajudam os pesquisadores a entender os fatores psicossomáticos envolvidos no diabetes (Surwit e Williams, 1996). Essas pesquisas geram muitas informações que contribuem para o bem-estar humano (Miller, 1985). No processo, porém, muitos animais são submetidos à dor, ao desconforto, ao estresse, à doença e à morte. Embora os roedores, particularmente ratos e camundongos, sejam o maior grupo de cobaias de laboratório, os pesquisadores usam uma ampla variedade de espécies em suas investigações, incluindo macacos, peixes, cães e gatos. Com frequência, animais específicos são escolhidos porque servem como modelos para as respostas humanas. Por exemplo, os psicólogos interessados na audição às vezes usam chinchilas como sujeitos, pois seus processos auditivos são muito semelhantes aos dos humanos.

O uso de animais como sujeitos de laboratório muitas vezes é considerado algo óbvio. De fato, a referência bíblica ao "domínio" dos humanos sobre todas as criaturas inferiores costuma ser invocada para justificar o uso de animais como sujeitos no laboratório (Johnson, 1990). Todavia, a pesquisa com sujeitos animais é justificada com ainda mais frequência pela necessidade de se adquirir conhecimento *sem colocar os humanos em perigo*. A maioria das curas, drogas, vacinas ou terapias é desenvolvida por experimentação com animais (Rosenfeld, 1981). Maestripieri e Carroll (1998) também apontam que a investigação do maltrato natural de bebês em macacos pode informar os cientistas sobre o abuso e negligência infantis.

Não obstante, muitas questões foram levantadas sobre o uso de sujeitos animais na pesquisa laboratorial (Novak, 1991; Shapiro, 1998; Ulrich, 1991). Essas questões incluem a mais básica, se devemos sequer usar animais em pesquisas científicas, bem como pesquisas importantes sobre o cuidado e a proteção de sujeitos animais (ver Figura 3.8). De forma clara, segundo o código de ética da APA, *o pesquisador que usa sujeitos animais em uma pesquisa tem a obrigação ética de adquirir, cuidar, usar e dispor de animais em obediência a leis e normas federais, estaduais e municipais, e com padrões profissionais*. Respondendo em parte a preocupações expressadas por membros de grupos de defesa dos direitos dos animais durante a década de 1980, os pesquisadores devem satisfazer muitas exigências federais, estaduais e municipais do Departamento de Agricultura dos Estados Unidos (ver National Research Council, 1996). Essas normas costumam ser bem recebidas por membros da comunidade científica, e muitos pesquisadores que trabalham com animais participam de grupos que buscam proteger os animais usados em laboratório. A APA desenvolveu uma lista de diretrizes específicas a serem seguidas quando se usam animais como sujeitos na pesquisa psicológica. Essas diretrizes podem ser encontradas na página da internet mantida pelo Comitê sobre Pesquisa com Animais e Ética (CARE) da APA no endereço www.apa.org/science/leadership/care/index.aspx.

A pesquisa com animais é uma atividade altamente regulamentada, que tem o objetivo maior de proteger o bem-estar dos animais usados na pesquisa. Somente indivíduos qualificados para fazer pesquisa e manusear as espécies específicas usadas devem ter permissão para trabalhar com os animais. Animais somente podem ser submetidos a dor ou desconforto quando não houver procedimentos alternativos e quando os objetivos científicos, educacionais ou aplicados justificarem os procedimentos. Como discutimos antes, atualmente, existem Comitês Institucionais para o Uso e Cuidado de Animais (IACUCs) nas instituições de pesquisa, que recebem verbas do Serviço de Saúde Pública dos Estados Unidos. Esses comitês determinam a adequação dos procedimentos para controlar a dor, executar eutanásia, abrigar os animais e treinar pessoal qualificado. Os IACUCs também determinam se os desenhos experimentais são suficientes para obter informações novas e relevantes e se o uso de um modelo animal é apropriado ou se podem ser usados modelos sem animais (p.ex., simulações no computador) (Holden, 1987).

Entretanto, como com qualquer questão eticamente sensível, devemos fazer con-

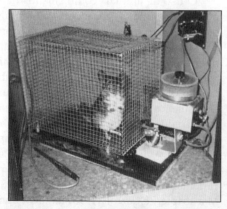 

☑ **Figura 3.8** As diretrizes éticas para o uso de animais na pesquisa dispõem sobre a maneira como os animais podem ser tratados antes, durante e depois de serem testados.

cessões com relação ao uso de animais na pesquisa. Por exemplo, até que se encontrem alternativas à pesquisa com animais, a necessidade de fazer pesquisa usando animais como sujeitos para combater doenças e o sofrimento de seres humanos deve ser ponderada com a necessidade de proteger o bem-estar dos animais na pesquisa laboratorial (Goodall, 1987). Conforme o ex-CEO da APA, Raymond Fowler, também é importante que o uso de sujeitos animais não seja restrito quando a aplicação da pesquisa não for imediatamente visível (Fowler, 1992). "A alegação de que a pesquisa com animais não tem valor porque nem sempre pode ser relacionada com aplicações potenciais é uma alegação que pode ser feita contra toda a pesquisa básica". Essa acusação "ameaça o alicerce intelectual e científico" de toda a psicologia, incluindo "cientistas e profissionais" (p. 2).

Embora poucos cientistas discordem da visão de que é necessário haver restrições para prevenir o sofrimento desnecessário de animais, a maioria quer evitar o atoleiro de restrições burocráticas e custos elevados que prejudicariam a pesquisa. Feeney (1987) sugere que restrições severas e custos elevados, bem como a publicidade negativa (e demonstrações emocionais ocasionais) dirigida a indivíduos e instituições por extremistas de grupos ativistas que defendem os animais, podem impedir que jovens cientistas entrem para o campo da pesquisa animal. Se isso ocorrer, doentes (atualmente) incuráveis ou paralíticos serão privados da esperança que advém da pesquisa científica. De forma clara, as muitas questões envolvidas no debate sobre a relevância da pesquisa animal para a condição humana são complexas (ver Quadro 3.3). Ulrich (1992) disse bem – a discussão dessas questões deve ser abordada com "sabedoria e equilíbrio" (p. 386).

Publicação de pesquisas psicológicas

- Os pesquisadores tentam comunicar os resultados das suas pesquisas em periódicos científicos revisados por seus pares, e o código de ética da APA traz diretrizes para esse processo.
- As decisões sobre quem deve receber crédito nas publicações baseiam-se na importância da contribuição para o conhecimento.
- A publicação ética de pesquisas exige reconhecer o trabalho de outras pessoas, usando citações e referências adequadas; a falta desse procedimento pode resultar em plágio.
- A citação adequada inclui usar aspas quando se tira material diretamente de uma fonte e citar fontes secundárias quando a fonte original não for consultada.

Um projeto de pesquisa concluído começa sua jornada para se tornar parte da literatura científica quando o pesquisador principal escreve um manuscrito para submeter a uma das dezenas de revistas científicas relacionadas com a psicologia (ver o Capítulo 13 para informações sobre esse processo de publicação). O principal objetivo de publicar pesquisas em um periódico de psicologia é comunicar os resultados do estudo aos membros da comunidade científica e à sociedade em geral. Publicar pesquisas em periódicos também é um modo de aumentar a reputação do pesquisador e mesmo a reputação da instituição que patrocinou a pesquisa. Porém, publicar os resultados de uma investigação científica nem sempre é um processo fácil, especialmente se o pesquisador quiser publicar em uma das revistas científicas prestigiosas. Devido à importância de publicar para a ciência da psicologia, o código de ética da APA tem diretrizes para esse processo.

Os padrões éticos que cobrem a publicação dos resultados de uma investigação científica parecem mais claros do que nas outras áreas do código de ética que discutimos. Mesmo nesse caso, contudo, as decisões éticas quanto a questões como atribuir crédito na publicação e o plágio nem sempre são claras. A execução de um projeto de pesquisa envolve muitas pessoas. Colegas dão sugestões sobre o delineamento do estudo, alunos de graduação ou pós-graduação ajudam o

☑ Quadro 3.3

O *STATUS* MORAL DE HUMANOS E NÃO HUMANOS

A tomada de decisões éticas muitas coloca posições filosóficas opostas em conflito. Isso é visto claramente no debate sobre o uso de animais na pesquisa. No centro desse debate, está a questão do *"status* moral" de seres humanos e animais não humanos. Conforme o filósofo australiano Peter Singer (1990, p. 9), dois princípios morais geralmente aceitos são

1. Todos os seres humanos têm igual *status* moral.
2. Todos os seres humanos têm *status* moral superior aos animais não humanos.

Assim, prossegue Singer, "com base nesses princípios, costuma-se aceitar que devemos colocar o bem-estar humano à frente do sofrimento de animais não humanos; essa premissa é refletida em nosso tratamento de animais em muitas áreas, incluindo a agropecuária, a caça, a experimentação e o entretenimento" (p. 9).

Todavia, Singer não concorda com essas visões comuns. Ele argumenta que "não existe justificativa ética racional para sempre colocar o sofrimento humano à frente do de animais não humanos" (p. 9). A menos que apelemos para pontos de vista religiosos (que Singer rejeita como base para tomar decisões em uma sociedade pluralista), não existe, segundo Singer, nenhum *status* moral especial em "ser humano". Essa posição tem raízes na tradição filosófica conhecida como utilitarismo, que começa com os escritos de David Hume (1711-1776) e Jeremy Bentham (1748-1832), bem como John Stuart Mill (1806-1873) (Rachels, 1986). Basicamente, esse ponto de vista sustenta que sempre que tivermos opções entre ações alternativas, devemos escolher aquela que tiver as melhores consequências gerais (gera mais "felicidade") para todos os envolvidos. O que importa nessa visão é se o indivíduo em questão é capaz de sentir felicidade/infelicidade, prazer/dor; o fato de esse indivíduo ser humano ou não humano é irrelevante (Rachels, 1986).

O que você acha do *status* moral de humanos e animais e sua relação com a pesquisa psicológica?

---

pesquisador testando sujeitos e organizando dados, técnicos constroem equipamento especializado, e consultores especializados dão orientações sobre análises estatísticas. Ao preparar um manuscrito para publicação, será que todos esses indivíduos devem ser considerados "autores" do estudo? O *crédito na publicação* refere-se ao processo de identificar como autores os indivíduos que fizeram contribuições significativas para o projeto de pesquisa. Como a autoria de um estudo científico publicado frequentemente é usada para medir a competência e motivação de um indivíduo em um campo científico, *é importante reconhecer de forma justa aqueles que contribuíram para um projeto.*

Nem sempre é fácil decidir se a contribuição que um indivíduo fez para um projeto de pesquisa justifica ser "autor" de um artigo científico ou se a contribuição desse indivíduo deve ser reconhecida de um modo menos visível (como em uma nota de rodapé). Além disso, quando a autoria é decidida, também se deve decidir a ordem dos nomes dos autores. O "primeiro autor" de um artigo com vários autores geralmente indica uma contribuição maior do que o "segundo autor" (que é maior do que a do terceiro, etc.). As decisões ligadas à autoria devem se basear principalmente em termos da importância acadêmica da contribuição (p.ex., ajudar nos aspectos conceituais do estudo), e não no tempo e energia investidos no estudo (ver Fine e Kurdek, 1993).

As preocupações éticas associadas à atribuição da autoria podem tomar muitas formas. Por exemplo, não apenas é eticamente incorreto que um membro do corpo docente assuma o crédito pelo trabalho de um estudante, como também é não ético que estudantes recebam crédito imerecido como autores. Esta última situação pode ocorrer, por exemplo, em uma tentativa equivocada de um orientador de proporcionar vantagem a um aluno que compete por uma vaga em um programa de pós-graduação competitivo. Segundo Fine e Kuderk (1993), conferir crédito imerecido a estudantes como autores pode representar incorretamente o conhecimento do aluno, dar a ele uma vantagem injusta sobre os colegas e, talvez, levar outras pessoas a criarem expectativas impossíveis para o estudante. Esses autores recomendam que docentes e discentes colaborem no processo de determinar os créditos por autoria e discutam no começo do projeto o nível de participação que justificará crédito como autor. Devido a diferenças de poder e posição entre docentes e discentes, o professor deve fazer discussões sobre o crédito por autoria para alunos colaboradores (ver Behnke, 2003).

Uma área bastante problemática de preocupação na publicação de pesquisas, não apenas para os profissionais, mas muitas vezes para estudantes, é o **plágio**. Mais uma vez, o padrão ético parece suficientemente claro: não apresente porções ou elementos substanciais do trabalho de outrem como se fossem seus. Mas o que constitui "porções ou elementos substanciais", e como se evita de passar a impressão de que o trabalho de outrem é nosso? Tomar essas decisões pode ser como andar na corda bamba. De um lado, está o objetivo pessoal de ser reconhecido por fazer uma contribuição para o conhecimento; do outro, existe a obrigação ética de reconhecer as contribuições prévias que outros fizeram. O fato de que profissionais e estudantes cometem atos de plágio sugere que muitas pessoas fogem da corda bamba buscando reconhecimento, em vez de dar o devido crédito ao trabalho de outros.

Às vezes, os atos de plágio resultam de relaxamento (deixar de conferir uma fonte para verificar que uma ideia não se origina de outra pessoa, por exemplo). Erros desse tipo ainda são plágio; *a ignorância não é uma desculpa legítima*. É muito fácil cometer erros. Por exemplo, os pesquisadores (e estudantes) ocasionalmente perguntam "quanto" de um texto pode ser usado sem colocá-lo entre aspas ou identificar a sua fonte. Um elemento substancial pode ser uma única palavra ou expressão curta, se servir para identificar uma ideia ou conceito básico que resulte do pensamento de outro autor. Como não existem diretrizes claras para quanto material constitui um elemento substancial de uma obra, os estudantes devem ser particularmente cautelosos ao se referirem ao trabalho de outros autores. Às vezes, especialmente entre estudantes, o plágio pode resultar da falta de aspas em trechos tirados diretamente de uma fonte. *Sempre que se tirar material diretamente de uma fonte, ele deve ser colocado entre aspas, identificando-se a fonte adequadamente.* Também é importante citar a fonte do material que incluir em seu artigo quando parafrasear (i.e., reescrever) o material. *O princípio ético é que você deve citar as fontes de suas ideias quando usar as palavras exatas e quando parafrasear.* Ver a Tabela 3.1 para exemplos de citações corretas e incorretas.

Também ocorre plágio quando os indivíduos não reconhecem fontes secundárias. Uma *fonte secundária* é aquela que discute o trabalho (original) de outro autor. As fontes secundárias incluem livros e revisões publicadas de pesquisas, como aquelas que aparecem em periódicos científicos como o *Psychological Bulletin*. Quando sua única fonte para uma ideia ou resultados for uma fonte secundária, sempre é eticamente incorreto publicar a informação de *um modo que sugira que você consultou a obra original.* É muito melhor tentar localizar e ler a fonte original do que citar uma fonte secundária. Se isso não for possível, você deve informar o leitor de que não leu a fonte original, usando uma frase como "citado em..." ao se referir ao trabalho original. Citando a fonte secundária, você está dizendo ao leitor que está apresentando a interpretação de outra pessoa para o material original. Mais uma vez, a ignorância quanto à forma apropriada da citação não é uma desculpa aceitável e, em ocasiões desastrosas, pesquisadores – professores e estudantes – tiveram suas carreiras arruinadas por acusações de plágio.

98 Shaughnessy, Zechmeister & Zechmeister

☑ **Tabela 3.1** Exemplo de plágio e citação correta

Texto original (Exemplo de uma citação direta correta)
"Informada pela jurisprudência, a polícia usa diversos métodos de investigação – incluindo a apresentação de evidências falsas (p.ex., resultados falsos do polígrafo, impressões digitais, ou outros testes forênsicos; testemunhas forjadas), apelos a Deus e à religião, amizades simuladas e o uso de informantes na prisão" (Kassin e Kiechel, 1996, p. 125)

Exemplo de plágio (sem citação acompanhando o material parafraseado)
Pesquisas sobre métodos enganosos de interrogatório para obter confissões são importantes porque a polícia usa evidências falsas (p.ex., resultados de testes falsos) e testemunhas falsas ao interrogar suspeitos. Os policiais também pressionam os suspeitos fingindo ser seus amigos.

Material parafraseado com citação correta
Pesquisas sobre métodos enganosos de interrogatório para obter confissões são importantes porque a polícia usa evidências falsas (p.ex., resultados de testes falsos) e testemunhas falsas ao interrogar suspeitos (Kassin e Kiechel, 1996). Além disso, Kassin e Kiechel afirmam que os policiais pressionam os suspeitos fingindo ser seus amigos.

Baseada na Tabela 3.4, Zechmeister, Zechmeister e Shaughnessy, 2001, p. 71.

Passos para adesão à ética

- Tomar decisões com ética envolve revisar os fatos sobre a situação de pesquisa proposta, identificar questões e diretrizes relevantes, e considerar pontos de vista múltiplos e métodos ou procedimentos alternativos.
- Os autores que submetem manuscritos de pesquisa a uma revista da APA também devem submeter formulários que descrevam a sua conformidade com os padrões éticos.

Será que os sujeitos de pesquisa devem ser colocados em risco de sofrer danos sérios para se adquirirem informações sobre o comportamento humano? Será que os psicólogos precisam usar engano? É aceitável permitir que animais sofram no decorrer da pesquisa? Essas perguntas, que fazem parte da tomada de decisões éticas, são difíceis de responder e exigem um processo criterioso de tomada de decisões, que, no final, pode levar a respostas que não deixem todos "felizes". Um processo decisório eticamente informado deve conter os seguintes passos:

- Revise os fatos da situação de pesquisa proposta (p.ex., participantes, procedimento).
- Identifique as questões éticas, diretrizes e leis relevantes.

- Considere os diversos pontos de vista (p.ex., dos sujeitos, pesquisadores, instituições, sociedade, valores morais).
- Considere métodos ou procedimentos alternativos e suas consequências, incluindo as consequências de não fazer a pesquisa proposta.

Com uma consideração cuidadosa desses fatores, uma decisão "correta" de proceder com a pesquisa proposta baseia-se em uma revisão diligente da pesquisa e questões éticas, e não apenas no que pode deixar o pesquisador ou outros indivíduos "felizes".

Os autores de manuscritos submetidos a um periódico da APA devem submeter formulários declarando sua adesão aos padrões éticos (ver *Manual de Publicação da APA*). Esses formulários podem ser encontrados no *Manual*, bem como na página de periódicos da APA (http://www.apa.org/pubs/journals). É claro que deve haver uma consideração de questões éticas antes de se iniciar um projeto de pesquisa, durante o processo de pesquisa em si, à medida que surgirem problemas (p.ex., as reações imprevistas dos participantes) e na preparação para discutir com editores e revisores da revista selecionada para submeter o manuscrito. Para ajudar a garantir a adesão à ética em todo o processo de pesquisa, a

APA publicou a Lista de Verificação de Conformidade Ética (ver *Manual de Publicação da APA*). A lista cobre muitas das questões éticas discutidas neste capítulo, incluindo revisão institucional, consentimento informado, tratamento de sujeitos animais (se aplicável), citações adequadas de outros trabalhos publicados e a ordem dos autores. Lembre: a revisão cuidadosa dessas questões e outras descritas nos formulários da APA deve ser feita *antes* de começar a sua pesquisa.

Resumo

A pesquisa psicológica suscita muitas questões éticas. Assim, antes de começar um projeto de pesquisa, você deve considerar as questões éticas específicas do código de ética da APA e as leis e normas que são relevantes para o seu projeto. Na maioria dos casos, deve-se obter aprovação institucional formal – por exemplo, de um IRB ou IACUC – antes de começar a pesquisa. Uma das funções de um IRB é chegar a um consenso quanto à razão risco/benefício da pesquisa proposta. O risco pode envolver danos físicos, psicológicos ou sociais. Deve-se obter o consentimento informado de sujeitos humanos na maioria das pesquisas psicológicas. Os pesquisadores devem adotar medidas especiais para proteger os sujeitos humanos quando houver mais do que o risco mínimo e fazer o *debriefing* adequado após a sua participação. Questões éticas sérias ocorrem quando os pesquisadores omitem informações dos participantes ou os informam incorretamente sobre a natureza da pesquisa. Quando se usa engano, a sessão de *debriefing* deve informar aos participantes as razões para tal. O *debriefing* também pode ajudar os participantes a se sentirem mais envolvidos na situação de pesquisa, além de ajudar o pesquisador a saber como os participantes perceberam o tratamento ou tarefa. A pesquisa pela internet traz novos dilemas éticos para o pesquisador, sendo necessário buscar orientação com membros do IRB, bem como pesquisadores experientes com coleta de dados pela internet, antes de planejar o estudo.

Os psicólogos que testam sujeitos animais devem obedecer uma variedade de diretrizes federais e estaduais e, de um modo geral, devem proteger o bem-estar dos animais. Os animais somente podem ser submetidos a dor ou desconforto quando não houver procedimentos alternativos disponíveis e quando se considera que os objetivos da pesquisa justificam os procedimentos em termos do seu valor científico, educacional ou aplicado. Até que se possam encontrar alternativas à pesquisa com animais, muitas pessoas aceitam a concessão de fazer pesquisas usando sujeitos animais para combater doenças e sofrimento, protegendo-se o bem-estar dos animais na pesquisa laboratorial.

A publicação dos resultados de estudos psicológicos deve ocorrer de um modo que dê o crédito adequado aos indivíduos que contribuíram para o projeto. Quando um trabalho já publicado contribui para o pensamento de um pesquisador sobre seu projeto de pesquisa, o pesquisador deve reconhecer essa contribuição, citando adequadamente os indivíduos que publicaram o trabalho anterior. Não fazer isso representa um problema ético sério: plágio. Tomar decisões com ética envolve revisar os fatos sobre a situação de pesquisa proposta, identificar questões e diretrizes relevantes e considerar pontos de vista múltiplos e métodos ou procedimentos alternativos. Os autores que submetem manuscritos de pesquisa a um periódico da APA também devem submeter formulários que descrevam a sua conformidade com os padrões éticos.

Conceitos básicos

razão risco/benefício 77
risco mínimo 79
consentimento informado 81
privacidade 84

engano 87
debriefing 91
plágio 97

Questões de revisão

1. Explique por que os pesquisadores submetem propostas de pesquisa a Comitês de Revisão Institucional (IRBs) e Comitês Institucionais para o Uso e Cuidado de Animais (IACUCs) antes de começarem um projeto de pesquisa, e descreva sucintamente as funções desses comitês no processo de pesquisa.

2. Explique como a razão risco/benefício é usada para tomar decisões éticas. Que fatores contribuem para julgar os benefícios potenciais de um projeto de pesquisa?

3. Explique por que a pesquisa não pode ser isenta de riscos e descreva o padrão que os pesquisadores usam para determinar se os sujeitos de pesquisa estão "em risco". Descreva sucintamente como as características dos participantes da pesquisa podem afetar a avaliação do risco.

4. Diferencie três tipos possíveis de risco que podem estar presentes na pesquisa psicológica: físico, psicológico, social. Como os pesquisadores costumam se proteger contra a possibilidade de risco social?

5. Quais são três questões éticas importantes suscitadas pela pesquisa virtual?

6. Que informações o pesquisador tem a obrigação ética de deixar claras para o participante para obter seu consentimento informado? Em que condições o código de ética da APA indica que pode não ser necessário obter consentimento informado?

7. Quais são as três dimensões que Diener e Crandall (1978) recomendam que os pesquisadores considerem ao tentarem decidir se uma informação é pública ou privada?

8. Explique por que o engano pode às vezes ser necessário na pesquisa psicológica. Descreva sucintamente as perguntas que os pesquisadores devem fazer antes de usarem engano, e descreva as condições em que sempre é eticamente incorreto enganar os participantes.

9. De que maneiras o *debriefing* pode beneficiar o participante? De que maneiras o *debriefing* pode beneficiar o pesquisador?

10. Que obrigações éticas são especificadas no código de ética da APA para pesquisadores que usam animais em suas pesquisas?

11. Que condições são exigidas pelo código de ética da APA antes que se possa submeter animais a estresse ou dor?

12. Explique como os pesquisadores decidem quando um indivíduo pode receber crédito como autor de um artigo científico publicado.

13. Descreva os procedimentos que um autor deve seguir para evitar plágio ao citar informações de uma fonte original ou de uma fonte secundária.

14. Identifique os passos em um processo decisório eticamente informado, com relação à adequação de implementar o projeto de pesquisa proposto.

15. Segundo a APA, o que os autores devem incluir quando submeterem um manuscrito de pesquisa a um periódico da APA?

Metodologia de pesquisa em psicologia 101

☑ DESAFIOS

Obs.: Ao contrário de outros capítulos, este capítulo não fornece respostas para os Desafios ou Exercícios. Para resolver dilemas éticos, você deve ser capaz de aplicar os padrões éticos adequados e chegar a uma decisão sobre a pesquisa proposta após discutir com outras pessoas cuja formação e conhecimento difiram do seu. Portanto, você deverá considerar pontos de vista diferentes do seu. Sugerimos que você aborde esses problemas como parte de uma discussão em grupo sobre essas questões importantes.

Os dois primeiros desafios deste capítulo envolvem uma proposta hipotética de pesquisa envolvendo uma fundamentação e metodologia semelhantes às de pesquisas verdadeiras publicadas. Para responder essas perguntas, você deverá se familiarizar com os princípios éticos da APA e outros materiais sobre a tomada de decisões ética apresentados neste capítulo, incluindo os passos recomendados apresentados ao final do capítulo. Como você verá, sua tarefa é decidir se padrões éticos específicos foram violados e fazer recomendações sobre a pesquisa proposta, incluindo a recomendação mais básica de se o pesquisador deve ter permissão para continuar.

1. Proposta ao IRB

   Instruções Suponhamos que você seja membro de um Comitê de Revisão Institucional (IRB). Além de você, o comitê é composto por um psicólogo clínico, um psicólogo social, um assistente social, um filósofo, um ministro protestante, um professor de história e um executivo empresarial respeitado na comunidade. O texto a seguir é um resumo da proposta de pesquisa, que foi submetido ao IRB para revisão. Você deve considerar as perguntas que gostaria de fazer ao pesquisador e se deveria aprovar a realização do estudo em sua instituição na forma atual, se devem ser feitas modificações antes da aprovação, ou se a proposta não deve ser aprovada. (Uma proposta de pesquisa verdadeira submetida ao IRB incluiria mais detalhes do que apresentamos aqui.)

Fundamentação A conformidade psicológica ocorre quando as pessoas aceitam as opiniões ou juízos de outras pessoas, na ausência de razões significativas para tal, ou ante evidências do contrário. Pesquisas anteriores investigaram as condições nas quais é provável haver conformidade e mostraram, por exemplo, que a conformidade aumenta quando as pessoas preveem a ocorrência de situações desagradáveis (p.ex., choque) e quando a pressão para se conformar vem de indivíduos com quem os indivíduos se identificam. A pesquisa proposta analisa a conformidade psicológica no contexto de discussões sobre o consumo de álcool entre estudantes menores de idade. O objetivo da pesquisa é identificar os fatores que contribuem para a disposição dos estudantes para participarem de situações sociais onde se serve álcool para menores e se permite que pessoas visivelmente embriagadas dirijam um automóvel. Esta pesquisa busca investigar a conformidade em um cenário natural e em circunstâncias onde é possível evitar situações desagradáveis (p.ex., penalidades legais, suspensão da escola ou mesmo a morte), não se conformando à pressão dos pares.

Método A pesquisa envolverá 36 estudantes (idades 18-19) que se ofereceram como voluntários para participar de um projeto de pesquisa que investigaria as "crenças e atitudes dos estudantes de hoje". Os participantes serão divididos em grupos de discussão com quatro pessoas. Cada pessoa do grupo receberá as mesmas 20 perguntas para responder; contudo, elas deverão discutir cada pergunta com os membros do grupo antes de escreverem suas respostas. Quatro das 20 perguntas lidam com o consumo de álcool por pessoas com menos de 21 anos (a idade legal nos Estados Unidos) e com ações que podem ser feitas para reduzir os casos de adolescentes que dirigem alcoolizados. O pesquisador apontará um membro do

☑ DESAFIOS (CONTINUAÇÃO)

grupo como líder da discussão. Sem que os sujeitos saibam, eles serão divididos aleatoriamente em três grupos diferentes. Em cada grupo, haverá 0, 1 ou 2 estudantes, que na verdade estarão trabalhando para o pesquisador. Cada um desses "cúmplices" receberá informações prévias do pesquisador sobre o que dizer durante as discussões em grupo sobre as questões críticas relacionadas com o consumo de álcool por menores. (O uso de cúmplices na pesquisa psicológica é discutido no Capítulo 4.) Especificamente, os cúmplices deverão seguir um roteiro que apresenta o argumento de que a maioria das pessoas que chega à idade legal para dirigir (16) e todos os indivíduos que têm idade para votar em eleições nacionais (18) e servir nas forças armadas têm idade suficiente para tomar suas próprias decisões quanto ao consumo de álcool; ademais, como fica a cargo de cada indivíduo tomar essa decisão, outros indivíduos não têm o direito de intervir se alguém abaixo da idade legal decidir beber. Cada um dos cúmplices "admite" ter bebido em pelo menos duas ocasiões anteriores. Assim, a manipulação experimental envolve 0, 1 ou 2 pessoas nos grupos de quatro pessoas sugerindo que não acreditam que estudantes tenham a responsabilidade de evitar situações em que se serve álcool a menores ou de intervir quando alguém resolve beber e dirigir. O efeito desse argumento sobre as respostas escritas dos sujeitos verdadeiros do experimento será avaliado. Além disso, serão feitas fitas de áudio das sessões sem o conhecimento dos sujeitos, e o conteúdo dessas gravações será analisado. Depois do experimento, a natureza do engano e as razões para fazer gravações das discussões serão explicadas aos participantes.

2. Proposta ao IACUC

Instruções Suponhamos que você é membro de um Comitê Institucional para o Uso e Cuidado de Animais (IACUC). Além de você, o comitê compreende um veterinário, um biólogo, um filósofo e um empresário respeitado na comunidade. O texto a seguir é um resumo de uma proposta de pesquisa que foi submetida ao IACUC para revisão. Você deve considerar as perguntas que gostaria de fazer ao pesquisador e se você aprovaria a execução desse estudo em sua instituição em sua forma atual, se devem ser feitas modificações antes da aprovação, ou se a proposta não deve ser aprovada. (Uma proposta de pesquisa verdadeira submetida a um IACUC teria mais detalhes do que apresentamos aqui.)

Fundamentação Os pesquisadores buscam investigar o papel de estruturas subcorticais do sistema límbico na moderação da emoção e agressividade. Essa proposta baseia-se em pesquisas anteriores do mesmo laboratório, que mostraram uma relação significativa entre lesões em diversas áreas cerebrais subcorticais de macacos e alterações na alimentação, agressividade e outros comportamentos sociais (p.ex., cortejo). As áreas sob investigação são aquelas que às vezes são extirpadas em psicocirurgias com humanos ao se tentar controlar comportamentos hiperagressivos e violentos. Além disso, acredita-se que a área subcortical específica que é foco da presente proposta esteja envolvida em controlar certas atividades sexuais que às vezes são objeto de tratamento psicológico (p.ex., hipersexualidade). Estudos anteriores não conseguiram identificar as áreas exatas que se acredita estarem envolvidas em controlar esses comportamentos; a pesquisa proposta busca melhorar esse conhecimento.

Método Dois grupos de macacos rhesus serão os sujeitos. Um grupo ($N = 4$) será um grupo controle. Esses animais farão uma operação simulada, que envolve anestesiá-los e fazer um furo no crânio. Esses animais serão testados e avaliados da mesma maneira que os animais experimentais. O grupo experimental ($n = 4$) passará por uma operação para lesionar uma pequena parte de uma estrutura subcorti-

Metodologia de pesquisa em psicologia   103

☑ DESAFIOS (CONTINUAÇÃO)

cal chamada de amígdala. Dois dos animais terão lesões em um local; os dois restantes receberão lesões em outro local dessa estrutura. Depois da recuperação, todos os animais serão testados em uma variedade de testes para avaliar suas preferências alimentares, comportamentos sociais com macacos do mesmo sexo e do sexo oposto e responsividade emocional (p.ex., reações a um estímulo de medo novo; um pesquisador com máscara de palhaço). Os animais serão abrigados em um laboratório moderno; as operações serão realizadas e recuperadas com monitoramento por um veterinário licenciado. Depois dos testes, os animais experimentais serão sacrificados, e os cérebros serão preparados para exame histológico. (A histologia é necessária para confirmar o lócus e o nível das lesões.) Os controles não serão mortos, sendo devolvidos à colônia para uso em experimentos futuros.

3. Pesquisas realizadas por Stanley Milgram sobre a adesão levaram a uma grande discussão sobre as questões éticas relacionadas com o uso de engano em pesquisas psicológicas (ver o Quadro 3.2). A adesão envolve a probabilidade de uma pessoa seguir as instruções dadas por uma figura de autoridade. Para a Parte A desta questão, você deverá ler um resumo descrevendo o procedimento básico que Milgram usou em seus experimentos. Depois, deverá tratar esse resumo como se fosse uma proposta de pesquisa submetida a um IRB do qual faz parte. Para a segunda parte da questão, você deve considerar a informação adicional contida na Parte B relacionada com a pesquisa de Milgram sobre a adesão usando esse paradigma. Então, você deverá explicar por que mudaria ou não mudaria a decisão que tomou com base em sua revisão na Parte A.

A. Duas pessoas chegam em um laboratório de psicologia, supostamente para participarem de um experimento de aprendizagem. Elas são informadas de que o estudo dizia respeito aos efeitos da punição sobre a aprendizagem. Os indivíduos sorteiam papéis para determinar quem seria o "professor" ou o "aprendiz". Uma pessoa, na verdade, é cúmplice do pesquisador, e o sorteio é armado de modo que o sujeito real sempre receba o papel de professor. O sujeito assiste enquanto o aprendiz é levado para uma sala adjacente e amarrado a uma cadeira, com um eletrodo conectado ao pulso. O sujeito então ouve o pesquisador dizer que o aprendiz receberá um choque elétrico por cada erro cometido enquanto aprende uma lista de pares de palavras. O professor é levado ao laboratório, que contém um grande gerador elétrico, com 30 alavancas. Cada alavanca é rotulada com uma voltagem (de 15 a 450 volts) e, junto às alavancas, existem rótulos verbais descrevendo a quantidade de choque, por exemplo, "choque leve", "choque forte", "perigo, choque severo". Duas alavancas após a última descrição verbal simplesmente têm o rótulo XXX. O professor recebe um choque como teste e é informado a administrar o choque elétrico sempre que o aprendiz cometer um erro. As respostas do aprendiz são comunicadas por um conjunto de quatro botões que acendem um número acima do gerador elétrico. O professor também é informado a aumentar o choque em um nível após cada resposta errada. À medida que o experimento avança, o aprendiz faz vários protestos contra os choques. Essas queixas podem ser ouvidas pelas paredes da sala e envolviam gritos indicando que os choques estão se tornando mais dolorosos e, mais adiante, que o aprendiz quer que o pesquisador termine o procedimento. Quando o professor coloca a alavanca em 180 volts, o aprendiz grita "não aguento mais" e, aos 270 volts, dá um grito agonizante. Aos 300 volts, o aprendiz grita "não vou mais responder", mas continua a gritar. Depois que a alavan-

☑ DESAFIOS (CONTINUAÇÃO)

ca correspondente a 330 volts é pressionada, não se ouve mais o aprendiz. O aprendiz na verdade não recebe choques de verdade, e a principal variável dependente é o choque máximo que o sujeito daria em resposta às "ordens" do pesquisador. Todos os participantes recebem um *debriefing* após o experimento e, às vezes, o pesquisador conversa com um participante por algum tempo. Todos também recebem um questionário de avaliação. Antes de conduzir o experimento, Milgram descreveu o procedimento planejado para 37 psiquiatras; nenhum previu que os sujeitos administrariam o choque máximo.

B. Milgram fez mais de uma dúzia de experimentos usando esse procedimento (ver Milgram, 1974). Em um experimento em que o professor podia ouvir os gritos do aprendiz mas não o enxergava, aproximadamente 60% dos sujeitos deram o choque máximo no aprendiz. A principal justificativa para continuar essa linha de pesquisa após um resultado tão inesperado é que aparentemente nenhum dos participantes foi seriamente machucado pelo experimento e que uma grande maioria (84%) disse que ficava feliz que havia sido um experimento. Muitos participantes (74%) responderam ao questionário de avaliação dizendo que haviam ganho algo de valor pessoal com a experiência. Em experimentos subsequentes, Milgram observou que a probabilidade de os participantes obedecerem era afetada por fatores situacionais. Por exemplo, os participantes eram menos prováveis de administrar o choque máximo quando o professor podia escolher o nível da voltagem. Uma interpretação para o resultado original é que as pessoas obedecem prontamente – elas agem como ovelhas proverbiais. Uma visão diferente sobre a disposição das pessoas de obedecer é evidenciada pelos resultados da série completa de experimentos. Milgram demonstrou que as pessoas são sensíveis a muitos aspectos das situações em que lhes pedem para obedecer. Resta uma questão: será que o benefício do que aprendemos sobre as tendências das pessoas de obedecer com base no estudo de Milgram justifica os riscos que esse paradigma traz? De um modo mais geral, como podem os IRBs estimar melhor os benefícios potenciais da pesquisa proposta quando é impossível que usem o resultado da pesquisa em sua avaliação de seus benefícios potenciais?

4. Considere o seguinte cenário apresentado por Fine e Kurdek (1993) como parte de sua discussão sobre a questão de determinar a autoria de uma publicação.

   Um estudante de graduação pediu para um professor de psicologia supervisionar sua tese. O estudante propôs um tema, o professor ajudou a desenvolver a metodologia de pesquisa, o estudante coletou e inseriu os dados, o professor fez as análises estatísticas, e o estudante usou uma parte das análises para a tese. O estudante escreveu a tese sob supervisão minuciosa do professor. Depois que a tese foi concluída, o professor decidiu que os dados de todo o projeto eram suficientemente interessantes para serem publicados como uma unidade. Como o estudante não tinha as habilidades necessárias para escrever o estudo inteiro para um periódico científico, o professor o fez. A tese do estudante continha aproximadamente um terço do material apresentado no artigo.

A. Explique que fatores da situação você consideraria para determinar se o estudante deve ser autor de uma publicação que resulte desse trabalho, ou se o trabalho do estudante deve ser reconhecido no artigo em uma nota de rodapé.

B. Se você decidir que o estudante deve ser autor, explique se acha que o estudante deve ser o primeiro autor ou o segundo autor do artigo.

PARTE DOIS

Métodos Descritivos

4

Observação

Visão geral

Todos os dias, observamos o comportamento. Muitos de nós somos observadores de pessoas. E isso não é apenas porque somos *voyeurs* dedicados ou excepcionalmente curiosos, embora o comportamento humano às vezes certamente seja interessante. O comportamento das pessoas – gestos, expressões, atitudes, escolha de roupas – contém muitas informações, como tentam enfatizar os livros populares sobre a "linguagem corporal" (p.ex., Pease e Pease, 2004). Seja um simples sorriso ou um ritual sutil de cortejo, o comportamento de outra pessoa seguidamente fornece pistas que são reconhecidas facilmente. De fato, a pesquisa revela que muitas das nossas expressões são direitos universais, ou seja, reconhecidos em todas as culturas (p.ex., Ekman, 1994). Os cientistas também usam suas observações para aprender sobre o comportamento (ver, porém, Baumesiter, Vohs e Funder, 2007, para uma opinião de que os psicólogos não observam o comportamento real suficientemente).

Nossas observações cotidianas e as dos cientistas diferem em muitas maneiras. Quando observamos de forma casual, podemos nem estar cientes dos fatores que afetam as nossas observaçõs. Além disso, raramente mantemos registros formais das nossas observações. Ao contrário, confiamos em nossa memória dos fatos, mesmo que a nossa experiência (e a pesquisa psicológica) mostre que ela não é perfeita!

A observação científica é feita sob condições precisamente definidas, de maneira sistemática e objetiva, e com registros cuidadosos. O principal objetivo dos métodos observacionais é descrever o comportamento. Os cientistas tentam descrever o comportamento da forma mais *completa* e *precisa* possível. Os pesquisadores enfrentam desafios sérios para alcançar esse objetivo. De forma clara, é impossível para os pesquisadores observar *todo* o comportamento de uma pessoa. Os cientistas observam *amostras* do comportamento das pessoas, mas devem decidir se as suas amostras representam o seu comportamento *normal*. Neste capítulo, descrevemos como os cientistas selecionam amostras do comportamento. Os pesquisadores enfrentam um segundo desafio quando tentam descrever o comportamento plenamente: o comportamento muda com frequência, dependendo da situação ou contexto em que ocorre. Considere seu próprio comportamento. Você age do mesmo modo em casa e na escola, ou em uma festa, comparado com a sala de aula? Sua observação das pessoas, como de seus amigos, leva a concluir que o contexto é importante? Você já observou que as crianças às vezes mudam de comportamento quando estão com um ou outro dos seus pais? Descrições completas do comportamento exigem que se façam observações entre muitas situações diferentes e em momentos diferentes. A observação proporciona uma fonte rica de hipóteses sobre o comportamento e, assim, ela pode ser o primeiro passo para descobrir por que agimos das maneiras como agimos.

Neste capítulo, você verá que o cientista-observador nem sempre está registrando o comportamento passivamente à medida que ocorre. Analisaremos razões por que os cientistas intervêm para criar situações especiais para suas observações. Analisaremos também maneiras de investigar o comportamento que não exigem a observação direta de pessoas. Analisando traços físicos (p.ex., pichações, textos sublinhados em livros) e registros arquivísticos (p.ex., certidões de casamento, álbuns escolares), os cientistas adquirem visões importantes sobre o comportamento das pessoas. Também apresentamos métodos para registrar e analisar dados observacionais. Finalmente, descrevemos desafios importantes que podem dificultar a interpretação dos resultados de estudos observacionais.

Amostrando o comportamento

- Quando não se pode obter um registro completo do comportamento, os pesquisadores tentam obter uma amostra do comportamento que seja representativa.
- O nível em que as observações podem ser generalizadas (validade externa) depende de como o comportamento é amostrado.

Antes de fazerem um estudo observacional, os pesquisadores devem tomar algumas decisões importantes sobre quando e onde as observações ocorrerão. Como o pesquisador geralmente não pode observar todo o comportamento, somente certos comportamentos que ocorrem em determinados momentos, em cenários específicos e em condições particulares – podem ser observados. Em outras palavras, o comportamento deve ser *amostrado*. Essa amostra é usada para *representar* a população mais ampla de todos os comportamentos possíveis. Escolhendo momentos, situações e condições para suas observações que sejam representativas de uma população de comportamentos, os pesquisadores podem *generalizar* seus resultados para aquela população. Ou seja, os resultados podem ser generalizados apenas para sujeitos, momentos, cenários e condições *semelhantes* aos do estudo em que as observações foram feitas. A característica fundamental das *amostras representativas* é que elas são "como" a população mais ampla de onde são tiradas. Por exemplo, observações feitas do comportamento na sala de aula no começo de um ano escolar podem ser representativas do comportamento no início do ano escolar, mas talvez não produzam resultados que sejam típicos do comportamento observado ao final do ano escolar.

A **validade externa** refere-se ao nível em que os resultados de uma pesquisa podem ser generalizados para diferentes populações, cenários e condições. Lembre-se de que a validade diz respeito à "veracidade". Quando buscamos estabelecer a validade externa de um estudo, analisamos o nível em que os resultados do estudo podem ser usados para descrever corretamente pessoas, situações e condições além das enfocadas no estudo. Nesta seção, descrevemos como as amostragens temporal, de eventos e situacional são usadas para aumentar a validade externa dos resultados observacionais.

Amostragem temporal

- A amostragem temporal refere-se aos pesquisadores escolherem períodos de tempo para fazer observações de forma sistemática ou aleatória.

- Quando os pesquisadores estão interessados em fatos que ocorrem com pouca frequência, eles se baseiam na amostragem dos fatos para amostrar o comportamento.

Os pesquisadores geralmente usam uma combinação de amostragem temporal e amostragem situacional para identificar amostras representativas do comportamento. Na **amostragem temporal**, os pesquisadores procuram amostras representativas, escolhendo diversos períodos de tempo para suas observações. Os períodos podem ser escolhidos sistematicamente (p.ex., observando o primeiro dia de cada semana), aleatoriamente, ou ambos. Considere como a amostragem temporal pode ser usada para observar o comportamento das crianças na sala de aula. Se os pesquisadores restringissem suas observações a certos momentos do dia (digamos, apenas manhãs), eles não conseguiriam generalizar seus resultados para o resto do dia escolar. Uma abordagem para obter uma amostra representativa é marcar períodos de observação *sistematicamente* ao longo do dia escolar. As observações podem ser feitas durante quatro períodos de 30 minutos, a cada duas horas. Uma técnica de amostragem temporal *aleatória* poderia ser usada na mesma situação, distribuindo-se quatro períodos de 30 minutos aleatoriamente no decorrer do dia. Um protocolo aleatório diferente seria determinado para cada dia em que houvesse observações. Os momentos variariam a cada dia, mas, no longo prazo, o comportamento seria amostrado igualmente em todos os momentos do dia escolar.

Os dispositivos eletrônicos proporcionam uma grande vantagem na amostragem temporal aleatória. É possível programar *pagers* eletrônicos para lembrar os observadores seguindo um protocolo temporal aleatório (excluindo os horários normais do sono). Por exemplo, em seu estudo sobre jovens de classe média, Larson e outros (Larson, Richards, Moneta, Holmbeck e Duckett, 1996) obtiveram autoavaliações das experiências de adolescentes em "16.477 momentos aleatórios" de suas vidas. Podem-se combinar procedimentos sistemáticos e aleatórios de amostragem temporal, como quando os períodos de observação são marcados sistematicamente, mas as observações dentro de um período são feitas em momentos aleatórios. Por exemplo, *pagers* eletrônicos podem ser programados para avisar a cada três horas (sistemático), mas em um momento específico selecionado dentro de cada período de três horas. Independentemente do procedimento de amostragem temporal usado, o objetivo da amostragem temporal é obter uma amostra representativa do comportamento, que represente o comportamento usual do organismo.

A amostragem temporal não é um método efetivo para amostrar o comportamento quando o evento de interesse ocorre com pouca frequência. Pesquisadores que usam a amostragem temporal para fatos infrequentes podem perder o acontecimento. Ou, se o evento dura muito tempo, a amostragem temporal pode fazer o pesquisador perder uma parte importante do evento, como o começo ou o fim. Na *amostragem de eventos*, o observador registra cada evento que satisfaz uma definição predeterminada. Por exemplo, pesquisadores interessados em observar as reações de crianças a eventos especiais na escola, como uma peça de teatro, usariam a amostragem de eventos. O evento especial define quando as observações devem ser feitas.

A amostragem de eventos também tem utilidade para se observar o comportamento durante eventos que ocorrem de forma imprevisível, como desastres naturais ou técnicos. Sempre que possível, os observadores tentam estar presentes nos momentos em que um evento de interesse ocorre ou é provável de ocorrer. Embora a amostragem de eventos seja um método efetivo e eficiente de observar eventos infrequentes ou imprevisíveis, seu uso pode facilmente introduzir vieses no registro do comportamento. Por exemplo, a amostragem de eventos pode levar o observador a amostrar em momentos que sejam mais "convenientes" ou somente quando souber que o evento de interesse ocorrerá com certeza. A amostra resultante do comportamento nesses momentos pode não ser representativa do mesmo comportamento em outras ocasiões. Existe outro procedimento de amostragem que também pode ser usado para obter uma amostra representativa: a amostragem situacional.

Amostragem situacional

- A amostragem situacional envolve estudar o comportamento em diferentes locais e sob diferentes circunstâncias e condições.
- A amostragem situacional aumenta a validade externa dos resultados.
- Dentro de cada situação, pode-se usar amostragem situacional para observar pessoas no ambiente.

Os pesquisadores podem aumentar significativamente a validade externa de observações usando amostragem situacional. A **amostragem situacional** envolve observar o comportamento no maior número possível de locais, circunstâncias e condições diferentes. Amostrando situações variadas, os pesquisadores reduzem a chance de que seus resultados sejam específicos de um certo conjunto de circunstâncias ou condições. Por exemplo, os animais não agem em zoológicos do mesmo modo que agem na natureza, ou, ao que parece, em locais diferentes. Isso é visto em estudos sobre a troca de olhares mútuos entre mãe e bebê em chimpanzés. A troca de olhares mútuos ocorre tanto em chimpanzés como em seres humanos, mas, em um estudo com chimpanzés, a frequência desse comportamento diferiu entre animais observados nos Estados Unidos e no Japão (Bard et al., 2005). De maneira semelhante, podemos esperar que o comportamento humano difira em situações diferentes.

Amostrando situações diferentes, o pesquisador também pode aumentar a diversidade da amostra e, assim, obter maior generalização dos resultados do que seria possível se observasse apenas determinados tipos de indivíduos. Por exemplo, LaFrance e Mayo (1976) investigaram diferenças raciais no contato ocular e amostraram muitas situações diferentes. Pares de indivíduos foram observados em refeitórios universitários, lancherias de *fast food* em regiões comerciais, salas de espera de hospitais e aeroportos, e restaurantes. Usando a amostragem situacional, os pesquisadores conseguiram incluir em sua amostra pessoas que diferiam em idade, status socioeconômico, sexo e raça. Suas observações sobre as diferenças culturais no contato ocular têm consideravelmente mais validade externa do que se tivessem estudado apenas certos tipos de sujeitos e em apenas uma situação específica.

Existem muitas situações em que pode haver mais comportamento ocorrendo do que se pode observar efetivamente. Por exemplo, se os pesquisadores observassem as escolhas de alimentos no refeitório durante horários de pico, eles não conseguiriam observar todos os alunos. Nesse caso, e em outros como esse, o pesquisador usaria *amostragem de sujeitos* para determinar quais estudantes observar. Semelhante aos procedimentos para amostragem temporal, o pesquisador poderia selecionar estudantes sistematicamente (p.ex., cada décimo estudante) ou selecionar estudantes aleatoriamente. No que hoje provavelmente é um refrão familiar, o objetivo da amostragem de sujeitos é obter uma amostra representativa, nesse exemplo, de todos os estudantes que comem no refeitório.

Métodos observacionais

- Os métodos observacionais podem ser classificados como observação direta ou observação indireta.

Os pesquisadores muitas vezes observam o comportamento à medida que ocorre – ou seja, por *observação direta*. Todavia, as observações também podem ser feitas indiretamente, como quando os pesquisadores analisam evidências de comportamentos

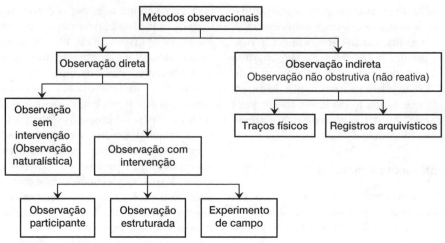

Figura 4.1 Fluxograma de métodos observacionais.

passados usando traços físicos ou registros arquivísticos. Essa é a observação *indireta* (ou não obstrutiva). A Figura 4.1 ilustra a organização de métodos observacionais. Primeiramente, discutiremos os métodos observacionais diretos e, depois, os métodos indiretos (não obstrutivos).

Métodos observacionais diretos

- Os métodos observacionais diretos podem ser classificados como "observação sem intervenção" ou "observação com intervenção".

Quando observam o comportamento diretamente, os pesquisadores tomam uma decisão com relação ao nível em que intervirão na situação que observam. Nesse caso, a intervenção refere-se aos esforços dos pesquisadores para mudar ou criar o contexto para a observação. O nível de intervenção varia em um *continuum*, desde nenhuma intervenção (observação sem intervenção) até uma intervenção que envolva implementar um experimento em uma situação natural.

Observação sem intervenção

- Os objetivos da observação naturalística são descrever o comportamento como ocorre normalmente e examinar as relações entre as variáveis.
- A observação naturalística ajuda a estabelecer a validade externa dos resultados obtidos em laboratório.
- A observação naturalística é uma estratégia de pesquisa importante quando considerações éticas e morais impedem o controle experimental.

A observação direta do comportamento em uma situação natural, *sem* nenhuma tentativa de intervir por parte do observador, costuma ser chamada de **observação naturalística**. Um observador que usa esse método de observação age como um registrador passivo dos fatos à medida que ocorrem naturalmente. Embora não seja fácil definir uma situação natural com precisão (ver Bickman, 1976), podemos considerar uma situação natural aquela em que o comportamento ocorre comumente e que não foi modificada especificamente com o propósito de se observar o comportamento. Por exemplo, Matsumoto e Willingham (2006) observaram atletas na situação "natural" (para esses atletas) de um torneio olímpico de judô. O Quadro 4.1 descreve estudos recentes baseados na observação naturalística no campo da etologia.

Observar pessoas em um laboratório psicológico não seria considerado observação naturalística, pois se cria um laboratório especificamente para estudar o comportamento. A observação em ambientes naturais muitas vezes serve, entre outras funções, como um modo de estabelecer a validade externa dos resultados laboratoriais – trazer o laboratório para o "mundo real". Esse é um dos objetivos da pesquisa do pesquisador A.D.I. Kramer, que analisa a felicidade por meio de registros no Facebook (*New York Times*, 12 de outubro de 2009). A observação do comportamento em grupos de discussão e salas de bate-papo na internet é outra maneira pela qual os pesquisadores buscam descrever o comportamento como ocorre normalmente (p.ex., Whitlock, Powers e Eckenrode, 2006). No entanto, essa forma recente de observação "naturalística" suscita as sérias questões éticas que discutimos no Capítulo 3 e discutiremos mais adiante neste capítulo (ver também Kraut et al., 2004).

Os principais objetivos da observação em ambientes naturais são descrever o comportamento como ocorre normalmente e investigar a relação entre as variáveis presentes. Hartup (1974), por exemplo, escolheu a observação naturalística para investigar a frequência e os tipos de agressividade apresentados por crianças pré-escolares em uma creche em St. Paul, Minnesota. O autor distinguiu a agressividade hostil (dirigida para as pessoas) da agressividade instrumental (visando recuperar um objeto, território, ou privilégios). Embora tenha observado que os garotos eram mais agressivos, de um modo geral, do que as garotas, suas observações não proporcionaram evidências de que os tipos de agressividade diferissem entre os sexos. Assim, Hartup conseguiu concluir que, com relação à agressividade hostil, não houve evidências de que garotos e garotas sejam "programados" de maneiras diferentes.

O estudo de Hartup sobre a agressividade infantil ilustra por que o pesquisador pode decidir usar observação naturalística, em vez de manipular condições experimentais para estudar o comportamento. Existem certos aspectos do comportamento humano que não podemos controlar por causa de considerações morais ou éticas. Por exemplo, os pesquisadores têm interesse na relação entre o isolamento na primeira infância e o desenvolvimento emocional e psicológico posterior. Todavia, reprovaríamos vigorosamente se eles tentassem separar crianças de seus pais para criá-las sob isolamento. Para investigar o isolamento na infância, devem ser considerados métodos alternativos de coleta de dados. Por exemplo, o efeito do isolamento precoce sobre o desenvolvimento foi estudado por meio de experimentação com animais (Harlow e Harlow, 1966); observações das chamadas crianças ferais, criadas fora da cultura humana e supostamente por animais (Candland, 1993); estudos de caso de crianças submetidas a condições incomuns de isolamento por seus pais (Curtiss, 1977); e a observação direta e sistemática de crianças institucionalizadas (Spitz, 1965). As sanções morais e éticas também se aplicam ao estudo da natureza da agressividade infantil. Não gostaríamos de ver crianças serem assediadas e provocadas intencionalmente apenas para registrar suas reações. Todavia, como todos que observaram crianças sabem, existe uma abundância de agressividade ocorrendo naturalmente. O estudo de Hartup mostra como a observação naturalística pode ser um método produtivo para se adquirir conhecimento sobre a agressividade infantil dentro de limites morais e éticos.

Observação com intervenção

- A maior parte da pesquisa psicológica usa observação com intervenção.
- Os três métodos de observação com intervenção são a observação participante, a observação estruturada e o experimento de campo.
- Seja "oculta" ou "explícita", a observação participante permite que os pesquisadores observem comportamentos e situações que não costumam estar abertos à observação científica.

☑ Quadro 4.1

OBSERVAÇÃO: UM NOVO OLHAR

Os psicólogos não são os únicos pesquisadores que observam o comportamento em situações naturais. A observação é um método fundamental em *etologia*, um ramo da biologia (Eibl-Eibesfeldt, 1975). Os etólogos estudam o comportamento de organismos em relação ao seu ambiente natural, geralmente registrando incontáveis horas de observação de animais em seus ambientes naturais. Especulações quanto ao papel de mecanismos inatos na determinação do comportamento humano não são incomuns entre os etólogos.

Por mais de um século, muitos biólogos baseavam-se simplesmente na premissa de que, em todas as espécies animais, o sexo ocorria apenas entre machos e fêmeas, sem sequer observarem o sexo dos animais. Todavia, recentemente, com base em um número crescente de observações de uma grande e diversa variedade de espécies, os biólogos sugerem que o comportamento sexual entre indivíduos do mesmo sexo é um fenômeno quase universal (Bagemihl, 2000; Zuk, 2003).

Os biólogos estão olhando o sexo sob um novo olhar.

Os pesquisadores que estudam o acasalamento e a procriação em animais tentam interpretar as evidências que indicam comportamentos sexuais e de paternidade entre animais do mesmo sexo (Mooallem, 2010). Embora a maioria dos biólogos evite comparações com a sexualidade humana, as observações do comportamento e copaternidade entre indivíduos do mesmo sexo tem levado a muitas controvérsias (ver Figura 4.2). Pessoas situadas nos dois lados do debate sociopolítico da homossexualidade usam evidências do comportamento entre indivíduos do mesmo sexo em animais para promover suas agendas. Não obstante, uma das características da observação científica é que ela é objetiva e livre de vieses – incluindo agendas políticas. Ainda assim, muitos gostariam de interpretar a sexualidade animal usando termos humanos, como homossexualidade ou lesbianismo, ao invés de interpretar o comportamento do

☑ **Figura 4.2** O livro infantil *And Tango Makes Three* (Richardson e Parnell, 2005) baseia-se na história de dois pinguins machos que foram observados criando um filhote de pinguim no zoológico do Central Park. A American Library Association relata que foi o livro banido com mais frequência em bibliotecas no ano de 2009.

Metodologia de pesquisa em psicologia **113**

> ☑ **Quadro 4.1 (continuação)**
>
> animal em seu próprio contexto, com sua própria finalidade.
>
> A dificuldade para entender comportamentos de indivíduos do mesmo sexo está no centro da biologia evolutiva, a saber, que todo comportamento adaptativo-evolutivo é orientado por um objetivo central: passar os genes adiante. Todavia, os biólogos recentemente desenvolveram teorias que sugerem que certos comportamentos, incluindo
>
> comportamentos sexuais e de paternidade entre animais do mesmo sexo, podem ser subprodutos da adaptação. Esse processo de observação objetiva e construção de teoria é a base de toda a ciência. Ainda assim, a ciência, como observado no Capítulo 1, ocorre em um contexto cultural que pode levar certas pessoas a serem pouco objetivas ao interpretarem os resultados desse processo.

- Se os indivíduos mudarem seu comportamento quando souberem que estão sendo observados ("reatividade"), o comportamento não será mais representativo do seu comportamento normal.
- Usadas com frequência por psicólogos clínicos e do desenvolvimento, as observações estruturadas são preparadas para registrar comportamentos que possam ser difíceis de observar usando observação naturalística.
- Em um experimento de campo, os pesquisadores manipulam uma ou mais variáveis independentes em uma situação natural para determinar o efeito sobre o comportamento.

Não é segredo. Os cientistas gostam de "brincar" com a natureza. Eles gostam de intervir para observar os efeitos e talvez testar uma teoria. A intervenção, em vez da não intervenção, caracteriza a maior parte da pesquisa psicológica. Existem três métodos importantes de observação, que os pesquisadores usam quando decidem intervir em situações naturais: a observação participante, a observação estruturada e o experimento de campo. A natureza e o grau de intervenção variam entre esses três métodos. Consideraremos cada método à sua vez.

Observação participante Na **observação participante**, os observadores desempenham um papel duplo. Eles observam o comportamento das pessoas e participam

ativamente da situação que estão observando. Na observação participante *explícita*, os indivíduos que estão sendo observados sabem que o observador está presente com o propósito de coletar informações sobre o seu comportamento. Esse método costuma ser usado por antropólogos que buscam entender a cultura e o comportamento de grupos, convivendo e trabalhando com membros do grupo.

Na observação participante *oculta*, aqueles que estão sendo observados não sabem que estão sendo observados. Como se pode imaginar, quando sabem que o seu comportamento está sendo registrado, as pessoas nem sempre agem do modo como agiriam normalmente. Como discutiremos mais adiante neste capítulo, um problema importante ao observar o comportamento é a **reatividade**. A reatividade ocorre quando as pessoas reagem ao fato de que estão sendo observadas, alterando o seu comportamento normal. Lembre que os pesquisadores querem descrever o comportamento *usual* das pessoas. Portanto, os pesquisadores talvez decidam ocultar o seu papel de observadores, se acreditarem que as pessoas observadas mudarão de comportamento assim que souberem que as suas atividades estão sendo registradas. A observação participante oculta suscita questões éticas (p.ex., privacidade e consentimento informado) que devem ser abordadas antes de se implementar o estudo. Consideramos essas questões éticas no Capítulo 3 e as discutiremos novamente mais adiante neste capítulo.

A observação participante permite que o observador ganhe acesso a uma situação que geralmente não está aberta à observação científica. Por exemplo, um pesquisador que analisa crimes de ódio contra afro-americanos entrou em várias "salas de bate-papo brancas e racistas na internet" posando como um "neófito curioso" (Glaser, Dixit e Green, 2002). Esses espaços, é claro, onde às vezes se defende a violência, normalmente não estariam abertos à investigação científica.

Em um estudo clássico de diagnósticos psiquiátricos e hospitalização de doentes mentais, Rosenhan (1973) empregou observadores participantes ocultos que buscaram admissão em hospitais mentais. Cada um reclamou do mesmo sintoma geral: que estava ouvindo vozes. A maioria dos pseudopacientes foi diagnosticada com esquizofrenia. Imediatamente após serem hospitalizados, os observadores participantes pararam de reclamar dos sintomas e esperaram para ver quanto tempo levaria para uma pessoa "sã" ser liberada do hospital. Depois de hospitalizados, eles registraram suas observações. Os pesquisadores foram hospitalizados de 7 a 52 dias e, quando receberam alta, sua esquizofrenia foi considerada "em remissão". Aparentemente, depois que foram rotulados como esquizofrênicos, os pseudopacientes ficaram presos a esse rótulo. Todavia, existem razões para questionar essa conclusão específica e outros aspectos do estudo de Rosenhan (1973) (ver Quadro 4.2).

Como os observadores participantes têm as mesmas experiências que as pessoas sob estudo, eles podem obter os *insights* e visões importantes de indivíduos ou grupos. Os pseudopacientes no estudo de Rosenhan, por exemplo, sentiram como era ser rotulado como esquizofrênico e não saber quanto tempo faltava para que pudessem retornar à sociedade. Uma contribuição importante do estudo de Rosenhan (1973) foi sua ilustração da desumanização que pode ocorrer em ambientes institucionais.

O papel do observador participante em uma situação pode representar problemas sérios na implementação de um estudo. Os observadores podem, por exemplo, perder a objetividade exigida para fazer observações válidas quando se identificam com os indivíduos sob estudo. Por exemplo, Kirkham (1975) fez a formação na academia de polícia como um observador participante explícito e se tornou um patrulheiro uniformizado, designado a uma área com elevada atividade criminal. Suas experiências como policial levaram a mudanças inesperadas e dramáticas em suas atitudes, personalidade, humor e comportamento. Como observou o próprio Kirkham, ele apresentava "propensão a punir, ceticismo geral e desconfiança em relação aos outros, irritabilidade crônica e hostilidade generalizada, racismo [e] uma ansiedade pessoal difusa com a ameaça do crime e criminosos" (p. 19). Em situações como essas, os observadores participantes devem estar cientes da ameaça à objetividade, devido ao seu envolvimento na situação, à medida que esse envolvimento aumenta.

Outro problema potencial com a observação participante é que o observador pode influenciar o comportamento das pessoas estudadas. É provável que o observador participante precise interagir com pessoas, tomar decisões, ter iniciativa, assumir responsabilidades e agir como qualquer pessoa naquela situação. Será que, participando da situação, os observadores mudam os participantes e os acontecimentos? Se as pessoas não agirem como normalmente agiriam por causa do observador participante, será difícil generalizar os resultados para outras situações.

Não é fácil avaliar o nível de influência de um observador participante sobre o comportamento sob observação. Vários fatores devem ser considerados, como a possibilidade de a participação ser oculta ou explícita, o tamanho do grupo e o papel do observador nesse grupo. Quando o grupo sob observação é pequeno ou as atividades do observador participante são proeminentes, é mais provável que este tenha um efeito significativo no comportamento dos

Metodologia de pesquisa em psicologia **115**

☑ **Quadro 4.2**

REFLEXÃO CRÍTICA SOBRE O ARTIGO ON BEING SANE IN INSANE PLACES

Em seu artigo *On being sane in insane places*, Rosenhan (1973) questionou a natureza de diagnósticos psiquiátricos e da hospitalização. Como pessoas normais podem ser rotuladas como esquizofrênicas, uma das doenças mentais mais graves que conhecemos? Por que a equipe médica não reconheceu que os pseudopacientes estavam fingindo seus sintomas? Depois de dias ou semanas de hospitalização, por que a equipe não reconheceu que os pseudopacientes eram "sãos", e não insanos?

Essas são questões importantes. Depois que o artigo de Rosenhan foi publicado na revista *Science*, muitos psicólogos e psiquiatras discutiram e escreveram artigos em resposta às suas questões (p.ex., Spitzer, 1976; Weiner, 1975). Apresentamos a seguir apenas algumas das críticas à pesquisa de Rosenhan.

– Não podemos criticar a equipe por fazer um diagnóstico errado: um diagnóstico baseado em sintomas falsificados, é claro, está errado.
– Os pseudopacientes tinham mais de um sintoma; eles estavam ansiosos (com a possibilidade de serem "pegos"), relataram que estavam perturbados e procuraram hospitalização. É "normal" procurar admissão a um hospital mental?
– Os pseudopacientes realmente agiram normalmente quando no hospital? Talvez o comportamento normal fosse dizer algo como: "ei, eu estava fingindo ser insano para ver se seria hospitalizado, mas, na verdade, eu estava mentindo e agora gostaria de ir para casa".
– O comportamento dos esquizofrênicos nem sempre é psicótico; os "verdadeiros" esquizofrênicos muitas vezes agem "normalmente". Assim, não é de surpreender que a equipe tenha levado muitos dias para determinar que os pseudopacientes não tinham mais sintomas.

– O diagnóstico de "em remissão" era bastante raro e reflete o reconhecimento dos membros da equipe médica de que o pseudopaciente não estava mais apresentando os sintomas. Todavia, a pesquisa sobre a esquizofrenia demonstra que, uma vez que uma pessoa apresenta sinais de esquizofrenia, ela é mais provável que os outros de ter esses sintomas novamente. Portanto, o diagnóstico de "em remissão" orienta os profissionais da saúde mental quando tentam entender o comportamento subsequente da pessoa.
– "São" e "insano" são termos legais, e não psiquiátricos. A discussão legal sobre se alguém é insano exige um juízo sobre se uma pessoa diferencia o certo do errado, que é irrelevante para esse estudo.

Como se pode ver, a pesquisa de Rosenhan foi controversa. A maioria dos profissionais hoje acredita que o estudo não nos ajudou a entender o diagnóstico psiquiátrico. Todavia, a pesquisa de Rosenhan teve vários benefícios de longo prazo:

– Os profissionais da saúde mental são mais prováveis de postergar o diagnóstico até que tenham reunido mais informações sobre os sintomas do paciente; isso se chama "diagnóstico deferido".
– Os profissionais da saúde mental estão mais cientes de como seus vieses teóricos e pessoais podem influenciar interpretações dos comportamentos dos pacientes, e se protegem contra juízos tendenciosos.
– A pesquisa de Rosenhan ilustra a despersonalização e impotência que muitos pacientes experimentam em cenários de saúde mental. Sua pesquisa influenciou o campo da saúde mental a examinar suas práticas e melhorar as condições para os pacientes.

---

sujeitos. Esse problema ocorreu com vários psicólogos sociais que se infiltraram em um grupo de pessoas que diziam ter contato com seres do espaço (Festinger, Riecken e Schachter, 1956). O líder do grupo dizia que recebia mensagens de alienígenas, prevendo uma enchente cataclísmica em uma data específica. Por causa das atitudes dos membros do grupo para com os "incrédulos", os pesquisadores foram forçados a inventar histórias bizarras para obter acesso ao grupo. Essa tática funcionou muito bem. Um dos observadores participantes chegou a ser considerado um homem do espaço que trazia uma mensagem. Os pesquisadores haviam reforçado as crenças do grupo inadvertidamente, influenciando-o de um modo indeterminado no decorrer dos fatos que se seguiram. Como você sem dúvida sabe, a enchente, que cobriria todo o hemisfério norte, jamais aconteceu, mas alguns membros do grupo usaram essa desconfirmação como um meio de fortalecer a sua crença inicial, pois a sua fé havia impedido a inundação profética. Assim, embora a observação participante possa permitir acesso a situações que geralmente não estão abertas à investigação científica, o observador que usa essa técnica deve buscar maneiras de lidar com a possível perda de objetividade e os efeitos potenciais que um observador participante pode ter sobre o comportamento em estudo.

Observação estruturada Existe uma variedade de métodos observacionais com o uso de intervenção que não são fáceis de categorizar. Esses procedimentos diferem da observação naturalística porque os pesquisadores intervêm para exercer um nível de controle sobre os acontecimentos que estão observando. Todavia, o grau de intervenção e controle sobre outros eventos é menor do que o observado em experimentos de campo (que descrevemos brevemente na seção seguinte e em mais detalhes no Capítulo 6). Chamamos esses procedimentos de **observação estruturada**. Muitas vezes, o observador intervém para fazer algo ocorrer ou para "montar" uma situação de modo que seja mais fácil registrar os fatos.

Os pesquisadores podem criar procedimentos elaborados para investigar plenamente o comportamento. Em um estudo de um fenômeno chamado cegueira desatencional, os pesquisadores analisaram a capacidade das pessoas de notar acontecimentos inusitados enquanto usavam o telefone celular (Hyman, Boss, Wise, McKenzie e Caggiano, 2009). A cegueira desatencional ocorre quando as pessoas não notam estímulos novos e diferentes em seu meio, particularmente quando a atenção está voltada para outra coisa, como uma conversa ao telefone celular. Em seu estudo, os pesquisadores usaram um *cúmplice*, ou seja, um indivíduo incluído na situação de pesquisa, que é instruído para agir de um certo modo para criar uma situação para observar o comportamento. No estudo de Hyman e colaboradores, um cúmplice vestido de palhaço andava de monociclo ao redor de uma grande escultura em uma praça no *campus* universitário (ver Figura 4.3). Depois de uma hora com o palhaço presente, os pesquisadores perguntaram a pedestres que passavam pela praça se eles haviam visto algo incomum. Se respondessem que sim, os pesquisadores pediam para especificarem o que tinham visto. Se não mencionassem o palhaço, deviam responder especificamente se tinham visto o palhaço de monociclo.

Esse procedimento de observação estruturada criou o contexto para observar se as pessoas são mais prováveis de apresentar cegueira desatencional enquanto usam o telefone celular. Os pesquisadores classificaram pedestres em quatro grupos: usuários de telefone celular, pedestres caminhando sozinhos (sem aparelhos eletrônicos), pedestres que ouviam música (p.ex., usando um tocador de MP3), ou pedestres caminhando em dupla. Os resultados indicam que os usuários do telefone celular eram menos prováveis de notar a presença do palhaço. Apenas 25% dos usuários de telefone celular notaram o palhaço, comparados com 51% dos pedestres individuais, 61% dos que ouviam música, e 71% dos indivíduos que andavam em duplas. Observe que os indivíduos que podem experimentar distrações devido à música ou ao caminharem com outra pessoa foram mais prováveis de notar o palhaço. Isso sugere que pode haver um componente relacionado com a cegueira desatencional na atenção

☑ **Figura 4.3** Foto do palhaço andando de monociclo no estudo de Hyman e colaboradores (2009) sobre a cegueira desatencional.

dividida durante o uso do telefone celular. Hyman e colaboradores (2009) observam que, se existe um grau tão elevado de cegueira desatencional durante a simples atividade de caminhar, a "cegueira" que ocorre com o uso do telefone celular pode ser muito maior ao dirigir um carro.

As observações estruturadas podem ser organizadas em uma situação natural, como no estudo de Hyman e colaboradores (2009), ou em uma situação laboratorial. Os psicólogos clínicos costumam usar observações estruturadas quando fazem avaliações comportamentais de interações entre pais e filhos. Por exemplo, pesquisadores observaram a interação entre mães e filhos em famílias que apresentavam maus-tratos (p.ex., abuso, negligência) e que não apresentavam (Valentino, Cicchetti, Toth e Rogosch, 2006). Em um ambiente laboratorial, mães foram filmadas através de um espelho unidirecional enquanto interagiam com seus filhos em diferentes contextos criados pelos pesquisadores. Nessas observações estruturadas, as crianças de famílias em que havia abuso brincavam de forma menos independente do que as das famílias sem maus-tratos, e as mães dessas famílias diferiam em seus comportamentos de atenção aos filhos. Valentino e colaboradores sugerem que seu estudo lança luz sobre o efeito de um ambiente com maus-tratos sobre o desenvolvimento social e cognitivo das crianças e discutem implicações para a intervenção.

Os psicólogos do desenvolvimento costumam usar observações estruturadas. Jean Piaget (1896-1980) talvez seja o mais notável por usar esses métodos (ver Figura 4.4). Em muitos dos estudos de Piaget, primeiramente, dá-se a uma criança um problema para ela resolver e, depois, algumas variações do problema, para testar os limites do entendimento da criança. Essas observações estruturadas proporcionaram uma riqueza de informações quanto à cognição infantil e são a base para a "teoria dos estágios" do desenvolvimento intelectual de Piaget (Piaget, 1965).

A observação estruturada é um equilíbrio entre a não intervenção passiva da observação naturalística e a manipulação e controle sistemáticos de variáveis independentes que caracterizam os experimentos laboratoriais. Esse ajuste permite que os pesquisadores façam observações em situações mais naturais do que no laboratório. Todavia, existe um preço a pagar. Se os observadores não usarem procedimentos semelhantes sempre que fizerem uma observação, será difícil para outros observadores obterem os mesmos resultados ao investigarem o mesmo problema. Variáveis não controladas, e talvez desconhecidas, podem ter um papel importante no comportamento sob observação. Para prevenir esse problema, os pesquisadores devem ser consistentes em seus procedimentos e tentar "estruturar" suas observações da maneira mais semelhante possível entre as observações.

Experimentos de campo Quando um pesquisador manipula uma ou mais variáveis em uma situação natural para determinar o efeito sobre o comportamento, o procedimento é chamado de **experimento de campo**. O experimento de campo representa a forma mais extrema de intervenção em métodos observacionais. A diferença essencial entre os experimentos de campo e outros métodos observacionais é que os pesquisadores exercem mais controle nos experimentos de campo quando manipulam uma variável independente. Os experimentos de campo são usados com

Figura 4.4   Jean Piaget (1896-1980) usava observação estruturada para investigar o desenvolvimento cognitivo das crianças.

frequência na psicologia social (Bickman, 1976). Por exemplo, em um estudo, cúmplices posaram como ladrões para investigar a reação de testemunhas a um crime (Latané e Darley, 1970). Do mesmo modo, foram usados cúmplices furando uma fila para estudar a reação das pessoas que já estavam na fila (Milgram, Liberty, Toledo e Wackenhut, 1986). Em um experimento de campo, as reações das pessoas à intrusão foram menores quando também havia cúmplices esperando na fila que não levantaram objeções à intrusão. Nossa discussão sobre métodos experimentais continuará no Capítulo 6.

Métodos observacionais indiretos (não obstrutivos)

- Uma importante vantagem dos métodos observacionais indiretos é que eles são não reativos.
- Observações indiretas, ou não obstrutivas, podem ser feitas analisando-se traços físicos e registros arquivísticos.

Discutimos métodos observacionais em que o observador observa e registra o comportamento em uma determinada situação de maneira direta. Todavia, o comportamento também pode ser observado indiretamente, por meio de registros e outras evidências

---

☑ EXERCÍCIO

Neste exercício, pedimos para você responder às perguntas após esta breve descrição de um estudo observacional.

Estudantes em uma turma de metodologia de pesquisa fizeram um estudo observacional para investigar se sua capacidade de se concentrar enquanto estudavam era afetada pelo local onde estudavam. Especificamente, os estudantes foram observados em dois locais no *campus*, na biblioteca e no diretório acadêmico. Os estudantes de metodologia de pesquisa fizeram suas observações enquanto fingiam estar estudando em um dos dois locais. Eles observaram apenas alunos sentados a sós em cada local, que tivessem materiais de estudo, como um livro-texto ou um caderno aberto à sua frente. Durante um período de observação de cinco minutos, os observadores registraram a quantidade de tempo que cada aluno estava estudando, indicada por olharem o material ou escreverem. Os observadores esperavam verificar se os estudantes conseguiam se concentrar melhor na biblioteca do que no diretório de estudantes.

Cinco estudantes observadores fizeram observações de um total de 60 alunos na biblioteca e 50 alunos no diretório estudantil, das 9 às 11 P.M. na mesma noite de segunda--feira. O tempo médio que os estudantes da biblioteca passaram estudando foi de 4,4 dos 5,0 minutos.O tempo médio correspondente

para os estudantes no diretório acadêmico foi de 4.5 dos 5 minutos observados. Os estudantes de metodologia de pesquisa ficaram surpresos com dois aspectos de seus resultados. Primeiro, surpreenderam-se ao ver que os estudantes estudaram por quase 90% do período de cinco minutos. Porém, ficaram ainda mais surpresos ao verem que, ao contrário das suas previsões, os tempos de estudo não diferiram nos dois locais.

1. Identifique o tipo de método observacional que os estudantes usaram em seu estudo, e explique as características do estudo que você usou para fazer a identificação.
2. Como a decisão de usar períodos de observação de cinco minutos afeta a capacidade dos observadores de estudar a concentração?
3. Por que o plano de amostragem temporal em um estudo desse tipo seria especialmente importante? Como o plano de amostragem temporal usado nesse estudo pode ser melhorado para aumentar a validade externa?
4. Considere, para efeito desta pergunta, que os estudantes consigam se concentrar mais na biblioteca do que no saguão do diretório acadêmico. Como a natureza do material que os estudantes estavam estudando nos dois locais pode ter levado à observação de que não havia diferença entre a concentração observada em estudantes na biblioteca e no diretório estudantil?

do comportamento das pessoas. Esses métodos costumam ser chamados de **medidas não obstrutivas**, pois o pesquisador não intervém na situação e os indivíduos não estão cientes das observações. Uma importante vantagem desses métodos é que eles são *não reativos*. Uma medida comportamental é reativa quando a percepção dos participantes sobre o observador afeta o processo de medição. Como as observações não obstrutivas são feitas indiretamente, é impossível as pessoas reagirem, ou alterarem o seu comportamento, enquanto os pesquisadores observam. Os métodos não obstrutivos também produzem informações importantes que podem confirmar ou desafiar conclusões baseadas na observação direta, tornando-os uma ferramenta importante na abordagem multimétodos de pesquisa.

Nesta seção, descreveremos esses métodos indiretos, que envolvem a investigação de traços físicos e registros arquivísticos (ver Tabela 4.1).

Traços físicos

- Duas categorias de traços físicos são os "traços de uso" e os "produtos".
- Os traços de uso refletem as evidências físicas do uso (ou ausência de uso) de objetos, podendo ser medidos em termos do uso natural ou controlado.
- Analisando os produtos que as pessoas possuem ou os produtos produzidos por uma cultura, os pesquisadores testam hipóteses sobre atitudes, preferências e comportamentos.
- A validade das medidas de traços físicos é analisada considerando-se as fontes possíveis de viés e procurando evidências convergentes.

Como todos que já leram histórias de detetive sabem, uma análise das evidências físicas de comportamentos passados pode fornecer pistas importantes das características dos indivíduos e fatos. Por exemplo, o tamanho de pegadas encontradas no chão diz algo sobre a altura e a idade da pessoa que pisou ali. A distância entre as pegadas pode indicar se a pessoa estava caminhando ou correndo. Os **traços físicos** são os remanescentes, fragmentos e produtos do comportamento passado. Duas categorias de traços físicos são os "traços de uso" e os "produtos".

Os *traços de uso* são o que implica o nome – as evidências físicas que resultam do uso (ou ausência de uso) de um objeto. Restos de cigarros em cinzeiros, latas de alumínio em um contêiner de reciclagem, e impressões digitais na arma do crime são exemplos de traços de uso. A forma de acertar o relógio representa um traço de uso que pode nos falar do grau em que pessoas de diferentes culturas se preocupam com a pontualidade, e anotações em livros-texto podem informar aos pesquisadores as classes de que um estudante mais gosta (ou, pelo menos, estuda mais).

☑ **Tabela 4.1** Medidas indiretas (não obstrutivas)

Traços físicos	Registros arquivísticos
1. *Traços de uso*: evidências físicas que resultam do uso (ou ausência de uso) de algo *Exemplos*: latas em um contêiner de reciclagem, páginas marcadas em um livro-texto, desgaste em controles de *videogames*	1. *Registros contínuos*: documentos públicos e privados que são produzidos continuamente *Exemplos*: registros de times esportivos, entradas no Facebook e Twitter
2. *Produtos*: criações, construções ou outros artefatos do comportamento *Exemplos*: petróglifos (pinturas antigas em rochas), MTV, bonecos de personagens do Harry Potter	2. *Registros de episódios específicos*: documentos que descrevam fatos específicos. *Exemplos*: certidões de nascimento, certidões de casamento, diplomas universitários

Baseada em distinções feitas por Webb e colaboradores (1981).

Além disso, podemos classificar os traços de uso conforme a intervenção do pesquisador ao coletar dados sobre o uso de determinados objetos. Os *traços de uso natural* são observados sem intervenção do pesquisador e refletem fatos naturais. Em contrapartida, os *traços de uso controlado* resultam de algum grau de intervenção do pesquisador. Um estudo de Friedman e Wilson (1975) ilustra a distinção entre esses dois tipos de medidas do uso.

Os pesquisadores usam traços de uso natural e controlado para investigar a maneira como estudantes universitários usam os livros-texto. Antes de uma disciplina começar, afixam minúsculos adesivos entre as páginas e, ao final, analisam os livros para determinar quantos adesivos foram rompidos e onde estavam os adesivos rompidos. Como controlaram a presença dos adesivos nos livros, este seria um exemplo de traço de uso controlado. Esses pesquisadores também analisaram a frequência e a natureza dos textos sublinhados nos livros, uma medida de uso natural, pois o ato de sublinhar costuma estar associado ao uso do livro. Uma análise dos dois tipos de traços de uso indicou que os estudantes liam mais os primeiros capítulos do livro do que os capítulos finais.

Os *produtos* são as criações, construções ou outros artefatos do comportamento. Os antropólogos geralmente estão interessados nos produtos sobreviventes de culturas antigas. Analisando os tipos de vasos, pinturas, ferramentas e outros artefatos, os antropólogos podem descrever padrões de comportamento de milhares de anos atrás. Muitos produtos da era moderna nos dão noções sobre a nossa cultura e comportamento, incluindo programas de televisão, música, moda e aparelhos eletrônicos. Por exemplo, os adesivos colados em para-choques são uma válvula de escape aceitável para emoções públicas, permitindo também que os indivíduos revelem sua identificação com determinados grupos e crenças (Endersby e Towle, 1996; Newhagen e Ancell, 1995). As tatuagens e *piercings* podem fun-

cionar de maneira semelhante em certas culturas (ver Figura 4.5).

A análise de produtos permite que os pesquisadores testem hipóteses importantes sobre o comportamento. Por exemplo, os psicólogos analisaram produtos relacionados com a alimentação nos Estados Unidos e na França para investigar o "paradoxo francês" (Rozin, Kabnick, Pete, Fischler e Shields, 2003). A expressão "paradoxo francês" se refere ao fato de que as taxas de obesidade e a taxa de mortalidade de doenças cardíacas são muito mais baixas na França do que nos Estados Unidos, apesar do fato de que os franceses comem alimentos mais gordurosos e menos alimentos com gordura reduzida do que os americanos. Várias hipóteses foram propostas para essas diferenças, como diferenças no metabolismo, nos níveis de estresse e no consumo de vinho tinto. Rozin e colaboradores propuseram que os franceses simplesmente comem menos, analisando produtos relacionados com a comida, especificamente o tamanho das porções nos dois países para testar essa hipótese. Eles observaram que as porções nos restaurantes americanos eram, em média, 25% maiores do que em restaurantes franceses comparáveis, e que o tamanho das porções em supermercados americanos geralmente era maior. A observação dos produtos corroborou a sua hipótese de que as diferenças em obesidade e mortalidade devidas a doenças cardíacas se dão porque os franceses comem menos do que os americanos.

A observação indireta de traços físicos fornece aos pesquisadores meios valiosos e às vezes inovadores de estudar o comportamento, e as medidas disponíveis são limitadas apenas pela criatividade e habilidade do pesquisador. Todavia, a validade das medidas de traços físicos deve ser avaliada cuidadosamente e verificada com fontes independentes de evidências. A validade refere-se à veracidade de uma medida, e devemos perguntar, como com qualquer medição, se os traços físicos realmente nos informam sobre o comportamento das pessoas.

☑ **Figura 4.5** Muitas culturas usam tatuagens e *piercings* como forma de autoexpressão e identificação com um grupo.

Diversas formas de viés podem ser introduzidas na maneira como os traços de uso são formados e na maneira como sobrevivem ao longo do tempo. Por exemplo, um desgaste maior no caminho à direita em um museu indica o interesse das pessoas em objetos naquela direção, ou apenas uma tendência humana natural de virar à direita? O número de latas encontradas em contêineres de reciclagem de uma universidade reflete as preferências dos estudantes por certas marcas ou apenas o que estava disponível à venda no campus? Anotações em um livro-texto refletem a forma de um determinado aluno estudar o material ou o uso acumulado do livro por muitos alunos, à medida que o livro era vendido e revendido? Os tamanhos dos produtos em prateleiras de supermercados nos Estados Unidos e na França refletem diferentes tamanhos de famílias nos dois países ou preferências por tamanhos de porções? Sempre que possível, os pesquisadores precisam obter evidências complementares para a validade dos traços físicos (ver Webb et al., 1981). Devemos considerar hipóteses alternativas para observações de traços físicos, devendo também ter cuidado ao comparar resultados de estudos, certificando-nos de que as medidas sejam definidas de maneira semelhante.

Registros arquivísticos

- Os registros arquivísticos são os documentos públicos e privados que descrevem as atividades de indivíduos, grupos, instituições e governos, e compreendem registros contínuos e registros de fatos específicos e episódicos.
- Os dados arquivísticos são usados para testar hipóteses como parte da abordagem multimétodos, para estabelecer a validade externa de resultados laboratoriais e para avaliar os efeitos de tratamentos naturais.

- Problemas potenciais associados aos registros arquivísticos são o depósito seletivo, a sobrevivência seletiva e a possibilidade de relações espúrias.

Considere por um momento todos os dados que existem a seu respeito em diversos registros: certidão de nascimento; matrícula e histórico escolar; compras com cartões de crédito/débito; carteira de motorista; registros de emprego e fiscais; registros médicos; histórico eleitoral; *e-mails*, mensagens de texto; e, se você participa de redes sociais, como Facebook e Twitter, um número incontável de entradas descrevendo a sua vida cotidiana. Agora, multiplique isso pelos milhões de outras pessoas para as quais existem registros semelhantes e você estará apenas tocando na quantidade de dados que existe "lá fora". Acrescente a isso todos os dados disponíveis para países, governos, instituições, empresas, meios de comunicação, e você começará a compreender a riqueza de dados disponível para os psicólogos estudarem o comportamento das pessoas usando registros arquivísticos.

Os **registros arquivísticos** são os documentos públicos e privados que descrevem as atividades de indivíduos, grupos, instituições e governos. Os registros que são mantidos e atualizados constantemente são chamados de *registros contínuos*. Os registros da sua vida acadêmica (p.ex., notas, atividades) são um exemplo de registros contínuos, assim como os registros contínuos de times esportivos e da bolsa de valores. Outros registros, como documentos pessoais (p.ex., certidões de nascimento, certidões de casamento), são mais prováveis de descrever eventos ou episódios específicos, e são chamados de *registros episódicos* (Webb et al., 1981).

Como medidas do comportamento, os dados arquivísticos compartilham algumas das mesmas vantagens que os traços físicos. Eles são medidas não obstrutivas, que são usadas para complementar testes de hipóteses baseados em outros métodos, como observação direta, experimentos laboratoriais e levantamentos. Quando os resultados dessas abordagens diversas convergem (ou concordam), aumenta a sua validade externa. Ou seja, podemos dizer que os resultados se *generalizam* entre os diferentes métodos de pesquisa e aumentam o amparo para a hipótese testada. Por exemplo, lembre-se das medidas de traços físicos relacionadas com o tamanho das porções usadas para testar a hipótese relacionada com o "paradoxo francês", ou seja, que os franceses comem menos que os americanos (Rozin et al., 2003). Esses pesquisadores também analisaram registros arquivísticos para testar as suas hipóteses, analisando guias gastronômicos de duas cidades, Filadélfia e Paris, e registraram o número de referências a bufês "livres". Usando um registro arquivístico (guias gastronômicos), eles encontraram evidências convergentes para a sua hipótese: Filadélfia tinha 18 opções de bufê livre, e Paris não tinha nenhuma.

Os pesquisadores podem analisar arquivos para avaliar o efeito de um *tratamento natural*. Os tratamentos naturais são fatos de ocorrência natural, que impactam a sociedade ou indivíduos significativamente. Como nem sempre é possível prever esses fatos, os pesquisadores que querem avaliar o seu impacto devem usar uma variedade de medidas comportamentais, incluindo dados arquivísticos. Atos de terrorismo como o ocorrido em 11 de setembro, eventos econômicos drásticos como o colapso econômico mundial de 2008, e a aprovação de novas leis e reformas são exemplos dos tipos de acontecimentos que podem ter efeitos importantes sobre o comportamento e que podem ser investigados usando dados arquivísticos. Além disso, os indivíduos vivenciam fatos naturais em suas vidas, como a morte ou divórcio dos pais, doenças crônicas ou dificuldades em relacionamentos. Os efeitos desses fatos podem ser explorados usando dados arquivísticos. Por exemplo, um pesquisador pode analisar registros escolares de absenteísmo ou notas para investigar as respostas de crianças ao divórcio parental. De maneira semelhante, Friedman e colaboradores (1995) e Tucker e colaboradores (1997) usaram dados arquivísticos disponíveis de um estudo longitudinal iniciado em 1921, com uma amostra de 1.500 crianças. Analisando também os atestados de óbito para indivíduos da amostra original, anos depois, os pesquisadores conseguiram determinar que o divórcio parental estava associado a morrer mais cedo para os indivíduos participantes do estudo.

Os pesquisadores têm diversas vantagens práticas com o uso de registros arquivísticos. Os dados arquivísticos são abundantes, e os pesquisadores podem evitar a longa fase de coleta de dados – os dados simplesmente estão esperando por pesquisadores! Além disso, como as informações arquivísticas fazem parte do registro público e geralmente não identificam indivíduos, as questões éticas são menos preocupantes. À medida que cada vez mais dados arquivísticos são disponibilizados pela internet, os pesquisadores terão mais facilidade para analisar o comportamento dessa forma (ver Quadro 4.3).

Os pesquisadores, porém, devem estar cientes dos problemas e limitações dos dados arquivísticos. Dois problemas são o *depósito seletivo* e a *sobrevivência seletiva* (ver Webb et al., 1981). Esses problemas ocorrem porque existem vieses na maneira como os arquivos são produzidos. O **depósito seletivo** ocorre quando certas informações são selecionadas para serem depositadas em arquivos, mas outras informações não são. Por exemplo, considere aquele grande arquivo, o álbum do ano do ensino médio. Nem todas as atividades, eventos e grupos são selecionados para aparecer no álbum. Quem decide o que é apresentado de maneira proeminente no álbum? Quando certos eventos, atividades ou grupos têm melhor chance de serem selecionados do que outros, existe viés. Ou considere o fato de que os políticos e outras pessoas que são constantemente expostas a repórteres sabem como "usar" a mídia, declarando que certas afirmações são "confidenciais". Isso pode ser considerado um problema de depósito seletivo – somente certas informações são "públicas". Talvez você também reconheça isso como um problema de reatividade,

---

☑ Quadro 4.3

A CIÊNCIA DA *FREAKONOMICS*

Será que os professores escolares fraudam testes para que seus alunos se saiam bem?

Será que a polícia realmente consegue reduzir as taxas de criminalidade?

Por que a pena capital não consegue dissuadir os criminosos?

O que é mais perigoso para seu filho: a família ter uma piscina ou uma arma?

Por que os médicos não costumam lavar as mãos?

Qual é a melhor maneira de pegar um terrorista?

As pessoas são programadas para o altruísmo ou o egoísmo?

Por que se prescreve quimioterapia com tanta frequência se ela é tão ineficiente?

Essas perguntas, e outras, foram feitas pelo cientista social independente Steven D. Le-

vitt, em seus livros campeões de vendas, *Freakonomics* e *SuperFreakonomics* (Levitt e Dubner, 2005; 2009). As respostas que ele dá vêm de análises arquivísticas de escores em testes, registros esportivos, estatísticas de criminalidade, estatísticas de natalidade e mortalidade, e muito mais. Não entregaremos todas as respostas baseadas na mineração que esse inteligente pesquisador fez nos arquivos da sociedade, mas podemos dizer que, nesta era de testes decisivos, os professores de escolas públicas às vezes fraudam os testes e, se você tem uma arma e uma piscina, seu filho é 100 vezes mais provável de morrer afogado do que por brincar com a arma.

pois, quando decidem o que é "público", os indivíduos estão reagindo ao fato de que seus comentários estão sendo registrados.

De maneira interessante, o *Congressional Record* é um registro espontâneo de declarações e discursos feitos perante o Congresso, mas os legisladores têm a oportunidade de editar e fazer alterações antes que seja registrado permanentemente, e até de adicionar ao registro documentos que nunca foram lidos perante o Congresso! Sem dúvida, os comentários que não são muito convenientes politicamente são mudados antes da publicação no *Congressional Record*. Isso também é um exemplo de depósito seletivo e pode resultar em uma narrativa tendenciosa das atividades apresentadas perante o Congresso.

A **sobrevivência seletiva** ocorre quando existem registros faltando ou incompletos (algo que o pesquisador pode não saber). Os pesquisadores devem considerar se alguns registros "sobreviveram", enquanto outros não. Documentos que sejam particularmente prejudiciais a certos indivíduos ou grupos podem desaparecer, por exemplo, durante a mudança de um governo presidencial para outro. Álbuns de fotos de família podem perder "misteriosamente" fotos de indivíduos hoje divorciados ou fotos de "anos gordos". Em um estudo arquivístico de cartas impressas em colunas de aconselhamento, Schoeneman e Rubanowitz (1985) advertiram que, quando analisaram o conteúdo das colunas, não puderam evitar a possibilidade do viés devido à sobrevivência seletiva, pois os colunistas imprimem apenas uma fração das cartas que recebem; ou seja, algumas das cartas "sobreviveram" para serem impressas na coluna do jornal.

Outro problema que pode ocorrer na análise de dados arquivísticos é a possibilidade de se identificar uma *relação espúria*. Uma relação espúria ocorre quando as evidências indicam incorretamente que duas ou mais variáveis são associadas (ver Capítulo 5). As evidências falsas podem surgir por causa de análises estatísticas inadequadas ou impróprias ou, com maior frequência, quando as variáveis são relacionadas por acidente ou coincidência. Uma associação, ou correlação, entre duas variáveis pode ocorrer quando uma terceira variável, geralmente sem ser identificada, explica a relação. Por exemplo, registros arquivísticos indicam que as vendas de sorvete e as taxas de criminalidade são associadas (quando aumentam as vendas de sorvete, também aumentam as taxas de criminalidade). Antes que possamos concluir que comer sorvete faz as pessoas cometerem crimes, é importante considerar que as duas variáveis, as vendas de sorvete e as taxas de criminalidade, provavelmente são afetadas por uma terceira variável, as temperaturas sazonais. A relação espúria entre as vendas de sorvete e as taxas de criminalidade pode ser explicada pela terceira variável, a temperatura.

A possibilidade de vieses decorrentes do depósito seletivo e da sobrevivência seletiva, bem como relações espúrias, faz os pesquisadores terem um nível adequado de cuidado antes de chegarem a conclusões finais com base apenas no resultado de um estudo arquivístico. Os dados arquivísticos são mais úteis quando fornecem evidências complementares em uma abordagem multimétodos para investigar um fenômeno.

Registrando o comportamento

- Os objetivos da pesquisa observacional determinam se os pesquisadores devem procurar uma descrição abrangente do comportamento ou uma descrição apenas de comportamentos selecionados.
- A maneira como os resultados de um estudo são sintetizados, analisados e publicados depende de como as observações comportamentais são registradas inicialmente.

Além da observação direta e indireta, os métodos observacionais também diferem na maneira como o comportamento é registrado. Às vezes, os pesquisadores procuram uma descrição *abrangente* do comportamen-

126 Shaughnessy, Zechmeister & Zechmeister

to e da situação onde ele ocorre, mas, geralmente, eles se concentram apenas em certos comportamentos e acontecimentos. A possibilidade de todos os comportamentos serem apenas comportamentos *selecionados* ou observados depende dos objetivos dos pesquisadores. A importante escolha de como o comportamento será registrado também determina como os resultados são medidos, sintetizados, analisados e publicados.

Registros abrangentes do comportamento

- Registros narrativos na forma de descrições escritas do comportamento, bem como gravações de áudio e vídeo, são registros abrangentes.
- Os pesquisadores classificam e organizam dados de registros narrativos para testar suas hipóteses sobre o comportamento.
- Os registros narrativos devem ser feitos durante ou logo após o comportamento ser observado, e os observadores devem ser treinados cuidadosamente para registrar o comportamento conforme critérios estabelecidos.

Quando os pesquisadores procuram um registro abrangente do comportamento, eles geralmente usam registros narrativos. Os **registros narrativos** proporcionam uma reprodução mais ou menos fiel do comportamento conforme ocorreu originalmente. Para criar um registro narrativo, um observador pode escrever descrições do comportamento ou usar gravações de áudio ou vídeo. Por exemplo, vídeos foram usados para registrar as interações entre mães e filhos em famílias onde se observavam maus-tratos e em famílias onde não se observavam (Valentino et al., 2006).

Quando são feitos registros narrativos, os pesquisadores podem estudar, classificar e organizar os registros para testar hipóteses ou expectativas específicas sobre os comportamentos sob investigação. Os registros narrativos diferem de outras formas de registro e avaliação do comportamento porque a classificação dos comportamentos é feita *depois* das observações. Assim, os pesquisadores devem garantir que os registros narrativos captem as informações necessárias para avaliar as hipóteses do estudo.

Hartup (1974) obteve registros narrativos como parte de seu estudo naturalístico sobre a agressividade em crianças. Considere o seguinte registro narrativo do estudo de Hartup:

> Marian [uma menina de 7 anos]... está reclamando para todos que David [que também está presente] havia molhado as calças que ela deve usar à noite. Ela diz: "vou fazer o mesmo com ele para ver se ele gosta". Ela enche uma lata com água, e David corre até a professora e conta a ameaça. A professora tira a lata de Marian. Marian ataca David e puxa o cabelo do menino com força. Ele chora e tenta bater em Marian, enquanto a professora tenta segurá-lo; então, ela o leva para outra sala.... Mais tarde, Marian e Elaine sobem e entram na sala onde David está sentado com a professora. Ele atira um livro em Marian. A professora pede para Marian sair. Marian chuta David, e sai. David chora e grita: "sai daqui, elas só querem me incomodar". (p. 339)

Hartup instruiu seus observadores a usarem uma linguagem exata ao descrever o comportamento sem fazer inferências sobre as intenções, motivos ou sentimentos dos sujeitos. Veja que não somos informados da razão por que David pode querer atirar um livro em Marian ou como ela se sente sobre ser atacada. Hartup acredita que certos comportamentos antecedentes estavam relacionados com tipos específicos de agressividade. Excluindo estritamente quaisquer referências ou impressões dos observadores, os indivíduos que analisaram a narrativa não seriam influenciados pelas inferências do observador. Assim, o conteúdo dos registros narrativos pode ser classificado e codificado de maneira objetiva.

Nem todos os registros narrativos são tão concentrados quanto os obtidos por Hartup, e os registros narrativos nem sempre evitam as inferências e impressões do observador. Além disso, os registros narrativos nem sempre visam ser descrições abrangentes do comportamento. Por exemplo, as *notas de campo* incluem apenas as descrições rápidas do observador sobre os sujeitos, fatos, cenários e comportamentos que são de particular interesse para o observador, podendo conter um registro exato de tudo que ocorreu. As notas de campo são usadas por jornalistas, assistentes sociais, antropólogos, psicólogos e outros, provavelmente com mais frequência do que qualquer outro tipo de registro narrativo. Os fatos e comportamentos podem ser interpretados em termos do conhecimento especializado do observador, e as notas de campo tendem a ser altamente personalizadas (Brandt, 1972). Por exemplo, um psicólogo clínico pode registrar determinados comportamentos de um indivíduo com conhecimento do diagnóstico do indivíduo ou determinadas questões clínicas. A utilidade das notas de campo como registro científico depende da acurácia e precisão de seu conteúdo, as quais dependem criticamente da formação do observador e do nível em que as observações registradas podem ser verificadas por observadores independentes e por outros meios de investigação.

Considerações práticas e metodológicas determinam a maneira em que os registros narrativos são feitos. *Como regra geral, os registros devem ser feitos durante ou logo após o comportamento ser observado.* A passagem do tempo obscurece os detalhes e torna mais a reprodução da sequência original de ações. Além disso, as decisões sobre o que deve ser incluído em um registro narrativo, o grau de inferência do observador e a completude do registro narrativo devem ser decididos antes de se começar o estudo (ver, por exemplo, Brandt, 1972). Uma vez que o conteúdo do registro narrativo está decidido, os observadores devem ser treinados para registrar o comportamento segundo os critérios que foram estabelecidos. Pode-se fazer uma prática das observações, com mais de um observador analisando os registros antes que se coletem dados "reais".

Registros selecionados do comportamento

- Quando pesquisadores querem descrever comportamentos ou fatos específicos, eles muitas vezes obtêm medidas quantitativas do comportamento, como a frequência ou duração da sua ocorrência.
- As medidas quantitativas do comportamento usam quatro níveis de escalas de medição: nominal, ordinal, intervalo e razão.
- As escalas de avaliação, usadas com frequência para mensurar dimensões psicológicas, são tratadas como se fossem escalas de intervalos, embora geralmente representem medidas ordinais.
- Dispositivos eletrônicos de registro podem ser usados em ambientes naturais para registrar o comportamento, e *pagers* são usados às vezes para indicar aos sujeitos o momento de registrar seu comportamento (p.ex., em um questionário).

Muitas vezes, os pesquisadores estão interessados apenas em certos comportamentos ou aspectos específicos de indivíduos e situações. Eles podem ter hipóteses específicas sobre o comportamento que esperam e definições claras dos comportamentos que estão investigando. Nesse tipo de estudo observacional, os pesquisadores geralmente avaliam a ocorrência do comportamento específico enquanto fazem suas observações. Por exemplo, em seu estudo sobre a cegueira desatencional, Hyman e seus colegas (2009) selecionaram o comportamento de notar o palhaço e quantificaram o número de pessoas que notaram ou não notaram o palhaço.

Suponhamos que você queira observar as reações das pessoas a indivíduos com deficiências físicas óbvias usando observação naturalística. Primeiro, você deve definir quem é uma "pessoa fisicamente deficiente" e o que constitui uma "reação" a essa pessoa. Você está interessado em comportamentos solícitos, comportamentos de aproximação/evitação, contato visual, duração da conversa, ou em outra reação física? Depois, você deve decidir como medir as reações das pessoas observando o contato visual entre indivíduos com e sem deficiências físicas. Como você deve medir o contato ocular exatamente? Deve apenas avaliar se um indivíduo faz ou não faz contato visual, ou deve medir a duração de um possível contato ocular? Suas decisões dependem da hipótese ou objetivos do estudo, e serão influenciadas pelas informações obtidas com a leitura de estudos prévios que usaram as mesmas medidas comportamentais ou medidas semelhantes. Infelizmente, as pesquisas anteriores indicam que as reações a indivíduos com deficiências físicas podem ser classificadas muitas vezes como desfavoráveis (Thompson, 1982).

Escalas de medição Quando os pesquisadores decidem medir e quantificar determinados comportamentos, eles devem decidir qual **escala de medição** devem usar. Existem quatro níveis de medição, ou escalas de medição, que se aplicam à medição física e psicológica: nominal, ordinal, de intervalo e de razão. As características de cada escala de medição são descritas na Tabela 4.2, e uma descrição detalhada das escalas de medição é apresentada no Quadro 4.4. Você deve ter essas quatro escalas de medição em mente quando for selecionar os procedimentos estatísticos para analisar os resultados de um estudo. A maneira como os dados são analisados depende da escala de medição usada. Nesta seção, descrevemos como as escalas de medição podem ser usadas na pesquisa observacional.

Costuma-se usar uma *checklist* para registrar as medidas em escalas nominais. Para retornar ao nosso exemplo, o observador pode registrar por meio de uma *checklist* se os indivíduos fazem contato visual ou não com uma pessoa com deficiências físicas, representando duas categorias discretas de comportamento (uma medida nominal). As *checklists* costumam ter espaço para registrar observações relacionadas com as características dos sujeitos – como a idade, raça e sexo, bem como características da situação, como a hora do dia, o local e se existem outras pessoas presentes. Os pesquisadores se interessam por observar o comportamento em função de variáveis dos participantes e do contexto. Por exemplo, Hyman e colaboradores (2009) classificaram pedestres em seu estudo da cegueira desatencional em quatro categorias, baseadas em se estavam caminhando sozinhas ou em duplas, e se estavam usando o telefone celular ou um aparelho musical (observe que outras categorias, como pessoas caminhando em grupos de três ou mais, foram excluídas).

O segundo nível de medição, uma escala ordinal, envolve ordenar ou classificar as observações. Tassinary e Hansen (1998) usaram uma medição ordinal para testar uma predição específica da psicologia evolutiva, na qual a beleza feminina baseia-se em pis-

☑ **Tabela 4.2** Características de escalas de medição

Tipo de escala	Operações	Objetivo
Nominal	Igual/não igual	Separar estímulos em categorias discretas
Ordinal	Maior que/menor que	Classificar estímulos em uma única dimensão
Intervalo	Adição/multiplicação/subtração/divisão	Especificar a distância entre estímulos em uma determinada dimensão
Razão	Adição/multiplicação/subtração/divisão/formação de razões de valores	Especificar a distância entre estímulos em uma determinada dimensão e expressar razões entre valores escalares

Quadro 4.4

MEDIÇÃO "POR NÍVEL"

O nível mais baixo de medição se chama *escala nominal*; ele envolve categorizar um evento em uma entre várias categorias discretas. Por exemplo, podemos medir a cor dos olhos das pessoas classificando-as em "olhos castanhos" ou "olhos azuis". Ao estudar as reações das pessoas a indivíduos com deficiências físicas óbvias, o pesquisador pode usar uma escala nominal, avaliando se os participantes fazem contato ocular ou não com alguém que tenha uma deficiência física óbvia.

Existem limitações em sintetizar e analisar dados medidos em uma escala nominal. As únicas operações aritméticas que podemos realizar com dados nominais envolvem as relações "igual" e "não igual". Um modo comum de sintetizar dados nominais é demonstrar a frequência na forma de proporção ou porcentagem de casos em cada uma das várias categorias.

O segundo nível de medição se chama escala ordinal. Uma *escala ordinal* envolve ordenar ou classificar os eventos a serem avaliados. As escalas ordinais acrescentam as relações aritméticas "maior que" e "menor que" ao processo de medição. O resultado de uma corrida é uma escala ordinal familiar. Quando sabemos que um corredor olímpico ganhou uma medalha de prata, sabemos que o corredor tirou o segundo lugar, mas não sabemos se o resultado só foi determinado por uma fotografia ou se ele ficou 200 metros atrás do vencedor da medalha de ouro.

O terceiro nível de medição se chama escala de intervalos. Uma *escala intervalar* envolve especificar o quanto dois eventos estão separados em uma determinada dimensão. Em uma escala ordinal, a diferença entre um evento classificado como primeiro e um evento classificado como terceiro não é necessariamente igual a distância entre os eventos classificados como terceiro e quinto. Por exemplo, a diferença entre os tempos dos corredores que chegaram em primeiro e terceiro lugar pode não ser a mesma que a diferença no tempo entre os corredores que chegaram em terceiro e quinto lugar. Todavia, em uma escala intervalar, as diferenças do mesmo tamanho numérico em valores escalares são iguais. Por exemplo, a diferença entre 50 e 70 respostas corretas em um teste de aptidão é igual à diferença entre 70 e 90 respostas corretas. O que falta em uma escala intervalar é um zero significativo. Por exemplo, se alguém tem escore zero em um teste de aptidão verbal, não precisa necessariamente ter absolutamente zero em capacidade verbal (afinal, a pessoa supostamente tinha capacidade verbal suficiente para fazer o teste). De maneira importante, as operações aritméticas da adição, multiplicação, subtração e divisão podem ser usadas com dados medidos em uma escala intervalar. Sempre que possível, portanto, os psicólogos tentam medir dimensões psicológicas usando pelo menos escalas intervalares.

O quarto nível de medição se chama escala de razões. Uma *escala de razões* tem todas as propriedades de uma escala intervalar, mas também tem um zero absoluto. Em termos de operações aritméticas, um ponto zero torna significativos os valores da escala racional. Por exemplo, a temperatura expressa na escala Celsius representa uma escala intervalar de medição. Uma leitura de 0 grau Celsius não significa ausência absoluta de temperatura. Portanto, não é correto dizer que 100 graus Celsius é duas vezes mais quente do que 50 graus, ou que 20 graus é três vezes mais frio do que 60 graus. Por outro lado, a escala Kelvin de temperatura tem um zero absoluto, e a razão dos valores escalares pode ser calculada significativamente. As escalas físicas que medem o tempo, o peso e a distância podem ser tratadas como escalas racionais. Por exemplo, alguém que pesa 100 quilos pesa duas vezes mais do que alguém que pesa 50 quilos.

---

tas físicas que, simultaneamente, indicam beleza *e* potencial reprodutivo. A medida específica nessa teoria é a razão cintura/quadril, com quadris mais largos indicando maior potencial reprodutivo. Em seu estudo, estudantes de graduação classificaram desenhos de figuras femininas que variavam em altura, peso e tamanho dos quadris. Ou seja, eles ordenaram os desenhos do menos atraente ao mais atraente. Ao contrário da previsão da psicologia evolutiva, a beleza física das figuras estava diretamente e negativamente relacionada apenas com o tamanho dos quadris, e não com a razão cintura/quadril. Desenhos com quadris mais largos foram mais prováveis de ser ordenados como inferiores na dimensão da beleza.

Para quantificar o comportamento em um estudo observacional, os observadores às vezes fazem avaliações de comportamentos e fatos com base em seus juízos subjetivos sobre o grau ou quantidade de algum traço ou condição (ver Brandt, 1972). Por exemplo, Dickie (1987) solicitou que observadores treinados avaliassem interações entre pais e filhos em um estudo projetado para avaliar o efeito de um programa de treinamento parental. Os observadores visitaram o lar e pediram para os pais "agirem da forma mais normal possível – como se nós [os observadores] não estivéssemos aqui". Os observadores fizeram avaliações usando escalas de 7 pontos em 13 dimensões, descrevendo carac-

terísticas da interação verbal, física e emocional. Um escore de 1 representava a ausência ou muito pouco da característica, e números maiores representavam quantidades cada vez maiores do traço. Um exemplo de uma dimensão, "carinho e afeto dos pais para com o bebê", é descrito na Tabela 4.3. Observe que são apresentadas definições verbais precisas para os quatro valores escalares ímpares para ajudar os observadores a definir diferentes graus do traço. Os observadores usam os valores pares (2, 4, 6) para avaliar os comportamentos que consideram entre os valores definidos. Com base nas avaliações dos observadores, pais que haviam participado do programa visando ajudá-los a lidar com seu bebê tiveram uma avaliação mais alta em muitas das 13 variáveis relacionadas com as interações pai-filho do que os pais que não haviam participado do programa.

À primeira vista, uma escala de avaliação como a da Tabela 4.3 parece representar uma escala intervalar de medição. Não existe um zero verdadeiro, e os intervalos entre os números parecem iguais. Todavia, uma análise mais minuciosa revela que a maioria das escalas de avaliação usadas por observadores para avaliar pessoas ou

☑ **Tabela 4.3** Exemplo de escala de avaliação usada para medir o carinho e afeto dos pais para com um bebê

Valor escalar	Descrição
1	Existe ausência de carinho, afeto e prazer. Predominam hostilidade excessiva, frieza, distância e isolamento da criança. O relacionamento está no nível da agressividade.
2	
3	Existe carinho e afeto ocasionais na interação. Os pais apresentam poucas evidências de orgulho do filho, ou demonstram orgulho em relação a comportamentos desviantes ou bizarros da criança. O modo dos pais se relacionarem é elaborado, intelectual, e não genuíno.
4	
5	Existe prazer e carinho moderados na interação. Os pais demonstram prazer em certas áreas, mas não em outras.
6	
7	Carinho e prazer são característicos da interação com a criança. Existem evidências de prazer e orgulho pela criança. A resposta de prazer é adequada ao comportamento da criança.

Baseada em materiais fornecidos por Jane Dickie.

eventos em uma dimensão psicológica na verdade produz apenas informações ordinais. Para que uma escala de avaliação realmente seja um nível intervalar de medição, uma nota 2, por exemplo, teria que ter a mesma distância de uma nota 3, que como uma nota 4 tem de 5 ou uma nota 6 tem de 7. É bastante improvável que observadores humanos possam fazer avaliações subjetivas de traços como carinho, prazer, agressividade ou ansiedade de um modo que produza distâncias intervalares entre as avaliações. *Todavia, a maioria dos pesquisadores pressupõe um nível intervalar de medição ao usar escalas de avaliação.* Nem sempre é fácil decidir qual escala de medição se aplica a uma dada medida do comportamento. Se você tem dúvidas, deve procurar orientação de especialistas, para que possa tomar decisões adequadas sobre a descrição e análise estatística dos seus dados.

Podem-se usar *checklists* para medir a *frequência* de determinados comportamentos em um indivíduo ou grupo por um determinado período de tempo. A presença ou ausência de certos comportamentos é anotada no momento de cada observação. Depois que todas as observações forem feitas, os pesquisadores somam o número de vezes que um determinado comportamento ocorreu. Nessas situações, pode-se supor que a frequência da resposta representa um nível racional de medição. Ou seja, se contarmos "unidades" de algum comportamento (p.ex., ocasiões em que uma criança deixa o assento na sala de aula), o zero representa a ausência desse comportamento. Razões entre valores escalares também seriam significativas. Por exemplo, uma criança que sai do seu assento 20 vezes teria apresentado o comportamento-alvo duas vezes mais do que uma criança que sai 10 vezes.

Registro eletrônico e acompanhamento
O comportamento também pode ser medido usando-se dispositivos eletrônicos de registro e acompanhamento. Por exemplo, como parte de um estudo que investiga a relação entre estratégias de enfrentamen-

to cognitivas e a pressão sanguínea em estudantes universitários, os sujeitos usaram um aparelho de pressão ambulatorial durante dois dias escolares "típicos", incluindo um dia com um exame (Dolan, Sherwood e Light, 1992). Os sujeitos também preencheram questionários sobre suas estratégias de enfrentamento e suas atividades cotidianas. Os pesquisadores compararam as leituras da pressão sanguínea para diferentes momentos do dia e em função do estilo de enfrentamento. Os estudantes que apresentavam "elevado enfrentamento autofocado" (p.ex., "fechar-se e/ou culpar-se em situações estressantes", p. 233) tinham maior pressão sanguínea durante e depois do exame do que aqueles que não usaram estratégias de enfrentamento autofocadas.

Outro método eletrônico é o "diário da internet", no qual os participantes escrevem diariamente em uma página protegida na internet (com lembretes por *e-mail*) para relatar os acontecimentos diários. Park, Armeli e Tennen (2004) usaram esse método para analisar o humor e os modos de enfrentamento de estudantes universitários. A cada dia, os estudantes relatavam o fato mais estressante e como lidaram com ele. Os resultados desse estudo indicaram que os humores positivos estavam mais relacionados com estratégias de enfrentamento voltadas para os problemas em si do que estratégias de evitação, especialmente quando os fatos estressantes eram percebidos como controláveis. Outros pesquisadores pediram para os sujeitos usarem *palmtops* e fazerem anotações em seus "diários eletrônicos" quando lhes fosse indicado (p.ex., McCarthy, Piasecki, Fiore e Baker, 2006; Shiffman e Paty, 2006). Sem dúvida, à medida que o acesso à internet com o telefone celular se torna lugar-comum, os pesquisadores usarão cada vez mais métodos eletrônicos para a coleta de dados.

Os métodos de registro eletrônico usam os relatos dos sujeitos sobre seu humor e atividades, e não a observação direta do comportamento. Desse modo, é importante que os pesquisadores criem técnicas para detectar vieses na coleta de dados (p.ex., possível representação incorreta ou omissão de atividades) (ver Larson, 1989, para uma discussão de vieses possíveis). Esses problemas podem ser ponderados com os custos de tempo e mão de obra para se obter uma descrição abrangente do comportamento usando observação direta (p.ex., Barker, Wright, Schoggen e Barker, 1978).

Análise de dados observacionais

* Os pesquisadores usam análise de dados qualitativa ou análise de dados quantitativa para sintetizar dados observacionais.

Depois de registrar suas observações do comportamento, os pesquisadores analisam os dados observacionais para sintetizar o comportamento das pessoas e determinar a fidedignidade das suas observações. O tipo de análise de dados que os pesquisadores escolhem depende dos dados que coletaram e dos objetivos do estudo. Por exemplo, quando os pesquisadores registram comportamentos selecionados usando uma escala de medição, a análise de dados preferida é a quantitativa (i.e., sumários e análises estatísticas). Quando são obtidos registros narrativos abrangentes, os pesquisadores podem escolher análises quantitativas ou qualitativas. Descreveremos primeiramente as análises qualitativas.

Análise qualitativa dos dados

* A redução dos dados é um passo importante na análise de registros narrativos.
* Os pesquisadores codificam comportamentos segundo critérios específicos, por exemplo, categorizando comportamentos.
* Usa-se análise de conteúdo para analisar registros arquivísticos, seguindo três passos: identificar uma fonte relevante, amostrar seções da fonte e codificar unidades de análise.

Análise de registros narrativos Os estudos observacionais que usam registros narrativos ou arquivísticos proporcionam uma riqueza de informações, às vezes pilhas de papéis e gravações de áudio e vídeo. Depois que os dados são coletados, como os pesquisadores sintetizam todas essas informações? Uma parte importante da análise do conteúdo dos registros narrativos é a **redução de dados**, o processo de abstrair e sintetizar dados comportamentais. Na *análise de dados qualitativos*, os pesquisadores buscam fazer um sumário *verbal* de suas observações e desenvolver uma teoria que explique o comportamento contido nos registros narrativos (ver Miles e Huberman, 1994; Strauss e Corbin, 1990). Na análise qualitativa, a redução dos dados ocorre quando os pesquisadores sintetizam as informações verbalmente, identificam temas, categorizam informações, agrupam informações e registram suas próprias observações sobre os registros narrativos.

A redução de dados costuma envolver o processo de **codificação**, que é a identificação de unidades de comportamento ou determinados fatos segundo critérios específicos, que são relacionados com os objetivos do estudo. Por exemplo, em um estudo de crianças pré-escolares, McGrew (1972) desenvolveu esquemas de codificação para classificar 115 padrões diferentes de comportamento segundo a parte do corpo envolvida, variando de expressões faciais, como dentes à mostra, sorriso e rosto franzido, a comportamentos de locomoção, como galopar, arrastar, correr, pular e caminhar. Observadores usaram os esquemas de codificação para classificar esses padrões comportamentais enquanto assistiam vídeos de crianças na pré-escola. A redução de dados desse modo (i.e., de vídeos para comportamentos codificados) permite que os pesquisadores determinem relações entre tipos específicos de comportamento e os fatos que são antecedentes desses comportamentos. Por exemplo, McGrew descobriu que crianças "faziam bico" quando perdiam a briga por um brinquedo. Ele também estudou chimpanzés jovens e observou que esses animais faziam o mesmo quando queriam se juntar às suas mães. Após se frustrarem (e antes de chorarem), as crianças exibem um "rosto franzido". De maneira interessante, parece não haver registro da expressão com rosto franzido em primatas não humanos.

Análise de conteúdo de registros arquivísticos Como acontece com os registros narrativos, a quantidade de dados obtidos de registros arquivísticos pode ser assustadora, e o primeiro passo dos pesquisadores envolve a redução dos dados. Nos casos mais simples, talvez apenas a redução de dados seja necessária. Por exemplo, uma contagem simples de votos de legisladores em uma determinada questão pode sintetizar de forma rápida e efetiva os dados de uma fonte arquivística governamental. Todavia, em muitos casos, reunir dados relevantes de uma fonte arquivística pode exigir procedimentos minuciosos e uma análise relativamente complexa do conteúdo da fonte.

A **análise de conteúdo** pode ser definida, de maneira geral, como qualquer técnica objetiva de codificação que permita que os pesquisadores façam inferências baseadas em características específicas de registros arquivísticos (Holsti, 1969). Embora a análise de conteúdo seja associada principalmente a comunicações escritas, ela pode ser usada com qualquer forma de comunicação, incluindo programas de rádio e televisão, discursos, filmes, entrevistas e o conteúdo da internet (incluindo mensagens de texto e *e-mail*, *tweets*, etc.). Quando transmissões de rádio e televisão são estudadas, o tempo costuma ser usado como unidade de medição *quantitativa* (p.ex., a quantidade de tempo em que pessoas de diferentes grupos étnicos aparecem na tela). Quando a comunicação é escrita, a análise quantitativa pode analisar palavras individuais, personagens, frases, parágrafos, temas ou itens específicos (Holsti, 1969). Por exemplo, pesquisadores que estudam a qualidade de um relacionamento marital podem contar os pronomes usados pelo casal (*nós, você, eu, ele* e *ela*) em transcrições de suas in-

terações (p.ex., Simmons, Gordon e Chambless, 2005). Quando se analisa o conteúdo do jornal, uma medida quantitativa usada com frequência é o espaço – por exemplo, o tamanho da coluna dedicada a determinados temas. A análise de dados qualitativa de registros arquivísticos por meio da análise de conteúdo é semelhante aos métodos descritos para os registros narrativos.

Os três passos básicos da análise de conteúdo para registros arquivísticos são identificar uma fonte relevante, amostrar seleções da fonte e codificar unidades de análise. Uma fonte arquivística relevante é aquela que permite que os pesquisadores respondam as perguntas de pesquisa propostas no estudo. Embora os pesquisadores possam ser bastante criativos para identificar suas fontes, a identificação da fonte arquivística é relativamente direta, como, por exemplo, quando pesquisadores investigam a relação entre a probabilidade de ser sentenciado à morte e o nível em que os réus têm a aparência do estereótipo negro (Eberhardt, Davies, Purdie-Vaughns e Johnson, 2006). Eles usaram, como sua fonte arquivística, um grande banco de dados de casos passíveis de pena de morte do estado da Pensilvânia, contendo fotografias dos prisioneiros, a data do crime e a sentença. Seus resultados indicam algo perturbador: os réus com aparência mais próxima do estereótipo negro (com base em avaliações independentes) eram mais prováveis de receber a sentença de morte do que aqueles que tinham menos características estereotípicas.

O segundo passo na análise de conteúdo envolve fazer uma amostragem adequada da fonte arquivística. Muitos bancos de dados e fontes arquivísticas são tão grandes que seria impossível um pesquisador analisar todas as informações da fonte; portanto, o pesquisador deve selecionar alguns dos dados, com o objetivo de obter uma amostra representativa. O ideal seria que o pesquisador usasse alguma técnica para selecionar certas partes do arquivo aleatoriamente. O nível em que é possível generalizar os resultados de um estudo arquivístico (validade externa) depende da representatividade da amostra. Anteriormente, mencionamos os resultados de um estudo arquivístico que analisou a relação entre o divórcio parental e a mortalidade prematura (Friedman et al., 1995). A amostra de dados desse estudo arquivístico baseou-se em uma amostra de crianças estudadas inicialmente em 1921; claramente, ela não era uma amostra aleatória de estatísticas de divórcio e mortalidade. Podemos questionar a validade externa dos resultados para o impacto do divórcio parental nas vidas das crianças no começo do século XX, quando o divórcio era menos frequente e menos aceitável socialmente. Hoje em dia, talvez fossem observados resultados bastante diferentes.

O último passo para se fazer uma análise de conteúdo é *codificar*. Esse passo exige que se definam categorias descritivas relevantes e unidades de medição adequadas (ver Holsti, 1969). Como com a escolha da fonte arquivística, as categorias descritivas dependem dos objetivos do estudo. Para que os codificadores façam avaliações fidedignas sobre os dados arquivísticos, eles devem ser cuidadosamente treinados, usando definições operacionais precisas. Por exemplo, em um estudo de comportamentos de automutilação em adolescentes, os pesquisadores usaram um conjunto de códigos binários (presente/ausente) para analisar o conteúdo de mensagens da internet relacionadas com a automutilação em adolescentes (Whitlock, Powers e Eckenrode, 2006), derivando seus códigos de entrevistas com indivíduos que se automutilavam e de observações de mensagens postadas na internet. Depois, analisaram 3.219 postagens em 10 quadros de mensagens da internet por um período de dois meses e codificaram, ou categorizaram, o conteúdo em diferentes temas, como motivação para automutilação e métodos para ocultar o comportamento. Semelhante à análise de registros narrativos, a redução de dados usando codificação permite que os pesquisadores determinem relações entre tipos específicos de comportamentos e os fatos que antecedem esses comportamentos. Whitlock e seus colegas, por exemplo, identificaram "gatilhos" de comportamentos de automutilação em sua codificação e conseguiram identificar a proporção das mensagens que descreviam cada gatilho. Com base em sua codificação, eles observaram que "conflito com pessoas importantes" era o gatilho mais frequente da automutilação (34,8%). Contando a ocorrência desses gatilhos, os pesquisadores avançaram da codificação qualitativa para a análise quantitativa dos dados.

Análise quantitativa dos dados

- Os dados são sintetizados com o uso de estatísticas descritivas, como contagens de frequência, média e desvio padrão.
- A fidedignidade entre observadores refere-se ao nível em que observadores independentes concordam em suas observações.
- A fidedignidade entre observadores aumenta se houver definições claras sobre os comportamentos e fatos que devem ser registrados, treinando os observadores e proporcionando *feedback* sobre a acurácia das observações.
- Uma fidedignidade elevada entre os observadores aumenta a confiança dos pesquisadores de que as observações do comportamento são acuradas (válidas).
- A fidedignidade entre observadores é avaliada calculando a porcentagem de concordância ou correlações, dependendo de como os comportamentos foram medidos e registrados

O objetivo da *análise quantitativa de dados* é proporcionar uma síntese numérica, ou quantitativa, das observações feitas no estudo. Um passo importante é calcular estatísticas descritivas que sintetizem os dados observacionais, como a frequência relativa, a média e o desvio padrão. Outro aspecto importante na análise de dados observacionais é avaliar a fidedignidade das observações. A menos que as observações sejam fidedignas, é improvável que elas nos falem algo significativo sobre o comportamento. Descreveremos cada um desses aspectos da análise de dados quantitativa a seguir.

Estatísticas descritivas O tipo de estatística descritiva usado para sintetizar dados observacionais depende da escala de medição usada para registrar os dados. Como vimos, usa-se uma escala nominal de medição quando os comportamentos e fatos são classificados em categorias mutuamente excludentes. Como uma medida nominal usada com frequência é a ausência ou presença do comportamento em questão a estatística descritiva mais comum para a escala nominal é a *frequência relativa*. Para calcular uma frequência relativa, o número de vezes que um comportamento ou fato ocorre é contado e depois dividido pelo número total de observações. As medidas da frequência relativa são expressadas como uma proporção ou uma porcentagem (multiplicando a proporção por 100). Mencionamos anteriormente que Whitlock e colegas codificaram gatilhos para comportamentos de automutilação em adolescentes, sendo o gatilho mais frequente o "conflito com pessoas importantes". Os autores contaram 212 menções a conflitos entre as 609 mensagens em que foram mencionados gatilhos. A frequência relativa, portanto, é 0,348 (212 / 609), ou 34,8% das mensagens.

Ao descrever dados originais, os pesquisadores muitas vezes informam o item classificado com mais frequência em primeiro lugar, em um conjunto de itens. Por exemplo, em levantamentos que abordam as preocupações dos cidadãos sobre o país, os pesquisadores podem pedir para as pessoas ordenarem itens como economia, guerras, educação, meio ambiente, segurança nacional, e assim por diante, em termos do grau de prioridade para ação governamental. Ao publicar os resultados, os pesquisadores podem descrever um item segundo a porcentagem de pessoas que o classificaram em primeiro lugar, como "35% dos respondentes classificaram a economia como sua principal prioridade para ação governamental" (da-

dos hipotéticos). Uma descrição mais completa incluiria a porcentagem de primeiros lugares para os itens restantes, como "28% dos respondentes indicaram que o meio ambiente é a sua principal prioridade, 25% indicaram que as guerras são a sua principal prioridade", e assim por diante. Outra forma de descrever dados originais concentra-se em descrever as porcentagens em 1º, 2º, 3º lugar, e assim por diante, para um determinado item selecionado entre o conjunto. Hipoteticamente, poderia aparecer na seguinte forma: "35% dos respondentes avaliaram a economia como sua prioridade número 1, 25% dos respondentes avaliaram a economia como sua segunda prioridade, 12% avaliaram em terceiro", e assim por diante.

Estatísticas descritivas diferentes – e mais informativas – são usadas quando o comportamento é registrado em pelo menos uma escala intervalar de medição. Usa-se uma ou mais medidas da tendência central quando as observações são registradas com o uso de escalas intervalares ou quando se usam medidas de tempo com uma escala racional (duração, latência). A medida da tendência central mais comum é a *média aritmética*, ou *média*. A média descreve o escore "típico" em um grupo de escores e é uma medida útil para sintetizar o comportamento de um indivíduo ou grupo. Para uma descrição mais completa do comportamento, os pesquisadores também usam uma medida da variabilidade ou dispersão de escores ao redor da média. O *desvio padrão* aproxima a distância média de um escore da média.

> **Dica de estatística**
>
> Este pode ser um bom momento para revisar as medidas da tendência central e da variabilidade, assim como diretrizes gerais para analisar conjuntos de dados sistematicamente. As primeiras páginas do Capítulo 11 são dedicadas a essas questões.

LaFrance e Mayo (1976) usam médias e desvios-padrão em seu estudo sobre o contato visual entre pares da mesma raça, envolvendo pessoas brancas e negras conversando. O número de segundos que cada ouvinte em um par passou olhando para o rosto do indivíduo que falava foi registrado. A Tabela 4.4 mostra as médias e desvios-padrão, sintetizando os resultados do estudo. A média indica que, em média, os ouvintes brancos passaram mais tempo olhando para os rostos da pessoa que fala do que os ouvintes negros. Essa observação foi obtida para pares do mesmo sexo e pares mistos. Os desvios-padrão indicam que os pares masculinos apresentavam menos variabilidade do que os pares femininos ou os pares mistos. As medidas da tendência central e da variabilidade representam uma síntese notavelmente eficiente e efetiva dos grandes números de observações feitas no estudo.

Fidedignidade do observador Além das estatísticas descritivas, os pesquisadores analisam o nível em que as observações de seu estudo são fidedignas. Você deve lembrar que a fidedignidade se refere à coerência, e uma análise da fidedignidade em um estudo observacional pergunta se observadores independentes que analisassem os mesmos fatos obteriam os mesmos resultados. O grau em que dois (ou mais) observadores independentes concordam é chamado de **fidedignidade entre observadores**. Quando os observadores discordam, não podemos ter certeza sobre o que está sendo avaliado e os comportamentos e fatos que realmente

ocorreram. É provável que tenhamos uma baixa fidedignidade entre observadores quando o fato registrado não for definido de forma clara, e os observadores deverão tirar conclusões sobre o comportamento com base em suas avaliações subjetivas. Além de proporcionar definições verbais precisas, para melhorar a fidedignidade entre os observadores, os pesquisadores podem dar exemplos concretos, incluindo fotografias e vídeos de comportamentos específicos a serem observados. A fidedignidade entre os observadores também costuma aumentar proporcionando-se oportunidades de praticar como fazer as observações. É especialmente importante durante o treinamento e a prática fazer comentários específicos aos observadores quanto às discrepâncias entre suas observações e as dos outros observadores (Judd, Smith e Kidder, 1991).

Observações com elevada fidedignidade não significam necessariamente que serão precisas. Considere dois observadores que concordassem fidedignamente em relação ao que viram, mas que estivessem ambos "errados" no mesmo grau. Nenhum dos dois estaria fazendo um registro preciso do comportamento. Por exemplo, ambos podem ser influenciados de maneira semelhante pelo que esperam ser o resultado da sua observação. Ocasionalmente, a mídia divulga casos de várias pessoas que alegam ter visto a mesma coisa (como um objeto voador não

☑ **Tabela 4.4** Médias e desvios padrão descrevendo o tempo (em segundos) que ouvintes passavam olhando para o rosto de um falante da mesma raça, por unidade de observação de 1 minuto

Grupo	Média	Desvio padrão
Interlocutores negros		
Pares masculinos	19,3	6,9
Pares femininos	28,4	10,2
Pares mistos	24,9	11,6
Interlocutores brancos		
Pares masculinos	35,8	8,6
Pares femininos	39,9	10,7
Pares mistos	29,9	11,2

A partir de LaFrance e Mayo (1976).

identificado, ou OVNI), para depois mostrar que o fato ou objeto era algo diferente do que os observadores alegavam (por exemplo, um balão meteorológico). Entretanto, quando dois observadores concordam, geralmente somos mais inclinados a acreditar que suas observações estejam corretas e sejam válidas do que quando os dados baseiam-se nas observações de um único observador. Para que sejam independentes, os observadores não podem saber o que o outro registrou. A chance de que ambos sejam influenciados no mesmo grau por suas expectativas, fadiga ou tédio costuma ser tão pequena que podemos confiar que aquilo sobre o qual concordam em seus relatos realmente aconteceu. É claro, quanto mais os observadores concordam, mais confiantes ficamos.

A maneira em que a fidedignidade entre os observadores é avaliada depende de como se mede o comportamento. Quando os eventos são classificados segundo categorias mutuamente excludentes (escala nominal), a fidedignidade dos observadores costuma ser avaliada usando-se uma medida percentual da concordância. Uma fórmula para calcular a concordância percentual entre os observadores é

$$\frac{\text{Número de vezes em que dois observadores concordam}}{\text{Número de oportunidades para concordar}} \times 100$$

Em seu estudo sobre a agressividade na infância, Hartup (1974) publicou medidas da fidedignidade usando uma concordância percentual de 83% a 94% para observadores que codificavam o tipo de agressividade e a natureza dos fatos antecedentes em registros narrativos. Embora não exista uma regra exata que defina uma fidedignidade baixa entre observadores, os pesquisadores geralmente encontram estimativas da fidedignidade acima de 85% na literatura publicada, sugerindo que uma porcentagem de concordância muito abaixo disso seria inaceitável.

Em muitos estudos observacionais, os dados são coletados por vários observadores, que observam em momentos diferentes. Nessas circunstâncias, os pesquisadores selecionam uma amostra das observações para medir a fidedignidade. Por exemplo, dois observadores podem registrar o comportamento por procedimentos de amostragem temporal e observar ao mesmo tempo apenas um subconjunto de momentos. Pode-se usar a concordância percentual para os momentos em que ambos estejam presentes para indicar o grau de fidedignidade do estudo como um todo.

Quando os dados são medidos usando uma escala ordinal, a correlação de Spearman é usada para avaliar a fidedignidade entre os observadores. Quando dados observacionais representam pelo menos uma escala de intervalos ou de razões, como quando o tempo é a variável medida, pode-se aferir a fidedignidade entre os observadores usando o Coeficiente de Correlação Produto-Momento de Pearson, r. Por exemplo, LaFrance e Mayo (1976) obtiveram medidas da fidedignidade em um estudo cujos observadores registraram quanto tempo, durante uma conversa, uma pessoa olhava o rosto do interlocutor que falava. A fidedignidade entre os observadores foi boa em seu estudo, com uma correlação média de 0,92 entre pares de observadores que registraram o tempo de contato visual.

Dica de estatística

Uma *correlação* ocorre quando duas medidas diferentes das mesmas pessoas, fatos ou coisas variam juntas – ou seja, quando os escores em uma variável covariam com os escores em outra variável. Um **coeficiente de correlação** é um índice quantitativo do grau dessa covariação. Quando dados observacionais são medidos usando escalas de intervalo ou razão, podemos usar o coeficiente de correlação de Pearson, r, para obter uma medida da fidedignidade entre os observadores. A correlação nos diz o quanto as avaliações de dois observadores concordam.

O coeficiente de correlação indica a *direção* e a *intensidade* da relação. A direção pode ser positiva ou negativa. Uma correlação positiva indica que, à medida que aumentam os valores de uma medida, também aumentam os valores da outra. Por exemplo, as medidas do tabagismo e do câncer de pulmão têm correlação positiva. Uma correlação negativa indica que, à medida que os valores de uma medida aumentam, diminuem os da segunda. Por exemplo, o tempo gasto assistindo a televisão e os escores em testes acadêmicos têm correlação negativa. Quando avaliam a fidedignidade entre observadores, os pesquisadores procuram correlações positivas. A intensidade de uma correlação refere-se ao grau de covariação presente. As correlações variam em tamanho de -1,00 (uma relação negativa perfeita) a 1,00 (uma relação positiva perfeita). Um valor de 0,0 indica que não existe relação entre as duas variáveis. Quanto mais perto um coeficiente de correlação estiver de 1,0 ou -1,0, mais forte a relação entre as duas variáveis. Observe que o sinal de uma correlação significa apenas a sua direção; um coeficiente de correlação de -0,46 indica uma relação mais forte do que um de 0,20. Sugerimos que medidas acima de 0,85 para a fidedignidade entre observadores indicam uma boa concordância entre os observadores (mas quanto mais alta, melhor!).

No Capítulo 5, discutimos o uso de correlações para fazer previsões. Além disso, o Capítulo 11 traz uma discussão detalhada sobre correlações, incluindo como as relações entre duas variáveis podem ser descritas graficamente usando diagramas de dispersão, como se calculam os Coeficientes de Correlação Produto-Momento de Pearson, e como essas correlações devem ser interpretadas. Se você quiser se familiarizar mais com o tema da correlação, veja o Capítulo 11.

Reflexão crítica sobre a pesquisa observacional

Um bom estudo observacional envolve escolher como amostrar o comportamento e os fatos a observar, selecionar o método observacional adequado, e decidir como registrar e analisar dados observacionais. Agora que você conhece os fundamentos dos métodos observacionais, também deve saber os problemas que podem ocorrer. O primeiro problema é associado à influência do observador no comportamento; um segundo problema ocorre quando os vieses dos observadores influenciam o comportamento que decidem registrar. Consideraremos cada um desses problemas separadamente a seguir.

A influência do observador

- O problema da reatividade ocorre quando o observador influencia o comportamento observado.
- Os sujeitos de pesquisa talvez respondam a características de demanda da situação de pesquisa para orientar o seu comportamento.
- Os métodos usados para controlar a reatividade incluem ocultar a presença do observador, adaptação (habituação, dessensibilização) e observações indiretas (traços físicos, registros arquivísticos).
- Os pesquisadores devem considerar questões éticas quando tentam controlar a reatividade.

Reatividade A presença de um observador pode levar as pessoas a mudar o seu comportamento porque sabem que estão sendo observadas. Abordamos a questão da *reatividade* na seção que descreve a observação participante. Quando os indivíduos "reagem" à presença de um observador, seu comportamento talvez não represente o seu comportamento típico – ou seja, o comportamento que teriam sem a presença de um observador. Underwood e Shaughnessy (1975) contam como um estudante, como parte de uma tarefa de classe, observou se motoristas paravam completamente em uma intersecção com uma placa de pare. O observador se posicionou na esquina, com uma prancheta na mão, e logo notou que todos os motoristas estavam parando na placa de pare. Sua presença estava influenciando o comportamento dos motoristas. Quando se escondeu perto da intersecção, observou que o comportamento dos motoristas mudou e conseguiu coletar dados para seu estudo.

Os sujeitos de pesquisa podem responder de maneiras muito sutis quando estão cientes de que seu comportamento está sendo observado. Por exemplo, os sujeitos às vezes se sentem apreensivos e ansiosos por participarem de uma pesquisa psicológica, e as medidas da excitação (p.ex., frequência cardíaca) podem mudar simplesmente por causa da presença de um observador. Também podemos esperar que sujeitos de pesquisa que usam um *beeper* eletrônico que os avisa para registrar seu comportamento e humor mudem de comportamento (p.ex., Larson, 1989).

Os indivíduos geralmente reagem à presença de um observador tentando agir de maneiras que acreditam que o pesquisador deseje. Sabendo que fazem parte de uma investigação científica, os indivíduos geralmente querem cooperar e ser "bons" sujeitos. Muitas vezes, os sujeitos de pesquisa tentam adivinhar os comportamentos esperados, e podem usar certas pistas e outras informações para orientar o seu comportamento (Orne, 1962). Essas pistas na situação de pesquisa são chamadas de **características de demanda**. Orne sugere que os indivíduos geralmente se fazem a seguinte pergunta: "o que esperam que eu faça aqui?". Para responder a essa pergunta, os sujeitos prestam atenção em pistas presentes no ambiente, no procedimento de pesquisa, e em pistas implícitas fornecidas pelo pesquisador. Até onde os participantes mudam de comportamento enquanto prestam atenção em características de demanda, a validade externa é ameaçada. A capacidade de generalizar os resultados da pesquisa (validade externa) é ameaçada quando os sujeitos da pesquisa agem de um modo que não seja representativo do seu comportamento fora da situação de pesquisa. Além disso, a interpretação dos resultados do estudo pode ser ameaçada porque os participantes podem involuntariamente tornar uma variável de pesquisa mais efetiva do que é na verdade, ou anular os efeitos de uma variável que seria importante. Um modo de reduzir o problema das características de demanda é limitar o conhecimento dos sujeitos sobre o seu papel no estudo ou sobre as hipóteses do estudo, ou seja, fornecer o menor número possível de "pistas". Você pode lembrar, porém, que omitir informações dos sujeitos pode suscitar preocupações éticas, particularmente em relação ao consentimento informado.

Controlando a reatividade Existem várias abordagens que os pesquisadores usam para controlar o problema da reatividade. Vários dos métodos observacionais discutidos anteriormente neste capítulo são projetados para limitar a reatividade. A reatividade pode ser eliminada se os sujeitos da pesquisa não souberem que existe um observador no local. A observação participante oculta cumpre esse objetivo, pois os indivíduos não estão cientes da presença do observador. Podemos presumir, portanto, que eles agem como normalmente agiriam. Lembre que esse procedimento foi usado no estudo de Rosenhan (1973) sobre a hospitalização de doentes mentais e das observações de psicólogos sociais sobre indivíduos que alegavam manter contato com alienígenas (Festinger et al., 1956). Os observadores também podem se ocultar enquanto fazem observações em situações naturais (observação naturalística), como visto no estudo da placa de pare, ou podem usar câmeras ou gravadores escondidos para fazer suas observações (mas devem estar cientes das questões éticas relacionadas com a privacidade).

Uma vantagem importante da observação indireta, ou dos métodos não obstrutivos, é que essas observações são não reativas. Os pesquisadores observam traços físicos e registros arquivísticos para aprender sobre o comportamento passado das pessoas. Como os indivíduos não estão mais presentes na situação e provavelmente não sabem que os traços físicos ou registros arquivísticos estão sendo observados por pesquisadores, é impossível que mudem seu comportamento. Um pesquisador investigou o comportamento relacionado com a bebida alcólica em uma cidade que era oficialmente "sóbria", contando garrafas vazias de bebidas alcoólicas em latas de lixo (ver Figura 4.6). Outro pesquisador usou os registros arquivísticos mantidos por uma biblioteca para avaliar o efeito da introdução da televisão em uma comunidade. O número de livros de ficção locados diminuiu, mas a demanda por não ficção não foi afetada (ver Webb et al., 1981). Seria interessante fazer um estudo semelhante hoje em dia, considerando a ampla disponibilidade de programas de ciência, história e biografias na televisão a cabo. Pode-se propor a hipótese de que o advento desses programas está correlacionado com um declínio na locação de não ficção em bibliotecas.

Outra abordagem que os pesquisadores usam para lidar com a reatividade é adaptar os sujeitos à presença do observador. Podemos supor que, à medida que os sujeitos se acostumam com a presença do observador, eles passam a agir normalmente na frente daquele observador. A adaptação pode ocorrer por habituação ou dessensibilização. Em um procedimento de *habituação*, os observadores simplesmente entram em uma situação em várias ocasiões diferentes, até que os sujeitos parem de reagir à sua presença (i.e., a presença se torna normal). A habituação foi usada para filmar um documentário intitulado *An American Family*, que foi apresentado na televisão na década de 1970. A equipe de filmagem se mudou, literalmente, para uma casa na Califórnia e registrou uma família por sete meses. Embora seja impossível dizer quanto do comportamento da família foi influenciado pela presença dos observadores, os fatos que ocorreram na frente da câmera são evidências de que houve um processo de que os membros da família se habituaram com as câmeras. Como o fato mais notável, a família se separou, e a esposa pediu para o marido sair de casa. Quando foram entre-

☑ **Figura 4.6** Podemos obter medidas não obstrutivas (não reativas) do comportamento das pessoas pesquisando o seu lixo em busca de traços físicos, mas devemos considerar questões éticas ligadas à privacidade.

vistados mais adiante sobre o fato de seu divórcio ter sido anunciado para milhões de telespectadores, o marido admitiu que, embora pudessem ter pedido para a equipe sair, naquele ponto, ele disse, "tínhamos nos acostumado com eles" (*Newsweek*, 1973, p. 49). É provável que processos semelhantes de habituação ocorram durante *reality shows* mais contemporâneos, mas também devemos questionar se uma parte do comportamento apresentado nesses programas não ocorre exatamente *porque* os indivíduos estão na televisão!

A *dessensibilização*, como meio de lidar com a reatividade, assemelha-se aos procedimentos usados por psicólogos clínicos no tratamento comportamental de fobias. Em uma situação de terapia, um indivíduo que tem um medo específico (p.ex., de aranhas) é exposto primeiramente ao estímulo temido em uma intensidade muito baixa. Por exemplo, pode-se pedir para o indivíduo pensar em coisas relacionadas com aranhas, como teias. Ao mesmo tempo, o terapeuta ajuda o cliente a praticar relaxamento. Gradualmente, a intensidade do estímulo aumenta até que o cliente consiga tolerar o objeto temido, por exemplo, segurar uma aranha. Os pesquisadores que trabalham com animais costumam usar dessensibilização para adaptar sujeitos animais à presença de um observador. Antes de seu assassinato na África, Dian Fossey (1981, 1983) fez estudos observacionais fascinantes sobre os gorilas das montanhas em Ruanda. Ao longo um período, ela se aproximou gradativamente dos gorilas, para que eles se acostumassem com a sua presença. Ela observou que, imitando seus movimentos – por exemplo, mascando as folhas que eles comiam e se coçando – ela conseguia deixar os gorilas à vontade. Finalmente, ela conseguiu sentar entre os gorilas e observá-los, enquanto a tocavam e exploravam seu equipamento de pesquisa.

Questões éticas Sempre que os pesquisadores tentam controlar a reatividade observando indivíduos sem o seu conhecimento, surgem importantes questões éticas. Por exemplo, observar pessoas sem o seu consentimento pode representar uma séria invasão de privacidade. Nem sempre é fácil decidir o que constitui uma invasão de privacidade (ver Capítulo 3) e deve envolver uma consideração da sensibilidade das informações, do ambiente onde a observação ocorre e do método para disseminar as informações (p.ex., Diener e Crandall, 1978).

Atualmente, os estudos comportamentais realizados com o uso da internet introduzem novos dilemas éticos. Por exemplo, quando pesquisadores entram em salas de bate-papo como observadores participantes ocultos para verificar o que faz indivíduos racistas defenderem a violência racial (Glaser, Dixit e Green, 2002), as informações que eles obtêm poderiam ser consideradas como evidências incriminatórias sem o conhecimento dos respondentes, algo como uma investigação sigilosa. O dilema, é claro, é que, se os pesquisadores tentassem obter o consentimento informado, seria muito improvável que os respondentes cooperassem. Nesse caso, o IRB aprovou a pesquisa, concordando com os pesquisadores que a sala de bate-papo é um "fórum público", que esses temas eram comuns naquele fórum, e que os pesquisadores haviam estabelecido medidas adequadas de proteção para as identidades dos respondentes (p.ex., separando os nomes ou pseudônimos de comentários). Por outro lado, existem casos em que as pessoas sentem que sua privacidade foi violada quando descobrem que pesquisadores observaram suas discussões virtuais sem o seu conhecimento (ver Skitka e Sargis, 2005). Embora os quadros de mensagens da internet possam ser considerados "públicos", pesquisadores que investigavam mensagens de adolescentes sobre seus comportamentos de automutilação tiveram, por exigência do IRB de sua universidade, que parafrasear os comentários dos sujeitos, em vez de usar citações exatas (Whitlock et al., 2006). A pesquisa comportamental com o uso da internet está em seus estágios iniciais, e tanto os pesquisadores quanto os membros dos IRBs ainda estão aprendendo e aplicando formas criativas de solucionar problemas para resolver esses dilemas éticos à medida que surgirem (ver Kraut et al., 2004).

Quando os indivíduos estão envolvidos em situações preparadas deliberadamente pelo pesquisador, como ocorre na observação estruturada ou em experimentos de campo, podem surgir problemas éticos associados a colocar os sujeitos em risco. Considere, por exemplo, um experimento de campo em que estudantes que andavam pelo *campus* foram questionados sobre suas atitudes em relação à perseguição racial (Blanchard, Crandall, Brigham e Vaughn, 1994). Em uma condição do experimento, um cúmplice, fingindo ser estudante, condenava atos racistas, e, na segunda condição, o cúmplice perdoava os atos racistas. Sujeitos individuais foram questionados a respeito de suas atitudes. Os resultados do estudo indicam que as visões que o cúmplice expressava tornaram os sujeitos mais suscetíveis a fazer declarações semelhantes, em comparação com uma terceira condição, na qual o cúmplice não expressou nenhuma opinião. Podemos questionar se esses sujeitos não estão em situação de "risco". Será que os objetivos do estudo, que eram mostrar como pessoas extrovertidas e falantes podem influenciar situações sociais inter-raciais, superam os riscos envolvidos no estudo? Embora os sujeitos tenham tido uma sessão de *debriefing* imediatamente nesse estudo, será que isso é suficiente para lidar com as preocupações sobre como poderiam agir quando confrontados com opiniões racistas? Será que o *debriefing* restaurou a confiança em uma ciência que procura conhecimento por meio do engano? Qualquer tentativa de responder esses tipos de questões enfatiza a dificuldade da tomada de decisões éticas.

Por fim, podemos usar medidas não obstrutivas, como os traços físicos e dados arquivísticos, para abordar outra questão ética: a obrigação ética dos cientistas de melhorar as condições dos indivíduos e da sociedade. Existem muitas questões sérias que confrontamos atualmente, incluindo a violência, relações raciais, suicídio, conflitos domésticos e muitas outras questões sociais, para as quais pode ser difícil justificar uma pesquisa que envolva observação direta ao considerar uma razão de risco/benefício. Ou seja, alguns métodos de pesquisa talvez simplesmente envolvam um risco grande demais para os sujeitos. Todavia, a obrigação ética dos psicólogos de melhorar as condições de indivíduos, organizações e da sociedade exige que eles procurem métodos para adquirir conhecimento nessas áreas importantes, pois o custo de *não* fazer pesquisas para resolver esses problemas é elevado. É possível fazer pesquisas envolvendo o uso de traços físicos e dados arquivísticos sobre esses importantes problemas sob condições em que as questões éticas sejam mínimas, em relação a métodos mais intrusivos. Assim, os métodos observacionais não obstrutivos representam uma ferramenta importante na abordagem multimétodos para investigar questões sociais importantes com menos risco.

Viés do observador

- O viés do observador ocorre quando os vieses dos pesquisadores determinam os comportamentos que decidem observar e quando as expectativas dos observadores para o comportamento levam a erros sistemáticos na identificação e registro do comportamento.
- As expectativas podem ter efeitos quando os observadores conhecem as hipóteses para o resultado do estudo ou o resultado de estudos anteriores.
- O primeiro passo para controlar o viés do observador é reconhecer que ele pode estar presente.
- O viés do observador pode ser reduzido mantendo-se os observadores ignorantes ("cegos") quanto aos objetivos e hipóteses do estudo.

Como exemplo de observação participante oculta, descrevemos um estudo clássico de Rosenhan (1973), no qual observadores foram admitidos em hospitais psiquiátricos. No hospital, observaram e registraram o comportamento dos funcionários. A pesquisa de Rosenhan identificou um sério viés por parte da equipe. Quando os observadores (chamados de "pseudopacientes") eram rotulados como esquizofrênicos, os funcionários interpretavam o seu comportamento unicamente de acordo com esse rótulo. Comportamentos que, de outra forma, poderiam ser considerados normais eram interpretados pela equipe como evidência da doença dos pseudopacientes. Por exemplo, os pseudopacientes logo descobriram que podiam registrar suas observações abertamente – ninguém prestava muita atenção no que estavam fazendo. Quando Rosenhan verificou os prontuários médicos dos pseudopacientes mais adiante, observou que os membros da equipe citavam o ato de fazer anotações como um sintoma da sua doença. (Não se preocupe – fazer anotações não é sinal de doença mental!) Como os membros da equipe interpretaram o comportamento dos pseudopacientes em termos do rótulo esquizofrênico, sua "sanidade" não foi detectada. Esse exemplo ilustra claramente o perigo do **viés do observador,** os erros sistemáticos de observação que resultam das expectativas de um observador. Nesse caso, os membros da equipe apresentaram o viés do observador.

Efeitos da expectativa Em muitos estudos científicos, o observador tem certas expectativas sobre como deve ser o comportamento em uma determinada situação ou após um tratamento psicológico específico. Quando pesquisadores projetam um estudo, eles revisam a literatura de pesquisa publicada para ajudá-los a desenvolver suas hipóteses. Esse conhecimento pode levar os pesquisadores a criarem expectativas sobre o que deve ocorrer em uma situação de pesquisa; de fato, as hipóteses são previsões sobre o que se espera que aconteça. Toda-

via, as expectativas podem ser uma fonte de viés do observador – *efeitos da expectativa* – se levarem a erros sistemáticos na observação (Rosenthal, 1966, 1976). Um estudo clássico documentou os efeitos da expectativa (Cordaro e Ison, 1963). Estudantes universitários registraram o número de vezes que minhocas viravam a cabeça e contraíam o corpo. Os observadores de um grupo foram levados a esperar uma taxa elevada de movimentos, ao passo que os observadores do segundo grupo esperavam uma taxa baixa. Os dois grupos de minhocas eram essencialmente idênticos; todavia, os resultados mostram que, quando os observadores esperavam ver muitos movimentos, eles registraram duas vezes mais movimentos da cabeça e três vezes mais contrações corporais, comparados com observadores que esperavam uma taxa baixa de movimento. Aparentemente, os estudantes interpretaram as ações das minhocas de maneira sistematicamente diferente, dependendo do que esperavam observar.

Outros vieses As expectativas do observador com relação ao resultado de um estudo podem não ser a única fonte de viés do observador. Talvez você ache que o uso de um equipamento automático, como câmeras de vídeo, elimina o viés do observador. Embora reduza a oportunidade de viés, a automação não a elimina necessariamente. Considere o fato de que, para registrar o comportamento em filme, o pesquisador deve determinar o ângulo, local e tempo da filmagem. Até o ponto em que esses aspectos do estudo forem influenciados por vieses pessoais do pesquisador, essas decisões podem introduzir erros sistemáticos nos resultados. Por exemplo, Altmann (1974) descreve um estudo observacional do comportamento animal, cujos resultados sofreram viés dos observadores, que faziam intervalos que coincidiam com um período de relativa inatividade entre os animais. As observações dos animais durante esse período de inatividade ficaram claramente ausentes nos registros observacionais, criando um viés nos resultados e fazendo os animais parecerem mais ativos do que eram. Além disso, o uso de equipamento automático apenas posterga o processo de classificação e interpretação, e é perfeitamente possível que outros efeitos do viés do observador sejam introduzidos durante a codificação e análise de registros narrativos.

Controlando o viés do observador O viés do observador é difícil de eliminar, mas pode ser reduzido de várias maneiras. Como mencionamos, o uso de equipamentos automáticos de gravação pode ajudar, embora o potencial para o viés ainda esteja presente. *Provavelmente, o fator mais importante ao se lidar com o viés do observador é a consciência de que ele pode estar presente.* Ou seja, um observador que sabe sobre esse viés terá mais chances de agir para reduzir o seu efeito.

Uma maneira importante de os pesquisadores reduzirem o viés do observador é limitando as informações disponíveis aos observadores. Quando observadores e codificadores não conhecem as hipóteses do estudo em questão, eles não conseguem criar expectativas sobre o comportamento. Figurativamente, os observadores podem ser mantidos "cegos" quanto a certos aspectos do estudo. Os observadores estão *cegos* quando não sabem as razões para as observações ou os objetivos do estudo. Por exemplo, quando codificadores treinados analisaram os vídeos de interações entre mães e filhos de famílias com e sem maus-tratos, eles não sabiam o tipo de família que estavam observando (Valentino et al., 2006). Como você pode imaginar, as expectativas dos observadores quanto a famílias com maus-tratos podem influenciar a sua interpretação dos comportamentos, assim como os membros da equipe médica no estudo de Rosenhan (1973) interpretaram o comportamento dos pseudopacientes segundo seu rótulo diagnóstico. O uso de observadores cegos reduz em muito a possibilidade de introduzir erros sistemáticos devido às expectativas do observador.

Resumo

Os pesquisadores raramente observam todo o comportamento que ocorre. Consequentemente, eles devem usar alguma forma de amostragem do comportamento, como amostragem temporal e situacional. Um objetivo importante da amostragem é obter uma amostra representativa do comportamento. A validade externa refere-se ao nível em que as observações de um estudo podem ser generalizadas para descrever diferentes populações, situações e condições; a validade externa aumenta quando se obtém uma amostra representativa. Os métodos observacionais podem ser classificados como observação direta ou observação indireta. A observação direta em um ambiente natural sem intervenção é chamada de observação naturalística. A observação com intervenção pode assumir a forma de observação participante, observação estruturada e experimentos de campo. Uma vantagem importante dos métodos observacionais indiretos é que eles são não reativos. A reatividade ocorre quando as pessoas mudam o seu comportamento porque sabem que estão sendo observadas. Observações indiretas, ou não obstrutivas, podem ser feitas analisando traços físicos e registros arquivísticos. Os traços físicos incluem traços de uso (natural ou controlado) e produtos. Os dados arquivísticos são os registros das atividades de indivíduos, instituições, governos e outros grupos. Os problemas associados aos traços físicos incluem vieses potenciais na maneira como os traços se acumulam ou sobrevivem ao longo do tempo, e os problemas com os dados arquivísticos incluem o depósito seletivo, sobrevivência seletiva e o potencial para relações espúrias nos dados.

Em estudos observacionais, o comportamento pode ser registrado com uma descrição abrangente do comportamento ou registrando-se apenas certas unidades predefinidas do comportamento. Os registros narrativos são usados para proporcionar descrições abrangentes do comportamento, e as *checklists* costumam ser usadas quando os pesquisadores estão interessados em verificar se um determinado comportamento ocorreu (e em que condições). A frequência, duração e avaliações de comportamentos são variáveis comuns analisadas em estudos observacionais. A análise de registros narrativos envolve a codificação como um passo da redução dos dados. A análise de conteúdo é usada para analisar registros arquivísticos. A maneira como os dados quantitativos são analisados depende da escala de medição usada. As quatro escalas de medição são a nominal, ordinal, de intervalos e de razões. Quando se usa uma escala nominal para registrar o comportamento (p.ex., presente, ausente), os dados são sintetizados usando proporções ou porcentagens para indicar a frequência relativa do comportamento. Ao descreverem dados ordinais, os pesquisadores muitas vezes descrevem os resultados conforme a porcentagem de pessoas que classificaram certos itens em primeiro lugar em um conjunto de itens. Quando o comportamento é medido usando escalas intervalares e racionais, os dados são sintetizados usando a média e o desvio padrão. É essencial apresentar medidas da fidedignidade do observador quando se publicam os resultados de um estudo observacional. Dependendo do nível de medição usado, pode-se usar uma medida percentual da concordância ou um coeficiente de correlação para aferir a fidedignidade.

Possíveis problemas devidos à reatividade ou viés do observador devem ser controlados em qualquer estudo observacional. Uma forma de reatividade é quando os sujeitos prestam atenção nas características de demanda de uma situação de pesquisa para orientar seu comportamento. O uso de métodos observacionais em que os participantes não estejam cientes de que estão sendo observados (p.ex., observação participante oculta, métodos não obstrutivos) limita a reatividade; em outras situações, os participantes podem se adaptar à presença de um observador. O viés do observador ocorre quando os vieses dos pesquisadores determinam quais comportamentos decidem observar e quando as expectativas dos observadores quanto ao comportamento levam a erros sistemáticos na identificação e registro do comportamento (efeitos da expectativa). Medidas importantes para reduzir o viés do observador são estar ciente da sua presença e manter os observadores cegos quanto aos objetivos e hipóteses do estudo. As questões éticas envolvidas devem ser consideradas antes de começar qualquer estudo observacional. Dependendo da natureza das observações, as questões éticas podem incluir o engano, a privacidade, o consentimento informado e a razão risco/benefício.

Conceitos básicos

validade externa   107
amostragem temporal   108
amostragem situacional   109
observação naturalística   110
observação participante   113
reatividade   113
observação estruturada   116
experimento de campo   118
medidas não obstrutivas   120
traços físicos   120
registros arquivísticos   123

depósito seletivo   124
sobrevivência seletiva   125
registros narrativos   126
escala de medição   128
redução de dados   132
codificação   132
análise de conteúdo   133
fidedignidade entre observadores   136
coeficiente de correlação   137
características de demanda   139
viés do observador   143

Questões de revisão

1. Descreva os tipos de amostragem que os pesquisadores usam em estudos observacionais, e o objetivo do uso adequado da amostragem.
2. Explique a diferença entre métodos observacionais diretos e indiretos e como o grau de intervenção pode ser usado para distinguir os métodos observacionais diretos.
3. Descreva uma situação de pesquisa em que a observação naturalística possa ser útil quando considerações éticas impedem os pesquisadores de intervir para estudar o comportamento.
4. Explique por que a reatividade é um problema em estudos observacionais.
5. Explique como a observação representa um equilíbrio na pesquisa psicológica e identifique a principal vantagem e o custo potencial desse ajuste.
6. Explique por que os traços físicos e dados arquivísticos são alternativas atraentes à observação direta.
7. Descreva os diferentes tipos de medidas de traços físicos disponíveis para os psicólogos e as maneiras em que essas medidas podem sofrer vieses.
8. Explique como os dados arquivísticos podem ser usados para testar o efeito de um tratamento natural.
9. Explique como o depósito seletivo, a sobrevivência seletiva e as relações espúrias podem impor vieses na interpretação de registros arquivísticos.
10. Descreva como a redução e codificação de dados são usadas em análises qualitativas de registros narrativos e dados arquivísticos.
11. Dê um exemplo, usando cada uma das quatro escalas de medição, para descrever como um pesquisador poderia quantificar o contato ocular entre pares de pessoas conversando.
12. Quais são as medidas descritivas mais comuns (a) quando eventos são medidos em uma escala nominal, (b) quando itens são classificados usando uma escala ordinal e (c) quando o comportamento é registrado em pelo menos uma escala intervalar?
13. Descreva os procedimentos que os pesquisadores podem usar para aumentar a fidedignidade entre os observadores.
14. Identifique as escalas de medição que exigem um coeficiente de correlação para avaliar a fidedignidade entre observadores, e explique o que uma correlação negativa indicaria nessa situação.
15. Explique se a fidedignidade elevada entre os observadores garante que as observações sejam acuradas e válidas.
16. Descreva duas maneiras em que o viés do observador (efeitos da expectativa) pode ocorrer na pesquisa psicológica.
17. Explique como os pesquisadores podem reduzir o viés do observador.

Metodologia de pesquisa em psicologia **147**

☑ DESAFIOS

1. Estudantes em uma disciplina prática de psicologia do desenvolvimento fizeram um estudo observacional sobre interações entre pais e bebês em casa. Quando entravam na casa em cada um dos quatro dias em que observavam uma determinada família, eles cumprimentavam os dois pais e o bebê (e quaisquer outras crianças na casa). Instruíam a família a seguir a sua rotina diária e faziam uma série de perguntas sobre as atividades do dia para determinar se aquele era um dia "normal" ou se tinha acontecido algo incomum. Os estudantes tentavam fazer a família se sentir confortável, mas também tentavam minimizar as suas interações com a família e entre si. Para cada período de observação de duas horas, sempre havia dois estudantes presentes na casa, e os dois observadores registravam suas notas independentemente um do outro. Cada um dos seis pares de estudantes foi designado aleatoriamente para observar duas das 12 famílias que se inscreveram voluntariamente para o estudo. O mesmo par de observadores sempre observava uma determinada família por todas as oito horas de observação daquela família. Os observadores usavam escalas de avaliação para registrar comportamentos em diversas dimensões diferentes, como o carinho e afeto mútuos na interação entre pais e filhos.

   A. Cite dois procedimentos específicos que os estudantes usaram para garantir a fidedignidade de seus dados.

   B. Cite uma ameaça possível à validade externa dos resultados desse estudo; mais uma vez, cite um exemplo específico da descrição fornecida.

   C. Cite um aspecto específico de seu procedimento que indique que os estudantes estavam sensíveis à possibilidade de que suas avaliações fossem reativas. Que outros métodos poderiam ter sido usados para lidar com o problema da reatividade?

2. Realizou-se um estudo observacional para avaliar os efeitos de influências ambientais no hábito de beber de estudantes universitários em um bar patrocinado pela universidade. Foram observados 82 estudantes acima de 21 anos. Os observadores usaram uma *checklist* para registrar se o sujeito era do sexo masculino ou feminino e se o sujeito estava com apenas uma outra pessoa ou estava em um grupo com duas ou mais outras pessoas. Cada sessão de observação sempre durou das 15h a 1h, e as observações ocorreram de segunda-feira a sábado durante um período de três meses. Dois observadores sempre estavam presentes durante qualquer sessão de observação. Cada participante foi observado por até uma hora depois do momento em que pediu a primeira cerveja. Os dados foram sintetizados em relação ao número de cervejas bebidas por hora. Os resultados mostraram que os homens beberam mais e mais rápido do que as mulheres. Os homens beberam mais rápido quando estavam com outros homens, e as mulheres também beberam mais rápido na presença de homens. Homens e mulheres beberam mais em grupos do que com apenas uma outra pessoa. Esses resultados indicam que o ambiente em que as pessoas bebem desempenha um papel importante na natureza e extensão do ato de beber.

   A. Identifique o método observacional usado nesse estudo, e explique por que você escolheu esse método.

   B. Identifique as variáveis independentes e dependentes nesse estudo, e descreva a definição operacional de cada nível da variável independente.

   C. Como os pesquisadores poderiam controlar a reatividade nesse estudo? Que preocupações éticas poderiam surgir a partir da sua abordagem?

   D. Identifique um aspecto dos procedimentos usados nesse estudo que provavelmente *aumentaria* a fidedignidade das observações.

   E. Identifique um aspecto dos procedimentos usados nesse estudo que provavelmente *limitaria* a validade externa dos resultados obtidos.

148 Shaughnessy, Zechmeister & Zechmeister

☑ DESAFIOS (CONTINUAÇÃO)

3. Uma inteligente estudante de pós-graduação em psicologia recebeu ofertas de emprego das revistas *Newsweek* e *Time*. As propostas salariais das duas empresas eram basicamente iguais, e parece que as condições de trabalho e responsabilidades também eram semelhantes. Para ajudá-la a decidir qual emprego deve aceitar, ela decide determinar se uma das revistas teria uma atitude melhor do que a outra com relação às mulheres. Ela pede que você a ajude com uma análise do conteúdo das duas revistas. Que conselhos específicos você daria a ela, com relação a cada um dos passos seguintes em sua análise de conteúdo?
   A. Amostragem
   B. Codificação
   C. Fidedignidade
   D. Medidas quantitativas e qualitativas

4. Quatro estudantes estavam fazendo estágio no Instituto de Pesquisa em Ciências Sociais de sua universidade. O instituto de pesquisa havia sido contratado para fazer uma série de estudos sobre a segurança do trânsito para a agência de desenvolvimento urbano de uma pequena cidade perto da universidade. Os estagiários deveriam fazer um dos estudos. Especificamente, eles deveriam fazer um estudo para determinar o quanto era provável que os carros realmente parassem em intersecções com placas de pare com faixas de pedestres na zona central. Você deve responder as seguintes perguntas que os estudantes estão considerando ao planejarem o estudo.
   A. Os estudantes querem distinguir o nível em que os carros param além de uma classificação baseada em "sim" ou "não".
   B. O que os estudantes podem fazer antes de começarem a coletar dados para o estudo, de maneira a aumentar a fidedignidade entre os observadores?
   C. Os estudantes estão interessados em determinar a probabilidade de que carros parem quando a circulação de pedestres no centro da cidade está leve e quando está pesada. Que plano de amostragem temporal eles poderiam usar para fazer essa determinação?
   D. Os estudantes estão interessados especialmente em determinar a probabilidade de que os carros parem na placa de pare, independentemente de outros carros terem parado ou não. Como eles deveriam amostrar os carros que observam para estudarem a independência entre os carros? Que informações os estudantes poderiam registrar que lhes permitiria incluir todos os carros em sua amostra e ainda determinar a probabilidade de que os carros parassem de forma independente?

Resposta ao Exercício

1. Como os estudantes não intervieram nas situações (ambientes naturais) que observaram, o estudo deve ser descrito como uma observação naturalística.
2. A decisão dos estudantes de usar um intervalo de observação de cinco minutos talvez tenha limitado a sua capacidade de mensurar a concentração de um modo efetivo. Talvez o intervalo seja curto demais para que mudanças na concentração possam ser identificadas, tornando difícil detectar diferenças entre os dois locais.
3. A amostragem temporal é importante nesse estudo, pois a capacidade dos estudantes de se concentrar pode variar entre os dias da semana e momentos do dia. A escolha de apenas um período de tempo (segunda-feira, das 21h às 23h) limita a validade do estudo. Amostrar diferentes momentos do dia, dias da semana e semanas dentro do semestre aumentaria a validade externa do estudo.
4. Uma possibilidade é que os estudantes escolham tipos diferentes de material para estudar nos dois locais. Se é mais difícil estudar no diretório estudantil, os estudantes talvez escolham material mais fácil e que exija menos esforço para manter a concentração enquanto estudam no diretório. Essa diferença no material de estudo talvez explique a observação de que os tempos de concentração não diferem. Um dos desafios para se fazer observação naturalística é que os pesquisadores não conseguem controlar certos fatores que podem influenciar o resultado das observações.

Resposta ao Desafio 1

A. Os procedimentos dos estudantes que aumentaram a fidedignidade foram os seguintes: observar cada família por oito horas, usar dois observadores independentes e usar *checklists* para proporcionar definições operacionais.
B. Uma ameaça possível à validade externa dos dados era que as 12 famílias se ofereceram como voluntárias para o estudo, e essas famílias podem diferir de famílias típicas.
C. Os esforços dos estudantes para minimizar as interações com a família e entre si sugerem que eles estavam sensíveis ao problema da reatividade. Dois outros métodos que podiam ter usado são a habituação e a dessensibilização.

5

Pesquisa de levantamento

Visão geral

Os norte-americanos são românticos? Será que são românticos em comparação com os franceses, que são conhecidos por sua paixão pela paixão? Essas são algumas das perguntas feitas em um levantamento de 2009 sobre o namoro nos Estados Unidos – um levantamento realizado especificamente para comparar os resultados com um levantamento francês sobre o amor e relacionamentos (Schwartz, 2010).

Os resultados do levantamento indicam que os norte-americanos são tão "apaixonados" quanto os franceses, ainda mais quando se entrevistam sujeitos mais velhos. Para indivíduos com mais de 65 anos, 63% dos americanos se descrevem como "apaixonados", comparados com 46% dos franceses nessa faixa etária. Quando os sujeitos americanos e franceses diferem? Quando lhes perguntam sobre sexo. Uma questão perguntava: "Pode existir amor verdadeiro sem uma vida sexual radiante?". A maioria dos americanos (77%) entre 18 e 65 anos respondeu que sim, ao passo que apenas 35% dos franceses disseram que pode haver amor verdadeiro sem esse tipo de sexo.

Com base nesses resultados, podemos *descrever* as respostas das pessoas sobre o que significa estar apaixonado. Além disso, podemos *prever* respostas sobre a paixão com base na idade e na nacionalidade (francês ou americano). Os resultados também nos permitem prever, sabendo se alguém é americano ou francês, o que a pessoa poderia dizer sobre o amor verdadeiro e o sexo. Todavia, o fato de ser francês ou americano *causa* essas atitudes? Essa é uma questão completamente diferente.

A **pesquisa correlacional** proporciona uma base para fazer previsões. As relações entre variáveis de ocorrência natural são avaliadas com o objetivo de identificar *relações preditivas*. Como discutimos no Capítulo 4, um *coeficiente de correlação* é um índice quantitativo da direção e magnitude de uma relação preditiva. Discutiremos a pesquisa correlacional no contexto da metodologia do levantamento mais adiante neste capítulo.

Os levantamentos geralmente são feitos com amostras de pessoas. Neste capítulo, apresentamos inicialmente a lógica e técnicas básicas de amostragem – o processo de selecionar um subconjunto de uma população para representar a população como um

Metodologia de pesquisa em psicologia **151**

todo. Você aprenderá as vantagens e desvantagens de diversos métodos de pesquisa de levantamento e desenhos de pesquisa de levantamento. O principal instrumento da pesquisa de levantamento é o questionário e, assim, descrevemos os fundamentos da construção de um bom questionário. Também discutimos uma questão importante que deve ser abordada na pesquisa de levantamento, "as pessoas realmente fazem o que dizem fazer?". Concluímos o capítulo com uma análise crítica sobre uma questão mais ampla: "O que podemos concluir sobre a causalidade quando existe correlação entre duas variáveis?".

Usos de levantamentos

- A pesquisa de levantamento é usada para avaliar os pensamentos, opiniões e sentimentos das pessoas.
- Os levantamentos podem ser específicos e de âmbito limitado ou mais globais em seus objetivos.
- A melhor maneira de determinar se os resultados de um levantamento contêm vieses é analisar os seus procedimentos e análises.

No Capítulo 4, discutimos como os psicólogos usam métodos observacionais para inferir o que as pessoas devem estar pensando ou sentindo por terem agido de um certo modo. A pesquisa de levantamento é projetada para lidar mais diretamente com a natureza dos pensamentos, opiniões e sentimentos das pessoas. Superficialmente, a pesquisa de levantamento é enganosamente simples. Se você quiser saber o que as pessoas estão pensando, pergunte a elas! De maneira semelhante, se você quiser saber o que as pessoas estão fazendo, observe-as! Todavia, como já vimos, quando esperamos inferir princípios gerais do comportamento, nossas observações devem ser mais sofisticadas do que as nossas observações cotidianas e casuais. Assim, a pesquisa por meio de levantamentos também exige mais do que apenas fazer perguntas às pessoas.

Os cientistas sociais, como os cientistas políticos, os psicólogos e os sociólogos, usam levantamentos em suas pesquisas por uma variedade de razões, teóricas e aplicadas. Os levantamentos também são usados para satisfazer necessidades mais pragmáticas da mídia, de candidatos políticos, autoridades da saúde pública, organizações profissionais e diretores de publicidade e *marketing*. Os levantamentos costumam ser usados para promover agendas políticas ou sociais, como na iniciativa de saúde pública para eliminar cenas de tabagismo em filmes. Heatherton e Sargent (2009) analisaram dados de levantamentos e observaram que, à medida que aumenta a exposição ao tabagismo entre adolescentes, a probabilidade de experimentar cigarro ou de se tornar fumante aumenta, especialmente entre adolescentes considerados de baixo risco de fumar (p.ex., filhos de pais não fumantes).

Além disso, o alcance e o propósito dos levantamentos podem ser limitados e específicos, ou podem ser mais globais. Um exemplo de um levantamento com alcance limitado é uma investigação da gratidão e força comunal em um relacionamento (Lambert, Clark, Durtschi Fincham e Graham, 2010). A força comunal refere-se ao grau em que os indivíduos se sentem responsáveis pelo bem-estar do parceiro no relacionamento. Lambert e colegas fizeram um levantamento para avaliar o nível em que os indivíduos expressam gratidão em um relacionamento fechado e seus sentimentos de força comunal naquele relacionamento. Os resultados do seu levantamento corroboram a sua hipótese, de que a expressão de gratidão está relacionada com a percepção de força comunal dos indivíduos.

Myers e Diener (1995), por outro lado, fizeram um levantamento que aborda questões complexas de preocupação global. Eles amostraram pessoas de 24 países, representando todos os continentes, com exceção da Antártida. Uma das perguntas de pesquisa era se as pessoas em países ricos têm um senso maior de bem-estar pessoal do que pessoas em países não tão ricos. Os resultados do levantamento mostram que a riqueza nacional, medida pelo produto interno bruto per capita, está correlacionada positivamente com o bem-estar pessoal (0,67). Porém, essa relação não é simples, pois a riqueza nacional também está correlacionada com outras variáveis que também têm correlação elevada com o bem-estar, como o número de anos contínuos de democracia (0,85).

Uma das maneiras em que se podem usar levantamentos merece ser mencionada porque suscita questões éticas. Um dilema ético ocorre quando os patrocinadores de pesquisas têm interesses velados nos resultados da pesquisa. Crossen (1994) enfatizou essa questão, dizendo que "cada vez mais, as informações que usamos para comprar, eleger, orientar, inocentar e curar são criadas não para expandir o nosso conhecimento, mas para vender um produto ou promover uma causa" (p. 14). Crossen cita um exemplo de um levantamento patrocinado por um fabricante de telefones celulares que mostra que 70% dos respondentes (todos usuários de telefones celulares) concordavam que as pessoas que usam telefones celulares são mais bem-sucedidas nos negócios do que as que não usam.

Seria razoável concluir que os resultados de levantamentos são tendenciosos sempre que o resultado for favorável para a agência patrocinadora? As respostas a questões éticas raramente são simples, e a resposta a essa pergunta não é simples. É possível fazer pesquisa de qualidade e ética quando o patrocinador tem interesse no resultado. É importante conhecer o patrocinador da pesquisa quando se avaliam os resultados de levantamentos, mas não é suficiente para julgar se o estudo tem algum viés. É muito mais importante saber se foi usada uma amostra tendenciosa, ou se a formulação das perguntas foi tendenciosa, ou se os dados foram analisados ou publicados seletivamente. Qualquer um desses aspectos da pesquisa de levantamento pode colocar um viés nos resultados, e os pesquisadores não éticos podem usar essas técnicas

para fazer os resultados "saírem certos". A melhor proteção contra pesquisadores não éticos e pesquisas de baixa qualidade é analisar cuidadosamente os procedimentos e análises usados na pesquisa que usa levantamentos.

Características de levantamentos

- A pesquisa com o uso de levantamentos envolve selecionar uma amostra (ou amostras) e usar um conjunto predeterminado de questões.

Todos os levantamentos conduzidos adequadamente compartilham características comuns que os tornam um excelente método para descrever as atitudes e opiniões das pessoas. Primeiro, os levantamentos geralmente envolvem amostragem, que é uma característica de quase toda a pesquisa comportamental. Esse conceito foi introduzido em nossa discussão da amostragem temporal e situacional na pesquisa observacional no Capítulo 4. Na próxima seção, discutiremos a amostragem da maneira como é usada na pesquisa por meio de levantamentos. Os levantamentos também se caracterizam por usarem um conjunto predeterminado de questões para todos os respondentes. Respostas orais, escritas ou inseridas por meio do computador constituem os principais dados obtidos em um levantamento. Usando o mesmo fraseado e ordem das perguntas, é possível sintetizar as visões de todos os respondentes de maneira sucinta.

Quando uma *amostra representativa* de pessoas deve responder o mesmo conjunto de questões, podemos descrever as atitudes da população da qual a amostra foi retirada. Ademais, quando se usam as mesmas questões, podemos comparar as atitudes de populações diferentes ou procurar mudanças de atitude ao longo do tempo. Os levantamentos são uma ferramenta poderosa no instrumental do pesquisador. No restante deste capítulo, enfatizamos os métodos que

Metodologia de pesquisa em psicologia **153**

fazem dos levantamentos uma estratégia efetiva para analisar os pensamentos, opiniões e sentimentos das pessoas.

Amostragem na pesquisa de levantamento

- A seleção cuidadosa de uma amostra para o levantamento permite que os pesquisadores generalizem os resultados da amostra para a população.

Suponhamos que você decidiu que a sua pergunta de pesquisa pode ser respondida usando um levantamento, e que determinou a população de interesse para o seu levantamento. O próximo passo é decidir quem deve responder às perguntas do levantamento. Isso envolve selecionar cuidadosamente uma amostra de respondentes para representar a população. Independentemente de descrevermos uma população nacional ou uma população muito menor (p.ex., os estudantes de uma universidade), os procedimentos para se obter uma amostra representativa são os mesmos.

Termos básicos relacionados com a amostragem

- A identificação e seleção de elementos que formarão a amostra estão no centro de todas as técnicas de amostragem; a amostra é escolhida a partir da base amostral, a lista de todos os membros da população de interesse.
- Os pesquisadores não estão interessados apenas nas respostas dos indivíduos pesquisados; pelo contrário, eles buscam descrever a população mais ampla da qual a amostra foi tirada.
- A capacidade de generalizar a partir de uma amostra para a população depende criticamente da representatividade da amostra.
- Uma amostra com viés é aquela cujas características são sistematicamente diferentes das características da população.

- O viés de seleção ocorre quando os procedimentos usados para selecionar uma amostra resultam na super-representação ou sub–representação de algum segmento da população.

Quando começamos a falar sobre técnicas amostrais, devemos ser claros quanto às definições de quatro termos: *população, base amostral, amostra* e *elemento*. As relações entre os quatro termos críticos da amostragem são sintetizadas na Figura 5.1. Uma **população** é o conjunto de todos os casos de interesse. Por exemplo, se você está interessado nas atitudes de estudantes em seu *campus* em relação aos serviços de informática, a sua população envolverá todos os estudantes do *campus*. É praticamente impossível fazer contato com todos os indivíduos de uma população. Portanto, os pesquisadores geralmente selecionam um subconjunto da população para representar a população como um todo.

Devemos desenvolver uma lista específica dos membros da população, para selecionar um subconjunto daquela população. Essa lista específica se chama *base amostral* e é, de certo modo, uma definição operacional da população de interesse. Em um levantamento das atitudes dos estudantes para com os serviços de informática, a base amostral pode ser uma lista obtida na secretaria contendo todos os estudantes matriculados atualmente. O nível em que a base amostral realmente reflete a população de interesse determina a adequação da amostra que selecionamos. A lista fornecida pela secretaria deve proporcionar uma boa base amostral, mas alguns estudantes podem ser excluídos, como os alunos que se matriculam depois.

O subconjunto da população tirado da base amostral se chama **amostra**. Podemos selecionar 100 estudantes da lista da secretaria para servirem como amostra para nosso levantamento sobre os serviços de informática. O quanto as atitudes dessa amostra de estudantes representarão as atitudes de todos os alunos depende criticamente da

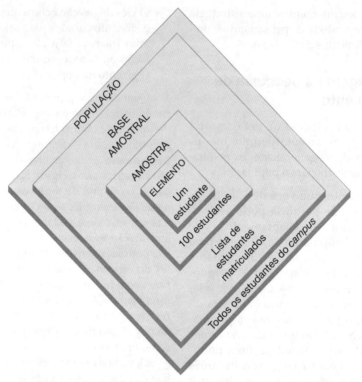

Figura 5.1   Ilustração de relações entre quatro termos básicos da amostragem.

forma como a amostra é selecionada. Cada membro da população é chamado de *elemento*. A identificação e seleção de elementos que formarão a amostra estão no centro de todas as técnicas amostrais.

É importante enfatizar, neste ponto, que as amostras, por si só, têm pouco ou nenhum interesse. Não será construída uma nova sala de informática para o uso único dos 100 estudantes pesquisados. De maneira semelhante, o psicólogo social não está interessado apenas nas atitudes raciais das 50 pessoas que pesquisou, assim como o diretor de *marketing* não está interessado apenas nas preferências dos 200 consumidores que pesquisou. As *populações, e não as amostras, são de interesse primário*. O "poder" das amostras para descrever a população mais ampla baseia-se na premissa de que as respostas de uma amostra em um levantamento poderão ser aplicadas à população da qual a amostra foi tirada.

A capacidade de generalizar a partir de uma amostra para a população depende criticamente da **representatividade** da amostra. De forma clara, os indivíduos em uma população diferem de muitas maneiras, e as populações diferem umas das outras. Por exemplo, uma população pode ser 40% feminina e 60% masculina, ao passo que, em outra população, a distribuição pode ser 75% feminina e 25% masculina. *Uma amostra é representativa da população até o nível em que ela apresenta a mesma distribuição de características que a população.* Se uma amostra representativa de 200 adultos tem 80 homens e 120 mulheres, qual das populações mencionadas ela representa? Podemos usar os exemplos do Exercício I como prática em identificar amostras representativas.

A principal ameaça à representatividade é o viés. Uma *amostra com viés* é aquela em que a distribuição de características na amostra é sistematicamente diferente da

☑ Exercício I

Identificando amostras representativas

À esquerda, existem descrições de quatro populações. Encontre a amostra no lado direito que representa cada população.

Populações	Amostras
1. 60% mulheres, 40% homens 90% idade 18-22, 10% idade > 22 70% 1º e 2º ano, 30% 3º e 4º	**A.** 132 mulheres, 44 homens 114 idade 18-22, 62 idade > 22 141 1º e 2º ano, 35 3º e 4º
2. 80% mulheres, 20% homens 60% idade 18-22, 40% idade > 22 70% 1º e 2º ano, 30% 3º e 4º	**B.** 244 mulheres, 61 homens 183 idade 18-22, 122 idade > 22 213 1º e 2º ano, 92 3º e 4º
3. 75% mulheres, 25% homens 65% idade 18-22, 35% idade > 22 80% 1º e 2º ano, 20% 3º e 4º	**C.** 48 mulheres, 12 homens 54 idade 18-22, 6 idade >22 42 1º e 2º ano, 18 3º e 4º
4. 80% mulheres, 20% homens 90% idade 18-22, 10% idade > 22 70% 1º e 2º ano, 30% 3º e 4º	**D.** 150 mulheres, 100 homens 225 idade 18-22, 25 idade > 22 175 1º e 2º ano, 75 3º e 4º

De Zechmeister, Zechmeister e Shaughnessy, *Essentials of Research Methods in Psychology*, McGraw-Hill, 2001, p.124.

---

população visada. Uma amostra de 100 adultos que contivesse 80 mulheres e 20 homens provavelmente seria tendenciosa se a população fosse 60% feminina e 40% masculina. Nesse caso, as mulheres estariam super-representadas, e os homens estariam sub-representados na amostra. Existem duas fontes de viés em amostras: o viés de seleção e o viés da taxa de resposta. O **viés de seleção** ocorre quando os *procedimentos* usados para selecionar a amostra resultam na super-representação de algum segmento da população ou, por outro lado, na exclusão ou sub-representação de um segmento significativo. Descreveremos os problemas associados ao viés da taxa de resposta na próxima seção, "Métodos de levantamento".

É provável que haja um viés de seleção, por exemplo, quando se usam pesquisas de boca-de-urna para avaliar as atitudes das pessoas. A pesquisa indica que características demográficas, como a idade, raça, educação e renda dos eleitores entrevistados em pesquisas de boca-de-urna diferem das características da população, com base em dados do censo norte-americano (Madigan,

1995). Observe que os dados do censo representam toda a população, incluindo eleitores e não eleitores, ao passo que apenas os eleitores são selecionados para as amostras de boca-de-urna. Assim, as amostras de boca-de-urna podem não representar a população, devido ao viés de seleção. Embora uma pesquisa com eleitores possa prever corretamente os interesses e as atitudes das pessoas *que votam*, suas respostas talvez não possam ser usadas para caracterizar as atitudes da população (que compreende pessoas que não votam). De forma clara, os políticos não podem assumir o "mandato" com base em uma amostra tendenciosa de indivíduos que votaram.

Podemos aprender uma lição mais geral a partir do exemplo das pesquisas de boca-de-urna. Ou seja, o que constitui uma amostra representativa depende da população de interesse. Por exemplo, se uma universidade quiser saber as opiniões sobre o estacionamento de estudantes que dirigem no *campus*, a população visada será composta por estudantes que trazem seus carros ao *campus* (e não pelos estudantes em geral). Uma amostra imparcial, nesse caso, seria aquela que representasse a população de estudantes que estacionam no *campus*.

Abordagens de amostragem

- Duas abordagens usadas para selecionar uma amostra para um levantamento são a amostragem não probabilística e a amostragem probabilística.
- A amostragem não probabilística (como uma amostragem de conveniência) não garante que cada elemento da população tenha igual chance de ser incluído na amostra.
- A amostragem probabilística é o método de escolha para se obter uma amostra representativa.
- Na amostragem aleatória simples, cada elemento da população tem igual chance de ser incluído na amostra; na amostragem aleatória estratificada, a população é dividida em subpopulações (estratos), e são derivadas amostras aleatórias dos estratos.

Existem duas abordagens básicas de amostragem – a amostragem não probabilística e a amostragem probabilística. Na **amostragem não probabilística**, não temos garantia de que cada elemento tenha chance de ser incluído, ou maneiras de estimar a probabilidade de que cada elemento seja incluído na amostra. No levantamento sobre os serviços de informática que citamos antes, se o pesquisador entrevistasse os primeiros 30 alunos que entrassem na biblioteca, ele estaria usando amostragem não probabilística. De forma clara, nem todos os estudantes teriam a mesma probabilidade de estar na biblioteca naquele momento específico, e alguns essencialmente não teriam chance de ser incluídos na amostra (p.ex, se estivessem no trabalho ou em casa).

Em contrapartida, se o pesquisador fosse selecionar 100 estudantes aleatoriamente a partir da lista de matrículas da secretaria, ele estaria usando amostragem probabilística. Na **amostragem probabilística**, todos os estudantes matriculados (elementos) têm igual chance de ser incluídos na amostra. Podemos descrever a abordagem desse pesquisador como amostragem probabilística porque seu procedimento amostral (i.e., seleção aleatória a partir de uma lista predeterminada) permite que todos os alunos tenham igual chance de serem selecionados para a pesquisa. *A amostragem probabilística é muito superior à amostragem não probabilística para garantir que as amostras selecionadas representem a população.* Assim, o pesquisador que seleciona 30 estudantes aleatoriamente a partir da lista de matrículas tem mais chances de ter uma amostra representativa do que o pesquisador que baseia os resultados da sua pesquisa nos 30 primeiros estudantes que aparecerem na biblioteca.

Amostragem não probabilística A forma mais comum de amostragem não probabilística é a amostragem de conveniência. A *amostragem de conveniência* envolve selecionar os respondentes principalmente com base em sua disponibilidade e disposição para responder. Por exemplo, os jornais muitas vezes publicam os comentários do "cidadão comum". Seus comentários podem ser uma leitura interessante, mas é provável que suas opiniões não representem as da comunidade mais ampla. Essa falta de representatividade ocorre porque a amostragem de conveniência é não probabilística, e não podemos ter certeza de que cada pessoa da comunidade teve chance de ser incluída na amostra. Também se usa amostragem de conveniência quando as pessoas respondem a pesquisas em revistas, pois a revista deve estar disponível (e ser comprada), e as pessoas devem se dispor a enviar suas respostas. A "base de participantes" que muitos psicólogos usam em faculdades e universidades é uma amostra de conveniência, composta geralmente por estudantes matriculados na disciplina de introdução à psicologia.

Crossen (1994) descreve as limitações de outra variação da amostragem de conveniência, chamada de enquete telefônica. As enquetes telefônicas são usadas em programas de televisão e rádio para pesquisar as visões de seu público. Aqueles que, por acaso, estão "sintonizados" e que estão dispostos a telefonar (e às vezes a pagar para ligar para um número cobrado) formam a amostra dessas enquetes telefônicas. As pessoas que telefonam em resposta a uma solicitação dessas diferem da população geral, não apenas porque fazem parte do público de um programa de televisão específico, mas porque estão motivadas o suficiente para fazerem a ligação. De maneira semelhante, os usuários da internet que respondem a uma pergunta que surge por meio de um *pop up* em sua *homepage* diferem daqueles que decidem não responder (ou que não sejam usuários regulares do computador).

Um noticiário do horário nobre da televisão fez uma pesquisa com uma pergunta sobre se a sede da ONU deveria permanecer nos Estados Unidos (Crossen, 1994). Outra pesquisa envolvendo 500 respondentes selecionados aleatoriamente também fez a mesma pergunta. Das 186 mil pessoas que telefonaram para responder, a maioria sólida (67%) queria a ONU *fora dos Estados Unidos*. Dos 500 respondentes do estudo, a maioria clara (72%) queria que a ONU *permanecesse nos Estados Unidos*. Como essas duas pesquisas podem ter produzido resultados tão diferentes – e mesmo opostos? Devemos confiar mais nos resultados da enquete telefônica por causa do grande tamanho da amostra? Absolutamente não! Uma amostra de conveniência grande é tão provável de não ser representativa quanto qualquer outra amostra de conveniência. Como regra geral, *você deve considerar que a amostragem de conveniência resultará em uma amostra tendenciosa, a menos que tenha evidências fortes que confirmem a representatividade da amostra.*

Amostragem probabilística A característica que distingue a amostragem probabilística é que o pesquisador pode especificar, para cada elemento da população, a probabilidade de ser incluído na amostra. Dois tipos comuns de amostragem probabilística são a amostragem aleatória simples e a amostragem aleatória estratificada. A amostragem aleatória simples é a técnica básica de amostragem probabilística. A definição mais comum de **amostragem aleatória simples** é que cada elemento tem igual chance de ser incluído na amostra. Os procedimentos para a amostragem aleatória simples são apresentados no Quadro 5.1.

Uma decisão crítica que deve ser tomada ao se selecionar uma amostra aleatória envolve o seu tamanho. Por enquanto, queremos apenas observar que o tamanho de uma amostra aleatória necessária para representar uma população depende do grau de variabilidade na população. por exemplo, os estudantes universitários nas universidades da Ivy League representam uma população mais homogênea do que os estudantes universitários em todas as faculdades norte-americanas, com relação às suas capacidades acadêmicas. Em um extremo, a população mais homogênea seria aquela cujos membros fossem todos idênticos. Uma amostra de um elemento seria representativa dessa população, independente do tamanho da população. No outro extremo, a população mais heterogênea seria aquela em que cada membro fosse completamente diferente de todos os outros membros em todas as características. Nenhuma amostra, independentemente do seu tamanho, poderia ser representativa dessa população. Todos os indivíduos deveriam ser incluídos para descrever uma população tão heterogênea. Na prática, as populações com que os pesquisadores trabalham em seus levantamentos costumam ficar em algum ponto entre esses dois extremos.

Muitas vezes, é possível aumentar a representatividade de uma amostra usando amostragem aleatória estratificada. Na **amostragem aleatória estratificada**, a população é dividida em subpopulações, chamadas *estratos*, e são tiradas amostras aleatórias a partir desses estratos. Existem duas maneiras gerais de determinar quantos elementos devem ser tirados de cada estrato. Um modo (ilustrado no último exemplo do Quadro 5.1) é tirar amostras de mesmo tamanho de

158 Shaughnessy, Zechmeister & Zechmeister

☑ Quadro 5.1

COMO FORMAR AMOSTRAS ALEATÓRIAS

Os seguintes nomes representam uma versão resumida de uma base amostral obtida com a secretaria de uma pequena faculdade. São descritos os procedimentos usados para formar uma amostra aleatória simples e uma amostra aleatória estratificada a partir dessa lista.

Adamski	F	3
Alderink	F	4
Baxter	M	4
Bowen	F	4
Bröder	M	2
Brown	M	3
Bufford	M	2
Campbell	F	1
Carnahan	F	2
Cowan	F	1
Cuhsman	M	4
Dawes	M	3
Dennis	M	4
Douglas	F	1
Dunne	M	2
Fahey	M	1
Fedder	M	1
Foley	F	2
Gonzáles	F	3
Harris	F	3
Hedlund	F	2
Johnson	F	1
Klaaren	F	3
Ludwig	M	1
Martinez	F	4
Nowaczyk	M	3
O'Keane	F	4
Osgood	M	2
Owens	F	2
Pensein	M	3
Powers	M	4
Romero	M	1
Sawyer	M	3
Shaw	M	4
Sonders	F	2
Suffolk	F	2
Taylor	F	1
Thompson	M	1
Watterson	F	3
Zimmerman	M	2

Formação de uma amostra aleatória:

Passo 1. Numere cada elemento da base amostral: Adamski seria o número 1, Harris seria número 20, e Zimmerman seria número 40.

Passo 2. Decida o tamanho da amostra que quer usar. Este é apenas um exemplo, então usaremos uma amostra de tamanho 5.

Passo 3. Escolha um ponto de partida na Tabela de números aleatórios no Apêndice (Tabela A.1) (apontar com o dedo de olhos fechados funciona muito bem – nosso dedo caiu na coluna 8, linha 22, na entrada 26384). Como nossa base amostral varia apenas de 1 a 40, decidimos *antes* de olhar a tabela que usaríamos os dois números à esquerda em cada conjunto de cinco e seguiríamos a tabela da esquerda para a direita. Poderíamos ter decidido subir, descer ou ir da direita para a esquerda. Também poderíamos ter usado os dois dígitos do meio ou os dois últimos em cada conjunto de cinco, mas essas decisões devem ser tomadas antes de usar a tabela.

Passo 4. Identifique os números a serem incluídos em sua amostragem, seguindo a tabela. Obtivemos os números 26, 06, 21, 15 e 32. Veja que os números acima de 40 são ignorados. O mesmo se aplicaria se chegássemos a uma repetição de um número que já tivéssemos selecionado.

Passo 5. Liste os nomes correspondentes aos números selecionados. Em nosso caso, a amostra incluiria Nowaczyk, Brown, Hedlund, Dunne e Romero.

Para se obter uma amostra aleatória, pode-se usar um sistema ainda mais fácil, chamado *amostragem sistemática*. Nesse procedimento, você divide o tamanho da amostra que deseja no tamanho da base amostral para obter o valor k. Então, seleciona cada $k°$ elemento depois de escolher o primeiro aleatoriamente. Em nosso exemplo, queremos uma amostra de tamanho 5, a partir de uma base amostral de 40, de modo que k seria 8. Assim, escolheríamos uma das primeiras oito pessoas aleatoriamente e depois pegaríamos cada oitava pessoa a seguir. Se Alderink fosse escolhido entre os oito primeiros, os membros restantes da amostra seriam Cowan, Foley, Nowaczyk e Shaw. *Obs.*: Esse sistema *não* deve ser usado se a base amostral tiver uma organização periódica – se, por exemplo, você tiver uma lista de residentes do dormitório organizada por quartos e cada 10° par listado ocupar um quarto no canto. É fácil ver que, nessa lista, se o seu intervalo amostral fosse 10, você acabaria com todas as

☑ Quadro 5.1 (continuação)

pessoas que usassem quartos de canto ou nenhuma pessoa de quartos de canto.

1° ano	2° ano
1 Campbell	1 Bröder
2 Cowan	2 Bufford
3 Douglas	3 Carnahan
3 Fahey	4 Dunne
5 Fedder	5 Foley
6 Johnson	6 Hedlund
7 Ludwig	7 Osgood
8 Romero	8 Owens
9 Taylor	9 Suffolk
10 Thompson	10 Zimmerman

3° ano	4° ano
1 Adamski	1 Alderink
2 Borwn	2 Baxter
3 Dawes	3 Bowen
4 Gonzales	4 Cushman
5 Harris	5 Dennis
6 Klaaren	6 Martinez
7 Nowaczyk	7 O'Keane
8 Pensien	8 Powers
9 Sawyer	9 Shaw
10 Watterson	10 Sonders

Formando uma amostra aleatória estratificada:

Passo 1. Organize a base amostral em estratos. Para nosso exemplo, estratificamos conforme a posição da classe. No exemplo, os estratos não são de mesmo tamanho, mas isso não precisa ocorrer.

Passo 2. Numere cada elemento dentro de cada estrato, como fez na lista apresentada.

Passo 3. Decida o tamanho geral da amostra que deseja usar. Para nosso exemplo, usaremos uma amostra de 8.

Passo 4. Forme uma amostra de mesmo tamanho a partir de cada estrato, de modo que obtenha o tamanho geral desejado. Para nosso exemplo, isso significaria tirar 2 de cada estrato.

Passo 5. Siga os passos para formar uma amostra aleatória e repita para cada estrato. Usamos um ponto de partida diferente na Tabela de números aleatórios (Tabela A.1), mas, desta vez, usamos os dois últimos dígitos em cada conjunto de cinco. Os números identificados para cada estrato foram: 1° ano (04 e 01), 2° ano (06 e 04), 3° ano (07 e 09) e 4° ano (02 e 09).

Passo 6. Liste os nomes correspondentes aos números selecionados. Nossa amostra aleatória estratificada incluiria Fahey, Campbell, Hedlund, Dunne, Nowaczyk, Sawyer, Baxter e Shaw.

---

cada estrato. A segunda maneira é tirar elementos da amostra de forma proporcional. Considere uma população de alunos de graduação formada por 30% de alunos do primeiro ano, 30% do segundo, 20% do terceiro e 20% do quarto (as classes de anos são os estratos). Uma amostra aleatória estratificada de 200 estudantes obtida a partir dessa população incluiria 60 alunos do primeiro ano, 60 do segundo, 40 do terceiro e 40 do quarto. Em contrapartida, formar amostras de mesmo tamanho de cada estrato resultaria em 50 estudantes para cada classe de ano. *Somente a amostra estratificada de forma proporcional seria representativa.*

Além de seu potencial para aumentar a representatividade das amostras, a amostragem aleatória estratificada é útil quando você quer descrever partes específicas da população. Por exemplo, uma amostra aleatória simples de 100 estudantes seria suficiente para levantar as atitudes dos estudantes em um *campus* de 2.000 alunos. Suponhamos, contudo, que a sua amostra tivesse apenas dois dos 40 estudantes do curso de química, e você quisesse descrever as visões dos alunos segundo cursos diferentes. Mesmo que isso refletisse corretamente a proporção de alunos de química na população, seria arriscado usar as visões de apenas dois alunos para representar todos os 40 alunos de química (dois é pouco demais). Nesse caso (e, de forma mais geral, quando um estrato é pequeno), você poderia amostrar mais alunos de química para descrever melhor as suas visões. Não se pode dizer corretamente quantos amostrar, pois, como vimos antes, o tamanho da amostra necessária para representar uma população depende do grau de variabilidade na população.

EXERCÍCIO II

Dois estudantes pesquisadores deviam fazer um levantamento para determinar as atitudes de estudantes para com as irmandades e fraternidades (organizações gregas) dentro do *campus*. A faculdade tem 3.200 alunos. Por volta de 25% pertencem às organizações gregas, e 75% não participam. Os dois estudantes discordam sobre o melhor plano amostral para o estudo. Um acha que deveriam fazer uma amostra aleatória estratificada com 200 estudantes: 100 dos que pertencem a orga-

nizações gregas e 100 dos alunos independentes. O outro acha que deveriam fazer uma amostra aleatória simples com 100 alunos do *campus* como um todo.

1. Faça um comentário crítico sobre esses dois planos amostrais, em termos de sua representatividade e da probabilidade de aferirem de forma confiável as visões dos estudantes que pertencem às organizações gregas.
2. Desenvolva seu próprio plano amostral se achar que nenhum dos propostos é o ideal.

Métodos de levantamento

* Quatro métodos para obter dados em levantamentos são os levantamentos por correio, entrevistas pessoais, entrevistas telefônicas e levantamentos pela internet.

A escolha da amostra é apenas uma de várias decisões importantes a tomar quando se faz pesquisa de levantamento por correio. Você também deve decidir como obterá informações dos respondentes. Existem quatro métodos gerais: levantamentos por correio, entrevistas pessoais, entrevistas telefônicas e levantamentos pela internet. Como ocorre muitas vezes ao se fazer pesquisa, não existe o melhor método para todas as circunstâncias. Cada método de levantamento tem suas vantagens e desvantagens. O desafio que você enfrenta é selecionar o método que melhor se encaixe em sua pergunta de pesquisa.

Levantamentos por correio

* Embora os levantamentos por correio sejam rápidos e convenientes, pode haver um problema com a taxa de resposta quando os indivíduos não responderem ou devolverem o questionário.
* Devido a problemas com a taxa de resposta, a amostra final para um levantamento por correio pode não representar a população.

Os levantamentos por correio são usados para distribuir questionários autoadministrados, que as pessoas respondem por conta própria. Uma vantagem dos levantamentos por correio é que eles geralmente podem ser preenchidos de forma relativamente rápida. Como são autoadministrados, os levantamentos por correio também evitam os problemas devidos ao viés do entrevistador (definido na próxima seção). Entre os quatro métodos de levantamento, os levantamentos por correio são o melhor para lidar com temas muito pessoais ou embaraçosos, especialmente quando se preserva o anonimato dos respondentes.

Infelizmente, existem muitas desvantagens nos levantamentos por correio, algumas menos sérias do que as outras. Por exemplo, como os respondentes não podem fazer perguntas, o questionário usado no levantamento deve ser totalmente autoexplicativo. Uma segunda desvantagem menos séria é que o pesquisador tem pouco controle sobre a ordem em que o sujeito responde as perguntas. A ordem das perguntas pode afetar a maneira como as pessoas respondem certas perguntas. Um problema sério com os levantamentos por correio, contudo, é a baixa taxa de resposta, que pode resultar em um viés da taxa de resposta.

A taxa de resposta se refere à porcentagem de pessoas que completam o levantamento. Por exemplo, se 30 de 100 pessoas amostradas completam o levantamento, a taxa de resposta é 30%. *Uma taxa de resposta baixa indica que pode haver um* **viés da taxa de resposta**, *que ameaça a representatividade da amostra.* Existem muitas razões para isso. Por exemplo, respondentes com problemas de alfabetização, pouca formação educacional, ou problemas de visão podem não responder ao levantamento; portanto, pessoas com essas características talvez não sejam bem representadas na amostra final de respondentes. Muitas vezes, pessoas escolhidas aleatoriamente para uma amostra estão ocupadas demais ou não se interessam o suficiente pelo estudo para devolver o questionário preenchido. A baixa taxa de resposta (i.e., não preencher e devolver o levantamento) é o principal fator que leva a amostras que não representam a população de interesse, resultando no viés da taxa de resposta. Assim, uma amostra probabilística selecionada cuidadosamente pode se tornar uma amostra não probabilística – uma amostra de conveniência, na qual a disponibilidade e a disposição dos indivíduos determinam se eles respondem ao levantamento.

A menos que a taxa de resposta seja de 100%, existe potencial para o viés da taxa de resposta, independentemente do cuidado na seleção da amostra inicial. Todavia, uma taxa de resposta baixa não indica automaticamente que a amostra não represente a população. O pesquisador deve demonstrar o nível em que a amostra final de respondentes que devolveram o levantamento é representativa da população, e que nenhum segmento da população está super-representado ou sub-representado. Por exemplo, Berdahl e Moore (2006) comentaram que sua amostra provavelmente sub-representava as experiências de assédio de imigrantes recentes com pouco domínio da língua inglesa, que podem ter tido dificuldade com o questionário.

A taxa de retorno típica para levantamentos por correio gira apenas em torno de 30%. Todavia, existem coisas que você pode fazer para aumentar a taxa de retorno.

As taxas de retorno geralmente são maiores quando

- o questionário tem um "toque pessoal" (p.ex., os respondentes são tratados pelo nome, e não apenas como "residente" ou "estudante");
- responder exige o mínimo esforço do respondente;
- o tema do levantamento é de interesse intrínseco para o respondente;
- o respondente se identifica de algum modo com a organização ou pesquisador que está patrocinando o levantamento.

Entrevistas pessoais

- Ainda que caras, as entrevistas pessoais permitem que os pesquisadores adquiram mais controle sobre a maneira como o levantamento é administrado.
- O viés do entrevistador ocorre quando as respostas são registradas de forma imprecisa ou quando os entrevistadores orientam as respostas dos indivíduos.

Quando se usam entrevistas pessoais para coleta de dados em levantamentos, os respondentes geralmente são contatados em suas casas ou em um *shopping center*, e entrevistadores treinados administram o questionário. A entrevista pessoal permite maior flexibilidade para fazer as perguntas do que o levantamento por correio. Durante uma entrevista, o respondente pode obter esclarecimentos quando as questões não estão claras, e o entrevistador pode esclarecer respostas incompletas ou ambíguas a questões abertas. O entrevistador controla a ordem das questões e pode garantir que todos os respondentes respondam as perguntas na mesma ordem. Tradicionalmente, a taxa de resposta a entrevistas pessoais tem sido maior do que para levantamentos por correio.

As vantagens de usar entrevistas pessoais são claras, mas também existem algumas desvantagens. O medo crescente da criminalidade urbana e o número cada vez maior de lares sem ninguém em casa durante o dia reduziram o interesse no uso de entrevistas pessoais domiciliares. Uma desvantagem significativa de usar entrevistas pessoais é o custo. O uso de entrevistadores treinados é caro, em termos de tempo e dinheiro. Talvez a desvantagem mais crítica das entrevistas pessoais envolva o potencial para o viés do entrevistador. O entrevistador deve ser um meio neutro pelo qual perguntas e respostas são transmitidas. O **viés do entrevistador** ocorre quando o entrevistador registra apenas partes selecionadas das respostas dos respondentes ou tenta ajustar o fraseado de uma pergunta para "encaixá-la" ao respondente. Por exemplo, suponhamos que um respondente em um levantamento sobre a televisão diga: "O maior problema com os programas de televisão é a violência excessiva". Haveria viés por parte do entrevistador se ele anotasse "violência na televisão" em vez da resposta completa do respondente. Em uma outra questão, poderia também haver viés do entrevistador se ele perguntasse: "Com violência, você quer dizer assassinatos e estupros?". Uma investigação mais neutra permitiria que o respondente descrevesse o que quer dizer perguntando: "Você pode explicar o que quer dizer com violência?"

A melhor proteção contra o viés do entrevistador é empregar entrevistadores bem remunerados e motivados, que são treinados para seguir a formulação exata das perguntas, registrar as respostas de forma precisa, e usar perguntas de esclarecimento de forma criteriosa. Os entrevistadores também devem receber uma lista detalhada de instruções sobre como lidar com situações difíceis ou confusas. Finalmente, devem ser supervisionados cuidadosamente pelo diretor do projeto de pesquisa.

A tecnologia da informática possibilita o uso de um híbrido de levantamento autoadministrado e entrevista pessoal. A pessoa pode ouvir as perguntas gravadas pelo entrevistador e responder às perguntas no computador. Com essa tecnologia, cada respondente literalmente ouve as perguntas lidas pelo mesmo entrevistador da mesma maneira, reduzindo assim o risco de viés do entrevistador. Essa tecnologia também permite que os sujeitos respondam perguntas que sejam muito pessoais em relativa privacidade (Rasinski, Willis, Baldwin, Yeh e Lee, 1999).

Entrevistas telefônicas

- Apesar de algumas desvantagens, as entrevistas por telefone são usadas com frequência para levantamentos rápidos.

O custo proibitivo das entrevistas pessoais e as dificuldades para supervisionar os entrevistadores levaram os pesquisadores que trabalham com levantamentos a fazer seus levantamentos por telefone ou pela internet. As entrevistas por telefone sofreram críticas consideráveis quando começaram a ser usadas, por causa das sérias limitações na base amostral dos respondentes potenciais. Muitas pessoas tinham números que não estavam na lista, e os pobres e residentes da zona rural eram menos prováveis de ter telefone. Todavia, em 2000, mais de 97% de todas as casas nos Estados Unidos tinham telefone (US Census Bureau, 2000), e as casas com números não listados podiam ser alcançadas usando discagem de números aleatórios. A técnica da discagem de números aleatórios permite que os pesquisadores façam contato eficiente com uma amostra geralmente representativa de proprietários de telefone nos Estados Unidos. As entrevistas por telefone também proporcionam um melhor acesso a bairros perigosos, edifícios fechados e respondentes que somente estão disponíveis durante a noite (alguém já lhe pediu para responder uma enquete telefônica durante o jantar?). As entrevistas podem ser feitas mais rapidamente quando o contato é pelo telefone, e é mais fácil supervisionar os entrevistadores quando todas as entrevistas são realizadas a partir de um mesmo local (Figura 5.2).

O levantamento telefônico, assim como outros métodos de levantamento, também tem suas limitações. Existe um possível viés

☑ **Figura 5.2** A discagem de números aleatórios permite que os pesquisadores tenham acesso a uma amostra representativa de proprietários de telefone para pesquisas rápidas.

de seleção quando os respondentes se limitam a pessoas que têm telefone, e permanece o problema do viés do entrevistador. Existe um limite no tempo que os respondentes se dispõem a ficar no telefone, e os indivíduos podem responder de maneira diferente ao falarem com uma "voz sem rosto" do que fariam com uma pessoa que os entrevistasse. A proliferação dos telefones celulares também acrescenta um efeito desconhecido, pois os usuários do telefone celular muitas vezes estão "andando" ou em locais de trabalho quando atendem o telefone. Essa mudança cultural pode resultar em taxas de resposta mais baixas em levantamentos telefônicos. Além disso, podemos pressupor que indivíduos de grupos socioeconômicos superiores sejam mais prováveis de ter vários números de telefone e, assim, serem super-representados em uma pesquisa baseada em discagem de números aleatórios. Hippler e Schwarz (1987) sugerem que as pessoas dedicam menos tempo para formar suas opiniões durante entrevistas telefônicas e podem ter dificuldade para lembrar as opções de resposta oferecidas pelo entrevistador. Além disso, o uso amplo do telefone para vender produtos e solicitar contribuições tem levado muitas pessoas a não se disporem tanto a ser entrevistadas. As opções que permitem a triagem de ligações e secretária eletrônica tornam mais fácil as pessoas evitarem ligações indesejadas. E muitas pessoas que trabalham em dois locais raramente estão em casa para atender o telefone. Apesar dessas limitações e talvez outras que você possa pensar, as entrevistas telefônicas são usadas com frequência para levantamentos rápidos.

Levantamentos pela internet

- A internet oferece várias vantagens para a pesquisa com o uso de levantamentos, pois é um método eficiente e de baixo custo para obter respostas de amostras grandes, potencialmente diversas e sub--representadas.

- As desvantagens associadas à pesquisa de levantamento pela internet incluem o potencial de viés da taxa de resposta e viés de seleção, e a falta de controle sobre o ambiente de pesquisa.

Os levantamentos estão entre os primeiros estudos comportamentais baseados na internet. Os participantes preenchem um questionário virtual e clicam o botão "enviar" para registrarem suas respostas. Dependendo do grau de sofisticação do *software*, existe o potencial de literalmente milhões de respostas serem registradas e sintetizadas automaticamente à medida que são processadas pelo servidor. Também existem programas que permitem a manipulação de variáveis e a designação aleatória de sujeitos a condições experimentais. (Ver, por exemplo, Fraley, 2004, para um "guia do iniciante" à pesquisa psicológica baseada em HTML na internet, e Kraut et al., 2004, para recursos úteis na internet.)

Diversas vantagens de usar a internet para fazer levantamentos vêm à mente imediatamente. No topo da lista, estão a eficiência e o custo (p.ex., ver Buchanan, 2000; Skitka e Sargis, 2005). Milhares, senão milhões, de participantes com idades e etnias, e mesmo nacionalidades variadas podem ser contatados apenas digitando-se algumas teclas no computador. O tempo e o trabalho são drasticamente reduzidos em relação a levantamentos por correio ou telefônicos, e mais ainda às entrevistas pessoais. Os questionários virtuais não usam papel, economizando assim os recursos naturais e os custos com fotocópias. Os participantes podem responder quando lhes for conveniente e sem deixarem o conforto de seus lares, escritórios, dormitórios ou outros *sites* da internet.

Além de alcançar amostras grandes e potencialmente diversas, Skitka e Sargis (2005) sugerem que a internet também tem o potencial de acessar grupos que geralmente são sub-representados na pesquisa psicológica. A prevalência de salas de bate-papo, grupos de interesses especiais e grupos de apoio na internet proporciona uma "entrada" para o pesquisador que procura amostras específicas de sujeitos, sejam donos de animais de estimação, membros de grupos de ódio, sobreviventes de câncer, vítimas de crimes diversos ou qualquer um em uma grande variedade de tipos de respondentes que talvez não fossem fáceis de alcançar pelos métodos de pesquisa tradicionais. Como a internet realmente é uma fonte de sujeitos de âmbito mundial, ela também abre novas possibilidades para a pesquisa transcultural (p.ex., Gosling et al., 2004).

Os levantamentos baseados na internet também têm suas desvantagens. No topo da lista, está o potencial para vieses de amostragem (Birnbaum, 2000; Kraut et al., 2004; Schmidt, 1997). É provável que haja viés de taxa de resposta e viés de seleção. Podem ocorrer problemas com taxas baixas de resposta porque as pessoas não respondem, assim como em outros métodos de levantamento. De fato, as taxas de resposta geralmente são mais baixas para levantamentos virtuais do que para levantamentos comparáveis pelo correio ou telefone (ver Kraut et al., 2004; Skitka e Sargis, 2005). Como já vimos, os indivíduos que respondem a um levantamento diferem em características importantes daqueles que não respondem. O viés de seleção está presente porque os respondentes são uma amostra de conveniência que compreende indivíduos com acesso à internet. Os lares de maior renda nos Estados Unidos são mais prováveis de ter acesso à internet, e famílias com filhos são mais prováveis de ter acesso do que aquelas que não têm filhos. Famílias brancas e asiáticas são duas vezes mais prováveis de ter acesso à internet do que famílias negras ou hispânicas (Newburger, 2001).

Os vieses de seleção podem ser exagerados em decorrência do método usado para procurar sujeitos de pesquisa. Os pesquisadores podem obter amostras de respondentes divulgando notícias sobre as pesquisas em *websites* que promovem oportunidades de pesquisa (p.ex., o *website* associado à APS é identificado no Capítulo 1) ou simplesmente criando uma página na internet com a pesquisa (p.ex., *levantamento de personalidade*) e esperando que os usuários a localizem por meio de mecanismos de busca da internet (Krantz e Dalal, 2000). Estratégias mais ativas são enviar notícias sobre o projeto de pesquisa para indivíduos ou grupos que provavelmente respondam por terem interesse no tema pesquisado. Todavia, conforme enfatizam Skitka e Sargis (2005), não apenas os usuários da internet não são representativos da população geral, como os membros de grupos de interesses especiais encontrados na internet não são necessariamente representativos de seus grupos específicos. Atualmente, não existe maneira de gerar uma amostra aleatória de usuários da internet (Kraut et al., 2004).

A falta de controle sobre o ambiente de pesquisa também é uma desvantagem importante das pesquisas pela internet (Birnbaum, 2000; Kraut et al., 2004). Como mencionamos no Capítulo 3, essa falta de controle suscita questões éticas sérias relacionadas com o consentimento informado e a proteção dos indivíduos de riscos como consequência de sua participação (p.ex., problemas emocionais por causa das perguntas do levantamento). Como o pesquisador não está presente, não existe maneira de determinar se os respondentes têm um entendimento claro das instruções, se estão respondendo conscientemente e não de forma frívola ou mesmo maliciosa, ou se estão enviando várias respostas (p.ex., Kraut et al., 2004). Os respondentes podem participar individualmente ou em grupo, em condições de distração, sem o conhecimento do pesquisador (Skitka e Sargis, 2005). Um pesquisador que trabalha com a internet preocupou-se que indivíduos que respondiam a perguntas sobre probabilidade e risco poderiam estar usando calculadora, embora as instruções recomendassem que não usassem (Birnbaum, 2000). Parece seguro dizer que as vantagens dos levantamentos pela internet compensam muitas das desvantagens. À medida que a tecnologia melhora e os IRBs criam métodos aceitáveis para proteger os sujeitos humanos, a pesquisa de levantamento pela internet continuará a melhorar como método para coletar dados com levantamentos.

Desenhos de pesquisa de levantamento

- Os três tipos de desenho de levantamento são o desenho transversal, o desenho com amostras independentes sucessivas e o desenho longitudinal.

Uma das decisões mais importantes que os pesquisadores que usam levantamento devem tomar é a escolha do desenho de pesquisa. Um desenho de pesquisa de levantamento é o plano ou estrutura geral usado para conduzir todo o estudo. Existem três tipos gerais de desenhos de pesquisa de levantamento: o desenho transversal, o desenho com amostras independentes sucessivas e o desenho longitudinal. Não existe um desenho de pesquisa de levantamento que sirva para todos os propósitos, devendo os pesquisadores escolher um desenho baseado nos objetivos do estudo.

Desenho transversal

- No desenho transversal, uma ou mais amostras são tiradas da população em um determinado momento.
- Os desenhos transversais permitem que os pesquisadores descrevam as características de uma população ou as diferenças entre duas ou mais populações, e os dados correlacionais obtidos com desenhos transversais permitem que os pesquisadores façam previsões.

O desenho transversal é um dos modelos mais usados na pesquisa de levantamento. Em um **desenho transversal**, uma ou mais amostras são tiradas da população *em um determinado momento*. O foco em um desenho transversal é a descrição – descrever as características de uma população ou as diferenças entre duas ou mais populações em um determinado momento. Por exemplo, um desenho transversal foi usado em um estudo de âmbito nacional sobre o uso da internet entre 1.100 adolescentes com idade de 12 a 17 anos (Lenhart, Madden e Hitlin, 2005). Usando a discagem de números aleatórios, eles conduziram um levantamento telefônico de pais e adolescentes como parte do Pew Internet and American Life Project, que visa analisar o impacto da internet sobre crianças, famílias, comunidades, o local de trabalho, escolas, a saúde e a vida cívica/política.

Embora seus dados sejam numerosos demais para descrever totalmente aqui, Lenhart e seus colegas apresentaram dados que mostram uma descrição detalhada do uso da internet e outras tecnologias pelos adolescentes. Por exemplo, perto de 9 em cada 10 adolescentes relatam usar a internet (comparados com 66% dos adultos) e a metade dos adolescentes diz que entra na internet pelo menos todos os dias. Além disso, 81% dos adolescentes jogam jogos pela internet, 76% recebem notícias pela internet, 42% fazem compras pela internet e 31% dizem usar a internet para obter informações de saúde. Embora o correio eletrônico seja popular, as mensagens instantâneas são preferidas. Aproximadamente 75% dos adolescentes que usam a internet em seu levantamento (comparados com 42% dos adultos conectados) usam mensagens instantâneas, com a metade desses adolescentes usando essas mensagens todos os dias. De fato, os adolescentes comentaram que usam o *e-mail* para falar com "velhos", instituições ou grandes grupos.

Esses pesquisadores também analisam as relações entre variáveis demográficas e variáveis relacionadas com o uso da internet. Por exemplo, Lenhart e colaboradores (2005) observaram que os adolescentes que usam a internet são mais prováveis de viver com famílias com renda maior e acesso maior à tecnologia, e são desproporcionalmente mais prováveis de ser brancos ou hispânicos falantes de inglês.

Os desenhos transversais são idealmente adequados para os objetivos descritivos e preditivos da pesquisa realizada por meio de levantamentos. Os levantamentos também são usados para aferir mudanças em atitudes ou comportamentos ao longo do tempo e para determinar o efeito de certos fatos de ocorrência natural, como o efeito do colapso econômico de 2008. Para essas finalidades, o desenho transversal não é o método de escolha. Ao contrário, são necessários desenhos de pesquisa que amostrem os respondentes sistematicamente ao longo do tempo. Dois desses desenhos são discutidos nas duas seções seguintes.

Desenho com amostras independentes sucessivas

- No desenho com amostras independentes sucessivas, diferentes amostras de respondentes da população respondem ao levantamento ao longo de um período de tempo.
- O desenho com amostras independentes sucessivas permite que os pesquisadores estudem mudanças em uma população ao longo do tempo.
- O desenho com amostras independentes sucessivas não permite que os pesquisadores infiram como cada respondente mudou ao longo do tempo.
- Um problema com o desenho com amostras independentes sucessivas ocorre quando as amostras obtidas da população não são comparáveis – ou seja, não são igualmente representativas da população.

No **desenho com amostras independentes sucessivas**, aplica-se uma série de levantamentos transversais ao longo do tempo (sucessivamente). As amostras são independentes porque uma amostra *diferente* de sujeitos responde o levantamento a cada momento no tempo. Existem dois ingredientes básicos: (1) deve-se fazer o mesmo conjunto de perguntas a cada amostra de sujeitos, e (2) as diferentes amostras devem ser obtidas a partir da mesma população. Se essas duas condições forem satisfeitas, os pesquisadores podem comparar as respostas legitimamente ao longo do tempo. Esse desenho é mais apropriado quando o objetivo principal do estudo for descrever mudanças nas atitudes ou comportamentos em uma população ao longo do tempo. Por exemplo, os pesquisadores que investigam a opinião pública seguidamente perguntam a amostras independentes de norte-americanos o nível em que aprovam o presidente do país (chamado de "taxa de aprovação do presidente"). As alterações na taxa de aprovação ao longo do tempo são usadas para caracterizar as opiniões dos norte-americanos sobre os atos do presidente.

Como outro exemplo, considere um estudo do qual você talvez já tenha participado, que tem sido conduzido todos os anos, desde 1966. A cada ano, faz-se um levantamento com 350 mil calouros de uma amostra de representatividade nacional de aproximadamente 700 faculdades e universidades (Pryor, Hurtado, DeAngelo, Palucki Blake e Tran, 2009; Sax et al., 2003). Esse projeto de pesquisa representa o maior e mais longo estudo empírico sobre o ensino superior nos Estados Unidos, com mais de 1.500 universidades e mais de 10 milhões de estudantes participando ao longo dos mais de 40 anos do estudo. Os estudantes respondem aproximadamente 40 questões, cobrindo diversos tópicos e, embora tenha havido algumas mudanças nas perguntas ao longo das décadas, muitas perguntas são feitas a cada ano, tornando esse um excelente exemplo de um desenho com amostras independentes sucessivas.

O que se pode dizer sobre as mudanças nos valores e objetivos dos estudantes durante esse período de tempo? Sax e colaboradores (2003) publicaram os resultados para a parte da pesquisa que pede para os estudantes avaliarem a importância de diferentes valores para aferir a necessidade que os estudantes têm de significado e propósito na vida. Dois valores são de particular interesse: "a importância de desenvolver uma

filosofia de vida significativa" e "a importância de estar muito bem de vida financeiramente" (p. 6-7). A Figura 5.3 mostra os resultados para a porcentagem de estudantes que endossaram esses valores como "muito importantes" ou "essenciais". No final da década de 60, mais de 80% dos estudantes indicaram que desenvolver uma filosofia de vida significativa era muito importante ou essencial – de fato, esse foi o principal valor endossado pelos estudantes. Em comparação, estar bem de vida financeiramente era muito importante ou essencial para menos de 45% dos estudantes, e ficava em quinto ou sexto lugar entre os valores dos estudantes durante o final da década de 1960.

Em 2003, a posição desses valores estava invertida, com 73,8% dos estudantes endossando estar bem de vida financeiramente como muito importante ou essencial. Em 2003, desenvolver uma filosofia de vida significativa chegou ao seu valor mais baixo na história do levantamento, com 39,3% dos estudantes endossando isso como muito importante ou essencial. Como se pode ver na Figura 5.3, essas tendências contrastantes em valores começaram a mudar no começo da década de 1970, cruzaram-se em 1977, e se inverteram totalmente no final da década de 1980. Sax e colaboradores (2003) enfatizam que as tendências contrastantes nos valores desde o final da década de 1980 "refletem a tensão constante entre valores extrínsecos e intrínsecos dentro dessa geração de estudantes universitários" (p. 7). Os dados da amostra de 2009 podem ser usados para ilustrar o efeito de um tratamento natural – o colapso dramático da economia mundial perto do final de 2008. Na amostra de 2009, uma quantidade recorde de 78,1% dos calouros identificou "estar bem financeiramente" como um objetivo muito importante ou essencial, mais do que qualquer outro item do levantamento (Pryor et al., 2009). Os pesquisadores citaram o declínio econômico como um fator importante nas respostas dos estudantes ao levantamento, incluindo questões que refletiam as dificuldades financeiras associadas a estudar na faculdade.

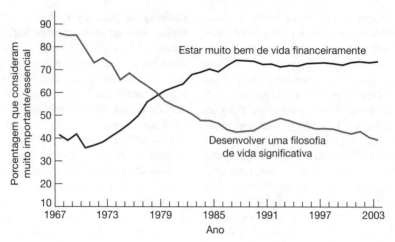

☑ **Figura 5.3** Tendências contrastantes em valores para calouros universitários de 1966 a 2003.
Fonte: Sax e colaboradores (2003), Figura 7 (p. 7).

O desenho de pesquisa com amostras independentes sucessivas tem limitações. Considere os resultados hipotéticos de um desenho com amostras independentes sucessivas. Suponhamos que você escute falar que, em 1977, 35% dos estudantes universitários pesquisados disseram que não confiavam no governo norte-americano, 25% disseram que tinham sentimentos ambíguos e 40% disseram que confiavam no governo. Depois, você escuta dizer que, em 2007, os resultados à mesma pergunta mostram que 55% dos estudantes disseram que não confiavam no governo, 25% disseram ter sentimentos ambíguos e 20% tinham confiança. Como podemos interpretar esses resultados? Para explicar a mudança de atitude na amostra de 2007, podemos concluir, por exemplo, que 20% do grupo "que confiava" na amostra de 2007 mudou de ideia e agora não confia mais no governo norte-americano? Não! E talvez você consiga enxergar a razão.

O que devemos lembrar é que os estudantes entrevistados em 1977 (em nossa pesquisa hipotética) não eram os mesmos entrevistados em 2007. O nível em que indivíduos específicos mudam de ideia ao longo do tempo pode ser determinado apenas testando os *mesmos* indivíduos em ambas as ocasiões. Não se pode determinar no desenho com amostras independentes sucessivas quem mudou de ideia ou o quanto. Talvez você tenha considerado um problema de interpretação semelhante ao analisar os resultados da pesquisa de Sax e colaboradores (2003) apresentados na Figura 5.3. O que explica as mudanças nas atitudes dos estudantes observados de 1966 a 2003? Não podemos dizer com base nesses dados. O propósito do desenho com amostras independentes sucessivas é descrever mudanças ocorridas ao longo do tempo na distribuição de características da *população*, e não descrever mudanças em respondentes *individuais*. Desse modo, o desenho com amostras independentes sucessivas nem sempre ajuda a esmiuçar as razões para as mudanças observadas, como as apresentadas na Figura 5.3. (Como você logo verá, outro desenho de pesquisa de levantamento, o desenho longitudinal, é mais apropriado para essas situações.)

Uma segunda limitação potencial do desenho com amostras independentes sucessivas ocorre quando as amostras sucessivas não são representativas da mesma população. Imagine que, em nossa pesquisa hipotética sobre a atitude dos estudantes para com o governo norte-americano, a amostra compreendesse estudantes de pequenas faculdades rurais em 1977 e estudantes de grandes universidades urbanas em 2007. Comparações das atitudes dos estudantes em relação ao governo ao longo desse período de tempo seriam insignificantes. Ou seja, não poderíamos dizer que a população estudantil havia se tornado menos confiante ao longo do tempo, pois é possível que o grau de confiança difira para estudantes da rural e da urbana, o que também poderia explicar a diferença entre os resultados de 1977 e 2007. As amostras rurais e urbanas ilustram o problema das *amostras sucessivas incomparáveis. Mudanças na população ao longo do tempo somente podem ser descritas corretamente quando as amostras independentes sucessivas representam a mesma população.* Embora existam procedimentos estatísticos sofisticados para ajudar a desvendar os problemas associados com as amostras sucessivas incomparáveis, a melhor solução é evitar o problema, selecionando cuidadosamente amostras sucessivas que representem a *mesma* população.

Desenho longitudinal

- No desenho longitudinal, os mesmos respondentes são entrevistados ao longo do tempo para analisar mudanças em respondentes individuais.
- Devido à natureza correlacional dos dados do levantamento, é difícil identificar as causas das mudanças nos indivíduos ao longo do tempo.
- À medida que as pessoas abandonam o estudo com o passar do tempo (desgaste), a amostra final talvez não seja mais comparável com a amostra original, ou não representar a população.

A característica que distingue o **desenho longitudinal** é que a mesma amostra de respondentes é entrevistada mais de uma vez. O desenho longitudinal tem duas vantagens importantes. Primeiro, o pesquisador pode determinar a direção e o nível de mudança para respondentes individuais. Além disso,

como são avaliadas mudanças nas respostas de cada indivíduo, é mais fácil investigar as razões para as mudanças de atitude ou comportamento. Em segundo lugar, o desenho longitudinal é o melhor desenho de pesquisa de levantamento quando o pesquisador quer avaliar o efeito de algum fato de ocorrência natural.

Por exemplo, Lucas (2005) analisou mudanças na satisfação com a vida antes e depois do divórcio, em um estudo longitudinal com famílias alemãs, que começou em 1984. Muitos levantamentos transversais demonstram que as pessoas divorciadas são menos satisfeitas com a vida do que as pessoas casadas. Lucas tentou determinar se o divórcio leva a menos satisfação com a vida. Os resultados indicam que a satisfação desses indivíduos com suas vidas caiu antes do divórcio e começou a aumentar novamente após o divórcio, mas não retornou ao seu estado basal, indicando que o divórcio provavelmente reduz a satisfação com a vida. Todavia, Lucas também descobriu que as pessoas que acabam se divorciando eram menos satisfeitas no começo do estudo do que as que continuaram casadas – mesmo antes de cada grupo ter casado. Lucas concluiu que a relação entre o divórcio e a satisfação na vida se deve a diferenças preexistentes no nível de satisfação e a mudanças duradouras por causa do divórcio.

Heatherton, Keel e seus colegas usaram o desenho longitudinal para investigar mudanças em atitudes e comportamentos relacionados com a alimentação durante as transições da universidade para o começo da idade adulta e do começo da idade adulta para a meia-idade (Heatherton, Mahamedi, Striepe, Field e Keel, 1997; Keel, Baxter, Heatherton e Joiner, 2007). Embora saibamos muito sobre os transtornos da alimentação em adolescentes e estudantes universitários, existem menos informações disponíveis sobre como a alimentação desordenada pode progredir, à medida que os indivíduos se estabelecem em um local, casam, constroem suas carreiras, criam filhos e adquirem um sentido mais forte de identidade. Os pesquisadores postularam a hipótese de que, à medida que os indivíduos mudam seus papéis e objetivos de vida no decorrer da idade adulta, sua ênfase na aparência física pode diminuir, o que reduziria a prevalência de atitudes e comportamentos relacionados com o transtorno da alimentação (ver Figura 5.4).

O primeiro "painel" do estudo ocorreu em 1982, quando uma amostra aleatória de 800 mulheres e 400 homens de uma faculdade privada da região nordeste do país foi escolhida para preencher um levantamento sobre a alimentação e dieta. A taxa de resposta foi de 78% ($N = 625$) para mulheres e 69% ($N = 276$) para homens. Em 1992, os pesquisadores contataram os mesmos indivíduos (com a ajuda do departamento de assuntos estudantis) e aplicaram o mesmo levantamento sobre suas atitudes e comportamentos alimentares. O terceiro painel de dados foi coletado em 2002, quando os mesmos indivíduos estavam no começo da faixa dos 40 anos. A característica que define o desenho longitudinal é o fato de que os *mesmos* indivíduos são entrevistados em cada fase do estudo. Embora os desenhos longitudinais envolvam um esforço massivo, o poder potencial desse esforço reside no fato de que os pesquisadores podem analisar mudanças nos indivíduos ao longo do tempo.

Os pesquisadores observaram que as atitudes e comportamentos alimentares mudaram com o passar do tempo. Na década seguinte à faculdade, as mulheres tiveram uma redução nos sintomas de transtornos alimentares, dietas crônicas e insatisfação com o corpo (Heatherton et al., 1997). Todavia, apesar dessas reduções, a insatisfação das mulheres com o seu corpo e seu desejo de perder peso permaneciam elevados. Os homens, em contrapartida, raramente tinham problemas com a alimentação e o peso durante a faculdade. Todavia, dez anos depois, eles apresentavam ganho de peso (em uma média de quase 12 libras [aproximadamente 5,5 Kg], comparada com o ganho de peso médio de 4 libras [cerca de 1,8 Kg] nas mulheres). Os homens também

☑ **Figura 5.4** Pesquisas como a de Heatherton, Keel e colaboradores (1997, 2007), com o uso de levantamentos, investigam como os indivíduos são afetados por transtornos alimentares à medida que envelhecem.

apresentaram mais dietas e sintomas de alimentação desordenada nos 10 anos após a faculdade, embora esse aspecto ainda fosse baixo em relação às mulheres.

Heatherton e colaboradores (1997) fizeram algumas observações interessantes, que são relevantes para a nossa compreensão dos levantamentos longitudinais. Os autores propuseram que as reduções observadas nos problemas alimentares de mulheres refletem o seu amadurecimento ao longo da faixa de 20 anos, mudanças em seus papéis e o fato de estarem longe da universidade (e das pressões para ser magra que ocorrem na faculdade). É possível, porém, que outros processos possam explicar as mudanças observadas nos indivíduos da amostra. Usando um desenho com amostras independentes sucessivas, onde amostras *separadas* de estudantes universitários foram pesquisadas em 1982 e 1992, Heatherton, Nichols, Mahamedi e Keel (1992) observaram que os sintomas de transtornos alimentares e a insatisfação com o corpo também eram menores para os estudantes universitários na amostra de 1992, em comparação com a de 1982. Essas observações sugerem que as reduções em atitudes e comportamentos ligados aos transtornos da alimentação podem refletir mudanças no âmbito da sociedade ao longo do período de 10 anos (p.ex., por haver mais informações sobre transtornos da alimentação na mídia). Um problema potencial com os desenhos longitudinais é que é difícil identificar as causas exatas para as mudanças dos indivíduos ao longo do tempo.[1]

O que podemos dizer sobre as atitudes e comportamentos alimentares 20 anos após a faculdade? De um modo geral, as mulheres apresentaram mais insatisfação com o peso, dieta e atitudes ligadas a transtornos alimentares do que os homens nos 20 anos do levantamento (Keel et al., 2007). No levantamento de 2002, os pesquisadores observaram que, em média, o peso corporal aumentou significativamente para os homens (17 libras [cerca de 7,7 kKg] desde a faculdade) e mulheres (14

libras [aproximadamente 6,4 Kg] desde a faculdade). As dietas e a insatisfação com o peso eram maiores entre os homens em 2002, acompanhando seu ganho de peso. De maneira interessante, quando as mulheres que participaram do estudo estavam no começo da faixa dos 40 anos, apesar do ganho de peso, elas informaram fazer menos dietas, tinham alimentação menos desordenada e menos insatisfação com seus corpos. De fato, a fase de maior insatisfação com o corpo para as mulheres ocorreu durante a faculdade. Com base em suas análises estatísticas, Keel e colaboradores sugerem que os papéis adultos alcançados por meio do casamento, maternidade e carreiras estavam associados a diminuições na alimentação desordenada das mulheres. Ou seja, ainda que a aparência física fosse importante durante os anos da faculdade (p.ex., para atrair um parceiro potencial), as mudanças em prioridades associadas ao casamento e a se tornar mãe tornaram menos importante o desejo das mulheres pela magreza.

Outro problema potencial com os desenhos longitudinais é que pode ser difícil obter uma amostra de respondentes que concordem em participar de um estudo longitudinal ao longo do tempo. Além disso, talvez você pense que o desenho longitudinal resolve o problema das amostras incomparáveis, pois as mesmas pessoas participam várias vezes (assim, é claro, a amostra representa a mesma população todas as vezes). Infelizmente, as amostras de um estudo longitudinal *somente* são idênticas ao longo do tempo *se* todos os membros da amostra original participarem no decorrer do estudo. Isso é improvável. Por exemplo, no estudo de Heatherton e colaboradores (1997), dos 901 participantes da amostra original de 1982, apenas 724 (80%) retornaram um levantamento de modo que tivesse utilidade em 1992. No terceiro painel de 2002, 654 (73%) dos 900 participantes originais de 1982 responderam ao levantamento e, desses, 561 (86%) também responderam ao levantamento de 1992. Assim, ao final de 20 anos, os pesquisadores tinham as respostas para cada um dos três períodos de tempo (1982, 1992, 2002) para 62,3% da sua amostra original de 900 respondentes.

A menos que todos os respondentes contidos na amostra original participem de todas as fases do estudo longitudinal, existe um problema possível, devido ao *desgaste*. O desgaste provavelmente é a desvantagem mais séria do desenho longitudinal, pois, à medida que as amostras diminuem com o passar do tempo, elas são menos prováveis de representar a população original de onde a amostra foi tirada. Todavia, geralmente é possível determinar se a amostra final é comparável à amostra original em um desenho longitudinal. Conhecemos as características dos que não responderam nas fases de seguimento porque eles participaram da amostra original. Portanto, os pesquisadores podem olhar as características dos participantes originais para ver como os indivíduos que não responderam podem diferir daqueles que continuaram participando.

Keel e colaboradores (2007) analisaram os problemas relacionados com o desgaste, comparando as respostas de indivíduos que responderam ao levantamento original de 1982, mas não continuaram (não respondentes), com as respostas de indivíduos que continuaram o estudo até o levantamento de 2002. Observaram que, comparados com os não respondentes, os indivíduos que continuaram no estudo disseram que estavam mais gordos, faziam dieta com mais frequência e tinham um desejo maior de serem magros. Isso representa potencial para um viés da taxa de resposta, pois a participação continuada em 2002 poderia estar relacionada com o interesse no tema da pesquisa. Keel e colaboradores sugerem que as preocupações com o peso e o corpo no levantamento de 2002 podem ter sido infladas por causa desse potencial de viés da taxa de resposta.

As vantagens do desenho longitudinal, como determinar as mudanças para sujeitos individuais, ocorrem porque os mesmos indivíduos são entrevistados mais de uma vez. Paradoxalmente, também podem surgir problemas no desenho longitudinal por causa dessa mesma característica. Um problema possível é que os respondentes podem tentar ser heroicamente coerentes entre os levantamentos. Isso pode ser particularmente problemático quando o estudo visa avaliar as mudanças nas suas atitudes! Embora as atitudes tenham mudado, as pessoas podem repetir as atitudes originais na tentativa de parecerem coerentes (talvez saibam que os pesquisadores valorizam a fidedignidade). Outro problema potencial é que o levantamento inicial pode sensibilizar os respondentes à questão sob investigação. Por exemplo, considere um estudo longitudinal usado para avaliar a preocupação dos alunos com a criminalidade no *campus*. Uma vez que o estudo começa, os participantes começam a prestar mais atenção em relatos de crimes do que normalmente prestariam. Talvez você reconheça isso como um exemplo de uma medida reativa – as pessoas agirem diferentemente porque sabem que estão participando de um estudo.

Em vez de tentarem ser heroicamente coerentes em suas atitudes e comportamentos relacionados com a alimentação ao longo tempo, Heatherton e colaboradores (1997) observaram que seus sujeitos podiam relutar para informar que estavam tendo os mesmos problemas com a alimentação que tinham quando estavam na faculdade. Assim, as reduções que os pesquisadores encontraram em problemas alimentares durante o período de 10 anos talvez se devam ao fato de que "as mulheres que se aproximam dos 30 anos podem se sentir envergonhadas para admitir que têm problemas associados à adolescência" (p. 124). Quando os respondentes de levantamentos relatam suas atitudes e comportamentos, os pesquisadores devem ficar alertas para as razões por que os relatos talvez não correspondam ao comportamento real. Retornaremos a essa importante questão mais adiante neste capítulo.

Questionários

Mesmo que a amostra de respondentes seja perfeitamente representativa, a taxa de resposta seja de 100% e o desenho de pesquisa tenha sido perfeitamente planejado e executado, os resultados de um levantamento serão inúteis se o questionário foi mal construído. Nesta seção, descrevemos o instrumento de pesquisa mais usado em levantamentos, o questionário. Para que tenham utilidade, os questionários devem produzir medidas fidedignas e válidas de variáveis demográficas e de diferenças individuais em escalas de autoavaliação. Embora não haja substituto para a experiência no que diz respeito à preparação de um bom questionário, existem alguns princípios gerais na construção de questionários com os quais você deve estar familiarizado. Descrevemos seis passos básicos para preparar um questionário e apresentamos diretrizes específicas para escrever e administrar questões individuais.

Questionários como instrumentos

- A maioria dos levantamentos utiliza questionários para medir variáveis.
- As variáveis demográficas descrevem as características das pessoas que são entrevistadas.
- A acurácia e a precisão dos questionários exigem conhecimento e cuidado em sua construção.
- As escalas de autoavaliação são usadas para avaliar as preferências ou atitudes das pessoas.

O valor da pesquisa de levantamento (e qualquer pesquisa) depende, em última análise, da qualidade das medições que os pesquisadores fazem. A qualidade dessas medições, por sua vez, depende da qualidade dos instrumentos usados para fazer as medições. O principal instrumento de pesquisa usado para fazer levantamentos é o **questionário**. Superficialmente, um questionário pode não parecer com os instrumentos tecnológicos usados em grande parte da pesquisa científica moderna; porém, quando construído e usado adequadamente, o questionário é um instrumento científico poderoso para medir variáveis diferentes.

Variáveis demográficas As variáveis demográficas são um tipo importante de variável avaliada com frequência na pesquisa por meio de levantamentos. As variáveis demográficas são usadas para descrever as características das pessoas que são entrevistadas. Medidas como raça, etnia, idade e *status* socioeconômico são exemplos de variáveis demográficas. A decisão de medir essas variáveis depende dos objetivos do estudo, assim como de outras considerações. Por exemplo, Entwistle e Astone (1994) observaram que "projeta-se que a diversidade étnica e racial da população norte-americana aumentará até a metade deste século XXI, de modo que, então, a maioria da população norte-americana será formada por pessoas cuja etnia hoje seria classificada como 'não branca'" (p. 1522). Solicitando que os sujeitos identifiquem a sua raça e etnia, podemos documentar a mistura em nossa amostra e, se tiver relação com nossas perguntas de pesquisa, comparar os grupos por raça e etnia.

À primeira vista, pode parecer muito fácil aferir uma variável demográfica como a raça. Um método direto é simplesmente pedir que os sujeitos identifiquem a sua raça em uma questão aberta: qual é a sua raça? Essa abordagem pode ser direta, mas a avaliação resultante da raça pode não ser satisfatória. Por exemplo, alguns respondentes podem confundir "raça" incorretamente com "etnia". Os pesquisadores e respondentes podem não reconhecer distinções importantes na identificação de grupos étnicos. Por exemplo, hispânico não identifica uma raça; hispânico designa todos aqueles cujos países de origem são de língua espanhola. Assim, uma pessoa que nasceu na Espanha seria classificada como hispânica. Latino é um termo que costuma ser usado no lugar de hispânico, mas latino designa pessoas oriundas de países da América do Norte e do Sul, exceto o Canadá e os Estados Unidos. Distinções como essas podem ser confusas (ver Figura 5.5). Por exemplo, uma pessoa que conhecemos é de origem espanhola e se considera, corretamente, caucasiana (branca), e não latina. Sua etnia é hispânica.

De um modo geral, as abordagens "rápidas e sujas" de avaliação na pesquisa de levantamento tendem a produzir dados confusos, que são difíceis de analisar e interpretar. Por exemplo, muitos indivíduos se identificam como "multirraciais"; todavia, se os pesquisadores não incluírem isso como uma possível opção de resposta, as informações dos participantes podem estar incorretas – ou eles podem simplesmente pular a pergunta. Entwistle e Astone (1994) recomendam uma abordagem deliberada – e efetiva – ao se avaliar a raça. Eles apresentam uma série de nove questões para determinar a raça de uma pessoa. Uma das questões é "de que raça você se considera?". Outras perguntas buscam informações como os países de onde vieram os ancestrais da pessoa, e se respondentes latinos são mexicanos, porto-riquenhos, cubanos ou algo mais. Essa série mais detalhada de perguntas permite que os pesquisadores determinem a raça e a etnia de um modo menos ambíguo, mais acurado e mais preciso. Usamos esse exemplo da determinação da raça e etnia para ilustrar um princípio mais geral: *a acurácia e a precisão de questionários como instrumentos de pesquisa de levantamento dependem do conhecimento e cuidado envolvidos em sua construção.*

Preferências e atitudes As preferências e atitudes dos indivíduos são avaliadas com frequência por meio de levantamentos. Por exemplo, um pesquisador do *marketing* pode estar interessado nas preferências de consumidores por diferentes marcas de café, ou um grupo político pode estar interessado nas atitudes de eleitores potenciais relacionadas com questões públicas controversas. Os psicólogos há muito se interessam em avaliar os pensamentos e sentimentos das pessoas em relação a uma ampla variedade de temas, e muitas vezes criam escalas de autoavaliação que possibilitam que as pessoas deem respostas orais ou escritas às perguntas na escala.

Figura 5.5 Embora a origem étnica seja uma variável demográfica importante, não é fácil classificar as pessoas segundo essa variável.

As *escalas de autoavaliação* costumam ser usadas para avaliar o juízo que as pessoas fazem de questões apresentadas na escala (p.ex., divórcio, candidatos políticos, eventos da vida) ou para determinar as diferenças entre as pessoas em alguma dimensão apresentada na escala (p.ex., traços de personalidade, quantidade de estresse). Por exemplo, os respondentes podem avaliar diferentes fatos da vida conforme o grau de estresse. O pesquisador pode então desenvolver uma lista de eventos da vida que variem na dimensão do estresse. Esse tipo de escala concentra-se nas diferenças entre os itens da escala, e não nas diferenças entre os indivíduos. Para determinar as diferenças individuais, os respondentes podem relatar a frequência, durante o último ano, em que vivenciaram os diferentes fatos estressantes listados na escala. Pode-se obter um escore total de estresse para cada indivíduo, sintetizando as respostas às perguntas da escala. Assim, é possível comparar os indivíduos conforme a quantidade de estresse durante o último ano.[2]

As medidas de autoavaliação, muitas vezes na forma de um questionário, estão entre as ferramentas usadas com mais frequência em psicologia. Devido à sua importância, é crítico que essas medidas sejam desenvolvidas com cuidado. Duas características críticas das medidas obtidas com o uso de questionários de autoavaliação são características essenciais em todas as medidas – fidedignidade e validade.

Fidedignidade e validade de medidas de autoavaliação

- A fidedignidade se refere à coerência entre medidas e costuma ser avaliada com o uso do método da fidedignidade de teste-reteste
- A fidedignidade aumenta incluindo-se muitas questões semelhantes em uma medida, testando uma amostra diversa de indivíduos e usando procedimentos uniformes de testagem.

- A validade se refere à veracidade de uma medida: será que a medida mede o que pretende medir?
- A validade de construto representa o nível em que uma medida avalia o construto teórico que foi projetada para avaliar; a validade de construto é determinada avaliando-se a validade convergente e a validade discriminante.

As medidas de autoavaliação fidedignas, como observadores confiáveis ou outras medidas fidedignas, se caracterizam pela coerência. Uma medida de autoavaliação fidedigna é aquela que produz resultados semelhantes (consistentes) cada vez que é administrada. As medidas de autoavaliação devem ser confiáveis ao se fazerem previsões sobre o comportamento. Por exemplo, para prever problemas de saúde relacionados com o estresse, as medidas do estresse na vida dos indivíduos devem ser fidedignas. Existem várias maneiras de determinar a fidedignidade de um teste. Um método comum é calcular a *fidedignidade de teste-reteste*. Geralmente, a fidedignidade de teste-reteste envolve administrar o mesmo questionário para uma grande amostra de pessoas em dois momentos diferentes (daí teste-reteste). Para que um questionário gere avaliações confiáveis, as pessoas não precisam obter escores idênticos nas duas administrações do questionário, mas a posição relativa da pessoa na distribuição dos escores deve ser semelhante nos dois momentos de teste. A consistência dessa posição relativa é determinada calculando-se um coeficiente de correlação com o uso de dois escores no questionário para cada pessoa da amostra. Um valor desejável para coeficientes de fidedignidade de teste-reteste é 0,80 ou mais, mas o tamanho do coeficiente dependerá de fatores como o número e tipos de questões.

Uma medida de autoavaliação com muitas perguntas para avaliar um construto será mais confiável do que uma medida com poucas questões. Por exemplo, é provável que tenhamos medidas pouco confiáveis se tentarmos avaliar a capacidade de um jogador de beisebol de acertar a bola com base em um único momento ou a atitude de uma pessoa ante a pena de morte com base em uma única pergunta de um levantamento. A fidedignidade de nossas medidas aumenta muito se calcularmos a média do comportamento em questão com um grande número de observações – muitos momentos como batedor e muitas perguntas de levantamentos (Epstein, 1979). É claro, os pesquisadores devem trilhar a tênue linha entre perguntas demais e perguntas de menos. Um excesso de perguntas em um levantamento pode fazer os respondentes se cansarem ou serem descuidados em suas respostas.

De um modo geral, as medidas serão mais confiáveis quando houver maior variabilidade no fator medido entre os indivíduos testados. Muitas vezes, o objetivo da avaliação é determinar o nível em que os indivíduos diferem. É mais fácil diferenciar confiavelmente uma amostra de indivíduos que variam muito entre si do que indivíduos que difiram apenas um pouco. Considere o seguinte exemplo. Suponhamos que desejemos avaliar a capacidade de jogadores de futebol de passar a bola efetivamente para outros jogadores. Conseguiremos diferenciar os bons jogadores dos maus jogadores de um modo mais confiável se incluirmos uma variedade maior de jogadores em nossa amostra – por exemplo, profissionais, jogadores de times escolares e os chamados dente-de-leite. Seria muito mais difícil diferenciar os jogadores de maneira confiável se testássemos apenas os jogadores profissionais – todos seriam bons! Assim, um teste é mais confiável ou fidedigno quando administrado a uma amostra diversa do que quando aplicado a uma amostra restrita de indivíduos.

O terceiro e último fator que afeta a fidedignidade está relacionado com as condições sob as quais o questionário é administrado. Os questionários produzem medidas mais fidedignas quando a situação de teste está livre de distrações e quando são fornecidas instruções claras para o preenchimento do questionário. Você deve lembrar do número de vezes em que o seu próprio desempenho em um teste foi atrapalhado por ruídos ou quando não tinha certeza do que a pergunta queria dizer.

É mais fácil determinar e obter fidedignidade do que validade em um levantamento. A definição de validade é enganosamente clara – um questionário válido avalia o que pretende avaliar. Você já ouviu estudantes reclamarem que as questões em um teste não parecem tratar do material estudado na classe? Essa questão diz respeito à validade.

Neste ponto, abordaremos a validade de construto, que é apenas uma das muitas maneiras em que se avalia a validade de um instrumento. A *validade de construto* de um instrumento representa o nível em que ela mede o construto teórico que foi projetado para medir. Uma abordagem para determinar a validade de construto de um teste baseia-se em outros dois tipos de validade: a validade convergente e a validade discriminante. Esses conceitos podem ser compreendidos considerando-se um exemplo.

A Tabela 5.1 apresenta dados que mostram como podemos avaliar a validade de construto de uma medida da "satisfação com a vida". Lucas, Diener e Suh (1996) observam que os psicólogos cada vez mais avaliam fatores como felicidade, satisfação na vida, autoestima, otimismo e outros indicadores do bem-estar. Todavia, não está claro se esses diferentes indicadores medem o mesmo construto (p.ex., bem-estar) ou se cada um é um construto distinto. Lucas e seus colegas fizeram vários estudos nos quais pediam para indivíduos preencherem questionários sobre esses diferentes indicadores do bem-estar. Para nossos fins, enfocaremos uma parte dos dados de seu terceiro estudo, cujos participantes preencheram três escalas: duas medidas de satisfação com a vida, a Satisfaction with Life Scale (SWLS), uma escala de 5 itens chamada Life Satisfaction (LS-5) e uma medida chamada Positive Affect (PA). No exemplo, está em questão se o construto da satisfa-

Metodologia de pesquisa em psicologia **177**

☑ **Tabela 5.1** Exemplo de validade de construto

	SWLS	LS-5	PA
SWLS	(0,88)		
LS-5	0,77	(0,90)	
PA	0,42	0,47	(0,81)

Dados de Lucas et al. (1996), Tabela 3.
Obs.: SWLS = Satisfaction with Life Scale; LS-5 = 5-item Life Satisfaction Scale; PA = Positive Affect Scale

ção com a vida – a qualidade de ser feliz com a própria vida – pode ser distinguido de ser feliz de um modo mais geral (afeto positivo).

A Tabela 5.1 apresenta os dados na forma de uma matriz de correlação. Uma matriz de correlação é um modo fácil de apresentar diversas correlações. Olhe primeiro os valores em parênteses na diagonal. Esses coeficientes de correlação representam os valores para a fidedignidade de cada uma das três medidas. Como se pode ver, as três medidas apresentam boa fidedignidade (todas acima de 0,80). Todavia, nosso foco está em aferir a validade de construto de "satisfação com a vida", então, vamos olhar o que mais consta na Tabela 5.1.

É razoável esperar que os escores na Satisfaction with Life Scale (SWLS) tenham correlação com os escores na escala de 5 itens Life Satisfaction; afinal, ambas foram criadas para avaliar o construto da satisfação com a vida. De fato, Lucas e colaboradores encontraram uma correlação de 0,77 entre essas duas medidas, o que indica que elas estão correlacionadas conforme o esperado. Isso é evidência da *validade convergente* dos instrumentos; os dois instrumentos convergem (ou "andam juntos") como medidas da satisfação com a vida.

O argumento em favor da validade de construto da satisfação com a vida pode ser ainda mais forte quando os instrumentos apresentam validade discriminante. Como se pode ver na Tabela 5.1, as correlações entre a Satisfaction with Life Scale (SWLS) e Positive Affect (0,42) e entre a Life Satisfaction (LS-5) e Positive Affect (0,47) são mais baixas. Isso mostra que as medidas de satis-

fação com a vida não se correlacionam tanto com uma medida de outro construto teórico – o afeto positivo. As correlações mais baixas entre os testes da satisfação com a vida e do afeto positivo indicam que estão medindo construtos *diferentes*. Assim, existem evidências para a *validade discriminante* das medidas de satisfação com a vida, pois elas parecem "discriminar" a satisfação com a vida do afeto positivo – estar satisfeito com a própria vida não é o mesmo que ter felicidade em geral. A validade de construto da satisfação com a vida tem amparo em nosso exemplo porque existem evidências para a validade convergente e a validade discriminante. O Quadro 5.2 apresenta outro exemplo de uma mensuração fidedigna e válida.

Construindo um questionário

- A construção de um questionário envolve decidir quais informações devem ser procuradas e como administrar o questionário, escrevendo um esboço do questionário, testando o questionário e concluir especificando os procedimentos para o seu uso.
- A formulação de questionários deve ser clara e específica, usando vocabulário simples, direto e familiar.
- A ordem em que as questões são apresentadas no questionário deve ser considerada com seriedade, pois pode afetar as respostas dos sujeitos.

Passos para preparar um questionário
Construir um questionário que gere medidas fidedignas e válidas é uma tarefa desafiadora. Nesta seção, sugerimos uma série

178 Shaughnessy, Zechmeister & Zechmeister

☑ Quadro 5.2

VALORES DE ESTUDANTES UNIVERSITÁRIOS REVISITADOS: FIDEDIGNIDADE E VALIDADE

Ao descrever o desenho de pesquisa com amostras independentes sucessivas, apresentamos dados que sugerem que os valores de estudantes universitários do primeiro ano são orientados para "estar bem de vida financeiramente" em vez de "desenvolver uma filosofia de vida significativa". Podemos perguntar agora: "Será que essas duas questões avaliam o desejo dos estudantes por significado e propósito em suas vidas de maneira fidedigna e válida?"

A avaliação fidedigna e válida de um construto psicológico como "significado e propósito na vida" exige mais de duas perguntas e, de fato, os dados da amostra de 2006 sugerem que os estudantes não estão preocupados apenas com objetivos financeiros (Bryant e Astin, 2006). Eis as porcentagens para outras questões que os estudantes endossaram como "essenciais" ou "muito importantes":

Obter sabedoria	77%
Tornar-se uma pessoa mais afetuosa	67%
Procurar beleza em minha vida	54%

Melhorar a condição humana	54%
Adquirir harmonia interior	49%
Encontrar respostas para os mistérios da vida	45%
Desenvolver uma filosofia de vida significativa	42%

Os resultados dessas questões adicionais mostram que os estudantes estão claramente interessados em desenvolver uma vida significativa além de perseguir objetivos puramente financeiros. A questão "desenvolver uma filosofia de vida significativa" parece apresentar menos concordância ou validade convergente com as outras, talvez a tornando inadequada para representar o construto mais amplo do significado e do propósito na vida.

Será que existe algum problema com a formulação "filosofia de vida significativa?". Os estudantes talvez tenham menos claro o significado dessa questão do que os objetivos de vida mais concretos indicados pelas outras. A avaliação fidedigna e válida exige questões claras e sem ambiguidades – um tema abordado na próxima seção.

---

de passos que podem ajudar você a cumprir esse desafio, especialmente se você está construindo um questionário pela primeira vez como parte de um projeto de pesquisa:

1. Decida quais informações devem ser procuradas.
2. Decida como administrar o questionário.
3. Escreva um primeiro esboço do questionário.
4. Reanalise e revise o questionário.
5. Teste o questionário.
6. Edite o questionário e especifique os procedimentos para o seu uso.

Passo 1. A advertência "cuidado com o primeiro passo!" é apropriada aqui. O primeiro passo na construção de um questionário – decidir que informações devem ser procuradas – na verdade deve ser o primeiro passo no planejamento do levantamento como um todo. Essa decisão, é claro, determina a natu-reza das questões a serem incluídas no questionário. É importante prever os resultados prováveis do questionário proposto e decidir se esses "achados" responderiam as questões do estudo. Os levantamentos costumam ser feitos sob considerável pressão de tempo, e pesquisadores inexperientes são especialmente propensos a demonstrar impaciência. Um questionário mal concebido, porém, exige tanto tempo e esforço para administrar e analisar quanto um questionário bem concebido. A diferença é que um questionário bem concebido leva a resultados interpretáveis. O melhor que se pode dizer de um questionário mal feito é que é uma boa maneira de aprender a importância da deliberação cuidadosa nos estágios de planejamento.

Passo 2. O próximo passo é decidir como administrar o questionário. Por exemplo, ele será autoadministrado, ou entrevistadores treinados o aplicarão? Essa decisão é determinada principalmente pelo método de levantamento selecionado. Por exemplo, se for planejado um levantamento telefônico, serão necessários entrevistadores treinados. Para criar o questionário, também se deve considerar o uso de questões que foram preparadas por outros pesquisadores. Por exemplo, não existe razão para desenvolver o seu próprio instrumento para avaliar o preconceito racial se já existir um fidedigno e válido. Além disso, usando questões de um questionário que já foi usado, você poderá comparar seus resultados diretamente com os de estudos anteriores.

Passo 3. Se você decidir que nenhum dos instrumentos existentes cumpre as suas necessidades, deverá dar o terceiro passo e escrever um primeiro esboço de seu próprio questionário. As diretrizes para a formulação e ordem das perguntas são apresentadas mais adiante nesta seção.

Passo 4. O quarto passo na construção do questionário – reanalisar e reescrever – é essencial. Perguntas que, para você, podem parecer objetivas e livres de ambiguidades, podem soar tendenciosas e ambíguas para os outros. É melhor que o seu questionário seja revisado por especialistas, aqueles que tenham conhecimento sobre métodos de pesquisa de levantamento e aqueles que tenham experiência na área de enfoque do seu estudo. Por exemplo, se você está fazendo um levantamento das atitudes dos estudantes em relação ao serviço de alimentação do *campus*, seria aconselhável que o seu questionário fosse revisado pelo diretor de serviços de alimentação da universidade. Ao lidar com um tema controverso, é especialmente importante pedir para representantes de ambos os lados da questão triarem suas questões em busca de possíveis vieses.

Passo 5. De longe, o passo mais crítico no desenvolvimento de um questionário efetivo é fazer um pré-teste. O pré-teste envolve administrar o questionário a uma pequena amostra de respondentes em condições semelhantes às previstas para a administração final do levantamento. Os respondentes do pré-teste também devem ser semelhantes àqueles que serão incluídos na amostra final; faz pouco sentido testar um levantamento sobre residentes de casas de repouso administrando o questionário a estudantes universitários. Todavia, existe um modo em que o pré-teste difere da administração final do levantamento. Os respondentes devem ser entrevistados profundamente com relação às suas reações a perguntas específicas e ao questionário como um todo. Isso fornece informações sobre questões potencialmente ambíguas ou ofensivas.

O pré-teste também deve servir como um "ensaio final" para os entrevistadores, que devem ser supervisionados de perto durante esse estágio para garantir que entendam e adiram aos procedimentos adequados para administrar o questionário. Se for necessário fazer grandes mudanças como resultado de problemas descobertos durante o teste, pode ser necessário um segundo teste para determinar se essas mudanças resolveram os problemas.

Passo 6. Depois que o pré-teste foi concluído, o passo final é imprimir o questionário e especificar os procedimentos a seguir em sua administração final. Para chegar a esse último passo com êxito, é importante considerar as diretrizes para a formulação efetiva das questões e para a sua ordenação adequada.

Diretrizes para a formulação efetiva das questões Os advogados há muito sabem que a maneira como uma pergunta é formulada tem um grande impacto sobre a maneira como é respondida. Os pesquisadores que trabalham com levantamentos também devem estar cientes desse princípio. Essa questão é ilustrada em um estudo que analisou as opiniões das pessoas quanto a alocar vacinas escassas durante uma epidemia hipotética de gripe (Li, Vietri, Galvani e Chapman, 2010). Os pesquisadores observaram que as decisões dos respondentes quanto à alocação das vacinas (na verdade, quem viveria e quem morreria) eram afetadas pela forma como as políticas de vacinação estavam escritas, em termos de "salvar vidas" ou de "vidas perdidas". Portanto, a maneira como as questões eram formuladas influenciava como os respondentes avaliavam o valor das vidas das pessoas. Em um levantamento típico, usa-se apenas uma formulação para cada pergunta, de modo que, infelizmente, não se pode determinar com precisão a influência das palavras usadas nas perguntas em um dado levantamento.

Clark e Schober (1992) observam que os respondentes presumem que o significado das perguntas é óbvio. Isso tem implicações importantes. Por exemplo, quando a questão contém uma palavra vaga, os respondentes podem interpretá-la de modos variados, conforme seus vieses e suas próprias ideias sobre o que é "óbvio". Assim, palavras como "poucos" ou "geralmente" ou termos como "aquecimento global" podem ser interpretados de maneiras diferentes por indivíduos diferentes. Os respondentes também tendem a pressupor que as palavras são usadas em um levantamento do mesmo modo que em sua subcultura ou cultura. Um exemplo recente na cultura popular é descobrir se "mau" não significa "bom". Clark e Schober (1992) citam, como exemplo, um pesquisador que queria fazer a seguinte pergunta a mexicanos residentes de Yucatán: "quantos filhos você tem?". Ao traduzir para o espanhol, o pesquisador usou a palavra *niños* para filhos, mas os residentes dessa área do México consideram que seus *niños* incluem filhos vivos e filhos que morreram. Os respondentes também podem pensar, de forma razoável, que, se o pesquisador faz uma pergunta, será uma pergunta que possam responder. Essa premissa pode levá-los a dar respostas para perguntas que não tenham respostas (válidas)! Por exemplo, ao se pedir sua opinião sobre nacionalidades que não existiam na realidade, os respondentes opinaram mesmo assim.

Embora esteja claro que a formulação da pergunta em levantamentos pode causar problemas, a solução não é tão clara. *No mínimo, a formulação exata de questões críticas sempre deve ser publicada juntamente com os dados que descrevem as respostas.* O problema da influência potencial da formulação das questões é mais um exemplo da razão por que uma abordagem multimétodos é tão essencial para se investigar o comportamento.

Os pesquisadores que trabalham com o uso de levantamentos costumam escolher dois tipos gerais de perguntas ao escreverem um questionário. O primeiro tipo é uma pergunta de *resposta livre* (aberta), e o segundo é uma pergunta *fechada* (de múltipla escolha). As perguntas de resposta livre, assim como as questões discursivas em um teste de sala de aula, apenas especificam a área a ser abordada na resposta. Por exemplo, a pergunta: "quais são suas visões sobre o aborto legal?" é uma pergunta de resposta livre. Em comparação, as perguntas fechadas oferecem alternativas específicas de resposta. "A proteção policial é muito boa, razoavelmente boa, nem boa nem ruim, não muito boa, ou nada boa?" é uma pergunta fechada sobre a qualidade da proteção policial em uma comunidade.

A principal vantagem de perguntas de resposta livre é que elas proporcionam maior flexibilidade do que as perguntas fechadas. Todavia, essa vantagem costuma ser anulada pelas dificuldades que surgem para registrar e pontuar as respostas a perguntas de resposta livre. Por exemplo, costuma ser necessário usar uma codificação extensiva para sintetizar respostas divagantes a perguntas de resposta livre. As perguntas fechadas, por outro lado, podem ser respondidas de forma mais rápida e fácil, surgindo menos problemas na contagem de pontos. Também é muito mais fácil sintetizar as respostas a perguntas fechadas, pois as respostas são comparáveis entre os respondentes. Uma grande desvantagem das perguntas fechadas é que elas reduzem a expressividade e a espontaneidade. Além disso, os respondentes podem ter que escolher uma resposta pouco desejada se não houver uma alternativa que compreenda suas visões. Assim, as respostas obtidas talvez não reflitam a opinião exata dos respondentes.

Independentemente do tipo de questão usado, o *vocabulário deve ser simples, direto e familiar para todos os respondentes.* As perguntas *devem ser o mais claras e específicas possível, devendo-se evitar questões duplas.* Um exemplo de uma questão dupla é "você tem tido dor de cabeça e náusea recentemente?". Uma pessoa pode responder "não" se os dois sintomas não tiverem ocorrido ao mesmo tempo, ou pode responder "sim" se apenas um sintoma tiver ocorrido. A solução para o problema das questões duplas é simples – reescrever como questões separadas.

As perguntas usadas em um levantamento devem ser o mais curtas possível, sem sacrificar a clareza do significado das questões. Vinte ou menos palavras devem ser suficientes para a maioria das perguntas. *Cada pergunta deve ser editada cuidadosamente em busca de legibilidade e deve ser formulada de maneira que todas as informações condicionais antecedam a ideia principal.* Por exemplo, seria melhor perguntar: "Se você fosse forçado a deixar o seu emprego atual, que tipo de trabalho procuraria?" do que perguntar "Que tipo de trabalho você procuraria se fosse forçado a deixar o seu emprego atual?".

Também se devem evitar questões indutoras ou carregadas em um questionário. As questões *indutoras* têm a forma de "a maioria das pessoas favorece o uso de energia nuclear. O que você acha?". Para evitar vieses, é melhor mencionar todas as perspectivas possíveis ou não mencionar nenhuma. Uma pergunta sobre atitudes frente à energia nuclear pode ser "Certas pessoas favorecem o uso de energia nuclear, outras se opõem ao uso de energia nuclear, e outras ainda não defendem nenhuma das duas visões. O que você acha?" ou "O que você acha sobre o uso de energia nuclear?" As perguntas *carregadas* são perguntas que contêm palavras com carga emocional. Por exemplo, palavras como radical e racista devem ser evitadas. Para se proteger contra perguntas carregadas, é melhor que seu questionário seja revisado por indivíduos que representem uma variedade de perspectivas sociais e políticas.

Finalmente, ao usar várias questões para avaliar um construto, é importante formular algumas delas na direção oposta, para evitar problemas associados ao *viés de resposta*. O potencial para o viés de resposta ocorre quando os respondentes usam apenas os pontos extremos em escalas de avaliação, ou apenas o ponto médio, ou quando concordam (ou discordam) com todas as questões. Por exemplo, uma avaliação do bem-estar emocional pode conter as seguintes questões:

Meu humor geralmente é positivo.
1 ------ 2 ------ 3 ------ 4 ------ 5
Discordo   Concordo
fortemente   fortemente

Fico triste com frequência.
1 ------ 2 ------ 3 ------ 4 ------ 5
Discordo   Concordo
fortemente   fortemente

Respondentes com um viés de resposta em que sempre concordam com a afirmação podem marcar "5" em ambas as escalas, resultando em uma avaliação pouco confiável do bem-estar emocional. Uma forma mais coerente de responder exigiria que os sujeitos usassem o lado oposto da escala de autoavaliação. As respostas a essas questões cruzadas têm "pontuações invertidas" ($1 = 5, 2 = 4, 4 = 2, 5 = 1$) quando as respostas dos participantes são computadas para se derivar um escore total de bem-estar emocional.

Em suma, boas perguntas para um questionário devem

- usar vocabulário simples, direto e familiar para todos os respondentes;
- ser claras e específicas;
- evitar questões indutoras, carregadas ou duplas;
- ser o mais curtas possível (20 palavras ou menos);
- apresentar todas as informações condicionais antes da ideia principal;
- evitar potenciais vieses de resposta;
- ter sua legibilidade confirmada.

Ordenação de questões A ordem das perguntas em um levantamento deve ser considerada cuidadosamente. As primeiras perguntas definem o tom do resto do questionário, e determinam o grau de disposição e consciência que os respondentes terão ao responderem as questões subsequentes. Para questionários autoadministrados, é melhor começar com o grupo mais interessante de questões, para captar a atenção dos respondentes. Os dados demográficos devem ser obtidos ao final do questionário autoadministrado. Para entrevistas pessoais ou telefônicas, por outro lado, as perguntas demográficas costumam ser feitas no começo, pois são mais fáceis de responder e, assim, aumentam a confiança do respondente. Elas também proporcionam um tempo para o entrevistador criar sintonia antes de fazer perguntas sobre questões mais sensíveis.

A ordem em que determinadas perguntas são feitas pode ter efeitos drásticos, conforme ilustra um estudo de Schuman, Presser e Ludwig (1981). Os autores encontraram diferenças na forma de responder, dependendo da ordem de duas perguntas relacionadas com o aborto, uma geral e uma específica. A pergunta geral era "Você acha que mulheres grávidas devem ter a possibilidade de fazer um aborto legal se forem casadas e não quiserem mais filhos?". A pergunta mais específica era "Você acha que mulheres grávidas devem ter a possibilidade de fazer um aborto legal se houver uma chance alta de um defeito sério no bebê?". Quando a pergunta geral veio primeiro, 60,7% dos respondentes disseram "sim", mas, quando a pergunta geral veio após a pergunta específica, apenas 48,1% dos respondentes disseram "sim". Os valores correspondentes para a pergunta específica foram de 84% e 83% de concordância na primeira e segunda posição, respectivamente. O método que costuma ser aceito para lidar com esse problema é usar *perguntas-funil*, que significa começar com a pergunta mais geral e avançar para perguntas específicas relacionadas com um determinado tópico.

O último aspecto da ordenação das perguntas do levantamento que iremos considerar é o uso de *perguntas-filtro* – perguntas gerais feitas para descobrir se é preciso fazer perguntas mais específicas. Por exemplo, a pergunta "você tem carro?" pode preceder uma série de perguntas sobre os custos de manter um carro. Nesse caso, os respondentes somente responderiam as perguntas específicas se sua resposta à pergunta geral fosse "sim". Se a resposta fosse "não", o entrevistador não faria as perguntas específicas (em um questionário autoadministrado, o respondente seria instruído a pular essa seção). Quando as perguntas-filtro envolvem informações objetivas (p.ex., "você tem mais de 65 anos?"), seu uso é relativamente claro. Deve-se ter cautela, porém, ao usar perguntas sobre o comportamento ou atitudes como perguntas-filtro. Smith (1981) perguntou se os respondentes aprovavam bater em outra pessoa em "todas as situações que você puder imaginar". De forma lógica, uma resposta negativa a essa pergunta tão geral deveria acarretar uma resposta negativa a qualquer pergunta específica. Todavia, mais de 80% das pessoas que responderam "não" à pergunta geral depois disseram que aprovavam bater em outra pessoa em situações específicas, como autodefesa. Embora resultados como esse sugiram que as perguntas-filtro devem ser usadas com cautela, a necessidade de exigir o mínimo possível do tempo dos sujeitos as torna uma ferramenta essencial na criação de questionários efetivos.

Dica de estatística

Um levantamento bem conduzido é um modo eficiente de cumprir as metas da descrição e previsão na pesquisa. Quando distribuído a dezenas ou centenas de indivíduos, mesmo um questionário de tamanho modesto pode rapidamente gerar muitos milhares de respostas para perguntas específicas. E, como já vimos, usando a internet, os pesquisadores podem literalmente obter milhares de respostas em um curto período de tempo. Porém, há um problema aí! Como se lida com essa multiplicidade de respostas? A resposta é: com planejamento cuidadoso!

A análise de dados de respostas obtidas com questionários deve ser considerada antes de se escreverem as questões do levantamento. Serão usadas perguntas abertas? O objetivo é principalmente descritivo, por exemplo, proporções ou porcentagens de certos eventos em uma população são de interesse primário? O objetivo é correlacional, por exemplo, relacionar respostas a uma pergunta com as respostas a outra? Os respondentes usarão um formato de resposta do tipo sim-não? Um formato do tipo sim-talvez-não? Escalas de autoavaliação? Esses formatos de resposta proporcionam tipos diferentes de dados. Como você já viu, dados qualitativos, na forma de respostas abertas, exigem regras para a codificação e métodos para se obter a fidedignidade entre os codificadores. Dados categóricos obtidos com um formato sim-não produzem dados nominais, ao passo que geralmente se pressupõe que as escalas fornecem dados na forma de intervalos (ver o Capítulo 4 para comentários sobre tipos de escalas). Esses tipos de dados exigem abordagens diferentes de análise estatística.

É importante prever os resultados prováveis do questionário proposto e decidir se esses "achados" respondem a pergunta de pesquisa. Ao "prever" seus resultados, você deve garantir que eles possam ser analisados adequadamente. Em outras palavras, *você deve ter um plano de análise antes de fazer o levantamento*. Durante o estágio de planejamento, sugerimos que você consulte pesquisadores com experiência em levantamentos em relação às análises estatísticas corretas.

Novamente, indicamos os Capítulos 11 e 12 deste livro para que você adquira (ou recupere) familiaridade com os procedimentos estatísticos. Se o seu interesse em conduzir um levantamento o levar a procurar relações (correlações) entre variáveis categóricas (nominais), você deverá ir além deste livro. *A análise estatística adequada para analisar relações entre variáveis nominais é o teste qui--quadrado de contingência*. Uma introdução a esse teste pode ser encontrada em quase

todos os livros introdutórios de estatística (p.ex., Zechmeister e Posavac, 2003). Se você precisa correlacionar respostas com escalas de intervalos, uma correlação de Pearson (r) é mais adequada. Esse tipo de análise foi introduzido no Capítulo 4, quando discutimos a fidedignidade entre observadores. Falaremos mais sobre análises correlacionais mais adiante neste capítulo. Os procedimentos para calcular o r de Pearson são encontrados no Capítulo 11.

Reflexão crítica sobre a pesquisa de levantamento

Correspondência entre o comportamento relatado e o real

- A pesquisa de levantamento envolve uma avaliação reativa, pois os indivíduos sempre estão cientes de que suas respostas estão sendo registradas.
- A desejabilidade social se refere à pressão que os respondentes às vezes sentem para responder da maneira como "deveriam" pensar, em vez de como pensam realmente.
- Os pesquisadores podem avaliar a acurácia das respostas a levantamentos, comparando esses resultados com dados arquivísticos ou observações comportamentais.

Independentemente do cuidado na coleta e análise dos dados de um levantamento, o valor desses dados depende da veracidade das respostas dos respondentes às perguntas do levantamento. Devemos acreditar que as respostas das pessoas em levantamentos refletem seus verdadeiros pensamentos, opiniões, sentimentos e comportamentos? A questão da veracidade de relatos verbais tem sido amplamente debatida, mas não existe uma conclusão clara. Todavia, na vida cotidiana, costumamos aceitar os relatos verbais das pessoas como válidos. Se uma amiga diz que gostou de ler um determinado romance, você pode perguntar a razão, mas geralmente não questiona se a afirmação reflete corretamente os sentimentos da sua amiga. Existem situações na vida cotidiana, contudo, em que *temos* razão para suspeitar da veracidade das afirmações de alguém. Ao procurar um carro usado, por exemplo, nem sempre devemos confiar no "papo de vendedor" que ouvimos. Não obstante, de um modo geral, aceitamos que os comentários das pessoas são verdadeiros, a menos que tenhamos razões para suspeitar do contrário. Aplicamos os mesmos padrões às informações que obtemos com pessoas que respondem a levantamentos.

Por sua própria natureza, a pesquisa com o uso de levantamentos envolve uma avaliação reativa. Os respondentes sabem que suas respostas estão sendo registradas, e podem suspeitar que elas possam gerar ações sociais, políticas ou comerciais. Assim, existem fortes pressões para as pessoas responderem como "devem" pensar, e não como pensam realmente. O termo que costuma ser usado para descrever essas pressões é **desejabilidade social** (o termo "politicamente correto" se refere a pressões semelhantes). Por exemplo, quando se pergunta se os respondentes favorecem dar esmola aos necessitados, eles podem dizer que "sim" porque acreditam que é a atitude mais socialmente aceitável de se ter. Na pesquisa de levantamento, assim como na pesquisa observacional, a melhor proteção contra a avaliação reativa é estar ciente da sua existência.

Às vezes, os pesquisadores podem analisar a acurácia de relatos verbais de maneira direta. Por exemplo, Judd, Smith e Kidder (1991) descrevem uma pesquisa realizada por Parry e Crossley (1950) em que as respostas obtidas por entrevistadores experientes foram comparadas subsequentemente com registros arquivísticos para os mesmos sujeitos, mantidos por várias agências. Suas comparações revelaram que 40% dos respondentes deram respostas incorretas a uma questão sobre contribuições para a United Fund (uma organização de caridade), 25% disseram que haviam se registrado e votado em uma eleição recente (mas não

tinham votado) e 17% mentiram sobre sua idade. Um pessimista talvez considerasse esses números extremamente elevados, mas um otimista diria que a maioria dos relatos dos respondentes estava correta, mesmo quando havia pressões elevadas de desejabilidade social, como na questão relacionada com as contribuições para a caridade.

Outra maneira pela qual os pesquisadores podem avaliar a acurácia de relatos verbais é observando o comportamento dos respondentes diretamente. Um experimento feito por Latané e Darley (1970) ilustra essa abordagem. Os autores observaram que as pessoas são mais prováveis de ajudar uma vítima quando estão sozinhas do que quando existem outras testemunhas presentes. Subsequentemente, perguntou-se a um segundo grupo de sujeitos se a presença de outras pessoas influenciaria a probabilidade de que ajudassem uma vítima. Eles disseram, de maneira uniforme, que não. Assim, os relatos verbais dos indivíduos *podem não* corresponder bem ao seu comportamento (ver Figura 5.6). Estudos como esse sugerem extrema cautela ao tirar conclusões sobre o comportamento das pessoas com base apenas em relatos verbais. É claro que devemos ser igualmente cautelosos antes de tirar conclusões sobre o que as pessoas pensam com base apenas na observação direta do seu comportamento. A discrepância potencial entre o comportamento observado e os relatos verbais ilustra a sabedoria de uma abordagem multimétodos para nos ajudar a identificar e abordar problemas potenciais na compreensão do comportamento e processos mentais.

Correlação e causalidade

- Quando duas variáveis estão relacionadas (correlacionadas), podemos fazer previsões a seu respeito; todavia, não podemos, apenas conhecendo uma correlação, determinar a causa da relação.
- Quando uma relação entre duas variáveis pode ser explicada por uma terceira variável, diz-se que a relação é "espúria".

☑ **Figura 5.6** A maneira como as pessoas dizem que reagiriam neste tipo de situação nem sempre corresponde ao que elas fazem realmente.

- Estudos correlacionais, combinados com uma abordagem multimétodos, podem ajudar os pesquisadores a identificar as causas potenciais do comportamento.

Os levantamentos são usados com frequência na pesquisa correlacional, que é um excelente método para satisfazer os objetivos científicos da descrição e previsão. Por exemplo, estudos que demonstram correlações entre a saúde física e o bem-estar psicológico permitem que os pesquisadores façam previsões sobre problemas relacionados com a saúde.

Os estudos correlacionais permitem que os pesquisadores façam previsões para as variáveis correlacionadas. Todavia, a conhecida máxima que diz que "correlação não implica causação" nos lembra que a nossa capacidade de fazer inferências causais com base apenas em uma correlação entre duas variáveis é muito limitada. Por exemplo, existe uma correlação confiável entre ser extrovertido (socialmente ativo) e estar satisfeito com a própria vida (Myers e Diener, 1995). Todavia, apenas com base nessa correlação, não poderíamos argumentar, de maneira convincente, que ser mais extrovertido e socialmente ativo *torna* as pessoas mais satisfeitas com suas vidas. Embora seja possível que o fato de ser extrovertido torne as pessoas mais satisfeitas, a relação causal "inversa" também pode ser verdadeira: o fato de estarem satisfeitas com a vida pode tornar as pessoas mais extrovertidas e socialmente ativas. A relação causal pode se dar nos dois sentidos – ser mais extrovertido causa mais satisfação com a vida, e ser mais satisfeito com a vida causa mais extroversão. É impossível determinar a direção causal correta apenas sabendo-se a correlação entre as duas variáveis.

Não poder determinar a direção da relação em uma correlação é apenas o primeiro desafio que enfrentamos. É possível que exista outra interpretação causal para a correlação entre as duas variáveis. Por exemplo, uma terceira variável, o número de amigos, pode fazer as pessoas serem mais extrovertidas *e* mais satisfeitas com suas vidas. Chamamos de **relação espúria** uma correlação que pode ser explicada por uma terceira variável (Kenny, 1979). Nesse exemplo específico, o "número de amigos" é uma terceira variável possível que pode explicar a relação entre ser extrovertido e estar satisfeito com a própria vida. Indivíduos que têm mais amigos talvez sejam mais prováveis de ser extrovertidos e estar satisfeitos com a vida do que pessoas com menos amigos. Isso não significa dizer que a correlação positiva original entre ser extrovertido e a satisfação com a vida não existe (certamente existe); apenas que outras variáveis que não foram medidas (p.ex., o número de amigos) podem explicar a *razão* para a relação.

É extremamente importante entender por que não é possível fazer uma inferência causal com base apenas em uma correlação entre duas variáveis. É igualmente importante reconhecer que as evidências correlacionais podem ser muito úteis para se identificarem as causas *potenciais* do comportamento. Técnicas estatísticas sofisticadas podem ser usadas para ajudar em interpretações causais de estudos correlacionais. A *análise de caminho* é uma técnica estatística sofisticada que pode ser usada com dados correlacionais (Baron e Kenny, 1986; Holmbeck, 1997). A análise de caminho envolve a identificação de variáveis mediadoras e variáveis moderadoras. Uma variável *mediadora* é uma variável usada para explicar a correlação entre duas variáveis. Uma variável *moderadora* é uma variável que afeta a direção ou intensidade da correlação entre duas variáveis.

A Figura 5.7 ilustra um exemplo de uma variável mediadora em um estudo sobre os efeitos da pobreza na adaptação psicológica de crianças (Evans, Gonnella, Marcynyszyn, Gentile e Salpekar, 2005). De maneira consistente com pesquisas anteriores, esses pesquisadores observaram uma correlação entre suas medidas da pobreza e a perturbação psicológica: quanto maior a pobreza, maior a perturbação entre crianças (o caminho *a* na Figura 5.7). Evans e seus colegas também propuseram uma variável mediadora, *caos*, para explicar essa relação. Eles teorizaram que condições de vida caóticas caracterizadas por imprevisibilidade, confusão, falta de estrutura, ruído, superlotação e habitação de baixa qualidade podem explicar a relação entre a pobreza e a perturbação psicológica em crianças. Isso é mostrado nos caminhos *b* e *c* na Figura 5.7.

De maneira condizente com suas previsões, os resultados do seu estudo indicaram que mais pobreza estava associada a mais caos na família (caminho *b*). Além disso, mais caos estava associado a mais perturbação psicológica (caminho *c*). O último passo na análise de caminho é mostrar que, quando as correlações entre os caminhos *b* e *c* são consideradas usando-se um procedimento estatístico, a correlação observada inicialmente para o caminho *a* (entre pobreza e perturbação) se torna zero (i.e., não há relação). Isso é exatamente o que observaram Evans e seus colegas. Sua análise de caminho lhes permitiu dizer que a relação entre a pobreza e a perturbação das crianças pode ser explicada, ou é mediada, pelo grau de caos na família.

Embora Evans e seus colegas descrevam variáveis moderadoras potenciais, podemos apresentar um exemplo hipotético. Suponhamos que o padrão de correlação observado na Figura 5.7 seja diferente para garotos e garotas. Podemos postular, por exemplo, que o efeito mediador somente existe para garotos, e não para garotas. Nesse caso, estaríamos dizendo que o sexo da criança, masculino ou feminino, é uma variável moderadora – ou seja, ele afeta a direção ou intensidade das correlações entre pobreza, caos e perturbação psicológica. Outras variáveis moderadoras potenciais incluem a densidade populacional (p.ex., urbano *vs.* rural) e o nível de resiliência na

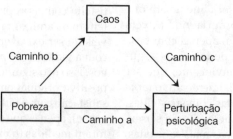

☑ **Figura 5.7** Um exemplo de uma variável mediadora.

Metodologia de pesquisa em psicologia **187**

personalidade das crianças (p.ex., resiliência alta *vs.* baixa). Você consegue criar hipóteses para como as relações entre pobreza, caos e perturbação psicológica podem diferir com base nessas variáveis moderadoras?

Embora a pesquisa correlacional não seja uma base absolutamente firme para fazer inferências causais, os padrões de correlações observados na análise de caminho fornecem pistas importantes para identificar relações causais entre as variáveis. O próximo passo para pesquisadores que desejem fazer inferências causais é fazer experimentos, conforme descrito nos Capítulos 6 a 8. Por exemplo, uma manipulação laboratorial do caos (p.ex., situações imprevisíveis, ruído) pode causar níveis diferentes de perturbação entre indivíduos de diferentes níveis econômicos. Essa abordagem multimétodos ajudaria a proporcionar evidências convergentes do papel causal do caos na relação entre a pobreza e a adaptação psicológica.

Resumo

A pesquisa realizada com o uso de levantamentos proporciona um meio acurado e eficiente para descrever características de pessoas (p.ex., variáveis demográficas) e seus pensamentos, opiniões e sentimentos. Além disso, podemos identificar relações preditivas avaliando a covariação (correlação) entre variáveis de ocorrência natural. Os levantamentos diferem em seus propósitos e alcance, mas geralmente envolvem amostragem. Os resultados obtidos para uma amostra selecionada cuidadosamente são usados para descrever toda a população de interesse. Os levantamentos também envolvem o uso de um conjunto predeterminado de questões, geralmente na forma de um questionário.

A amostragem é um procedimento pelo qual se tira um número especificado de elementos de uma base amostral, representando uma lista real dos possíveis elementos da população. Nossa capacidade de generalizar da amostra para a população depende criticamente da representatividade da amostra, o nível em que a amostra tem as mesmas características que a população. A melhor maneira de obter representatividade é usar amostragem probabilística, em vez de não probabilística. Na amostragem probabilística simples, o tipo mais comum de amostragem probabilística, cada elemento é igualmente provável de ser incluído na amostra. Usa-se amostragem aleatória estratificada quando existe interesse na análise de subamostras.

Existem quatro métodos gerais de levantamento: levantamento por correio, entrevista pessoal, entrevista telefônica e levantamento pela internet. Os levantamentos por correio evitam problemas com o viés do entrevistador e são especialmente adequados para analisar temas pessoais ou embaraçosos. Problemas potenciais em decorrência do viés da taxa de resposta são uma limitação séria dos levantamentos por correio. As entrevistas pessoais e levantamentos telefônicos geralmente têm taxas de resposta maiores e proporcionam maior flexibilidade. O levantamento telefônico é usado com frequência para levantamentos breves. Os levantamentos pela internet são eficientes e de baixo custo, abrindo novas oportunidades para pesquisadores que trabalham com o uso de levantamentos; todavia, também são propensos a vieses de amostragem, suscitando questões metodológicas e éticas devidas principalmente à falta de controle sobre o ambiente de pesquisa.

A pesquisa de levantamento é realizada segundo um plano geral, chamado delineamento ou desenho de pesquisa. Existem três desenhos de pesquisa com o uso de levantamentos: o desenho transversal, o desenho com amostras independentes sucessivas e o desenho longitudinal. Os desenhos transversais concentram-se em descrever as características de uma população ou as diferenças entre duas ou mais populações em um dado momento. Descrever mudanças de atitude ou opinião ao longo do tempo exige o uso de amostras independentes sucessivas ou desenhos longitudinais. O desenho longitudinal costuma ser preferido, pois permite que o pesquisador avalie mudanças para indivíduos específicos e evite o problema de amostras sucessivas que não sejam comparáveis.

O principal instrumento da pesquisa por meio de levantamentos é o questionário. Os questionários podem ser usados para medir variáveis demográficas e avaliar as preferências ou atitudes das pessoas. Para construir questionários que gerem medidas fidedignas e válidas, os pesquisadores devem decidir quais informações devem ser procuradas, além de como administrar o questionário e qual ordem para as perguntas será mais efetiva. Mais importante, as questões devem ser escritas de maneiras que sejam claras, específicas e o menos ambíguas possível.

Os resultados de levantamentos, como de outros relatos verbais, podem ser aceitos literalmente, a menos que exista razão para o contrário, como pressões para os respondentes darem respostas socialmente desejáveis. O comportamento das pessoas nem sempre está de acordo com o que dizem que fariam, de modo que a pesquisa por meio de levantamentos jamais substituirá a observação direta. Todavia, a pesquisa de levantamento é um excelente modo de começar a examinar as atitudes e opiniões das pessoas.

O maior desafio na interpretação de estudos correlacionais é entender a relação entre correlação e causalidade. Uma correlação entre duas variáveis não é evidência suficiente para demonstrar uma relação causal entre as duas variáveis. Todavia, as evidências correlacionais podem contribuir para identificar relações causais quando usadas em combinação com técnicas estatísticas sofisticadas (como análises de mediadores e moderadores na análise de caminho) e a abordagem multimétodos.

Conceitos básicos

pesquisa correlacional   150
população   153
amostra   153
representatividade   154
viés de seleção   155
amostragem não probabilística   156
amostragem probabilística   156
amostragem aleatória simples   157
amostragem aleatória estratificada   157

viés da taxa de resposta   161
viés do entrevistador   162
desenho transversal   165
desenho com amostras independentes
sucessivas   166
desenho longitudinal   169
questionário   173
desejabilidade social   184
relação espúria   185

Questões de revisão

1. Identifique brevemente o objetivo da pesquisa de levantamento e como as correlações são usadas na pesquisa de levantamento.
2. Descreva as informações que analisaria para determinar se os resultados de um levantamento são tendenciosos porque a agência que o patrocinou tem um interesse velado nos resultados.
3. Cite duas características que os levantamentos têm em comum, independentemente do seu propósito.
4. Explique por que é provável que haja uma ameaça séria à interpretabilidade dos resultados de um levantamento quando se usa uma amostra de conveniência.
5. Explique a relação entre a homogeneidade da população da qual se tirou uma amostra e o tamanho da amostra necessária para garantir a representatividade.
6. Explique por que você escolheria usar um levantamento por correio, entrevistas pessoais, entrevistas telefônicas ou um levantamento pela internet para seu projeto de pesquisa.
7. Explique por que não é possível concluir que uma amostra não representa uma população apenas por saber que a taxa de resposta foi de 50%.
8. Quais são as principais vantagens e desvantagens dos levantamentos feitos pela internet?
9. Descreva a relação que deveria haver entre as amostras no desenho de pesquisa com amostras independentes sucessivas para que fosse possível interpretar mudanças em atitudes da população ao longo do tempo.
10. Você está interessado em avaliar a direção e o nível de mudança ao longo do tempo nas opiniões de respondentes individuais. Identifique o desenho de pesquisa de levantamento que escolheria, e explique por que fez essa escolha.
11. Descreva um método para determinar a fidedignidade e um método para determinar a validade de uma medida de autoavaliação.
12. Descreva três fatores que afetam a fidedignidade de medidas de autoavaliação na pesquisa de levantamento.
13. Como você responderia se alguém lhe dissesse que os resultados de um levantamento são inúteis porque as pessoas não respondem verdadeiramente às perguntas dos levantamentos?
14. Explique por que "correlação não implica causação" e explique como os dados correlacionais podem ser usados para identificar causas potenciais do comportamento.
15. Defina variável *mediadora* e *moderadora* e dê um exemplo de cada.

☑ DESAFIOS

1. A pesquisa de levantamento é difícil de fazer, e isso talvez se aplique especialmente quando o tema envolve as atitudes e práticas sexuais das pessoas. Para um livro que se concentrava, em parte, na sexualidade feminina, a autora enviou 100 mil questionários a mulheres que pertenciam a uma variedade de grupos de mulheres em 43 estados norte-americanos. Esses grupos variam, de organizações feministas e religiosas a grupos de jardinagem. O questionário da autora continha 127 questões discursivas, e a autora recebeu respostas de 4.500 mulheres.

   Os resultados desse levantamento mostram que 70% das respondentes casadas por 5 anos ou mais relataram ter casos extraconjugais e que 95% das respondentes se sentiam emocionalmente assediadas pelos homens que amavam.

   A. A amostra final do estudo é grande (4.500). Será que isso é suficiente para garantir a representatividade da amostra? Se não for, que problema, que é um problema potencial na pesquisa de levantamento, poderia diminuir a representatividade da amostra?

   B. É possível, com base em sua resposta à parte A da questão, dizer que as conclusões que a autora tirar de seus dados estarão incorretas? Como você determinaria se os resultados estão corretos?

2. Duas organizações nacionais diferentes que fazem pesquisas sobre o ensino superior fizeram levantamentos independentes perguntando a docentes o quanto achavam que seus alunos estavam preparados. Os resultados desses dois estudos chamaram a atenção quando foram publicados na *Chronicle of Higher Education*, pois eram bastante diferentes. Os pesquisadores da Fundação de Pesquisa A observaram que quase 75% dos professores disseram que seus alunos estavam "seriamente despreparados". Os pesquisadores da Fundação de Pesquisa B observaram que apenas 18,8% dos docentes que entrevistaram disseram que seus estudantes "não estavam nada preparados". Pode-se esperar que os resultados de pesquisas de levantamento variem de uma para a outra, mas a grande discrepância encontrada nesses dois levantamentos pode nos levar a questionar a fidedignidade e credibilidade dos resultados dos levantamentos. Antes de se chegar a essa conclusão, é importante considerar vários detalhes dos dois levantamentos. [*Obs.*: Esta questão baseia-se em um artigo publicado em *NCRIPTAL Update*, primavera de 1990, Vol. 3, Nº 1, p. 2-3.]

   A. *Quem foi entrevistado?* A amostra original da Fundação A continha 10 mil professores universitários, que lecionavam para estudantes de graduação e pós-graduação em todos os tipos de instituições. Da amostra original, 54,5% responderam. A Fundação B omitiu universidades de pesquisa (25% da amostra da Fundação A). A Fundação B tinha uma amostra final de 2.311 (taxa de resposta de 62%). Aproximadamente 90% da amostra final estavam lecionando para alunos do nível introdutório. *Como podem as características das amostras analisadas pelas Fundações A e B afetar os resultados obtidos nos dois levantamentos?*

   B. *O que se perguntou?* A Fundação A perguntou aos seus sujeitos: "Os alunos de graduação com quem tenho contato próximo estão seriamente despreparados em habilidades básicas, como as necessárias para a comunicação escrita e oral". As respostas a essa afirmação eram: concordo fortemente, concordo com reservas, neutro, discordo com reservas e discordo. A Fundação B perguntou a seus sujeitos: "Em sua formação preparatória, os alunos que se matriculam nesta disciplina geralmente estão...". As opções de resposta eram: nada preparados, um pouco preparados, muito bem preparados e extremamente bem preparados. *Como pode a natureza dessas questões afetar os resultados obtidos nos dois levantamentos?*

☑ DESAFIOS (CONTINUAÇÃO)

C. *Como os resultados foram publicados?* Os resultados do levantamento da Fundação A (75% dos estudantes seriamente despreparados) foram publicados na *Chronicle* combinando as categorias "concordo fortemente" e "concordo com reservas". Os resultados do levantamento da Fundação B (18,8% dos estudantes nada preparados) representavam apenas aqueles que escolheram a categoria "nada preparados". *Como você acha que os resultados seriam se a estimativa da Fundação A contivesse apenas os respondentes que escolheram a resposta "concordo fortemente"?*

3. Uma pequena faculdade de ciências humanas criou uma força-tarefa, sob direção do pró-reitor de assuntos estudantis, para analisar a qualidade das experiências dos estudantes em seu *campus*. A força-tarefa decidiu fazer um levantamento para determinar o conhecimento dos alunos e suas percepções sobre a justiça do sistema judicial usado para aplicar as regras nas unidades residenciais do campus. O questionário do levantamento continha questões pessoais, que pediam para os alunos descreverem suas experiências em situações em que violaram políticas da faculdade ou quando souberam que outros estudantes haviam violado as políticas. Criou-se uma amostra aleatória estratificada a partir da lista de matrículas, com alunos que moravam dentro e fora do *campus*. O tamanho da amostra era de 400 estudantes, em um *campus* com 2 mil. Os questionários foram devolvidos por 160 estudantes, com uma taxa de resposta de 40%. Um resultado importante do levantamento foi que mais de um terço dos respondentes consideravam o sistema judicial injusto. A força-tarefa se reuniu para decidir se devia incluir esse tipo de resultado em seu relatório final para o pró-reitor de assuntos estudantis.

A. Será que a amostra inicial de 400 estudantes era provável de ser representativa da população de 2 mil estudantes? Por quê? Ou por que não?

B. Identifique um problema potencial existente na pesquisa de levantamento que poderia estar presente nesse estudo e que levaria a força-tarefa a se preocupar que a amostra final não fosse representativa da população de 2 mil estudantes.

C. Usando apenas a evidência de que a taxa de resposta para o levantamento foi de 40%, a força-tarefa concluiu que a amostra final não era representativa da população de estudantes. Decidiram também que as avaliações do sistema judicial como injusto por mais de um terço dos estudantes era uma estimativa exagerada e incorreta. Você concorda que o resultado representa uma estimativa incorreta? Por quê? Ou por que não?

D. Enquanto a força-tarefa se reunia para discutir seu relatório final, um membro expressou a opinião de que era improvável que as respostas dos alunos fossem verdadeiras e, assim, os resultados do levantamento eram inúteis e não deviam ser divulgados. O diretor da força-tarefa pede que você responda a essa afirmação. O que você diria?

4. Como estagiário no escritório de ex-alunos em uma pequena faculdade, uma das suas tarefas é ajudar a desenvolver um projeto de pesquisa com o uso de um levantamento. A faculdade está interessada em conhecer as atitudes dos egressos quanto às suas experiências acadêmicas e extracurriculares enquanto estudavam na faculdade. O diretor também quer incluir questões para avaliar as opiniões dos ex-alunos sobre as diferentes atividades que a faculdade patrocina para eles (p.ex., reuniões) e como preferem ser informados sobre problemas e atividades no campus (p.ex., boletins, *e-mails*, postagens no *website* da faculdade). Um dos principais objetivos do levantamento é determinar como as atitudes dos ex-alunos mudam um, cinco ou dez anos depois da graduação.

☑ DESAFIOS (CONTINUAÇÃO)

A. O primeiro passo é selecionar o desenho de pesquisa para o projeto. Descreva os dois desenhos que podem ser usados para medir mudanças em atitudes ao longo do tempo. Apresente como esses desenhos seriam implementados para o projeto, e identifique as vantagens e possíveis limitações de cada desenho.

B. O segundo passo é selecionar o método de levantamento para o projeto. Os membros do comitê de planejamento propuseram três abordagens diferentes: (1) selecione uma amostra aleatória de ex-alunos a partir da lista do escritório de ex-alunos e use um levantamento telefônico para administrar o questionário; (2) envie um *e-mail* para uma amostra aleatória de ex-alunos, com um *link* para um *site* da internet, onde possam preencher o questionário; (3) coloque um anúncio sobre o levantamento e um *link* para o questionário no *website* da faculdade, com a solicitação de que todos os ex-alunos que visitarem o *website* preencham o questionário. Descreva para o comitê as vantagens e limitações de cada abordagem, e apresente uma recomendação e fundamentação para a abordagem que considerar melhor.

C. O terceiro passo é preparar o questionário. Descreva os diferentes formatos que podem ser usados para escrever as questões do questionário e prepare um exemplo de uma pergunta de resposta livre (aberta) e de múltipla escolha (fechada). Use esses exemplos para descrever as vantagens e desvantagens de cada forma de questão.

Resposta ao Exercício I

1. D   **2.** B   **3.** A   **4.** C

Resposta ao Exercício II

1. O primeiro estudante pesquisador está propondo uma amostra aleatória estratificada, compreendendo 100 estudantes das fraternidades "gregas" e 100 estudantes "independentes". Nesse plano, os estratos de mesmo tamanho teriam amostras representativas para cada estrato. Uma falha potencialmente séria desse plano é que a amostra geral não representaria as proporções de gregos e independentes na população (25% e 75%, respectivamente). Isso resultaria em uma amostra tendenciosa, pois os gregos seriam sistematicamente super-representados no levantamento. O segundo estudante pesquisador está propondo uma amostra aleatória simples de 100 estudantes da população da faculdade. Embora isso provavelmente leve a uma amostra mais representativa, provavelmente resultaria em um número muito pequeno de respondentes na categoria "grega" (esperaríamos aproximadamente 25 gregos) para representar seu ponto de vista adequadamente.

2. Um plano de amostragem mais adequado usaria uma amostra aleatória estratificada, na qual os tamanhos da amostra para gregos e independentes fossem proporcionais aos valores observados na população. Com 200 estudantes na amostra, você selecionaria 150 estudantes da base amostral de estudantes independentes e 50 estudantes da base amostral de estudantes gregos.

Resposta ao Desafio 1

A. De um modo geral, tamanhos de amostra maiores tornam mais provável que a amostra seja representativa. O problema nesse estudo é que a amostra final (ainda que grande) representa uma taxa de resposta baixa em relação à amostra original de 100.000 (4,5%). A baixa taxa de resposta e o tema do levantamento tornam provável que apenas mulheres que se sentissem motivadas respondessem o levantamento. É improvável que a amostra de 4.500 mulheres represente toda a população de mulheres.

B. A baixa taxa de resposta não possibilita argumentar que as conclusões da autora estejam incorretas. Do mesmo modo, a autora não pode dizer, com base nessa amostra, que as conclusões estejam corretas. Simplesmente, não podemos saber, com base nessas evidências, se as conclusões estão corretas ou incorretas.

Existe pelo menos uma boa maneira de determinar se os resultados desse levantamento estão corretos. Você precisaria obter na literatura os resultados de um ou mais levantamentos sobre as atitudes e práticas sexuais de mulheres. Seria essencial que esses outros levantamentos tivessem usado amostras representativas de mulheres. Então, você compararia os resultados deste levantamento com os de outros. Somente se os resultados do levantamento atual correspondessem aos dos levantamentos com amostras representativas é que consideraríamos corretos os resultados do levantamento atual. É claro que você também poderia fazer o seu próprio levantamento, que evitasse os problemas que estão presentes nesse levantamento, e determinar se os seus resultados são semelhantes aos desse autor-pesquisador!

☑ Notas

1. Heatherton e colaboradores (1997) observaram que, como as reduções em problemas alimentares foram maiores entre indivíduos no levantamento longitudinal do que nas amostras independentes sucessivas, é provável que os processos maturacionais dos indivíduos, além de mudanças na sociedade, estivessem atuando para reduzir os problemas de alimentação ao longo do tempo.

2. A área de avaliação psicológica interessada em escalas de itens ou estímulos é conhecida como psicofísica, e a área de avaliação preocupada com diferenças individuais é chamada de psicométrica.

PARTE TRÊS

Métodos Experimentais

Desenhos de pesquisa com grupos independentes

Visão geral

No Capítulo 2, apresentamos os quatro objetivos da pesquisa em psicologia: descrição, previsão, explicação e aplicação. Os psicólogos usam métodos observacionais para desenvolver descrições detalhadas do comportamento, muitas vezes em ambientes naturais. Os métodos de pesquisa com uso de levantamentos permitem que os psicólogos descrevam as atitudes e opiniões das pessoas. Os psicólogos conseguem fazer previsões sobre o comportamento e processos mentais quando descobrem medidas e observações que covariam (correlações). A descrição e a previsão são essenciais para o estudo científico do comportamento, mas não são suficientes para entender as suas causas. Os psicólogos também procuram uma explicação – o "porquê" do comportamento. Chegamos a uma explicação científica quando identificamos as causas de um fenômeno. Os Capítulos 6, 7 e 8 concentram-se no melhor método de pesquisa existente para identificar relações causais – *o método experimental*. Analisaremos como o método experimental é usado para testar teorias psicológicas, bem como responder a questões de importância prática.

Como já enfatizamos, a melhor abordagem geral de pesquisa é a *abordagem multimétodos*. Podemos confiar mais em nossas conclusões quando obtemos respostas comparáveis para uma pergunta de pesquisa usando métodos diferentes. Diz-se que nossas conclusões têm *validade convergente*. Cada método tem limitações diferentes, mas os métodos têm potencialidades complementares que superam essas limitações. O principal ponto forte do método experimental é que ele é especialmente efetivo para estabelecer relações de causa e efeito. Neste capítulo, discutimos as razões por que os pesquisadores fazem experimentos e analisamos a lógica subjacente da pesquisa experimental. Nosso foco é em um desenho experimental bastante utilizado – o desenho de grupos aleatórios. Descrevemos os procedimentos para formar grupos aleatórios e as ameaças à interpretação que se aplicam especificamente ao desenho de grupos aleatórios. Depois, descrevemos os procedimentos que os pesquisadores usam para analisar e interpretar os resultados que obtêm em seus experimentos, e também investigamos como os pesquisadores estabelecem a validade externa dos resultados experimentais. Concluímos o capítulo com uma consideração sobre dois outros desenhos de pesquisa envolvendo grupos independentes: o desenho de grupos pareados e o desenho de grupos naturais.

Por que os psicólogos fazem experimentos

- Os pesquisadores fazem experimentos para testar hipóteses sobre as causas do comportamento.
- Os experimentos permitem que os pesquisadores decidam se um tratamento ou programa altera o comportamento efetivamente.

Uma das principais razões por que os psicólogos usam experimentos é para fazer testes empíricos das hipóteses que derivam de teorias psicológicas. Por exemplo, Pennebaker (1989) desenvolveu uma teoria que sustenta que manter para si pensamentos e sentimentos relacionados com experiências dolorosas pode ter um custo físico para o indivíduo. Segundo essa "teoria da inibição", é fisicamente estressante manter essas experiências para si mesmo.

Pennebaker e seus colegas fizeram muitos experimentos em que designavam um grupo de sujeitos para escrever sobre situações emocionais pessoais e outro grupo para escrever sobre tópicos superficiais. De maneira condizente com as hipóteses derivadas da teoria da inibição, os sujeitos que escreveram sobre tópicos emocionais tiveram melhores resultados em saúde do que os que escreveram sobre tópicos superficiais. Todavia, nem todos os resultados condiziam com a teoria da inibição. Por exemplo, estudantes que deviam dançar expressivamente com base em uma experiência emocional não tiveram os mesmos benefícios à saúde que estudantes que dançaram e escreveram sobre sua experiência. Pennebaker e Francis (1996) fizeram outro teste da teoria e demonstraram que as mudanças cognitivas que ocorrem ao se escrever sobre as experiências emocionais eram

críticas para explicar os resultados positivos para a saúde.

Nossa descrição breve dos testes da teoria da inibição ilustra o processo geral envolvido quando os psicólogos fazem experimentos para testar uma hipótese derivada de uma teoria. Se os resultados do experimento condizem com o que a hipótese prevê, a teoria recebe amparo. Por outro lado, se os resultados diferem do que se esperava, a teoria talvez precise ser modificada, desenvolvendo-se e testando-se uma nova hipótese em outro experimento. Testar hipóteses e revisar teorias com base nos resultados de experimentos às vezes pode ser um processo longo e árduo, como combinar as peças de um quebra-cabeça para formar uma imagem completa. A inter-relação autoaperfeiçoadora entre os experimentos e as explicações propostas é uma ferramenta fundamental que os psicólogos usam para entender as causas das maneiras como nós pensamos, sentimos e agimos.

Os experimentos bem feitos também ajudam a resolver os problemas da sociedade, proporcionando informações vitais sobre a efetividade de tratamentos em uma ampla variedade de áreas. Esse papel dos experimentos tem uma longa história no campo da medicina (Thomas, 1992). Por exemplo, perto do começo do século XIX, a febre tifoide e o *delirium tremens* costumavam ser fatais. A prática médica padrão naquela época era tratar essas duas condições com sangria, purga e outras "terapias" semelhantes. Em um experimento para testar a efetividade desses tratamentos, os pesquisadores designavam um grupo aleatoriamente para receber o tratamento padrão (sangria, purga, etc.) e um segundo grupo que não recebia nada, apenas repouso na cama, boa nutrição e observação. Thomas (1992) descreve os resultados desse experimento como "inequívocos e estarrecedores" (p. 9): o grupo que recebeu o tratamento da época ficou pior do que o grupo que não foi tratado. Tratar essas condições usando as práticas do começo do século XIX era pior do que não tratá-las de modo algum! Experimentos como esse contribuíram para o entendimento de que muitas condições médicas são autocontidas: a doença segue seu curso, e o paciente se recupera por conta própria.

A lógica da pesquisa experimental

- Os pesquisadores manipulam uma variável independente em um experimento para observar o efeito sobre o comportamento, conforme determinado pela variável dependente.
- O controle experimental permite que os pesquisadores façam a inferência causal de que a variável independente *causou* as mudanças observadas na variável dependente.
- O controle é o ingrediente essencial dos experimentos; o controle experimental é obtido por manipulação, mantendo as condições constantes e balanceando.
- Um experimento tem validade interna quando satisfaz as três condições necessárias para a inferência causal: covariação, relação de ordem temporal e eliminação de causas alternativas plausíveis.
- Quando ocorre confusão, existe uma explicação alternativa plausível para a covariação observada e, portanto, o experimento carece de validade interna. Explicações alternativas plausíveis são descartadas mantendo as condições constantes e balanceando.

Um experimento verdadeiro envolve a *manipulação* de um ou mais fatores e a *medição* (observação) dos efeitos dessa manipulação sobre o comportamento. Como vimos no Capítulo 2, os fatores que o pesquisador controla ou manipula são chamados de *variáveis independentes*. Uma variável independente deve ter pelo menos dois níveis (também chamados de condições). Um nível pode ser considerado a condição de "tratamento", e o segundo nível, condição de controle (ou comparação). As medidas usadas para observar o efeito (se houver) das variáveis independentes são chamadas de *variáveis dependentes*. Um modo de lembrar a distinção entre esses dois tipos de variáveis é entender que o resultado (a variável dependente) *depende* da variável independente.

Os experimentos são efetivos para testar hipóteses porque nos permitem exercer um grau relativamente elevado de controle em uma situação. Os pesquisadores usam controle em experimentos para que possam afirmar com confiança que a variável independente *causou* as mudanças observadas na variável dependente. As três condições necessárias para fazer uma inferência causal são covariação, relação de ordem temporal e eliminação de causas alternativas plausíveis (ver Capítulo 2).

A covariação ocorre quando observamos uma relação entre as variáveis independentes e dependentes de um experimento. A relação de ordem temporal se estabelece quando os pesquisadores manipulam uma variável independente e *depois* observam uma diferença subsequente no comportamento (i.e., a diferença no comportamento depende da manipulação). Finalmente, a eliminação de causas alternativas plausíveis ocorre por meio do uso de procedimentos de controle, principalmente por *manter as condições constantes e balancear*. Quando as três condições para uma inferência causal são satisfeitas, diz-se que o experimento tem **validade interna**, e podemos dizer que a variável independente *causou* a diferença de comportamento medida pela variável dependente.

Desenho de grupos aleatórios

- Em um desenho de grupos independentes, cada grupo de sujeitos participa de apenas uma condição da variável independente.
- A designação aleatória a condições é usada para formar grupos comparáveis, balanceando ou calculando a média das características dos sujeitos (diferenças individuais) entre as condições da manipulação da variável independente.

- Quando se usa designação aleatória para formar grupos independentes para os níveis da variável independente, o experimento é chamado de desenho de grupos aleatórios.

Em um **desenho de grupos independentes**, cada grupo de sujeitos participa de uma condição diferente da variável independente.[1] O desenho de grupos independentes mais efetivo é aquele que usa a **designação aleatória** de sujeitos a condições para formar grupos comparáveis antes de implementar a variável independente. Quando usamos designação aleatória às condições do estudo, chamamos o desenho de grupos independentes de **desenho de grupos aleatórios**. A lógica do desenho é clara. Os grupos são formados de modo a serem semelhantes em todas as características importantes no começo do experimento. A seguir, no experimento em si, os grupos são tratados igualmente, exceto no nível da variável independente. Assim, qualquer diferença entre os grupos em relação à variável dependente deve ser causada pela variável independente.

Exemplo de desenho de grupos aleatórios

A lógica do método experimental e da aplicação de técnicas de controle que produzem validade interna pode ser ilustrada em um experimento que investigou a insatisfação de garotas com seus corpos, realizado no Reino Unido por Dittmar, Halliwell e Ive (2006). Seu objetivo era determinar se a exposição a imagens de corpos muito magros fazia as garotas terem sentimentos negativos em relação a seus próprios corpos. Muitos experimentos realizados com sujeitos adolescentes e adultos demonstram que as mulheres relatam maior insatisfação consigo mesmas após a exposição a um modelo feminino magro, comparado com outros tipos de imagens. Dittmar e seus colegas tentaram determinar se efeitos semelhantes são observados para garotas com apenas 5 anos

de idade. A imagem corporal muito magra que testaram era a boneca Barbie. Estudos antropológicos que comparam as proporções corporais da Barbie com mulheres reais revelam que a boneca tem proporções corporais bastante irreais, ainda que tenha se tornado um ideal sociocultural de beleza feminina (ver Figura 6.1).

No experimento, leu-se, para pequenos grupos de garotas (5 anos e meio a 6 anos e meio de idade), uma história sobre "Mira", que comprava roupas e se preparava para ir a uma festa de aniversário. À medida que liam a história, as garotas olhavam livros ilustrados com seis cenas relacionadas com a história. Em uma condição do experimento, os livros ilustrados tinham imagens da boneca Barbie nas cenas da história (p.ex., comprando roupas de festa, arrumando-se para a festa). Em uma segunda condição, os livros ilustrados tinham cenas semelhantes, mas a figura apresentada era a boneca "Emme". A boneca Emme é uma linda boneca, com proporções corporais mais realistas, representando o tamanho 16 nos Estados Unidos (ver Figura 6.2). Finalmente, na terceira condição do experimento, os livros não mostravam a Barbie ou a Emme (ou nenhum corpo), mas apresentavam imagens neutras relacionadas com a história (p.ex., vitrines de lojas de roupas, balões coloridos). Essas três versões dos livros ilustrados (Barbie, Emme, neutra) representavam três níveis da variável independente que foi manipulada no experimento. Como diferentes grupos de garotas participaram de cada nível da variável independente, o experimento é descrito como um desenho de grupos independentes.

Manipulação Dittmar e colaboradores (2006) usaram a técnica de controle por *manipulação* para testar suas hipóteses sobre a insatisfação corporal das garotas. As três condições da variável independente permitiram que os pesquisadores fizessem comparações relevantes para as suas hipóteses. Se testassem apenas a condição da Barbie, seria impossível determinar se as imagens influenciavam a insatisfação corporal das

☑ **Figura 6.1** Nos Estados Unidos, 99% das garotas com 3 a 10 anos têm pelo menos uma Barbie, e a garota típica tem em média oito Barbies (Rogers, 1999).

garotas de algum modo. Assim, a condição da imagem neutra criou uma comparação – um modo de verificar se a insatisfação corporal das garotas diferia dependendo de se olhavam uma imagem ideal magra ou uma imagem neutra. A condição da boneca Emme acrescentou uma comparação importante. É possível que *qualquer* imagem de corpo pudesse influenciar as percepções das garotas sobre si mesmas. Dittmar e seus colegas testaram a hipótese de que apenas ideais de corpo magro, representados pela Barbie, causariam insatisfação com o corpo.

Quando terminaram de ler a história, as garotas devolveram os livros ilustrados e preencheram um questionário adequado para sua faixa etária. Embora Dittmar e seus colegas tenham usado várias medidas para avaliar a satisfação das garotas com seus corpos, iremos nos concentrar em apenas uma medida, a Child Figure Rating Scale. Essa escala tem duas colunas com sete desenhos de formas corporais femininas, variando de muito magra a muito acima do peso. Cada garota devia primeiro colorir a figura na primeira coluna que parecesse mais com o seu corpo atual (uma medida da forma corporal percebida). Depois, na segunda coluna, as garotas deviam colorir a figura que mostrasse a maneira como gostariam de parecer (a forma corporal ideal). Falou-se que podiam escolher qualquer uma das figuras e que podiam escolher a mesma figura em cada coluna. O escore de insatisfação com a forma corporal, a variável dependente, foi calculado contando-se o número de figuras

☑ **Figura 6.2** A boneca "Emme" foi lançada em 2002 para promover uma imagem corporal mais realista para as garotas. A boneca baseia-se em uma supermodelo americana chamada Emme.

entre a forma atual de cada garota e a sua forma ideal. Um escore de zero indicava que não havia insatisfação corporal, um escore negativo indicava o desejo de ser mais magra e um escore positivo indicava desejo de ter mais peso.

Os resultados desse experimento foram claros: as garotas expostas às imagens da Barbie ficaram mais insatisfeitas com sua forma corporal do que as garotas que foram expostas às imagens da Emme ou imagens neutras. O escore médio de insatisfação corporal para as 20 garotas na condição Emme e para as 20 garotas na condição de imagem neutra foi zero. Em comparação, o escore médio de insatisfação para as 17 garotas na condição da imagem da Barbie foi de -0,76, indicando seu desejo de serem mais magras.

Por meio da técnica de controle da manipulação, as primeiras duas exigências para a inferência causal foram cumpridas no experimento: (1) diferenças na insatisfação corporal das garotas covariaram com as condições do experimento, e (2) a insatisfação corporal ocorreu após olharem as imagens (relação de ordem temporal). O terceiro requisito para a inferência causal, descartar explicações alternativas, foi cumprido no experimento mantendo-se as condições constantes e balanceando.

Condições constantes No experimento de Dittmar e colaboradores, vários fatores que poderiam ter afetado as atitudes das garotas para com seus corpos foram mantidos iguais nas três condições. Todas as garotas ouviram a mesma história sobre fazer compras e a festa de aniversário, e olharam livros ilustrados pela mesma quantidade de tempo. Todas receberam as mesmas instruções no decorrer do experimento e receberam exatamente o mesmo questionário ao final. Os pesquisadores usam *condições constantes* para garantir que a variável independente seja o *único* fator que difira sistematicamente entre os grupos.

Se os três grupos tivessem diferido em um fator além dos livros ilustrados, teria sido impossível interpretar os resultados do experimento. Suponhamos que os participantes na condição da Barbie tivessem ouvido uma história diferente, por exemplo, uma história sobre uma Barbie magra e popular. Não saberíamos se a diferença observada na insatisfação corporal das garotas se deveria ao fato de verem as imagens da Barbie ou à história diferente. Quando se permite que a variável independente de interesse e uma variável diferente, potencialmente independente, covariem, existe uma *confusão*. Quando não existem variáveis confundidoras, o experimento tem *validade interna*.

Manter as condições constantes é uma técnica de controle que os pesquisadores usam para evitar confusões. Mantendo constante a história que as garotas ouviram nas três condições, Dittmar e seus colegas evitaram confusões com esse fator. De um modo geral, um fator que é mantido constante possivelmente covaria com a variável independente manipulada. Mais importante ainda, um fator que é mantido constante não muda, de modo que também não pode covariar com a variável dependente. Assim, os pesquisadores podem descartar fatores que são mantidos constantes como causas potenciais para os resultados observados.

Todavia, é importante reconhecer que controlamos apenas aqueles fatores que podem influenciar os comportamentos que estamos estudando – que consideramos como causas alternativas *plausíveis*. Por exemplo, Dittmar e colaboradores mantiveram constante a história que as garotas ouviram em cada condição. Todavia, é improvável que tenham controlado fatores como a temperatura da sala entre as condições, pois não seria provável que a temperatura afetasse a imagem corporal (pelo menos variando apenas alguns graus). Não obstante, devemos estar sempre alertas para a possibilidade de que pode haver fatores de confusão em nossos experimentos, cuja influência não tenhamos previsto ou considerado.

Balanceamento De forma clara, uma das chaves para a lógica do método experimental é formar grupos comparáveis (semelhantes) no começo do experimento. Os participantes de cada grupo devem ser comparáveis em termos de diversas características, como sua personalidade, inteligência, e assim por diante (também conhecidas como *diferenças individuais*). A técnica de controle por *balanceamento* é necessária porque esses fatores muitas vezes não podem ser mantidos constantes. O objetivo da designação aleatória é estabelecer grupos equivalentes de sujeitos, balanceando ou calculando a média das diferenças individuais entre as condições. O desenho de grupos aleatórios usado por Dittmar e colaboradores (2006) pode ser descrito da seguinte maneira:

Estágio 1	Estágio 2	Estágio 3
R_1	X_1	O_1
R_2	X_2	O_1
R_3	X_3	O_1

onde R_1, R_2 e R_3 referem-se à designação aleatória dos sujeitos às três condições independentes do experimento; X_1 é um nível de uma variável independente (p.ex., Barbie), X_2 é o segundo nível da variável independente (p.ex., Emme) e X_3 é o terceiro nível da variável independente (p.ex., imagens neutras). Faz-se uma observação do comportamento (O_1) em cada grupo.

No estudo de Dittmar e colaboradores (2006) sobre a imagem corporal das garotas, se as participantes que olharam as imagens da Barbie tivessem mais sobrepeso ou tivessem mais bonecas Barbies do que as que olharam imagens da Emme ou neutras, haveria uma explicação alternativa plausível para os resultados. É possível que estar com sobrepeso ou ter mais Barbies, não a versão das imagens, explicasse por que as participantes na condição da Barbie sentissem mais insatisfação com seus corpos. (Na linguagem do pesquisador, haveria uma variável confundidora.) De maneira semelhante, diferenças individuais existentes na insatisfação corporal das garotas *antes* do experimento poderiam ser uma explicação alternativa razoável para os resultados do estudo. Todavia, usando designação aleatória para balancear essas diferenças individuais entre os grupos, podemos logicamente descartar a explicação alternativa de que as diferenças que obtivemos entre os grupos em relação à variável dependente se devem a características dos participantes.

Quando balanceamos um fator como o peso corporal, tornamos os três grupos equivalentes em termos de seu peso corporal *médio*. Observe que isso difere de manter o peso corporal constante, que exigiria que todas as garotas do estudo tivessem o mesmo peso. De maneira semelhante, balancear o número de bonecas Barbie das garotas nos três grupos significaria que o número *médio* de bonecas nos três grupos é o mesmo, e não que a quantidade de bonecas que cada garota possui é mantida em um dado número constante. A vantagem da designação aleatória é que *todas* as diferenças individuais são balanceadas, e não apenas aquelas que mencionamos. Portanto, podemos descartar explicações alternativas devidas a *qualquer* diferença individual entre as participantes.

Em suma, Dittmar e seus colegas concluíram que a exposição a imagens corporais magras, como a Barbie, *torna* as garotas insatisfeitas com seus próprios corpos. Eles conseguiram chegar a essa conclusão porque

- manipularam uma variável independente que variava as imagens que as garotas olhavam,

- descartaram outras explicações plausíveis mantendo as condições relevantes constantes e
- balancearam diferenças individuais entre os grupos por meio da designação aleatória às condições.

O Quadro 6.1 sintetiza como Dittmar e seus colegas aplicaram o método experimental, especificamente o desenho com grupos aleatórios, ao seu estudo sobre a imagem corporal de garotas.

Randomização em bloco

- A randomização em bloco equilibra as características dos sujeitos e variáveis confundidoras potenciais que ocorrem na implementação do experimento, e cria grupos de mesmo tamanho.

Um procedimento comum para a designação aleatória é a **randomização em bloco**. Vamos primeiro descrever exatamente como se faz randomização aleatória, e depois analisar o que ela faz. Suponhamos que temos um experimento com cinco condições (rotuladas, por conveniência, como A, B, C, D e E). Forma-se um "bloco" com uma ordem aleatória de todas as cinco condições:

Um bloco de condições		Ordem aleatória de condições
	$\rightarrow$	
A B C D E		C A E B D

Na randomização em bloco, designamos os sujeitos a condições um bloco de cada vez. Em nosso exemplo com cinco condições, cinco sujeitos devem completar o primeiro bloco, com um sujeito em cada condição. Os próximos cinco sujeitos seriam designados a uma das cinco condições para completar um segundo bloco, e assim por diante. Se quiséssemos ter 10 sujeitos em cada uma das cinco condições, haveria 10 blocos no protocolo de blocos randomizados, cada um consistindo de um arranjo aleatório das cinco condições. O procedimento é ilustrado a seguir para os primeiros 11 participantes.

Quadro 6.1

SÍNTESE DO EXPERIMENTO SOBRE A IMAGEM CORPORAL DE GAROTAS

Síntese do procedimento experimental. Garotas pequenas (5 anos e meio a 6 anos e meio de idade) foram designadas para olhar três livros ilustrados diferentes, enquanto escutavam uma história. Depois de olharem os livros, as participantes responderam perguntas sobre sua imagem corporal.

Variável independente. Versão do livro ilustrado observada pelas participantes (imagens da Barbie, Emme e neutras).

Variável dependente. Insatisfação corporal, medida avaliando-se a diferença entre a imagem corporal das garotas e sua imagem corporal ideal.

Explicação de procedimentos de controle

  Manter condições constantes. As garotas nas três condições ouviram a mesma história, receberam as mesmas instruções e responderam as mesmas perguntas no final.

  Balanceamento. As diferenças individuais entre as garotas foram balanceadas pela designação aleatória a diferentes condições experimentais.

Explicação da lógica experimental proporcionando evidências para a causalidade

  Covariação. Observou-se que a insatisfação corporal das garotas variou com a condição experimental.

  Relação de ordem temporal. A versão do livro ilustrado foi manipulada antes de se aferir a insatisfação corporal.

  Eliminação de causas alternativas plausíveis. Os procedimentos de controle de manter as condições constantes e balancear diferenças individuais pela designação aleatória protegeram contra possíveis fatores de confusão.

Conclusão. A exposição a imagens corporais muito magras (os livros ilustrados com a boneca Barbie) causou insatisfação corporal.

(Baseado em Dittmar, Halliwell e Ive, 2006).

EXERCÍCIO I

Neste exercício, você deve responder as perguntas após esta breve descrição de um experimento.

Bushman (2005) investigou se a memória das pessoas para a publicidade é afetada pelo tipo de programa de televisão a que assistem. Os participantes ($N = 336$, idades 18-54) foram designados aleatoriamente para assistir a quatro tipos de programas de televisão: violento (p.ex., *Cops*), sexualidade explícita (p.ex., *Sex and the City*), violência e sexo (p.ex., *CSI Miami*) ou neutro (p.ex., *America's Funniest Animals*). Dentro de cada programa, foram embutidos os mesmos 12 comerciais (30 segundos). Para garantir que os participantes tivessem a mesma exposição às marcas representadas nos comerciais, os pesquisadores selecionaram marcas relativamente desconhecidas (p.ex., "Dermoplast", "José Olé"). Três intervalos comerciais, cada um com quatro anúncios, foram colocados aproximadamente aos 12, 24 e 36 minutos de cada programa, sendo usadas duas ordens aleatórias para os anúncios.

Os sujeitos foram testados em grupos pequenos, e cada sessão foi realizada em um local confortável, onde os sujeitos sentavam em cadeiras estofadas e recebiam refrigerantes e petiscos. Depois de assistirem ao programa, os participantes receberam testes de memória de surpresa para o conteúdo dos comerciais. Os resultados indicaram que a memória para as marcas anunciadas foi pior quando o programa de televisão continha violência ou sexo. O comprometimento da memória para a publicidade foi maior para programas que continham material sexualmente explícito.

1. Que aspecto do experimento Bushman controlou usando manipulação?
2. Que aspecto do experimento Bushman controlou mantendo as condições constantes?
3. Que aspecto do experimento Bushman controlou usando balanceamento?

Bushman, B. J. (2005). Violence and sex in television programs do not sell products in advertisement. *Psychological Science, 16*, 702-708.

10 Blocos	Participantes		Condição	
1) C A E B D	1) Cara	→	C	
2) E C D A B	2) Andy	→	A	Primeiro
3) D B E A C	3) Jacob	→	E	bloco
4) B A C E D	4) Molly	→	B	
5) A C E D B	5) Emily	→	D	
6) A D E B C	6) Eric	→	E	
7) B C A D E	7) Anna	→	C	Segundo
8) D C A E B	8) Laura	→	D	bloco
9) E D B C A	9) Sarah	→	A	
10) C E B D A	10) Lisa	→	B	
	11) Tom	→	D	

E assim por diante para 50 participantes

Existem várias vantagens quando se usa a randomização em bloco para designar sujeitos aleatoriamente a grupos. Primeiramente, a randomização em bloco produz grupos de mesmo tamanho. Isso é importante porque o número de observações em cada grupo afeta a fidedignidade da análise descritiva para cada grupo, e é desejável que a fidedignidade dessas medidas seja comparável entre os grupos. A randomização em bloco faz isso. Em segundo lugar, a randomização em bloco controla as variáveis relacionadas com o tempo. Como os experimentos podem levar uma quantidade substancial de tempo para serem concluídos, alguns participantes podem ser afetados por algo que ocorra no decorrer do período de implementação do experimento. Na randomização em bloco, cada condição é testada em cada bloco, de modo que essas variáveis ligadas ao tempo são balanceadas entre as condições do experimento. Se, por exemplo, ocorre um fato traumático em um *campus* universitário onde se está conduzindo um experimento, o número de sujeitos que passaram pela experiência será equivalente em cada condição, sendo usada randomização em bloco. Pressupomos, então, que os efeitos da situação sobre o comportamento dos participantes sejam equivalentes, em média, entre as condições. A randomização em bloco também atua de maneira a balancear outras variáveis relacionadas com o tempo, como mudanças nos indivíduos que conduzem o experi-

mento ou até mudanças nas populações de onde são tirados os sujeitos. Por exemplo, usando um protocolo com randomização em bloco, pode-se fazer um experimento perfeitamente aceitável com estudantes dos semestres de outono e primavera. A vantagem da randomização em bloco é que ela equilibra (ou usa a média) qualquer característica dos participantes (incluindo os efeitos de fatores relacionados com o tempo) entre as condições do experimento.

Se você quiser praticar o procedimento de randomização em bloco, responda o Desafio 1A ao final do capítulo.

Ameaças à validade interna

- Designar grupos inteiros aleatoriamente a diferentes condições da variável independente cria uma confusão potencial, em decorrência de diferenças preexistentes entre os participantes dos grupos inteiros.
- A randomização em bloco aumenta a validade interna, balanceando variáveis externas entre as condições da variável independente.
- A perda seletiva de sujeitos, mas não a perda mecânica de sujeitos, ameaça a validade interna de um experimento.
- Grupos controle com placebo são usados para controlar o problema das características de demanda, e os experimentos duplos-cegos controlam as características de demanda e os efeitos do experimentador.

Vimos que a *validade interna* é o grau em que diferenças no comportamento em relação a uma variável dependente podem ser atribuídas clara e definitivamente ao efeito de uma variável independente, em vez de alguma outra variável não controlada. Essas variáveis não controladas costumam ser citadas como **ameaças à validade interna**. Elas são explicações alternativas potenciais para os resultados de um estudo. Para fazer uma inferência clara de causa e efeito sobre uma variável independente, as ameaças à validade interna devem ser controladas. A seguir, descreveremos diversos problemas na pesquisa experimental que podem resultar em ameaças à validade interna, bem como métodos para controlar essas ameaças.

Testando grupos inteiros A designação aleatória é usada para formar grupos comparáveis no desenho de grupos aleatórios. Todavia, existem ocasiões em que são formados grupos *in*comparáveis, mesmo que pareça ter sido usada designação aleatória. Esse problema ocorre quando grupos inteiros (e não indivíduos) são designados aleatoriamente às condições do experimento. Os grupos inteiros são formados antes do começo do experimento. Por exemplo, turmas diferentes de uma disciplina de introdução à psicologia são grupos inteiros. Os estudantes não são designados de forma aleatória a diferentes turmas de introdução à psicologia (embora às vezes o horário das classes pareça aleatório!). Os estudantes muitas vezes decidem estar em uma determinada turma por causa do horário das aulas, do professor, de amigos que estarão naquela aula, e de vários outros fatores. Se um pesquisador designasse diferentes turmas aleatoriamente a níveis de uma variável independente, poderia haver confusão, pela testagem de grupos inteiros.

A fonte da confusão devida ao uso de grupos incomparáveis ocorre quando os indivíduos diferem sistematicamente entre os grupos inteiros. Por exemplo, estudantes que decidem cursar introdução à psicologia na turma das 8 da manhã podem ser diferentes dos que preferem a turma das 14 horas. A designação aleatória desses grupos inteiros às condições experimentais simplesmente não seria suficiente para balancear as diferenças sistemáticas entre os grupos inteiros. Essas diferenças sistemáticas entre os dois grupos inteiros quase sempre ameaça a validade interna do experimento. A solução para esse problema é simples – não usar grupos inteiros em um desenho de grupos aleatórios.

Balanceando variáveis externas Diversos fatores em um experimento podem variar como consequência de considerações práticas ao executar o estudo. Por exemplo, para implementar um experimento mais rapidamente, o pesquisador deve usar vários experimentadores diferentes para testar pequenos grupos de participantes. Os tamanhos dos grupos e os próprios experimentadores se tornam variáveis potencialmente relevantes que poderiam confundir o experimento. Por exemplo, se todos os indivíduos no grupo experimental fossem testados por um experimentador e todos os do grupo controle fossem testados por outro, os níveis da variável independente pretendida seriam confundidos com os dois experimentadores. Não conseguiríamos determinar se uma diferença observada entre os dois grupos se devia à variável independente ao ou fato de que experimentadores diferentes testaram os sujeitos dos grupos experimental e controle.

As variáveis potenciais que não são de interesse direto para o pesquisador, mas que, mesmo assim, podem ser fontes de confusão no experimento, são chamadas de *variáveis externas*. Mas não deixe o termo enganá-lo! Um experimento confundido por uma variável externa não é menos confundido do que se a variável confundidora fosse de considerável interesse inerente. Por exemplo, Evans e Donnerstein (1974) observaram que os estudantes que se oferecem como voluntários para pesquisas no começo do período acadêmico têm mais orientação acadêmica e são mais prováveis de ter um lócus interno de controle (i.e., enfatizam sua própria responsabilidade, em vez de fatores externos, por seus atos) do que estudantes que se oferecem mais adiante no período. Seus resultados sugerem que não seria sensato testar todos os participantes da condição experimental no começo do período e os participantes da condição de controle no final do período, pois isso poderia confundir a variável independente com características dos participantes (p.ex., lócus de controle, foco acadêmico).

A randomização em bloco controla variáveis externas, balanceando-as entre os grupos. Tudo de que se precisa é que blocos inteiros sejam testados a cada nível da variável externa. Por exemplo, se houvesse quatro experimentadores, blocos inteiros do protocolo de blocos randomizados seriam designados a cada experimentador. Como cada bloco contém todas as condições do experimento, essa estratégia garante que cada condição seja testada por cada experimentador. Normalmente, designaríamos o mesmo número de blocos a cada experimentador, mas isso não é essencial. O essencial é que blocos inteiros sejam testados a cada nível da variável externa, que, nesse caso, envolve os quatro experimentadores. O balanceamento pode se tornar um pouco complexo quando existem diversas variáveis externas, mas um planejamento prévio cuidadoso pode evitar a confusão com esses fatores.

Perda de sujeitos Enfatizamos que a lógica do desenho com grupos aleatórios exige que os grupos em um experimento difiram apenas por causa dos níveis da variável independente. Vimos que formar grupos comparáveis de sujeitos no começo de um experimento é outra característica essencial do desenho de grupos aleatórios. É igualmente importante que os grupos sejam comparáveis ao final do experimento, com exceção da variável independente. Quando os sujeitos começam um experimento mas não terminam, a validade interna do experimento pode ser ameaçada. É importante distinguir as duas maneiras em que os sujeitos podem não concluir um experimento: a perda mecânica de sujeitos e a perda seletiva de sujeitos.

A **perda mecânica de sujeitos** ocorre quando os sujeitos não concluem o experimento por falha de um equipamento (nesse caso, o experimentador é considerado parte do equipamento). A perda mecânica de sujeitos pode ocorrer se um computador estragar, ou se o experimentador ler as instruções incorretas, ou se alguém interromper

uma seção experimental inadvertidamente. A perda mecânica é um problema menos crítico do que a perda seletiva, pois é improvável que a perda em si esteja relacionada com alguma característica do sujeito. Desse modo, a perda mecânica não deve levar a diferenças sistemáticas entre as características dos sujeitos que concluem o experimento nas suas diferentes condições. A perda mecânica também pode ser compreendida como o resultado de eventos fortuitos que devem ocorrer igualmente entre os grupos. Assim, a validade interna não costuma ser ameaçada quando é preciso excluir sujeitos do experimento por perda mecânica. Quando ocorre perda mecânica de sujeitos, ela deve ser documentada, devendo-se registrar o nome ou número do sujeito excluído e a razão para a perda. O sujeito perdido deve ser substituído pelo próximo sujeito testado.

A perda seletiva de sujeitos é uma questão muito mais séria. A **perda seletiva de sujeitos** ocorre (1) quando os sujeitos são perdidos de maneira diferencial entre as condições do experimento; (2) quando alguma característica do sujeito é responsável pela perda; e (3) quando essa característica do sujeito está relacionada com a variável dependente usada para avaliar o resultado do estudo. A perda seletiva de sujeitos destrói os grupos comparáveis que são essenciais para a lógica do desenho com grupos aleatórios e, assim, podem impossibilitar a interpretação do experimento.

Podemos ilustrar os problemas associados à perda seletiva de sujeitos considerando um exemplo fictício, mas realista. Suponhamos que os diretores de uma academia de ginástica decidam testar a efetividade de um programa de ginástica de um mês. Oitenta pessoas se apresentam como voluntários para o experimento, e são divididas aleatoriamente, 40 para cada grupo. A designação aleatória a condições cria grupos comparáveis no começo do experimento, balanceando características dos indivíduos, como peso, nível de preparo físico, motivação, etc., entre os dois grupos. Os membros

☑ Exercício II

Neste exercício, você precisará de um baralho. Deixe de lado o valete, o rei e a rainha e use as cartas de 1 a 10 (atribua o valor de 1 ao ás). Embaralhe bem as cartas.

Para ter uma noção de como a designação aleatória a condições funciona para criar grupos equivalentes, divida as cartas embaralhadas (randomizadas) em duas pilhas, cada uma com 20 cartas. Uma pilha representa os "sujeitos" designados aleatoriamente a uma condição experimental, e a segunda pilha representa sujeitos designados aleatoriamente a uma condição de controle. Suponhamos que o valor em cada carta indique o escore dos sujeitos (1-10) em uma medida de diferenças individuais, como a capacidade da memória.

1. Calcule um escore médio para os sujeitos em cada condição (pilha), somando o valor de cada carta e dividindo por 20. Os dois grupos são equivalentes em termos da sua capacidade média de memória?

   Para entender os problemas associados à perda seletiva de sujeitos, suponha que os sujeitos com pouca capacidade de memória (valores de 1 e 2) são incapazes de completar o teste experimental e abandonam a condição experimental. Para simular isso, remova as cartas com valores de 1 e 2 da pilha que representa a sua condição experimental.

2. Calcule um novo escore médio para a pilha na condição experimental. Depois da perda seletiva de sujeitos, como se comparam os escores médios da capacidade de memória dos dois grupos? O que isso indica para a equivalência dos dois grupos formados inicialmente usando designação aleatória?

3. Para cada "sujeito" (carta) que abandonou o grupo experimental, remova uma carta comparável do grupo controle. Observe que você pode não ter combinações exatas, e pode ter que substituir um "1" por um "2" ou vice-versa. Calcule uma nova média para o grupo de controle. Esse procedimento restaura a equivalência inicial dos dois grupos?

4. Embaralhe as 40 cartas novamente e divida as cartas em quatro grupos. Calcule uma média para cada pilha de 10 cartas. Com menos "sujeitos" em cada grupo, a randomização (embaralhar) levou a grupos equivalentes?

---

do grupo controle apenas devem fazer um teste de preparo físico ao final do mês. Os do grupo experimental participam de um vigoroso programa de ginástica por um mês, antes de fazerem o teste. Suponhamos que todos os 38 participantes do controle compareçam ao teste ao final do mês, mas apenas 25 dos participantes experimentais continuem o rigoroso programa pelo mês inteiro. Suponhamos também que o escore médio de forma física para as 25 pessoas restantes no grupo experimental seja significativamente maior do que o escore médio das 40 pessoas do grupo controle. Os diretores da academia então fazem a seguinte afirmação: "um estudo científico mostrou que o nosso programa leva a uma melhor forma física".

Você acha que a afirmação da academia de ginástica é justificada? Não é. Esse estudo hipotético representa um exemplo clássico de perda seletiva de sujeitos, de modo que seus resultados não podem ser usados para corroborar a afirmação da academia. A perda ocorreu diferencialmente entre as condições, pois foram perdidos participantes principalmente do grupo experimental. O problema com a perda diferencial não é que os grupos tenham terminado com tamanhos diferentes. Os resultados teriam sido interpretáveis se 25 pessoas tivessem sido designadas aleatoriamente ao grupo experimental e 38 ao grupo controle e todos os indivíduos tivessem concluído o experimento. Ao contrário, a perda seletiva de sujeitos é um problema porque os 25 participantes experimentais que concluíram o programa de ginástica provavelmente não são comparáveis com os 38 participantes do controle. É provável que os 15 participantes experimentais que não conseguiram concluir o rigoroso programa estivessem em pior forma física (mesmo antes que o programa começasse) do que os 25 participantes experimentais que concluíram o programa. A perda seletiva de sujeitos no grupo experimental arruinou os grupos comparáveis que foram formados por designação aleatória no começo do experimento. De fato, os escores finais de forma física dos 25 participantes experimentais poderiam ter sido maiores do que a média do grupo controle, mesmo que não tivessem participado do programa de ginástica, pois já estavam em melhor forma quando começaram! Assim, a perda de sujeitos no experimento cumpre as outras duas condições para a perda seletiva de sujeitos. Ou seja, a perda provavelmente se deve a uma característica dos participantes – seu nível original de forma física – e essa característica é relevante para o resultado do estudo (ver Figura 6.3).

Se a perda seletiva de sujeitos não for identificada até a conclusão do experimento, pouco se pode fazer além de engolir a experiência de ter feito um experimento que não pode ser interpretado. Todavia, podem ser adotadas medidas quando os pesquisadores entendem antecipadamente que a perda seletiva pode ser um problema. Uma alternativa é administrar um pré-teste e triar sujeitos prováveis de ser perdidos. Por exemplo, no estudo sobre o programa de ginástica, podia ter sido aplicado um teste inicial da forma física, e apenas os participantes que tivessem um nível mínimo participariam do experimento. Triar os participantes desse modo envolveria um custo potencial. Os resultados do estudo provavelmente se aplicariam apenas a pessoas acima do nível mínimo de forma física. Talvez valesse a pena pagar esse custo, pois um estudo interpretável de generalização limitada ainda é preferível do que um estudo que não possa ser interpretado.

Existe outra abordagem preventiva que os pesquisadores podem usar ao en-

☑ **Figura 6.3** Muitas pessoas que começam um programa rigoroso de exercícios não o concluem. De certo modo, apenas os "mais aptos" sobrevivem, uma situação que pode causar problemas de interpretação em comparações entre tipos diferentes de programas de ginástica.

frentarem a possibilidade de perda seletiva de sujeitos. Os pesquisadores podem administrar um pré-teste a todos os sujeitos, mas depois simplesmente designar os participantes aleatoriamente às condições. Então, se um sujeito for perdido no grupo experimental, pode-se excluir um sujeito com um pré-teste comparável do grupo controle. De certo modo, essa abordagem visa restaurar a comparabilidade inicial dos grupos. Os pesquisadores devem ser capazes de prever possíveis fatores que possam levar à perda seletiva de sujeitos, e devem garantir que seu pré-teste avalie esses fatores.

Experimentos de controle com placebo e duplos-cegos O último desafio à validade interna que descreveremos ocorre por causa das expectativas dos participantes e experimentadores. As características de demanda representam uma fonte possível de viés devido às expectativas dos participantes (Orne, 1962). As *características de demanda* se referem às pistas e outras informações que os participantes usam para orientar seu comportamento em um estudo psicológico (ver Capítulo 4). Por exemplo, os participantes da pesquisa que sabem que tomarão álcool em um experimento podem esperar certos efeitos, como relaxamento ou tontura. Portanto, podem agir de maneira coerente com essas expectativas, em vez de responderem aos efeitos reais do álcool. Também podem surgir vieses potenciais por causa das expectativas dos experimentadores. O termo geral usado para descrever esses vieses é **efeitos do experimentador** (Rosenthal, 1963, 1994a). Os efeitos do experimentador podem ser uma fonte de confusão, se os experimentadores tratarem os sujeitos de maneiras distintas nos diferentes grupos do experimento, e distintas das exigidas para implementar a variável independente. Em um experimento envolvendo beber álcool, por exemplo, os efeitos do experimentador podem ocorrer se os experimentadores lerem as instruções de forma mais lenta para sujeitos que tiverem

bebido do que para os que não beberem. Os efeitos do experimentador também podem ocorrer quando os experimentadores fazem observações tendenciosas, baseadas no tratamento que o sujeito recebeu. Por exemplo, poderia haver observações tendenciosas no estudo do álcool se os experimentadores fossem mais prováveis de observar movimentos motores inusitados ou fala arrastada entre os "bêbados" (pois "esperam" que quem bebe aja desse modo). (Ver a discussão sobre os efeitos da expectativa no Capítulo 4.)

Os pesquisadores nunca conseguem eliminar completamente os problemas das características de demanda e efeitos do experimentador, mas existem desenhos de pesquisa especiais que controlam esses problemas. Os pesquisadores usam um **grupo controle com placebo** como forma de controlar as características de demanda. Um *placebo* (da palavra latina que significa ("devo agradar") é uma substância que parece como uma droga ou outra substância ativa, mas que na verdade é uma substância inerte, ou inativa. Algumas pesquisas até indicam que mesmo o placebo pode ter efeitos terapêuticos, com base em expectativas dos participantes para um efeito de uma "droga" (p.ex., Kirsch e Sapirstein, 1998). Os pesquisadores testam a eficácia de um tratamento proposto, comparando-o a um placebo. Ambos os grupos têm a mesma "consciência" de tomarem uma droga e, portanto, expectativas semelhantes para um efeito terapêutico. Ou seja, as características de demanda são semelhantes para os grupos – os participantes em ambos os grupos esperam sentir os efeitos de uma droga. Quaisquer diferenças entre os grupos experimentais e o grupo controle com placebo podem ser atribuídas legitimamente ao efeito real da droga tomada pelos sujeitos experimentais, e não a suas expectativas por tomarem a droga.

O uso de grupos controle com placebo em combinação com um procedimento duplo-cego pode controlar as características de demanda e os efeitos do experimentador.

Em um **procedimento duplo-cego**, o participante e o observador estão cegos (desconhecem) ao tratamento que está sendo administrado. Em um experimento testando a eficácia de um tratamento farmacológico, seriam necessários dois pesquisadores para fazer o procedimento duplo-cego. O primeiro pesquisador prepararia as cápsulas com a droga e codificaria cada cápsula de algum modo; o segundo pesquisador distribuiria as drogas aos participantes, registrando o código para cada droga quando fosse dada a um indivíduo. Esse procedimento garante que haja um registro de qual droga cada pessoa recebeu, mas o participante e o experimentador que administra as drogas (e observa os efeitos) não sabem qual tratamento o sujeito recebeu. Assim, as expectativas do experimentador sobre os efeitos do tratamento são controladas, pois o pesquisador que faz as observações não está ciente de quem recebeu o tratamento e quem recebeu o placebo. De maneira semelhante, as características de demanda são controladas, pois os participantes permanecem sem saber se receberam a droga ou o placebo.

Os experimentos que envolvem grupos controle com placebo são uma ferramenta de pesquisa valiosa para avaliar a eficácia de um tratamento, enquanto controlam as características de demanda. Todavia, o uso de grupos controle com placebo suscita questões éticas especiais. Os benefícios do conhecimento adquirido com o uso de placebos devem ser avaliados à luz dos riscos envolvidos quando sujeitos de pesquisa que esperam tomar uma droga recebem um placebo em seu lugar. Geralmente, a ética desse procedimento é abordada no procedimento de consentimento informado, antes do começo do experimento. Os participantes são informados de que podem receber uma droga ou um placebo. Somente indivíduos que consentirem em tomar o placebo e a droga participam da pesquisa. Se a droga experimental se mostrar efetiva, os pesquisadores são eticamente obrigados a oferecer o tratamento para os participantes da condição do placebo.

Análise e interpretação de resultados experimentais

O papel da análise de dados em experimentos

- A análise de dados e a estatística desempenham um papel crítico na capacidade dos pesquisadores de afirmar que uma variável independente teve algum efeito sobre o comportamento.
- A melhor maneira de determinar se os resultados de um experimento são confiáveis é fazer uma replicação do experimento.

Um bom experimento, como ocorre com toda a boa pesquisa, começa com uma boa pergunta de pesquisa. Descrevemos como os pesquisadores usam as técnicas de controle para desenhar e implementar um experimento que lhes permita reunir evidências interpretáveis para responder sua pergunta de pesquisa. Todavia, apenas fazer um bom experimento não é suficiente. Os pesquisadores também devem apresentar as evidências de um modo convincente para demonstrar que seus dados corroboram suas conclusões baseadas naquelas evidências. A análise de dados e a estatística desempenham um papel crítico na análise e interpretação de resultados experimentais.

Robert Abelson, em seu livro *Statistics as Principled Argument* (1995), sugere que o principal objetivo da análise de dados é determinar se as observações sustentam uma afirmação sobre o comportamento. Ou seja, podemos "provar nosso argumento" para a conclusão baseada nas evidências reunidas em um experimento? Nos Capítulos 11 e 12, apresentamos uma descrição mais complexa de como os pesquisadores usam análise de dados e estatística. Aqui, iremos introduzir os conceitos centrais de análise de dados que se aplicam à interpretação dos resultados de experimentos. Antes, porém, queremos mencionar uma maneira muito importante pela qual os pesquisadores fazem seu argumento relacionado com os resultados de sua pesquisa.

A melhor maneira de determinar se os resultados obtidos em um experimento são fidedignos (consistentes) é replicar o experimento e ver se o mesmo resultado é obtido. A **replicação** significa repetir os procedimentos usados em um determinado experimento para determinar se os mesmos resultados serão obtidos uma segunda vez. Como você pode imaginar, uma replicação exata é quase impossível de executar. Os sujeitos testados na replicação serão diferentes dos testados no estudo original; as salas de teste e os experimentadores também podem ser diferentes. Entretanto, a replicação ainda é a melhor maneira de determinar se o resultado de uma pesquisa é fidedigno. Contudo, se exigíssemos que a fidedignidade de cada experimento fosse estabelecida por replicação, o processo seria incômodo e ineficiente. Os participantes de experimentos são um recurso escasso, e fazer uma replicação significa que estaremos deixando de fazer um experimento para fazer perguntas novas e diferentes sobre o comportamento. A análise de dados e a estatística proporcionam uma alternativa à replicação para os pesquisadores determinarem se os resultados de um único experimento são fidedignos e podem ser usados para fazer uma afirmação sobre o efeito que uma variável independente sobre o comportamento.

> Nas próximas seções, apresentamos apenas uma introdução sucinta a esses estágios da análise de dados. Uma introdução mais completa pode ser encontrada nos Capítulos 11 e 12 (ver especialmente o Quadro 11.1). Esses capítulos serão particularmente importantes se você precisar ler e interpretar os resultados de um experimento de psicologia publicado em uma revista científica ou se fizer o seu próprio experimento de psicologia.

Ilustraremos o processo de análise de dados analisando os resultados de um experimento que investigou os efeitos de recompensas e punições enquanto os participantes jogavam *videogames* violentos. Carnagey e Anderson (2005) observaram que um grande *corpus* de pesquisas demonstra que jogar *videogames* violentos aumenta as emoções, cognições e comportamentos agressivos. Eles questionaram, contudo, se os efeitos de *videogames* violentos seriam diferentes quando os jogadores fossem *punidos* por ações violentas nos jogos em comparação com quando as mesmas ações são *recompensadas* (como na maioria dos *videogames*). Uma hipótese postulada por Carnagey e Anderson foi que quando as ações violentas nos *videogames* fossem punidas, os jogadores seriam menos agressivos. Outra hipótese, contudo, dizia que, quando punidos por seus atos violentos, os jogadores ficariam frustrados e, portanto, mais agressivos.

Nos estudos de Carnagey e Anderson, estudantes de graduação jogaram três versões do mesmo *videogames* com uma corrida de carros competitiva ("Carmageddon 2") em um ambiente laboratorial. Na condição de recompensa, os participantes foram recompensados (ganharam pontos) por matarem pedestres e o oponente na corrida (essa é a versão do jogo inalterada). Na condição de punição, o *videogames* foi alterado de maneira que os participantes perdiam pontos por matar ou bater nos oponentes. Em uma terceira condição, o jogo foi alterado para ser não violento, e os participantes ganha-

Dica de estatística

A análise dos dados de um experimento envolve três estágios: (1) conhecer os dados, (2) sintetizar os dados e (3) confirmar o que os dados revelam. No primeiro estágio, tentamos descobrir o que está acontecendo no conjunto de dados, procuramos erros e nos certificamos de que os dados fazem sentido. No segundo estágio, usamos estatísticas descritivas e demonstrações gráficas para sintetizar o que se descobriu. No terceiro estágio, buscamos evidências para o que os dados nos dizem sobre o comportamento. Neste estágio, tiramos nossas conclusões sobre os dados usando técnicas estatísticas variadas.

Metodologia de pesquisa em psicologia **213**

vam pontos por passarem por pontos de controle à medida que corriam ao redor da pista (todos os pedestres foram retirados e os oponentes foram programados para serem passivos).

Carnagey e Anderson (2005) publicaram os resultados de três experimentos, nos quais os sujeitos foram designados aleatoriamente para jogar uma das três versões do *videogames*. As principais variáveis dependentes eram medidas das emoções hostis dos participantes (Experimento 1), pensamento agressivo (Experimento 2) e comportamentos agressivos (Experimento 3). Entre os três estudos, os participantes que foram recompensados por atos violentos no *videogames* tiveram níveis maiores de emoções, cognições e comportamentos agressivos, comparados com as condições de jogo com punição e não violenta. Punir atos agressivos no *videogames* fez os participantes sentirem mais emoções hostis (semelhante à condição de recompensa) em relação ao jogo não violento, mas não os fez ter mais cognições e comportamentos agressivos.

Para ilustrar o processo de análise de dados, analisaremos de forma mais minuciosa os resultados de Carnagey e Anderson para cognições agressivas (Experimento 2). Depois de jogarem um dos três *videogames*, os participantes fizeram um teste com fragmentos de palavras, no qual deviam completar o maior número de palavras (de 98) que conseguissem em cinco minutos. Metade dos fragmentos de palavras tinha possibilidades agressivas. Por exemplo, o fragmento "K I _ _" podia ser completado como *kiss* (beijo) ou *kill* (matar) (ou outras

possibilidades). A cognição agressiva foi definida operacionalmente como a proporção de fragmentos de palavras que um participante completasse com palavras agressivas. Por exemplo, se um participante completasse 60 dos fragmentos de palavras em cinco minutos e 12 delas expressassem conteúdo agressivo, seu escore de cognição agressiva seria 0,20 (i.e., $12/60 = 0,20$).

Descrevendo os resultados

- As duas estatísticas descritivas mais comuns que são usadas para sintetizar os resultados de experimentos são a média e o desvio padrão.
- As medidas do tamanho do efeito indicam a intensidade da relação entre as variáveis independentes e dependentes, e não são afetadas pelo tamanho da amostra.
- Uma medida comum do tamanho do efeito, d, analisa a diferença entre duas médias grupais, em relação à variabilidade média no experimento.
- A meta-análise usa medidas do tamanho do efeito para sintetizar os resultados de muitos experimentos que investigam a mesma variável independente ou dependente.

A análise de dados deve começar com uma inspeção minuciosa do conjunto de dados, com especial atenção a erros possíveis ou dados anômalos. Técnicas para inspecionar os dados ("conhecer os dados") são descritas no Capítulo 11. O próximo passo é descrever o que se encontrou. Nesse estágio, o pesquisador quer saber "o que aconteceu no experimento?". Para começar a

☑ **Tabela 6.1** Médias das cognições agressivas, desvios padrão e intervalos de confiança para as três condições do experimento com o *videogame*

Versão do *videogame*	Média	DP	Intervalo de confiança de 0,95*
Recompensa	0,210	0,066	0,186-0,234
Punição	0,175	0,046	0,151-0,199
Não violento	0,157	0,050	0,133-0,181

*Intervalos de confiança estimados com base em dados publicados em Carnagey e Anderson (2005).

responder essa pergunta, os pesquisadores usam *estatística descritiva*. As duas estatísticas descritivas mais comuns são a média (uma medida da tendência central) e o desvio padrão (uma medida da variabilidade). As médias e desvios padrão para a cognição agressiva no experimento do *videogame* são apresentados na Tabela 6.1. A média mostra que a cognição agressiva foi maior na condição de recompensa (0,210) e menor na condição não violenta (0,157). A cognição agressiva na condição de punição (0,175) ficou entre as condições não violenta e de recompensa. Podemos observar que, para participantes da condição de recompensa, aproximadamente uma em cada cinco palavras foi completada com conteúdo agressivo (lembre, porém, que apenas metade dos fragmentos de palavras tinha possibilidades agressivas).

Em um experimento conduzido adequadamente, o desvio padrão de cada grupo deve refletir apenas as diferenças individuais entre os sujeitos que foram designados aleatoriamente àquele grupo. Os sujeitos em cada grupo devem ser tratados do mesmo modo, e o nível da variável independente a que foram designados deve ser implementado da mesma forma para cada sujeito no grupo. Os desvios padrão mostrados na Tabela 6.1 indicam que houve variação ao redor da média em cada grupo e que a variação foi aproximadamente a mesma em todos os três grupos.

Uma pergunta importante que os pesquisadores fazem ao descrever os resultados de um experimento é sobre o tamanho do efeito que a variável independente teve sobre a variável dependente. As medidas do **tamanho do efeito** podem ser usadas para responder essa pergunta, pois indicam a intensidade da relação entre as variáveis independentes e dependentes. Uma vantagem das medidas do tamanho do efeito é que elas não são influenciadas pelo tamanho das amostras testadas no experimento. As medidas do tamanho do efeito levam em conta mais do que a diferença média entre duas condições de um experimento. A diferença média entre dois grupos sempre é *relativa* à variabilidade média nos escores dos participantes. Uma medida do tamanho do efeito usada com frequência é o *d* **de Cohen**. Cohen (1992) desenvolveu procedimentos que hoje são aceitos amplamente. Ele sugeriu que valores de *d* de 0,20, 0,50 e 0,80 representam efeitos pequenos, médios e grandes da variável independente, respectivamente.

Podemos ilustrar o uso do *d* de Cohen como medida do tamanho do efeito comparando duas condições no experimento do *videogame*, a condição de recompensa e a condição não violenta. O valor de *d* é 0,83, com base na diferença entre a cognição agressiva média na condição de recompensa (0,210) e a condição não violenta (0,157). Esse valor de *d* nos permite dizer que a variável independente do *videogame*, recompensa *versus* não violento, teve um efeito grande sobre a cognição agressiva nessas duas condições. As medidas do tamanho do efeito fornecem informações valiosas para os pesquisadores descreverem os resultados de um experimento.

Dica de estatística

As medidas da tendência central e da variabilidade, assim como do tamanho do efeito, são descritas nos Capítulos 11 e 12. Nesses capítulos, apresentamos os passos matemáticos para essas medidas e discutimos sua interpretação. Muitas medidas diferentes do tamanho do efeito são encontradas na literatura em psicologia. Além do *d* de Cohen, por exemplo, uma medida popular da magnitude do efeito é o eta quadrado, que é uma medida da intensidade da associação entre as variáveis independentes e dependentes (ver o Capítulo 12). Ou seja, o eta quadrado estima a proporção da variância total explicada pelo efeito da variável independente sobre a variável dependente. As medidas do tamanho do efeito são mais úteis ao se compararem os valores numéricos de uma medida de dois ou mais estudos ou quando se calculam médias de medidas de estudos, como em uma meta-análise (ver a seguir).

Os pesquisadores também usam medidas do tamanho do efeito em um procedimento chamado de **meta-análise**. A meta-análise é uma técnica estatística usada para sintetizar os tamanhos dos efeitos de vários experimentos independentes que investigam a mesma variável independente ou dependente. De um modo geral, a qualidade metodológica dos experimentos incluídos na meta-análise determinará o seu valor final (ver Judd, Smith e Kidder, 1991). As meta-análises são usadas para responder perguntas como: existem diferenças de gênero na conformidade? Quais são os efeitos do tamanho da classe no desempenho acadêmico? A terapia cognitiva é efetiva no tra-

---

☑ Quadro 6.2

EXEMPLO DE META-ANÁLISE: "PSICOTERAPIAS BASEADAS EM EVIDÊNCIAS PARA JOVENS *VERSUS* TRATAMENTO CLÍNICO USUAL "

Weisz, Jensen-Doss e Hawley (2006) usaram uma meta-análise para sintetizar os resultados de 32 estudos sobre psicoterapias com jovens, comparando os efeitos de "tratamentos baseados em evidências" e "tratamento usual". Um tratamento baseado em evidências é aquele que tem amparo empírico – ou seja, que, na prática clínica, demonstrou ajudar indivíduos. Embora pareça óbvio que os tratamentos baseados em evidências devam ser amplamente utilizados na prática clínica por causa desse amparo empírico, muitos terapeutas argumentam que esses tratamentos não seriam efetivos em contextos clínicos usuais. Os tratamentos baseados em evidências são estruturados e exigem que os terapeutas sigam um manual de tratamento. Alguns clínicos argumentam que esses tratamentos são rígidos e inflexíveis, não podendo ser individualizados conforme as necessidades dos clientes. Além disso, os oponentes dos tratamentos baseados em evidências dizem que os estudos empíricos que indicam a sua efetividade geralmente envolvem clientes com problemas menos graves ou complicados do que os observados na prática clínica usual. Esses argumentos sugerem que o tratamento usual, na forma de psicoterapia, aconselhamento ou manejo de caso, conduzido regularmente por profissionais da saúde mental, seria mais capaz de satisfazer as necessidades dos clientes atendidos normalmente em ambientes na comunidade.

Weisz e seus colegas usaram meta-análise para comparar diretamente os resultados associados aos tratamentos baseados em evidências e o tratamento usual. Entre 32 estudos comparando os dois modelos, o tamanho do efeito médio foi de 0,30. Assim, os jovens tratados com um tratamento baseado em evidências foram mais beneficiados, em média, do que os tratados da maneira usual. O valor de 0,30 está entre os critérios de Cohen (1988) para efeitos pequenos e médios. Esse tamanho de efeito representa a diferença entre os dois tipos de tratamentos, e não o efeito da psicoterapia em si. Weisz e colaboradores observam que, quando tratamentos baseados em evidências são comparados com grupos de controle sem tratamento (p.ex., lista de espera), seus tamanhos de efeito geralmente variam de 0,50 a 0,80 (efeitos médios a grandes). Em outras análises, os autores agruparam estudos segundo fatores como a gravidade e a complexidade dos problemas tratados, ambientes de tratamento e características dos terapeutas. Essas análises visavam determinar se as preocupações apontadas pelos críticos de tratamentos baseados em evidências justificavam o uso continuado do tratamento usual. Weisz e seus colegas observaram que agrupar estudos segundo esses diversos fatores não influenciou o resultado geral, de que os tratamentos baseados em evidências são melhores do que o tratamento usual.

Essa meta-análise permite que os psicólogos defendam, com mais confiança, um princípio psicológico geral relacionado com a psicoterapia: os tratamentos baseados em evidências proporcionam resultados melhores para os jovens do que o tratamento usual.

tamento da depressão? O Quadro 6.2 descreve uma meta-análise de estudos sobre a psicoterapia efetiva para jovens com transtornos psicológicos. Os resultados de experimentos individuais, não importa o quão bem feitos, muitas vezes não são suficientes para fornecer respostas para perguntas sobre questões gerais importantes. Devemos considerar um *corpus* de literatura (i.e., muitos experimentos) relacionado a cada questão. (Ver Hunt, 1997, para uma introdução boa e fácil de ler à meta-análise.)

As meta-análises nos permitem tirar conclusões mais firmes sobre os princípios da psicologia, pois essas conclusões somente emergem após se analisarem os resultados de muitos experimentos individuais. Essas análises são um modo eficiente e efetivo de sintetizar os resultados de grandes números de experimentos usando medidas do tamanho do efeito.

Confirmando o que os resultados revelam

- Os pesquisadores usam estatísticas inferenciais para determinar se uma variável independente tem um efeito fidedigno sobre uma variável dependente.
- Dois métodos de fazer inferências baseadas em dados amostrais são testar uma hipótese nula e intervalos de confiança.
- Os pesquisadores usam o teste da hipótese nula para determinar se diferenças médias entre grupos em um experimento são maiores do que as diferenças esperadas simplesmente pela variação do erro experimental.
- Um resultado estatisticamente significativo é aquele que tem uma probabilidade pequena de ocorrer se a hipótese nula for verdadeira.
- Os pesquisadores determinam se uma variável independente teve um efeito sobre o comportamento analisando se existe sobreposição entre os intervalos de confiança para as diferentes amostras do experimento. O grau de sobre-

posição informa se a média amostral estima a mesma média populacional ou médias populacionais diferentes.

Talvez a afirmação mais básica que os pesquisadores desejam fazer quando realizam um experimento seja que a variável independente teve um efeito sobre a variável dependente. Outra maneira de formular essa afirmação é dizer que os pesquisadores querem confirmar que a variável independente *produziu uma diferença no comportamento*. As estatísticas descritivas, por si só, não são evidências suficientes para confirmar essa afirmação básica.

Para confirmar se a variável independente teve efeito em um experimento, os pesquisadores usam *estatística inferencial*. Eles precisam usar estatística inferencial por causa da natureza do controle proporcionado pela designação aleatória em experimentos. Como descrevemos anteriormente, a designação aleatória não *elimina* as diferenças individuais entre os sujeitos. A designação aleatória simplesmente *equilibra* ou faz a média das diferenças individuais entre os sujeitos dos grupos do experimento. A variação assistemática (i.e., aleatória) decorrente das diferenças entre os sujeitos de cada grupo se chama *variação do erro*. A presença dessa variação representa um problema potencial, pois a média dos diferentes grupos do experimento pode diferir simplesmente por causa da variação do erro, e não porque a variável independente teve efeito. Assim, por si só, os resultados médios do mais bem controlado experimento não permitem concluir definitivamente se a variável independente produziu uma diferença no comportamento. A estatística inferencial permite que os pesquisadores testem se as diferenças na média grupal se devem a um efeito da variável independente, e não apenas ao acaso (variação do erro). Os pesquisadores usam dois tipos de estatística inferencial para decidir se uma variável independente teve um efeito: teste da hipótese nula e intervalos de confiança.

Dica de estatística

Sabemos que pode ser frustrante descobrir que os resultados do mais bem controlado experimento muitas vezes não permitem concluir definitivamente se a variável independente gerou uma diferença no comportamento. Em outras palavras, o que você aprendeu até aqui sobre métodos de pesquisa não é suficiente! Infelizmente, mesmo com as ferramentas da análise de dados, não podemos lhe dar um modo de tirar conclusões *definitivas* sobre o que produziu uma diferença no comportamento. Porém, o que podemos lhe dar é um modo (na verdade, vários modos) de fazer a melhor afirmação possível sobre o que produziu a diferença. A conclusão se baseará em uma *probabilidade* – ou seja, uma probabilidade que lhe ajudará a decidir se o seu efeito se deve ou não apenas ao acaso. É fácil se perder nas complexidades do teste da hipótese nula e dos intervalos de confiança, mas tenha em mente os dois pontos críticos seguintes:

Antes de mais nada, as diferenças no comportamento podem surgir simplesmente por acaso (chamadas de *variação do erro*). O que você quer saber é: qual é a probabilidade de que a diferença que observou se deva apenas ao acaso (e não ao efeito da sua variável independente?). Na verdade, o que você realmente gostaria de saber é a probabilidade de que a sua variável independente cause um efeito. Todavia, não podemos responder essas perguntas usando inferência estatística. Como você verá, a inferência estatística é indireta (ver, por exemplo, o Quadro 12.1 no Capítulo 12).

Em segundo lugar, os dados que você coletou representam *amostras* de uma população; porém, de certo modo, são as *populações*, e não as amostras, que realmente importam. (Se o importante fosse as médias amostrais, você poderia apenas olhar as médias amostrais para ver se eram diferentes.) O desempenho médio das amostras nas várias condições do seu experimento fornece estimativas que são usadas para *inferir* a média da população. Quando faz afirmações de inferência estatística, você está usando a média amostral para tirar conclusões (fazer inferências) sobre as diferenças entre médias populacionais. Mais uma vez, sugerimos o Capítulo 12 para uma discussão mais complexa sobre essas questões.

Teste de significância da hipótese nula Os pesquisadores costumam utilizar um **teste de significância da hipótese nula** para verificar se uma variável independente teve um efeito em um experimento. O teste de significância da hipótese nula começa com a premissa de que a variável independente *não* teve efeito. Se pressupomos que a hipótese nula é verdadeira, podemos usar a teoria da probabilidade para determinar a probabilidade de a diferença que observamos em nosso experimento ocorrer apenas "por acaso". *Um resultado* **estatisticamente significativo** *é aquele que tem uma probabilidade apenas pequena de ocorrer se a hipótese nula for verdadeira.* Um resultado estatisticamente significativo significa apenas que a diferença que obtivemos em nosso experimento é maior do que seria de esperar se apenas a variação do erro (i.e., o acaso) fosse responsável pelo resultado.

Geralmente, expressa-se o resultado de um experimento em termos das diferenças entre as médias para as condições do experimento. Como sabemos a probabilidade do resultado obtido no experimento? Os pesquisadores costumam usar testes de estatística inferencial, como o teste t ou o teste F. O teste t é usado quando a variável independente tem dois níveis, e o teste F é usado quando ela tem três ou mais níveis. Cada valor de um teste t ou F tem uma probabilidade associada a ele quando se considera a hipótese nula, que pode ser determinada calculando-se o valor da estatística do teste.

Pressupondo que a hipótese nula seja verdadeira, quão pequena deve ser a probabilidade do nosso resultado para que seja estatisticamente significativa? Os cientistas tendem a concordar que resultados com probabilidades (p) de menos de 5 vezes em 100 (ou $p < 0,05$) são considerados estatisticamente significativos. A probabilidade que os pesquisadores usam para decidir se um resultado é estatisticamente significativo se chama *nível de significância*. O nível de significância é indicado pela letra grega alfa (α).

Agora, podemos ilustrar o procedimento do teste da hipótese nula para analisar o experimento do *videogame* que descrevemos anteriormente (ver Tabela 6.1, p. 213). A primeira pergunta de pesquisa que faríamos é se a variável independente da versão do *videogame* tem algum efeito *geral*. Ou seja, a cognição agressiva difere em função das três versões do *videogame*? A hipótese nula para esse teste geral é de que não existe diferença entre a média populacional representada pelas médias das condições experimentais (lembre-se de que a hipótese nula pressupõe que a variável independente não tem efeito). O valor de p para o teste F calculado para o efeito da versão do *videogame* foi menor do que o nível de significância de 0,05; assim, o efeito geral da variável do *videogame* foi estatisticamente significativo. Para interpretar esse resultado, deveríamos nos reportar à estatística descritiva para esse experimento na Tabela 6.1, onde vemos que a cognição agressiva média para as três condições do *videogame* era diferente. Por exemplo, a cognição agressiva foi maior com o *videogame* com recompensa (0,210) e menor com o *videogame* não violento (0,157). O resultado estatisticamente significativo do teste F nos permite afirmar que a versão do *videogame* gerou uma diferença singular na cognição agressiva.

Os pesquisadores buscam fazer afirmações mais específicas a respeito dos efeitos de variáveis independentes sobre o comportamento do que apenas dizer que a variável independente tem efeito. Os testes F das diferenças gerais entre as médias nos dizem que algo aconteceu no experimento, mas não falam muito sobre o que aconteceu de fato. Uma maneira de obter informações mais específicas sobre os efeitos das variáveis independentes, é usar intervalos de confiança.

Usando intervalos de confiança para analisar diferenças médias Os intervalos de confiança para cada um dos três grupos no experimento do *videogame* são apresentados na Tabela 6.1, na página 213. Um intervalo de confiança é associado a uma probabilidade (geralmente de 0,95) de que

o intervalo contenha a média populacional verdadeira. A amplitude do intervalo nos diz o quanto a nossa estimativa é precisa (quanto menor, melhor). Os **intervalos de confiança** também podem ser usados para comparar diferenças entre duas médias populacionais. Podemos usar os intervalos de confiança de 0,95 apresentados na Tabela 6.1 para fazer perguntas específicas sobre os efeitos da versão do *videogame* sobre a cognição agressiva. Faz-se isso analisando se existe sobreposição entre os intervalos de confiança para os diferentes grupos. *Quando os intervalos de confiança não se sobrepõem, podemos ter confiança de que as médias populacionais para os dois grupos diferem.* Por exemplo, observe que o intervalo de confiança para o grupo da recompensa é de 0,186 a 0,234. Isso indica que existe uma probabilidade de 0,95 de que o intervalo de 0,186 a 0,234 contenha a média populacional para cognição agressiva na condição de recompensa (lembre que a média amostral de 0,210 apenas *estima* a média populacional). O intervalo de confiança para o grupo não violento é de 0,133 a 0,181. Esse intervalo de confiança não se sobrepõe com o intervalo de confiança do grupo da recompensa (i.e., o limite superior de 0,181 para o grupo não violento é menor que o limite inferior de 0,186 para o grupo da recompensa). Com essa evidência, podemos afirmar que a cognição agressiva na condição da recompensa foi maior do que a cognição agressiva na condição do *videogame* não violento.

Todavia, quando comparamos os intervalos de confiança do grupo do *videogame* com recompensa (0,186-0,234) e do grupo com punição (0,151-0,199), chegamos a uma conclusão diferente. Os intervalos de confiança para esses grupos se sobrepõem. Embora as médias amostrais de 0,210 e 0,175 difiram, não podemos concluir que a média populacional difira por causa da sobreposição dos intervalos de confiança. Podemos propor a seguinte regra básica para interpretar esse resultado: *se os intervalos se sobrepõem levemente, devemos reconhecer a nossa incerteza quanto à verdadeira diferença mé-*

*dia e postergar qualquer juízo; se os intervalos se sobrepõem de modo que a média de um grupo esteja dentro do intervalo de outro grupo, podemos concluir que as médias populacionais **não** diferem.* No experimento do *videogame*, a sobreposição é pequena e a média amostral de cada condição não fica dentro dos intervalos do outro grupo. Queremos saber se as populações diferem, mas tudo que podemos dizer é que não temos evidências suficientes para decidir por um ou outro lado. Nessa situação, devemos postergar qualquer decisão até o próximo experimento.

> ### Dica de estatística
>
> A lógica e os procedimentos computacionais para os intervalos de confiança e o teste *t* são encontrados no Capítulo 11. O teste *F* (em suas várias formas) é discutido no Capítulo 12.

O que a análise de dados não pode nos dizer

Já fizemos alusão a algo que nossa análise de dados não pode nos dizer. Mesmo que nosso experimento seja internamente válido e os resultados sejam estatisticamente significativos, não podemos dizer *com certeza* que a nossa variável independente teve efeito (ou que não teve). Devemos aprender a viver com afirmações probabilísticas. Os resultados da nossa análise de dados também não podem nos dizer se os resultados do nosso estudo têm valor prático ou mesmo se são significativos. É fácil fazer experimentos com perguntas de pesquisa triviais (ver Sternberg 1997, e Capítulo 1). Também é fácil (talvez fácil demais!) fazer um mau experimento. Os maus experimentos – ou seja, aqueles que carecem de validade interna – podem facilmente produzir resultados estatisticamente significativos e intervalos de confiança que não se sobreponham; todavia, o resultado não será interpretável.

Quando um resultado é estatisticamente significativo, concluímos que a variável independente teve um efeito sobre o comportamento. Ainda assim, como já vimos, nossa análise não nos possibilita ter certeza quanto à conclusão, mesmo que tenhamos chegado a essa conclusão "além de qualquer dúvida". Além disso, quando um resultado *não* é estatisticamente significativo, não podemos concluir com certeza que a variável independente *não* teve efeito. Tudo que podemos concluir é que não existem evidências suficientes para dizer que a variável independente produz um efeito. Determinar que uma variável independente não teve efeito pode ser ainda mais crucial na pesquisa aplicada. Por exemplo, será que um remédio genérico é tão efetivo quanto seu correlato de marca conhecida? Para responder essa pergunta de pesquisa, os pesquisadores muitas vezes tentam confirmar que não existem diferenças entre as drogas. Os padrões para experimentos que visam responder perguntas relacionadas com a ausência de diferenças entre condições são mais elevados do que para experimentos visando confirmar que uma variável independente tem efeito. Descreveremos esses padrões no Capítulo 12.

Como os pesquisadores baseiam-se em probabilidades para tirar conclusões sobre os efeitos de variáveis independentes, sempre existe a chance de se cometer um erro. Existem dois tipos de erros que podem ocorrer quando os pesquisadores usam estatística inferencial. Quando dizemos que um resultado é estatisticamente significativo e que a hipótese nula (não existe diferença) é realmente verdadeira, estamos cometendo um erro do Tipo I. Um *erro do Tipo I* é como um alarme falso – dizer que há um incêndio quando não há. Quando concluímos que temos evidências insuficientes para rejeitar a hipótese nula e ela, de fato, é falsa, estamos cometendo um *erro do Tipo II* (os erros do Tipo I e do Tipo II são descritos no Capítulo 12). Jamais cometeríamos algum desses erros se pudéssemos saber ao certo se a hipótese nula é verdadeira ou falsa. Mesmo sabendo da possibilidade de que a análise de dados pode levar a decisões incorretas, também devemos lembrar que a análise de dados pode e de fato muitas vezes leva a decisões corretas. O mais importante a lembrar para os pesquisadores é que a estatística inferencial jamais pode substituir a replicação como teste final da fidedignidade do resultado de um experimento.

Estabelecendo a validade externa de resultados experimentais

- Os resultados de um experimento têm validade externa quando podem ser aplicados a outros indivíduos, situações e condições além do escopo do experimento específico.
- Em certas investigações (p.ex., teste de teorias), os pesquisadores podem decidir enfatizar a validade interna sobre a externa; outros pesquisadores podem preferir aumentar a validade externa usando amostragem ou replicação.
- Fazer experimentos de campo é um modo de os pesquisadores aumentarem a validade externa de suas pesquisas em situações no mundo real.
- A replicação parcial é um método usado para estabelecer a validade externa de resultados de pesquisa.
- Os pesquisadores muitas vezes buscam generalizar os resultados associados a relações conceituais entre variáveis, em vez de condições, manipulações, situações e amostras específicas.

Como você aprendeu no Capítulo 4, a *validade externa* se refere ao nível em que os resultados de um estudo podem ser generalizados para indivíduos, situações e condições além do escopo do estudo específico. Uma crítica frequente a experimentos muito controlados é que eles não possuem validade externa; ou seja, os resultados observados em um experimento laboratorial controlado podem descrever o que ocorre apenas naquela situação específica, com as condições específicas que foram testadas e com os indivíduos específicos que participaram. Considere novamente o experimento do *videogame*, no qual estudantes universitários jogaram um *videogame* com uma corrida de carros em um ambiente laboratorial. O ambiente laboratorial é idealmente adequado para usar procedimentos de controle que garantam a validade interna de um experimento. Mas será que esses resultados nos ajudam a entender a violência e a agressividade em uma situação natural? Quando existe um tipo diferente de exposição à violência? Quando as pessoas expostas à violência são idosas? Essas são questões ligadas à validade externa e suscitam uma questão mais geral. Se os resultados de experimentos laboratoriais são tão específicos, que benefícios eles trazem para a sociedade?

Uma resposta a essa pergunta é um pouco perturbadora, pelo menos inicialmente. Mook (1983) argumenta que, quando o propósito de um experimento é testar uma determinada hipótese derivada de uma teoria psicológica, a questão da validade externa dos resultados é irrelevante. É comum se fazer um experimento para determinar se os sujeitos *podem* ser induzidos a agir de um determinado modo. A questão de se os sujeitos *agem* desse modo em seu ambiente natural é secundária à pergunta levantada no experimento. A questão da validade externa dos experimentos não é nova, conforme reflete a seguinte afirmação de Riley (1962): "de um modo geral, os experimentos laboratoriais não são montados para imitar o caso mais típico encontrado na natureza. Ao contrário, elas visam responder uma pergunta específica de interesse para o experimentador" (p. 413).

É claro que os pesquisadores muitas vezes querem obter resultados que possam generalizar além dos limites do experimento em si. Para alcançar esse objetivo, os pesquisadores podem incluir, em seus experimentos, as características das situações para as quais gostariam de generalizá-los. Por exemplo, Ceci (1993) descreveu um programa de pesquisa que conduziu com seus colegas, sobre testemunhos oculares de crianças. O autor contou que seu programa de pesquisa foi motivado em parte porque estudos prévios sobre esse tema não compreenderam todas as dimensões de uma situação *real* de testemunho. Ceci descreveu como seu programa de pesquisa incluiu fatores como entrevistas sugestivas múltiplas, períodos de retenção muito longos e recordações de experiências estressantes. A inclusão desses fatores tornou os experimentos mais representativos de situações que ocorrem quando crianças testemunham (ver Figura 6.4).

Todavia, Ceci (1993) também observou que permanecem diferenças importantes entre os experimentos e situações da vida real:

> Níveis elevados de estresse, agressões contra o corpo da vítima e a perda de controle são característicos de situações que motivam investigações forenses. Embora esses fatores estejam em jogo em alguns dos nossos outros estudos, jamais repetiremos de maneira experimental a natureza agressiva dos atos perpetrados em vítimas infantis, pois mesmo os estudos que mais se aproximam, como estudos médicos, são sancionados pelos pais e pela sociedade, ao contrário de agressões sexuais contra crianças. (p. 41-42)

Conforme revelam os comentários de Ceci, em certas situações, como aquelas que envolvem testemunhos oculares sobre atos vis, pode haver importantes limitações éticas ao estabelecimento da validade externa dos experimentos.

A validade externa de pesquisas costuma ser questionada por causa da natureza dos "sujeitos". Como se sabe, muitos estudos em psicologia envolvem estudan-

☑ **Figura 6.4** Em que nível os experimentos podem reproduzir as situações da vida real em que crianças testemunham em tribunais?

tes universitários que participam de experimentos como parte de sua disciplina de introdução à psicologia. Dawes (1991), entre outros, argumenta que os estudantes universitários são um grupo seleto, que nem sempre pode ser uma boa base para construir conclusões gerais sobre o comportamento e processos mentais humanos. De maneira semelhante, Sue (1999) afirma que a maior ênfase dos pesquisadores na validade interna sobre a externa diminui a atenção à representatividade das pessoas estudadas. Todavia, os psicólogos geralmente acreditam que seus resultados podem ser generalizados para populações além das especificamente testadas em suas pesquisas, e existe pouca razão para validar os resultados testando populações de minorias étnicas ou outras populações sub-representadas. Questões sobre a validade externa de resultados de pesquisa baseadas nas populações estudadas são especialmente importantes na pesquisa aplicada. Na pesquisa médica, por exemplo, os tratamentos efetivos para homens podem não ser efetivos para mulheres, e os tratamentos efetivos para adultos podem não ser efetivos para crianças.

Os *experimentos de campo*, que mencionamos rapidamente no Capítulo 4, são um modo de aumentar a validade externa de um estudo, podendo também gerar conhecimento prático. Por exemplo, para investigar as percepções das pessoas sobre os riscos, os participantes de dois experimentos de campo responderam a perguntas sobre riscos durante a pandemia da influenza H1N1 em 2009 (Lee, Schwartz, Taubman e Hou, 2010). O primeiro experimento foi realizado em um *campus* universitário, e o segundo foi realizado em *shopping centers* e perto da área comercial do centro da cidade. Os indivíduos que concordaram em participar foram designados aleatoriamente a uma condição experimental, na qual o cúmplice espirrava e tossia antes da administração de um pequeno questionário, ou a uma condição de controle (sem espirros ou tossidas). Os resultados indicam que essa manipulação simples influenciou as percepções dos participantes sobre o risco. Os sujeitos na condição com espirros, comparados com a condição sem espirros, avaliaram como mais elevado o seu risco de contrair uma doença séria, seu risco de ter um ataque cardíaco antes dos 50 anos e seu risco de morrer em um crime ou acidente. De maneira interessante, comparados com os sujeitos na condição de controle, os indivíduos na condição com espirros também foram mais prováveis de favorecer gastos federais para vacinas para gripe do que a criação de empregos "verdes". Como esse experimento foi realizado em um ambiente natural, é mais provável que seja representativo das condições do "mundo real". Assim, podemos ter mais confiança de que os resultados podem ser generalizados para outras situações do mundo real do que se fosse criada uma situação artificial no laboratório.

A validade externa dos resultados experimentais também pode ser estabelecida por *replicação parcial*. As replicações parciais costumam ser feitas como uma parte rotineira do processo de investigar as condições em que um fenômeno ocorre. Uma replicação parcial pode ajudar a estabelecer a validade externa, mostrando que um resultado experimental ocorre quando se usam procedimentos experimentais levemente diferentes. Considere o mesmo experimento básico feito em uma grande universidade privada na região metropolitana e uma pequena faculdade comunitária na zona rural; os participantes e situações são muito diferentes. Se forem obtidos os mesmos resultados, mesmo com esses participantes e situações diferentes, podemos dizer que os resultados podem ser generalizados entre essas duas populações e situações. Observe que nenhum dos experimentos tem validade externa por si só; são *os resultados* que ocorrem em *ambos* os experimentos que têm validade externa.

Os pesquisadores também podem estabelecer a validade externa de seus resultados com *replicações conceituais*. O que queremos generalizar a partir de qualquer estudo são relações conceituais entre variáveis, e não as condições, manipulações, situações ou amostras específicas (ver Banaji e Crowder, 1989; Mook, 1983). Anderson e Bushman (1997) apresentaram um exemplo ilustrando a lógica de uma replicação conceitual. Considere um estudo com crianças de 5 anos para determinar se um determinado insulto (fala infantil insultadora: "bobo", "feio") induz raiva e agressividade. Podemos então fazer uma replicação para verificar se o mesmo insulto gera o mesmo resultado com adultos de 35 anos. Conforme afirmam Anderson e Bushman, os resultados para crianças de 5 anos provavelmente não seriam replicados com os adultos de 35 anos porque "fala infantil insultadora simplesmente não tem a mesma 'força' para pessoas de 5 e 35 anos" (p. 21). Todavia, se quisermos estabelecer a validade externa da ideia de que os "insultos aumentam o comportamento agressivo", podemos usar palavras diferentes que sejam insultos significativos para cada população.

Quando Anderson e Bushman (1997) analisaram variáveis relacionadas com a agressividade no nível conceitual, eles observaram que os resultados de experimentos realizados em ambientes laboratoriais e resultados de estudos correlacionais em situações no mundo real eram bastante semelhantes. Os autores concluíram que os experimentos laboratoriais "artificiais" fornecem informações significativas sobre a agressividade, pois demonstram as mesmas relações conceituais que são observadas para a agressividade no mundo real. Além disso, os experimentos laboratoriais permitem que os pesquisadores isolem as causas potenciais da agressividade e investiguem condições limítrofes para quando a agressividade irá ou não ocorrer.

E o que dizer quando os resultados observados no laboratório e no mundo real diferem? Anderson e Bushman (1997) afirmam que essas discrepâncias, em vez de serem evidências da fraqueza de um dos métodos, devem ser usadas para nos ajudar a refinar nossas teorias sobre a agressividade. Ou seja, as discrepâncias devem nos fazer reconhecer que processos psicológicos diferentes podem estar ocorrendo em cada situação. Quando aumentamos a nossa compreensão dessas discrepâncias, aumentamos a nossa compreensão sobre a agressividade.

Seria praticamente impossível estabelecer a validade externa de *cada* estudo em psicologia realizando replicações parciais ou replicações conceituais. Porém, se levarmos a sério argumentos como os de Dawes (1991) e Sue (1999), como realmente deveríamos, parece que estamos enfrentando uma tarefa impossível. Como, por exemplo, podemos mostrar que um resultado experimental obtido com um grupo de estudantes universitários pode ser generalizado para grupos de adultos idosos, profissionais em atividade, indivíduos com menos formação educacional, e assim por diante? Underwood e Shaughnessy (1975) sugerem uma abordagem possível que merece ser considerada. Sua noção é que devemos pressupor que o comportamento seja relativamente contínuo ao longo do tempo, entre sujeitos diferentes e nas várias situações, a menos que tenhamos razão para pensar o contrário. Essencialmente, é mais provável que a validade externa de pesquisas seja estabelecida pelo bom senso da comunidade científica do que por evidências empíricas definitivas.

Desenho de grupos pareados

- Um desenho de grupos pareados pode ser usado para criar grupos comparáveis quando existem poucos sujeitos para que a designação aleatória funcione efetivamente.
- Usar sujeitos pareados em relação à variável dependente é a melhor abordagem para criar grupos pareados, mas o desempenho em qualquer tarefa de pareamento deve estar correlacionado com o teste da variável dependente.

- Depois que os sujeitos são combinados no teste de pareamento, eles devem ser designados aleatoriamente às condições da variável independente.

Para funcionar efetivamente, o desenho de grupos aleatórios exige amostras de tamanho suficiente para garantir que as diferenças individuais entre os sujeitos sejam balanceadas pela designação aleatória. Ou seja, a premissa do modelo com grupos aleatórios é que as diferenças individuais se "nivelam" entre os grupos. Mas quantos sujeitos são necessários para que esse processo de nivelamento funcione como deveria? A resposta é "depende". Serão necessários mais sujeitos para nivelar as diferenças individuais quando as amostras forem tiradas de uma população heterogênea do que de uma população homogênea.

Podemos ter relativa confiança de que a designação aleatória *não* será efetiva para equilibrar as diferenças entre sujeitos quando são testados pequenos números de sujeitos de populações heterogêneas. Todavia, essa é exatamente a situação que os pesquisadores enfrentam em várias áreas da psicologia. Por exemplo, alguns psicólogos do desenvolvimento estudam bebês recém-nascidos; outros estudam idosos. Os bebês recém-nascidos e os idosos certamente representam populações diversas, e os psicólogos do desenvolvimento muitas vezes têm números limitados de sujeitos.

Uma alternativa que os pesquisadores têm nessa situação é administrar todas as condições do experimento a todos os sujeitos, usando um desenho com medidas repetidas (a ser discutido no Capítulo 7). Todavia, certas variáveis independentes exigem grupos separados de sujeitos para cada nível. Por exemplo, suponhamos que os pesquisadores desejem comparar dois tipos de cuidado pós-natal para bebês prematuros e não seja possível administrar os dois tipos a cada bebê. Nessa situação, e em muitas outras, os pesquisadores precisam testar grupos separados no experimento.

O **desenho de grupos pareados** é uma boa alternativa quando não é possível usar o desenho de grupos aleatórios e o dese-

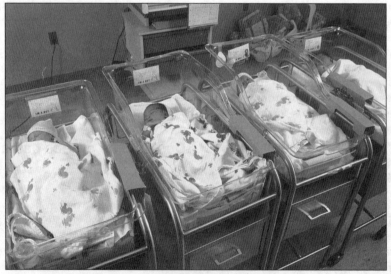

Figura 6.5 A designação aleatória provavelmente não será efetiva para balancear as diferenças entre sujeitos quando são testados pequenos números de sujeitos de populações heterogêneas (p.ex., recém-nascidos). Nessa situação, os pesquisadores talvez devam considerar o uso do desenho de grupos pareados.

nho de medidas repetidas de forma efetiva. A lógica do desenho de grupos pareados é simples e convincente. Em vez de usar designação aleatória para formar grupos comparáveis, o pesquisador torna os grupos equivalentes combinando os sujeitos. Depois que se formaram grupos comparáveis pela combinação, a lógica do desenho com grupos pareados é a mesma que a do desenho de grupos aleatórios (ver Figura 6.5). Na maioria dos usos do desenho de grupos pareados, usa-se uma tarefa pré-teste para combinar os sujeitos. O desafio é selecionar uma tarefa pré-teste (também chamada tarefa de pareamento) que iguale os grupos em uma dimensão que seja relevante para o resultado do experimento. O *desenho de grupos pareados somente tem utilidade quando existe uma boa tarefa de pareamento disponível.*

A tarefa de pareamento preferida é aquele que usa a mesma tarefa que será usado no experimento propriamente dito. Por exemplo, se a variável dependente do experimento é a pressão sanguínea, os sujeitos devem ser combinados conforme a pressão sanguínea antes do começo do experimento. A combinação é realizada mensurando-se a pressão sanguínea de todos os participantes e depois formando duplas ou trios ou quartetos de participantes (dependendo do número de condições no experimento) com pressão sanguínea idêntica ou muito parecida. Assim, no começo do experimento, os participantes de grupos diferentes têm, *em média*, pressão sanguínea equivalente. Os pesquisadores então podem atribuir ao tratamento quaisquer diferenças grupais na pressão sanguínea observadas no final do estudo (supostamente outras variáveis potenciais foram mantidas constantes ou balanceadas).

Em certos experimentos, não se pode usar a principal variável dependente para combinar os sujeitos. Por exemplo, considere um experimento que ensina aos participantes diferentes abordagens para resolver um quebra-cabeça. Se for usado um pré-teste para ver quanto tempo os indivíduos levam para resolver o jogo, os participantes provavelmente aprenderão a solução durante o pré-teste. Nesse caso, seria impossível observar diferenças na velocidade com que diferentes grupos de participantes resolvem o quebra-cabeça após a manipulação experimental. Nessa situação, a outra melhor alternativa para uma tarefa de pareamento é usar um teste da *mesma classe ou categoria* que o teste experimental. Em nosso experimento com resolução de problemas, os participantes podem ser combinados conforme o seu desempenho ao resolverem um teste diferente do quebra-cabeça experimental. Uma alternativa menos preferida, mas ainda possível, para combinar os sujeitos é usar um teste que seja de uma *classe diferente* do teste experimental. Para nosso experimento com resolução de problemas, os participantes poderiam ser combinados segundo algum teste de capacidade geral, como um teste de capacidade espacial. Todavia, ao usarem essas alternativas, os pesquisadores devem confirmar que o desempenho no teste de pareamento está correlacionado com o desempenho no teste usado como variável dependente. De um modo geral, à medida que diminui a correlação entre o teste de pareamento e a variável dependente, a vantagem do desenho com grupos pareados, em relação ao desenho de grupos aleatórios, também diminui.

Mesmo quando existe um bom teste de pareamento disponível, não é suficiente usar combinação para formar grupos comparáveis em um experimento. Por exemplo, considere um desenho de grupos pareados para comparar dois métodos de tratar de bebês prematuros, de maneira a aumentar seu peso corporal. Seis pares de bebês prematuros podem ser combinados segundo seu peso corporal inicial. Todavia, restam outras características potencialmente relevantes dos participantes, além daquelas medidas pelo teste de pareamento. Por exemplo, os dois grupos de bebês prematuros podem não ser comparáveis em sua saúde geral ou no grau de vínculo parental.

É importante, portanto, usar designação aleatória no desenho de grupos pareados, visando balancear outros fatores potenciais além do teste de pareamento. Especificamente, depois de combinar os bebês segundo o peso corporal, os indivíduos de cada par seriam designados aleatoriamente a um dos dois grupos. Concluindo, *o desenho de grupos pareados é uma alternativa melhor do que o uso de grupos aleatórios quando existe um bom teste de pareamento e quando há somente um pequeno número de sujeitos disponível para um experimento que exija grupos separados para cada condição.*

Desenho de grupos naturais

- Para implementar desenhos de grupos naturais, as variáveis relacionadas com as diferenças individuais (ou variáveis dos sujeitos) são selecionadas, em vez de manipuladas.
- O desenho de grupos naturais representa um tipo de pesquisa correlacional em que os pesquisadores procuram covariações entre variáveis de grupos naturais e variáveis dependentes.
- Não é possível fazer inferências causais relacionadas com os efeitos de variáveis de grupos naturais porque existem explicações alternativas plausíveis para as diferenças grupais.

Os pesquisadores em muitas áreas da psicologia estão interessados em variáveis independentes chamadas de **variáveis de diferenças individuais,** ou *variáveis do sujeito.* Uma variável de diferença individual é uma característica ou traço que varia entre indivíduos. A afiliação religiosa é um exemplo de uma variável de diferença individual. Os pesquisadores não podem manipular essa variável designando pessoas aleatoriamente a grupos católicos, judeus, muçulmanos, protestantes ou outros. Ao contrário, os pesquisadores "controlam" a variável da afiliação religiosa, selecionado sistematicamente indivíduos que pertencem *naturalmente* a esses grupos. As variáveis de diferenças individuais, como gênero, extroversão-introversão, raça ou idade, são variáveis independentes importantes em muitas áreas da psicologia.

É importante diferenciar experimentos que envolvem variáveis independentes cujos níveis são *selecionados* daqueles que envolvem variáveis independentes cujos níveis são *manipulados.* Os experimentos que envolvem variáveis independentes cujos níveis são selecionados – como variáveis relacionadas com diferenças individuais – são chamados de **desenho de grupos naturais.** O desenho de grupos naturais costuma ser usado em situações em que restrições éticas e práticas nos impedem de manipular diretamente as variáveis independentes. Por exemplo, não importa o quanto possamos estar interessados nos efeitos de uma grande cirurgia sobre uma depressão subsequente, não podemos fazer uma grande cirurgia em um grupo designado aleatoriamente de estudantes de introdução à psicologia e depois comparar seus sintomas de depressão com os de outro grupo que não fez a cirurgia! De maneira semelhante, se estivéssemos interessados na relação entre o divórcio e transtornos emocionais, não poderíamos designar pessoas aleatoriamente para se divorciarem. Todavia, usando o desenho de grupos naturais, podemos comparar pessoas que fizeram cirurgia com pessoas que não fizeram. Do mesmo modo, pessoas que decidiram se divorciar podem ser comparadas com pessoas que decidiram permanecer casadas.

Os pesquisadores usam desenhos de grupos naturais para cumprir os dois primeiros objetivos do método científico: descrição e previsão. Por exemplo, estudos mostram que as pessoas que se separam ou divorciam são muito mais prováveis de receber tratamento psiquiátrico do que aquelas que são casadas, viúvas ou que permaneceram solteiras. Com base em estudos como esses, podemos descrever os indivíduos divorciados e casados em termos de transtornos emocionais, e podemos prever qual grupo é mais provável de ter transtornos emocionais.

Podem surgir problemas sérios, contudo, quando os resultados de desenhos de grupos naturais são usados para fazer afirmações causais. Por exemplo, a observação de que as pessoas divorciadas são mais prováveis do que pessoas casadas de receber cuidados psiquiátricos mostra que esses dois fatores covariam. Pode-se considerar que isso significa que o divórcio causa transtornos emocionais. Porém, antes de concluirmos que o divórcio *causa* transtornos emocionais, devemos garantir que foi satisfeita a condição de ordem temporal para uma inferência causal. Será que o divórcio precede o transtorno emocional, ou o transtorno emocional precede o divórcio? O desenho de grupos naturais não nos diz isso.

O desenho de grupos naturais também traz problemas quando tentamos satisfazer a terceira condição para demonstrar causalidade, eliminar causas alternativas plausíveis. As diferenças individuais estudadas no desenho de grupos naturais geralmente são confundidas – é provável que os grupos de indivíduos difiram em muitas maneiras *além* da variável usada para classificá-los. Por exemplo, os indivíduos que se divorciam e os indivíduos que continuam casados podem diferir com relação a várias características além do seu estado civil, por exemplo, suas práticas religiosas ou circunstâncias financeiras. Qualquer diferença observada entre indivíduos casados e divorciados talvez se deva a outras características, e não ao divórcio. A manipulação feita pela "natureza" raramente é do tipo controlado que esperamos para estabelecer a validade interna de um experimento.

Existem estratégias para fazer inferências causais no desenho de grupos naturais. Uma abordagem efetiva exige que as diferenças individuais sejam estudadas em combinação com variáveis independentes que possam ser manipuladas. Essa combinação de mais de uma variável independente em um experimento exige o uso de um desenho complexo, que descreveremos no Capítulo 8. Por enquanto, reconheça que fazer inferências causais com base no desenho de grupos naturais pode ser traiçoeiro. Embora certos formatos às vezes sejam chamados de "experimentos", existem diferenças importantes entre um experimento envolvendo uma variável de diferenças individuais e um experimento envolvendo uma variável manipulada.

Resumo

Os pesquisadores fazem experimentos para testar hipóteses derivadas de teorias, mas os experimentos também podem ser usados para testar a efetividade de tratamentos ou programas em situações aplicadas. O método experimental é ideal para identificar relações de causa e efeito quando são implementadas adequadamente técnicas de controle de manipulação, manutenção de condições constantes e balanceamento de diferenças.

No Capítulo 6, enfocamos a aplicação dessas técnicas de controle em experimentos em que diferentes grupos de sujeitos recebem tratamentos diferentes representando os níveis da variável independente (ver Figura 6.6). No desenho de grupos aleatórios, os grupos são formados usando procedimentos de randomização, de modo que sejam comparáveis no começo do experimento. Se os grupos apresentam comportamento diferente após a manipulação, e todas as outras condições forem mantidas constantes, presume-se que a variável independente seja responsável pela diferença. A designação aleatória é o método mais comum para formar grupos comparáveis. Distribuindo as características dos sujeitos igualmente entre as condições do experimento, a designação aleatória é uma tentativa de garantir que as diferenças entre os sujeitos sejam balanceadas, ou equilibradas, entre os grupos do experimento. A técnica mais comum para implementar a designação aleatória é a randomização em bloco.

Existem várias ameaças à validade interna de experimentos que envolvem testar grupos independentes. Deve-se evitar testar grupos intactos mesmo quando os grupos

Figura 6.6 Neste capítulo, apresentamos três desenhos de grupos independentes.

são designados aleatoriamente às condições, pois é provável que o uso de grupos intactos resulte em um fator de confusão. Não se pode permitir que variáveis externas, como diferentes salas ou diferentes experimentadores, confundam a variável independente de interesse.

Uma ameaça mais séria à validade interna do desenho de grupos aleatórios ocorre quando os sujeitos não concluem o experimento. A perda seletiva de sujeitos ocorre quando os sujeitos são perdidos de maneira diferenciada entre as condições, e uma característica do sujeito, relacionada com o resultado do experimento, é responsável pela perda. Podemos ajudar a prevenir essa perda seletiva restringindo os sujeitos àqueles prováveis de concluir o experimento, ou podemos compensar a perda removendo seletivamente alguns sujeitos comparáveis do grupo que não teve perda. As características de demanda e os efeitos do experimentador podem ser minimizados pelo uso dos procedimentos experimentais adequados, mas podem ser controlados com o uso de um controle com placebo e procedimentos duplos-cegos.

A análise de dados e a estatística proporcionam uma alternativa à replicação para determinar se os resultados de um único experimento podem ser usados como evidência para afirmar que uma determinada variável independente teve um efeito sobre o comportamento. A análise de dados envolve o uso de estatísticas descritivas e estatísticas inferenciais. A descrição dos resultados de um experimento geralmente envolve o uso de médias, desvios padrão e medidas do tamanho do efeito. A meta-análise faz uso de medidas do tamanho do efeito para fornecer uma síntese quantitativa dos resultados de um grande número de experimentos sobre uma pergunta de pesquisa importante.

As estatísticas inferenciais são importantes na análise de dados, pois os pesquisadores precisam de um modo de decidir se as diferenças obtidas em um experimento se devem ao acaso ou ao efeito da variável independente. Os intervalos de confiança e o teste da hipótese nula são duas técnicas estatísticas efetivas que os pesquisadores podem usar para analisar experimentos. Todavia, a análise estatística não pode garantir que os resultados experimentais serão significativos ou terão significância prática. A replicação permanece como o teste final da confiabilidade de um resultado de pesquisa.

Os pesquisadores também buscam estabelecer a validade externa de seus resultados experimentais. Ao testarem teorias psicológicas, os pesquisadores tendem a enfatizar a validade interna sobre a validade externa. Uma abordagem efetiva para estabelecer a validade externa dos resultados é selecionar amostras representativas de todas as dimensões que deseja generalizar. Por meio de experimentos de campo, os pesquisadores podem aumentar a validade externa de seus estudos para situações do mundo real. As replicações parciais e as replicações conceituais são duas maneiras que os pesquisadores normalmente usam para estabelecer a validade externa.

O desenho de grupos pareados é uma alternativa ao desenho de grupos aleatórios quando existe apenas um pequeno número de sujeitos disponíveis, quando existe uma boa tarefa de pareamento e quando o experimento exige grupos separados para cada tratamento. O maior problema com o desenho de grupos pareados é que os grupos somente são igualados segundo a característica medida pelo teste de pareamento. No desenho de grupos naturais, os pesquisadores selecionam os níveis das variáveis independentes (geralmente diferenças individuais ou variáveis dos sujeitos) e procuram relações sistemáticas entre essas variáveis independentes e outros aspectos do comportamento. Essencialmente, o desenho de grupos naturais envolve procurar correlações entre as características dos sujeitos e seu comportamento. Esses desenhos de pesquisa correlacional trazem problemas no estabelecimento de inferências causais.

Conceitos básicos

validade interna   198
desenho de grupos independentes   199
designação aleatória   199
desenho de grupos aleatórios   199
randomização em bloco   203
ameaças à validade interna   205
perda mecânica de sujeitos   207
perda seletiva de sujeitos   207
efeitos do experimentador   210
grupo controle com placebo   210
procedimento duplo-cego   211

replicação   212
tamanho do efeito   214
d de Cohen   214
meta-análise   215
teste de significância da hipótese nula   217
estatisticamente significativo   217
intervalo de confiança   218
desenho de grupos pareados   224
variável de diferenças individuais   226
desenho de grupos naturais   226

Questões de revisão

1. Descreva duas razões por que os psicólogos fazem experimentos.
2. Descreva como as técnicas de manipular, manter as condições constantes e balancear contribuem para satisfazer as três condições necessárias para uma inferência causal.
3. Explique por que grupos comparáveis são um aspecto tão essencial do desenho de pesquisa de grupos aleatórios, e descreva como os pesquisadores formam grupos comparáveis.
4. Identifique o que é um "bloco" na randomização em blocos e explique o que esse procedimento faz.
5. Que passos preventivos você pode adotar se tiver previsto que a perda seletiva de sujeitos poderá ser um problema em seu experimento?
6. Explique como as técnicas de controle com placebo e duplas-cegas podem ser usadas para controlar as características de demanda e efeitos do experimentador.
7. Explique por que a meta-análise permite que os pesquisadores tirem conclusões mais fortes sobre os princípios da psicologia.
8. Explique o que um resultado estatisticamente significativo de um teste de estatística inferencial diz sobre o efeito da variável independente em um experimento.
9. Explique o que você pode concluir se os intervalos de confiança não se sobrepuseram quando testou uma diferença entre médias para duas condições em um experimento.
10. Descreva sucintamente quatro maneiras pelas quais os pesquisadores podem estabelecer a validade externa dos resultados de uma pesquisa.
11. Explique brevemente a lógica do desenho de pesquisa de grupos pareados, e identifique as três condições em que é uma alternativa melhor do que o desenho de grupos aleatórios.
12. Como as variáveis relacionadas com diferenças individuais diferem das variáveis independentes manipuladas, e por que essa diferença torna difícil para se fazerem inferências causais com base no desenho de grupos naturais?

☑ Desafios

1. Um pesquisador está planejando fazer um experimento usando um desenho de grupos aleatórios para estudar o efeito da taxa de apresentação de estímulos sobre a capacidade das pessoas de reconhecer os estímulos. A variável independente é a taxa de apresentação, que será manipulada em quatro níveis; muito rápido, rápido, lento e muito lento. O pesquisador está pedindo sua ajuda e conselhos com os seguintes aspectos do experimento:

   A. O pesquisador pede para você preparar um protocolo randomizado em bloco, de modo que haja quatro participantes em cada uma das quatro condições. Para fazer isso, você pode usar os seguintes números aleatórios, que foram tirados da tabela de números aleatórios fornecida no Apêndice (Tabela A.1).

   1-5-6-6-4-1-0-4-9-3-2-0-4-9-2-3-8-3-9-1
   9-1-1-3-2-2-1-9-9-9-5-9-5-1-6-8-1-6-5-2
   2-7-1-9-5-4-8-2-2-3-4-6-7-5-1-2-2-9-2-3

   B. O pesquisador está considerando restringir os participantes àqueles que passaram em um teste rígido do tempo de reação, para garantir que consigam fazer o teste com a taxa de apresentação muito rápida. Explique quais fatores ele deve considerar para tomar essa decisão, certificando-se de descrever de forma clara os riscos, se

Metodologia de pesquisa em psicologia **231**

☑ Desafios (continuação)

houver, se apenas esse conjunto restrito de participantes for testado.

C. O pesquisador descobre que será necessário testar os participantes em duas salas diferentes. Como ele deve organizar o teste das condições nessas duas salas, de maneira a evitar uma confusão possível com essa variável externa?

2. Um pesquisador fez uma série de experimentos sobre os efeitos de fatores externos que podem influenciar a persistência das pessoas em programas de ginástica. Em um desses experimentos, o pesquisador manipulou três tipos de distração, enquanto os participantes caminhavam em uma esteira. Os três tipos de distração eram: concentrar-se em seus próprios pensamentos (grupo de concentração), ouvir música (grupo da música) e assistir a um vídeo de pessoas em recreação ao ar livre (grupo do vídeo). A variável dependente era o quanto o exercício na esteira estava extenuante no momento em que o sujeito decidiu terminar com a sessão (a inclinação da esteira era aumentada regularmente à medida que a sessão avançava, tornando o exercício cada vez mais extenuante). Em uma disciplina de introdução à psicologia, 120 estudantes apresentaram-se como voluntários para participar de um experimento, e o pesquisador designou 40 estudantes aleatoriamente a um entre três níveis da variável de distração. O pesquisador esperava que o escore médio de extenuação fosse maior no grupo do vídeo, o grupo de música viria em segundo lugar, e o grupo de concentração seria o último.

Depois de apenas dois minutos na esteira, cada participante recebeu a opção de parar o experimento. Esse breve período de tempo foi escolhido para que os participantes tivessem a opção de parar antes que fosse razoavelmente possível esperar que qualquer um estivesse sentindo fadiga. Os dados dos participantes que decidiram parar após apenas 2 minutos não foram incluídos na análise dos resultados finais. Quinze estudantes decidiram parar no grupo de concentração; 10 pararam no grupo da música; e nenhum parou no grupo do vídeo. Os resultados não corroboram as previsões do pesquisador. O escore médio de extenuação (em uma escala de 0 a 100) para estudantes que concluíram o experimento foi maior para o grupo de concentração (70), depois para o grupo da música (60) e, por último, para o grupo do vídeo (50).

A. Identifique uma possível ameaça à validade interna desse experimento, e explique como esse problema pode explicar os resultados inesperados do estudo.

B. Suponha que uma medida pré-teste estava disponível para cada um dos 120 participantes e que o pré-teste mediu o grau em que cada sujeito era provável de persistir no exercício. Descreva como você poderia usar esses escores prévios para confirmar que o problema que identificou na questão 2A havia ocorrido.

3. A manchete de jornal que resume uma pesquisa que havia sido publicada em um periódico médico dizia: "Estudo: exercício ajuda em qualquer idade". O estudo descrito no artigo envolvia um estudo de dez anos com quase 10.000 homens – e apenas homens. Os homens fizeram um teste na esteira entre 1970 e 1989. Então, fizeram outro teste na esteira cinco anos depois do primeiro, e sua saúde foi monitorada por outros cinco anos. Os homens que foram considerados fora de forma em ambos os testes na esteira tiveram uma taxa de mortalidade de 122 por 10.000 ao longo dos próximos cinco anos. Homens considerados em boa forma em ambos os testes tiveram uma taxa de mortalidade de apenas 40 por 10.000 em cinco anos. Curiosamente, os homens considerados fora de forma no primeiro teste, mas em forma no segundo, tiveram uma taxa de mortalidade

☑ DESAFIOS (CONTINUAÇÃO)

de 68 por 10.000. Os benefícios do exercício foram ainda maiores quando foram analisadas apenas mortes por ataque cardíaco. Os benefícios dos exercícios estavam presentes em uma ampla variedade de idades – daí a manchete.

A. Por que a manchete de jornal para esse artigo é potencialmente enganosa?

B. Por que você acha que os pesquisadores testaram apenas homens?

C. Identifique duas maneiras diferentes de obter evidências que você poderia usar para decidir se os resultados desse estudo podem ser aplicados a mulheres. Uma das maneiras faria uso de pesquisas já publicadas, e a outra exigiria fazer um novo estudo.

4. Faz-se um experimento para testar a efetividade de uma nova droga que está sendo considerada para uso possível no tratamento de pessoas com ansiedade crônica. Cinquenta pessoas cronicamente ansiosas são identificadas por meio de uma clínica local, e todas as 50 dão consentimento informado para participar do experimento. Vinte e cinco pessoas são designadas aleatoriamente ao grupo experimental e recebem a nova droga. As outras 25 pessoas são designadas aleatoriamente ao grupo controle, e recebem a droga de uso comum. Os participantes em ambos os grupos são monitorados por um médico e um psicólogo clínico durante o período de tratamento de seis semanas. Depois do período de tratamento, os participantes fazem uma autoavaliação em uma escala fidedigna e válida de 20 pontos, indicando o nível de ansiedade que estavam sentindo (escores maiores indicam mais ansiedade). A autoavaliação média no grupo experimental foi de 13,5 ($DP = 2,0$). O intervalo de confiança de 0,95 para a autoavaliação média no grupo experimental foi de 9,6 a 10,8. O intervalo de confiança de 0,95 para o grupo controle foi de 12,7 a 14,3.

A. Explique por que um procedimento duplo-cego seria útil nesse experimento, e descreva como o procedimento duplo-cego poderia ser implementado nesse caso.

B. Analise a estatística descritiva para esse experimento. Como você descreveria o efeito da variável droga sobre as avaliações de ansiedade usando a média de cada condição? O que os desvios padrão dizem sobre as avaliações de ansiedade no experimento?

C. A probabilidade associada ao teste para a diferença média entre os dois grupos foi de $p = 0,01$. Que afirmação se pode fazer sobre o efeito do tratamento com base nessa probabilidade? Que afirmação se pode fazer com base nas estimativas da média populacional para os dois grupos nesse experimento, com base em uma comparação entre os intervalos de confiança?

D. O tamanho do efeito para a variável tratamento nesse experimento é $d = 0,37$. Que informações o tamanho do efeito fornece sobre a efetividade da droga, além do que se sabe a partir do teste de significância estatística e da comparação entre os intervalos de confiança?

Resposta ao Exercício I

1. Bushman (2005) manipulou a variável independente do tipo de programa de televisão em seu estudo. Havia quatro níveis da variável independente: violento, sexualidade explícita, violento e sexo, e neutro.
2. Busham (2005) manteve vários fatores constantes: os mesmos anúncios foram usados em cada condição, os participantes foram testados em pequenos grupos na mesma situação, e os anúncios foram inseridos em aproximadamente o mesmo ponto de cada programa.
3. Bushman (2005) balanceou as características dos participantes nos quatro níveis designando-os aleatoriamente às condições. Desse modo, os sujeitos em cada nível eram equivalentes, em média, em sua memória e exposição a programas e produtos da televisão. Bushman também usou duas ordens aleatórias para os anúncios, de maneira a equilibrar efeitos potenciais da disposição dos anúncios durante os programas de TV.

Resposta ao Exercício II

1. Quando fez este exercício, um dos autores obteve um valor médio de 5,65 para o grupo experimental e uma média de 5,35 para o grupo controle. Os dois grupos eram aproximadamente equivalentes em termos da capacidade média da memória (seria feito um teste t para determinar se os escores médios diferem estatisticamente).
2. O grupo experimental tinha três "participantes" com escores de 2 (e sem ases). Quando estes foram retirados, a nova média para a capacidade da memória ficou em 6,4. Comparado à média do grupo controle, de 5,35, o grupo experimental teve, em média, mais capacidade de memória após a perda seletiva de sujeitos.
3. Para compensar os três sujeitos perdidos, "participantes" semelhantes foram retirados do grupo controle (escores de 2, 1 e 1). A nova média para o grupo controle foi de 6,06. Isso melhorou a comparabilidade inicial dos dois grupos.
4. As médias dos quatro grupos quando um dos autores fez isso foram: (1) 5,6 (2) 4,8 (3) 5,3 e (4) 6,3, indicando maior variabilidade nos escores médios da capacidade da memória entre os grupos. Quanto menor o número de participantes designados aleatoriamente às condições, mais difícil será para a designação aleatória criar, em média, grupos equivalentes. Agora, largue as cartas e volte a estudar o Capítulo 6!

Resposta ao Desafio 1

A. O primeiro passo é atribuir um número de 1 a 4 às respectivas condições: 1 = muito rápido; 2 a 5 = rápido; 3 = lento; e 4 = muito lento. Então, usando os números aleatórios, selecione quatro sequências dos números de 1 a 4. Dessa forma, você pula os números maiores do que 4 e qualquer número que seja repetição de um número já selecionado na sequência. Por exemplo, se o primeiro número que você selecionar for 1, você pula todas as repetições de 1 até ter selecionado todos os números para a sequência de 1 a 4. Usando esse procedimento e seguindo as linhas de números aleatórios da esquerda para a direita, obtivemos as quatro sequências seguintes para os quatro blocos do protocolo de blocos randomizados. A ordem das condições para cada bloco também é apresentada. O protocolo de blocos randomizados especifica a ordem de teste das condições para os primeiros 16 participantes do experimento.

Bloco 1: 1-4-3-2 Muito rápido, muito lento, lento, rápido

Bloco 2: 4-2-3-1 Muito lento, rápido, lento, muito rápido

Bloco 3: 1-3-2-4 Muito rápido, lento, rápido, muito lento

Bloco 4: 2-3-4-1 Rápido, lento, muito lento, muito rápido

B. O pesquisador está tomando uma medida razoável para evitar a perda seletiva de sujeitos, mas restringir os participantes àqueles que passarem em um rígido teste do tempo de reação acarreta o risco de diminuir a validade externa dos resultados obtidos.

C. As salas podem ser balanceadas designando-se blocos inteiros do protocolo de blocos randomizados para serem testados em cada sala. Geralmente, o número de blocos designados a cada sala é igual, mas isso não é essencial. Todavia, para um balanceamento efetivo, vários blocos devem ser testados em cada sala.

☑ Nota

1. Outro termo para o desenho de grupos independentes é *desenho intersujeito*. Os dois termos são usados para descrever estudos em que grupos de sujeitos são comparados e não existe sobreposição de participantes nos grupos do estudo (i.e., cada participante está em apenas uma condição).

7

Desenhos de pesquisa com medidas repetidas

Visão geral

Até aqui, consideramos experimentos em que os sujeitos participam apenas de uma condição. Eles são designados aleatoriamente a uma condição nos desenhos de pesquisa de grupos aleatórios e grupos pareados, ou são selecionados para um grupo no desenho de grupos naturais. Esses desenhos de grupos independentes são ferramentas poderosas para estudar os efeitos de uma ampla variedade de variáveis independentes. Existem ocasiões, contudo, em que é mais efetivo que cada sujeito participe de todas as condições do experimento. Esses desenhos de pesquisa são chamados de **desenhos de medidas repetidas** (ou desenhos intersujeitos). Em um desenho de grupos independentes, um grupo separado serve como controle para o grupo que recebe o tratamento experimental. Em um desenho de medidas repetidas, os sujeitos *servem como seus próprios controles*, pois participam da condição experimental e do controle.

Começamos este capítulo explorando as razões por que os pesquisadores decidem usar um desenho de medidas repetidas. Depois, descrevemos um dos aspectos centrais dos desenhos de pesquisa com medidas repetidas. Especificamente, nos desenhos de medidas repetidas, os participantes podem passar por mudanças durante o experimento, à medida que são testados repetidamente. Os participantes podem melhorar com a prática, por exemplo, pois aprendem mais sobre a tarefa ou porque relaxam na situação experimental. Também podem piorar com a prática – por exemplo, por ficarem fatigados ou menos motivados. Essas mudanças temporárias são chamadas de *efeitos da prática*.

No Capítulo 6, dissemos que as diferenças individuais entre os participantes não podem ser eliminadas no desenho de grupos aleatórios, mas podem ser balanceadas pelo uso da designação aleatória. De maneira semelhante, não podemos eliminar os efeitos da prática, que os participantes sofrem devido à repetição do teste nos desenhos de medidas repetidas. Todavia, como ocorre com as diferenças individuais nos desenhos de grupos aleatórios, os efeitos da prática podem ser equilibrados, ou balanceados, entre as condições de um experimento com o desenho de medidas repetidas. Quando balanceamos os efeitos da prática entre as condições, eles não são confundidos com a variável independente, e é possível interpretar os resultados do experimento.

Nosso principal foco neste capítulo é descrever as técnicas que os pesquisadores podem usar para balancear os efeitos da prática. Também introduziremos procedimentos de análise de dados para desenhos de medidas repetidas. Concluímos o capítulo com uma consideração sobre os problemas que podem surgir em desenhos de pesquisa com medidas repetidas.

Por que os pesquisadores usam desenhos de medidas repetidas

- Os pesquisadores usam o desenho de pesquisa com medidas repetidas para (1) fazer um experimento quando existem poucos sujeitos disponíveis, (2) fazer o experimento de maneira mais eficiente, (3) aumentar a sensibilidade do experimento, e (4) estudar mudanças no comportamento dos sujeitos ao longo do tempo.

Os pesquisadores têm diversas vantagens quando decidem usar um desenho de medidas repetidas. Primeiro, os desenhos de medidas repetidas exigem menos sujeitos do que um desenho de grupos independentes, de modo que são ideias para situações em que existe apenas um pequeno número de sujeitos disponíveis. Os pesquisadores que fazem experimentos com crianças, idosos ou populações especiais, como indivíduos com lesões cerebrais, costumam ter um número pequeno de sujeitos disponíveis.

Os pesquisadores usam desenhos de medidas repetidas mesmo quando existem números suficientes de participantes disponíveis para um desenho de grupos independentes. As medidas repetidas são mais convenientes e eficientes. Por exemplo, Ludwig, Jeeves, Norman e DeWitt (1993) fizeram uma série de experimentos estudando a comunicação entre os dois hemisférios do cérebro. Os pesquisadores

mediram quanto tempo os participantes levaram para decidir se duas letras apresentadas rapidamente tinham o mesmo nome. As letras vinham do conjunto AaBb. Os sujeitos deviam pressionar a tecla *match* quando as letras tivessem o mesmo nome (AA, aa, Bb, bb) e a tecla *no match* quando as letras tivessem nomes diferentes (AB, ab, Ab, aB). Os pares de letras foram apresentados de várias maneiras diferentes nos quatro experimentos, mas havia duas condições principais nos experimentos. As letras eram apresentadas a um hemisfério (unilateral) ou cada letra do par era apresentada a cada hemisfério (bilateral). Entre os quatro experimentos, a apresentação bilateral levou a tempos de resposta mais rápidos do que a apresentação unilateral. Nesses experimentos, dois hemisférios foram melhores do que um!

Cada teste no experimento de Ludwig e colaboradores (1993) exigia apenas alguns segundos para concluir. Os pesquisadores podiam ter testado grupos separados de participantes para as condições unilateral e bilateral, mas essa abordagem teria sido terrivelmente ineficiente. Eles teriam levado mais tempo para instruir os participantes com relação à natureza do teste do que para fazer o teste em si! Um desenho de medidas repetidas em que cada sujeito foi testado em testes unilaterais e bilaterais proporcionou aos pesquisadores um modo muito mais conveniente e eficiente de responder sua pergunta sobre como o cérebro processa informações.

Outra vantagem importante dos desenhos de pesquisa de medidas repetidas é que eles geralmente são mais sensíveis do que um desenho de grupos independentes. A **sensibilidade** de um experimento se refere à capacidade de detectar o efeito da variável independente, mesmo que seja pequeno. De maneira ideal, os sujeitos de um estudo respondem de modo semelhante a uma manipulação experimental. Contudo, na prática, sabemos que as pessoas não respondem todas do mesmo modo. Essa *variação do erro* pode se dever a variações no

Metodologia de pesquisa em psicologia **237**

procedimento a cada vez que o experimento é conduzido, ou a diferenças individuais entre os participantes. Um experimento é mais sensível quando existe menos variabilidade nas respostas dos participantes de uma condição do experimento, ou seja, menos variação do erro. De um modo geral, os participantes de uma pesquisa com um desenho de medidas repetidas variam menos em relação a si mesmos a cada repetição do experimento do que os participantes de um desenho de grupos aleatórios variam em relação aos outros sujeitos. Outro modo de dizer isso é que geralmente existe mais variação *entre* as pessoas do que *dentro* das pessoas. Assim, a variação do erro geralmente será menor com o uso de medidas repetidas. Quanto menos variação do erro, mais fácil será para detectar o efeito de uma variável independente. A maior sensibilidade dos desenhos de medidas repetidas é especialmente interessante para pesquisadores que estudam variáveis independentes que tenham efeitos pequenos (difíceis de ver) sobre o comportamento.

Os pesquisadores também usam o desenho de medidas repetidas porque certas áreas da pesquisa psicológica o exigem.

Quando a pergunta de pesquisa envolve estudar mudanças no comportamento dos sujeitos ao longo do tempo, como em um experimento sobre aprendizagem, é preciso usar um desenho de medidas repetidas. Além disso, quando o procedimento experimental exige que os participantes comparem dois ou mais estímulos entre si, deve-se usar um modelo com medidas repetidas. Por exemplo, se um pesquisador quisesse mensurar a quantidade mínima de luz que deveria ser adicionada até que os sujeitos conseguissem detectar que um ponto de luz ficou mais forte, ele teria que usar um desenho de medidas repetidas. Esse formato também seria necessário se o pesquisador quisesse que os sujeitos avaliassem a beleza relativa de uma série de fotografias. Áreas de pesquisa como a psicofísica (ilustrada pelo experimento com detecção da luz) e escalonamento (ilustrada pelas avaliações da beleza) baseiam-se fortemente no uso de medidas repetidas. Periódicos como *Perception & Psycophysics* e *Journal of Experimental Psychology: Human Perception and Performance* costumam publicar resultados de experimentos que usam medidas repetidas (ver também o Quadro 7.1).

☑ **Quadro 7.1**

MEDIDAS REPETIDAS E O DESENHO DE PESQUISA COM MEDIDAS REPETIDAS

É importante fazer uma distinção entre as diferentes situações em que os pesquisadores testam sujeitos repetidamente. Por exemplo, no Capítulo 5, vimos que os pesquisadores que trabalham com o uso de levantamentos administram o levantamento mais de uma vez para a mesma pessoa em um desenho com levantamentos longitudinais, de maneira a avaliar mudanças na opinião dos respondentes ao longo do tempo. Em um *experimento* usando o desenho de medidas repetidas, os pesquisadores manipulam uma variável independente para comparar medidas do comportamento dos participantes em duas ou mais condições. A diferença crítica é que uma variável independente é manipulada no dese-

nho de medidas repetidas, mas não no desenho com levantamentos longitudinais.

Também se pode usar repetição de testes quando os pesquisadores investigam a fidedignidade (consistência) de uma medida. Os pesquisadores podem obter duas (ou mais) medidas dos mesmos indivíduos para estabelecer a fidedignidade de uma medida, chamada fidedignidade de teste-reteste (ver o Capítulo 5). A testagem repetida associada à fidedignidade das mensurações difere do desenho de medidas repetidas, no sentido de que somente o desenho de medidas repetidas envolve uma variável independente, pela qual se contrastam as respostas dos sujeitos em diferentes condições experimentais.

O papel dos efeitos da prática em desenhos de medidas repetidas

- Não devemos confundir desenhos de medidas repetidas com variáveis de diferenças individuais, pois os mesmos indivíduos participam de cada condição (nível) da variável independente.
- O desempenho dos sujeitos em desenhos de medidas repetidas pode mudar entre as condições, simplesmente por causa da repetição dos testes (e não por causa da variável independente); essas mudanças são chamadas de efeitos da prática.
- Os efeitos da prática podem ameaçar a validade interna de um experimento com medidas repetidas quando as diferentes condições da variável independente são apresentadas na mesma ordem para todos os participantes.
- Existem dois tipos de desenhos de medidas repetidas (completas e incompletas) que diferem nas maneiras específicas em que controlam os efeitos da prática.

Definição de efeitos da prática

Os desenhos de pesquisa com medidas repetidas têm outra vantagem importante, além daquelas que já descrevemos. Em um desenho de medidas repetidas, as características dos participantes não podem confundir a variável independente que é manipulada no experimento. Os *mesmos* sujeitos são testados em todas as condições de um desenho de medidas repetidas, de modo que é impossível terminar com sujeitos mais inteligentes, saudáveis ou motivados em uma condição do que em outra. Dito de maneira mais formal, *não pode haver confusão por causa das variáveis de diferenças individuais em desenhos de medidas repetidas*. A ausência do potencial para confusão por variáveis de diferenças individuais é uma grande vantagem do uso de desenhos de medidas repetidas. Todavia, isso não significa que não haja ameaças à validade interna de experimentos feitos com o uso de medidas repetidas.

Uma ameaça potencial à validade interna ocorre porque os participantes podem mudar ao longo do tempo. A testagem repetida dos participantes no desenho de medidas repetidas proporciona prática com a tarefa experimental. Como resultado dessa prática, os participantes ficam cada vez melhores em realizar a tarefa, pois aprendem mais a respeito, ou podem piorar por causa de fatores como fadiga ou tédio (ver Figura 7.1). As mudanças que os participantes sofrem com a testagem repetida nos desenhos de medidas repetidas são chamadas de **efeitos da prática**. De um modo geral, os efeitos da prática devem ser balanceados entre as condições quando se usa um desenho de medidas repetidas, de modo que os efeitos da prática sejam "compensados" entre as condições. A chave para fazer experimentos interpretáveis usando desenhos de medidas repetidas é aprender a usar técnicas adequadas para balancear os efeitos da prática. Apresentaremos sucintamente os dois tipos de desenhos de medidas repetidas antes de descrever o uso de técnicas específicas de balanceamento.

Os dois tipos de desenhos de pesquisa com medidas repetidas são o desenho completo e o incompleto. As técnicas específicas para equilibrar os efeitos da prática diferem para os dois desenhos com medidas repetidas, mas o termo geral usado em referência a essas técnicas é **contrabalanceamento**. No *desenho completo*, os efeitos da prática são balanceados para *cada* participante administrando-se as condições várias vezes a cada um, usando ordens diferentes a cada vez. Desse modo, cada participante pode ser considerado um experimento "completo". No *desenho incompleto*, cada condição é administrada a cada participante *somente uma vez*. A ordem de administração das condições varia entre os participantes, em vez de cada participante, como ocorre no desenho completo. Os efeitos da prática no desenho incompleto são

☑ **Figura 7.1** Existem efeitos positivos e negativos em se praticar uma nova habilidade. Repetir a mesma experiência pode levar a melhoras, mas também pode levar à fadiga, a uma redução na motivação e mesmo ao tédio.

balanceados com a combinação dos resultados de todos os participantes. Isso pode parecer um pouco confuso neste ponto, mas ficará mais claro quando descrevermos esses tipos de desenhos de maneira mais completa. Apenas tenha em mente que um dos principais objetivos ao se usar um desenho de medidas repetidas é controlar os efeitos da prática.

Balanceando efeitos da prática no desenho completo

- Os efeitos da prática são balanceados em desenhos completos para cada participante usando randomização em bloco ou contrabalanceamento com ABBA.
- Na randomização em bloco, todas as condições do experimento (um bloco) são ordenadas aleatoriamente a cada vez que são apresentadas.
- No contrabalanceamento com ABBA, apresenta-se uma sequência aleatória de todas as condições, seguida pelo oposto da sequência.
- A randomização em bloco é preferida sobre o contrabalanceamento com ABBA quando os efeitos da prática não são lineares, ou quando o comportamento dos participantes pode ser afetado por efeitos da antecipação.

Pesquisas mostram que os sujeitos de pesquisa que olham fotografias que mostram expressões faciais representando seis expressões humanas básicas (felicidade, surpresa, medo, tristeza, raiva e nojo) conseguem identificar de forma fácil e precisa a emoção expressada. Sackeim, Gur e Saucy (1978) usaram o desenho de medidas repetidas para determinar se um lado do nosso rosto expressa emoções de forma mais intensa do que o outro. Eles desenvolveram uma fotografia de um rosto completo e uma fotografia de sua imagem no espelho. Então, dividiram as duas fotografias ao meio, formando duas fotografias compostas – uma a partir das versões do lado esquerdo do rosto e outra a partir das versões do lado direito. A Figura 7.2 mostra fotografias ilustrativas. No centro, há uma fotografia de uma pessoa expressando nojo. As duas fotografias compostas formadas a partir da fotografia do centro são apresentadas de cada lado da original. Será que uma das duas composições na Figura 7.2 parece mais enojada do que a outra?

Os participantes observaram *slides* de fotografias como os apresentados na Figura 7.2 e deviam avaliar cada *slide* em uma escala de sete pontos, indicando a intensidade da emoção expressada. Os *slides* foram apresentados individualmente por dez segundos, e os participantes tinham 35 segundos para fazer a avaliação. A variável independente crítica no experimento era a versão da fotografia representando uma das emoções (composição esquerda, original ou composição direita). Cada participante avaliou 54 *slides*: 18 composições esquerdas, 18 originais e 18 composições direitas.

As avaliações dos participantes sobre a intensidade emocional foram consistentemente mais altas para a composição esquerda do que para a direita. Essa avaliação corresponde à sua avaliação de que o rosto no painel (a) na Figura 7.2 parece mais enojado do que o rosto no painel (c)? Sackeim e colaboradores interpretaram esses resultados em termos da especialização hemisférica do cérebro. De um modo geral, o hemisfério esquerdo controla o lado direito do corpo, e o hemisfério direito controla o lado esquerdo do corpo. Assim, a composição esquerda reflete controle pelo hemisfério direito, e a composição direita reflete controle pelo hemisfério esquerdo. As avaliações mais altas da intensidade emocional para as fotografias compostas pelo lado esquerdo do rosto sugerem que o hemisfério direito pode estar mais envolvido do que o esquerdo na produção da expressão emocional.

A interpretação das diferenças nas avaliações depende criticamente da ordem em que os *slides* foram apresentados aos participantes. Considere o que poderia acontecer se todas as versões originais fossem apresentadas primeiro, seguidas por todas

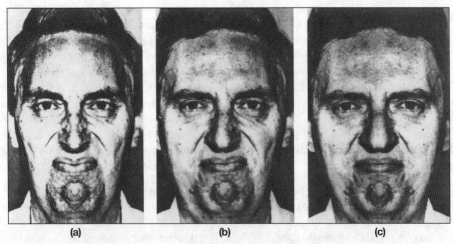

Figura 7.2 (a) composição com lado esquerdo, (b) original e (c) composição com o lado direito do mesmo rosto. O rosto está expressando nojo. (A partir de Sackeim et al., 1978.)

as composições direitas, e depois por todas as composições esquerdas. Se você se imaginasse nesse experimento fazendo uma avaliação para cada um dos *slides* nessa longa sequência (mais de 40 minutos), teria uma sensação do que queremos dizer com efeitos da prática. Certamente, sua atenção, motivação e experiência em avaliar a emotividade das fotografias mudariam à medida que avançasse na sequência de *slides*. Se você desse avaliações mais altas para *slides* mostrados ao final dessa longa sequência, suas avaliações talvez refletissem a intensidade das suas emoções de tédio e fadiga, em vez da intensidade das emoções representadas nas fotografias. Para evitar essa possibilidade, Sackeim e colaboradores usaram técnicas de balanceamento desenvolvidas especificamente para usar com o desenho completo em experimentos com medidas repetidas. Usando essas técnicas de balanceamento, eles garantiram que cada uma das três versões das fotografias fosse igualmente provável de aparecer em um dado momento na longa série de *slides*.

No desenho completo, os participantes tiveram cada tratamento em um número de vezes suficiente para balancear os efeitos da prática para cada participante. Quando o teste é simples e não consome tempo demais (como avaliar a intensidade emocional de fotografias), é possível dar a cada sujeito várias experiências com cada tratamento. De fato, em alguns desenhos completos, apenas um ou dois sujeitos são testados, e cada um faz literalmente centenas de testes. Todavia, é mais comum os pesquisadores usarem procedimentos como os usados por Sackeim e colaboradores. Ou seja, vários sujeitos são testados, e cada um apenas recebe cada tratamento um número relativamente pequeno de vezes. Os pesquisadores têm duas opções para decidir como organizar a ordem em que os tratamentos são administrados no desenho completo: a randomização em bloco e o contrabalanceamento ABBA.

Randomização em bloco Apresentamos a randomização em bloco no Capítulo 6, como uma técnica efetiva para designar os sujeitos a condições no desenho com grupos aleatórios. A *randomização em bloco* também pode ser usada para ordenar as condições para cada participante em um desenho completo. Por exemplo, Sackeim e colaboradores administraram cada uma das três versões de suas fotografias (composição esquerda, original e composição direita) 18 vezes a cada participante. A sequência de testes mostrada na Tabela 7.1 ilustra como a randomização em bloco pode ser usada para organizar a ordem das três condições do experimento. A sequência de 54 tentativas é decomposta em 18 blocos de três tentativas, e cada bloco contém as três condições do experimento em ordem aleatória. De um modo geral, *o número de blocos em um protocolo com blocos randomizados é igual ao número de vezes em que cada condição é administrada, e o tamanho de cada bloco é igual ao número de condições no experimento.*

Se um participante avalia as fotografias após a sequência no protocolo de blocos randomizados mostrado na Tabela 7.1, é improvável que mudanças na sua atenção, motivação ou experiência com avaliar fotografias afetem qualquer uma das condições em um grau maior do que as outras. Pode-se esperar que os efeitos da prática sejam compensados nas três condições experimentais. A determinação da posição média de cada uma das três condições na sequência de randomização em bloco nos dá uma indicação aproximada do balanceamento dos efeitos da prática. Isso pode ser feito somando-se os números das tentativas em que cada condição aparece e dividindo por 18. Por exemplo, a versão original das fotografias ("O") apareceu nos testes 1, 5, 8, 11, 13, 18, 21, 24, 27, 28, 33, 34, 39, 40, 44, 48, 49 e 53. A posição média das fotografias originais, portanto, foi 27,6. Os valores correspondentes para as fotografias compostas esquerda e direita são 27,7 e 27,2, respectivamente. O fato de que esses valores médios são tão semelhantes nos diz que nenhuma versão das fotografias era mais provável de aparecer no começo, meio ou final da sequência de 54 testes.

Tabela 7.1 Sequência de blocos randomizados de 54 testes em um experimento com três condições administradas 18 vezes cada

Teste	Condições	Teste	Condições
1	O original	28	O
2	E esquerda	29	E
3	D direita	30	D
4	D	31	D
5	O	32	E
6	E	33	O
7	D	34	O
8	O	35	D
9	E	36	E
10	E	37	E
11	O	38	D
12	D	39	O
13	O	40	O
14	E	41	D
15	D	42	E
16	D	43	D
17	E	44	O
18	O	45	E
19	D	46	D
20	E	47	E
21	O	48	O
22	E	49	O
23	D	50	D
24	O	51	E
25	D	52	D
26	E	53	O
27	O	54	E

Obs.: As condições são as três versões das fotografias usadas por Sackeim e colaboradores (1978): E = composição esquerda, O = original, D = composição direita.

A randomização em bloco é efetiva para equilibrar os efeitos da prática, mas cada condição deve ser repetida várias vezes antes que possamos esperar que os efeitos da prática sejam compensados. Não devemos esperar que os efeitos da prática se equilibrem após dois ou três blocos – mais do que seria de esperar se os tamanhos de efeitos de dois ou três grupos no desenho com grupos aleatórios resultassem em grupos comparáveis. Felizmente, existe uma técnica para equilibrar os efeitos da prática quando não é possível administrar cada condição em um número de vezes suficiente para que o processo de compensação por randomização em bloco funcione efetivamente.

Contrabalanceamento ABBA Em sua forma mais simples, o contrabalanceamento ABBA pode ser usado para equilibrar os efeitos da prática no desenho completo com apenas duas administrações de cada condição. O *contrabalanceamento ABBA* envolve apresentar as condições em uma sequência (i.e., A depois B) seguida pelo oposto da mesma sequência (i.e., B depois A). Seu nome descreve as sequências em que existem apenas duas condições (A e B) no experimento, mas o contrabalanceamento ABBA não se limita a experimentos com apenas duas condições. Sackeim e colaboradores poderiam ter apresentado as versões de suas fotografias segundo a sequência ABBA

Metodologia de pesquisa em psicologia 243

☑ **Tabela 7.2** Sequência contrabalanceada na forma ABBA, para testes em um experimento com três condições (composição esquerda original e composição direita)

	Teste 1	Teste 2	Teste 3	Teste 4	Teste 5	Teste 6
Condição:	**Esquerda**	**Original**	**Direita**	**Direita**	**Original**	**Esquerda**
Efeito da prática (linear)	+0	+1	+2	+3	+4	+5
Efeito da prática (não linear)	0	+6	+6	+6	+6	+6

apresentada na linha superior da Tabela 7.2, rotulada como "condição". Observe que, nesse caso, seria ABCCBA, pois existiriam três condições. A ordem das três condições nos três primeiros testes é simplesmente invertida para os testes 4 a 6.

O contrabalanceamento ABBA é usado corretamente quando os efeitos da prática são lineares. Se os efeitos da prática forem lineares, a mesma quantidade de efeitos da prática é adicionada ou subtraída do desempenho a cada teste sucessivo. A linha da Tabela 7.2 para "efeito da prática (linear)" ilustra como o contrabalanceamento ABBA pode equilibrar os efeitos da prática. Nesse exemplo, uma "unidade" de efeitos da prática hipotéticos é adicionada ao desempenho a cada teste. Como não haveria efeito da prática associado ao primeiro teste, a quantidade de prática adicionada ao Teste 1 da tabela é zero. O Teste 2 tem uma unidade de efeitos hipotéticos adicionada, devido à experiência dos sujeitos com o primeiro teste; no Teste 3, são adicionadas duas unidades, por causa da experiência dos sujeitos com dois testes, e assim por diante.

Podemos ter uma ideia da influência dos efeitos da prática somando os valores para cada condição. Por exemplo, a condição composta esquerda tem a menor (0) e maior (+5) influência dos efeitos da prática; a condição composta direita tem duas quantidades intermediárias (+2 e +3). A soma dos efeitos hipotéticos da prática é +5 para as duas condições. (Qual seria a soma dos efeitos da prática para a condição original?) O ciclo ABBA pode ser aplicado a qualquer número de condições, mas deve haver um número par de repetições de cada condição. O contrabalanceamento ABBA equilibra os

efeitos da prática de um modo ainda mais efetivo com grandes números de repetições do ciclo. Todavia, de um modo geral, o contrabalanceamento ABBA é usado quando o número de condições e o número de repetições de cada condição são relativamente pequenos.

Embora o contrabalanceamento ABBA proporcione um meio simples e adequado para equilibrar os efeitos da prática, ele também tem suas limitações. Por exemplo, o contrabalanceamento ABBA é ineficiente quando os efeitos da prática sobre um teste não são lineares. Isso é ilustrado na última linha da Tabela 7.2, rotulada como "efeito da prática (não linear)". Os efeitos não lineares da prática podem ocorrer quando o desempenho dos participantes muda radicalmente após a exposição a um ou mais testes. No exemplo, a composição esquerda recebe um total de apenas seis unidades hipotéticas de efeitos da prática, e as outras duas condições recebem um total de 12 unidades cada. Quando os efeitos da prática envolvem mudanças iniciais abruptas seguidas por poucas mudanças posteriormente, os pesquisadores costumam ignorar o desempenho nos primeiros testes e esperar até que os efeitos da prática atinjam um "estado estável". É provável que sejam necessárias algumas repetições de cada condição para se chegar a um estado estável, e os pesquisadores tendem a usar a randomização em bloco para balancear os efeitos da prática nessas situações.

O contrabalanceamento ABBA também não é efetivo no caso de efeitos da antecipação. Os *efeitos da antecipação* ocorrem quando o sujeito desenvolve expectativas sobre qual condição deve ocorrer a seguir na sequência. A resposta do sujeito à condição pode ser influenciada mais por essa expectativa do que pela experiência real da condição em si. Por exemplo, considere um experimento de percepção do tempo, no qual a tarefa do sujeito era estimar a duração do tempo que passou entre a apresentação de um sinal na tela do computador indicando o começo de um período e outro sinal indicando o seu fim. (É claro, os participantes tinham que marcar o tempo durante o período em questão, contando ou com uma batida rítmica.) Se os períodos de tempo nesse experimento fossem de 12, 24 e 36 segundos, uma sequência ABBA possível de condições seria 12-24-36-36-24-12. Se esse ciclo fosse repetido várias vezes, os participantes provavelmente reconheceriam o padrão e esperariam uma série de períodos crescentes e depois decrescentes. Suas estimativas logo poderiam começar a refletir esse padrão, em vez de sua percepção de cada período independente. Se existe probabilidade de haver efeitos da antecipação, deve-se usar randomização em bloco em vez de contrabalanceamento ABBA.

Balanceando os efeitos da prática no desenho incompleto

- Os efeitos da prática são balanceados *entre* os sujeitos no desenho incompleto, em vez de para cada sujeito, como no desenho completo.
- A regra para balancear os efeitos da prática no desenho incompleto é que cada condição do experimento deve ser apresentada em cada posição ordinal (primeira, segunda, etc.) com a mesma frequência.
- O melhor método para balancear os efeitos da prática no desenho incompleto com quatro ou menos condições é usar todas as ordens possíveis das condições.
- Dois métodos para selecionar ordens específicas para usar em um desenho incompleto são o Quadrado Latino e a ordem inicial aleatória com rotação.

- Independentemente de usarem todas as ordens possíveis ou selecionadas, os participantes devem ser designados aleatoriamente às diferentes sequências.

No desenho incompleto, cada participante recebe cada tratamento *somente uma vez*. Os resultados para qualquer participante, portanto, não podem ser interpretados, pois os níveis da variável independente para cada um são perfeitamente confundidos com a ordem em que esses níveis foram apresentados. Por exemplo, o primeiro participante em um experimento com desenho incompleto pode ser testado em primeiro lugar na condição experimental (E) e em segundo na condição de controle (C). Qualquer diferença observada no desempenho do sujeito entre as condições experimental e controle talvez se deva ao efeito da variável independente *ou* aos efeitos da prática que resultam da ordem EC. Para impedir essa confusão entre a ordem das condições e a variável independente, podemos administrar ordens diferentes das condições a diferentes participantes. Por exemplo, podemos administrar as condições de nosso experimento com desenho incompleto a um segundo sujeito na ordem CE, testando primeiro a condição de controle e depois a condição experimental. Desse modo, podemos balancear os efeitos da ordem entre as duas condições, usando dois participantes em vez de um.

Para ilustrar as técnicas usadas para balancear os efeitos da prática no desenho incompleto, usaremos um experimento de medidas repetidas do campo da psicologia da saúde, que estudou os efeitos de exercícios aeróbicos sobre os humores dos participantes (Hansen, Stevens e Coast, 2001). O propósito do estudo era determinar o tempo de exercício necessário para gerar melhoras no humor, e os pesquisadores compararam 30 minutos de repouso calmo (0 exercício) com 10, 20 e 30 minutos de exercício. O exercício consistia em andar em uma bicicleta ergométrica estacionária, que permitia monitorar a frequência cardíaca. Durante as sessões de exercícios, usou-se um período de aquecimento para alcançar a frequência cardíaca correspondente a um exercício de intensidade moderada, e os participantes pedalaram pela quantidade de tempo requerida no teste, mantendo aquela frequência cardíaca. Antes dos exercícios e depois de um período de resfriamento (após o exercício), os participantes responderam um inventário de humor para avaliar o seu humor "naquele momento". Cada participante do sexo feminino foi testada em cada uma das quatro condições, com sessões de teste no mesmo dia da semana, com uma semana de diferença, por quatro semanas consecutivas. Os participantes foram designados aleatoriamente a uma certa ordem das quatro condições.

Antes de descrever a técnica que pode ser usada para balancear os efeitos da prática para uma variável independente no desenho incompleto, daremos uma olhada rápida nos resultados do estudo de Hansen e colaboradores. A variável dependente nesse estudo era a diferença entre as avaliações de humor dos participantes antes e depois de fazerem exercícios (e antes e depois de repousarem na condição de 0 exercício). Os pesquisadores analisaram mudanças no nível de depressão, ansiedade, raiva, fadiga e confusão (p.ex., sentir-se sobrepujado) e um estado de vigor com humor positivo. De um modo geral, os resultados indicam que a prática de exercício aumentou o vigor e diminuiu a confusão, fadiga e humor negativo total (uma soma de escores de humor). Quanto exercício foi necessário para enxergar esses efeitos? As análises indicam que as melhoras ocorreram com apenas 10 minutos de exercício! Com 20 minutos de exercício, os participantes tiveram melhoras na sensação de confusão; não houve ganhos adicionais no humor quando os participantes atingiram 30 minutos de exercício. Hansen e colaboradores (2001) concluíram que, juntamente com recomendações sobre a boa forma (p.ex., Centers for Disease Control), "para ter boa forma e obter benefícios para a saúde, adultos saudáveis devem fazer um total de 30 minutos de exercícios físicos moderados diariamente, acumulados em pequenos períodos ao longo do dia" (p. 267).

Voltamos nossa atenção agora para as técnicas de balanceamento que são usadas no desenho incompleto. Em um desenho incompleto, é essencial que os efeitos da prática sejam balanceados variando-se a ordem em que as condições são apresentadas. A regra geral para balancear os efeitos da prática no desenho incompleto é simples: *cada condição do experimento deve aparecer em cada posição ordinal (1º, 2º, 3º, etc.) com a mesma frequência*. Existem várias técnicas para satisfazer essa regra geral. Essas técnicas diferem no balanceamento adicional que realizam, mas, enquanto as técnicas forem usadas adequadamente, a regra básica será cumprida e o experimento será interpretável. Ou seja, se o balanceamento adequado for implementado, estaremos em posição de determinar se foi a variável independente, e não os efeitos da prática, que influenciou o comportamento dos participantes.

Todas as ordens possíveis A técnica preferida para balancear os efeitos da prática no desenho incompleto é usar todas as ordens possíveis das condições. Cada participante é designado aleatoriamente a uma das ordens. Com apenas duas condições, existem apenas duas ordens possíveis (AB e BA); com três condições, existem seis ordens possíveis (ABC, ACB, BAC, BCA, CAB, CBA). De um modo geral, existem $N!$ (que se lê N *fatorial*) ordens possíveis com N condições, onde $N!$ é igual a $N(N-1)(N-2)... (N-[N-1])$. Como vimos, existem seis ordens possíveis com três condições, que é 3! (3 x 2 x 1 = 6). O número de ordens aumenta drasticamente com o aumento no número de condições. Por exemplo, para cinco condições, existem 120 ordens possíveis e, para seis condições, já existem 720 ordens possíveis. Por causa disso, o uso de todas as ordens possíveis costuma se limitar a experimentos envolvendo quatro ou menos condições.

Como existem quatro condições no experimento de Hansen e colaboradores (2001,

246 Shaughnessy, Zechmeister & Zechmeister

☑ **Tabela 7.3** Técnicas alternativas para balancear efeitos da prática em um experimento com um desenho de medidas repetidas incompleto com quatro condições

								Ordens selecionadas							
Todas as ordens possíveis								Quadrado Latino				Ordem inicial aleatória com rotação			
Posição ordinal				Posição ordinal				Posição ordinal				Posição ordinal			
1ª	2ª	3ª	4ª	1ª	2ª	3ª	4ª	1ª	2ª	3ª	4ª	1ª	2ª	3ª	4ª
0	10	20	30	20	0	10	30	0	10	20	30	10	20	30	0
0	10	30	20	20	0	30	10	10	30	0	20	20	30	0	10
0	20	10	30	20	10	0	30	30	20	10	0	30	0	10	20
0	20	30	10	20	10	30	0	20	0	30	10	0	10	20	30
0	30	10	20	20	30	0	10								
0	30	20	10	20	30	10	0								
10	0	20	30	30	0	10	20								
10	0	30	20	30	0	20	10								
10	20	0	30	30	10	0	20								
10	20	30	0	30	10	20	0								
10	30	0	20	30	20	0	10								
10	30	20	0	30	20	10	0								

Obs.: As quatro condições são identificadas usando o tempo de exercício do experimento de Hansen e colaboradores (2001): 0 exercício, 10 minutos, 20 minutos e 30 minutos.

1991) sobre a prática de exercícios, seriam necessárias 24 sequências para obter todas as ordens possíveis de condições. Essas sequências (ordens de condições) são apresentadas na metade esquerda da Tabela 7.3. O uso de todas as ordens possíveis certamente satisfaz a regra geral de garantir que todas as condições apareçam em cada posição ordinal com a mesma frequência. A primeira posição ordinal mostra esse balanceamento de forma mais clara: as seis primeiras sequências começam com a condição de 0 exercício, e cada um dos próximos seis conjuntos de sequências começa com uma das três condições de exercício. O mesmo padrão se aplica a cada uma das quatro posições ordinais. Por exemplo, a condição 0 também aparece seis vezes na segunda posição ordinal, seis vezes na terceira posição ordinal, e seis vezes na quarta posição ordinal. O mesmo se aplica às condições de 10, 20 e 30 minutos de exercício.

Existe outra questão que deve ser abordada para se decidir usar todas as ordens possíveis. Para que essa técnica seja efetiva, é essencial que pelo menos um sujeito seja testado com cada uma das ordens possíveis das condições. Ou seja, pelo menos um participante deve receber a ordem 0-10-20-30, pelo menos um deve receber a ordem 0-10-30-20, e assim por diante. Portanto, o uso de todas as ordens possíveis exige pelo menos o mesmo número de participantes que de ordens possíveis. Assim, se existem quatro condições no experimento, são necessários pelo menos 24 participantes (ou 48 ou 72 ou algum múltiplo de 24). Essa restrição torna muito importante que o pesquisador tenha uma boa ideia do número de participantes potenciais disponíveis antes de testar o primeiro participante.[1]

Ordens selecionadas Descrevemos o método preferido para balancear os efeitos da prática no desenho incompleto e todas as ordens possíveis. No entanto, existem ocasiões em que o uso de todas as ordens possíveis não é prático. Por exemplo, se quiséssemos usar o desenho incompleto para estudar uma variável independente com sete níveis, precisaríamos testar 5.040 participantes, se usássemos todas as ordens possíveis – das sete condições (7! ordens). Obviamente, precisamos de alguma alternativa a usar todas as ordens possíveis se formos usar o desenho incompleto para experimentos com cinco ou mais condições.

Os efeitos da prática podem ser balanceados usando apenas algumas das ordens possíveis. O número de ordens selecionadas sempre será igual a algum múltiplo do número de condições no experimento. Por exemplo, para fazer um experimento com uma variável independente com sete níveis, devemos selecionar 7, 14, 21, 28 ou algum outro múltiplo de sete ordens para balancear os efeitos da prática. As duas variações básicas no uso de ordens selecionadas são ilustradas na Tabela 7.3. Para permitir que você compare os tipos de balanceamento de forma mais direta, ilustramos as técnicas para ordens selecionadas com a variável independente em quatro níveis do experimento de Hansen e colaboradores (2001), que descrevemos na seção anterior.

O primeiro tipo de balanceamento usando ordens selecionadas se chama Quadrado Latino. Em um *Quadrado Latino*, a regra geral para balancear os efeitos da prática é satisfeita. Ou seja, cada condição aparece uma vez em cada posição ordinal. Por exemplo, à direita do centro da Tabela 7.3, podemos ver que, no Quadrado Latino, a condição "0" aparece exatamente uma vez na primeira, segunda, terceira e quarta posições ordinais. Isso ocorre com cada condição. Além disso, em um Quadrado Latino, cada condição precede e segue cada condição exatamente uma vez. Uma análise do Quadrado Latino na Tabela 7.3 mostra que a ordem "0-10" aparece uma vez, assim como a ordem "10-0". A ordem "10-20" aparece uma vez, assim como a ordem "20-10", e assim por diante para cada combinação de condições. (O procedimen-

to para se construir um Quadrado Latino é descrito no Quadro 7.2.)

A segunda técnica de balanceamento usando ordens selecionadas exige que você comece com uma ordem aleatória das condições e faça uma rotação sistemática dessa sequência, com cada condição avançando uma posição para a esquerda de cada vez (ver o exemplo na Tabela 7.3). O uso de uma ordem inicial aleatória com rotação equilibra efetivamente os efeitos da prática, pois, como no Quadrado Latino, cada condição aparece em cada posição ordinal. Todavia, a rotação sistemática das sequências significa que cada condição sempre segue e precede as *mesmas* outras condições (p.ex., 30 sempre vem depois de 20 e antes de 0), que não é como a técnica do Quadrado Latino. A simplicidade da técnica da ordem inicial aleatória com rotação e sua aplicabilidade a experimentos com mais de quatro condições são suas principais vantagens.

O uso de todas as ordens possíveis, Quadrados Latinos e ordens iniciais aleatórias com rotação é igualmente efetivo para equilibrar os efeitos da prática, pois todas as três técnicas garantem que cada condição apareça em cada posição ordinal com a mesma frequência. Independentemente de qual técnica se usa para balancear os efeitos da prática, as sequências de condições deve ser completamente preparada antes de se testar o primeiro sujeito, e os sujeitos devem ser designados aleatoriamente a essas sequências.

Análise de dados de desenhos de medidas repetidas

Descrevendo os resultados

- A análise de dados para um desenho completo começa calculando-se um escore resumo (p.ex., média, mediana) para cada participante.
- Usam-se estatísticas descritivas para sintetizar o desempenho entre todos os participantes para cada condição da variável independente.

☑ Quadro 7.2

COMO CONSTRUIR UM QUADRADO LATINO

Um procedimento simples para construir um quadrado *com um número (N) par de condições* é o seguinte:

1. Ordene as condições do experimento aleatoriamente.
2. Numere as condições na ordem aleatória 1 a N.

   Assim, se você tinha $N = 4$ condições (A, B, C, D) e a ordem aleatória (do Passo 1) ficou B, A, D, C, então B = 1, A = 2, D = 3, C = 4.

3. Para gerar a primeira linha (primeira ordem de condições) use a seguinte regra

   1, 2, N, 3, $N - 1$, 4, $N - 2$, 5, $N - 3$, 6, etc.

   Em nosso exemplo, isso produziria 1, 2, 4, 3.

4. Para gerar a segunda linha (segunda ordem de condições), adicione 1 a cada número na primeira linha, mas com o entendimento de que 1 adicionado a $N = 1$.

   Teríamos então 2, 3, 1, 4.

5. A terceira linha (terceira ordem de condições) é gerada adicionando-se 1 a cada número na segunda linha e novamente $N + 1 = 1$.

   A terceira linha seria 3, 4, 2, 1.

6. Usa-se um procedimento semelhante para cada linha sucessiva.

Você consegue construir a quarta linha desse quadrado 4 x 4?

7. Designe as condições a seus números correspondentes, conforme determinado no Passo 2.

O Quadrado Latino para esse exemplo seria

B A C D
A D B C
D C A B
C B D A

Se houver um número ímpar de condições, devem ser construídos dois quadrados. O primeiro pode ser feito conforme a regra apresentada para quadrados com números pares. O segundo quadrado é gerado invertendo-se as linhas do primeiro quadrado. Por exemplo, suponhamos que $N = 5$ e a primeira linha do primeiro quadrado seja B A E C D. Os dois quadrados são mesclados para formar um quadrado N x $2N$. Em ambos os casos, par ou ímpar, os sujeitos devem ser designados aleatoriamente às linhas do quadrado. Assim, você deve ter disponíveis pelo menos tantos sujeitos quantos múltiplos de linhas houver. (Os procedimentos para selecionar e construir Quadrados Latinos também são descritos em Winer, Brown e Michels [1991, p. 674-679].)

Depois de verificar se existem erros e valores extremos ou atípicos nos dados, o primeiro passo para analisar um experimento com medidas repetidas é sintetizar o desempenho dos participantes em cada condição do experimento. Em desenhos com grupos aleatórios, isso significa simplesmente listar os escores dos participantes testados em cada uma das condições do experimento e depois sintetizar esses escores com estatísticas descritivas, como a média e o desvio padrão. Em um desenho de medidas repetidas incompleto, cada participante tem um escore em cada condição, mas ainda é relativamente fácil sintetizar os escores para cada condição. Ao fazer

isso, você deve ter cuidado quando "desdobrar" as diversas ordens em que os participantes foram testados para garantir que os seus escores sejam listados com a condição correta. Uma vez que todos os escores de cada condição foram listados, podem-se calcular médias e desvios padrão para descrever o desempenho em cada condição.

Uma etapa adicional deve ser seguida ao se analisar um desenho de medidas repetidas completo. Primeiramente, você deve calcular um escore para cada sujeito em cada condição, antes de começar a sintetizar e descrever os resultados. Essa etapa adicional é necessária porque cada sujeito é testado mais de uma vez em cada condição em um desenho completo. Por exemplo, cinco sujeitos foram testados em um experimento de percepção do tempo, feito como uma demonstração em sala de aula sobre um desenho de medidas repetidas completo. O propósito do experimento não era testar a acurácia das estimativas do tempo dos participantes, em comparação com duração de intervalos de tempo reais. Ao contrário, era determinar se as duas estimativas aumentavam sistematicamente com duração de intervalos de tempo maiores. Em outras palavras, será que os participantes discriminariam períodos de durações diferentes?

Cada participante do experimento foi testado seis vezes em cada uma das quatro durações de intervalos de tempo (12, 24, 36 e 48 segundos). Usou-se randomização em bloco para determinar a ordem em que os períodos foram apresentados. Assim, cada participante fez 24 estimativas do tempo, seis para cada uma das quatro durações de intervalos de tempo. Qualquer uma das seis estimativas para um determinado período de tempo é contaminada pelos efeitos da prática, de modo que precisamos de uma medida que combine informações entre as seis estimativas. Geralmente, a média entre as seis estimativas para cada intervalo de tempo seria calculada para cada participante, de maneira a proporcionar uma única estimativa para cada condição. Todavia, como você deve lembrar, escores extremos podem influenciar a média; é bastante possível que os participantes tenham dado estimativas extremas dos intervalos de tempo para pelo menos um dos seis testes de cada intervalo de tempo. Assim, para este conjunto de dados específico, a mediana das seis estimativas provavelmente seja a melhor medida para refletir as estimativas dos participantes sobre os intervalos de tempo. Essas estimativas medianas (arredondadas ao próximo número inteiro) são listadas na Tabela 7.4. (Talvez você esteja acostumado a ver a média e a mediana como estatísticas descritivas que sintetizam o comportamento de um *grupo*; todavia, como ilustra o exemplo, essas estatísticas resumo também podem ser usadas para representar o desempenho de uma *pessoa*, quando esse desempenho é uma "média" entre várias tentativas.)

Uma vez que se obteve um escore individual para cada participante em cada condição, o próximo passo é sintetizar os resultados entre os participantes, usando estatísticas descritivas apropriadas. A estimativa média e o desvio padrão (*DP*) para cada um dos quatro intervalos de tempo são listados na linha "Média (*DP*)" na Tabela 7.4. Embora tenham sido incluídos dados para apenas cinco participantes na tabela, essas estimativas médias indicam que os sujeitos parecem ter discriminado entre intervalos de tempo de diferentes durações, pelo menos para períodos de até 36 segundos.

☑ **Tabela 7.4** Matriz de dados para um experimento com desenho de medidas repetidas

	Matriz de dados			
	Duração do intervalo de tempo			
Sujeito	**12**	**24**	**36**	**48**
1	13	21	30	38
2	10	15	38	35
3	12	23	31	32
4	12	15	22	32
5	16	36	69	60
Média (*DP*)	12,6(2,0)	22,0(7,7)	38,0(16,3)	39,4(10,5)

Obs.: Cada valor na tabela representa a mediana das seis respostas dos sujeitos em cada nível da variável duração do intervalo de tempo. A linha inferior mostra as médias das medianas (das seis respostas dos cinco participantes em cada intervalo).

Dica de estatística

Como mencionamos no Capítulo 6, uma boa ideia é incluir medidas do tamanho do efeito quando se descrevem os resultados de um experimento. Uma medida típica do tamanho do efeito para um desenho de medidas repetidas é a intensidade da medida da associação, chamada de eta quadrado (η^2). O valor de eta quadrado para o experimento de percepção do tempo era de 0,80. Esse valor indica que uma grande proporção da variação nas estimativas do tempo dos participantes pode ser explicada pela variável independente da duração do intervalo de tempo. Mais informações sobre o cálculo de tamanhos do efeito e sua interpretação podem ser encontradas nos Capítulos 11 e 12. No Capítulo 12, ilustramos como calcular o eta quadrado usando os dados da Tabela 7.4.

Confirmando o que os resultados revelam

- Os procedimentos gerais e a lógica para o teste da hipótese nula e para os intervalos de confiança para desenhos de medidas repetidas são semelhantes aos usados para desenhos de grupos aleatórios.

A análise de dados para experimentos que usam desenhos de medidas repetidas envolve os mesmos procedimentos gerais que descrevemos no Capítulo 6 para a análise de experimentos com desenhos de grupos aleatórios. Os pesquisadores usam testes da hipótese nula e intervalos de confiança para considerar se a variável independente teve algum efeito. Usaremos o experimento da percepção do tempo para ilustrar como os pesquisadores confirmam o que os dados revelam quando usam desenhos de medidas repetidas.

O foco da análise do experimento sobre percepção do tempo era se os participantes conseguiam discriminar intervalos de tempo de durações variadas. Não podemos afirmar que os participantes conseguem discriminar intervalos de tempo de durações variadas até que saibamos que as diferenças

médias na Tabela 8.4 são maiores do que seria de esperar apenas com base na variação do erro. Ou seja, mesmo que possa *parecer* que os participantes conseguem discriminar os diferentes intervalos de tempo, não sabemos se o seu desempenho foi diferente do que ocorreria ao acaso. Assim, devemos considerar o uso de instrumentos analíticos do teste da hipótese nula e a construção de intervalos de confiança para nos ajudar a tirar uma conclusão sobre a efetividade da variável independente.

Uma característica distinta da análise de desenhos de medidas repetidas é a maneira em que se estima a variação do erro. No Capítulo 7, descrevemos que, para o desenho com grupos aleatórios, as diferenças individuais entre os participantes dentro dos grupos proporcionam uma estimativa da variação do erro. Em desenhos de medidas repetidas, porém, as diferenças entre os participantes não são apenas balanceadas – elas são realmente eliminadas da análise. A capacidade de eliminar variação sistemática devida aos participantes em desenhos de medidas repetidas torna esses desenhos mais sensíveis, de um modo geral, do que os desenhos com grupos aleatórios. A fonte de variação do erro nos desenhos de medidas repetidas está nas diferenças nas maneiras em que as condições afetam participantes diferentes.

Dica de estatística

O fato de que a variação do erro é estimada de maneira diferente em um desenho de medidas repetidas do que em um desenho com grupos independentes significa que o cálculo do teste t e do teste F usados para testar a hipótese nula também difere. De forma semelhante, existe alteração na maneira como os intervalos de confiança são calculados. No Capítulo 12, usamos os dados da Tabela 7.4 para mostrar como o teste F e os intervalos de confiança são usados para tirar conclusões, como parte de um desenho de medidas repetidas. A hipótese nula para a análise dos dados da Tabela

Metodologia de pesquisa em psicologia **251**

☑ EXERCÍCIO

Para este exercício, você deve calcular a média para cada nível da variável independente neste desenho de medidas repetidas completo. Primeiramente, você deve calcular um escore resumo para cada participante de cada condição, antes de sintetizar e descrever os resultados para as três condições.

Em um experimento sobre a percepção, três participantes foram testados para avaliar sua capacidade de identificar padrões visuais complexos. A cada apresentação, os participantes observaram brevemente um padrão complexo (alvo), seguido por um teste com um conjunto de quatro padrões (o alvo e os outros três padrões semelhantes). Sua tarefa era escolher o padrão-alvo do grupo. A variável independente era o atraso entre o alvo e o teste, com três níveis: 10s, 30s, 50s. A cada um dos seis testes, os participantes fizeram 50 avaliações em um nível da variável independente. A tabela mostra a sequência ABBA contrabalanceada de testes para cada participante a cada rodada. Os valores entre parênteses representam o número de erros (a variável dependente) cometidos por cada sujeito a cada rodada (50 max.). Use esta tabela para descrever o efeito da variável independente atraso sobre o número de erros.

Sujeito	Teste 1	Teste 2	Teste 3	Teste 4	Teste 5	Teste 6
1	30s(9)	50s(6)	10s(2)	10s(6)	50s(10)	30s(3)
2	50s(10)	30s(6)	10s(2)	10s(4)	30s(8)	50s(8)
3	10s(1)	50s(6)	30s(7)	30s(3)	50s(8)	10s(3)

7.4 é que a média populacional estimada pela média amostral é a mesma em todas as condições de duração dos intervalos de tempo. Depois de fazer uma análise da variância desses dados (ver o Capítulo 12), podemos dizer que a probabilidade associada ao teste F para o efeito da duração do intervalo de tempo era $p = 0,0004$. Como essa probabilidade é menor do que o nível de significância convencional (0,05), o efeito da variável duração do intervalo de tempo era estatisticamente significativo. Com base nessa observação, podemos afirmar que as estimativas do intervalo de tempo dos sujeitos diferiam sistematicamente em função da duração do intervalo de tempo. Já sabemos, a partir de nosso cálculo do tamanho do efeito (eta quadrado = 0,80) que ele representa um grande efeito.

No Capítulo 12, usamos os mesmos dados para calcular intervalos de confiança de 0,95 para a média da Tabela 7.4. Os intervalos de confiança (em segundos) para as quatro condições são (12) 5,4-19,8; (24) 14,8-29,2; (36) 30,8-45,2; (48) 32,2-46,6. Como você aprendeu no Capítulo 6 (ver também Quadro 11.5), quando os interva-

los não se sobrepõem, podemos dizer que as médias populacionais estimadas pelas médias amostrais são diferentes. Será que uma análise desses intervalos nos dizem quais médias seriam consideradas diferentes? Uma maneira conveniente de analisar a relação entre os intervalos de confiança é plotá-los em um gráfico. Por exemplo, veja a Figura 12.2 no Capítulo 12, na qual os intervalos apresentados aqui são plotados ao redor das médias amostrais obtidas no experimento de estimação do tempo.

O problema da transferência diferencial

- A transferência diferencial ocorre quando os efeitos de uma condição persistem e influenciam o desempenho em condições subsequentes.
- As variáveis que podem levar à transferência diferencial devem ser testadas usando um desenho com grupos aleatórios, pois a transferência diferencial ameaça a validade interna de desenhos de medidas repetidas.

- A transferência diferencial pode ser identificada comparando-se os resultados para a mesma variável independente quando testada em um desenho de medidas repetidas e em um desenho com grupos aleatórios.

Os pesquisadores podem superar o problema potencial dos efeitos da prática em desenhos de medidas repetidas usando técnicas apropriadas para balancear os efeitos da prática. Existe um problema potencial muito mais sério que pode surgir em desenhos de medidas repetidas, conhecido como transferência diferencial (Poulton, 1973, 1975, 1982; Poulton e Freeman, 1966). A **transferência diferencial** ocorre quando o desempenho em uma condição difere da condição que a precede.

Considere um experimento com resolução de problemas, no qual dois tipos de instruções estão sendo comparadas em um desenho de medidas repetidas. Espera-se que um conjunto de instruções (A) melhore a resolução do problema, ao passo que o outro conjunto de instruções (B) deveria servir como a condição de controle neutra. É razoável esperar que os participantes testados na ordem AB sejam incapazes ou não se disponham a abandonar a abordagem proposta nas instruções A quando deverem seguir as instruções B. Abrindo mão da "coisa boa", os participantes sob a instrução A seriam o correlato de seguir com êxito a instrução "não pense em elefantes cor-de-rosa!" Quando os sujeitos deixam de omitir a instrução da primeira condição (A) quando devem seguir a instrução B, a diferença entre as duas condições é reduzida. Para esses participantes, afinal, a condição B não é testada realmente. O experimento se torna uma situação em que os sujeitos são testados em uma condição "AA", e não uma condição "AB".

De um modo geral, a presença da transferência diferencial ameaça a validade interna, pois se torna impossível determinar se existem diferenças verdadeiras entre as condições. Ela também tende a subestimar as diferenças entre as condições e, assim, reduz a validade externa dos resultados. *Portanto, quando pode haver transferência diferencial, os pesquisadores devem escolher um desenho com grupos independentes.* A transferência diferencial é comum o suficiente com variáveis instrucionais para se advertir contra o uso de desenhos de medidas repetidas com esses estudos (Underwood e Shaughnessy, 1975). Infelizmente, a transferência diferencial pode ocorrer em qualquer desenho de medidas repetidas. Por exemplo, o efeito de 50 unidades de maconha pode ser diferente se administrado depois que o sujeito consumiu 200 unidades do que se ele tiver consumido o placebo (p.ex., se o participante tiver uma tolerância maior para maconha após consumir a dose de 200 unidades). Todavia, existem maneiras de determinar se houve transferência diferencial.

A melhor maneira de determinar se a transferência diferencial é um problema é fazer dois experimentos separados (Poulton, 1982). A mesma variável independente seria estudada em ambos os experimentos, mas um desenho de grupos aleatórios seria usado em um experimento, e um desenho de medidas repetidas, no outro. O desenho de grupos aleatórios não pode envolver transferência diferencial, pois cada participante é testado em apenas uma condição. Se o experimento que usou o desenho de medidas repetidas apresentou o mesmo efeito da variável independente que o desenho de grupos aleatórios, provavelmente não houve transferência diferencial. Todavia, se os dois desenhos apresentam efeitos diferentes para a mesma variável independente, é provável que a transferência diferencial seja responsável por produzir o resultado diferente no desenho de medidas repetidas. Quando ocorre transferência diferencial, os resultados do desenho de grupos aleatórios devem ser usados para proporcionar a melhor descrição do efeito da variável independente.

Resumo

Os desenhos de medidas repetidas são um modo efetivo e eficiente de conduzir um experimento administrando todas as condições do experimento a cada participante (ver Figura 7.3). Os desenhos de medidas repetidas são úteis quando existem poucos participantes disponíveis ou quando uma variável independente pode ser estudada de maneira mais eficiente testando menos sujeitos várias vezes. Os desenhos de medidas repetidas são experimentos mais sensíveis, de um modo geral. Finalmente, determinadas áreas da pesquisa psicológica (p.ex., psicofísica) podem exigir o uso de desenhos de medidas repetidas.

Não obstante, para que um experimento feito com um desenho de medidas repetidas seja interpretável, é preciso balancear os efeitos da prática. Os efeitos da prática são alterações que os sujeitos sofrem por causa da repetição dos testes. Em um desenho completo de medidas repetidas, os efeitos da prática são balanceados para cada participante. A randomização em bloco e o contrabalanceamento ABBA podem ser usados para balancear os efeitos da prática em um desenho de medidas repetidas completo. Todavia, não devemos usar contrabalanceamento ABBA se esperarmos que os efeitos da prática sejam não lineares ou se houver a probabilidade de efeitos da antecipação.

Em um desenho de medidas repetidas incompleto, cada participante recebe cada tratamento apenas uma vez, balanceando-se os efeitos da prática entre os participantes. As técnicas para balancear os efeitos da prática em um desenho de medidas repetidas incompleto envolvem usar todas as ordens possíveis ou ordens selecionadas (o Quadrado Latino e a rotação de uma ordem inicial aleatória).

O processo de análise de dados para os resultados de desenhos de medidas repetidas incompleto é essencialmente o mesmo usado para analisar os resultados de desenhos de grupos aleatórios. Outro passo para o desenho de medidas repetidas completo é que os escores de cada participante sejam sintetizados dentro de cada condição. Os dados são analisados em busca de erros e sintetizados com o uso de estatísticas descritivas, como a média, o desvio padrão e medidas do tamanho do efeito. Teste de hipótese nula e intervalos de confiança são usados para mostrar que a variável independente teve um efeito sobre o comportamento.

O problema mais sério em qualquer desenho de medidas repetidas é a transferência diferencial – quando o desempenho em uma condição difere dependendo de qual condição vem antes dela. Existem procedimentos para detectar a presença de transferência diferencial, mas resta pouco a fazer para salvar um estudo em que ela ocorre.

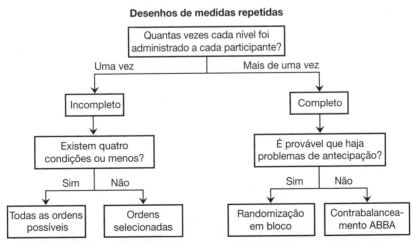

☑ **Figura 7.3** Neste capítulo, apresentamos desenhos de pesquisa com medidas repetidas e métodos para contrabalançar.

Conceitos básicos

desenhos de medidas repetidas 235
sensibilidade 236
efeitos da prática 238

contrabalanceamento 238
transferência diferencial 252

Questões de revisão

1. Descreva o que é balanceado em um desenho de grupos aleatórios e o que é balanceado em um desenho de medidas repetidas.
2. Descreva sucintamente quatro razões por que os pesquisadores escolheriam usar um desenho de medidas repetidas.
3. Defina sensibilidade e explique por que os desenhos de medidas repetidas costumam ser mais sensíveis do que os desenhos de grupos aleatórios.
4. Faça uma distinção entre um desenho completo e um desenho incompleto para desenhos de medidas repetidas.
5. Que opções os pesquisadores têm para balancear os efeitos da prática em um experimento com medidas repetidas usando um desenho completo?
6. Quais são as duas circunstâncias em que você recomendaria contra o uso do contrabalanceamento ABBA para balancear os efeitos da prática em um experimento com medidas repetidas usando um desenho completo?
7. Qual é a regra geral para balancear os efeitos da prática em experimentos com medidas repetidas usando um desenho incompleto?
8. Descreva sucintamente as técnicas que os pesquisadores podem usar para balancear os efeitos da prática nos experimentos de medidas repetidas usando um desenho incompleto. Identifique qual dessas técnicas é a preferida e explique por que.
9. Explique por que existe um passo inicial adicional necessário para sintetizar os dados para um experimento envolvendo um desenho de medidas repetidas completo.
10. Descreva como os pesquisadores podem determinar se houve transferência diferencial em um experimento de medidas repetidas.

☑ DESAFIOS

1. Os seguintes problemas representam diferentes situações em desenhos de medidas repetidas em que é preciso balancear os efeitos da prática.
   A. Considere um experimento com medidas repetidas usando um desenho completo e envolvendo uma variável independente. A variável independente no experimento é a dificuldade do teste, com três níveis (baixa, média e alta). Você deve preparar uma ordem para administrar as condições desse experimento, de modo que a variável independente seja balanceada em relação aos efeitos da prática. Primeiramente, deve usar randomização em bloco para balancear os efeitos da prática e depois usar contrabalanceamento ABBA para balancear os efeitos da prática. Cada condição deve aparecer duas vezes na ordem que você preparar. (Você pode usar a primeira linha da tabela de números aleatórios [Tabela A.1] fornecida no Apêndice para determinar suas duas ordens aleatórias para a randomização em bloco.)
   B. Considere um experimento com medidas repetidas usando um desenho incompleto. A variável independente no experimento é o tamanho da fonte em que um parágrafo foi impresso, e existem seis níveis (7, 8, 9, 10, 11, e 12). Apresente uma tabela mostrando como você determinaria a ordem de administração das condições para os seis primeiros participantes do experimento. Certifique-se de que os efeitos da prática são balanceados para esses participantes.
2. A busca giratória é um teste da coordenação perceptivo-motora. Ela usa um toca-discos com um disco do tamanho de uma moeda de 10 centavos. O sujeito recebe um *pointer* e deve mantê-lo sobre o disco, enquanto o toca-discos gira. A variável dependente é a porcentagem do tempo em cada teste que o participante mantém o *pointer* sobre o disco. A aprendizagem está linearmente relacionada com os testes ao longo de muitos períodos de prática, e geralmente leva bastante tempo para se aprender. Um pesquisador deseja estudar a influência da hora do dia sobre o desempenho nesse teste, com quatro horários diferentes (10h, 14h, 18h e 22h) Os participantes fazem um número constante de rodadas em cada uma das quatro condições e são testados em uma condição por dia, ao longo de quatro dias consecutivos.
   A. Que desenho está sendo usado para a variável "hora do dia" neste experimento?
   B. Prepare um Quadrado Latino para balancear os efeitos da prática entre as condições desse experimento.
   C. O pesquisador decide usar todas as ordens possíveis para balancear os efeitos da prática. Ele designa cada participante a uma das 24 ordens possíveis das condições. Qual desenho experimental é usado quando você olha apenas a primeira condição a que cada participante é designado?
   D. Como o pesquisador poderia testar se houve transferência diferencial quando todas as ordens possíveis foram usadas para balancear os efeitos da prática?
3. A tabela a seguir representa a ordem de administração das condições aos participantes em um experimento de medidas repetidas, usando um desenho incompleto, cuja variável independente era o volume de um som a ser detectado pelos participantes enquanto estavam se concentrando em outra tarefa. Os três sons eram extremamente suave (ES), muito suave (MS) e suave (S). Os valores entre parênteses representam o número de vezes que cada participante detectou o som em cada condição. Use a tabela, quando necessário, para responder as perguntas a seguir.

Sujeito	Ordem de condições		
1	ES (2)	MS (9)	S (9)
2	MS (9)	S (5)	ES (7)
3	S (4)	ES 93)	MS (5)
4	ES (6)	S (10)	MS (8)
5	MS (7)	ES (8)	S (6)
6	S (8)	MS (4)	ES (4)

256 Shaughnessy, Zechmeister & Zechmeister

☑ DESAFIOS (CONTINUAÇÃO)

A. Que método foi usado para balancear os efeitos da prática no experimento?
B. Apresente os valores que você usaria para descrever o efeito geral da variável volume. Inclua uma descrição verbal do efeito, juntamente com a estatística descritiva que você usaria como base para a sua descrição.
C. Que afirmação você faria sobre o efeito da variável volume se a probabilidade associada ao teste F para o efeito da variável volume fosse $p = 0,04$?

Resposta ao Exercício

O primeiro passo é calcular a média de cada participante para cada nível da variável independente, calculando a média das respostas entre as duas tentativas para a mesma condição. Para o Sujeito 1, as médias das três condições são

10s	30s	50s
$(2 + 6)/2 = 4$	$(9 + 3)/2 = 6$	$(6 + 10)/2 = 8$

Para o Sujeito 2, as médias das três condições são 3 (10s), 7 (30s) e 9 (50s), e para o Participante 3, as médias são 2 (10s), 5 (30s) e 7 (50s).

O próximo passo é calcular as médias para cada condição, calculando a média dos escores resumo para cada sujeito:

10s: $(4 + 3 + 2)/3 = 3$
30s: $(6 + 7 + 5)/3 = 6$
50s: $(8 + 9 + 7)/3 = 8$

Podemos agora descrever o efeito da variável independente, o atraso entre o alvo e o teste, sobre a variável dependente, o número de erros. A média indica que o número de erros no teste de identificação de padrões aumentou à medida que o atraso entre o alvo e o teste aumentou. Podem-se usar estatísticas inferenciais como teste da hipótese nula e intervalos de confiança para confirmar se a variável atraso teve um efeito confiável.

Resposta ao Desafio 1

A. Designando os valores 1, 2 e 3 às condições Baixa, Média e Alta, respectivamente, e usando a primeira linha da tabela de números aleatórios (Tabela A.1) do Apêndice, a começar com o primeiro número na linha, a sequência randomizada em bloco é Baixa-Alta-Média-Baixa-Média-Alta. Uma sequência contrabalanceada em ABBA possível é Baixa-Média-Alta-Alta-Média-Baixa.
B. Como existem seis condições, não é prático usar todas as ordens possíveis. Portanto, usa-se um Quadrado Latino e uma ordem inicial aleatória com rotação para balancear os efeitos da prática. Um conjunto de sequências usando rotação é

	Posição					
Sujeito	1ª	2ª	3ª	4ª	5ª	6ª
1	8	10	11	9	7	12
2	10	11	9	7	12	8
3	11	9	7	12	8	10
4	9	7	12	8	10	11
5	7	12	8	10	11	9
6	12	8	10	11	9	7

☑ Nota

1. O número de participantes ($N = 14$) no estudo de Hansen e colaboradores (2001) sobre a prática de exercícios impossibilitou que usassem todas as ordens possíveis. Em vez disso, eles identificaram uma ordem aleatória de condições para cada participante. Isso deixa em aberto a possibilidade de que os efeitos da prática não tenham sido completamente balanceados em seu desenho. Por exemplo, se o período de 10 minutos de exercício ficasse por último na sequência com mais frequência, a melhora no humor dos participantes talvez se devesse ao alívio pelo período de exercício ser mais curto, e não ao exercício em si.

Desenhos complexos

Visão geral

Nos Capítulos 6 e 7, enfocamos os desenhos experimentais básicos que os pesquisadores usam para estudar o efeito de uma variável independente. Descrevemos como uma variável independente pode ser implementada com um grupo separado de participantes em cada condição (desenhos de grupos independentes) ou com cada participante passando por todas as condições (desenhos de medidas repetidas). Limitamos nossa discussão a experimentos envolvendo apenas uma variável independente, pois queríamos que você se concentrasse nos fundamentos da pesquisa experimental. Todavia, os experimentos que envolvem apenas uma variável independente não são o tipo mais comum de experimento na pesquisa psicológica contemporânea. Ao contrário, os pesquisadores costumam usar **desenhos complexos**, nos quais duas ou mais variáveis independentes são estudadas simultaneamente em um experimento.

Os desenhos complexos também podem ser chamados de *desenhos fatoriais*, pois envolvem a combinação fatorial de variáveis independentes. A *combinação fatorial* envolve combinar cada nível de uma variável independente com cada nível de uma segunda variável independente. Isso possibilita determinar o efeito de cada variável independente isolada (*efeito principal*) e o efeito das variáveis independentes em combinação (*efeito da interação*).

Os desenhos complexos podem parecer um pouco complicados neste ponto, mas os conceitos ficarão mais claros à medida que você avançar no capítulo. Começamos com uma revisão das características de desenhos experimentais que podem ser usados para investigar as variáveis independentes em um desenho complexo. Depois, descrevemos os procedimentos para produzir, analisar e interpretar efeitos principais e efeitos da interação. Apresentamos os planos de análise que são usados para desenhos complexos. Concluímos o capítulo com atenção especial à interpretação de efeitos da interação em desenhos complexos.

Descrevendo efeitos em um desenho complexo

- Os pesquisadores usam desenhos complexos para estudar os efeitos de duas ou mais variáveis independentes em um experimento.

- Com desenhos complexos, pode-se estudar cada variável independente com um desenho de grupos independentes ou com um desenho de medidas repetidas.
- O desenho complexo mais simples é o desenho 2 x 2 – duas variáveis independentes, cada uma com dois níveis.
- O número de condições diferentes em um desenho complexo pode ser determinado multiplicando-se o número de níveis para cada variável independente (p.ex., 2 x 2 = 4).
- Podemos criar desenhos complexos mais poderosos e mais eficientes incluindo mais níveis de uma variável independente ou incluindo mais variáveis independentes no desenho.

Um experimento com um desenho complexo tem, por definição, mais de uma variável independente. Cada variável independente em um desenho complexo deve ser implementada usando-se um desenho de grupos independentes ou um desenho de medidas repetidas, conforme os procedimentos descritos nos Capítulos 6 e 7. Quando um desenho complexo tem uma variável de grupos independentes e uma variável de medidas repetidas, ele se chama *desenho misto*.

O experimento mais simples possível envolve uma variável independente manipulada em dois níveis. De maneira semelhante, o experimento mais simples com um desenho complexo envolve duas variáveis independentes, cada uma com dois níveis. Os desenhos complexos são identificados especificando-se o número de níveis em cada uma das variáveis independentes do experimento. Um desenho 2 x 2 (que se lê "dois por dois"), então, identifica o desenho complexo mais básico. Conceitualmente, existe um número ilimitado de desenhos complexos, pois podemos estudar qualquer número de variáveis independentes e cada variável independente pode ter qualquer número de níveis. Na prática, contudo, não é comum encontrar experimentos envolvendo mais de quatro ou cinco variáveis independentes, sendo mais típico encontrar duas ou três. Independentemente do número de variáveis independentes, o número de condições em um desenho complexo pode ser determinado multiplicando-se o número de níveis das variáveis independentes. Por exemplo, se temos duas variáveis independentes com dois níveis (em um desenho 2 x 2), temos quatro condições. Em um desenho 3 x 3, existem duas variáveis independentes com três níveis cada, de modo que são nove condições. Em um desenho 3 x 4 x 2, existem três variáveis independentes com três, quatro e dois níveis, respectivamente, e um total de 24 condições. A principal vantagem de todos os desenhos complexos é a oportunidade que proporcionam para identificar interações entre as variáveis independentes.

Entender o desenho 2 x 2 é a base para entender desenhos complexos. Todavia, o desenho 2 x 2 mal arranha a superfície do potencial dos desenhos complexos. Os desenhos complexos podem ser estendidos além do desenho 2 x 2 de duas maneiras. Os pesquisadores podem adicionar níveis a uma ou a ambas as variáveis independentes do desenho, gerando desenhos como o 3 x 2, o 3 x 3, o 4 x 2, o 4 x 3, e assim por diante. Os pesquisadores também elaboram o desenho 2 x 2 aumentando o número de variáveis independentes no mesmo experimento. O número de níveis de cada variável pode variar de 2 a algum limite superior não especificado. A adição de uma terceira ou quarta variável independente gera desenhos como o 2 x 2 x 2, o 3 x 3 x 3, o 2 x 2 x 4, o 2 x 3 x 3 x 2, e assim por diante.

Primeiramente, ilustraremos os efeitos principais e os efeitos da interação no desenho complexo, trabalhando com um exemplo de desenho 2 x 2.

Exemplo de desenho 2 x 2

A natureza dos efeitos principais e dos efeitos da interação é essencialmente a mesma em todos os desenhos complexos, mas eles podem ser vistos com mais facilidade em um desenho 2 x 2. Para um exemplo desse desenho, procuraremos na rica literatura do campo da psicologia e do direito. Existem poucas áreas na arena legal que não foram tocadas por cientistas sociais. A seleção de jurados, a natureza e credibilidade de testemunhas, a raça do réu, a tomada de decisões pelo júri e a argumentação dos advogados são apenas alguns dos muitos temas investigados pelos pesquisadores. Lembre que, no Capítulo 6, discutimos um estudo de Ceci (1993) sobre testemunhos oculares de crianças. No estudo a ser discutido aqui, os pesquisadores analisaram variáveis que poderiam levar a falsas confissões de suspeitos levados para interrogatório.

Kassin, Goldstein e Savitsky (2003) usaram um desenho 2 x 2 para investigar se as expectativas de interrogadores quanto à culpa ou inocência de um suspeito influenciam as táticas de interrogação que usam. Kassin e seus colegas fizeram muitos estudos para identificar fatores que levam a falsas confissões por pessoas inocentes. Nesse estudo, Kassin e colaboradores propuseram a hipótese de que uma razão potencial para as falsas confissões é que os interrogadores têm um *viés de confirmação*, pelo qual suas opiniões iniciais sobre a culpa de um suspeito os fazem interrogá-lo de forma mais agressiva, fazerem perguntas de um modo que presuma culpa e fazerem os suspeitos agirem de forma defensiva (o que é interpretado como culpa). De um modo geral, essa teoria da confirmação comportamental tem três partes: (1) o indivíduo forma uma opinião sobre a pessoa visada; (2) o indivíduo age em relação à pessoa de maneiras que condizem com a opinião; e (3) a pessoa responde de maneiras que corroboram a opinião do indivíduo. Essencialmente, no contexto do sistema judicial, o resultado final desse processo pode ser uma confissão de culpa por uma pessoa inocente.

Kassin e seus colegas (2003) testaram a teoria da confirmação comportamental em um inteligente experimento que envolveu estudantes universitários como sujeitos. Duplas de estudantes participaram como interrogadores ou suspeitos. Os "interrogadores" deviam desempenhar o papel de um detetive que tenta resolver um caso, no qual $100 foram roubados de um armário trancado. De maneira importante, os pesquisadores manipularam as expectativas dos interrogadores quanto à culpa dos suspeitos. A metade dos interrogadores foi designada aleatoriamente à condição de *expectativa de culpa*, na qual o experimentador disse que quatro em cada cinco suspeitos no experimento realmente cometeram o crime. Assim, esses sujeitos de pesquisa foram levados a crer que suas chances de interrogar um suspeito culpado eram elevadas (80% de probabilidade). Na condição de *expectativa inocente*, os sujeitos foram informados de que sua chance de interrogar um suspeito culpado eram baixas, pois apenas um em cada cinco suspeitos era realmente culpado (20%). Essa variável independente, *expectativa do interrogador*, foi manipulada para criar um viés de confirmação entre os interrogadores.

Outros estudantes desempenharam o papel de suspeitos. Como o comportamento de suspeitos em um interrogatório verdadeiro é influenciado por sua culpa ou inocência, Kassin e colaboradores manipularam a culpa ou inocência dos estudantes usando a variável independente, *status do suspeito*. Na condição de *culpa*, os estudantes deviam cometer um furto forjado, para o qual foram instruídos para entrar em uma sala, pegar uma chave escondida sob um videocassete, usar a chave para abrir um armário, pegar $100, devolver a chave e sair com os $100. Os estudantes na condição *inocente* deviam ir até a mesma sala, bater na porta, esperar uma resposta (que não ocorria) e encontrar o experimentador. A metade dos estudantes-suspeitos foi designada aleatoriamente para o papel de culpado e a outra metade, para o papel de inocente. Todos os suspeitos foram instruídos a convencer o interrogador da sua inocência e não confessar. Os interrogadores tinham os objetivos conflitantes de tentar obter uma confissão, mas também de determinar se o suspeito era realmente culpado ou inocente. Os interrogatórios foram gravados.

A combinação fatorial das duas variáveis independentes criou quatro condições nesse desenho complexo 2 x 2:

1. Culpa real/expectativa de culpa
2. Culpa real/expectativa de inocência
3. Inocência real/expectativa de culpa
4. Inocência real/expectativa de inocência

Tenha em mente que cada grupo formado pela combinação de variáveis representa um grupo aleatório de participantes. O desenho tem a seguinte forma:

| Status do sujeito | Expectativa do interrogador | |
	Culpado	Inocente
Culpa real	1	2
Inocência real	3	4

Kassin e colaboradores (2003) mensuraram diversas variáveis dependentes para que pudessem determinar se havia evidências convergentes em favor da teoria da confirmação comportamental. Por exemplo, eles mensuraram variáveis dependentes para os interrogadores e suspeitos, e para novos participantes adicionais, que ouviram os interrogatórios gravados (como jurados potenciais poderiam ouvir). Enfocaremos três variáveis dependentes de seu experimento para ilustrar os principais efeitos e interações. Vejamos o que os pesquisadores encontraram.

Efeitos principais e efeitos de interação

- O efeito geral de cada variável independente em um desenho complexo se chama efeito principal e representa as diferenças entre o desempenho médio para cada nível de uma variável independente, somado entre os níveis da outra variável independente.
- Um efeito de interação entre variáveis independentes ocorre quando o efeito

de uma variável independente difere dependendo dos níveis da segunda variável independente.

Em qualquer desenho fatorial complexo é possível testar previsões relacionadas com o efeito geral de cada variável independente no experimento, enquanto se ignora o efeito da outra variável independente. O efeito geral de uma variável independente em um desenho complexo se chama **efeito principal**. Analisaremos dois efeitos principais que Kassin e seus colegas observaram em seu experimento para duas variáveis dependentes diferentes.

Antes de interrogarem o suspeito, os interrogadores receberam informações sobre técnicas de interrogação, incluindo uma lista de perguntas possíveis que poderiam fazer sobre o furto. Doze perguntas foram escritas como pares (mas apresentadas aleatoriamente na lista). Uma das perguntas do par foi escrita de maneira a presumir a culpa do suspeito (p.ex., "como você sabia que a chave estava escondida embaixo do videocassete?") e a segunda pergunta do par foi escrita de maneira a não presumir a culpa (p.ex., "você sabe alguma coisa sobre a chave que estava escondida embaixo do videocassete?"). Os estudantes-interrogadores deviam selecionar seis perguntas que poderiam querer fazer mais adiante. Desse modo, podiam selecionar de zero a seis perguntas que presumissem culpa. Com base na teoria da confirmação comportamental, Kassin e colaboradores previram que os interrogadores na condição de expectativa de culpa selecionariam mais perguntas presumindo culpa do que os interrogadores na condição de expectativa de inocência. Assim, eles previram um *efeito principal* da variável independente expectativa do interrogador.

Os dados para essa variável dependente, o número de perguntas presumindo culpa, são apresentados na Tabela 8.1. O número médio geral de perguntas presumindo culpa para os participantes da condição de expectativa de culpa (3,62) é

Tabela 8.1 Efeito principal da expectativa do interrogador sobre o número de perguntas presumindo culpa

Status do suspeito	Expectativa do interrogador	
	Culpado	Inocente
Culpa real	3,54	2,54
Inocência real	3,70	2,66
Média para expectativa do interrogador	3,62	2,60

Médias hipotéticas baseadas em Kassin e colaboradores (2003).

obtido calculando-se a média das médias das condições de culpa real e inocência real para interrogadores na condição de expectativa de culpa: (3,54 + 3,70)/2 = 3,62. De maneira semelhante, a média geral para a condição de expectativa de inocência é calculada como 2,60: (2,54 + 2,66)/2 = 2,60.[1] *A média para o efeito principal representa o desempenho geral em cada nível de uma determinada variável independente somada (média) entre os níveis da outra variável independente.* Nesse caso, somamos (calculamos a média) a variável *status* do suspeito para obter as médias para o efeito principal da variável expectativa do interrogador. O *efeito principal* da variável expectativa do interrogador é a diferença entre as médias para os dois níveis da variável (3,62 – 2,60 = 1,02). No experimento de Kassin e colaboradores, o efeito principal da variável expectativa do interrogador indica que o número geral de perguntas presumindo culpa era maior quando os interrogadores esperavam que o suspeito fosse culpado (3,62) do que quando esperavam que fosse inocente (2,60). Testes de estatística inferencial confirmaram que o efeito principal da expectativa do interrogador era estatisticamente significativo. Isso corrobora a hipótese dos pesquisadores, baseada na teoria da confirmação comportamental.

Abordaremos agora uma variável dependente, para a qual havia um efeito principal estatisticamente significativo da variável independente *status* do suspeito. Os pesquisadores também codificaram as entrevistas gravadas para analisar as técnicas utilizadas pelos interrogadores para obter uma confissão. Os estudantes-interrogadores receberam instruções escritas breves sobre as poderosas técnicas policiais usadas para romper a resistência de um suspeito. Os pesquisadores contaram o número de afirmações dos interrogadores que refletiam essas técnicas persuasivas, tais como construção de sintonia, afirmações sobre a culpa do suspeito ou descrença quanto às afirmações do suspeito, apelos ao interesse pessoal ou consciência do suspeito, ameaças de punição, promessas de leniência e apresentação de evidências falsas.

Os dados para essa variável dependente, o número de técnicas persuasivas, são apresentados na Tabela 8.2. O número médio geral de técnicas persuasivas que os interrogadores usaram quando entrevistaram suspeitos que eram culpados foi 7,15. Essa média é calculada entre os dois níveis da variável expectativa do interrogador na condição de culpa real: (7,71 + 6,59)/2. O número médio geral de técnicas persuasivas usadas quando os interrogadores entrevistaram um suspeito que era inocente foi de 11,42, calculado pela média da variável expectativa do interrogador na condição de inocência real: (11,96 + 10,88)/2. A diferença entre essas médias (11,42 – 7,15 = 4,27) representa o efeito principal da variável independente *status* do suspeito. Em média, os interrogadores usaram 4,27 mais técnicas persuasivas quando o suspeito na verdade era *inocente*, em comparação com quando era culpado. Kassin e seus colegas se surpreenderam com o resultado de que suspeitos inocentes em ambas as condições de expectativa do interrogador foram en-

Metodologia de pesquisa em psicologia **263**

☑ **Tabela 8.2** Efeito principal do *status* do suspeito sobre o número de técnicas persuasivas

| *Status* do suspeito | Expectativa do interrogador | | Média para o *status* do suspeito |
	Culpado	Inocente	
Culpa real	7,71	6,59	7,15
Inocência real	11,96	10,88	11,42

Médias hipotéticas baseadas em Kassin e colaboradores (2003).

trevistados de forma mais agressiva do que suspeitos que eram culpados.

Finalmente, também podemos analisar dados em que Kassin e colaboradores observaram um efeito de interação entre as variáveis independentes expectativa do interrogador e *status* do suspeito. Na segunda fase do experimento, uma nova amostra de estudantes ouviu o interrogatório gravado e fez avaliações sobre o comportamento do interrogador e do suspeito. Uma pergunta pedia que eles avaliassem, em uma escala de 10 pontos, o quanto o interrogador tentou tirar uma confissão do suspeito, com números maiores indicando maior esforço. Esses dados são apresentados na Tabela 8.3.

Quando duas variáveis independentes interagem, sabemos que, juntas, elas influenciam o desempenho dos participantes na variável dependente, nesse caso, avaliações do esforço dos interrogadores para obter uma confissão. Posto formalmente, um **efeito de interação** ocorre quando o efeito de uma variável independente difere dependendo do nível de uma segunda variável independente. Para entender a interação, analise a primeira linha da Tabela 8.3. Se apenas suspeitos que fossem realmente culpados fossem testados no experimento,

concluiríamos que as expectativas dos interrogadores não tiveram *nenhum efeito* sobre as avaliações do esforço, pois as médias para as condições de expectativa de culpa e expectativa de inocência são quase idênticas. Por outro lado, se apenas suspeitos que fossem realmente inocentes fossem testados (segunda linha da Tabela 8.3), pensaríamos que as expectativas dos interrogadores tiveram um *grande efeito* sobre seus esforços para obter uma confissão.

É mais fácil observar-se o efeito de interação apresentando em gráfico as médias das condições. A Figura 8.1 mostra uma plotagem das quatro médias encontradas na Tabela 8.3. Esses resultados indicam que as avaliações do esforço dos interrogadores dependem de se o suspeito é inocente ou culpado *e* de se o interrogador espera que o suspeito seja culpado ou inocente – ou seja, *ambas* as variáveis independentes são necessárias para explicar o efeito. Descrevemos a análise estatística dos efeitos de interação em desenhos complexos em uma seção posterior, "Análise de desenhos complexos". Por enquanto, é suficiente que você reconheça que *um efeito de interação ocorre quando o efeito de uma variável independente difere conforme os níveis de uma segunda variável independente.*

☑ **Tabela 8.3** Efeito de interação entre a expectativa do interrogador e o *status* do suspeito sobre o esforço para obter uma confissão

| *Status* do suspeito | Expectativa do interrogador | |
	Culpado	Inocente
Culpa real	5,64	5,56
Inocência real	7,17	5,85

Médias fornecidas pelo Dr. Saul Kassin.

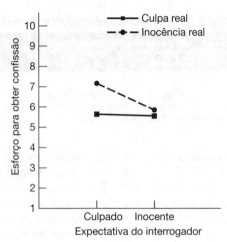

☑ **Figura 8.1** Gráfico ilustrando o efeito da interação entre a expectativa do interrogador e o *status* do suspeito sobre a tentativa de obter uma confissão. (Dados fornecidos pelo Dr. Saul Kassin.)

Quando uma variável independente interage com uma segunda variável independente, esta deve interagir com aquela (ou seja, a ordem das variáveis independentes não importa). Por exemplo, descrevemos a interação na Tabela 8.3 dizendo que o efeito das expectativas dos interrogadores depende do *status* do suspeito. O inverso também é verdadeiro; o efeito do *status* do suspeito depende das expectativas dos interrogadores.

Estamos agora em posição de descrever as conclusões que Kassin e colaboradores (2003) tiraram com base em suas análises de todos os seus dados. Usando a teoria da confirmação comportamental, eles postularam que as expectativas dos interrogadores sobre a culpa os fariam conduzir um interrogatório que confirmaria suas opiniões. Seus resultados corroboraram essa hipótese. De um modo geral, os interrogadores que suspeitavam de culpa conduziram interrogatórios mais agressivos. Por sua vez, os suspeitos na condição de expectativa de culpa se tornaram mais defensivos e foram percebidos como culpados por observadores neutros. O fato de que os interrogadores na condição de expectativa de culpa foram ainda mais agressivos ao tentarem obter uma confissão de suspeitos que, na verdade, eram inocentes demonstra o poder de suas expectativas de culpa e o poder do processo de confirmação comportamental. No contexto do sistema de justiça criminal, os interrogatórios policiais que são baseados em um viés preexistente sobre a culpa do suspeito podem desencadear uma cadeia de eventos tendenciosa, que pode levar a conclusões trágicas, incluindo confissões falsas de pessoas inocentes.

Descrevendo efeitos de interação

- Evidências de efeitos de interação podem ser encontradas com o uso de estatísticas descritivas apresentadas em gráficos (p.ex., linhas concorrentes) ou tabelas (método da subtração).
- A presença de um efeito de interação é confirmada com o uso de estatísticas inferenciais.

A maneira como se descrevem os resultados de um efeito de interação depende do aspecto do efeito que se deseja enfatizar. Por exemplo, Kassin e colaboradores (2003) enfatizaram o efeito da variável expectativa do interrogador sobre suspeitos inocentes e culpados para testar suas previsões basea-

Metodologia de pesquisa em psicologia **265**

☑ EXERCÍCIO I

Neste exercício, você deve analisar as Tabelas 8.1, 8.2 e 8.3 para responder as perguntas a seguir.

1. (a) Na Tabela 8.1, quais são as médias para o efeito principal da variável independente *status* do suspeito?
   (b) Como o efeito principal da variável *status* do suspeito se compara com o efeito principal da variável expectativa do interrogador para esses dados?
   (c) É provável que haja um efeito de interação nesses dados?
2. (a) Na Tabela 8.2, quais são as médias para o efeito principal da variável independente expectativa do interrogador?
   (b) Como o efeito principal da variável expectativa do interrogador se compara com o

   efeito principal da variável *status* do suspeito para esses dados?
   (c) É provável que haja um efeito de interação nesses dados?
3. (a) Na Tabela 8.3, quais são as médias para o efeito principal da variável independente expectativa do interrogador?
   (b) Quais são as médias para o efeito principal da variável independente *status* do suspeito?
   (c) Kassin e colaboradores (2003) observaram que esses efeitos principais são estatisticamente significativos. Usando as médias que calculou, descreva os principais efeitos das variáveis expectativa do interrogador e *status* do suspeito da Tabela 8.3.

---

dos na teoria da confirmação comportamental. Ou seja, a manipulação das expectativas de interrogadores sobre a culpa ou inocência de um suspeito permitiu que testassem suas previsões de que o interrogador tentaria confirmar suas expectativas. Adicionando a segunda variável independente, Kassin e colaboradores realizaram duas coisas. Primeiro, o estudo conformou-se de maneira mais realista com as interrogações que ocorrem do mundo real, nas quais os suspeitos são inocentes ou culpados; e, em segundo lugar, conseguiram demonstrar que os interrogadores que esperam culpa se esforçam ainda mais para obter uma confissão, mesmo com evidências contrárias (p.ex., as afirmações de inocência do suspeito). Esses achados também indicam fortemente como o estudo de efeitos da interação em desenhos complexos permite que os pesquisadores alcancem um entendimento maior do que é possível fazendo experimentos com apenas uma variável independente.

Existem três maneiras comuns de publicar um resumo das estatísticas descritivas em um desenho complexo: tabelas, gráficos com barras e gráficos com linhas. Os procedimentos para preparar essas tabelas e figu-

ras e os critérios para decidir o tipo de apresentação a usar são descritos no Capítulo 13. De modo geral, as tabelas podem ser usadas para qualquer desenho complexo e são mais úteis quando é preciso saber os valores exatos para cada condição do experimento. Os gráficos com barras e linhas, por outro lado, são especialmente úteis para apresentar padrões de resultados sem enfatizar os resultados exatos. Os gráficos com linhas são particularmente úteis para representar os resultados de desenhos complexos, pois é fácil enxergar um efeito de interação em um gráfico de linhas. *Linhas não paralelas no gráfico sugerem um efeito de interação; linhas paralelas sugerem que não há efeito de interação.* Ver, por exemplo, Figura 8.1.

Quando os resultados de um desenho 2 x 2 são sintetizados em uma tabela, é mais fácil avaliar a presença ou ausência de um efeito de interação usando o *método de subtração*. O método de subtração compara as diferenças entre as médias de cada linha (ou coluna) da tabela. Se as diferenças forem diferentes, é provável que haja um efeito de interação. Ao aplicar o método de subtração, é essencial que as diferenças sejam calculadas na mesma direção. Por exem-

☑ Exercício II

Neste exercício, você terá a oportunidade de praticar como identificar efeitos principais e efeitos de interação em desenhos complexos do tipo 2 x 2 usando apenas estatísticas descritivas.

No espírito da visão de que a prática leva à perfeição, vamos voltar nossa atenção para o exercício que preparamos para ajudá-lo a identificar efeitos principais e efeitos de interações. Sua tarefa é identificar efeitos principais e efeitos de interações em cada um de seus experimentos com desenhos complexos (A a F). Em cada tabela ou gráfico neste quadro, você deve determinar se o efeito de cada variável independente difere, dependendo do nível da outra variável independente. Em outras palavras, existe um efeito de interação? Depois de verificar o efeito de interação, você também pode verificar se cada variável independente produziu um efeito quando combinada com as outras variáveis independentes. Ou seja, existe um efeito principal de uma ou ambas as variáveis independentes? O exercício será mais produtivo se você praticar como traduzir os dados apresentados em uma tabela (Figura 8.2) para um gráfico e os dados apresentados em gráficos (Figuras 8.3 e 8.4) para tabelas. A ideia do exercício é que você se torne o mais confortável possível com as diversas maneiras de representar os resultados de um desenho complexo.

☑ **Figura 8.2** Número médio de respostas corretas em função da dificuldade da tarefa e do nível de ansiedade.

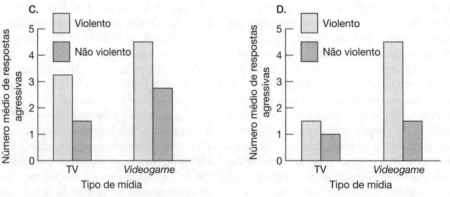

☑ **Figura 8.3** Número médio de respostas agressivas em função do tipo de mídia e conteúdo.

☑ **EXERCÍCIO II (CONTINUAÇÃO)**

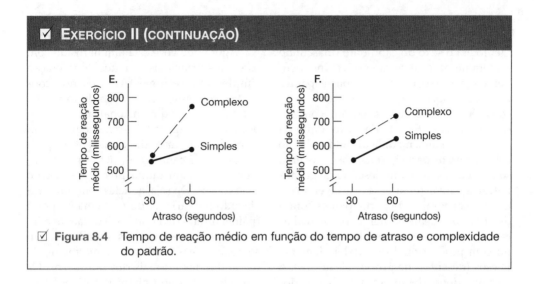

☑ **Figura 8.4** Tempo de reação médio em função do tempo de atraso e complexidade do padrão.

plo, para usar o método de subtração para os dados apresentados na Tabela 8.3, você pode subtrair as avaliações médias para os dois níveis de *status* do suspeito (5,64 – 7,17 = –1,53) e depois fazer o mesmo para a condição de expectativa de inocência (5,56 – 5,85 = –0,29). O sinal da diferença obtida também deve ser observado cuidadosamente. O método de subtração mostra que essas diferenças são diferentes e, assim, é provável que haja um efeito de interação entre as duas variáveis. O método de subtração somente pode ser usado quando uma das variáveis independentes tiver dois níveis. Para desenhos em que ambas as variáveis independentes têm três ou mais níveis, devem-se usar gráficos para identificar os efeitos de interação.

Desenhos complexos com três variáveis independentes

O poder e a complexidade de desenhos complexos crescem substancialmente quando o número de variáveis independentes no experimento aumenta de duas para três. No desenho de dois fatores, pode haver apenas um efeito, mas, no desenho com três fatores, cada variável independente pode interagir com cada uma das outras duas variáveis independentes, e todas as três podem interagir juntas. Assim, a mudança de um desenho com dois fatores para três introduz a possibilidade de obter quatro efeitos de interação diferentes. Se as três variáveis independentes são simbolizadas como A, B e C, o desenho com três fatores permite um teste dos efeitos principais de A, B e C; efeitos de interação bidirecionais de A x B, A x C, B x C; e o efeito tridirecional de A x B x C. A eficiência de um experimento envolvendo três variáveis independentes é notável. Um experimento que investiga a discriminação no local de trabalho dará uma noção do quão poderosos podem ser os desenhos complexos.

Pingitore, Dugoni, Tindale e Spring (1994) investigaram a possível discriminação contra pessoas moderadamente obesas em uma entrevista profissional falsa. Os participantes do experimento assistiram a videoteipes de entrevistas. Em um dos experimentos, eles usaram um desenho 2 x 2 x 2. A primeira variável independente foi o peso do candidato (normal ou com sobrepeso). O papel do candidato ao emprego nos videoteipes era desempenhado por atores profissionais com peso normal. Nas condições moderadamente obesas, os atores usaram maquiagem e próteses para que parecessem 20% mais gordos. A segunda variável independente no experimento era o sexo do candidato (masculino ou feminino). A terceira variável independente era a preocupação dos participantes com seu próprio corpo e a importância da consciência corporal para seu autoconceito (alto ou baixo). Essa variável foi definida com o uso de uma medida de autoavaliação sobre como os participantes enxergavam o seu corpo. Usou-se um desenho de grupos naturais para estudar essa "variável do esquema corporal". Os participantes foram designados aleatoriamente para avaliar candidatos do sexo masculino ou feminino com peso normal ou moderadamente obesos (desenhos de grupos aleatórios). A variável dependente era a avaliação dos participantes em uma escala de 7 pontos sobre se contratariam o candidato ou não (*1 = definitivamente não contrataria* e *7 = definitivamente contrataria*).

Os resultados do experimento de Pingitore e colaboradores para essas três variáveis são mostrados na Figura 8.5. Como se pode ver, para apresentar as médias para um experimento com três variáveis, é preciso um gráfico com mais de um "painel". Um dos painéis da figura mostra os resultados para duas variáveis em um nível da terceira variável, e o outro mostra os resultados das mesmas duas variáveis no segundo nível da terceira variável independente.

Agora que você está familiarizado com os efeitos principais e efeitos de interação simples (bidirecionais), vamos nos concentrar em entender o efeito de interação trifatorial ou tridimensional. Como você pode ver na Figura 8.5, somente havia um efeito de interação bidirecional entre o peso e o sexo dos candidatos quando os participantes tinham muita preocupação com seus corpos. Ou seja, aqueles com um nível elevado na variável do esquema corporal (painel direito da Figura 8.5) deram avaliações especialmente baixas a mulheres com sobrepeso, mas avaliaram do mesmo modo os candidatos normais dos dois sexos. Os participantes que tinham um nível baixo na variável do esquema corporal (painel esquerdo da Figura 8.5), por outro lado, deram avaliações mais baixas para candidatos com sobrepeso, mas a diferença entre suas avaliações para candidatos dos dois sexos foi igual para ambos os níveis da variável peso.

Uma maneira de sintetizar os resultados de Pingitore e colaboradores (1994) apresentados na Figura 8.5 é dizer que o efeito da interação das variáveis independentes do peso e sexo dos candidatos dependia do esquema corporal dos sujeitos.

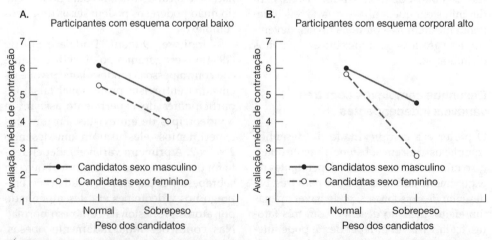

☑ **Figura 8.5** Ilustração de um efeito de interação para um desenho complexo 2 x 2 x 2.

Chamamos isso de efeito de interação tridirecional (ou triplo). Como se pode ver, quando temos um efeito de interação tridirecional, todas as variáveis independentes devem ser consideradas ao descrever os resultados. De um modo geral, quando existem duas variáveis independentes, verifica-se um efeito de interação quando o efeito de uma das variáveis independentes difere dependendo do nível da segunda variável independente. *Quando existem três variáveis independentes em um desenho complexo, verifica-se um efeito de interação tridirecional quando a interação de duas das variáveis independentes difere dependendo do nível da terceira variável independente.* Os resultados apresentados na Figura 8.5 ilustram isso bem. O padrão de resultados para as duas primeiras variáveis independentes (o peso corporal e o sexo dos candidatos) difere dependendo do nível da terceira variável (o esquema corporal dos participantes). Ao incluir a terceira variável independente do esquema corporal, Pingitore e colaboradores proporcionaram uma compreensão muito maior da discriminação baseada no peso do candidato do que teríamos se tivessem incluído apenas as variáveis independentes sexo e peso.

Análise de desenhos complexos

- Em um desenho complexo com duas variáveis independentes, são usadas inferências estatísticas para testar três efeitos: os efeitos principais para cada variável independente e o efeito de interação entre as duas variáveis independentes.
- São necessárias estatísticas descritivas para interpretar os resultados de estatísticas inferenciais.
- A maneira como os pesquisadores interpretam os resultados de um desenho complexo difere dependendo da presença ou ausência de um efeito de interação estatisticamente significativo nos dados.

Dica de estatística

A análise de desenhos complexos baseia-se na lógica usada na análise de experimentos com apenas uma variável independente (ver Capítulos 6, 11 e 12). Depois de verificar os dados em busca de erros ou valores extremos ou atípicos, o próximo passo na análise de dados é descrever os resultados usando estatísticas descritivas como a média, o desvio padrão e medidas do tamanho do efeito. Estatísticas inferenciais como o teste da hipótese nula e intervalos de confiança são então usadas para determinar se algum dos efeitos é estatisticamente fidedigno. Com base nas estatísticas descritivas e inferenciais, os pesquisadores podem tirar conclusões sobre o que observaram.

Sua tarefa na seção restante deste capítulo é entender a análise de dados aplicada a desenhos complexos, especialmente a maneira como o pesquisador interpreta efeitos de interação e efeitos principais. Também pode ser importante ler a introdução na seção "Análise de desenhos complexos" e depois revisar a discussão desse tema no Capítulo 12. A ênfase desses capítulos é na fundamentação e lógica dessas análises, em vez das minúcias dos cálculos. Felizmente, os computadores nos poupam da necessidade de fazer os complicados cálculos que exigem os dados gerados em desenhos complexos. Por outro lado, os computadores não podem interpretar o resultado desses cálculos. É aí que você entra. Vá devagar; estude o material cuidadosamente e certifique-se de estudar as tabelas e figuras que acompanham a descrição apresentada no texto.

Como você entendeu, um desenho complexo envolvendo duas variáveis tem três *fontes potenciais de variação sistemática.* Existem dois efeitos principais potenciais e um possível efeito de interação. No Capítulo 12, descrevemos os procedimentos específicos para usar o teste da hipótese nula (e o teste *F*) e intervalos de confiança para analisar desenhos complexos. Um efeito estatisticamente significativo em um desenho complexo (como em qualquer análise) é um efeito associado a uma probabilidade conforme a hipótese nula que é menor do que o nível aceito de 0,05 (ver Capítulo 6).

Os testes de estatística inferencial são usados em conjunto com estatísticas descritivas para determinar se, de fato, houve um efeito de interação. Depois de analisarem os dados para o efeito da interação, os pesquisadores podem analisar os dados para a presença de efeitos principais para cada variável independente.

Em um desenho complexo, assim como em um experimento com uma variável independente, podem ser necessárias análises adicionais para interpretar os resultados. Por exemplo, um pesquisador pode usar intervalos de confiança para testar diferenças entre médias. Ilustramos essa abordagem no Capítulo 12. O plano de análise para experimentos com desenhos complexos difere, dependendo da presença de um efeito de interação estatisticamente significativo no experimento. A Tabela 8.4 traz diretrizes para interpretar um experimento com desenho complexo quando um efeito de interação ocorre e quando não ocorre. Ilustraremos ambos os caminhos apresentados na Tabela 8.4, descrevendo um estudo em que o efeito da interação não é estatisticamente significativo.

Plano de análise com um efeito de interação

- Se a análise de um desenho complexo revela um efeito de interação estatisticamente significativo, a fonte do efeito de interação é identificada com o uso de análises de efeitos principais simples e comparações das duas médias.
- Um efeito principal simples é o efeito de uma variável independente em um nível de uma segunda variável independente.

Para entender a análise de efeitos de interação dentro de um desenho complexo, analisaremos uma abordagem contemporânea para compreender o efeito do preconceito sobre indivíduos que são estigmatizados. Os psicólogos sociais sugerem que um efeito do preconceito é que as pessoas que pertencem a grupos estigmatizados (p.ex., minorias étnicas, *gays* e lésbicas) desenvolvem sistemas de crenças sobre serem desvalorizados na sociedade. Com essa "ameaça à identidade social", os indivíduos estigmatizados desenvolvem expectativas que os fazem ficar especialmente alertas para sinais em seu ambiente que indiquem que são considerados negativamente (Kaiser, Vick e Major, 2006). Essa atenção a sinais pode ocorrer no nível *consciente*, no qual os indivíduos estão cientes de sua atenção especial a sinais de estigma. Todavia, mais recentemente, os pesquisadores testaram o nível em que a ameaça à identidade social faz as pessoas serem vigilantes para informações potencialmente estigmatizantes sem percepção consciente.

Um método para analisar a atenção não consciente é o "teste emocional de Stroop". Talvez você conheça a versão original do teste de Stroop, na qual os sujeitos de-

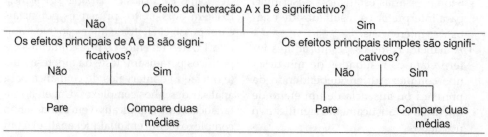

Tabela 8.4 Diretrizes para a análise de um experimento bifatorial

vem dizer o nome da cor em que algumas palavras estão escritas. O teste de Stroop foi criado para mostrar que a leitura é automática (pelo menos para os adultos). As pessoas consideram impossível ignorar as palavras escritas enquanto dizem os nomes das cores. Esse efeito do processamento automático é demonstrado de forma mais dramática na condição em que palavras coloridas são escritas em uma cor que não a palavra escrita (p.ex., "vermelho" impresso com tinta azul). Os sujeitos demoram mais para dizer o nome das cores nessa condição "desencontrada" porque a leitura da palavra interfere no ato de dizer o nome da cor. Outros estudos mostram que esse efeito ocorre mesmo quando as palavras são apresentadas de forma rápida demais (p.ex., 15 mseg [milissegundos]) para que os sujeitos tenham consciência de que uma palavra foi apresentada!

No teste emocional de Stroop, as palavras coloridas são substituídas por palavras com conteúdos que são particularmente relevantes para os participantes. Por exemplo, um experimento que analisa a atenção inconsciente em pessoas com fobias pode usar palavras como "cobra" e "aranha". Os participantes fóbicos demoram mais para identificar a cor dessas palavras do que palavras com conteúdo neutro, mesmo que as palavras sejam apresentadas de maneira subliminar (fora da percepção consciente).

Kaiser e colegas (2006) usaram o teste emocional de Stroop para investigar se mulheres com expectativa de serem estigmatizadas por sexismo demonstrariam maior atenção inconsciente a palavras sexistas, comparadas com palavras não sexistas. Eles testaram 35 mulheres em um desenho complexo 2 x 3. A primeira variável independente manipulada foi a *identidade social* com duas condições, ameaça e segurança, em um desenho de grupos aleatórios. Os sujeitos foram informados de que, depois de terminarem o teste no computador, se juntariam a outra pessoa do sexo masculino (fictício) para fazer um projeto em grupo. Eles receberam informações sobre o parceiro, de maneira a terem uma noção das suas características pessoas. Na condição de *ameaça à identidade*, o parceiro tinha visões sexistas (p.ex., concordando fortemente com afirmações como "eu não poderia trabalhar para uma mulher como chefe, pois as mulheres podem ser emotivas demais"). Na condição de *segurança à identidade*, o parceiro era apresentado como alguém não sexista e discordava fortemente de afirmações sexistas.

A segunda variável independente em seu desenho 2 x 3 era o *tipo de palavra*, com três níveis: ameaça à identidade social, ameaça de doença ou não ameaçadora. Essa variável foi manipulada usando um desenho de medidas repetidas; assim, todos os participantes foram testados com todos os três tipos de palavras, em uma ordem completamente contrabalanceada. As palavras *ameaçadoras à identidade social* eram sexistas em conteúdo, como *vagabunda* e *peitos*. As palavras *ameaçadoras de doenças* (p.ex., *câncer*, *herpes*) foram incluídas como condição de controle, para determinar se as mulheres nessa condição de ameaça à identidade prestariam atenção a palavras ameaçadoras em geral e não apenas a palavras que ameaçassem a identidade social. As palavras *não ameaçadoras*, também um controle, descreviam objetos domésticos comuns, como *vassoura* e *cortinas*. Em uma parte do experimento de Kaiser e colaboradores, todos os três tipos de palavras eram representados subliminarmente (15 mseg) em diferentes cores (vermelho, amarelo, azul, verde), e a tarefa dos participantes era identificar a cor. Testes mostraram que os participantes não estavam cientes da apresentação das palavras. A variável dependente nesse estudo era o tempo de resposta para identificar a cor (em milissegundos). Essa medida do tempo de resposta avaliava a quantidade de atenção subliminar voltada para diferentes tipos de palavras; tempos de resposta mais longos indicavam maior atenção subliminar à palavra e, portanto, mais tempo para identificar a cor. Os tempos de resposta médios para cada uma das seis condições são apresentados na Tabela 8.5.

Tabela 8.5 Tempos de resposta médios (em mseg) em função da identidade social e tipo de palavra (apresentação subliminar)

Condição de identidade social	Tipo de palavra		
	Ameaça à identidade social	Ameaça de doença	Não ameaçadora
Ameaça	598,9	577,7	583,9
Segurança	603,9	615,0	614,5

Dados adaptados de Kaiser e colaboradores (2006).

Conforme previram Kaiser e seus colegas, houve um efeito de interação entre as duas variáveis independentes. Mulheres na condição de ameaça à identidade (primeira linha da Tabela 8.5) levaram mais tempo para dizer o nome das cores quando foram apresentadas palavras ameaçadoras à identidade social, comparado com palavras que representavam ameaças de doenças ou que não eram ameaçadoras. O maior tempo de resposta para dizer o nome das cores indica que as mulheres prestavam mais atenção subliminar às palavras. Assim, as mulheres que esperavam interagir com um parceiro prestavam mais atenção subliminar em palavras que ameaçavam a sua identidade social. Em contrapartida, mulheres que previam que interagiriam com um homem não sexista na condição de segurança para a identidade (segunda linha da Tabela 8.5) não diferiram de maneira substancial na atenção dedicada aos três tipos diferentes de palavras. Há um efeito de interação, pois o efeito da variável tipo de palavra diferia dependendo do nível da variável associada à identidade social (ameaça, segurança). Testes de estatística inferencial desses resultados, usando o teste de significância da hipótese nula, confirmaram que o efeito da interação era estatisticamente significativo.

Uma vez que o efeito de interação é confirmado nos dados, localiza-se a fonte específica da interação por meio de testes estatísticos adicionais. Conforme apresentado na Tabela 8.4, os testes específicos para rastrear a fonte de uma interação significativa são os efeitos principais simples e comparações entre duas médias (ver o Capítulo 12).

Um **efeito principal simples** é o efeito de uma variável independente sobre *um nível* de uma segunda variável independente. Podemos ilustrar o uso de efeitos principais simples retornando aos resultados do experimento de Kaiser e colaboradores (2006). Existem cinco efeitos principais simples na Tabela 8.5: o efeito do tipo de palavra sobre cada um dos dois níveis da identidade social e o efeito da identidade social sobre cada um dos três níveis do tipo de palavra. Kaiser e colaboradores previram que o efeito da atenção subliminar (a diferença entre as médias para os três tipos de palavras diferentes) ocorreria para mulheres na condição de ameaça à identidade, mas não para mulheres na condição de segurança para a identidade. Portanto, eles testaram os efeitos principais simples do tipo de palavra em cada nível da variável independente identidade social. Conforme previsto, observaram que o efeito principal simples do tipo de palavra era estatisticamente significativo na condição de ameaça à identidade, mas o efeito principal simples do tipo de palavra não era estatisticamente significativo na condição de segurança para a identidade.

Quando três ou mais médias são testadas para um efeito principal simples, como ocorre com a variável independente tipo de palavra no experimento de Kaiser e colaboradores, é possível fazer comparações de médias testadas duas de cada vez para identificar a fonte do efeito principal simples (ver o Capítulo 12). Primeiramente, não são necessárias análises adicionais para a condição de segurança à identidade, pois o efeito principal simples do tipo de palavra não era estatisticamente significativo. O próximo passo é analisar as médias de forma mais cuidadosa para a condição de ameaça à identidade, onde o efeito principal simples era estatisticamente significativo.

Em suas análises das médias consideradas duas de cada vez, Kaiser e seus colegas encontraram um efeito esperado e um efeito inesperado para mulheres na condição de ameaça à identidade. Conforme esperado, os tempos de reação médios foram maiores para as palavras ameaçadoras à identidade do que para palavras que representavam doenças. De maneira inesperada, os tempos médios de reação não diferiram quando as palavras não ameaçadoras foram comparadas com palavras ameaçadoras à identidade social ou com palavras que representavam ameaças de doenças. Isso suscita uma questão importante: por que as mulheres alocam um nível semelhante de atenção subliminar a palavras não ameaçadoras e a palavras ameaçadoras à identidade social? Kaiser e colaboradores postularam que, quando as mulheres estão esperando interagir com um homem sexista, palavras descrevendo objetos domésticos (p.ex., *fogão, vassoura, micro-ondas*) na condição não ameaçadora podem ter sido associadas de forma inconsciente a tarefas domésticas sexualizadas, como cozinhar e limpar. Segundo Kaiser e colaboradores (2006, p. 336), "em retrospectiva, essas palavras não ameaçadoras talvez não sejam a melhor comparação". Sua interpretação dessa observação inesperada ilustra como a interpretação de um experimento depende criticamente de como o experimento é feito e como os dados são analisados.

Depois que um efeito de interação foi analisado minuciosamente, os pesquisadores também podem analisar os efeitos principais de cada variável independente. Todavia, os efeitos principais são muito menos relevantes quando sabemos que houve um efeito de interação. Por exemplo, o efeito de interação neste experimento nos diz que a atenção subliminar para diferentes tipos de palavras difere dependendo do nível de ameaça à identidade social. Sabendo disso, não acrescentaríamos muita coisa descobrindo se, de um modo geral, as mulheres na condição de segurança à identidade tinham tempos de reação mais longos entre todos os tipos de palavras, em comparação com mulheres na condição de ameaça à identidade. No estudo de Kaiser e colaboradores, os efeitos principais das variáveis independentes tipo de palavra e identidade social não eram estatisticamente significativas. Não obstante, existem experimentos em que o efeito de interação e os efeitos principais são todos de interesse.

Plano de análise sem efeito de interação

- Se a análise de um desenho complexo indica que o efeito de interação entre variáveis independentes não é estatisticamente significativo, o próximo passo no plano de análise é determinar se os efeitos principais das variáveis são estatisticamente significativos.
- A fonte de um efeito principal estatisticamente significativo pode ser especificada de forma mais precisa realizando-se comparações entre duas médias ou usando intervalos de confiança para comparar as médias duas de cada vez.

Podemos usar os resultados de uma parte diferente do experimento de Kaiser e colaboradores (2006) sobre a identidade social para examinar a análise de um desenho complexo quando o efeito da interação *não* é estatisticamente significativo. Os resultados que descrevemos eram para palavras apresentadas *subliminarmente*, ou seja, em uma velocidade rápida demais (15 mseg) para os participantes detectarem a presença das palavras. Todavia, os participantes do experimento também foram testados com palavras apresentadas em um nível *consciente*. Na condição de atenção consciente, as mulheres olhavam as palavras na tela até responderem, dizendo o nome da cor da palavra.[2]

Os tempos médios de resposta para os três tipos de palavras (ameaça à identidade social, ameaça de doença e não ameaçadora) para os dois grupos diferentes de mulheres (ameaça à identidade, segurança à identidade) são apresentados na Figura 8.6. O efeito de interação, ou, de forma mais exata, a falta de efeito de interação, pode ser visto na figura. Embora as duas linhas na figura não sejam perfeitamente paralelas, os tempos médios de resposta parecem diminuir em ambos os grupos aproximadamente na mesma velocidade. Testes de inferência estatística confirmam que o efeito da interação não era estatisticamente significativo. Os dados mostrados na Figura 8.6 ilustram um princípio geral da análise de dados: *o padrão dos dados mostrado pela estatística descritiva não é suficiente para decidir se existe um efeito de interação presente em um experimento. Testes de inferência estatística, como o teste F, devem ser feitos para confirmar se os efeitos são estatisticamente fidedignos.*

Quando o efeito da interação não é estatisticamente significativo, o próximo passo é analisar os efeitos principais de cada variável independente (ver a Tabela 8.4). As médias do experimento de Kaiser e colaboradores sobre a consciência consciente são apresentadas novamente na Tabela 8.6 para facilitar a determinação dos efeitos principais. Fundindo (calculando a média) as duas condições de identidade social, obtemos os tempos de resposta médios para cada tipo de palavra (i.e., para o efeito principal da variável tipo de palavra). As médias são 637,5 para as palavras ameaçadoras à identidade social, 617,6 para as palavras ameaçadoras de doenças e 610,8 para as palavras não ameaçadoras. O efeito principal do tipo de palavra não era estatisticamente significativo. A fonte de um efeito principal estatisticamente significativo envolvendo três ou mais médias pode ser especificada de forma mais precisa comparando as médias duas de cada vez (ver Capítulo 12). Essas comparações podem ser feitas usando testes *t* ou intervalos de confiança. Kaiser e colaboradores observaram que, de um modo geral, as mulheres prestavam mais atenção (i.e., tinham tempos de reação mais longos) às pistas ameaçadoras à identidade ($M = 637,5$) do que a pistas ameaçadoras de doenças ($M = 617,6$) e a pistas não ameaçadoras ($M = 610,8$). Não houve diferença, porém, entre as duas últimas condições. Os resultados indicam que, quando cientes dos tipos de palavras, as mulheres prestam mais atenção a palavras que indicam uma ameaça à sua identidade social.

Também podemos testar o efeito principal da variável identidade social usando as médias apresentadas na Tabela 8.6. Combinando a variável tipo de palavra, obtemos as médias para a condição de ameaça à identidade (613,6) e a condição de segurança para identidade (631,4). O efeito principal da variável identidade social não foi estatisticamente significativo, indicando que, em média, os tempos de resposta foram semelhantes para mulheres nas condições de ameaça e segurança. O fato de que as duas médias parecem ser diferentes reforça a necessidade de análises estatísticas para determinar se as diferenças entre as médias são fidedignas.

A análise do experimento de Kaiser e colaboradores sobre a identidade social ilustra que é possível aprender muita coisa com um desenho complexo, mesmo quando não existe um efeito de interação com significância estatística.

Interpretando efeitos de interação

Efeitos de interação e teste de teoria

- As teorias muitas vezes preveem que duas ou mais variáveis independentes interagem para influenciar o comportamento; portanto, para testar teorias, são necessários desenhos complexos.
- Os testes de teorias às vezes podem ter resultados contraditórios, e os efeitos das interações podem ajudar a resolver essas contradições.

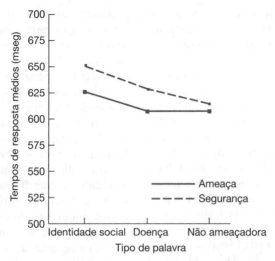

☑ **Figura 8.6** Resultados de um desenho complexo 2 x 3, no qual não houve efeito de interação, mas um efeito principal. (Dados fornecidos pela Dra. Cheryl R. Kaiser.)

As teorias desempenham um papel crítico no método científico. Os desenhos complexos aumentam em muito a capacidade dos pesquisadores de testar teorias, pois eles podem verificar os efeitos principais e os efeitos de interações. Por exemplo, Kaiser e colaboradores (2006) testaram hipóteses sobre a atenção a sinais de preconceito no ambiente, com base na teoria da identidade social. Pesquisas anteriores mostraram que, quando a identidade social dos indivíduos é ameaçada, eles estão *conscientemente* cientes de sinais em seu ambiente relacionados com preconceitos potenciais. Kaiser e colaboradores ampliaram essa pesquisa, testando a hipótese de que os indivíduos ameaçados prestam atenção em pistas de preconceito de maneira *inconsciente*, sem a percepção consciente. Como usaram um desenho complexo, os dados de Kaiser e colaboradores proporcionam evidências de que as mulheres que esperam passar por uma experiência com sexismo, comparadas com mulheres que esperam uma situação "segura", prestam mais atenção subliminar em palavras sexistas do que em outras palavras. Seus dados corroboram a teoria da identidade social do preconceito, na qual os "membros de grupos estigmatizados desenvolvem sistemas de crenças sobre serem desvalorizados

☑ **Tabela 8.6** Tempos de resposta médios (em mseg) em função de identidade social e tipo de palavra (apresentação consciente)

Condição de identidade social	Tipo de palavra				Médias para identidade social
	Ameaça à identidade social	Ameaça de doença	Não ameaçadora	
Ameaça (*n* = 18)	625,9	607,4	607,5	613,6
Segurança (*n* = 16)	650,6	629,0	614,5	631,4
Médias para tipo de palavra	637,5*	617,6*	610,8*	

Dados fornecidos pela Dra. Cheryl R. Kaiser.
*Foram calculadas médias ponderadas, devido aos tamanhos desiguais das amostras para as condições de identidade social.

e (...) essas expectativas fazem com que se tornem especialmente alertas ou vigilantes para sinais de desvalorização" (Kaiser et al., 2006, p. 332).

Além disso, Kaiser e colaboradores observam que as teorias sobre os processos da atenção postulam que a atenção é um recurso limitado. As pessoas que sofrem preconceito podem alocar a atenção para pistas que ameacem sua identidade social e, portanto, ter menos recursos disponíveis para outros usos. Por exemplo, estudantes em uma sala de aula que percebem um possível preconceito podem alocar sua atenção, de forma consciente e inconsciente, para ameaças potenciais à sua identidade social e, assim, essa atenção desviada pode prejudicar o seu rendimento na sala de aula. De maneira importante, porém, como Kaiser e colaboradores manipularam a variável independente da ameaça à identidade social com dois níveis, ameaça e segurança, eles conseguiram demonstrar que os recursos da atenção não são desviados para ameaças potenciais quando os indivíduos acreditam que estão seguros de ameaças à sua identidade social. Essa observação reforça a importância de se criarem ambientes que sejam o mais livres de preconceitos possível.

As teorias psicológicas envolvendo temas como a identidade social e o preconceito costumam ser complexas. Para explicar o preconceito, por exemplo, os psicólogos devem descrever os processos comportamentais, cognitivos e emocionais nos níveis do indivíduo, de grupos e da sociedade. Como você pode imaginar, testes experimentais de teorias complexas podem levar a resultados contraditórios. Por exemplo, considere um exemplo hipotético em que um estudo sobre o preconceito mostra que os membros de um grupo desvalorizado *não* demonstram mais atenção inconsciente a ameaças à sua identidade social. Como esse resultado aparentemente contraditório seria incorporado em uma teoria do preconceito que afirme que indivíduos estigmatizados prestam atenção em ameaças potenciais à sua identidade? Conforme sugerem dados do ex-

perimento de Kaiser e colaboradores, uma interpretação para essa observação pode envolver a variável independente da condição identidade social, ameaça ou segurança. O resultado contraditório poderia ser interpretado sugerindo-se que os participantes no estudo hipotético sobre o preconceito se sentem protegidos de ameaças à identidade social e, portanto, não alocam sua atenção a fontes potenciais de desvalorização.

Uma abordagem comum para resolver resultados contraditórios é incluir, no desenho de pesquisa, variáveis que abordem fontes potenciais de resultados contraditórios (por exemplo, incluir condições de ameaça e segurança no desenho). De forma mais geral, os desenhos complexos podem ser extremamente úteis na identificação das razões para resultados aparentemente contraditórios quando se testam teorias. O processo pode ser meticuloso, mas também pode ser bastante frutífero.

Efeitos de interações e validade externa

- Quando não há efeito de interação em um desenho complexo, os efeitos de cada variável independente podem ser generalizados entre os níveis da outra variável independente; assim, aumenta a validade externa das variáveis independentes.
- A presença de um efeito de interação identifica os limites para a validade externa de um resultado, especificando as condições em que existe efeito de uma variável independente.

No Capítulo 6, discutimos os procedimentos para estabelecer a validade externa de uma pesquisa, quando o experimento envolve apenas uma variável independente. Descrevemos como é possível fazer replicações parciais para estabelecer a validade externa – ou seja, o nível em que é possível generalizar os resultados de pesquisas. Também discutimos como os experimentos de campo permitem que os pesquisadores analisem variáveis independentes em situações do mundo real. Agora, podemos analisar o papel de desenhos complexos para estabelecer a validade externa de um estudo. A presença ou ausência de um efeito de interação é crítica para determinar a validade externa dos resultados em um desenho complexo.

Quando não há efeito de interação em um desenho complexo, sabemos que os efeitos de cada variável independente podem ser generalizados entre os níveis da outra variável independente. Por exemplo, considere novamente os resultados do estudo de Kassin e colaboradores (2003) sobre as expectativas dos interrogadores ao interrogarem um suspeito. Os autores observaram que, quando os interrogadores esperam que o suspeito seja culpado, eles selecionam perguntas que presumem mais a culpa do que quando esperam que o sujeito seja inocente, independentemente de ser realmente culpado ou inocente. Ou seja, não havia efeito de interação entre a variável expectativa do interrogador e a variável *status* do suspeito. Assim, pode-se generalizar a seleção de perguntas presumindo culpa por parte dos interrogadores quando esperam a culpa para situações em que o suspeito seja culpado ou inocente.

É claro, não podemos generalizar nossos resultados para além dos limites ou condições que foram incluídos no experimento. Por exemplo, a ausência de um efeito de interação entre as expectativas do interrogador e o *status* do suspeito não nos permite concluir que a seleção de questões presumindo culpa seria semelhante testando-se outros grupos, como policiais. De maneira semelhante, não sabemos se os mesmos efeitos ocorreriam se fossem usadas outras manipulações das expectativas dos interrogadores. Também devemos lembrar que não encontrar uma interação estatisticamente significativa não significa necessariamente que não existe um efeito de interação presente; talvez não tenhamos feito um experimento com sensibilidade suficiente para detectá-lo.

Como já vimos, a ausência de um efeito de interação aumenta a validade externa dos efeitos de cada variável independente no experimento. Talvez mais importante, a *presença* de um efeito de interação identifica limites para a validade externa de um resultado. Por exemplo, Kassin e colaboradores (2003) também observaram que os pesquisadores que esperavam que o suspeito fosse culpado, em vez de inocente, aplicaram mais pressão para obter uma confissão em suspeitos que na verdade eram inocentes, comparados com os que eram culpados. Esse efeito de interação estabelece limites claros à validade externa do efeito das expectativas dos interrogadores sobre a pressão para obter uma confissão. Devido a essa observação, a melhor maneira de responder a uma pergunta sobre o efeito geral das expectativas do interrogador sobre seus esforços para obter uma confissão é dizer: "depende". Nesse caso, depende de se o suspeito é culpado ou inocente. A presença do efeito da interação estabelece limites para a validade externa, mas o efeito da interação também especifica quais são esses limites.

A possibilidade de efeitos de interação entre variáveis independentes deve nos levar a ter cautela antes de dizermos que uma variável independente não tem efeito sobre o comportamento. As variáveis independentes que influenciam o comportamento são chamadas de variáveis independentes relevantes. De um modo geral, uma **variável independente relevante** é aquela que influencia o comportamento diretamente (resulta em um efeito principal) ou produz um efeito de interação quando estudada em combinação com uma segunda variável independente. É essencial que se faça uma distinção entre os fatores que afetam o comportamento e os que não afetam para desenvolver teorias adequadas para explicar o comportamento e para criar intervenções efetivas para lidar com problemas em situações aplicadas, como escolas, hospitais e fábricas (ver Capítulos 9 e 10).

278 Shaughnessy, Zechmeister & Zechmeister

Existem várias razões por que devemos ter cautela ao identificar uma variável independente como *irrelevante*. Primeiro, se uma variável independente mostra não ter efeito em um experimento, não podemos supor que ela não teria efeito se fossem testados níveis diferentes da variável independente. Em segundo lugar, se uma variável independente não tem efeito em um experimento com um fator único, isso não significa que ela não interagiria com outra variável independente, quando usada em um desenho complexo. Em terceiro, se uma variável independente não tem efeito em um experimento, talvez fosse observado um efeito com diferentes variáveis dependentes. Em quarto, a ausência de um efeito estatisticamente significativo pode ou não significar que não existe efeito presente. Gostaríamos de considerar, no mínimo, a sensibilidade de nosso experimento e o poder de nossa análise estatística antes de decidir que identificamos uma variável irrelevante. (Ver o Capítulo 12 para uma discussão sobre o poder de uma análise estatística.) Por enquanto, é melhor que você evite ser dogmático quanto a identificar que uma variável independente não gera nenhum efeito.

Efeitos de interação e efeitos de teto e piso

- Quando o desempenho dos participantes atinge um máximo (teto) ou um mínimo (piso) em uma ou mais condições de um experimento, não é possível interpretar os efeitos de suas interações.

Considere os resultados de um experimento 3 x 2 que analisou os efeitos de quantidades crescentes de prática sobre o desempenho em um teste de forma física. Nesse experimento hipotético mas plausível, havia seis grupos de participantes, que tiveram 10, 30 ou 60 minutos de prática, fazendo exercícios fáceis ou difíceis. Em seguida, fizeram um teste de forma física usando exercícios fáceis ou difíceis (os mesmos que haviam praticado). A variável dependente era a porcentagem de exercícios que cada participante conseguia terminar em um período de 15 minutos. Os resultados do experimento são apresentados na Figura 8.7.

O padrão de resultados apresentado na Figura 8.7 parece o efeito de interação clássico; o efeito da quantidade de prática difere para os exercícios fáceis e difíceis. Aumentar o tempo de prática melhorou o desempenho no teste para os exercícios difíceis, mas o desempenho nivelou-se após 30 minutos de prática com os exercícios fáceis. Se fôssemos aplicar uma análise comum a esses dados, o efeito da interação provavelmente seria estatisticamente significativo. Infelizmente, esse efeito de interação seria essencialmente impossível de interpretar. Para os grupos que praticaram os exercícios fáceis, o desempenho atingiu o nível máximo depois de 30 minutos de prática, de modo que não haveria melhora além desse ponto no grupo que praticou por 60 minutos. Mesmo que os participantes com 60 minutos de prática tivessem se beneficiado com a prática extra, o experimentador não conseguiria medir essa melhora na variável dependente escolhida.

O experimento anterior ilustra o problema geral de medição identificado como efeito de teto. Sempre que o desempenho alcança um máximo em qualquer condição de um experimento, existe o perigo do **efeito de teto**. O nome correspondente dado a esse problema quando o desempenho atinge o mínimo (p.ex., zero erro em um teste) é o **efeito de piso**. Os pesquisadores podem evitar efeitos de teto e piso selecionando variáveis dependentes que permitam um espaço amplo para medir as diferenças no desempenho entre as condições. Por exemplo, no experimento sobre a forma física, teria sido melhor testar os participantes com um número maior de exercícios do que se esperaria que alguém concluísse no tempo programado para o teste. O número médio de exercícios concluídos em cada condição poderia então ser usado para avaliar os efeitos das duas variáveis independentes sem o perigo do efeito de teto. É importante observar que os efeitos de teto também podem

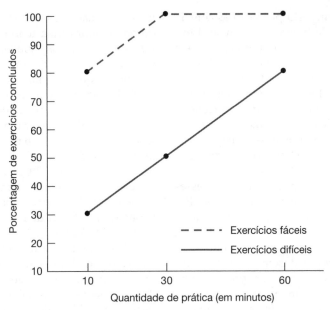

☑ **Figura 8.7**   Ilustração de um efeito de teto.

representar um problema em experimentos sem um desenho complexo. Mesmo que o experimento sobre a forma física tivesse apenas os exercícios fáceis, ainda haveria um efeito de teto.

Efeitos de interações e o desenho de grupos naturais

- Os pesquisadores usam desenhos complexos para fazer inferências causais sobre variáveis de grupos naturais quando testam uma teoria que explica por que os grupos naturais diferem.
- Três passos para fazer uma inferência causal envolvendo uma variável de grupos naturais são propor uma teoria explicando por que existem diferenças grupais, manipular uma variável independente que deve demonstrar o processo teorizado e testar se há um efeito de interação entre a variável independente manipulada e a variável de grupos naturais.

O desenho de grupos naturais, descrito sucintamente no Capítulo 6, é um dos desenhos de pesquisa mais populares em psicologia. São formados grupos de pessoas selecionando-se indivíduos que diferem em certas características, como gênero, idade, introversão-extroversão ou agressividade, para citar apenas algumas variáveis de diferenças individuais. Os pesquisadores então procuram relações sistemáticas entre essas variáveis relacionadas com diferenças individuais e outros aspectos do comportamento. O desenho de grupos naturais é um desenho efetivo para estabelecer correlações entre as características dos indivíduos e seu desempenho. Contudo, como também descrevemos no Capítulo 6, o desenho de grupos naturais talvez seja o mais desafiador para se tirarem conclusões sobre as causas do comportamento.

A dificuldade em interpretar o desenho de grupos naturais ocorre quando tentamos concluir que as diferenças no desempenho são *causadas* pelas características das pessoas que usamos para definir os grupos. Por exemplo, considere um experimento cujos participantes são selecionados por causa de sua formação musical. Um grupo de participantes é composto por pessoas com 10 anos ou mais de treinamento musical formal, e o outro é composto por pessoas sem treinamento formal. Ambos os grupos são testados em sua capacidade de lembrar da notação musical para melodias simples de dez notas. Como não seria de surpreender, os resultados desses testes mostram que indivíduos com formação musical têm um desempenho muito melhor do que indivíduos sem formação.

Podemos concluir, com base nesses resultados, que a memória para melodias simples varia (está correlacionada) com a quantidade de treinamento musical. Porém, não podemos concluir que o treinamento musical *cause* o desempenho superior da memória. Por que não? É provável que haja muitas outras maneiras em que pessoas com dez anos de formação musical difiram de pessoas sem formação. Os grupos podem diferir na quantidade e tipo de educação geral, histórico familiar, *status* socioeconômico e na quantidade e no tipo de experiência que tiveram ouvindo música. Além disso, pessoas com formação musical talvez tenham memórias melhores, em geral, do que pessoas sem tal treinamento, e sua memória superior para melodias simples pode refletir essa capacidade geral da memória. Finalmente, indivíduos que buscaram treinamento musical talvez o tenham feito porque tinham uma aptidão especial para a música. Desse modo, talvez tivessem se saído melhor no teste da memória mesmo que não tivessem nenhuma formação musical. Em suma, existem muitas causas possíveis além de diferenças individuais no treinamento musical para a diferença que foi observada no desempenho da memória.

Existe uma solução potencial para o problema de fazer inferências causais com base no desenho de grupos naturais (Underwood e Shaughnessy, 1975). A chave para essa solução é desenvolver uma teoria sobre a variável crítica das diferenças individuais. Por exemplo, Halpern e Bower (1982) estavam interessados em como a memória para a notação musical difere entre músicos e não músicos. Halpern e Bower desenvolveram uma teoria sobre como o treinamento musical influenciaria o processamento cognitivo da noção musical com indivíduos que tiveram essa formação. Sua teoria baseia-se em um conceito relacionado com a memória, chamado *chunking*, ou em pedaços. Pode-se ter uma ideia da vantagem que esse processo proporciona à memória tentando memorizar a seguinte série de 15 letras: HBOFBICNNUSAWWW. O corte ajuda a memória, alterando a mesma sequência de letras para uma série de cinco pedaços mais fáceis de lembrar: HBO-FBI--CNN-USA-WWW.

Halpern e Bower teorizaram que a formação musical leva os músicos a "decomporem" em pedaços a notação musical em unidades musicais com significado, reduzindo assim a quantidade de informações que precisam lembrar para reproduzirem a noção para uma melodia simples. Além disso, se esse processo fosse responsável pela diferença entre o desempenho da memória de músicos e não músicos, a diferença entre os músicos e os não músicos deveria ser maior para melodias com boa estrutura musical do que para melodias com estrutura musical fraca. Halpern e Bower manipularam a variável independente da estrutura musical para testar a sua teoria. Para fazer isso, usaram três tipos diferentes de melodias para testar seus grupos de músicos e não músicos. Eles prepararam conjuntos de melodias simples, cujas notações tivessem estruturas visuais semelhantes, mas que fossem boas, ruins ou aleatórias em termos de estrutura musical.

O teste crítico no experimento de Halpern e Bower era se eles obteriam um efeito de interação entre as duas variáveis independentes: formação musical e tipo de melodia. Especificamente, eles esperavam que a diferença no desempenho da memória entre músicos e não músicos fosse maior para as melodias com boa estrutura, depois para as melodias com uma estrutura ruim e menor para as melodias aleatórias. Os resultados do experimento de Halpern e Bower condizem exatamente com suas previsões.

O efeito de interação obtido permitiu que Halpern e Bower descartassem muitas hipóteses alternativas para a diferença no desempenho da memória entre músicos e não músicos. Características como a quantidade e o tipo de educação geral, o *status* socioeconômico, histórico familiar e boa capacidade de memória não são capazes de explicar por que existe uma relação sistemática entre a estrutura das melodias e o tamanho da diferença no desempenho da memória entre músicos e não músicos. Essas hipóteses alternativas potenciais não explicam por que houve diferença no desempenho da memória dos dois grupos para as melodias aleatórias. O efeito de interação torna muito menos plausíveis essas explicações correlacionais simples.

Existem vários passos que o investigador deve seguir para implementar o procedimento geral para fazer inferências causais com base no desenho de grupos naturais.

Passo 1: desenvolver uma teoria O primeiro passo é desenvolver uma teoria explicando por que deve haver uma diferença no desempenho de grupos que foram diferenciados com base em uma variável de diferenças individuais. Por exemplo, Halpern e Bower teorizaram que os músicos e não músicos difeririam no desempenho musical por causa da maneira como esses grupos organizam ("decompõem") as melodias cognitivamente.

Passo 2: identificar uma variável relevante para manipular O segundo passo é selecionar uma variável independente que possa ser manipulada e que se presuma influenciar a probabilidade de que esse processo teórico ocorra. Halpern e Bower sugerem que o tipo de estrutura musical é uma variável associada à facilidade de decompor.

Passo 3: testar para interação O aspecto mais crítico da abordagem recomendada é tentar obter um efeito de interação entre a variável manipulada e a variável diferenças individuais. Assim, a variável independente manipulada relevante é aplicada a ambos os grupos naturais. Halpern e Bower procuraram um efeito de interação entre a variável diferenças individuais (músico ou não músico) e a variável manipulada (tipo de estrutura musical) em um desenho complexo do tipo 2 x 3. A abordagem pode ser fortalecida ainda mais testando-se previsões de efeitos de interação entre três variáveis independentes: duas variáveis independentes manipuladas e a variável diferenças individuais (ver, por exemplo, Anderson e Revelle, 1982).

Resumo

Um desenho complexo é aquele em que duas ou mais variáveis independentes são estudadas no mesmo experimento. Um desenho complexo envolvendo duas variáveis independentes permite que os pesquisadores determinem o efeito geral de cada variável independente (o efeito principal de cada variável). Mais importante, os desenhos complexos podem ser usados para revelar o efeito da interação entre variáveis independentes. Os efeitos da interação ocorrem quando o efeito de cada variável independente depende do nível da outra variável independente.

O desenho complexo mais simples possível é o desenho 2 x 2, no qual duas variáveis independentes são estudadas em dois níveis. O número de condições em um desenho fatorial é igual ao produto dos níveis das variáveis independentes (p.ex., 2 x 3 = 6). Desenhos complexos além do 2 x 2 podem ser ainda mais produtivos para se entender o comportamento. Podem se acrescentar níveis adicionais de uma ou ambas variáveis independentes para gerar desenhos como 3 x 2, 3 x 3, 4 x 2, 4 x 3, e assim por diante. Também podem ser incluídas variáveis independentes adicionais para criar desenhos como 2 x 2 x 2, 2 x 3 x 3, e assim por diante. Experimentos envolvendo três variáveis independentes são notavelmente eficientes. Eles permitem que os pesquisadores determinem os efeitos principais de cada uma das três variáveis, os efeitos de interações tridirecionais e o efeito da interação simultânea entre todas as três variáveis.

Quando duas variáveis independentes são estudadas em um desenho complexo, podemos interpretar três fontes potenciais de variação sistemática. Cada variável independente pode gerar um efeito principal estatisticamente significativo, e as duas variáveis independentes podem se combinar e produzir um efeito de interação estatisticamente significativo. Os efeitos de interação podem ser identificados inicialmente usando o método da subtração quando as estatísticas descritivas são apresentadas em uma tabela, ou pela presença de linhas concorrentes quando os resultados aparecem em um gráfico de linhas. Se o efeito da interação não for estatisticamente significativo, podemos analisar os resultados examinando os efeitos principais simples e, se necessário, comparações de médias consideradas duas de cada vez. Quando não ocorrem efeitos de interação, analisamos os efeitos principais de cada variável independente e, quando necessário, podemos usar comparações de duas médias ou intervalos de confiança.

Os desenhos complexos têm um papel crítico no teste de previsões derivadas de teorias psicológicas. Os desenhos complexos também são essenciais para resolver contradições que surgem quando as teorias são testadas. Quando se usa um desenho complexo e não existe efeito de interação, sabemos que os efeitos de cada variável independente podem ser generalizados entre os níveis da outra variável independente. Todavia, quando há um efeito de interação, é possível especificar claramente os limites à validade externa dos resultados. A possibilidade de haver efeitos de interação exige que expandamos a definição de variável independente relevante, para incluir aquelas que influenciam o comportamento diretamente (geram efeitos principais) e aquelas que produzem um efeito de interação quando estudadas em combinação com outra variável independente. Os efeitos de interação que podem surgir por causa de problemas de medição, como efeitos de teto e piso, não devem ser confundidos com efeitos de interação que refletem o efeito combinado verdadeiro de duas variáveis independentes. Os efeitos de interação também podem ajudar muito a resolver o problema das inferências causais baseadas no desenho de grupos naturais.

Conceitos básicos

desenhos complexos   258
efeito principal   261
efeito de interação   263
efeito principal simples   272

variável independente relevante   277
efeitos de teto   278
efeitos de piso   278

Metodologia de pesquisa em psicologia **283**

Questões de revisão

1. Identifique o número de variáveis independentes, o número de níveis para cada variável independente e o número total de condições para cada um dos seguintes exemplos de experimentos com desenhos complexos: (a) 2 x 3 (b) 3 x 3 (c) 2 x 2 x 3 (d) 4 x 3.

2. Identifique as condições em um desenho complexo em que as seguintes variáveis independentes são combinadas fatorialmente: (1) tipo de teste com três níveis (visual, auditivo, tátil) e (2) grupo de crianças testadas com dois níveis (normal, desenvolvimento retardado).

3. Use os resultados de Kassin e colaboradores sobre os esforços dos interrogadores, apresentados na Tabela 8.3, para obter uma confissão para mostrar que existem duas maneiras possíveis de descrever o efeito da interação.

4. Descreva como você usaria o método da subtração para decidir se havia um efeito de interação presente em uma tabela apresentando os resultados de um desenho complexo 2 x 2.

5. Descreva o padrão em um gráfico de linha que indica a presença de um efeito de interação em um desenho complexo.

6. Enumere os passos no plano de análise de um desenho complexo com duas variáveis independentes, quando existe e quando não existe um efeito de interação.

7. Use um exemplo para ilustrar como se pode usar um desenho complexo para testar previsões derivadas de uma teoria psicológica.

8. De que modo a validade externa dos resultados em um desenho complexo é influenciada pela presença ou ausência de um efeito de interação?

9. Explique por que os pesquisadores devem ter cautela ao dizerem que uma variável independente não tem efeito sobre o comportamento.

10. Descreva o padrão de estatística descritiva que indicaria que um teto (ou piso) pode estar presente em um conjunto de dados, e descreva como esse padrão de dados pode afetar a interpretação de estatísticas inferenciais (p.ex., teste F) para esses dados.

11. Explique como os efeitos de interações podem ser usados em um desenho complexo como parte da solução para o problema de se fazerem inferências causais com base no desenho de grupos naturais.

☑ DESAFIOS

1. Considere um experimento em que duas variáveis independentes foram manipuladas. A variável A foi manipulada em três níveis, e a variável B foi manipulada em dois níveis.
   A. Desenhe um gráfico mostrando um efeito principal da variável B, nenhum efeito principal da variável A e nenhum efeito de interação entre as duas variáveis.
   B. Desenhe um gráfico mostrando nenhum efeito da variável A, nenhum efeito da variável B, mas um efeito de interação entre as duas variáveis.
   C. Desenhe um gráfico mostrando um efeito principal da variável A, um efeito principal da variável B e nenhum efeito de interação entre as variáveis A e B.

2. Um pesquisador usou um desenho complexo para estudar os efeitos do treinamento (treinados e não treinados) e da dificuldade do problema (fácil e difícil) sobre a capacidade de resolução de problemas dos participantes. O pesquisador testou um total de 80 participantes, com 20 designados aleatoriamente para cada um dos quatro grupos resultantes da combinação fatorial das duas variá-

☑ DESAFIOS (CONTINUAÇÃO)

veis independentes. Os dados apresentados a seguir representam a porcentagem média dos problemas que os sujeitos resolveram em cada uma das quatro condições.

	Treinamento	
Dificuldade do problema	**Não treinado**	**Treinado**
Fácil	90	95
Difícil	30	60

A. Existem evidências de um possível efeito de interação nesse experimento?

B. Que aspecto dos resultados desse experimento levariam você a hesitar para interpretar um efeito de interação se estivesse presente neste experimento?

C. De que modo o pesquisador modificaria o experimento para poder interpretar um efeito de interação, se ocorresse?

3. Um psicólogo quer descobrir se pessoas idosas têm algum déficit com relação ao seu tempo de reação ao processarem padrões visuais complexos. O experimento conta com 50 pessoas de 65 anos de idade, e 50 jovens em idade universitária, que se ofereceram como voluntários. Os participantes são testados usando um teste de figuras embutidas. O psicólogo apresenta uma figura simples para cada sujeito, seguida imediatamente por um padrão complexo que contém a figura simples. O sujeito deve indicar o mais rápido possível a localização da figura simples no padrão complexo. Os participantes são cronometrados do começo da apresentação do padrão complexo até localizarem o padrão simples. Como o psicólogo havia esperado, os tempos de reação médios para os idosos foram notavelmente maiores do que para adultos jovens. Por qualquer padrão usado,

os resultados foram estatisticamente significativos.

A. O psicólogo afirma, com base nesses resultados, que as diferenças em tempos de reação neste experimento foram causadas por um déficit na capacidade dos idosos de processar informações complexas. Você deve reconhecer que um experimento com um desenho complexo deveria ser feito antes que ele pudesse concluir que os idosos tinham um déficit em seu processamento de padrões visuais *complexos*. Que outro teste do tempo de reação o psicólogo poderia aplicar a ambos os grupos para transformar o experimento em um desenho complexo? Descreva o resultado do experimento com desenho complexo que corroboraria a afirmação de que os idosos têm um déficit no processamento de informações complexas e outro resultado que levaria você a questionar a afirmação.

B. Reconhecendo que seu estudo original é falho, o psicólogo tenta usar pareamento *post hoc* (posterior) para tentar igualar os dois grupos. Ele decide combiná-los com base na saúde geral (i.e., quanto melhor sua saúde, mais rápido seu tempo de reação). Embora não tenha conseguido uma correspondência exata entre os grupos, ele observa que, quando olha apenas os 15 idosos mais saudáveis, seus tempos de reação são apenas levemente mais longos do que a média dos adultos jovens. Explique como essa observação mudaria a conclusão do psicólogo sobre o efeito da idade no tempo de reação. O psicólogo poderia chegar à conclusão geral de que os idosos não sofrem um déficit no tempo de reação nesse teste? Por quê, ou por que não?

Resposta ao Exercício I

1. (a) Culpa real: $M = 3,04$; inocência real: $M = 3,18$
   (b) A diferença entre as médias para a variável independente *status* do suspeito é 0,14, que é uma diferença muito pequena, se comparada com a diferença média observada para o efeito estatisticamente significativo da expectativa do interrogador sobre o número de questões presuntivas $(3,62 - 2,60 = 1,02)$.
   (c) Usando o método da subtração, a diferença entre as condições de culpa real e inocência real na condição de expectativa de culpa é –0,16 (3,54 – 3,70). Na condição de expectativa de inocência, a diferença é de –0,12 (2,54 – 2,66). Como essas diferenças são muito semelhantes, é improvável que haja um efeito de interação.

2. (a) Culpa real: $M = 9,84$; inocência real: $M = 8,74$.
   (b) A diferença entre as médias para as condições de expectativa de culpa e expectativa de inocência é 1,1 (i.e., aproximadamente 1 técnica mais persuasiva na condição de expectativa de culpa do que na condição de expectativa de inocência). Em comparação, para o efeito principal estatisticamente significativo da variável independente *status* do suspeito, a diferença no número de técnicas persuasivas usadas entre as condições de culpa real e inocência real é 4,27 $(11,42 - 7,15)$.
   (c) É improvável que haja um efeito de interação. Usando o método da subtração, a diferença entre as condições de culpa real e inocência real na condição de expectativa de culpa $(7,71 - 11,96 = -4,25)$ é muito semelhante ao valor calculado para a condição de expectativa de inocência $(6,59 - 10,88 = -4,29)$.

3. (a) Expectativa de culpa: $M = 6,40$; expectativa de inocência: $M = 5,70$.
   (b) Culpa real: $M = 5,60$; inocência real: $M = 6,51$.
   (c) O efeito principal estatisticamente significativo da variável expectativa do interrogador indica que o esforço para obter uma confissão (a variável dependente) foi maior na condição de expectativa de culpa $(M = 6,40)$ do que na condição de expectativa de inocência $(M = 5,70)$.

   O efeito principal estatisticamente significativo da variável *status* do suspeito indica que o esforço para obter uma confissão foi maior na condição de inocência real $(M = 6,51)$ do que na condição de culpa real $(M = 5,60)$.

Resposta ao Exercício II

A. Efeito de interação, efeito principal da dificuldade do teste.

B. Sem efeito de interação, efeitos principais da dificuldade do teste e nível de ansiedade.

C. Sem efeito de interação, efeitos principais do tipo de mídia e conteúdo.

D. Efeito de interação, efeitos principais do tipo de mídia e conteúdo.

E. Efeito de interação, efeitos principais do atraso e complexidade dos padrões (são necessárias outras análises estatísticas para testar esses efeitos).

F. Sem efeito de interação, efeitos principais do atraso e complexidade dos padrões.

Resposta ao Desafio 1

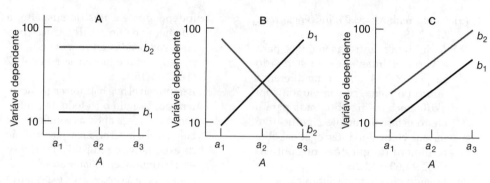

☑ Notas

1. Somente é possível calcular a média dos valores em cada linha e coluna para obter as médias dos efeitos principais quando existem números iguais de sujeitos contribuindo para cada média na tabela. Para procedimentos para calcular médias ponderadas quando as células da tabela envolvem tamanhos amostrais diferentes, ver Keppel (1991).
2. Um leitor astuto verá que o estudo de Kaiser e colaboradores (2006) é um desenho complexo (misto) do tipo 2 (identidade social) x 3 (tipo de palavra) x 2 (apresentação da palavra: subliminar, consciente). Os dois níveis de apresentação da palavra foram manipulados usando um desenho de medidas repetidas. A interação 2 x 3 x 2 entre essas variáveis independentes era estatisticamente significativa. Para analisar a fonte dessa interação tridirecional, Kaiser e colaboradores (2006) analisaram a interação 2 (identidade social) x 3 (tipo de palavra) separadamente para apresentação subliminar e apresentação consciente. Conforme descrito, a interação 2 x 3 mostrou-se estatisticamente significativa para a apresentação subliminar, mas não para a apresentação consciente.

PARTE QUATRO

Pesquisa Aplicada

9

Desenhos de caso único e pesquisas com *n* pequeno

Visão geral

Por enquanto, neste livro, enfatizamos a *metodologia de grupo* – pesquisas voltadas para analisar o desempenho médio de um ou mais grupos de sujeitos. Isso ficou particularmente evidente nos Capítulos 6, 7 e 8, quando consideramos os métodos experimentais. Neste capítulo, apresentaremos duas metodologias alternativas que enfatizam o estudo de um único indivíduo. Chamamos essas metodologias de *desenhos de pesquisa de caso único*.

Os desenhos de caso único têm sido usados desde que a psicologia científica começou, no século XIX. Os métodos psicofísicos tiveram sua origem no trabalho de Gustav Fechner e foram descritos em seu livro de 1860, *Elemente der Psychophysik*. Fechner, e um número incontável de outros psicofísicos desde então, usava dados obtidos por meio de experimentos com um ou dois indivíduos. Hermann Ebbinghaus é outra figura importante na história inicial da psicologia que usou um desenho de caso único. De fato, o caso único que Ebbinghaus estudou foi ele próprio. Ele era o sujeito e o experimentador das pesquisas que publicou em sua monografia sobre a memória em 1885.

Ao longo de um período de muitos meses, ele aprendeu e tentou reaprender centenas de séries de sílabas aleatórias. Seus dados forneceram aos psicólogos as primeiras evidências sistemáticas do esquecimento ao longo do tempo.

Os estudos de caso único aparecem regularmente em periódicos de psicologia, lidando com questões desde terapia cognitiva para veteranos do Vietnã (Kubany, 1997) ao estudo de processos cerebrais em pacientes amnésticos (Gabrieli, Fleischman, Keane, Reminger e Morrell, 1995) e ao tratamento de tiques motores e vocais associados à síndrome de Tourette (Gilman, Connor e Haney, 2005). Os psicólogos cognitivos que estudam o desempenho de especialistas, seja o de um bailarino, enxadrista ou músico, baseiam-se fortemente nesses métodos (p.ex., Ericsson e Charness, 1994). Por exemplo, vários pesquisadores recentemente publicaram suas observações de "Donny, um jovem autista e *savant* que possivelmente seja o mais rápido e mais preciso prodígio do calendário jamais descrito" (Thioux, Stark, Klaiman e Schultz, 2006, p. 1155). Em menos de um segundo, ele consegue dizer o dia da semana em que você nasceu! Donny havia sido diagnosticado com autismo aos 6 anos de idade e tinha um QI próximo do limite do retardo mental. Ainda assim, ele acertava em 98% das vezes quando questionado sobre dias da semana entre 1º de março de 1900 e 28 de fevereiro de 2100. Ele cometia erros sistemáticos fora dessa faixa, devido ao fato de que parecia não reconhecer que os anos dos séculos somente são bissextos se forem divisíveis por 400. Donny foi avaliado ao longo de um ano com o uso de uma variedade de condições de teste. Os pesquisadores criaram um modelo cognitivo para explicar o seu desempenho e especulavam sobre o desenvolvimento de habilidades *savants* em indivíduos autistas.

Neste capítulo, discutimos duas metodologias de pesquisa específicas que usam o caso único, o método do estudo de caso e desenhos experimentais de sujeito único. O *método do estudo de caso* é associado muitas vezes ao campo da psicologia clínica, mas pesquisadores de campos como a antropologia, criminologia, neurologia e sociologia também fazem uso desse método importante. Por exemplo, o neurologista Oliver Sacks (1985, 1995, 2007) cativou milhões de pessoas com seus estudos de caso vívidos sobre indivíduos com transtornos cerebrais peculiares e bastante fascinantes. Um dos livros mais conhecidos de Sacks é *Musicophilia: Tales of Music and The Brain* (2007). De onde vem o nosso interesse ou propensão a gostar de música ("musicofilia")? Será que são inatos? Que partes do cérebro governam as nossas capacidades musicais e nossa apreciação pela música? Será que a música está relacionada com a língua? Sacks investiga as respostas para essas e outras questões por meio de uma revisão de estudos de caso de indivíduos com propensões musicais inusitadas. O livro começa com a história clínica de um homem que sobreviveu ao ser atingido por um raio e descobriu que havia desenvolvido uma obsessão por música. Ele não tinha interesse em música antes do acontecimento, mas desde então passa a ter um desejo intenso de ouvir música tocada

no piano. Depois de ouvir gravações musicais, notou que a música continuava tocando em sua mente. Então, fez aulas de piano e começou a escrever suas próprias composições! Esses "contos clínicos", como Sacks os chama, não apenas nos trazem uma visão da relação entre a mente e o cérebro, como também revelam como os indivíduos se adaptam, enfrentam e vencem déficits neurológicos profundos. Revisaremos as vantagens e as desvantagens do método do estudo de caso.

A ênfase em um *desenho experimental de sujeito único* costuma estar na manipulação de variáveis e na interpretação para um único sujeito, mesmo que sejam observados alguns sujeitos ou um único "grupo". Os desenhos experimentais de sujeito único também costumam ser chamados de "desenhos experimentais $N = 1$" ou "desenhos de pesquisa com n pequeno". Esses desenhos são característicos das abordagens chamadas *análise experimental do comportamento* e *análise comportamental aplicada*. Como você verá, essas abordagens representam usos básicos e aplicados, respectivamente, de uma abordagem de n pequeno. Os desenhos de sujeito único são mais sistemáticos e controlados do que os estudos de caso. Analisaremos a fundamentação para o uso desses desenhos e apresentaremos exemplos específicos dos desenhos experimentais de sujeito único mais comuns. Esses desenhos experimentais representam um caso especial do desenho de medidas repetidas apresentado no Capítulo 7.

O método do estudo de caso

Características

- Estudos de caso, descrições e análises intensivas de indivíduos não possuem o mesmo grau de controle encontrado em desenhos experimentais de n pequeno.
- Os estudos de caso são uma fonte de hipóteses e ideias sobre o comportamento normal e anormal.

Um **estudo de caso** é uma descrição e análise intensiva de um indivíduo único. Os estudos de caso fazem uso de dados qualitativos, mas isso nem sempre ocorre (p.ex., Smith, Harré e Van Langenhove, 1995). Os pesquisadores que usam o método do estudo de caso obtêm seus dados de várias fontes, incluindo a observação naturalística e registros arquivísticos (Capítulo 4), entrevistas e testes psicológicos (Capítulo 5). Um estudo de caso clínico geralmente descreve a aplicação e os resultados de um determinado tratamento. Por exemplo, um estudo de caso clínico pode descrever os sintomas de um indivíduo, os métodos usados para entender e tratar os sintomas, e evidências da efetividade do tratamento. Assim, os estudos de caso são uma fonte potencialmente rica de informações sobre indivíduos.

As variáveis relacionadas com o tratamento em estudos de caso clínicos raramente são controladas de forma sistemática. Ao contrário, podem ser aplicados vários tratamentos simultaneamente, e o psicólogo talvez tenha pouco controle sobre as variáveis externas (p.ex., ambientes domésticos e de trabalho que influenciam os sintomas do cliente). Desse modo, *uma característica fundamental dos estudos de caso é que eles costumam não ter um grau elevado de controle*. Sem controle, é difícil para os pesquisadores fazerem inferências válidas sobre as variáveis que influenciam o comportamento do indivíduo (incluindo o tratamento). O grau de controle é uma das características que distinguem o método do estudo de caso e desenhos experimentais de sujeito único, estes apresentando um grau maior de controle (ver, por exemplo, Kazdin, 2002).

A forma e o conteúdo dos estudos de caso são extremamente variadas. Os estudos de caso publicados podem ter apenas algumas páginas impressas ou podem encher um livro. Muitos aspectos do método do estudo de caso fazem dele um meio único para estudar o comportamento. Ele difere de abordagens mais experimentais em termos de seus objetivos, dos métodos usados e dos tipos de informações obtidas (Kazdin, 2002). Por exemplo, o método do estudo de caso costuma ser caracterizado como "exploratório" em natureza e uma fonte de hipóteses e ideias sobre o comportamento (Bolgar, 1965). As abordagens experimentais, por outro lado, costumam ser vistas como oportunidades para testar hipóteses específicas. O método do estudo de caso às vezes é considerado antagônico a métodos mais controlados de investigação. Uma perspectiva mais adequada é sugerida por Kazdin (2002), que enxerga *o método do estudo de caso como inter-relacionado e complementar a outros métodos de pesquisa em psicologia.*

O método do estudo de caso oferece vantagens e desvantagens para o psicólogo pesquisador (ver, por exemplo, Bolgar, 1965; Hersen e Barlow, 1976; Kazdin, 2002). Todavia, antes de revisarmos suas vantagens e desvantagens, ilustraremos o método com uma síntese de um estudo de caso real, publicado por Kirsch (1978). É importante que você leia cuidadosamente essa versão abreviada de estudo de caso, pois nós o revisaremos quando discutirmos as vantagens e desvantagens do método do estudo de caso (ver Quadro 9.1).

Vantagens do método do estudo de caso

- Os estudos de caso proporcionam novas ideias e hipóteses, oportunidades para desenvolver novas técnicas clínicas e uma chance para estudar fenômenos raros.
- As teorias científicas podem ser desafiadas quando o comportamento de um caso único contradiz os princípios teóricos, e podem ter amparo provisório usando-se evidências de estudos de caso.
- A pesquisa idiográfica (o estudo de indivíduos para identificar o que lhes é singular) complementa a pesquisa nomotética (o estudo de grupos para identificar o que é típico).

☑ Quadro 9.1

CLIENTES PODEM SER SEUS PRÓPRIOS TERAPEUTAS? UM EXEMPLO DE ESTUDO DE CASO

Este artigo fala sobre o uso de treinamento em automanejo, uma estratégia terapêutica que capitaliza as vantagens de terapias breves, enquanto, ao mesmo tempo, reduz o perigo de deixar muitas tarefas por serem concluídas... A essência da abordagem envolve ensinar ao cliente como ser o seu próprio terapeuta comportamental. O cliente aprende a avaliar problemas em dimensões comportamentais e a desenvolver táticas específicas, baseadas em técnicas existentes de tratamento, para superar problemas. À medida que o processo ocorre, a relação tradicional entre cliente e terapeuta sempre se altera consideravelmente. O cliente assume o papel duplo de cliente e terapeuta, enquanto o terapeuta assume o papel de supervisor.

O caso de Susan

Susan, uma mulher casada de 28 anos, começou a fazer terapia reclamando que sofria com uma memória deficiente, pouca inteligência e falta de autoconfiança. As supostas deficiências a "faziam" ser inibida em diversas situações sociais. Ela não conseguia participar de discussões sobre filmes, peças, livros ou artigos de revistas "porque" não conseguia lembrar o suficiente. Muitas vezes, sentia que não conseguia entender o que se dizia em uma conversa e que isso se devia à sua baixa inteligência. Tentava esconder sua falta de compreensão adotando um papel passivo nessas interações e tinha medo de ser descoberta quando lhe pedissem uma resposta. Ela não confiava em suas próprias opiniões e, de fato, às vezes, questionava se tinha alguma. Susan se sentia dependente das pessoas, esperando que dessem opiniões para ela adotar.

Administrando a Escala de Inteligência Adulta de Weschler (WAIS), observei que ela tinha um QI verbal de 120, um escore acima da média. Seu escore no subteste Dígitos indicava, no mínimo, que sua memória de curta duração não era deficiente. O teste confirmou o que eu já imaginara ao falar com ela: que não havia nada errado com seu nível de inteligência ou sua memória. Depois de discutir essa conclusão, sugeri que investigássemos em mais detalhe os tipos de coisas que ela conseguiria fazer se achasse que sua memória, inteligência e autoconfiança eram suficientemente boas. Desse modo, conseguimos concordar em uma lista de objetivos comportamentais, incluindo tarefas como dar uma opinião, pedir esclarecimentos, admitir ignorância de certos fatos, etc. Durante as sessões de terapia, orientei Susan em ensaios explícitos e encobertos de situações que provocam ansiedade... Estruturei tarefas de casa consistindo de aproximações sucessivas de suas metas comportamentais, e pedi que ela mantivesse registros de seu progresso. Além disso, discutimos afirmações negativas que ela vinha fazendo sobre si mesma e que não se justificavam conforme os dados disponíveis (p.ex., "sou burra"). Sugeri que, sempre que ela se encontrasse fazendo uma afirmação desse tipo, a confrontasse dizendo intencionalmente coisas positivas e mais apropriadas para si mesma (p.ex., "não sou burra – não existe razão lógica para pensar que eu seja").

Durante a quinta sessão de terapia, Susan relatou ter concluído uma tarefa de casa presumidamente difícil. Ela não apenas tinha achado fácil de fazer, como, segundo contou, não havia gerado nenhuma ansiedade, mesmo na primeira tentativa... Foi nesse ponto que a natureza do relacionamento terapêutico se alterou. Durante as sessões futuras, Susan avaliou seu progresso durante a semana, determinou qual seria o próximo passo e criou suas próprias tarefas de casa. Meu papel se tornou o de supervisor de um terapeuta aprendiz, reforçando seus sucessos e chamando atenção para fatores que ela poderia estar omitindo.

Depois da nona sessão de terapia, o tratamento direto foi descontinuado. Durante o mês seguinte, contatei Susan duas vezes pelo telefone. Ela disse se sentir confiante em sua capacidade de alcançar suas metas. Em particular, contou que sentia um novo senso de controle sobre sua vida. Minha impressão é que ela conseguiu adotar um método comportamental de resolução de problemas e avaliação, e havia se tornado bastante com-

☑ Quadro 9.1 (continuação)

petente em criar estratégias para alcançar seus objetivos.

Seguimento

Cinco meses após o término do tratamento, contatei Susan e pedi informações sobre seu progresso. Ela disse que falava mais do que costumava em situações sociais, sentia-se mais confortável fazendo coisas sozinha (i.e., sem o marido) e que, de um modo geral, não achava mais que era burra. Ela resumiu dizendo: "sinto que estou um passo ou nível acima de onde estava".

Também perguntei a ela qual das técnicas, se alguma, que havíamos usado na terapia ela continuava a usar por conta própria... Finalmente, ela disse que, em pelo menos três

ocasiões diferentes durante o período de cinco meses após o término do tratamento, havia dito a alguém: "não entendo isso – pode me explicar?". Essa era uma resposta que ela se sentia incapaz de dar, pois poderia expor a sua "estupidez" para a outra pessoa.

Três meses após a entrevista de seguimento, recebi uma carta de Susan (eu havia me mudado para outro estado), na qual ela me lembrava de que "um dos seus exercícios imaginários era entrar em uma aula de dança e se sentir confortável; bem, havia dado certo".*

Fonte: Kirsch, I. (1978) Teaching clients to be their own therapists: A case study illustration. *Psychotherapy: Theory, Research, and Practice, 15*, 302-305. (Reimpresso sob permissão.)

Fontes de ideias sobre o comportamento
Os estudos de caso são uma rica fonte de informações sobre indivíduos e *insights* sobre as causas possíveis do comportamento das pessoas. Esses *insights*, quando traduzidos para hipóteses de pesquisa, podem ser testados usando métodos de pesquisa mais controlados. Esse aspecto do método do estudo de caso foi reconhecido por Kirsch (1978) quando discute a psicoterapia bem-sucedida de Susan. Ele afirma que "as conclusões [desse estudo de caso]... devem ser consideradas provisórias. Espera-se que a utilidade [dessa técnica] seja estabelecida por pesquisas mais controladas" (p. 305). O método do estudo de caso é um ponto de partida natural para pesquisadores que estão entrando em uma área de estudo sobre a qual se sabe relativamente pouco.

Oportunidade para inovação clínica O método do estudo de caso proporciona uma oportunidade para "experimentar" novas técnicas terapêuticas ou para experimentar novas aplicações de técnicas existentes. O uso do treinamento de automanejo em psicoterapia representa uma

inovação clínica, pois Kirsch mudou a relação típica entre cliente e terapeuta. A abordagem do treinamento de automanejo baseia-se em ensinar os clientes a serem seus próprios terapeutas – em outras palavras, identificar problemas e criar técnicas comportamentais para lidar com eles. O cliente é cliente e terapeuta, enquanto o terapeuta atua como supervisor. Em uma linha semelhante, Kubany (1997) relatou o efeito de uma "maratona" com uma sessão de terapia cognitiva de um dia com um veterano do Vietnã que tinha formas diversas de culpa relacionada com o combate. Esse tipo de terapia geralmente ocorre ao longo de muitas sessões, mas o fato de que essa sessão intensiva parece ter tido êxito sugere um novo modo de conduzir esse tipo de intervenção clínica.

Método para estudar fenômenos raros
Os estudos de caso também são úteis para estudar situações raras. Algumas situações são de natureza tão infrequente que podemos descrevê-las apenas por meio do estudo intensivo de casos individuais. Muitos dos estudos de caso descritos nos livros de Oliver Sacks, por exemplo, descrevem

indivíduos com transtornos cerebrais raros. O estudo de autistas *savants* e outros indivíduos com capacidades de memória excepcionais, que mencionamos no começo deste capítulo, também é um exemplo de como o estudo de caso é usado para investigar casos raros.

Desafio a pressupostos teóricos Uma teoria que diga que todos os marcianos têm três cabeças seria arruinada se um observador confiável visse um marciano com apenas duas cabeças. O método do estudo de caso pode promover o pensamento científico, proporcionando um "contraexemplo": um caso único que viole uma proposição geral ou um princípio aceito universalmente (Kadzin, 2002). Considere uma teoria que sugere que a capacidade humana de processar e produzir o discurso baseia-se, em um certo grau, em nossa capacidade de apreciar a tonalidade, especialmente em línguas tonais, como o chinês. A capacidade de processar entonações e inflexões na fala, bem como o aspecto "cantado" de certas formas de fala, poderia ter semelhança com a apreciação musical. Como essa teoria explicaria a percepção e produção do discurso normal por alguém que não consiga ouvir a música? Existem indivíduos com essa característica?

Oliver Sacks (2007) relata vários estudos de caso de pessoas com "amusia" congênita, ou a incapacidade de ouvir música. Um caso, por exemplo, envolvia uma mulher que nunca tinha ouvido música, pelo menos do modo como a maioria das pessoas ouve música. Ela não conseguia discriminar melodias, nem dizer se uma nota musical era mais alta ou mais baixa. Quando lhe perguntavam como a música soava para ela, ela respondia que era como alguém atirando potes e panelas no chão. Sua condição somente foi diagnosticada quando ela tinha mais de 70 anos, e ela veio a conhecer outras pessoas com esse transtorno neurológico inusitado. Ainda assim, ela e outras pessoas com amusia

apresentam percepção e produção normais de discurso. De forma clara, uma teoria que propusesse uma conexão íntima entre a capacidade linguística e a apreciação musical deveria ser modificada com base nesses estudos de caso.

Fundamentação provisória para uma teoria psicológica Evidências de um estudo de caso podem proporcionar uma fundamentação provisória para uma teoria psicológica. Embora os resultados de estudos de caso não sejam usados para fornecer evidências *conclusivas* para uma determinada hipótese, o resultado de um estudo de caso às vezes pode fornecer evidências importantes em favor de uma teoria psicológica.

Um exemplo de estudos de caso que podem proporcionar uma base para uma teoria vem da literatura sobre a memória. Nos anos de 1960, Atkinson e Shiffrin propuseram um modelo da memória humana que teve uma influência considerável nas pesquisas nesse campo nas décadas seguintes. O modelo, que se baseava em princípios do processamento de informações, descrevia um sistema de memória de curta duração e um sistema de memória de longa duração. Embora os resultados de muitos experimentos proporcionassem evidências para essa natureza dual da nossa memória, Atkinson e Shiffrin consideravam os resultados de vários estudos de caso como "talvez as evidências mais convincentes de uma dicotomia no sistema da memória" (1968, p. 97). Esses estudos de caso envolviam pacientes que haviam sido tratados para epilepsia pela remoção cirúrgica de partes do cérebro dentro dos lobos temporais, incluindo uma estrutura subcortical conhecida como hipocampo. De particular importância para a teoria de Atkinson e Shiffrin, foi o estudo de caso de um paciente conhecido como H.M. (ver Hilts, 1995; Scoville e Milner, 1957). Depois da operação cerebral, observou-se que H.M. tinha um déficit de memória perturbador. Embora pudesse ter uma conversa normal e lembrar-se de fatos para um período curto de tempo, ele não conseguia se lembrar dos acontecimentos cotidianos. Ele podia ler a mesma revista repetidamente sem considerar o conteúdo familiar. Era como se H.M. tivesse um sistema de memória de curta duração intacto, mas não conseguisse colocar as informações no sistema de memória de longa duração. Testes subsequentes com H.M. e pacientes com déficits de memória semelhantes revelaram que a natureza do seu problema de memória é mais complexa do que o sugerido originalmente, mas o estudo de caso de H.M. se mantém importante sempre que são discutidas teorias sobre a memória humana (por exemplo, ver Schacter, 1996 e Quadro 9.2).

Complemento ao estudo nomotético do comportamento A psicologia (como a ciência em geral) visa estabelecer generalizações abrangentes, "leis universais" que se apliquem a uma população ampla de organismos. Como consequência, a pesquisa psicológica costuma ser caracterizada por estudos que usam a abordagem nomotética. A **abordagem nomotética** envolve grandes números de sujeitos, e busca determinar o comportamento típico ou "médio" de um grupo. Essa média pode ou não representar o comportamento de nenhum indivíduo do grupo. Ao contrário, o pesquisador espera prever, com base nesse comportamento médio, como os organismos são "em geral".

Alguns psicólogos, como Allport (1961), argumentam que a abordagem nomotética é inadequada – que o indivíduo é mais do que podemos representar com uma coletânea de valores médios em dimensões variadas. Allport argumenta que o indivíduo é singular e regular; o indivíduo opera de acordo com princípios internamente coerentes. Ele também afirma que o estudo do indivíduo, chamado de **abordagem idiográfica** de pesquisa, é um objetivo importante para a pesquisa psicológica (ver também Smith et al., 1995).

Allport ilustra a necessidade de uma abordagem idiográfica, descrevendo a tarefa que enfrenta o psicólogo clínico. O objetivo do clínico "não é prever o agregado, mas predizer o que um homem [*sic*] específico fará'. Para alcançar esse ideal, as previsões atuariais às vezes podem ajudar, normas universais e grupais são úteis, mas não cobrem todo o caminho" (p. 21). Allport sugere que a nossa abordagem para

---

☑ Quadro 9.2

Um caso único que continua a lançar luz sobre a psicologia

Henry Gustav Molaison, conhecido apenas como H.M. para os pesquisadores da psicologia por mais de cinco décadas, morreu em 2 de dezembro de 2008. Tinha 82 anos e, na maior parte da sua vida, viveu apenas no presente, inconsciente por mais de alguns minutos das contribuições que estava fazendo para o campo da pesquisa da memória (ver texto). Em um obituário publicado no *Los Angeles Times* (T.H. Maugh, II, 9 de dezembro de 2008), Eric Kandel, ganhador do Prêmio Nobel, foi citado dizendo: "esse caso único iluminou todo um *corpus* de conhecimento". Ainda assim, as contribuições de H.M. para a ciência não terminaram com a sua morte. Muitos anos atrás, depois de consultar um parente, H.M. concordou em doar o seu cérebro para a ciência (ver B. Carey, *The New York Times*, 22 de dezembro de 2009). Pesquisadores da Universidade da Califórnia, em São Diego, armazenaram mais de 2000 fatias do cérebro de H.M. que serão reproduzidas digitalmente em *slides* para pesquisadores ao redor do mundo analisarem. As técnicas de produção de lâminas finas do cérebro, combinadas com a tecnologia da informática do século XXI, têm o potencial de revelar a arquitetura do cérebro de um modo jamais possível antes. Muito obrigado, H.M.

Metodologia de pesquisa em psicologia **295**

☑ EXERCÍCIO

Neste exercício, você deve responder as questões após esta breve descrição.

Uma das suas amigas está cursando uma disciplina de introdução à psicologia neste semestre, e está lhe descrevendo, durante o almoço, suas reações ao que aconteceu em aula pela manhã. O tema da aula do dia era o desenvolvimento adulto, e o professor descreveu dois estudos relacionados com o casamento e o divórcio. O professor enfatizou que ambos os estudos representavam pesquisas excelentes que haviam sido feitas por alguns dos principais especialistas do campo. O primeiro estudo envolvia uma grande amostra de casais que haviam sido selecionados aleatoriamente a partir de uma população bem definida. Os resultados desse estudo indicam que um pouco mais da metade dos casais acabam em divórcio e que fatores como conflitos persistentes entre cônjuges e um histórico familiar de divórcio eram indicadores confiáveis do divórcio. O professor mostrou análises estatísticas que confirmavam a confiabilidade desses indicadores. O segundo estudo era uma longa descrição narrativa das experiências de um casal em terapia com um conselheiro de casal e família. O estudo de caso descrevia como o casal começara a terapia considerando seriamente se divorciar, mas decidiu manter o casamento depois de um ano de terapia. O professor descreveu várias técnicas específicas que o terapeuta usou com o casal, para ajudá-los a entender e lidar com questões como conflitos no casamento e um histórico familiar de divórcio, que os colocava em risco de divórcio.

O período da classe terminou antes que o professor tivesse chance de descrever como os resultados desses estudos estavam relacionados e que conclusões se podem tirar deles a respeito do divórcio. Como você responderia as questões e preocupações que sua amiga tinha depois dessa classe?

1. Uma das questões da sua amiga é como ela pode decidir em qual estudo deve acreditar. O primeiro parece dizer que os conflitos maritais e um histórico de divórcio levam ao divórcio, mas o segundo indica que esses fatores não precisam levar ao divórcio. Sua amiga diz que está inclinada a acreditar nos resultados do segundo estudo. Ela considera os exemplos pessoais do segundo estudo que o professor descreveu mais convincentes do que os números que ele usou para amparar os resultados do primeiro estudo. O que você acha?

2. Sua amiga também questiona se algum dos estudos terá implicações para a sua própria experiência de vida. Ou seja, ela pode saber, com base nos resultados dos estudos, se irá se divorciar se um dia decidir se casar? O que você acha?

---

entender a natureza humana não deve ser exclusivamente nomotética ou exclusivamente idiográfica, mas deve representar um "equilíbrio" entre as duas. No mínimo, a abordagem idiográfica, conforme representada pelo método do estudo de caso, permite o tipo de observação detalhada que tem o poder de revelar diversas nuances e sutilezas do comportamento, que uma abordagem "grupal" pode omitir. E, como você já viu, os estudos de caso têm a capacidade de nos ensinar sobre o comportamento típico ou médio, estudando cuidadosamente indivíduos que são atípicos.

Desvantagens do método do estudo de caso

- Os pesquisadores não conseguem fazer inferências causais válidas usando o método do estudo de caso porque as variáveis externas não são controladas e vários "tratamentos" podem ser aplicados simultaneamente em estudos de caso.

- O viés do observador e vieses na coleta de dados podem levar a interpretações incorretas dos resultados de estudos de casos.

- A possibilidade de generalizar os resultados de um estudo de caso depende da variabilidade na população de onde o caso foi selecionado; algumas características (p.ex., personalidade) variam mais entre os indivíduos do que outras (p.ex., acuidade visual).

A dificuldade para tirar conclusões sobre causa-efeito Agora, você sabe bem que um dos objetivos da ciência é descobrir as causas de fenômenos – identificar, sem ambiguidades, os fatores específicos que produzem um determinado acontecimento. Uma das desvantagens do método do estudo de caso é que raramente se podem tirar conclusões de causa e efeito com base nos resultados obtidos com estudos de caso. Essa desvantagem ocorre principalmente porque os pesquisadores não conseguem controlar variáveis externas em estudos de caso. Assim, as mudanças comportamentais que ocorrem em estudos de caso podem ser explicadas por meio de várias hipóteses alternativas plausíveis.

Considere, por exemplo, o tratamento de Susan com treinamento em automanejo, publicado por Kirsch (1978). Embora Susan tenha se beneficiado adequadamente com a terapia de automanejo, será que podemos ter certeza de que ela *causou* a sua melhora? Muitas doenças e transtornos emocionais melhoram sem tratamento. Os pesquisadores que trabalham com estudos de caso sempre devem considerar a hipótese alternativa de que os indivíduos poderiam ter melhorado *sem* o tratamento. Além disso, vários aspectos da situação podem ter sido responsáveis pela melhora de Susan. Seu tratamento estava nas mãos de um "psicólogo clínico" que proporcionava uma sensação de segurança. Além disso, Susan pode ter mudado de atitude para consigo mesma por causa dos *insights* do terapeuta e do *feedback* que recebeu dos seus testes, e não por causa do automanejo. O terapeuta também pediu que Susan, como parte da sua terapia, ensaiasse situações que gerassem ansiedade de forma explícita e ocultamente. Essa técnica é semelhante à dessensibilização com ensaio, que pode ser, por si só, um tratamento eficaz (Rimm e Masters, 1979).

Como vários tratamentos foram usados simultaneamente, não podemos argumentar de maneira convincente que o treinamento em automanejo tenha sido a "causa" clara da melhora de Susan. Como já vimos, o próprio Kirsch era sensível às limitações do método do estudo de caso e sugeriu que as inferências que fizera com base nos resultados do estudo deviam ser consideradas provisórias até que fossem investigadas de forma mais rigorosa.

A dificuldade para tirar conclusões de causa e efeito a partir de estudos de caso também é ilustrada pelos resultados de pesquisas recentes sobre a amusia. Conforme observado anteriormente, as teorias que conectam a apreciação musical e o desenvolvimento linguístico parecem perder força quando se descobrem indivíduos que têm percepção e produção normais de discurso, mas que não possuem a capacidade de "ouvir" música. Entretanto, existem evidências de muitas formas de amusia, cada uma, provavelmente, com a sua própria base neural. Alguns casos envolvem a percepção do ritmo; outros, o reconhecimento de melodias; e outros, ainda, a incapacidade de reconhecer sons discordantes (ver Sacks, 2007). Assim, são necessárias mais pesquisas para nos proporcionar uma compreensão maior da relação entre as capacidades musicais e linguísticas.

Fontes potenciais de viés O resultado de um estudo de caso muitas vezes depende das conclusões de um pesquisador que é um sujeito e um observador (Bolgar, 1965). Ou seja, o terapeuta observa o comportamento do cliente *e* participa do processo terapêutico. É razoável pressupor que o terapeuta possa estar motivado para crer que o tratamento ajuda o cliente. Como resultado, o terapeuta, mesmo que bem-intencionado, pode não observar o comportamento do cliente corretamente. O potencial para interpretações tendenciosas não é peculiar ao método do estudo de caso. Anteriormente, consideramos os problemas do viés do observador (Capítulo 4) e do viés do experimentador (Capítulo 6).

O resultado de um caso pode se basear principalmente nas "impressões" do observador (Hersen e Barlow, 1976). Por exemplo, Kirsch (1978) descreveu os "sentimentos" da cliente Susan com relação à sua capacidade de alcançar seus objetivos e falou como ela dizia ter um "senso de controle" sobre sua vida. Ele afirmou que sua "impressão é que ela conseguiu adotar um método comportamental de resolução de problemas e avaliação, e havia se tornado bastante competente em criar estratégias para alcançar seus objetivos" (p. 304). Uma fraqueza séria do método do estudo de caso é que a interpretação dos resultados costuma se basear unicamente nas impressões subjetivas do observador.

Também pode haver um viés em estudos de caso quando as informações são obtidas de fontes como documentos pessoais, anotações de sessões, e testes psicológicos. Os dados arquivísticos, como descrevemos no Capítulo 4, são propensos a várias fontes de viés. Além disso, quando os indivíduos fornecem informações sobre si mesmos (autoavaliações), eles podem distorcer ou falsificar as informações para "parecerem bons". Essa possibilidade existia no tratamento de Susan. Não temos como saber se ela exagerou suas autoavaliações da melhora. Outra fonte potencial de viés ocorre quando os relatos baseiam-se na memória de indivíduos. Os psicólogos cognitivos demonstram repetidamente que a memória pode ser imprecisa, particularmente para situações que aconteceram há muito tempo.

O problema de generalizar a partir de um único indivíduo Uma das limitações mais sérias do método do estudo de caso diz respeito à validade externa dos resultados do estudo de caso. Até que ponto podemos generalizar os resultados de um indivíduo para uma população mais ampla? Nossa resposta inicial pode ser que os resultados de uma pessoa não podem ser generalizados de maneira alguma. Todavia, a nossa capacidade de generalizar a partir de um único caso depende do grau de variabilidade na população de onde o caso foi selecionado. Por exemplo, psicólogos que estudam a percepção visual muitas vezes conseguem generalizar seus resultados com base no estudo de um indivíduo. Os pesquisadores que trabalham com a visão pressupõem que os sistemas visuais são muito semelhantes em todos os seres humanos. Portanto, pode-se usar apenas um ou vários casos para entender como o sistema visual funciona. Em comparação, outros processos psicológicos são muito mais variáveis entre os indivíduos, como a aprendizagem, memória, emoções, personalidade e saúde mental. Ao se estudarem processos que variam amplamente na população, é impossível dizer que o que se observou em um indivíduo valerá para todos os indivíduos.

Assim, mesmo que aceitemos a conclusão de Kirsch (1978) sobre a efetividade da técnica de psicoterapia com treinamento em automanejo, não sabemos se esse tratamento específico seria tão bem-sucedido para outros indivíduos que possam diferir da cliente Susan de diversas maneiras, incluindo a inteligência, idade, histórico familiar e gênero. Como com os resultados de metodologias de grupo, o próximo passo importante é *replicar* os resultados para uma variedade de indivíduos.

Reflexão crítica sobre testemunhos baseados em um estudo de caso

- Ter em mente as limitações do método do estudo de caso pode ajudar ao se avaliarem testemunhos de indivíduos sobre a efetividade de um determinado tratamento.

Os estudos de caso às vezes proporcionam demonstrações dramáticas de "novos" resultados ou fornecem evidências do "sucesso" de um determinado tratamento. Considere anúncios de produtos que você vê nos meios de comunicação (p.ex., infomerciais). Quantas pessoas que se preocupam com o seu peso conseguem resistir ao exemplo de um indivíduo, antes obeso, que perdeu uma quantidade considerável de peso usando o produto X? Evidências de estudos de caso podem ser bastante persuasivas. Isso é uma vantagem e uma desvantagem para a comunidade científica. Os estudos de caso que apresentam resultados novos ou inusitados podem levar os cientistas a reconsiderarem suas teorias, ou podem levá-los a novos e frutíferos caminhos de pesquisa. Desse modo, os estudos podem contribuir para o avanço da ciência.

Entretanto, a desvantagem dos estudos de caso é que seus resultados costumam ser aceitos de maneira acrítica. Indivíduos ansiosos para perder o peso ou se curar de uma doença talvez não considerem as limitações das evidências de estudos de caso. Ao contrário, as evidências oferecem uma ponta de esperança para uma cura. Para pessoas que têm (ou acham que têm) poucas alternativas, agarrar-se a juncos pode não parecer totalmente irracional. Muitas vezes, porém, as pessoas não consideram (talvez não queiram considerar) as razões por que um determinado tratamento *não* funcionaria para elas.

Desenhos experimentais de sujeito único (*n* pequeno)

- Na análise comportamental aplicada, os métodos desenvolvidos na análise experimental do comportamento são aplicados a problemas socialmente relevantes.

No restante deste capítulo, descreveremos desenhos experimentais de sujeito único (*n* pequeno). Esses desenhos experimentais têm suas raízes em uma abordagem ao estudo do comportamento que foi desenvolvida por B. F. Skinner na década de 1930. A abordagem se chama *análise experimental do comportamento*, e apresenta uma visão comportamental singular da natureza humana, que não apenas compreende prescrições para a maneira como os psicólogos devem fazer pesquisa, mas também implicações para a maneira como a sociedade deveria se organizar. Vários dos livros de Skinner, incluindo *Walden Two* e *Beyond Freedom and Dignity*, descrevem como os princípios derivados de uma análise experimental do comportamento podem ser postos em ação para melhorar a sociedade.

Na análise experimental do comportamento (ao contrário das metodologias de grupo discutidas nos capítulos anteriores), muitas vezes ocorre que a amostra é um único sujeito ou um pequeno número de sujeitos (*n* pequeno). O controle experimental é demonstrado organizando-se as condições experimentais de modo tal que o comportamento do indivíduo mude sistematicamente com a manipulação de uma variável independente (ver Figura 9.1). Conforme comentou Skinner (1966),

> em vez de estudar mil ratos por uma hora cada, ou cem ratos por dez horas cada, é provável que o pesquisador estude um rato por mil horas. O procedimento não é apropriado apenas para uma atividade que reconheça a individualidade; ele é no mínimo igualmente eficiente em seu uso de equipamentos e do tempo e energia do pesquisador. O teste final da uniformidade ou reprodutibilidade não é encontrado nos métodos usados, mas no grau de controle alcançado, um teste no qual a análise experimental do comportamento geralmente passa com facilidade. (p. 21)

Dica de estatística

Geralmente, os desenhos experimentais de sujeito único envolvem um nível mínimo de análises estatísticas. As conclusões relacionadas com os efeitos de uma variável experimental (tratamento) geralmente são tomadas inspecionando-se visualmente o registro comportamental para observar se o comportamento muda sistematicamente com a introdução e remoção do tratamento experimental. Portanto, existe uma considerável ênfase em *definir*, *observar* e *registrar* o comportamento corretamente.

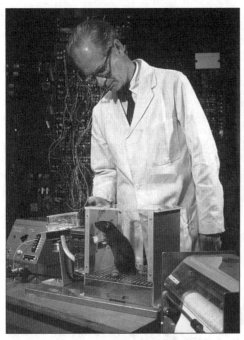

☑ **Figura 9.1** A análise comportamental aplicada é uma extensão da pesquisa básica de B. F. Skinner sobre o comportamento animal.

Será que o comportamento foi definido de forma clara e objetiva, para que possa ser observado e registrado de maneira fidedigna? Será mantido um registro contínuo (cumulativo) do comportamento, ou as observações serão feitas em intervalos regulares? Embora a frequência das respostas seja uma medida comum do comportamento, a duração ou outras características do comportamento são medidas apenas às vezes. Além disso, como você verá mais adiante neste capítulo, existem questões estatísticas, como uma variabilidade excessiva no registro comportamental, que devem ser tratadas. Uma discussão sobre outras questões estatísticas associadas a desenhos de pesquisa com sujeito único iria necessariamente além da nossa breve introdução (ver, por exemplo, Kratochwill e Levin, 1992; Parker e Brossart, 2003).

Na *análise comportamental aplicada*, os métodos que são desenvolvidos dentro da análise experimental do comportamento são aplicados a problemas socialmente relevantes. Essas aplicações costumam ser chamadas de *modificação comportamental*, mas, quando aplicadas a populações clínicas, prefere-se o termo *terapia comportamental* (Wilson, 1978). Muitos psicólogos consideram a terapia comportamental como uma abordagem mais efetiva de tratamento clínico do que aquela baseada no modelo psicodinâmico de terapia. em vez de procurar um *insight* sobre as raízes inconscientes dos problemas, a terapia comportamental concentra-se no comportamento observável. Por exemplo, os comportamentos autoestimulatórios (p.ex., balançar o corpo, fitar luzes, ou girar) que muitas vezes caracterizam crianças autistas podem ser conceituados como comportamentos sob o controle de contingências de reforço. Desse modo, os clínicos e professores conseguem controlar sua frequência de ocorrência usando técnicas de modificação comportamental (ver Lovaas, Newson e Hickman, 1987). Diversos estudos foram publicados mostrando como a modificação comportamental e a terapia comportamental podem ser empregadas para mudar o comportamento de indivíduos gagos, crianças e adultos normais e com comprometimento mental, pacientes psiquiátricos, e muitos outros (ver Figura 9.2). As abordagens baseadas na análise comportamental aplicada também foram usadas com êxito por psicólogos escolares em ambientes educacionais (ver Kratochwill e Martens, 1994). Uma fonte primária desses estudos publicados é o *Journal of Applied Behavioral Analysis*.

Características de experimentos com sujeito único

- Os pesquisadores manipulam uma variável independente em experimentos com sujeito único; portanto, esses desenhos permitem um controle mais rigoroso do que os estudos de caso.
- Em experimentos com sujeito único, são registradas observações basais para descrever o comportamento do indivíduo (e prever como será no futuro) sem o tratamento.
- O comportamento basal e o comportamento após a intervenção (tratamento) são comparados usando a inspeção visual de observações registradas.

Figura 9.2 A análise comportamental aplicada é usada para investigar métodos para controlar o comportamento desadaptativo de crianças e adultos.

O **experimento de sujeito único**, como sugere o nome, geralmente concentra-se em uma análise da mudança comportamental em um indivíduo ou, na melhor hipótese, alguns indivíduos. Todavia, como veremos mais adiante neste capítulo, o comportamento de um único "grupo" de indivíduos também pode ser o foco. Em um experimento com sujeito único, o pesquisador compara condições de tratamento para um indivíduo cujo comportamento está sendo monitorado continuamente. Ou seja, a variável independente de interesse (geralmente um tratamento) é manipulada sistematicamente para um indivíduo. Os desenhos experimentais de sujeito único são uma alternativa importante ao método do estudo de caso, relativamente sem controle (Kazdin, 1982). Os experimentos com sujeito único também têm vantagens sobre experimentos com grupos múltiplos, conforme descrito no Quadro 9.3.

O primeiro estágio de um experimento de sujeito único costuma ser um estágio de observação, ou **estágio basal**. Durante esse estágio, os pesquisadores registram o comportamento do sujeito antes do tratamento. Os pesquisadores clínicos geralmente medem a frequência do comportamento visado dentro de uma unidade de tempo, como um dia ou uma hora. Por exemplo, o pesquisador pode registrar o número de vezes, durante uma entrevista de 10 minutos, que uma criança excessivamente tímida faz contato visual, o número de dores de cabeça relatadas a cada semana por uma pessoa com enxaqueca, ou o número de pausas verbais que um indivíduo gago faz a cada minuto. Usando o registro basal, os pesquisadores conseguem *descrever* o comportamento

---

☑ **Quadro 9.3**

Vantagens de desenhos com sujeito único sobre desenhos grupais: menos pode ser mais

Os desenhos experimentais de sujeito único talvez sejam mais apropriados do que os os desenhos de grupos múltiplos para certos tipos de pesquisas aplicadas (ver Hersen e Barlow, 1976). Uma dessas situações ocorre quando a pesquisa visa mudar o comportamento de um determinado indivíduo. Por exemplo, o resultado de um experimento de grupo pode levar a recomendações sobre os tratamentos que são efetivos "de um modo geral" para modificar o comportamento. Todavia, não se pode dizer o efeito que esse tratamento teria em qualquer indivíduo com base em uma média grupal. Kazdin (1982) resume muito bem essa característica dos experimentos com sujeitos únicos: "talvez a vantagem mais óbvia [dos desenhos experimentais de caso único] seja que a metodologia permite a investigação do cliente individual e a avaliação experimental do tratamento para o cliente" (p. 482).

Outra vantagem dos experimentos de sujeito único sobre os experimentos de grupos múltiplos envolve o problema ético de se omitir o tratamento, que pode ocorrer na pesquisa clínica. Em um desenho com grupos múltiplos, um tratamento potencialmente benéfico deve ser omitido para certos indivíduos, de maneira a proporcionar um controle que satisfaça os requisitos da validade interna. Como os desenhos experimentais de sujeito único comparam as condições de "tratamento e "sem tratamento" no mesmo indivíduo, evita-se o problema de omitir o tratamento. Além disso, os pesquisadores que fazem pesquisa clínica costumam ter dificuldade para obter acesso a uma quantidade suficiente de clientes para fazer um experimento com grupos múltiplos. Por exemplo, talvez o clínico somente consiga identificar poucos clientes com claustrofobia (medo excessivo de locais fechados). O experimento com sujeito único proporciona uma solução prática para o problema de se investigarem relações de causa e efeito quando existem poucos sujeitos disponíveis.

antes de proporcionarem o tratamento. Mais importante, a medida basal permite que os pesquisadores *prevejam* como será o comportamento no futuro sem o tratamento (Kazdin, 2002). É claro, a menos que o comportamento seja monitorado realmente, os pesquisadores não saberão com certeza como será o comportamento futuro, mas as medidas basais permitem que prevejam o que o futuro guarda se não houver tratamento.

Depois que os pesquisadores observam que o comportamento do indivíduo é relativamente estável – ou seja, apresenta pouca flutuação entre os períodos registrados – eles introduzem uma intervenção (tratamento). O próximo passo é registrar o comportamento do indivíduo com as mesmas medidas usadas durante o estágio basal. Comparando o comportamento observado imediatamente após a intervenção com o comportamento basal, os pesquisadores conseguem determinar o efeito do tratamento. O efeito do tratamento é observado facilmente usando-se um gráfico do registro comportamental. Em outras palavras, como o comportamento mudou após o tratamento experimental? Analisando visualmente a diferença entre o comportamento após o tratamento e o que se previu que ocorreria sem o tratamento, podemos inferir se o tratamento mudou efetivamente o comportamento do indivíduo. Tradicionalmente, a análise de experimentos de sujeito único não envolve o uso de testes da significância estatística, mas existem controvérsias a esse respeito (Kratochwill e Brody, 1978). Mais adiante neste capítulo, discutiremos alguns dos problemas que podem surgir quando se usa a análise visual para determinar se um tratamento foi efetivo (ver também Kazdin, 2002).

Embora os pesquisadores tenham muitas possibilidades disponíveis (Hersen e Barlow, 1976; Kazdin, 1980), os desenhos de sujeito único mais comuns são o desenho ABAB e os desenhos com medidas basais múltiplas (Kazdin, 2002).

Desenhos experimentais específicos

- No desenho ABAB, os estágios basal (A) e de tratamento (B) são alternados para determinar o efeito do tratamento sobre o comportamento.
- Os pesquisadores concluem que o tratamento causa mudança de comportamento quando este muda sistematicamente com a introdução ou remoção do tratamento.
- É difícil interpretar o efeito causal do tratamento no desenho ABAB se o comportamento não voltar aos níveis basais quando se remove o tratamento.
- Considerações éticas podem impedir que os psicólogos usem o desenho ABAB.
- Em desenhos com medidas basais múltiplas, o efeito do tratamento é observado quando os comportamentos em mais de uma medida basal mudam apenas após a introdução de um tratamento.
- Essas medidas basais múltiplas podem ser observadas entre indivíduos, comportamentos ou situações.
- É difícil interpretar o efeito causal do tratamento em desenhos com medidas basais múltiplas quando são observadas mudanças na medida basal antes da intervenção experimental; isso pode ocorrer quando os efeitos do tratamento são generalizados.

O desenho ABAB Os pesquisadores usam o **desenho ABAB** para demonstrar que o comportamento muda sistematicamente quando alternam condições de "tratamento" e "sem tratamento". Um estágio basal inicial (A) é seguido por um estágio de tratamento (B), retornando ao estágio basal (A) e a outro estágio de tratamento (B). Como o tratamento é removido durante o segundo estágio A, esse desenho também é chamado de **desenho de reversão**. O pesquisador que usa o desenho ABAB observa se o comportamento muda imediatamente com a introdução de uma variável de tratamento (o primeiro B), se o comportamento reverte quando o tratamento é removido (o segundo A), e se o comportamento volta a melhorar quando o tratamento é reintroduzido (o segundo B). Se o comportamento muda após a introdução e remoção do tratamento, o pesquisador tem evidências consideráveis de que o tratamento causou a mudança de comportamento.

Horton (1987) usou um desenho ABAB para avaliar os efeitos da cobertura facial sobre o comportamento desadaptativo de uma garota de 8 anos de idade com comprometimento mental grave. A cobertura facial é uma técnica levemente aversiva, que envolve a aplicação de uma cobertura facial (p.ex., um pano suave) quando ocorre um comportamento indesejável. Pesquisas anteriores haviam mostrado que essa técnica era efetiva para reduzir a frequência de comportamentos de automutilação, como dar tapas no próprio rosto. Horton tentou determinar se ela reduziria a frequência com que a criança batia com a colher durante a refeição. Isso impedia que ela fizesse as refeições com seus colegas na escola para crianças excepcionais que frequentava. O ato de bater com a colher era perturbador não apenas por causa do barulho, mas também porque a fazia jogar comida no chão ou derrubar a colher no chão.

Criou-se uma definição clara do ato de bater com a colher para distingui-lo de movimentos normais feitos com a colher. Então, um paraprofissional foi capacitado para fazer observações e administrar o tratamento. Usou-se contagem de frequência para avaliar a magnitude do ato de bater em cada sessão de 15 minutos. Durante o período inicial, ou basal, o paraprofissional registrou a frequência e, a cada ocorrência da resposta, disse "não bata", agarrou o pulso da garota gentilmente, e levou sua mão de volta ao prato. O procedimento foi filmado, e um observador independente assistiu aos filmes e registrou a frequência, como medida de verificação da fidedignidade. A fidedignidade entre os observadores foi de aproximadamente 96%. O estágio basal foi conduzido por 16 dias.

O primeiro período de tratamento começou no dia 17 e durou 16 dias. Cada vez que a criança batia com a colher, o paraprofissional continuava a dar o *feedback* corretivo, dizendo "não bata" e conduzia a mão da garota ao prato. Porém, ele agora também colocava um babeiro sobre o rosto da menina por 5 segundos. A liberação da cobertura facial dependia de a participante não bater com a colher por 5 segundos. A primeira fase de tratamento foi seguida por um segundo período basal e outra fase de tratamento. Também foram feitas observações pós-tratamento em 6, 10, 15 e 19 meses.

A Figura 9.3 mostra alterações na frequência do comportamento da garota de bater com a colher em função da alternância entre as fases basal e de tratamento. Não apenas a cobertura facial se mostrou efetiva para reduzir o comportamento durante as fases de tratamento, como as observações realizadas no seguimento revelaram a extinção do ato de bater com a colher nos meses seguintes. Depois da fase final de tratamento, a garota não exigia mais supervisão direta durante as refeições na escola e em casa, e podia comer com os colegas. Houve evidências claras de que a aplicação da cobertura facial foi responsável por extinguir o ato de bater com a colher. A cobertura facial foi o único tratamento administrado, e uma análise visual da Figura 9.3 mostra que o comportamento mudou sistematicamente com a introdução e remoção do tratamento. A técnica de cobertura facial foi um procedimento bem-sucedido para controlar os comportamentos desadaptativos da criança quando outros procedimentos menos intrusivos haviam falhado.

Questões metodológicas associadas a desenhos ABAB Um importante problema metodológico que surge às vezes no contexto de um procedimento ABAB pode ser ilustrado analisando-se novamente os resultados do estudo de Horton (1987) mostrados na Figura 9.3. No segundo estágio basal, quando a aplicação da cobertura facial foi removida, houve um aumento no ato de

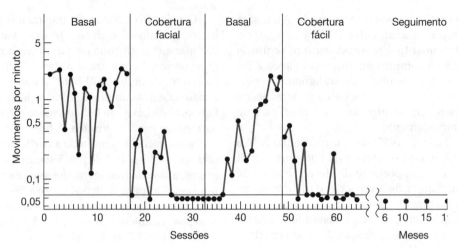

☑ **Figura 9.3** Frequência de respostas de bater com a colher nas fases basal, de tratamento e de seguimento do estudo. (Adaptado de Horton, 1987.)

bater com a colher. Ou seja, a melhora observada no estágio de tratamento anterior reverteu-se. E se o comportamento tivesse permanecido baixo, mesmo com a remoção do tratamento? O que o pesquisador pode concluir sobre a eficácia do tratamento quando o comportamento no segundo estágio basal não reverte para o que era durante o período basal inicial? No Quadro 9.4, descrevemos razões por que o comportamento pode não reverter para o nível basal quando se remove o tratamento.

Se, pela razão que for, o comportamento não reverter aos níveis basais quando se remove o tratamento, os pesquisadores não podem dizer com segurança que o tratamento causou a mudança inicial de comportamento (Kazdin, 1980, 2002). O pesquisador deve analisar a situação cuidadosamente, na esperança de identificar variáveis que possam estar confundindo a variável de tratamento, ou replicar o procedimento com outros sujeitos (Hersen e Barlow, 1976).

Os pesquisadores também podem enfrentar um problema ético quando usam o desenho ABAB. Suponhamos que o tratamento pareça melhorar o comportamento do indivíduo em relação ao estado basal. Será ético remover o que parece ser um tratamento benéfico para determinar se o tratamento causou a melhora? Como você pode imaginar, a remoção de um tratamento benéfico talvez não se justifique em todos os casos. Alguns comportamentos podem ser fatais ou excepcionalmente debilitantes, e não seria ético remover um tratamento depois que se observou um efeito positivo. Por exemplo, algumas crianças autistas apresentam comportamentos de automutilação, como bater com a cabeça. Se um pesquisador clínico conseguisse reduzir a frequência desse comportamento, seria eticamente incorreto remover o tratamento para cumprir os requisitos do desenho ABAB. Felizmente, existe um desenho experimental de caso único que não envolve remover o tratamento, e que pode ser apropriado nessas situações – o desenho de medidas basais múltiplas.

O desenho de medidas basais múltiplas
O desenho de medidas basais múltiplas também faz uso de estágios basais e de tratamento, mas não pela remoção do tratamento, como no desenho ABAB. Conforme sugere o nome, os pesquisadores estabelecem vários níveis basais quando usam um desenho de medidas basais múltiplas. O desenho de medidas basais múltiplas

Metodologia de pesquisa em psicologia **305**

☑ Quadro 9.4

POR QUE PODE NÃO HAVER REVERSÃO NO DESENHO DE REVERSÃO

Uma razão por que o comportamento pode não reverter para o nível basal é que, segundo a lógica, não se pode esperar que o comportamento mude depois que o tratamento levou a uma melhora. Isso ocorre em situações em que o tratamento envolve ensinar novas habilidades aos indivíduos. Por exemplo, o tratamento de um pesquisador pode ser ensinar um indivíduo com desenvolvimento comprometido a se deslocar para o trabalho. Depois de aprendida, é improvável que a habilidade seja "desaprendida" (reverta para o estado basal) com a remoção do tratamento. A solução para esse problema é clara. Os pesquisadores não devem usar o desenho ABAB quando podem esperar por razões lógicas que o comportamento visado não reverta ao estado basal quando o tratamento for removido.

Que outras razões existem para que o comportamento não retorne ao nível basal no segundo estágio? Uma possibilidade é que uma variável *além do* tratamento tenha causado a mudança de comportamento na primeira troca do estágio basal para o tratamento. Por exemplo, o indivíduo pode receber mais aten-

ção da equipe médica ou de amigos durante o tratamento. Essa maior atenção – e não o tratamento – pode fazer o comportamento melhorar. Se a atenção persiste mesmo que o tratamento específico seja removido, é provável que a mudança comportamental também persista. Essa explicação sugere uma confusão entre a variável de tratamento e algum outro fator não controlado (como a atenção).

Também é possível que, embora o tratamento tenha feito o comportamento melhorar, outras variáveis entraram em ação e controlaram o novo comportamento. Mais uma vez, podemos considerar o efeito que a atenção tem sobre o comportamento. Quando familiares e amigos testemunham uma mudança no comportamento, talvez eles prestem mais atenção no indivíduo. Pense nos elogios que as pessoas recebem quando perdem peso ou param de fumar. O reforço positivo, na forma de atenção, pode manter a mudança comportamental que foi iniciada pelo tratamento e, assim, não esperaríamos que o comportamento retornasse aos níveis basais quando se remove o tratamento.

---

demonstra o efeito de um tratamento mostrando que comportamentos em mais de um nível basal mudam após a introdução do tratamento.

Um exemplo do desenho de medidas basais múltiplas é tratar o comportamento de uma pessoa em situações diferentes. Nesse caso, o primeiro passo no desenho de medidas basais múltiplas é registrar o comportamento (como a agressividade de uma criança) como ocorre normalmente em várias situações (como o lar, a sala de aula e uma creche para depois da escola). O pesquisador estabelece a frequência basal do comportamento em cada situação (p.ex., medidas basais múltiplas). Depois, o tratamento é introduzido em uma das situações (p.ex., no lar), *mas não* nas outras. O pesquisador continua a monitorar o comportamento em todas as situações. Um aspecto

crítico do desenho de medidas basais múltiplas é que o tratamento é aplicado a apenas uma medida basal de cada vez. O comportamento na situação tratada deve melhorar, ao passo que, nas situações basais, não deve haver melhora. O próximo passo é aplicar o tratamento em uma segunda situação (o tratamento também pode continuar na primeira situação), mas deixar a terceira situação como medida basal. O comportamento somente deve mudar na situação tratada, e não na situação basal. O último passo é administrar o tratamento na terceira situação; mais uma vez, o comportamento deve mudar quando o tratamento é administrado na terceira situação. A principal evidência da eficácia de um tratamento no desenho de medidas basais múltiplas é a demonstração de que o comportamento somente muda quando o tratamento é introduzido.

Existem diversas variações do desenho de medidas basais múltiplas, dependendo do número de medidas basais estabelecidas para diferentes indivíduos, para diferentes comportamentos do mesmo indivíduo, ou para o mesmo indivíduo em diferentes situações. Embora soem complexos, os desenhos de medidas basais múltiplas são usados com frequência e facilmente compreendidos. Descreveremos cada tipo de desenho de medidas basais múltiplas usando um exemplo de pesquisa aplicada.

No **desenho de medidas basais múltiplas entre indivíduos**, medidas basais são estabelecidas para diferentes indivíduos. Quando o comportamento de cada indivíduo foi estabilizado, introduz-se uma intervenção para um indivíduo, depois para outro, mais adiante para outro, e assim por diante. Como em todos os desenhos de medidas basais múltiplas, o tratamento é introduzido em um momento diferente para cada medida basal (neste caso, para cada indivíduo). Se o tratamento for efetivo, haverá uma mudança de comportamento imediatamente após a aplicação do tratamento em cada indivíduo.

Um exemplo do uso de um desenho de medidas basais múltiplas entre indivíduos vem do campo da psicologia esportiva. Allison e Ayllon (1980) queriam avaliar a eficácia de um método de treinamento que envolvia várias técnicas comportamentais na aquisição de habilidades específicas para o futebol americano, tênis e atletismo. Embora tenham observado que o método foi eficaz para cada esporte, descreveremos seu teste da eficácia da instrução comportamental para a aquisição de uma habilidade no futebol. Os participantes deste experimento eram membros da segunda linha de um programa municipal de futebol, escolhidos porque "careciam totalmente das habilidades básicas do futebol" (p. 299).

A habilidade a ser adquirida no estudo de Allison e Ayllon (1980) era o bloqueio. A habilidade de bloqueio foi definida operacionalmente em termos de oito elementos, variando do corpo estar atrás da linha de disputa pela bola a manter contato corporal até o apito tocar. A instrução comportamental envolvia procedimentos específicos implementados pelo treinador do time, incluindo *feedback* verbal sistemático, reforço positivo e negativo, e várias outras técnicas comportamentais. Inicialmente, o experimentador estabeleceu medidas basais para vários membros do time em condições de "instrução padrão". No procedimento padrão, o treinador usou instruções verbais, modelagem ocasional ou aprovação verbal e, quando a execução era incorreta, "informava o jogador ruidosamente e, às vezes, fazia comentários sobre a estupidez, falta de coragem e percepção do jogador, ou mesmo comentários piores" (p. 300). Em suma, era o exemplo típico de comportamento negativo por parte do treinador.

O experimentador e um segundo observador registravam a frequência de bloqueios corretos feitos em conjuntos de 10 tentativas. A instrução comportamental começava, segundo o desenho de medidas basais múltiplas, em diferentes momentos para quatro jogadores. Os resultados dessa intervenção são mostrados na Figura 9.4. Entre os quatro indivíduos, a instrução comportamental se mostrou efetiva para aumentar a frequência de bloqueios executados corretamente. A concordância entre os dois observadores em relação ao desempenho variou de 84% a 94%, indicando que a observação do comportamento foi fidedigna. A execução da habilidade mudou para cada jogador no ponto em que foi introduzida a instrução comportamental. Assim, existem evidências, nesse desenho de medidas basais múltiplas, de que o método de instrução causou a mudança no desempenho de cada jogador.

Um segundo tipo de desenho de medidas basais múltiplas envolve estabelecer duas ou mais medidas basais, observando comportamentos diferentes no mesmo indivíduo, um **desenho de medidas basais múltiplas entre comportamentos**. Um tratamento é direcionado primeiramente a um comportamento, depois a outro, e assim por dian-

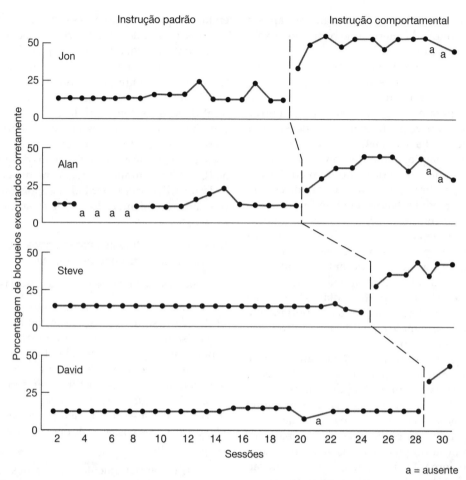

☑ **Figura 9.4** Medidas basais múltiplas mostrando a porcentagem de bloqueios executados corretamente por quatro jogadores, em função da instrução padrão e instrução comportamental. (Adaptado de Allison e Ayllon, 1980.)

te. São obtidas evidências de uma relação causal entre tratamento e comportamento se o desempenho mudar para cada comportamento imediatamente após a introdução do tratamento. Por exemplo, Gena, Krantz, McClannahan e Poulson (1996) tentaram ensinar vários comportamentos afetivos socialmente apropriados para jovens com autismo. Conforme os pesquisadores observaram, crianças com autismo costumam apresentar comportamentos afetivos inadequados, que limitam suas oportunidades de se comunicar efetivamente com as pessoas e de desenvolver relações interpessoais. O tratamento envolvia elogios verbais e fichas (que podiam ser trocadas por recompensas), que dependiam de respostas afetivas apropriadas em três ou quatro categorias comportamentais diferentes. Os comportamentos visados foram selecionados entre os seguintes: demonstrar apreciação, falar sobre coisas preferidas, rir de absurdos, demonstrar simpatia e indicar aversão. Uma análise visual dos registros comportamentais mostra evidências da eficácia do tratamento para cada indivíduo. Conforme exigido no desenho de medidas basais múltiplas, os diferentes comportamentos afetivos mudaram imediatamente após a introdução da intervenção para aquele comportamento.

A terceira variação importante do desenho de medidas basais múltiplas envolve estabelecer duas ou mais medidas basais para o comportamento do indivíduo entre situações diferentes, um **desenho de medidas basais múltiplas entre situações**. Por exemplo, como descrevemos quando apresentamos o desenho de medidas basais múltiplas, o pesquisador pode estabelecer medidas basais mostrando a frequência do comportamento agressivo de uma criança em casa, na sala de aula e em uma creche após a escola. Como ocorre com outras variações do desenho, o tratamento é aplicado em momentos diferentes e os registros comportamentais são analisados para determinar se o comportamento muda sistematicamente com a introdução do tratamento.

Hartl e Frost (1999) tiveram êxito no tratamento de uma mulher de 53 anos de idade para compulsão por acumular objetos. A desordem em sua casa ocupava aproximadamente 70% do espaço, de modo que as peças não podiam ser usadas para seu propósito original. Na sala de TV, por exemplo, jornais, contas pagas e por pagar, cartas e outros objetos formavam uma pilha de um metro sobre o sofá e ficavam espalhados pelo chão, soterrando uma mesa de centro. Em outras peças e corredores, havia muitos presentes que a cliente havia comprado sem ter um destinatário em mente, com as pilhas chegando ao teto. O tratamento consistiu em "treinamento em tomada de decisão e categorização, exposição e habituação a descartar e reestruturação cognitiva... cada um costurado ao contexto de sessões semanais de escavação" (p. 454). Um desenho de medidas basais múltiplas entre situações foi usado, sendo as situações as diferentes peças da casa. Para medir o progresso, os pesquisadores calcularam "razões de acúmulo" (RAs) baseadas na proporção do espaço da sala coberta pelo acúmulo de materiais. O tratamento começou na cozinha,

enquanto quatro outras peças serviam como medidas basais; depois de várias sessões de tratamento na cozinha, os pesquisadores passaram para outra sala para começar o tratamento, e assim por diante. Cada sessão durava algumas horas, com o número total de sessões continuando por mais de um ano. Um gráfico mostrando as condições de tratamento e basais entre as situações (peças) mostra evidências claras de que as RAs "diminuíram substancialmente em cada uma das salas abordadas depois que o tratamento foi aplicado" à sala específica (p. 456).

Questões metodológicas associadas a desenhos de medidas basais múltiplas

- Quantas medidas basais são necessárias?

Como ocorre com muitos outros aspectos da pesquisa com casos individuais, não existem regras rígidas para responder a pergunta "quantas medidas basais eu preciso?". O mínimo certamente é duas medidas basais, mas costuma ser considerado inadequado, sendo recomendadas três ou quatro medidas basais em um desenho de medidas basais múltiplas (Hersen e Barlow, 1976).

- E se o comportamento muda antes da intervenção?

Pode haver problemas em qualquer tipo de desenho de medidas basais múltiplas quando são observadas mudanças no comportamento antes que o tratamento seja administrado. As razões para essas mudanças prematuras em uma medida basal nem sempre são claras. A lógica dos desenhos de medidas basais múltiplas depende criticamente das mudanças que ocorrem no comportamento logo após a introdução do tratamento. Assim, quando ocorrem mudanças no comportamento basal antes do tratamento, isso dificulta para se concluir que o tratamento foi eficaz. Se ocorrem mudanças pré-tratamento em apenas uma de várias medidas basais (especialmente se houver uma explicação plausível para a mudança com base em fatores metodológicos ou situacionais), ainda é possível interpretar o desenho de medidas basais múltiplas com um certo grau de confiança. Por exemplo, Kazdin e Erickson (1975) usaram um desenho de medidas basais múltiplas entre indivíduos para ajudar indivíduos com comprometimento mental grave a responderem a instruções. Os participantes que seguiram as instruções foram reforçados com cereais doces e elogios, e essa intervenção foi introduzida em quatro grupos pequenos em diferentes momentos. O desempenho mudou diretamente com a aplicação do procedimento de reforço positivo nos três grupos, mas não no quarto. Nesse grupo, que teve a medida basal mais longa, o comportamento melhorou gradualmente antes da intervenção. Os pesquisadores sugerem, de maneira razoável, que isso ocorreu porque os indivíduos desse grupo viram os outros participantes seguirem as instruções e imitaram o comportamento dos sujeitos tratados.

- E se o tratamento se generaliza para outros comportamentos ou situações?

Um problema observado às vezes em desenhos de medidas basais múltiplas ocorre quando as mudanças em um comportamento se *generalizam* para outros comportamentos ou situações. Quando Hartl e Frost (1999) trataram uma mulher para a compulsão a acumular objetos, poderíamos especular que o tratamento em uma peça da casa a levaria a diminuir o acúmulo em outras. Todavia, essa redução não foi observada, e o acúmulo até aumentou um pouco no banheiro, que servia como controle sem intervenção.

Ao lidar com possíveis problemas de generalização, os pesquisadores devem ter em mente a seguinte máxima: "um grama de prevenção vale um quilo de cura". Se a alternância do comportamento de um indivíduo é provável de afetar os comportamentos de outros, se o comportamento em uma situação é provável de afetar o comportamento em outra, ou se a mudança em

um tipo de comportamento é provável de afetar outros comportamentos, talvez seja preciso modificar ou abandonar os desenhos de medidas basais múltiplas (Kazdin, 2002). Infelizmente, nem sempre é fácil prever quando as mudanças ocorrerão simultaneamente em mais de uma medida basal, mas esses problemas parecem ser exceções relativamente infrequentes aos efeitos que costumam ser observados em um desenho de medidas basais múltiplas (Kazdin, 2002). Todavia, o que é claro é que, para se concluir que um tratamento é eficaz usando um desenho de medidas basais múltiplas, é necessário que o comportamento mude logo após a introdução do tratamento em cada grupo.

Problemas e limitações comuns a todos os desenhos de sujeito único

- Pode ser difícil interpretar o efeito de um tratamento se o estágio basal apresenta variabilidade excessiva ou tendências crescentes ou decrescentes no comportamento.
- O problema da baixa validade externa com experimentos de sujeito único pode ser reduzido testando-se pequenos grupos de indivíduos.

Problemas com registros basais Um registro basal e resposta ideais para uma intervenção são mostrados no painel A da Figura 9.5. O comportamento durante o estágio basal é bastante estável, e muda imediatamente após a introdução do tratamento. Se esse fosse o resultado dos primeiros estágios de um desenho ABAB ou de um desenho de medidas basais múltiplas, estaríamos na direção de mostrar que nosso tratamento é eficaz para modificar o comportamento. Todavia, considere os estágios basais e de tratamento apresentados no painel B da Figura 9.5. Embora o comportamento desejado pareça aumentar em frequência após uma intervenção, a medida basal apresenta bastante variabilidade. É difícil saber se o tratamento gerou a mudança ou se o comportamento estava em um período de ascensão. De um modo geral, é difícil decidir se uma intervenção foi efetiva quando existe variabilidade excessiva na medida basal.

Existem várias maneiras de lidar com o problema da variabilidade basal excessiva. Uma delas é procurar fatores na situação que possam estar gerando a variabilidade e removê-los. A presença de um determinado membro da equipe médica, por exemplo, pode estar causando mudanças no comportamento de um paciente psiquiátrico. Outra abordagem é "esperar que passe" – continuar tirando medidas basais até o comportamento se estabilizar. É claro, não é possível prever quando e se isso pode acontecer. Todavia, introduzir a intervenção antes que o comportamento se estabilize pode prejudicar uma interpretação clara dos resultados. Uma última maneira de lidar com a variabilidade excessiva é usar a média dos dados. Mapeando o registro comportamental com o uso das médias de vários pontos, os pesquisadores às vezes podem reduzir a "aparência" de variabilidade (Kazdin, 1978).

O painel C da Figura 9.5 ilustra outro problema potencial que pode surgir quando as medidas basais apresentam uma tendência crescente ou decrescente. Se o objetivo da intervenção fosse aumentar a frequência do comportamento, a tendência decrescente apresentada no painel C não traria problemas para a interpretação. Uma intervenção que reverta a tendência decrescente pode ser considerada como evidência de que o tratamento foi eficaz. Todavia, se o objetivo da intervenção fosse reduzir a frequência de um comportamento, o problema seria mais sério. Essa situação é ilustrada no painel D. Nesse caso, vemos uma tendência decrescente no estágio basal e uma redução continuada na frequência no estágio de tratamento. Seria difícil saber se o tratamento teve efeito, pois a redução após a intervenção poderia se dever à intervenção ou à continuação da tendência basal. Quando se espera que uma intervenção tenha um efeito na mesma direção que a tendência basal, a

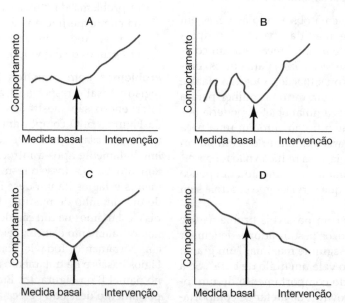

Figura 9.5 Exemplos de registros comportamentais apresentando relações possíveis entre as fases basais e de intervenção de um programa de modificação comportamental. A seta indica o começo de uma intervenção.

mudança após a intervenção deve ser muito mais pronunciada do que a apresentada no painel D para amparar a conclusão de que o tratamento foi eficaz (Kazdin, 1978). Esse problema se torna ainda mais intrigante porque o efeito do tratamento em um desenho de sujeito único costuma ser avaliado por uma análise visual do registro comportamental. Muitas vezes, é difícil dizer o que constitui uma mudança "pronunciada" no registro comportamental (ver, por exemplo, Parsonson e Baer, 1992). Uma ideia especialmente boa nessas circunstâncias é complementar as observações do comportamento visado com outros meios de avaliação, como fazer comparações com indivíduos "normais" ou pedir avaliações subjetivas de outras pessoas que conheçam o indivíduo.

Questões relacionadas com a validade externa Uma crítica frequente dos desenhos de pesquisa de sujeito único é que os resultados têm validade externa limitada. Em outras palavras, o experimento com sujeito único parece ter a mesma limitação que o método do estudo de caso. Como cada pessoa é singular, pode-se argumentar que não existe maneira de saber se o efeito de uma determinada intervenção se generalizará para outros indivíduos. Contudo, existem várias razões por que a validade externa dos resultados de experimentos de sujeito único pode não ser tão limitada quanto parece.

Primeiramente, os tipos de intervenção usados em experimentos de sujeito único costumam ser potentes e muitas vezes geram mudanças radicais e consideráveis no comportamento (Kazdin, 1978). Consequentemente, esses tipos de tratamentos costumam se generalizar a outros indivíduos. Outras evidências da generalização dos efeitos de experimentos de sujeito único vêm do uso de desenhos de medidas basais múltiplas. O desenho de medidas basais múltiplas entre indivíduos, por exemplo, costuma mostrar que uma determinada intervenção teve êxito para modificar o comportamento de vários indivíduos. De ma-

neira semelhante, medidas basais múltiplas entre situações e comportamentos podem atestar a validade externa dos efeitos de um tratamento.

Talvez a melhor maneira de estabelecer a validade externa de um efeito de tratamento em um experimento de sujeito único é testar um "único grupo" de sujeitos. Os procedimentos associados a desenhos de sujeito único são usados às vezes com pequenos grupos de indivíduos (i.e., n pequeno). Por exemplo, Kazdin e Erickson (1975) observam que o reforço positivo aumentou a responsividade a instruções em grupos pequenos de indivíduos com comprometimento mental. Os pesquisadores conseguiram demonstrar que o tratamento foi eficaz, em média, para um pequeno grupo de participantes, bem como para os indivíduos do grupo. De certo modo, o efeito do tratamento foi replicado várias vezes entre os membros do grupo. Experimentos com sujeito único como esses fornecem ótimas evidências da validade interna e externa.

Resumo

Dois desenhos de pesquisa com caso único são o estudo de caso e o experimento com sujeito único, ou desenho de n pequeno. O método do estudo de caso pode ser uma fonte importante de hipóteses sobre o comportamento, proporcionar uma oportunidade para inovação clínica (p.ex., experimentar novas abordagens de terapia), permitir o estudo intensivo de fenômenos raros, desafiar pressupostos teóricos e proporcionar amparo provisório para uma teoria psicológica. O estudo intensivo de indivíduos, que é a marca do método do estudo de caso, se chama pesquisa idiográfica, e pode ser considerado complementar à abordagem nomotética (procurar leis ou princípios gerais) que também é característica da psicologia. Os problemas surgem quando se usa o método do estudo de caso para tirar conclusões de causa e efeito, ou quando os vieses na coleta ou interpretação de dados não são identificados. O método do estudo de caso também envolve problemas potenciais com a generalização de resultados baseados no estudo de um único indivíduo. Além disso, os resultados "dramáticos" obtidos a partir de certos estudos de caso, ainda que possam proporcionar *insights* importantes aos pesquisadores, costumam ser aceitos como válidos por pessoas que não estão cientes das limitações desse método.

B. F. Skinner desenvolveu a análise experimental do comportamento. A análise comportamental aplicada tenta aplicar princípios derivados de uma análise experimental do comportamento a problemas de relevância social. A principal metodologia dessas abordagens é o experimento com sujeito único, ou pesquisa com *n* pequeno. Embora existam muitos tipos de desenhos de sujeito único, os mais comuns são o desenho ABAB e o desenho de medidas basais múltiplas.

Um desenho ABAB, ou desenho de reversão, permite que o pesquisador confirme o efeito de um tratamento mostrando que o comportamento muda sistematicamente em condições de tratamento e sem tratamento (basal). Nesse desenho, surgem problemas metodológicos quando o comportamento que mudou durante o primeiro tratamento (B) não reverte quando o tratamento é removido durante o segundo estágio basal (A). Quando isso ocorre, é difícil estabelecer que o tratamento, em vez de algum outro fator, foi responsável pela mudança inicial. Podem-se encontrar problemas éticos com o uso do desenho ABAB se um tratamento que se mostrou benéfico for removido durante o segundo estágio basal.

O desenho de medidas basais múltiplas demonstra a eficácia de um tratamento, mostrando que os comportamentos em mais de uma medida basal mudam como consequência da introdução de um tratamento. As medidas basais são estabelecidas entre indivíduos diferentes, ou entre comportamentos ou situações para o mesmo indivíduo. Podem surgir problemas metodológicos quando o comportamento não muda imediatamente com a introdução do tratamento ou quando o efeito do tratamento se generaliza para outros indivíduos, outros comportamentos ou outras situações.

Os problemas com a variabilidade excessiva no estágio basal, bem como medidas basais crescentes ou decrescentes, dificultam a interpretação dos resultados de pesquisas com desenhos de sujeito único. O problema da variabilidade basal excessiva pode ser abordado identificando-se e removendo-se as fontes de variabilidade, ampliando o tempo durante o qual são feitas observações basais, ou usando a média dos dados para eliminar a "aparência" de variabilidade. As alterações nas medidas basais podem exigir que o pesquisador obtenha outros tipos de evidências da efetividade do tratamento. Finalmente, o desenho de sujeito único costuma ser criticado por sua falta de validade externa. Todavia, como os tratamentos geralmente produzem mudanças substanciais no comportamento, essas mudanças podem ser replicadas facilmente em indivíduos diferentes. O uso de "grupos" únicos de sujeitos (pesquisa com *n* pequeno) também pode proporcionar evidências imediatas da generalização entre os sujeitos.

Conceitos básicos

estudo de caso   290
abordagem nomotética   294
abordagem idiográfica   294
experimento de sujeito único   301
estágio basal   301
desenho ABAB (desenho de reversão)   302

desenho de medidas basais múltiplas entre indivíduos   306
desenho de medidas basais múltiplas entre comportamentos   306
desenho de medidas basais múltiplas entre situações   308

Metodologia de pesquisa em psicologia **313**

Questões de revisão

1. Identifique e dê um exemplo de cada uma das vantagens do método do estudo de caso.
2. Faça uma distinção entre uma abordagem nomotética e uma abordagem idiográfica de pesquisa.
3. Identifique e dê um exemplo de cada uma das desvantagens do método do estudo de caso.
4. Qual é a principal limitação do método do estudo de caso para se tirarem conclusões de causa e efeito?
5. Em quais condições pode um desenho de sujeito único ser mais apropriado do que um desenho de grupos múltiplos?
6. Faça uma distinção entre estágios basais e de intervenção em um desenho experimental de sujeito único.
7. Por que o desenho ABAB também é chamado desenho de reversão?
8. Que problemas metodológicos são associados especificamente ao desenho ABAB?
9. Descreva os procedimentos e a lógica comuns a todas as principais formas de desenhos de medidas basais múltiplas.
10. Que problemas metodológicos são associados especificamente a desenhos de medidas basais múltiplas?
11. Que problemas metodológicos devem ser abordados em desenhos de sujeito único?
12. Que evidências corroboram a validade externa de desenhos de sujeito único?

☑ DESAFIOS

1. Um estudo de caso mostrando como a "terapia de lama" conseguira tratar um indivíduo com ansiedade excessiva foi publicado em uma revista conhecida. Os sintomas do paciente incluíam dificuldade para dormir, perda do apetite, nervosismo extremo quando em grupos de pessoas e sensações gerais de excitação, que levavam o indivíduo a sempre se sentir "a ponto de explodir" e com medo. O terapeuta da Califórnia que administrou a terapia de lama era conhecido por esse tratamento, tendo aparecido em vários programas de TV. Inicialmente, ele ensinava ao paciente uma técnica de relaxamento profundo e uma "palavra secreta" para repetir constantemente para bloquear todos os pensamentos perturbadores. Então, o paciente deveria submergir por duas horas a cada dia em uma "banheira da calma" especial, feita de madeira e cheia de lama. Durante esse período, o paciente deveria praticar os exercícios de relaxamento e se concentrar em repetir a palavra secreta sempre que tivesse o mínimo de ansiedade. A terapia era bastante cara, mas, depois de seis semanas, o paciente relatou ao terapeuta que não tinha mais os mesmos sentimentos de ansiedade que citara antes. O terapeuta o declarou curado e atribuiu o sucesso do tratamento à imersão na lama calmante. A conclusão do autor do artigo que descrevia essa terapia foi que "é um tratamento com o qual muitas pessoas poderiam se beneficiar". Com base em nosso conhecimento das limitações do método do estudo de caso, responda às seguintes perguntas:
   A. Que fontes possíveis de viés havia no estudo?
   B. Que explicações alternativas você pode sugerir para o sucesso do tratamento?
   C. Que problema potencial existe em se estudar apenas um indivíduo?
2. Uma criança de 5 anos de idade costuma desenvolver erupções cutâneas, e o médico da família disse à sua mãe que o problema se devia a "alguma coisa" que a criança comia. O médico sugere que ela "observe cuidadosamente" o que a criança come. A mãe decide abordar o problema registrando, a cada dia, se a

☑ DESAFIOS (CONTINUAÇÃO)

criança tem a erupção e o que ela tinha comido na véspera. Ela espera encontrar alguma relação entre comer uma determinada comida e a presença ou ausência das erupções cutâneas. Embora essa abordagem possa ajudar a descobrir uma relação entre comer certos alimentos e o surgimento de erupções cutâneas, uma abordagem melhor seria baseada na lógica e procedimentos associados aos desenhos de pesquisa com sujeito único. Explique como a mãe poderia usar essa abordagem alternativa. Seja específico e aponte os problemas possíveis que poderiam surgir nessa aplicação da metodologia comportamental.

3. Durante os meses de verão, você consegue um emprego em uma colônia de férias para crianças com comprometimento mental leve. Como conselheiro, você deve supervisionar um pequeno grupo de crianças, bem como procurar maneiras de melhorar a sua atenção a diversas atividades da colônia de férias, que ocorrem em um lugar fechado (p.ex., artesanato e costura). Você decide explorar a possibilidade de usar um sistema de recompensas (M&Ms) para o "tempo na tarefa". Você nota que o diretor da colônia de férias quer evidências da eficácia da sua estratégia de intervenção, bem como garantias de que funcione com outras crianças da colônia de férias. Portanto, você deve:

A. Planejar uma estratégia de intervenção baseada em princípios de reforço que tenha, como objetivo, aumentar o tempo que as crianças passam em uma atividade da colônia de férias.

B. Explicar os registros comportamentais que serão necessários e como você determinará se a sua intervenção produziu uma mudança no comportamento da criança. Você deverá, por exemplo, especificar exatamente quando e como avaliará o comportamento, bem como justificar o uso de um determinado desenho para implementar o seu "experimento".

C. Descrever o argumento que você usará para convencer o diretor de que a sua estratégia de intervenção funcionará (pressupondo que funcione) com outras crianças semelhantes.

4. Um professor pediu a sua ajuda para planejar uma intervenção comportamental que ajude a lidar com o comportamento de uma criança problemática na sala de aula. A criança não permanece em sua mesa quando lhe pedem, não faz silêncio durante os "momentos de silêncio" e apresenta outros comportamentos que perturbam o ambiente de ensino. Explique especificamente como um reforço positivo, como uma bala ou pequenos brinquedos, podem ser usados como parte de um desenho de medidas basais múltiplas entre comportamentos para melhorar o comportamento dessa criança.

Resposta ao Exercício

1. Talvez você se sinta inclinado a concordar com a sua amiga. Os exemplos pessoais são mais convincentes do que evidências quantitativas. Todavia, para avaliar esses dois estudos, é importante reconhecer que eles representam duas abordagens diferentes de pesquisa. O primeiro estudo representa a abordagem nomotética, que se baseia no estudo de grandes grupos e tende a usar medidas quantitativas para descrever os grupos. O segundo estudo representa a abordagem idiográfica, que envolve o estudo intensivo de casos individuais e descrições qualitativas. Depois de reconhecer essas diferenças nas duas abordagens, uma análise cuidadosa dos resultados indica que não existe necessidade de escolher entre os dois estudos. O primeiro estudo indica que um pouco mais da metade dos casamentos acabam em divórcio, mas isso significa que um pouco menos da metade de todos os casamentos não acaba em divórcio. O segundo estudo indica que mesmo os casamentos que estão em risco de divórcio por causa de fatores como conflitos e um histórico familiar de divórcio não acabam necessariamente em divórcio. O segundo estudo sugere que pode ser necessário um esforço adicional para superar esses fatores de risco. Por exemplo, o casal que pensava em se divorciar quando começou a terapia estava disposto a passar um ano em terapia para trabalhar o seu casamento. Os resultados desses dois estudos ilustram a noção geral de que as pesquisas nomotética e idiográfica podem se complementar, em vez de competirem entre si.

2. A segunda pergunta da sua amiga é um exemplo de uma pergunta geral que os estudantes de psicologia fazem com frequência (e devem fazer): o que essas evidências de pesquisa têm a ver comigo? Os resultados desses dois estudos fornecem informações potencialmente úteis para a sua amiga, à medida que considera o seu futuro. O primeiro estudo nos diz que o divórcio é frequente e que certos fatores foram identificados como indicadores de quando é mais provável ocorrer um divórcio. O segundo estudo nos diz que os casamentos podem ter êxito mesmo quando existem fatores de risco presentes. Essas informações podem ser úteis porque proporcionam evidências de um estudo sistemático e controlado que complementa o que podemos aprender a partir da nossa experiência. Sua amiga não conseguiria determinar com base nesses resultados se ela irá, de fato, se divorciar se decidir casar. De maneira mais geral, os resultados de pesquisas psicológicas ainda não conseguem nos dar a resposta para a questão de Gordon Allport sobre o que uma determinada pessoa fará.

Resposta ao Desafio 1

A. Uma fonte de viés nesse estudo de caso era que o mesmo indivíduo atuou como terapeuta e como pesquisador, com os problemas proporcionais do viés do observador. Uma segunda fonte de viés é que o terapeuta baseou suas conclusões unicamente em autoavaliações do paciente.

B. O sucesso do tratamento pode ser resultado apenas da técnica de relaxamento; do uso da "palavra secreta" frente à ansiedade; da atenção que o paciente recebeu do terapeuta; ou mesmo do elevado custo do tratamento.

C. O principal problema que surge ao se estudar um indivíduo é a falta potencial de validade externa.

10

Desenhos quase-experimentais e avaliação de programas

Visão geral

No sentido mais geral, um experimento é um teste; é um procedimento que usamos para descobrir algo que ainda não sabemos. Nesse sentido, experimentamos quando adicionamos novos ingredientes a uma receita para ver se conseguimos melhorar o sabor. Experimentamos com novas maneiras de pescar mudando as iscas que usamos. Experimentamos quando tomamos uma rota diferente para o trabalho, de maneira a encontrar um caminho mais rápido. Todavia, como você certamente reconhece, esses tipos de "experimentos" informais são muito diferentes dos experimentos que costumam ser implementados na pesquisa psicológica. Os métodos experimentais, ao contrário de outras técnicas de pesquisa como a observação e os levantamentos, são considerados o modo mais eficiente de determinar a causação. Porém, nem sempre é fácil determinar a causação e, nos últimos capítulos, apresentamos a complexidade da tarefa que enfrentam os pesquisadores que tentam entender um fenômeno descobrindo o que o causou.

Neste capítulo, continuamos a nossa discussão sobre métodos experimentais, mas nos concentramos em experimentos conduzidos em ambientes naturais, como hospitais, escolas e empresas. Você verá que a tarefa de tirar conclusões sobre causa e efeito nesses ambientes se torna ainda mais difícil, e que novos problemas surgem quando o pesquisador deixa os confins do laboratório para fazer experimentos em ambientes naturais.

Existem muitas razões por que os pesquisadores fazem experimentos em ambientes naturais. Uma razão para esses "experimentos de campo" é testar a validade externa de um resultado obtido no laboratório (ver o Capítulo 6). Ou seja, buscamos descobrir se um efeito de tratamento observado no laboratório funciona de maneira semelhante em outro ambiente. Outras razões para experimentar em ambientes naturais são mais práticas. A pesquisa em ambientes naturais provavelmente estará associada a tentativas de melhorar as condições em que as pessoas vivem e trabalham. O governo pode experimentar com um novo sistema de impostos ou um novo método de formação profissional para pessoas em situação de desvantagem econômica. As escolas podem experimentar mudando os programas de merenda, de atividades extraclasse, ou o currículo. Uma empresa pode experimentar com novos produtos, métodos de prestar benefícios aos empregados ou horário de trabalho flexível. Nesses casos, como ocorre no laboratório, é importante determinar se o "tratamento" causou uma mudança. Será que a mudança na maneira como os pacientes são admitidos à emergência do hospital fez com que fossem tratados de forma mais rápida e eficiente? Será que um programa universitário de conservação de energia causou uma redução no consumo de energia elétrica? Saber se um tratamento foi eficaz nos permite tomar decisões importantes sobre a continuidade do tratamento, sobre gastos financeiros adicionais, sobre investimento de tempo e esforço, ou sobre mudanças na situação atual com base no conhecimento dos resultados. Pesquisas que visam determinar a eficácia de mudanças feitas por instituições, agências governamentais e outras organizações fazem parte dos objetivos da *avaliação de programas.*

Neste capítulo, descrevemos obstáculos à realização de experimentos em ambientes naturais, e discutimos maneiras de superar esses obstáculos para que experimentos reais sejam feitos sempre que possível. Não obstante, os experimentos verdadeiros às vezes não são exequíveis fora do laboratório. Nesses casos, devemos considerar procedimentos experimentais que se aproximem das condições de experimentos laboratoriais. Discutimos várias dessas técnicas quase-experimentais. Concluímos com uma breve introdução à lógica, procedimentos e limitações da avaliação de programas.

Experimentos verdadeiros

Características de experimentos verdadeiros

- Nos experimentos verdadeiros, os pesquisadores manipulam uma variável independente com condições de tratamento e comparação, e exercem um grau elevado de controle (especialmente por meio da designação aleatória a condições).

Como já observamos, embora muitas atividades cotidianas (como alterar os ingredientes de uma receita) possam ser chamadas de experimentos, não as consideraríamos experimentos "verdadeiros" no sentido em que discutimos a experimentação neste livro. De maneira análoga, muitos "experimentos sociais" realizados pelo governo e aqueles realizados por executivos ou administradores educacionais também não são experimentos verdadeiros. *Um experimento verdadeiro é aquele que leva a um resultado claro sobre o que causou um fato.*

Os experimentos verdadeiros apresentam três características importantes:

1. Em um experimento verdadeiro, implementa-se algum tipo de intervenção ou tratamento.
2. Os experimentos verdadeiros são marcados pelo grau elevado de controle que o experimentador tem sobre o arranjo das condições experimentais, designação de participantes, manipulação sistemática de variáveis independentes e escolha de variáveis dependentes. A capacidade de designar os participantes aleatoriamente às condições experimentais costuma ser considerada a característica mais crítica que define o experimento verdadeiro (Judd, Smith e Kidder, 1991).
3. Finalmente, os experimentos verdadeiros são caracterizados por uma comparação adequada. De fato, o experimentador exerce controle sobre a situação para estabelecer uma comparação adequada para avaliar a eficácia de um tratamento. Na mais simples das situações experimentais, essa comparação é entre dois grupos comparáveis, que são tratados de forma exatamente igual, com exceção da variável de interesse.

Quando as condições de um experimento verdadeiro são satisfeitas, quaisquer diferenças observadas em uma variável dependente podem ser logicamente atribuídas às diferenças entre os níveis da variável independente. Todavia, existem diferenças entre experimentos verdadeiros feitos em ambientes naturais e experimentos feitos em um laboratório. Algumas das diferenças mais importantes são descritas no Quadro 10.1.

Obstáculos à realização de experimentos verdadeiros em ambientes naturais

- Os pesquisadores podem ter dificuldade para obter permissão para realizar experimentos verdadeiros em ambientes naturais e obter acesso aos participantes.
- Embora alguns considerem a designação aleatória injusta, pois pode privar os indivíduos de um novo tratamento, ela ainda é a melhor e mais justa maneira de determinar se um novo tratamento é eficaz.

A pesquisa experimental é uma ferramenta eficaz para resolver problemas e responder questões práticas. Não obstante, dois obstáculos importantes costumam surgir quando tentamos fazer experimentos em ambientes naturais. O primeiro problema é obter permissão para fazer a pesquisa

---

☑ Quadro 10.1

DIFERENÇAS ENTRE EXPERIMENTOS NO LABORATÓRIO E EM AMBIENTES NATURAIS

Os experimentos que são realizados fora do laboratório provavelmente diferem de várias maneiras importantes daqueles feitos no laboratório. É claro, nem todo experimento em um ambiente natural difere dos experimentos laboratoriais em todas essas maneiras, mas, se você está pensando em fazer pesquisa em um ambiente natural, pedimos que considere as seguintes questões críticas.

Controle

Mais do que qualquer outra coisa, o cientista se preocupa com o controle. Somente controlando os fatores que acreditamos que influenciam um fenômeno é que poderemos tomar uma decisão sobre o que o causou. Por exemplo, a designação aleatória de sujeitos a condições de um experimento é um método de controle usado para equilibrar as diferenças individuais entre as condições. Ou, então, os pesquisadores podem manter constantes outros fatores que sejam prováveis de influenciar o fenômeno. Em um ambiente natural, o pesquisador nem sempre tem o mesmo grau de controle sobre a designação dos participantes ou sobre as condições de um experimento que teria no laboratório. Talvez o pesquisador até precise avaliar se uma intervenção foi eficaz sem que tenha se envolvido no planejamento ou implementação do "experimento". Esse tipo de avaliação "depois do fato" é especialmente difícil, pois aqueles que fazem o estudo podem não ter considerado fatores importantes no planejamento e execução da intervenção.

Validade externa

O elevado grau de controle no ambiente "artificial" do laboratório, que aumenta a validade interna da pesquisa, muitas vezes diminui a validade externa dos resultados. Portanto, pode ser necessário fazer experimentos em ambientes naturais para estabelecer a validade externa de um resultado obtido em laboratório. Quando um experimento é feito principalmente para testar uma teoria psicológica específica, porém, a validade externa do resultado laboratorial talvez não seja tão importante (p.ex., Mook, 1983). Em comparação, a validade externa de pesquisas feitas em ambientes naturais costuma ser muito importante. Isso é especialmente verdadeiro quando a experimentação social serve como base para mudanças sociais de grande escala, como experimentar novas maneiras de restringir o álcool no trânsito ou novas oportunidades para registrar eleitores. Será que os resultados de um programa que é considerado benéfico para reduzir o alcoolismo entre motoristas em um estado podem ser generalizados para ou-

☑ **Quadro 10.1 (continuação)**

tras áreas do país? Essas, é claro, são questões relacionadas com a validade externa dos resultados de pesquisas.

Objetivos

A experimentação em ambientes naturais costuma ter objetivos diferentes dos da pesquisa laboratorial (ver Capítulo 2). A pesquisa laboratorial muitas vezes representa a *pesquisa básica*, com o objetivo único de entender um fenômeno – de determinar como a "natureza" funciona. Pode ser feita para se adquirir conhecimento simplesmente em nome do conhecimento. A *pesquisa aplicada* também visa descobrir as razões para um determinado fenômeno, mas é mais provável de ser feita quando o conhecimento das razões para o fenômeno possa levar a mudanças que melhorem a situação atual. A experimentação em ambientes naturais, portanto, é mais provável de ter objetivos práticos do que a pesquisa laboratorial.

Consequências

Às vezes, são feitos experimentos que têm um impacto amplo nas comunidades e na sociedade, afetando grandes números de pessoas. O programa Head Start para crianças em situação de desvantagem social e o programa de televisão Vila Sésamo foram experimentos sociais criados para contribuir para a educação de centenas de milhares de crianças por todo o país (ver Figura 10.1). Experimentos sociais também são feitos em uma escala menor em ambientes naturais, como escolas e empresas locais. De forma clara, os "experimentos" da sociedade provavelmente terão consequências de maior impacto imediato do que os da pesquisa laboratorial. Em comparação, as consequências imediatas de experimentos de laboratório podem ser substanciais, mas é mais provável que sejam mínimas. Eles somente têm poder para afetar diretamente as vidas de alguns pesquisadores e dos poucos sujeitos recrutados para participar.

☑ **Figura 10.1** Como experimento social, a Vila Sésamo foi criada como uma experiência educativa para centenas de milhares de crianças.

com indivíduos em posições de autoridade. A menos que acreditem que a pesquisa lhes terá utilidade, é improvável que os presidentes de conselhos escolares e líderes governamentais e empresariais apoiem a pesquisa financeiramente ou de outra forma. O segundo obstáculo aos experimentos em ambientes naturais, muitas vezes mais premente, é o problema do acesso aos sujeitos. Esse problema pode ser especialmente difícil se os sujeitos forem designados aleatoriamente a um grupo de tratamento ou de comparação.

A designação aleatória a condições experimentais parece injusta à primeira vista – afinal, a designação aleatória exige que um tratamento potencialmente benéfico seja negado a alguns dos sujeitos. Suponhamos que uma nova forma de ensinar línguas estrangeiras fosse testada em sua faculdade ou universidade. Suponhamos também que, quando você fosse se matricular para as classes do próximo semestre, informassem que você seria designado aleatoriamente a uma das aulas existentes – uma envolvendo o método antigo e uma envolvendo o novo método. Como você reagiria? Seu conhecimento de métodos de pesquisa lhe diz que os dois métodos devem ser administrados a grupos comparáveis de estudantes e que a designação aleatória é a melhor maneira de garantir essa comparabilidade. Entretanto, talvez você se sinta tentado a pensar que a designação aleatória não é justa, especialmente se for designado à aula que usasse o método antigo (antiquado?). Vamos dar uma olhada mais de perto no elemento de justiça da designação aleatória.

Se os responsáveis por selecionar o método de instrução da língua estrangeira já sabiam que o novo método era mais eficaz do que o método antigo em escolas como a sua, haveria pouca justificativa para testá-lo novamente. Nessas circunstâncias, concordaríamos que seria injusto negar o método novo a estudantes do grupo controle. Todavia, se você não souber que o método novo é melhor, qualquer abordagem além de fa-

zer um experimento verdadeiro nos deixará em dúvida sobre a sua eficácia. A designação aleatória a tratamentos – pode chamá-la de "loteria", se preferir – talvez seja o procedimento mais justo para designar estudantes às diferentes aulas. Afinal, o método antigo de instrução era considerado eficaz antes do desenvolvimento do novo método. Se o novo método se mostrar menos eficaz, a designação aleatória terá "protegido" os controles de receber um tratamento que não seja eficaz .

Existem maneiras de oferecer um tratamento potencialmente eficaz para todos os participantes, mas mantendo grupos comparáveis. Um meio é usar tratamentos alternativos. Por exemplo, Atkinson (1968) designou estudantes aleatoriamente para receberem instrução assistida por computador (o tratamento) em inglês ou matemática e depois testou ambos os grupos em inglês e matemática. Cada grupo serviu como controle para o outro no teste, para o qual seus membros não haviam recebido a instrução assistida por computador. Depois de concluírem o experimento, ambos os grupos receberam a instrução na disciplina a que não haviam sido expostos antes. Desse modo, todos os sujeitos receberam todos os tratamentos potencialmente benéficos.

Também é possível estabelecer um grupo controle adequado se houver mais demanda por um determinado serviço do que a agência em questão possa oferecer. As pessoas que estão esperando para receber o serviço podem se tornar um *grupo controle de lista de espera*. Todavia, é essencial que as pessoas sejam designadas à lista de espera aleatoriamente. Os primeiros da fila, sem dúvida, são diferentes em dimensões importantes daqueles que chegam por último (p.ex., mais ansiosos pelo tratamento). A designação aleatória é necessária para distribuir essas características de maneira imparcial entre os grupos de tratamento e comparação.

Sempre haverá circunstâncias em que a designação aleatória simplesmente não pode ser usada. Por exemplo, em testes clínicos envolvendo testes de novos tratamentos médicos, pode ser extremamente difícil levar os pacientes a concordarem em ser divididos aleatoriamente ao grupo de tratamento ou ao grupo controle (sem tratamento). Como você verá, nessas situações, podem ser usados *desenhos quase-experimentais*. A lógica e os procedimentos para esses desenhos quase-experimentais serão descritos neste capítulo.

Ameaças à validade interna controladas por experimentos verdadeiros

- As ameaças à validade interna são fatores de confusão que servem como explicações alternativas plausíveis para os resultados de uma pesquisa.
- Classes importantes de ameaças à validade interna são o histórico, maturação, testagem, instrumentação, regressão, desgaste dos sujeitos, seleção e efeitos aditivos com a seleção.

Antes de fazer um experimento, gostaríamos que você considerasse as principais classes de explicações possíveis que podem ser descartadas por nosso procedimento experimental. Somente controlando todas as explicações alternativas possíveis é que podemos chegar a uma inferência causal definitiva. Em outros capítulos, discutimos vários fatores não controlados que ameaçam a validade interna de um experimento, como fatores de confusão (também chamados de confusões). Foram identificados vários tipos de confusões em capítulos anteriores (especialmente o Capítulo 6). Campbell e Stanley (1966; Cook e Campbell, 1979; ver também Shadish, Cook e Campbell, 2002; West, 2010) identificaram oito classes de confusões, que chamam de **ameaças à validade interna**. Já apresentamos algumas delas; outras serão novas. Depois de revisar essas ameaças importantes à validade interna, seremos capazes de julgar o nível em que diversos procedimentos experimentais controlam

esses tipos de explicações alternativas para os efeitos de um tratamento.

Histórico A ocorrência de um fato além do tratamento pode ameaçar a validade interna, se gerar mudanças no comportamento dos sujeitos da pesquisa. Um experimento verdadeiro exige que os participantes do grupo experimental e do grupo controle sejam tratados da mesma forma (tenham o mesmo histórico de experiências enquanto no experimento), com exceção do tratamento. No laboratório, isso costuma ser feito balanceando ou mantendo as condições constantes. Todavia, ao se fazer um experimento em um ambiente natural, o pesquisador talvez não consiga manter um grau elevado de controle, de modo que as confusões devidas ao histórico podem ameaçar a validade interna. Por exemplo, suponhamos que você queira testar se uma disciplina universitária de pensamento crítico, de fato, muda o pensamento dos estudantes. E suponhamos também que você simplesmente analise o desempenho dos estudantes em um teste de pensamento crítico no começo da disciplina e depois novamente no final da disciplina. Sem um grupo de comparação adequado, o **histórico** seria uma ameaça à validade interna se houvesse fatos além do tratamento (i.e., a disciplina de pensamento crítico) que pudessem aumentar as capacidades de pensamento crítico dos estudantes. Por exemplo, suponhamos que muitos estudantes da disciplina também visitem um *website* criado para desenvolver o pensamento crítico, que não era exigido para a disciplina. O histórico dos alunos, agora incluindo a experiência virtual, confundiria o tratamento e, portanto, representaria uma ameaça à validade interna do estudo.

Maturação Os participantes de um experimento necessariamente mudam em função do tempo. Eles ficam mais velhos, mais experientes, e assim por diante. A mudança associada à passagem do tempo em si se chama maturação. Por exemplo, suponhamos que um pesquisador esteja interessado em avaliar a aprendizagem de crianças ao longo de um ano escolar usando uma nova técnica de ensino. Sem uma comparação apropriada, o pesquisador pode atribuir as mudanças observadas no desempenho das crianças entre o começo e o final do ano letivo ao efeito da intervenção de ensino quando, na realidade, as mudanças se deram simplesmente a uma ameaça de **maturação** à validade. Ou seja, a aprendizagem das crianças pode ter melhorado simplesmente porque suas capacidades cognitivas aumentaram à medida que cresceram.

Testagem Fazer um teste geralmente influencia testagens subsequentes. Considere, por exemplo, o fato de que muitos estudantes costumam melhorar entre o primeiro e o segundo teste em uma disciplina. Durante o primeiro teste, os estudantes adquirem familiaridade com o procedimento de teste e com as expectativas do instrutor. Essa familiaridade então afeta o seu desempenho no segundo teste. Da mesma forma, no contexto de um experimento de psicologia, no qual se aplica mais de um teste (p.ex., em um desenho pré-teste/pós-teste), a **testagem** é uma ameaça à validade interna se não se puder separar o efeito do tratamento e o efeito da testagem.

Instrumentação Pode haver mudanças ao longo do tempo não apenas nos participantes do experimento (p.ex., maturação ou maior familiaridade com a testagem), mas também nos instrumentos usados para mensurar o desempenho dos participantes. Essa possibilidade é mais clara quando se usam observadores humanos para avaliar o comportamento. Por exemplo, o viés do observador pode vir da fadiga, expectativas e outras características de observadores. A menos que controladas, essas mudanças nos observadores representam uma ameaça de **instrumentação** à validade interna, proporcionando explicações alternativas para diferenças no comportamento entre um período de observação e outro. Os instrumentos mecânicos também podem mudar com o uso repetido. Um pesquisador conhecido dos autores uma vez observou que uma má-

quina usada para apresentar material em um experimento com aprendizagem não estava funcionando da mesma maneira ao final do experimento. As medidas feitas ao final diferiam das feitas no começo do experimento. Assim, o que parecia ser um efeito da aprendizagem na verdade era uma mudança no instrumento usado para mensurar a aprendizagem.

Regressão A **regressão** estatística sempre é um problema quando os indivíduos são selecionados para participar de um experimento por causa de seus escores "extremos". É provável que os escores extremos em um teste não sejam tão extremos no segundo. Em outras palavras, um desempenho muitíssimo ruim ou um desempenho muitíssimo bom (que todos já tivemos) pode ser seguido por um desempenho não tão ruim, ou não tão bom, respectivamente. Considere, por exemplo, seu melhor desempenho em um exame escolar até hoje. O que foi preciso para "vencer" o teste? Sem dúvida, muito trabalho. Mas também é provável que tenha havido um pouco de sorte envolvido. Tudo deve dar certo para produzir um desempenho extremamente bom. Se estamos falando sobre um exame, é provável que o material testado fosse aquele que você mais tinha estudado, ou que o formato do teste fosse um que você gosta particularmente, ou que ele ocorreu em um momento em que você estava se sentindo particularmente confiante, ou tudo isso e ainda mais. Os desempenhos particularmente bons são "extremos" porque são aumentados (acima do nosso desempenho normal ou típico) pelo acaso. De maneira semelhante, um desempenho especialmente ruim em um teste pode ter ocorrido por azar. Quando fizer o teste novamente (depois de um desempenho muito ruim ou muito bom), é simplesmente improvável que fatores fortuitos permaneçam da mesma forma para nos proporcionar aquele escore ótimo ou aquele escore muito baixo. É provável que vejamos resultados mais próximos da média dos nossos escores gerais. Esse fenômeno costuma ser chamado de *regressão à média*. A regressão estatística é mais provável quando um teste ou medida não é confiável. Quando se usa um teste que não seja confiável, podemos esperar que os escores sejam inconsistentes ao longo do tempo.

Considere agora uma tentativa de melhorar o desempenho acadêmico de um grupo de estudantes universitários que tiveram um desempenho muito ruim durante seu primeiro semestre na faculdade (o "pré-teste"). Os participantes são selecionados por causa do seu desempenho extremo (nesse caso, desempenho extremamente fraco). Suponhamos que se aplique um tratamento (p.ex., uma oficina de habilidades de estudo, de 10 horas). A regressão estatística é uma ameaça à validade interna, pois seria de esperar que esses estudantes já tivessem resultados levemente melhores após o segundo semestre (o "pós-teste") *sem nenhum tratamento*, apenas devido à regressão estatística. Um pesquisador que não saiba disso pode confundir esse "efeito da regressão" com um "efeito do tratamento".

Desgaste dos sujeitos Conforme discutido no Capítulo 6, uma ameaça à validade interna ocorre quando o experimento perde sujeitos, por exemplo, quando eles abandonam o projeto de pesquisa. A ameaça à validade interna por **desgaste dos sujeitos** baseia-se na premissa de que a perda de sujeitos muda a natureza do grupo que foi estabelecido antes do tratamento – por exemplo, arruinando a equivalência de grupos estabelecidos por designação aleatória. Isso pode ocorrer, por exemplo, se uma tarefa experimental for muito difícil e fizer alguns sujeitos experimentais se frustrarem e abandonarem o experimento. Os sujeitos que sobram no grupo experimental serão diferentes daqueles que abandonaram (e possivelmente dos do grupo controle), mesmo que por nenhuma outra razão, pelo simples fato de que conseguiram terminar a tarefa (ou pelo menos continuaram tentando).

Seleção Quando, desde o começo do estudo, existem diferenças entre os tipos de indivíduos em um grupo e os de outro grupo do experimento, há uma ameaça à validade interna devida à **seleção**. Ou seja, as pessoas que estão no grupo de tratamento podem diferir de pessoas no grupo de comparação de muitas maneiras além de sua designação ao grupo. No laboratório, essa ameaça à validade interna costuma ser tratada equilibrando-se as características dos participantes por meio da designação aleatória. Quando se fazem experimentos em situações naturais, pode haver muitos obstáculos à designação aleatória dos sujeitos às condições de tratamento e comparação. Esses obstáculos impedem que se faça um experimento verdadeiro e, assim, representam uma possível ameaça à validade interna pela seleção.

Efeitos aditivos com a seleção As ameaças individuais à validade interna, como o histórico e a maturação, podem ser uma fonte de preocupação adicional, pois podem se combinar com a ameaça da seleção à validade interna. Especificamente, quando não são formados grupos comparáveis por designação aleatória, pode haver problemas por causa dos efeitos aditivos da (1) seleção e maturação, (2) seleção e histórico e (3) seleção e instrumentação. Por exemplo, os efeitos aditivos da seleção e maturação podem ocorrer se calouros universitários que serviram como grupo experimental forem comparados com alunos do segundo ano, atuando como grupo controle. Presume-se que as mudanças que podem ocorrer nos estudantes em seu primeiro ano (à medida que adquirem familiaridade com o ambiente universitário) sejam maiores que as que ocorrem durante o segundo ano. Essas diferenças nas taxas de maturação podem explicar as diferenças observadas entre os grupos experimental e controle, em vez de se deverem à intervenção experimental.

Um *efeito aditivo da seleção e histórico* ocorre quando situações ao longo do tempo têm um efeito diferente sobre um grupo de participantes do que sobre outro. Isso é particularmente problemático quando se comparam grupos intactos. Talvez por causa de fatos peculiares à situação de um grupo, um determinado acontecimento pode ter um impacto maior sobre aquele grupo do que o outro. Considere, por exemplo, pesquisas envolvendo uma investigação da eficácia de uma campanha de conscientização para a Aids em duas universidades (um tratamento e um controle). Pode-se supor que a atenção dos meios de comunicação nacionais à Aids afete igualmente os estudantes das duas faculdades. Todavia, se um aluno com Aids morrer em uma das faculdades durante o estudo, e a história for contada no jornal da faculdade, acredita-se que os participantes da pesquisa naquela universidade seriam afetados de forma diferente, em comparação com os da outra. Em termos da avaliação do efeito de uma campanha de conscientização para a Aids, essa situação representaria um efeito aditivo da seleção e histórico.

Finalmente, um efeito aditivo da seleção e instrumentação pode ocorrer se um instrumento de teste for relativamente mais sensível a mudanças no desempenho de um grupo do que a mudanças em outro. Isso ocorre, por exemplo, quando existem efeitos de teto e piso. Esse é o caso quando os escores iniciais de um grupo em um instrumento são tão baixos (efeito de piso) que não é possível medir nenhuma outra queda nos escores de maneira confiável, ou tão altos (efeito de teto) que não se pode avaliar se houve algum ganho. Como você pode imaginar, haveria uma ameaça à validade interna se um grupo experimental não apresentasse mudança relativamente (devido a efeitos de piso e teto), enquanto o grupo controle mudasse em um grau confiável porque seu desempenho médio inicial estava perto do meio da escala de medição.

Uma das grandes vantagens dos experimentos verdadeiros é que eles *controlam* todas essas ameaças à validade interna. Conforme enfatiza Campbell (1969), os experimentos verdadeiros devem ser usados sempre que possível, mas, se não for possível, devemos usar quase-experimentos. "Devemos fazer o melhor com o que temos disponível" (p. 411). Os quase-experimentos

representam o melhor ajuste existente entre o objetivo geral de adquirir conhecimento válido sobre a eficácia de um tratamento e o entendimento de que os experimentos verdadeiros nem sempre são possíveis.

Problemas que mesmo os experimentos verdadeiros não podem controlar

- As ameaças à validade interna que podem ocorrer em qualquer estudo incluem contaminação, efeitos das expectativas do experimentador e efeitos da novidade.
- A contaminação ocorre quando os grupos de sujeitos trocam informações sobre o experimento, podendo levar a ressentimentos, rivalidades ou difusão do tratamento.
- Os efeitos da novidade ocorrem quando o comportamento das pessoas muda simplesmente porque uma inovação (p.ex., um tratamento) gera excitação, energia e entusiasmo.
- As ameaças à validade externa ocorrem quando os efeitos do tratamento não podem ser generalizados além de pessoas, ambientes, tratamentos e resultados específicos do tratamento.

Antes de considerarmos procedimentos quase-experimentais específicos, devemos dizer que mesmo os experimentos verdadeiros não podem controlar todas as ameaças possíveis à interpretação de um resultado experimental. Embora ameaças importantes à validade interna sejam eliminadas pelo experimento verdadeiro, existem ameaças adicionais, contra as quais o pesquisador que trabalha em ambientes naturais deve se proteger. Usaremos o termo *contaminação* para descrever uma classe geral de ameaças à validade interna. A **contaminação** ocorre quando existe comunicação de informações sobre o experimento entre os grupos de participantes. O Quadro 10.2 descreve os diversos efeitos indesejados que podem advir da contaminação.

☑ Quadro 10.2

CONTAMINAÇÃO EXPERIMENTAL

Existem vários efeitos possíveis que resultam da comunicação entre grupos de sujeitos experimentais, entre eles (1) *ressentimento* por parte de indivíduos que recebem tratamentos menos desejáveis, (2) *rivalidade* entre grupos que recebem tratamentos diferentes e (3) uma *difusão geral do tratamento* entre os grupos (ver Cook e Campbell, 1979; Shadish et al., 2002).

- *Ressentimento*. Considere uma situação em que indivíduos foram designados aleatoriamente a um grupo controle. Imagine também que os participantes do grupo controle descobrem que "outros" participantes estão recebendo um tratamento benéfico. Qual você acha que pode ser a reação dos participantes do controle? Uma possibilidade é que os controles se sintam ressentidos e desmoralizados. Conforme explicam Cook e Campbell, em um ambiente de trabalho, a pessoa que recebe o tratamento menos desejável pode retaliar, diminuindo sua produtividade. Em um ambiente educacional, professores ou estudantes podem perder a motivação ou ficarem bravos. Esse efeito das informações "vazadas" sobre o tratamento pode fazer um tratamento parecer melhor do que seria, por causa do desempenho inferior do grupo controle, que reage com ressentimento.

- *Rivalidade*. Outro efeito possível que pode ocorrer quando um grupo controle fica sabendo da sorte do outro grupo é um espírito de competição ou rivalidade. Ou seja, o grupo controle pode se motivar para reduzir a diferença esperada entre ele e o grupo de tratamento. Conforme observam Cook e Campbell, isso pode ocorrer quando grupos intactos (como departamentos, equipes de trabalho, filiais de empresas, e assim por diante) são designados a condições variadas. Compreendendo que o outro grupo parecerá melhor dependendo do quanto se distinguir do grupo controle, os participantes do grupo controle podem se motivar para "dar duro", para não parecerem fracos em comparação.

- *Difusão de tratamentos*. Outro efeito possível da contaminação é a difusão de tratamentos. Segundo Cook e Campbell, isso ocorre quando os participantes do grupo controle usam as informações dadas a outras pessoas para ajudá-los a mudar seu próprio comportamento. Por exemplo, os controles podem usar as informações dadas aos sujeitos do grupo de tratamento para imitar o comportamento dos indivíduos que recebem o tratamento. É claro, isso reduz as diferenças entre os grupos tratados e não tratados e afeta a validade interna do experimento.

Os experimentos verdadeiros também podem ser afetados por ameaças devidas aos *efeitos das expectativas do experimentador*, que ocorrem quando o experimentador influencia os resultados involuntariamente. O viés do observador ocorre quando os vieses e expectativas dos pesquisadores levam a erros sistemáticos na observação, identificação, registro e interpretação do comportamento. (Diversas maneiras de controlar os efeitos do observador e do experimentador foram apresentadas no Capítulo 4 e no Capítulo 6, p.ex., usando um procedimento duplo-cego.)

Os **efeitos da novidade** podem ocorrer quando se introduz uma inovação, como um tratamento experimental (Shadish et al., 2002). Por exemplo, se houve pouca mudança ou inovação em um ambiente de trabalho por algum tempo, os empregados podem se sentir animados ou energizados com a novidade em seu local de trabalho quando se introduz algo novo. O novo entusiasmo dos empregados, em vez da intervenção em si, pode explicar o "sucesso" da intervenção. O oposto do efeito da novidade pode acontecer como um *efeito de perturbação*, no qual uma inovação, talvez com novos procedimentos de trabalho, perturbe o trabalho dos empregados em um nível tal que eles não consigam manter a sua eficácia típica.

Um efeito da novidade específico foi denominado *efeito Hawthorne*. Ele se refere a mudanças no comportamento das pessoas causadas pelo interesse que "pessoas importantes" demonstram por elas. O efeito recebeu esse nome em referência aos acontecimentos ocorridos entre 1924 e 1932 na fábrica da Western Electric Company em Cicero, Illinois, uma cidade perto de Chicago (Roethlisberger, 1977). Foram realizados estudos para avaliar a relação entre a produtividade e as condições do local de trabalho. Em um experimento, a quantidade de iluminação na fábrica foi alterada, avaliando-se o desempenho dos trabalhadores. Os resultados revelaram que os grupos experimentais *e* os grupos controle aumentaram sua produtividade durante o estudo. Embora existam controvérsias quanto aos fatores exatos que foram responsáveis por esse efeito (p.ex., Parsons, 1974), o efeito Hawthorne geralmente se refere a uma mudança no comportamento que resulta da percepção dos sujeitos de que alguém está interessado neles.

Como um exemplo do efeito Hawthorne, considere um estudo em que prisioneiros são escolhidos para participarem de pesquisas analisando a relação entre mudanças nas condições da cela e as atitudes ante a vida na prisão (ver Figura 10.2). Se forem obtidas mudanças positivas nas atitudes dos prisioneiros, os resultados talvez se devam às mudanças reais que foram feitas nas condições das celas, ou podem se dever a um aumento na moral, pois os prisioneiros acreditam que a administração da prisão se preocupa com eles. Os pesquisadores que trabalham com situações naturais devem estar cientes do fato de que as mudanças observadas no comportamento dos sujeitos podem se dever em parte à sua percepção de que existem pessoas interessadas neles. Desse modo, pode-se ver que o efeito Hawthorne representa um tipo específico de reatividade (i.e., a consciência de que se está sendo observado), que discutimos em capítulos anteriores (especialmente no Capítulo 4).

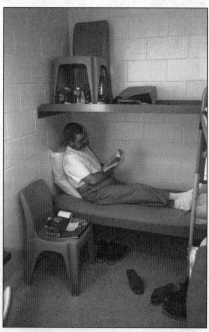

☑ **Figura 10.2** As pesquisas que investigam métodos para melhorar a vida na prisão podem estar sujeitas ao efeito Hawthorne.

Além dos problemas que resultam de ameaças à validade interna, os experimentos verdadeiros podem ser enfraquecidos por *ameaças à validade externa*. A validade externa depende principalmente do quanto a nossa amostra é representativa das pessoas, locais e situações a que queremos generalizar. A representatividade normalmente é alcançada por meio de amostragem aleatória. Todavia, como a amostragem aleatória é usada com pouca frequência (ver Shadish et al., 2002), raramente conseguimos dizer que nossa amostra de sujeitos, ou a situação em que estamos fazendo observações, ou as situações em que testamos indivíduos são amostras representativas de todas as pessoas, situações, tratamentos ou resultados. Portanto, o pesquisador deve estar ciente de interações possíveis entre a variável independente de um experimento e, por exemplo, o tipo de indivíduo ou a natureza do ambiente envolvido no experimento. Por exemplo, uma diferença entre um grupo experimental e um grupo controle, observada com voluntários de uma escola da periferia no inverno, também poderá ser encontrada com indivíduos não voluntários testados em uma escola suburbana na primavera?

Cook e Campbell descrevem várias abordagens para avaliar ameaças à validade externa; o mais importante é tentar determinar a representatividade da amostra. Todavia, eles observam que *o melhor teste para a validade externa é a replicação*. Assim, podemos melhor responder a questão da validade externa repetindo o experimento com diferentes tipos de participantes, em diferentes ambientes, com diferentes tratamentos e em momentos diferentes. Ocasionalmente, podem-se "embutir" replicações parciais no experimento – por exemplo, selecionando mais de um grupo para participar. Testar crianças de um grupo socioeconômico inferior e de um grupo socioeconômico superior em um experimento projetado para determinar a eficácia de um novo programa educacio-nal proporcionaria evidências da generalização da eficácia do tratamento entre esses dois grupos socioeconômicos.

Quase-experimentos

- Os quase-experimentos são uma alternativa importante quando não é possível fazer experimentos verdadeiros.
- Os quase-experimentos não têm o grau de controle encontrado em experimentos verdadeiros; particularmente, os quase-experimentos geralmente não usam designação aleatória.
- Os pesquisadores devem procurar evidências adicionais para eliminar ameaças à validade interna quando fazem quase-experimentos, em vez de experimentos verdadeiros.
- O desenho pré-teste/pós-teste de grupo único é considerado um desenho pré-experimental ou um mau experimento porque tem pouquíssima validade interna.

Qualquer dicionário dirá que a definição do prefixo *quase* é "semelhante". Os quase-experimentos envolvem procedimentos que se *assemelham* aos dos experimentos verdadeiros. De um modo geral, os **quase-experimentos** contêm algum tipo de intervenção ou tratamento e possibilitam fazer uma comparação, mas não possuem o grau de controle encontrado em experimentos verdadeiros. Assim como a randomização é a marca dos experimentos verdadeiros, a *falta de randomização* é a marca dos quase-experimentos. Conforme explicam Campbell e Stanley (1966), os quase-experimentos ocorrem quando os pesquisadores não têm o controle necessário para fazer um experimento verdadeiro.

Os quase-experimentos são recomendados quando não é possível fazer experimentos verdadeiros. É mais desejável ter um pouco de conhecimento sobre a eficácia de um tratamento do que nenhum. A lista de ameaças possíveis à validade interna, que revisamos anteriormente, pode ser usada como uma *checklist* para decidir sobre a qualidade desse conhecimento. Além disso, o pesquisador deve estar preparado para procurar outros tipos de evidências que possam descartar uma ameaça à validade interna que não seja controlada especificamente em um quase-experimento. Por exemplo, suponhamos que um quase-experimento não controle ameaças históricas que seriam eliminadas por um experimento verdadeiro. Talvez o pesquisador consiga mostrar que a ameaça histórica é implausível com base em uma análise lógica da situação ou com base em evidências fornecidas por uma análise complementar. Se o pesquisador puder mostrar que a ameaça histórica não é plausível, pode-se fazer um argumento forte em favor da validade interna do quase-experimento. Os pesquisadores devem reconhecer as limitações específicas dos procedimentos quase-experimentais, e devem trabalhar como detetives para obter as evidências possíveis para superar essas limitações. À medida que começamos a considerar os usos apropriados dos quase-experimentos, devemos reconhecer que existe uma grande diferença entre o poder do experimento verdadeiro e o do quase-experimento. *Antes de enfrentar os problemas de interpretação que resultam de procedimentos quase-experimentais, o pesquisador deve fazer todos os esforços possíveis para buscar as condições de um experimento verdadeiro.*

Talvez a limitação mais séria que os pesquisadores enfrentam ao fazerem experimentos em ambientes naturais é que eles muitas vezes não conseguem designar os participantes às condições de maneira aleatória. Isso ocorre, por exemplo, quando se escolhe um grupo intacto para o tratamento e quando decisões administrativas ou considerações práticas impedem a designação aleatória dos sujeitos. Por exemplo, crianças de uma classe ou escola e trabalhadores de uma fábrica específica representam grupos intactos, que podem receber um tratamento ou intervenção sem a possibilidade de se designarem indivíduos aleatoriamente às condições. Se considerarmos que o comportamento de um grupo é medido antes e depois do tratamento, esse "experimento" pode ser descrito da seguinte maneira:

$$O_1 \quad X \quad O_2$$

onde O_1 se refere à primeira observação de um grupo, ou pré-teste, X indica um tratamento, e O_2 se refere à segunda observação, ou pós-teste.

Esse desenho *pré-teste/pós-teste de grupo único* representa um desenho pré-experimental ou, dito de forma mais simples, pode ser chamado de um mau experimento. Qualquer diferença obtida entre os escores pré-teste e pós-teste podem se dever ao tratamento *ou* a qualquer uma de várias ameaças à validade interna, incluindo o histórico, maturação, testagem e instrumentação (assim como os efeitos de expectativas do experimentador e efeitos da novidade). Os resultados de um mau experimento são inconclusivos com relação à eficácia do tratamento. Felizmente, existem quase-experimentos que melhoram usando esse desenho pré-experimental.

O desenho de grupo controle não equivalente

- No desenho de grupo controle não equivalente, um grupo de tratamento e um grupo de comparação são comparados usando medidas pré-teste e pós-teste.
- Se os dois grupos forem semelhantes em seus escores no pré-teste antes do tratamento, mas diferirem em seus escores no pós-teste após o tratamento, os pesquisadores podem fazer uma afirmação mais confiante sobre o efeito do tratamento.
- As ameaças à validade interna devidas ao histórico, maturação, testagem, instrumentação e regressão podem ser controladas por meio de um desenho de grupo controle não equivalente.

Metodologia de pesquisa em psicologia **329**

> ### ☑ EXERCÍCIO
>
> *Neste exercício, gostaríamos que você considerasse ameaças possíveis à validade interna nesta breve descrição de um desenho pré-teste/pós-teste de grupo único.*
>
> Um psicólogo interessado no efeito de uma nova terapia para a depressão recrutou uma amostra de 20 indivíduos que procuraram ajuda para a depressão. No começo do estudo, ele pediu para todos os participantes responderem um questionário sobre seus sintomas depressivos. O escore médio de depressão para a amostra foi de 42,0 (o maior escore possível é 63,0), indicando sintomas depressivos graves. (Indivíduos que não estão deprimidos geralmente apresentam escores na faixa de 0 a 10 nessa medida.) Durante as próximas 16 semanas, o psicólogo tratou os sujeitos do estudo com o novo tratamento. Ao final do tratamento, eles responderam o questionário novamente. O escore médio para o pós-teste foi de 12,0, indicando que, em mé-
>
> dia, os sintomas depressivos dos participantes reduziram drasticamente e indicavam apenas depressão leve. O psicólogo concluiu que o tratamento fora eficaz; ou seja, o tratamento fez seus sintomas depressivos melhorarem.
>
> Essencialmente, é impossível fazer afirmações de causa e efeito, como a feita por esse psicólogo, quando se usa um desenho pré-teste/pós-teste de grupo único. Para entender por que isso é verdade, pense nas ameaças potenciais à validade interna nesse estudo.
>
> 1. Como um efeito do *histórico* poderia ameaçar a validade interna do estudo?
> 2. Explique como a maturação desempenha um papel provável nesse estudo.
> 3. Existe probabilidade de ameaças relacionadas com a *testagem* e a *instrumentação* nesse estudo?
> 4. Explique como a *regressão estatística* pode influenciar a interpretação dos resultados.

O desenho pré-teste/pós-teste de grupo único pode ser modificado para criar um desenho quase-experimental com validade interna bastante superior se duas condições forem satisfeitas: (1) existe um grupo "semelhante" ao grupo de tratamento, que pode servir como grupo de comparação, e (2) existe uma oportunidade para obter medidas pré-teste e pós-teste de indivíduos nos grupos de tratamento e de comparação. Campbell e Stanley (1966) chamam um procedimento quase-experimental que satisfaça essas duas condições de **desenho de grupo controle não equivalente**. Como um grupo de comparação é selecionado com bases que não a designação aleatória, não podemos dizer que os indivíduos dos grupos de tratamento e controle sejam equivalentes em todas as características importantes (i.e., há uma ameaça na seleção). Portanto, é essencial que se aplique um pré-teste a ambos os grupos para avaliar a sua similaridade em relação à medida dependente. Um desenho de grupo controle

não equivalente pode ser apresentado da seguinte maneira:

$$O_1 \ X \ O_2$$
$$\text{-----}$$
$$O_1 \quad O_2$$

A linha tracejada indica que os grupos de tratamento e comparação não foram formados a partir da designação aleatória dos participantes às condições.

Adicionando um grupo de comparação, os pesquisadores podem controlar as ameaças à validade interna devidas ao histórico, maturação, testagem, instrumentação e regressão. Uma breve revisão da lógica do desenho experimental ajuda a mostrar por que isso ocorre. Queremos começar um experimento com dois grupos semelhantes; então, um grupo recebe o tratamento e outro não. Se os escores pós-teste dos dois grupos diferirem após o tratamento, devemos primeiro descartar explicações alternativas, antes que possamos dizer que o tratamento causou a diferença. Se os grupos forem verdadeiramente comparáveis, e ambos tiverem experiências semelhantes (com exceção do tratamento), podemos dizer que os efeitos do histórico, maturação, testagem, instrumentação e regressão ocorrem igualmente para os dois grupos. Assim, podemos dizer que ambos os grupos mudam naturalmente na mesma taxa (maturação), experimentam o mesmo efeito em testes múltiplos, ou são expostos aos mesmos eventos externos (histórico). Se esses efeitos ocorrem do *mesmo* modo para os dois grupos, eles não podem ser usados para explicar as *diferenças* entre os grupos em medidas pós-teste. Portanto, os pesquisadores têm uma grande vantagem em sua capacidade de fazer afirmações causais simplesmente adicionando um grupo de comparação. Todavia, essas afirmações causais dependem criticamente de formar grupos comparáveis no começo do estudo, e garantir que os grupos tenham experiências comparáveis, com exceção do tratamento. Como é difícil fazer isso na prática, conforme veremos, esse desenho não costuma eliminar as ameaças à validade interna decorrentes de efeitos aditivos da seleção.

Ao se aproximar do fim da disciplina de metodologia de pesquisa em psicologia, talvez você queira conhecer os resultados de um desenho de grupo controle não equivalente que analisou o efeito de cursar uma disciplina de metodologia de pesquisa sobre o raciocínio relacionado com fatos da vida real (VanderStoep e Shaughnessy, 1997). Estudantes matriculados em duas turmas de uma disciplina de metodologia de pesquisa (e que estavam usando uma edição deste livro) foram comparados com estudantes de duas seções de uma disciplina de psicologia do desenvolvimento, com relação ao seu desempenho em um teste que enfatizava o raciocínio metodológico relacionado com fatos cotidianos. Os estudantes nos dois tipos de classes fizeram testes no começo e no final do semestre. Os resultados revelaram que os estudantes

de metodologia de pesquisa apresentaram uma melhora maior do que os estudantes do grupo controle. Cursar uma disciplina de metodologia de pesquisa aumentou a capacidade dos estudantes de pensar criticamente sobre os fatos da vida real.

Com essa animadora notícia em mente, vamos analisar em detalhe outro estudo que usou o desenho de grupo controle não equivalente. Isso nos dará a oportunidade de revisar as potencialidades e limitações específicas desse procedimento quase-experimental.

Desenho de grupo controle não equivalente: o estudo de Langer e Rodin

- Os quase-experimentos costumam avaliar a eficácia geral de um tratamento com muitos componentes; pesquisas de seguimento podem então determinar quais componentes são críticos para se alcançar o efeito do tratamento.

Langer e Rodin (1976) propuseram a hipótese de que mudanças ambientais associadas à velhice contribuem, em parte, para sentimentos de perda, inadequação e autoestima baixa em idosos. Particularmente importante é a mudança que ocorre quando idosos se mudam para uma casa de repouso. Embora geralmente cuidem dos idosos de um modo bastante adequado em termos físicos, as casas de repouso muitas vezes são o que Langer e Rodin chamam de um "ambiente praticamente livre de decisões". Os idosos não são mais chamados a tomar sequer as mais simples decisões, como a hora de levantar, quem visitar, a que filme assistir e coisas do gênero. Em uma casa de repouso, muitas, ou a maior parte, das decisões cotidianas são tomadas para eles, deixando-os com poucas responsabilidades e opções pessoais.

Para testar a hipótese de que a falta de oportunidade para tomar decisões pessoais contribui para a debilitação psicológica e mesmo física observada às vezes nos idosos, Langer e Rodin fizeram um quase-experimento em uma casa de repouso em Connecticut. A variável independente era o tipo de responsabilidade dada a dois grupos de residentes da casa de repouso. Um grupo foi informado das muitas decisões que deveria tomar em relação à maneira como os quartos eram arrumados, visitas, cuidado de plantas, escolha de filmes, e assim por diante. Esses residentes também receberam pequenas plantas de presente (se quisessem aceitá-las) e podiam cuidar delas como desejassem. Essa era a condição de indução de responsabilidade. O segundo grupo de residentes, o grupo de comparação, também foi chamado para uma reunião, mas as instruções para esse grupo enfatizavam a responsabilidade da equipe de atendimento para com eles. Esses residentes também ganharam uma planta de presente (independentemente de quererem ou não) e foram informados de que os enfermeiros colocariam água e cuidariam das plantas para eles.

Os residentes da casa de repouso eram designados a uma determinada ala e quarto com base na disponibilidade, e alguns permaneciam lá por bastante tempo. Como consequência, a designação aleatória dos dois grupos de responsabilidade era impraticável – e provavelmente indesejável do ponto de vista da administração. Portanto, os dois conjuntos de instruções sobre as responsabilidades foram dados aos residentes de duas alas diferentes da casa de repouso. Essas alas eram escolhidas, nas palavras dos autores, "por causa da similaridade na saúde física e psicológica e *status* socioeconômico prévio dos residentes, determinados pelas avaliações feitas pelo diretor, enfermeiros-chefes e assistente social da casa" (Langer e Rodin, 1976, p. 193). As alas eram designadas aleatoriamente a um dos dois tratamentos. Além disso, os questionários eram dados aos residentes uma semana antes e três semanas depois das instruções de responsabilidades. Os questionários continham perguntas relacionadas com "quanto controle eles sentiam

sobre acontecimentos gerais de suas vidas e o quanto se sentiam felizes e ativos" (p. 194). Além disso, os membros da equipe de atendimento em cada ala deviam avaliar os residentes, antes e depois da manipulação experimental, em traços como atenção, sociabilidade e atividade. Os pesquisadores também incluíram uma medida pós-teste do interesse social, fazendo uma competição na qual os sujeitos deviam acertar o número de jujubas em um vidro grande. Os residentes participavam da competição se quisessem, simplesmente preenchendo um papel com sua estimativa e nome. Assim, havia diversas variáveis dependentes para avaliar as percepções de controle, felicidade, atividade e o nível de interesse dos residentes, bem como outros fatores.

O estudo de Langer e Rodin ilustra muito bem os procedimentos do desenho de grupo controle não equivalente (ver Figura 10.3). Além disso, as diferenças entre medidas pré-teste e pós-teste mostram que os residentes no grupo de indução de responsabilidade, de um modo geral, estavam mais felizes, mais ativos e mais atentos após o tratamento do que os residentes do grupo de comparação. Medidas comportamentais como a frequência com que assistiam a filmes também favoreceram o grupo de indução de responsabilidade e, embora dez residentes desse grupo tenham participado do torneio das jujubas, apenas um dos residentes do grupo de comparação participou! Os pesquisadores apontam para possíveis implicações práticas desses resultados. Especificamente, sugerem que algumas das consequências negativas do envelhecimento podem ser reduzidas ou revertidas dando aos idosos oportunidades para tomarem decisões pessoais e se sentirem competentes.

Antes de nos voltarmos para as limitações específicas associadas a esse desenho, queremos chamar a sua atenção para outro aspecto do estudo de Langer e Rodin, que caracteriza muitos experimentos em ambientes naturais. O tratamento no estudo de Langer e Rodin na verdade tinha vários

☑ **Figura 10.3** Langer e Rodin (1976) usaram um desenho de grupo controle não equivalente para estudar o efeito de dois tipos diferentes de instruções de responsabilidades sobre o comportamento de residentes de casas de repouso. Como não houve um "experimento verdadeiro", os pesquisadores analisaram as características do estudo para determinar se havia ameaças à validade interna.

componentes. Por exemplo, a equipe de atendimento incentivava os residentes do grupo de tratamento a tomarem decisões sobre várias coisas diferentes (p.ex., filmes, salas, etc.), e eles recebiam uma planta para cuidarem. Todavia, o experimento avaliava o "pacote" de tratamento. Ou seja, avaliava-se a eficácia do tratamento geral, e não os componentes individuais do tratamento. Sabemos apenas (ou pelo menos supomos com base nas evidências) que o tratamento, com todos os seus componentes, funcionou; não sabemos necessariamente se o tratamento funcionaria com menos componentes ou se um componente é mais crítico do que os outros.

As pesquisas realizadas em ambientes naturais costumam se caracterizar por tratamentos com muitos componentes. Além disso, o objetivo inicial dessas pesquisas costuma ser avaliar o efeito geral do "pacote" de tratamento. Portanto, talvez encontrar evidências para um efeito do tratamento em geral seja apenas o primeiro estágio no programa de pesquisa se quisermos identificar os elementos críticos de um tratamento. Essa identificação pode trazer benefícios práticos e teóricos. Por razões práticas, a pesquisa revela que apenas algumas das características do tratamento são críticas para gerar o efeito, e que talvez os aspectos menos críticos devessem ser abandonados. Isso pode aumentar a relação custo-eficácia do tratamento, tornando-o mais provável de ser adotado e implementado. Do ponto de vista teórico, é importante determinar se os componentes do tratamento especificados por uma teoria como críticos são, de fato, componentes críticos. Ao conhecer pesquisas que demonstrem um efeito geral do tratamento, pense em pesquisas adicionais que possam revelar os componentes específicos que são críticos para o efeito do tratamento.

Fontes de invalidade no desenho de grupo controle não equivalente

- Para interpretar os resultados de desenhos quase-experimentais, os pesquisadores analisam o estudo para determinar se existem ameaças presentes à validade interna.
- As ameaças à validade interna que devem ser consideradas ao se usar um desenho de grupo controle não equivalente incluem efeitos aditivos da seleção, regressão diferencial, viés do observador, contaminação e efeitos da novidade.
- Embora os grupos possam ser comparáveis em uma medida pré-teste, isso não garante que sejam comparáveis de todas as maneiras possíveis que são relevantes para o resultado do estudo.

Segundo Cook e Campbell (1979), o desenho de grupo controle não equivalente geralmente controla todas as principais classes de ameaças potenciais à validade interna, exceto as que se devem a efeitos aditivos (1) da seleção e maturação, (2) da seleção e histórico, (3) da seleção e instrumentação e (4) da regressão estatística diferencial. Analisaremos como cada uma dessas fontes potenciais de invalidade pode representar problemas para a interpretação de Langer e Rodin a respeito de suas observações. Depois, explicaremos como Langer e Rodin apresentam um argumento lógico e evidências empíricas para refutar as ameaças possíveis à validade interna do seu estudo. Também analisaremos como o viés do experimentador e problemas de contaminação foram controlados. Finalmente,

comentaremos brevemente os desafios para se estabelecer a validade externa, que são inerentes ao desenho de grupo controle não equivalente.

Um resultado inicial importante do estudo de Langer e Rodin foi que os residentes dos dois grupos não diferiam significativamente nas medidas pré-teste. Não seria surpresa descobrir que havia uma diferença entre os dois grupos antes que o tratamento fosse introduzido, pois os residentes não foram designados aleatoriamente às condições. Todavia, mesmo quando os escores pré-teste não apresentam diferença entre os grupos, não podemos dizer que eles sejam "equivalentes" (Campbell e Stanley, 1966). Na discussão a seguir, explicaremos por que não podemos concluir que os grupos são equivalentes.

Efeito da seleção e maturação Um efeito aditivo da seleção e da maturação ocorre quando os indivíduos em um grupo se tornam mais experientes, mais cansados ou mais entediados em uma taxa mais rápida do que os indivíduos do outro grupo (Shadish et al., 2002). O efeito da seleção e maturação é mais provável de ser uma ameaça à validade interna quando o grupo de tratamento é autosselecionado (os membros procuram exposição ao tratamento deliberadamente) e quando o grupo de comparação vem de uma população diferente do grupo de tratamento (Campbell e Stanley, 1966). Langer e Rodin selecionaram seus grupos (mas não indivíduos) aleatoriamente a partir da mesma população de indivíduos. Consequentemente, seu desenho se aproxima mais de um experimento verdadeiro do que se os indivíduos dos dois grupos tivessem vindo de populações diferentes (Campbell e Stanley, 1966). O efeito da seleção e maturação seria mais provável, por exemplo, se os residentes da casa de repouso fossem comparados com indivíduos que participam de um programa fechado de oficinas para idosos, ou se os residentes de alas diferentes da casa de repouso necessitassem de níveis diferentes de cuidado.

A possibilidade de um efeito de seleção e maturação é uma das razões por que não podemos concluir que os grupos são equivalentes (comparáveis) mesmo quando os escores pré-teste são iguais, em média, para os grupos de tratamento e de controle. Talvez as taxas de crescimento natural de dois grupos de populações diferentes sejam diferentes, mas o pré-teste pode ter ocorrido em um momento em que eram semelhantes. Esse problema é ilustrado na Figura 10.4. A taxa normal de mudança é maior no grupo A do que no Grupo B, mas o pré-teste mostra que os grupos não diferem. Todavia, devido à taxa de crescimento diferencial, os grupos provavelmente apresentariam uma diferença no pós-teste, que poderia ser confundida com um efeito do tratamento. Existe uma segunda razão, mais geral, por que não podemos concluir que os grupos sejam comparáveis com base apenas na ausência de uma diferença entre os grupos no pré-teste. É provável que o pré-teste avalie os respondentes em apenas uma medida, ou, na melhor hipótese, em poucas medidas. O simples fato de que os indivíduos não diferem em uma medida não significa que eles não difiram em outras medidas que são relevantes para o seu comportamento na situação em questão.

Existe alguma razão para suspeitar de um efeito da seleção e maturação no estudo de Langer e Rodin? Ou seja, seria razoável esperar que os residentes na ala de tratamento mudassem naturalmente em uma taxa mais rápida do que os pacientes da ala sem tratamento? Vários tipos de evidências sugerem que esse não seria o caso. Primeiro, o procedimento que a casa de repouso usou para designar os residentes às duas alas era basicamente aleatório, e as alas foram designadas aleatoriamente às condições de tratamento e sem tratamento. Langer e Rodin também observaram que os residentes das duas alas eram, em média, equivalentes em medidas como o *status* socioeconômico e o tempo na casa de repouso. Finalmente, embora não seja uma evidência suficiente em si, os residentes das duas alas não diferiam nas medidas pré-teste. Assim, as evidências indicam que não havia ameaça à validade interna no estudo de Langer e Rodin por causa dos efeitos aditivos da seleção e maturação.

Efeito da seleção e histórico Outra ameaça à validade interna que não é controlada no desenho de grupo controle não equivalente é o efeito aditivo da seleção e histórico. Cook e Campbell (1979) referem-se a esse problema como *efeitos do histórico local*. Esse problema ocorre quando algo além do tratamento afeta um grupo, mas não o outro. O histórico local, por exemplo, pode ser um problema

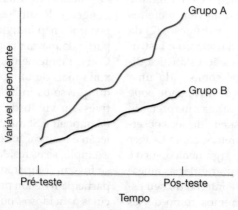

Figura 10.4 Taxas de crescimento diferencial possíveis para dois grupos (A e B) na ausência de tratamento.

no estudo de Langer e Rodin se um fato que afetou a felicidade e atenção dos residentes ocorreu em uma ala da casa de repouso, mas não ocorreu na outra. É provável que você consiga imaginar várias possibilidades. Uma mudança na equipe de enfermagem em uma ala, por exemplo, pode levar a um aumento ou redução na disposição dos residentes, dependendo da natureza da mudança e de possíveis diferenças entre o comportamento do novo enfermeiro e do anterior. Os problemas ligados ao histórico local se tornam mais problemáticos à medida que diferem as situações dos indivíduos nos grupos de tratamento e controle. Langer e Rodin não abordaram especificamente o problema dos efeitos do histórico local.

Efeito da seleção e instrumentação Uma ameaça decorrente da combinação entre seleção e instrumentação ocorre quando mudanças em um instrumento de medição são mais prováveis de ser detectadas em um grupo do que em outro. Os efeitos de piso e teto, por exemplo, podem tornar difícil para se detectarem mudanças de comportamento do pré-teste para o pós-teste. Se esse problema afetar um grupo mais do que o outro, existe um efeito da seleção e instrumentação. Shadish e colaboradores (2002) apontam que essa ameaça à validade interna é mais provável quanto maior for a não equivalência dos grupos e com a proximidade dos escores dos grupos em relação ao fim da escala. Como os grupos de Langer e Rodin não diferiam no pré-teste, e como o desempenho dos grupos não sugeria efeitos de piso e teto nas escalas de medição utilizadas, essa ameaça à validade interna não parece plausível para o seu estudo.

Regressão estatística diferencial A última ameaça à validade interna que não é controlada no desenho de grupo controle não equivalente é a regressão estatística diferencial (Shadish et al., 2002). Conforme descrevemos anteriormente, a regressão à média é esperada quando os indivíduos são selecionados com base em escores extremos (p.ex., os piores leitores, os trabalhadores com me-

nor produtividade, os pacientes com problemas mais graves). A *regressão diferencial* pode ocorrer quando a regressão é mais provável em um grupo do que no outro. Por exemplo, considere um desenho de grupo controle não equivalente, no qual os participantes com os problemas mais sérios são colocados no grupo de tratamento. É possível, e até provável, que ocorra regressão nesse grupo. Se a regressão for mais provável no grupo de tratamento do que no grupo controle, as mudanças do pré-teste para o pós-teste podem ser interpretadas erroneamente como um efeito do tratamento. Como os grupos no estudo de Langer e Rodin vêm da mesma população e não existem evidências de que os escores pré-teste de um grupo fossem mais extremos do que os do outro, uma ameaça à validade interna devida à regressão estatística diferencial não é plausível em seu estudo.

Efeitos das expectativas, contaminação e efeitos da novidade O estudo de Langer e Rodin também poderia ter sido influenciado por outras três ameaças à validade interna, que podem afetar até os experimentos verdadeiros – os efeitos das expectativas, a contaminação e efeitos da novidade. Se os observadores em seu estudo estivessem cientes da hipótese de pesquisa, é possível que tivessem involuntariamente avaliado os residentes como melhores após as instruções de responsabilidades do que antes. Todavia, esse viés do observador, ou o efeito das suas expectativas, parece ter sido controlado, pois todos os observadores foram mantidos ignorantes da hipótese de pesquisa. Langer e Rodin também estavam cientes de possíveis efeitos da contaminação. Os residentes do grupo controle podiam ter se incomodado se soubessem que os residentes de outra ala tinham mais oportunidades para tomar decisões. Nesse caso, o uso de alas diferentes da casa de repouso foi vantajoso; Langer e Rodin (1976) indicam que "não houve muita comunicação entre as alas" (p. 193). Assim, não parecia haver efeitos de contaminação, pelo menos em uma escala que arruinaria a validade interna do estudo.

Haveria efeitos da novidade no estudo de Langer e Rodin se os residentes da ala de tratamento ganhassem entusiasmo e energia como resultado do tratamento inovador de indução da responsabilidade. Assim, esse novo entusiasmo, em vez da maior responsabilidade dos residentes em tratamento, pode explicar os efeitos do tratamento. Além disso, a atenção especial dispensada ao grupo de tratamento pode ter produzido um efeito Hawthorne, no qual os residentes da ala tratada se sentiram melhor a respeito de si mesmos. É difícil descartar completamente os efeitos da novidade ou um efeito Hawthorne nesse estudo. Todavia, segundo os autores, "não houve diferença na quantidade de atenção dispensada aos dois grupos" (p. 194). De fato, as comunicações aos dois grupos enfatizavam que a equipe se preocupava com eles e queria que "fossem felizes". Assim, sem evidências adicionais do contrário, podemos concluir que as mudanças no comportamento que Langer e Rodin observaram se deviam ao efeito da variável independente, e não ao efeito de uma variável externa que os pesquisadores deixaram de controlar.

Para verificar se uma variável independente "atuou" no contexto de um determinado experimento, os pesquisadores coletam sistematicamente e avaliam cuidadosamente evidências a favor e contra a interpretação de que o tratamento fez o comportamento mudar. Conforme explicam Cook e Campbell:

> Estimar a validade interna de uma relação é um processo dedutivo, no qual o pesquisador deve pensar sistematicamente sobre como cada uma das ameaças à validade interna pode ter influenciado os dados. Então, o pesquisador deve analisar os dados para testar quais ameaças relevantes podem ser descartadas. Em todo esse processo, o pesquisador deve ser o seu melhor crítico, analisando vigorosamente todas as ameaças que puder imaginar. Quando todas as ameaças podem ser eliminadas plausivelmente, é possível tirar conclusões confiantes sobre a prová-

vel causalidade da relação. Quando não podem, talvez porque não existem dados apropriados disponíveis ou porque os dados indicam que uma determinada ameaça pode ter atuado de fato, o pesquisador deve concluir que uma relação demonstrada entre duas variáveis pode ou não ser causal. (p. 55-56)

A questão da validade externa

- Semelhante à validade interna, a validade externa de pesquisas deve ser analisada criticamente.
- A melhor evidência para a validade externa de pesquisas é a replicação com diferentes populações, ambientes e momentos.

Devemos fazer a mesma investigação sistemática sobre a validade externa de um quase-experimento que fizemos sobre a sua validade interna. Que evidências existem de que o padrão específico de resultados é restrito a um determinado grupo de participantes, ambiente ou momento? Por exemplo, embora Langer e Rodin sugiram que se façam certas mudanças na maneira como cuidamos dos idosos, podemos questionar se a eficácia do tratamento de indução da responsabilidade se aplicaria a todos os residentes idosos, para todos os tipos de casas de repouso, e em diferentes ocasiões. O fato de que a casa de repouso específica estudada por Langer e Rodin (1976) foi descrita como "avaliada pelo estado de Connecticut como entre as melhores unidades de tratamento" (p. 193) sugere que os residentes, instalações e funcionários podem ser diferentes dos encontrados em outras casas. Por exemplo, se os residentes dessa casa de repouso específica fossem relativamente mais independentes antes de virem para a casa do que os residentes de outras casas (talvez por diferenças em *status* socioeconômico), as mudanças sofridas ao mudar para a casa de repouso talvez tenham tido um impacto maior sobre eles. Consequentemente, talvez a oportunidade de serem mais independentes dos funcionários tenha sido mais importante para esses residentes, em relação aos residentes de outras casas. De maneira semelhante, se os funcionários dessa casa fossem mais competentes do que os de outras, talvez eles fossem mais efetivos para se comunicar com os residentes do que os funcionários de outras casas.

Em última análise, o pesquisador deve estar pronto para *replicar* um resultado experimental com diferentes populações, ambientes e momentos para estabelecer a validade externa. O processo dedutivo aplicado à questão da validade interna também deve ser usado para analisar a validade externa do estudo. Além disso, *devemos estar prontos para aceitar o fato de que é improvável que um estudo responda todas as questões sobre uma hipótese de pesquisa.*

Desenhos de séries temporais interrompidas

- Em um desenho de séries temporais interrompidas, os pesquisadores analisam uma série de observações antes e depois de um tratamento.
- As evidências em favor dos efeitos do tratamento ocorrem quando existem mudanças abruptas (descontinuidades) nos dados da série temporal no período em que o tratamento foi implementado.
- As principais ameaças à validade interna no desenho de séries temporais interrompidas simples são efeitos do histórico e mudanças na medição (instrumentação) que ocorrem ao mesmo tempo que o tratamento.

Um segundo quase-experimento, o **desenho de séries temporais interrompidas simples**, é possível quando os pesquisadores conseguem observar mudanças em uma variável dependente por algum tempo antes e depois da introdução de um tratamento (Shadish et al., 2002). A essência desse desenho é a disponibilidade de medidas periódicas antes e depois que o tratamento foi introduzido. O desenho de séries temporais

interrompidas simples pode ser representado da seguinte maneira:

$$O_1 \, O_2 \, O_3 \, O_4 \, O_5 \quad X \quad O_6 \, O_7 \, O_8 \, O_9 \, O_{10}$$

O desenho de séries temporais interrompidas simples pode ser usado para avaliar o efeito de um tratamento em situações como a introdução de um novo produto, a instituição de uma nova reforma social, ou o começo de uma campanha publicitária especial. Campbell (1969) investigou o efeito de uma mudança em políticas sociais em Connecticut na metade da década de 1950. O governador havia exigido repressão contra a velocidade excessiva no trânsito, e Campbell usou um desenho de séries temporais interrompidas para determinar o efeito dessa ordem sobre as mortes no trânsito. Campbell conseguiu obter uma variedade de dados arquivísticos para usar como medidas de pré-tratamento e pós-tratamento, pois as agências estatais costumam manter estatísticas regulares sobre os acidentes de trânsito. Além do número de mortes, Campbell analisou o número de multas por excesso de velocidade, o número de motoristas que tiveram a carteira de habilitação suspensa e outras medidas relacionadas com o comportamento no trânsito. A Figura 10.5 mostra a porcentagem de suspensões da habilitação por excesso de velocidade (como porcentagem de todas as suspensões) antes e depois da repressão. Existe uma descontinuidade clara no gráfico, que coincide com o começo do tratamento. Essa descontinuidade mostra evidências de um efeito do tratamento. De fato, *uma descontinuidade na série temporal é a principal evidência do efeito de um tratamento.*

Conforme observa Campbell, somente mudanças abruptas no gráfico da série temporal podem ser interpretadas, pois as mudanças graduais são indistinguíveis das flutuações normais que ocorrem ao longo do tempo. Infelizmente, as mudanças muitas vezes não são tão drásticas quanto as observadas na Figura 10.5. De fato, a análise de Campbell de mortes no trânsito ao longo do mesmo período revela evidências de

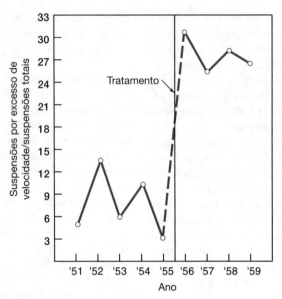

☑ **Figura 10.5** Suspensões de carteiras de habilitação por excesso de velocidade, como porcentagem de todas as suspensões. (Adaptado de Campbell, 1969.)

um efeito da repressão, mas a mudança nas mortes no trânsito não foi tão abrupta quanto a associada à suspensão das carteiras de habilitação (ver Campbell, 1969; Figura 2).

Uma variação do desenho de séries temporais interrompidas foi usada para avaliar o efeito de se evitar o "risco apavorante de voar" após os ataques terroristas contra os Estados Unidos em 11 de setembro de 2001 (Gigerenzer, 2004). O raciocínio para esse estudo foi o seguinte. As pessoas tendem a temer "riscos apavorantes", que são definidos como "situações de baixa probabilidade mas grandes consequências, como os ataques terroristas de 11 de setembro de 2001" (Gigerenzer, 2004, p. 286). Se os norte-americanos, para evitar o risco apavorante de voar, dirigissem até seus destinos, seria de esperar que houvesse um aumento no número de mortes no trânsito. Para testar essa hipótese, Gigerenzer (2004) analisou dados do Departamento de Transportes do governo norte-americano para os três meses após 11 de setembro de 2001. Também foram analisados dados para os cinco anos antes dessa data. O número médio de mortes nesses anos precedentes foi comparado com os números para depois de 22 de setembro de 2001. Os resultados dessa análise são mostrados na Figura 10.6.

O gráfico mostra os acidentes de trânsito fatais para todos os 12 meses do ano em todos os cinco anos precedentes (círculos indicam a média na linha) e para o ano de 2001 (representados por quadrados). Além disso, são mostrados os valores mais altos e mais baixos para cada mês nos cinco anos precedentes (as barras em torno de cada média). Os dados para mortes durante outubro, novembro e dezembro revelam que, no ano de 2001, o número de acidentes de trânsito fatais foi tão alto ou maior do que o maior valor para os cinco anos anteriores. Com base nesses dados (e em análises estatísticas), Gigerenzer (2004) conseguiu concluir que as mortes no trânsito subiram para 353 em outubro, novembro e dezembro de 2001. O autor atribuiu esse aumento ao medo apavorante de voar observado após os fatos de 11/9. Gigerenzer comparou esse aumento de 353 mortes com os 266 passageiros e funcionários que foram mortos nos quatro

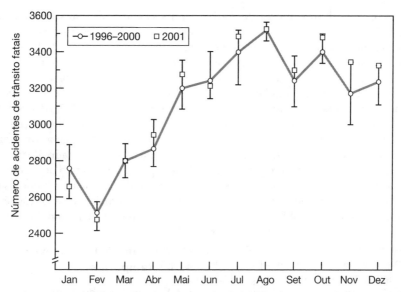

Figura 10.6 Número de acidentes de trânsito fatais nos Estados Unidos de 1996 a 2000 *versus* 2001. A linha representa a média para os anos 1996-2000; as barras em torno da média indicam os valores mais baixos e mais altos para esses anos. Os quadrados indicam os números de acidentes de trânsito fatais para cada mês em 2001. (Adaptado de Gigerenzer, 2004.)

desastres aéreos (e, é claro, muitos mais no solo). O pesquisador sugere que "se o público tivesse sido mais bem informado sobre as reações psicológicas a eventos catastróficos, e o risco potencial de se evitar o risco", talvez essa "perda de motivação psicológica" pudesse ter sido prevenida (p. 287).

outras situações, pode ser necessário fazer análises mais sofisticadas (p.ex., Michielutte, Shelton, Paskett, Tatum e Velez, 2000). Para mais informações, consulte o texto de Shadish e colaboradores (2002), *Experimental and Quasi-Experimental Designs for Generalized Causal Inference.*

Dica de estatística

Embora os resultados do modelo de séries temporais interrompidas e outros desenhos quase-experimentais às vezes possam ser interpretados com base em uma análise visual (ver, por exemplo, a Figura 10.5), muitas vezes, são necessárias análises estatísticas. Gigerenzer (2004), por exemplo, usou um teste qui-quadrado da significância estatística para mostrar que houve um aumento estatisticamente significativo na frequência de mortes no trânsito após 11 de setembro de 2001, comparado com os cinco anos precedentes. Havíamos mencionado o teste qui-quadrado no Capítulo 5. Em

Campbell e Stanley (1966) sintetizam o problema que os pesquisadores enfrentam usando o desenho de séries temporais interrompidas simples: "o problema da validade interna se resume à questão de hipóteses concorrentes plausíveis, que oferecem explicações alternativas prováveis para a mudança observada na série temporal, em vez do efeito de X" (p. 39). O efeito do histórico é a principal ameaça à validade interna nesse tipo de desenho (Shadish et al., 2002). Por exemplo, será possível que um fator além da tentativa de evitar o "risco apavorante" tenha sido responsável pelo aumento no número de acidentes de trânsito fatais nos últimos meses de 2001 (ver Figura 10.6)?

Particularmente ameaçadoras à validade interna do desenho de séries temporais são influências de natureza cíclica, incluindo a variação sazonal (Cook e Campbell, 1979). Por exemplo, ao analisar o efeito da repressão do governador de Connecticut contra o excesso de velocidade, Campbell (1969) reuniu dados de estados vizinhos, de maneira a descartar possíveis tendências regionais relacionadas com o clima, para fortalecer seu argumento em favor do efeito dessa mudança específica nas políticas públicas.

A instrumentação também deve ser considerada como uma ameaça à validade interna no desenho de séries temporais interrompidas simples (Shadish et al., 2002). Quando são instituídos novos programas ou novas políticas sociais, por exemplo, é comum haver mudanças na maneira como são mantidos registros ou nos procedimentos usados para coletar informações. Um programa visando reduzir a criminalidade pode levar as autoridades a mudarem suas definições de certos crimes ou terem mais cuidado ao observarem e relatarem atividades criminosas. Não obstante, para que uma ameaça de instrumentação seja plausível, as mudanças na instrumentação devem ter ocorrido *exatamente* no mesmo período que a intervenção (Campbell e Stanley, 1966). Ameaças à validade interna devidas à maturação, testagem e regressão são controladas no desenho de séries temporais interrompidas simples. Não se pode descartar nenhuma dessas ameaças quando existe apenas uma única medida pré-teste e pós-teste disponível. Todavia, essas ameaças são praticamente eliminadas pela presença de observações múltiplas antes e depois do tratamento. Por exemplo, normalmente, não se esperaria que um efeito de maturação apresentasse uma descontinuidade nítida na série temporal, embora isso possa ser possível em determinadas situações (Campbell e Stanley, 1966).

As ameaças à validade externa no desenho de séries temporais interrompidas simples devem ser analisadas com cuidado. Quando as observações do comportamento anteriores ao tratamento baseiam-se em diversos testes, é bastante provável que o efeito do tratamento possa ser restrito aos indivíduos que tiveram essas experiências com testes múltiplos. Além disso, o desenho de séries temporais interrompidas geralmente envolve testar apenas um grupo único que não foi selecionado aleatoriamente. Esse aspecto do desenho deixa em aberto a possibilidade de que os resultados se limitem a pessoas com características semelhantes às das que participaram do estudo.

Grupo controle não equivalente com séries temporais

- Em um desenho de grupo controle não equivalente com séries temporais, os pesquisadores fazem uma série de observações antes e depois do tratamento para um grupo de tratamento e um grupo de comparação comparável.

Pode-se aumentar a validade interna do desenho de séries temporais interrompidas incluindo um grupo controle após os procedimentos que descrevemos para o desenho do grupo controle não equivalente. Para o **desenho de grupo controle não equivalente com séries temporais**, o pesquisador deve encontrar um grupo que seja comparável ao grupo de tratamento e que permita uma oportunidade semelhante para fazer observações múltiplas antes e depois do momento em que o tratamento for administrado ao grupo experimental. Esse desenho é representado da seguinte maneira:

$$O_1\, O_2\, O_3\, O_4\, O_5 \quad X \quad O_6\, O_7\, O_8\, O_9\, O_{10}$$

$$O_1\, O_2\, O_3\, O_4\, O_5 \qquad O_6\, O_7\, O_8\, O_9\, O_{10}$$

Como antes, usa-se uma linha tracejada para indicar que o grupo controle e o grupo experimental não foram designados aleatoriamente. O desenho de grupo controle não equivalente com séries temporais permite que os pesquisadores descartem muitas ameaças devidas ao histórico. Conforme mencionado antes, Campbell (1969) usou dados de mortes no trânsito obtidos de estados vizinhos para fazer uma comparação com os dados da mortalidade no trânsito após a repressão à velocidade em Connecticut. Embora as mortes no trânsito em Connecticut tenham apresentado um declínio imediatamente após a repressão, dados de estados comparáveis não apresentavam tal declínio. Essa observação tende a excluir as alegações de que a redução nas mortes no trânsito em Connecticut se devia a fatores como condições climáticas favoráveis, melhoras nos projetos de automóveis, ou quaisquer outros fatores que provavelmente eram compartilhados por Connecticut e os estados vizinhos.

Avaliação de programas

- Usa-se a avaliação de programas para avaliar a eficácia de organizações que prestam serviços sociais e proporcionar *feedback* aos administradores sobre os seus serviços.
- Os avaliadores de programas avaliam as necessidades, processos, resultados e a eficiência dos serviços sociais.
- A relação entre a pesquisa básica e a pesquisa aplicada é recíproca.
- Apesar da relutância da sociedade para usar experimentos, os experimentos verdadeiros e os quase-experimentos podem ser excelentes abordagens para avaliar as reformas sociais.

As organizações que produzem bens têm um índice pronto do sucesso. Se uma empresa pretende fabricar microprocessadores, seu sucesso é determinado essencialmente por seus lucros com a venda de microprocessadores. Pelo menos teoricamente, a eficiência e a eficácia da organização podem ser avaliadas facilmente analisando-se os livros contábeis da empresa. Todavia, cada vez mais, um tipo diferente de organização desempenha um papel crítico em nossa sociedade. Como essas or-

ganizações geralmente prestam serviços em vez de fabricarem bens, Posavac (2011) refere-se a elas como organizações de serviços humanos. Por exemplo, hospitais, escolas, departamentos de política e agências governamentais prestam uma variedade de serviços, desde atendimento no pronto-socorro a inspeções para prevenção de incêndios. Como seu objetivo não é o lucro, deve-se encontrar um outro método para distinguir agências eficazes e não eficazes. Uma abordagem para avaliar a eficácia das organizações de serviços humanos é a avaliação de programas.

Segundo Posavac (2011), a **avaliação de programas** é

> uma metodologia para conhecer a profundidade e alcance da necessidade de um serviço humano e se o serviço é provável de ser usado, se o serviço é suficientemente intensivo para satisfazer as necessidades identificadas, assim como o nível em que o serviço é oferecido tal qual planejado e se realmente ajuda as pessoas em necessidade, a um custo razoável e sem efeitos colaterais inaceitáveis. (p. 1)

A definição de avaliação de programas compreende vários componentes; abordaremos cada um desses componentes à sua vez. Todavia, Posavac enfatiza que o objetivo maior da avaliação de programas é *proporcionar* feedback *de atividades relacionadas com serviços humanos*. As avaliações de programas são projetadas para proporcionar *feedback* aos administradores de organizações de serviços humanos, para ajudá-los a decidir que serviços prestar a quem e como prestá-los da maneira mais eficaz e eficiente possível. A avaliação de programas é uma disciplina integradora, baseada na ciência política, sociologia, economia, educação e psicologia. Estamos discutindo a avaliação de programas ao final deste capítulo sobre pesquisas em ambientes naturais porque ela representa talvez a maior aplicação dos princípios e métodos que discutimos ao longo deste livro.

Posavac (2011) identifica quatro perguntas feitas pelos avaliadores de programas. Essas perguntas são sobre necessidades, processos, resultados e eficiência. Uma avaliação de *necessidades* visa determinar as necessidades insatisfeitas das pessoas para as quais a agência presta um serviço. Considere, por exemplo, um governo municipal que recebeu uma proposta de instituir um programa de atividades recreativas para idosos na comunidade. A cidade precisaria, antes de mais nada, determinar se os idosos realmente precisam desse programa. Se os idosos quiserem o programa, a cidade precisaria saber o tipo de programa que seria mais interessante a eles. Os métodos da pesquisa de levantamento são amplamente utilizados em estudos visando avaliar necessidades. Os administradores podem usar as informações obtidas a partir de uma avaliação de necessidades para ajudá-los a planejar os programas a oferecer.

Depois que um programa foi implementado, os avaliadores podem fazer perguntas sobre o *processo* que foi estabelecido. Os métodos observacionais costumam ser usados para avaliar os processos de um programa. Os programas nem sempre são implementados da maneira como foram planejados, e é essencial saber o que está sendo feito quando se implementa um programa. Se as atividades planejadas não estão sendo usadas pelos idosos em um programa recreativo criado especificamente para eles, isso talvez sugira que o programa foi implementado de maneira inadequada. Uma avaliação que traga respostas para questões sobre o processo, ou seja, sobre como o programa está sendo executado, permite que os administradores façam ajustes na prestação dos serviços, para fortalecer o programa existente (Posavac, 2011).

O próximo conjunto de questões que um avaliador de programas provavelmente fará envolve os *resultados*. O programa tem conseguido cumprir suas metas declaradas? Por exemplo, os idosos agora têm acesso a mais atividades recreativas e estão satisfeitos com essas atividades? Eles preferem essas atividades específicas em relação a outras? Os resultados de um programa de vigilância comunitária, criado para reduzir a criminalidade no bairro, podem ser avaliados aferindo-se se houve reduções reais em arrombamentos e assaltos após a implementação do programa. É possível usar dados arquivísticos como os descritos no Capítulo 4 para fazer avaliações dos resultados. Por exemplo, analisar registros policiais para documentar a frequência de crimes diversos é um modo de avaliar a eficácia de um programa de vigilância comunitária. As avaliações de resultados também podem envolver métodos experimentais e quase-experimentais de pesquisa em ambientes naturais. Um avaliador pode, por exemplo, usar um desenho de grupo controle não equivalente para avaliar a eficácia de um programa de reforma escolar, comparando o desempenho dos estudantes em dois distritos escolares diferentes, um com o programa de reforma e outro sem.

As últimas perguntas que os avaliadores podem fazer dizem respeito à *eficiência* do programa. Com frequência, as questões sobre a eficiência estão relacionadas com o custo do programa. Devem-se fazer escolhas entre serviços possíveis que um governo ou instituição é capaz de prestar. É necessário obter informações sobre o sucesso do programa (avaliação dos resultados) e informações sobre o custo do programa (avaliação da eficiência) para que possamos tomar decisões informadas sobre a sua continuidade, como melhorá-lo, se devemos experimentar um programa alternativo, ou se devemos cortar os serviços prestados pelo programa.

Anteriormente neste capítulo e no Capítulo 2, descrevemos as diferenças entre a *pesquisa básica e aplicada*. A avaliação de programas talvez seja um caso extremo de pesquisa aplicada. O propósito da avaliação de programas é prático, e não teórico. Não obstante, mesmo no contexto de objetivos eminentemente práticos, pode-se defender a relação recíproca entre a pesquisa básica e aplicada (ver Quadro 10.1). Um modelo possível dessa relação é ilustrado na Figura 10.7. A ideia é que cada domínio da pesquisa sirva ao outro de um modo circular e contínuo. Especificamente, a pesquisa básica nos proporciona certas abstrações (p.ex., princípios de base científica) que expressam certas regularidades na natureza. Quando esses princípios são analisados no mundo complexo e "sujo" onde supostamente pertencem, são reconhecidas novas complexidades e necessitamos de novas hipóteses. Essas novas complexidades são testadas e avaliadas no laboratório, antes de serem testadas novamente no mundo real.

O trabalho de Ellen Langer serve como um exemplo concreto dessa relação circular (ver Salomon, 1987). Ela identificou um declínio na saúde de pessoas idosas depois que entravam para as casas de repouso (ver Langer, 1989; Langer e Rodin, 1976, descrito neste capítulo). Essas observações naturalísticas levaram-na a desenvolver uma teoria da atenção plena, que testou em condições experimentais controladas e que tem implicações para teorias mais gerais do desenvolvimento cognitivo e da educação (ver, por exemplo, Langer, 1989, 1997; Langer e Piper, 1987). A teoria proporciona um guia para seu trabalho aplicado – criar novos modelos de casas de repouso. Os testes dos efeitos práticos de mudanças no atendimento das casas de repouso sobre a saúde e o bem-estar dos residentes sem dúvida levarão a modificações em sua teoria da atenção plena.

Segundo Campbell (1969), é importante que os funcionários governamentais envolvidos em experimentos sociais enfatizem a importância do problema, em vez da importância da solução. Ao invés de buscarem uma cura única para tudo (que, na maioria dos casos, tem pouca possibilidade para dar certo), eles devem estar prontos para executar reformas de um modo que permita a avaliação mais clara possível e devem estar preparados para experimentar soluções diferentes se a primeira fracassar. Em outras palavras, devem estar prontos para usar o método experimental para identificar os problemas da sociedade e determinar soluções efetivas.

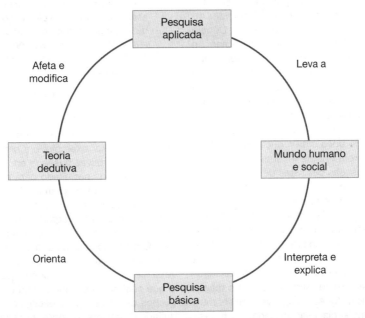

Figura 10.7 Modelo ilustrando a relação recíproca entre a pesquisa básica e aplicada. (Adaptado de Salomon, 1987, p. 444.)

A ideia de Campbell (1969) de que as reformas sociais e métodos experimentais devem ser agregados rotineiramente teve um impacto nos criadores de políticas públicas sociais, mas ainda é pouco utilizada (ver Berk et al., 1987, e o Quadro 10.3). As razões para tal são algumas das mesmas identificadas inicialmente por Campbell. Não obstante, sem a experimentação social, especialmente aquela que, sempre que possível, faz uso de experimentos de campo randomizados, os legisladores e a comunidade mais ampla podem acreditar que um tratamento funciona quando não funciona, e vice-versa. Essas decisões incorretas nos levam a alocar verbas e recursos para programas que não sejam efetivos.

Alguns anos atrás, um programa chamado "Scared Straight" foi transmitido na televisão nacional. Ele descrevia um programa educativo juvenil implementado na prisão estadual de Rahway, em Nova Jersey.

☑ Quadro 10.3

REMOVENDO O "MANTO DE IGNORÂNCIA" DOS EXPERIMENTOS DA SOCIEDADE

Talvez a maior diferença entre a pesquisa básica e a avaliação de programas esteja nas realidades políticas e sociais envolvendo a avaliação de programas. Os governos, nos níveis locais e nacionais, regularmente propõem, planejam e executam diversos tipos de reformas sociais. Os programas de alívio fiscal, programas de incentivo ao trabalho, reformas educacionais, reformas na polícia e o cuidado médico para idosos são apenas alguns dos tipos de programas de reformas sociais que um governo pode implementar. Infelizmente, como observou o falecido Donald Campbell (1969), ex-presidente da American Psychological Association, muitas vezes não se pode avaliar de maneira significativa o resultado dessas reformas sociais. Será que uma determinada mudança nas técnicas policiais levou a uma redução na criminalidade? Existem mais idosos com acesso ao transporte público após uma redução nas tarifas? Um certo programa de incentivo ao trabalho tira mais pessoas das listas de desemprego? Muitas vezes, não é possível encontrar as respostas para essas perguntas, dizia Campbell, porque a maioria das reformas sociais é instituída em um clima político que não está pronto para uma avaliação prática. Que autoridade pública, por exemplo, quer ser associada a um programa que fracassou? Conforme sugere Campbell, existe "segurança sob o manto de ignorância" (p. 409-410). Além disso, muitas reformas sociais são iniciadas com base na premissa de que terão êxito garantido. De outra forma, por que gastar todo esse dinheiro? Para muitos administradores públicos, é vantajoso manter esse pressuposto na mente das pessoas, em vez de enfrentar a verdade sobre o que aconteceu.

Campbell argumentava que

> os Estados Unidos e outras nações modernas devem estar prontos para uma abordagem experimental de reformas sociais, uma abordagem na qual experimentaremos novos programas, na qual descobriremos se esses programas são eficazes ou não, e na qual os manteremos, imitaremos, modificaremos ou descartaremos com base na eficácia visível segundo os diversos critérios imperfeitos disponíveis. (p. 409)

Os cientistas sociais precisam convencer os administradores a usarem experimentos verdadeiros, se possível, ou quase-experimentos, no mínimo, ao instituírem novos programas sociais. Por exemplo, um procedimento randomizado, talvez baseado em uma loteria pública, poderia ser usado para decidir qual grupo recebe um programa-piloto ou ganha acesso a recursos escassos. Os grupos que não recebessem o programa ou os recursos disponíveis se tornariam grupos de comparação. O efeito de um "tratamento" social poderia então ser avaliado de maneira significativa. Atualmente, as decisões sobre quem recebe o quê costumam ser influenciadas por certos grupos de interesses específicos – como resultado de um intenso *lobby*, por exemplo – ou tomadas com base no favoritismo político.

O programa levava jovens infratores a uma prisão para conhecerem prisioneiros selecionados entre a população carcerária. O objetivo era informar os jovens sobre a realidade da vida na prisão e, a partir daí, conforme esperava o programa, dissuadi-los das atividades ilegais. Foram feitas muitas afirmações falsas sobre a eficácia do programa, inclusive algumas sugerindo uma taxa de sucesso de até 80 a 90% (ver Locke, Johnson, Kirigin-Ramp, Atwater e Gerrard, 1986). O programa de Rahway é apenas um entre vários programas semelhantes ao redor do país. Mas será que esses programas realmente funcionam?

Diversos estudos avaliativos sobre os programas de exposição à prisão tiveram resultados ambíguos, incluindo resultados positivos, resultados sem diferenças entre os sujeitos experimentais e os controles, e resultados sugerindo que o programa pode até aumentar a criminalidade juvenil entre certos tipos de delinquentes. Existe uma possibilidade de que infratores juvenis menos resistentes podem intensificar a sua atividade criminal depois de conhecerem os prisioneiros. Foi sugerido que, como esses infratores menos "durões" são novos em um estilo de vida em que estão sendo reconhecidos e reforçados por seus amigos justamente por sua dureza, essa imagem também é reforçada pela imagem de durão que os prisioneiros projetam. Por outro lado, os infratores juvenis mais durões, que alcançaram um nível de *status* entre seus amigos por algum tempo, talvez se sintam mais ameaçados pelas perspectivas da vida na prisão, pois isso significaria a perda desse *status* (ver Locke et al., 1986).

As tentativas de avaliar a eficácia desse programa social significativo proporcionam bons exemplos das dificuldades inerentes à pesquisa de avaliação: a dificuldade de designar sujeitos aleatoriamente de fazer os administradores cooperarem com os procedimentos experimentais e de lidar com a perda de participantes durante a avaliação. Todavia, a avaliação de programas baseada em uma metodologia experimental sólida fornece aos criadores de políticas em todos os níveis (da instituição, comunidade, município, estado, federal) as informações que podem ajudá-los a fazer escolhas informadas entre os tratamentos possíveis para problemas sociais. Como os recursos inevitavelmente são restritos, é fundamental que sejam usados da melhor forma possível. *Nossa esperança é que o seu conhecimento de métodos de pesquisa lhe permita ter uma participação informada e talvez dar uma contribuição construtiva para o debate contínuo sobre o papel da experimentação na sociedade.*

Resumo

A experimentação em ambientes naturais difere de muitas maneiras da experimentação em laboratórios de psicologia. As razões para fazer experimentos em ambientes naturais incluem testar a validade externa dos resultados laboratoriais e avaliar os efeitos de "tratamentos" que visam melhorar as condições em que as pessoas trabalham e vivem.

Muitos cientistas sociais argumentam que a sociedade deve estar disposta a adotar uma abordagem experimental à reforma social – que permita a avaliação mais clara da eficácia de novos programas. Em muitas situações (por exemplo, quando os recursos disponíveis são escassos), são recomendados experimentos verdadeiros envolvendo a randomização de indivíduos às condições de tratamento e sem tratamento. Todavia, se não for possível fazer um experimento verdadeiro, os procedimentos quase-experimentais são a segunda melhor abordagem. Os experimentos quase-experimentais diferem dos experimentos verdadeiros no sentido de que são controladas menos hipóteses alternativas plausíveis para um determinado resultado experimental. Quando certas ameaças à validade interna de um experimento não são controladas, o experimentador, analisando logicamente a situação e coletando evidências adicionais, deve tentar excluir essas ameaças à validade interna.

Um procedimento quase-experimental particularmente robusto é o desenho de grupo controle não equivalente. Esse procedimento geralmente controla todas as ameaças importantes à validade interna, com exceção das associadas aos efeitos aditivos da (1) seleção e histórico, (2) seleção e maturação, (3) seleção e instrumentação e (4) ameaças devidas à regressão estatística diferencial. Além das ameaças à validade interna, o experimentador deve ser sensível à possível contaminação que resulta da comunicação entre grupos de participantes. Os problemas relacionados com os efeitos das expectativas do experimentador (viés do observador); questões ligadas à validade externa; e os efeitos da novidade, incluindo o efeito Hawthorne, são problemas potenciais em todos os experimentos, sejam eles conduzidos no laboratório ou em campo.

Quando é possível observar mudanças em uma medida dependente antes e depois de um tratamento ser administrado, pode-se usar um desenho de séries temporais interrompidas simples. O pesquisador que usa esse desenho procura uma mudança abrupta (descontinuidade) na série temporal, que coincide com a introdução do tratamento. A principal ameaça à validade interna nesse desenho é o histórico – algum outro acontecimento além do tratamento pode ter sido responsável pela mudança na série temporal. A instrumentação também pode ser um problema, especialmente quando o tratamento representa um tipo de reforma social que pode levar a mudanças na maneira como os registros são mantidos ou os dados coletados. Incluindo um grupo controle o mais semelhante possível ao grupo experimental, pode-se fortalecer a validade interna de um desenho de séries temporais simples. Um desenho de grupo controle não equivalente com séries temporais, por exemplo, controla muitas ameaças possíveis relacionadas com o histórico.

Um objetivo particularmente importante da pesquisa em ambientes naturais é a avaliação de programas. Outros profissionais além de psicólogos (como educadores, cientistas políticos e sociólogos) costumam se envolver nesse processo. Entre os tipos de avaliação de programas, estão avaliações de necessidades, processos, resultados e da eficiência. Talvez as limitações mais sérias à avaliação de programas sejam as realidades políticas e sociais envolvidas. A relutância das autoridades públicas para buscar uma avaliação das reformas sociais costuma ser um obstáculo a ser superado. Entretanto, os cientistas sociais ressaltam a necessidade de que os avaliadores de programas atuem junto às organizações que prestam serviços humanos. Respondendo a esse chamado, podemos ajudar a mudar a sociedade de um modo que levará os serviços mais eficazes àqueles em maior necessidade.

Conceitos básicos

ameaças à validade interna   321
histórico   321
maturação   322
testagem   322
instrumentação   322
regressão   322
desgaste dos sujeitos   323
seleção   323
contaminação   324

efeitos da novidade   325
quase-experimentos   327
desenho de grupo controle não equivalente   329
desenho de séries temporais interrompidas simples   337
desenho de grupo controle não equivalente com séries temporais   340
avaliação de programas   341

Questões de revisão

1. Identifique duas razões por que pode ser especialmente importante fazer experimentos em ambientes naturais.
2. Explique como os experimentos laboratoriais e os realizados em ambientes naturais diferem em controle, validade externa, objetivos e consequências.
3. Descreva as três características que definem os experimentos verdadeiros, e identifique como a variável independente pode ser definida em termos dessas características.
4. Que obstáculos os pesquisadores devem superar quando tentam realizar experimentos em ambientes naturais?
5. Identifique dois procedimentos que permitem que os pesquisadores designem sujeitos aleatoriamente a condições, mas ainda possibilitam o acesso dos sujeitos ao tratamento experimental.
6. Descreva e explique as consequências das três maneiras em que os participantes de um grupo controle podem responder quando ocorre contaminação.
7. Explique como os efeitos da novidade, incluindo o efeito Hawthorne, podem influenciar a interpretação de um pesquisador sobre a eficácia de um tratamento experimental.
8. O que Cook e Campbell (1979) consideram o melhor teste da validade externa?
9. Explique por que é essencial usar um pré-teste em um desenho de um grupo controle não equivalente.
10. Explique como uma ameaça à validade interna é controlada no desenho do grupo controle não equivalente, e descreva uma ameaça à validade interna que não é controlada nesse desenho.
11. Identifique duas razões por que não podemos concluir que os grupos de tratamento e controle em um desenho de grupo controle não equivalente sejam equivalentes mesmo quando os escores pré-teste são iguais para ambos os grupos.
12. Explique a diferença entre uma ameaça à validade interna relacionada com o histórico e o que se chama de "efeito do histórico local" no desenho de grupo controle não equivalente.
13. Qual é a principal evidência para um efeito do tratamento em um desenho de séries temporais interrompidas simples, e quais são as principais ameaças à validade interna nesse desenho?
14. Explique como a adição de um grupo controle não equivalente a um desenho de séries temporais interrompidas simples reduz a ameaça à validade interna do desenho.
15. Descreva que tipo de informação se está procurando quando os avaliadores fazem cada uma das quatro perguntas que costumam ser feitas na avaliação de programas.

☑ DESAFIOS

1. Um quase-experimento foi usado para determinar se a instrução com o uso de multimídia é eficaz. O mesmo professor lecionou para duas turmas da disciplina de Introdução à Psicologia, ambas no começo da tarde. Em uma turma (o grupo de tratamento), o professor usou instrução com o projetor multimídia. Na outra, ele cobriu o mesmo conteúdo, mas não usou o multimídia. Os estudantes não sabiam, quando se matricularam, se a instrução com multimídia seria usada, mas foram designados aleatoriamente para as turmas. O conhecimento dos alunos sobre o conteúdo da disciplina foi avaliado usando duas formas de um teste amplo de psicologia introdutória. O teste amplo pode ser considerado um teste confiável

☑ DESAFIOS (CONTINUAÇÃO)

e válido, que pode ser usado para comparar a eficácia da instrução nas duas turmas. Os alunos em ambas as turmas foram testados no segundo dia de aula (o pré-teste) e no último dia (o pós-teste). Foram usadas formas diferentes do teste nos dois momentos.

A. Qual foi o desenho quase-experimental usado no estudo?

B. O instrutor inicialmente considerou fazer um experimento verdadeiro, em vez de um quase-experimento. Faça uma análise crítica da adequação de se usar a designação aleatória se você estivesse defendendo o uso de um experimento verdadeiro para testar a eficácia da instrução com multimídia.

C. Explique por que o desenho quase-experimental usado pelo instrutor é mais eficaz do que se ele tivesse testado apenas estudantes que receberam instrução com multimídia. Identifique uma ameaça à validade interna que foi controlada no estudo, e que não teria sido controlada se fossem testados apenas estudantes que tivessem instrução com multimídia.

2. Uma psicóloga publicou um livro descrevendo os efeitos do divórcio sobre homens, mulheres e crianças. Ela estava interessada nos efeitos que ocorriam 10 anos após o divórcio. Ela observou que, mesmo 10 anos após o divórcio, a metade das mulheres e um terço dos homens ainda demonstravam uma raiva intensa. Embora a metade dos homens e mulheres se descrevesse como feliz, 25% das mulheres e 20% dos homens permaneciam incapazes de "colocar suas vidas de volta nos trilhos". Em apenas 10% das famílias divorciadas, os ex-maridos e ex-esposas tinham vidas felizes e satisfatórias uma década depois. Finalmente, mais da metade dos filhos de divorciados começavam a idade adulta como homens e mulheres fracassados e autodepreciativos. Essas observações baseiam-se em um estudo de 15 anos realizado com 60

casais divorciados e seus 131 filhos em Marin County, na Califórnia (uma área suburbana influente, composta principalmente por pessoas com boa formação educacional). Explique como o uso de um desenho quase-experimental teria ajudado a especificar quais dos resultados se devem aos efeitos do divórcio.

3. A força policial de uma grande cidade tinha que optar entre duas abordagens para manter os oficiais da força informados sobre as mudanças na legislação. Uma esclarecida administradora dessa força decidiu testar as duas abordagens em um estudo recente. Ela decidiu fazer um experimento verdadeiro e designou 30 oficiais aleatoriamente a dois programas por um período de seis meses. Ao final do período, todos os oficiais que concluíram o treinamento nas duas abordagens fizeram um teste final sobre o seu conhecimento da legislação. Os 20 oficiais que concluíram o Programa A apresentaram um escore médio confiavelmente maior nesse teste do que os 28 oficiais que concluíram o Programa B. Com sabedoria, a administradora resolveu não aceitar esses resultados como evidências decisivas da eficácia dos dois programas. Usando apenas os dados informados no problema, explique por que ela tomou essa decisão. Depois, explique como sua decisão teria sido diferente se apenas 20 oficiais concluíssem ambos os programas (dos 30 originais designados a cada um) e ainda houvesse uma diferença considerável favorecendo o Programa A. Certifique-se de mencionar quaisquer limitações nas conclusões que ela poderia tirar em relação à eficácia geral desses programas.

4. Uma pequena faculdade com uma nova academia de ginástica decidiu introduzir um programa de promoção da saúde para professores e funcionários. O programa deve levar um semestre para concluir, com três sessões de uma hora por semana. Faça uma análise crítica de cada uma das questões seguintes, relacionadas com a avaliação do programa.

Metodologia de pesquisa em psicologia **349**

☑ DESAFIOS (CONTINUAÇÃO)

A. Como uma avaliação de necessidades poderia ter influenciado o planejamento do programa?

B. Depois que o programa estivesse em andamento, que questões sobre os seus processos teriam ajudado a garantir a interpretação adequada da avaliação dos seus resultados?

C. Explique como você testaria a eficácia do programa proposto se não fosse possível fazer um experimento verdadeiro.

Resposta ao Exercício

1. O histórico é uma ameaça quando um evento além do tratamento pode explicar a melhora dos participantes. Por exemplo, eles podem ter lido livros de autoajuda, experimentado suplementos herbais, conversado com amigos ou pastores, ou experimentado diversos "tratamentos" potencialmente benéficos. Qualquer um desses fatores pode ter feito a depressão melhorar, em vez do tratamento psicológico.

2. A maturação ocorre quando os sujeitos mudam naturalmente ao longo do tempo. Uma das coisas que sabemos sobre a depressão é que ela tende a melhorar com o tempo. Portanto, a melhora dos sujeitos pode refletir uma redução natural na depressão ao longo do tempo, em vez do efeito do tratamento.

3. Uma ameaça de testagem ocorre quando a primeira administração de um teste influencia testes subsequentes. Nesse estudo, os sujeitos podem ter se lembrado de suas respostas anteriores à medida da de-

pressão e, talvez na tentativa de demonstrar que melhoraram, escolheram respostas que indicavam menos depressão no pós-teste (mesmo que não se sentissem menos deprimidos). Uma ameaça de instrumentação ocorre quando a medida usada para avaliar os pensamentos, sentimentos e comportamentos muda com o passar do tempo. Como o mesmo questionário foi usado para o pré-teste e o pós-teste, essa ameaça é menos provável.

4. A regressão estatística é possível quando os participantes são selecionados porque apresentam um nível extremo em uma medida pré-teste. Neste estudo, os participantes foram selecionados porque estavam deprimidos – tiveram um escore elevado em uma medida da depressão. É possível que os escores mais baixos observados no pós-teste indicassem melhora por causa da regressão estatística à média, e não por causa dos efeitos do tratamento.

Resposta ao Desafio 1

A. O desenho do grupo controle não equivalente foi usado neste estudo.

B. Os estudantes podem considerar a designação aleatória às duas turmas injusta, pois não teriam a opção de escolher a turma. Se não sabemos se a instrução com multimídia é eficaz, a designação aleatória é o melhor e mais justo método para determinar se ela é eficaz.

C. Se apenas os estudantes que tiveram instrução com multimídia fossem testados, o desenho do estudo teria sido um desenho pré-teste/pós-teste de grupo único. Existem várias ameaças à validade interna desse formato. Uma ameaça possível no estudo se deve à testagem; ou seja, os estudantes muitas vezes melhoram entre o teste inicial em uma disciplina e o segundo teste, pois adquirem familiaridade com o procedimento de testagem e as expectativas do instrutor. Essa melhora seria esperada se não fosse usada instrução com multimídia. O desenho de grupo controle não equivalente neste estudo controla essa ameaça, pois possíveis aumentos nos escores devidos aos efeitos da testagem provavelmente seriam iguais para ambos os grupos. Um aumento *maior* do pré-teste para o pós-teste para o grupo que recebeu instrução com multimídia, em relação ao grupo controle, pode ser interpretado como um efeito da instrução.

PARTE CINCO

Analisando e Publicando Pesquisas

11

Análise e interpretação de dados: Parte I. Descrição dos dados, intervalos de confiança, correlação

Visão geral

O principal objetivo da análise de dados é determinar se as nossas observações podem corroborar uma afirmação a respeito do comportamento (Abelson, 1995). A afirmação pode ser que os filhos de mães viciadas em drogas apresentam mais dificuldades de aprendizagem do que os de mães que não se drogam. Seja qual for a afirmação, nosso argumento deve ser preparado com cuidadosa atenção à qualidade das evidências e à maneira como são apresentadas. Quando se faz uma pesquisa quantitativa, as evidências são principalmente os dados numéricos que coletamos. Para preparar um argumento convincente, devemos saber o que procurar nesses dados, como sintetizar essas informações e como avaliá-las.

É claro que os dados não surgem do nada; podemos supor que os resultados foram obtidos usando um determinado método de pesquisa (p.ex., observação, levantamento, experimento). Se houve erros sérios no estágio de coleta de dados, talvez não haja nada a fazer para "salvar" os dados, podendo ser melhor começar do zero. Assim, devemos garantir que os dados para a análise foram coletados com uma cuidadosa consideração à formulação da hipótese de pesquisa (i.e., nossa afirmação provisória sobre o comportamento), à escolha do desenho de pesquisa adequado para testar a hipótese, à seleção de medidas apropriadas e à avaliação do poder estatístico. E, é claro, devemos nos certificar de que os dados foram coletados de um modo que minimize a contribuição de características de demanda, vieses do experimentador, variáveis confundidoras, ou outros artefatos da situação de pesquisa. Em suma, buscamos dados de um "bom" projeto de pesquisa, que seja interna e externamente válido, sensível e confiável.

Acreditando que obtivemos dados baseados em um projeto de pesquisa sólido, o que devemos fazer depois? Existem três **estágios** distintos, mas relacionados **da análise de dados: conhecer os dados, sintetizar os dados** e **confirmar o que os dados revelam** (ver Quadro 11.1). independentemente de estarmos fazendo um estudo observacional (ver Capítulo 4) ou um experimento (ver Capítulos 6-8) baseado em dados quantitativos, os dois primeiros estágios da análise de dados, *conhecer os dados* e *sintetizar os dados*, avançam do mesmo modo. Ao se fazer um levantamento (ver Capítulo 5) ou outro projeto de pesquisa em que se buscam evidências de

Metodologia de pesquisa em psicologia **353**

☑ Quadro 11.1

TRÊS ESTÁGIOS DA ANÁLISE DE DADOS

Os três principais estágios da análise de dados podem ser descritos conforme a seguir:

I. **Conhecer os dados.** No primeiro estágio, queremos nos familiarizar com os dados. Esse é um estágio exploratório ou investigativo (Tukey, 1977). Inspecionamos os dados cuidadosamente, tentamos ter uma sensação deles, e até mesmo, como falam alguns especialistas, "ficar amigos" deles (Hoaglin, Mosteller e Tukey, 1991, p. 42). As perguntas que fazemos podem ser: o que está acontecendo nesse conjunto de números? Existem erros nos dados? Os dados fazem sentido ou existem razões para "suspeitar de algo" (Abelson, 1995, p. 78)? As demonstrações visuais de distribuições de números são importantes nesse estágio. Qual é a aparência dos dados? Somente quando tivermos nos familiarizado com os aspectos gerais dos dados, descartado erros e nos certificado de que os dados fazem sentido é que devemos proceder ao segundo estágio.

II. **Sintetizar os dados.** No segundo estágio, buscamos sintetizar os dados de um modo significativo. O uso de estatísticas descritivas e a criação de representações gráficas são importantes nesse estágio. Como os dados devem ser organizados? Que maneiras de descrever e sintetizar os dados são mais informativas? O que aconteceu neste estudo em função dos fatores de interesse? Que tendências e padrões vemos? Que representação gráfica melhor revela essas tendências e padrões? Quando os dados são sintetizados adequadamente, estamos prontos para passar ao estágio confirmatório.

III. **Confirmar o que os dados revelam.** No terceiro estágio, decidimos o que os dados nos dizem sobre o comportamento. Os dados confirmam a nossa afirmação provisória (hipótese de pesquisa) feita no início do estudo? Às vezes, procuramos uma avaliação categórica, do tipo sim-não, e agimos como juízes e jurados para fazer o veredicto. Temos evidências para condenar? Sim ou não: o efeito é real? Neste estágio, podemos usar diversas técnicas estatísticas para refutar argumentos de que nossos resultados se devem simplesmente "ao acaso". O teste da hipótese nula, quando apropriado, é usado neste estágio da análise. Porém, nossa avaliação dos dados nem sempre deve nos levar a um juízo categórico sobre os dados (p.ex., Schmidt, 1996). Em outras palavras, não temos que chegar a uma afirmação definitiva sobre a "verdade" dos resultados. Nossa afirmação sobre o comportamento pode se basear em uma avaliação da faixa provável de tamanhos de efeito para a variável de interesse. Em outras palavras, o que é provável de acontecer quando essa variável estiver presente? Os intervalos de confiança são particularmente recomendados para esse tipo de avaliação (p.ex., Cohen, 1995; Hunter, 1997; Loftus, 1996).

O processo de confirmação começa realmente no estágio inicial ou exploratório da análise dos dados, quando temos uma primeira noção de como eles são. À medida que analisamos as características gerais dos dados, começamos a entender o que encontramos. No estágio de síntese, aprendemos mais sobre as tendências e padrões entre as observações. Isso proporciona *feedback* que ajuda a confirmar a nossa hipótese. O último passo na análise dos dados se chama estágio de confirmação, para enfatizar que é geralmente nesse ponto que chegamos a uma decisão sobre o que os dados significam. Todavia, as informações obtidas em cada estágio da análise dos dados contribuem para esse processo confirmatório (p.ex., Tukey, 1977).

---

covariação entre duas variáveis, a síntese dos dados é um pouco diferente. Usaremos diversos exemplos de pesquisas para ilustrar os estágios da análise dos dados, incluindo aqueles que se concentram no desempenho médio de um ou mais grupos, bem como os que enfatizam a correlação entre as variáveis.

Existem abordagens diferentes, ainda que complementares, para o terceiro estágio da análise, *confirmar o que os dados nos dizem*. Uma abordagem faz uso de intervalos de confiança para fornecer evidências para a amplitude e precisão das estimativas de parâmetros populacionais. Outra se baseia no teste de significância da hipótese nula. Ambas as abordagens foram apresentadas brevemente no Capítulo 6 e, como dissemos, são relacionadas; todavia, existem diferenças importantes, que serão apresentadas inicialmente em separado, para depois mostrarmos como as informações obtidas com ambas as abordagens podem ser combinadas na história final da análise. Neste capítulo, discutimos os intervalos de confiança e, no Capítulo 12, o teste de significância da hipótese nula. Também no Capítulo 12, discutimos o importante conceito de poder estatístico e sua relação com os intervalos de confiança e teste de significância da hipótese nula.

A história da análise

- Quando a análise dos dados está concluída, podemos construir uma narrativa coerente, que explique nossos resultados, refute interpretações opostas e justifique as nossas conclusões.

Fazer um argumento convincente em favor de uma afirmação sobre o comportamento exige mais do que apenas analisar os dados. Um bom argumento exige uma boa história. Um advogado de acusação, para ganhar um caso, deve não apenas chamar a atenção do júri para os fatos do caso, como também ser capaz de costurar esses fatos em uma história coerente e lógica. Se as evidências apontam para o mordomo, queremos saber "por que" o mordomo (e não o cozinheiro) pode ter cometido o crime. Abelson (1995) fala algo parecido em relação a um argumento de pesquisa:

> Evidências de qualidade, incorporando efeitos mensuráveis, bem articulados e gerais, são necessárias para que um argumento estatístico tenha máximo impacto persuasivo, mas não são suficientes. Também são vitais os atributos da história da pesquisa que incorpora o argumento. (p. 13)

Consequentemente, depois de concluída a análise dos dados, devemos construir uma narrativa coerente que explique nossos resultados, refute interpretações opostas e jus-

tifique as nossas conclusões. Nos Capítulos 12 e 13, retornaremos à história da análise, quando apresentaremos diretrizes para ajudá-lo a desenvolver uma narrativa apropriada para seu projeto de pesquisa.

Análise de dados assistida por computador

- Os pesquisadores geralmente usam computadores para realizar a análise estatística dos dados.
- A realização de análises estatísticas usando programas de computador exige que o pesquisador tenha um bom conhecimento do desenho e estatísticas da pesquisa.

A maioria dos pesquisadores tem acesso fácil a computadores, com programas adequados para realizar a análise estatística de conjuntos de dados. A capacidade de projetar e executar uma análise usando um pacote estatístico e a capacidade de interpretar os resultados são habilidades essenciais que os pesquisadores devem aprender. Alguns dos pacotes mais populares são conhecidos por abreviaturas como BMDP, SAS, SPSS e STATA. É provável que você tenha acesso a um ou mais desses programas nos computadores do seu departamento de psicologia ou nos laboratórios de informática da sua faculdade, ou talvez até mesmo em seus *notebooks*.

Fazer análises estatísticas usando programas de computador exige que o pesquisador tenha um bom conhecimento do desenho e estatísticas da pesquisa. Nos Capítulos 6, 7 e 8, apresentamos diversos desenhos experimentais. Esse conhecimento é essencial se você quiser usar análise assistida por computador. O computador não consegue determinar o desenho de pesquisa que você utilizou ou o raciocínio por trás do uso desse desenho (embora alguns programas fáceis tenham ferramentas para orientar o seu pensamento). Para fazer uma análise de dados com auxílio do computador, você deve inserir informações, como o tipo de desenho que foi usado (p.ex., grupos aleatórios ou medidas repetidas); o número de variáveis independentes (p.ex., fator único ou multifatorial); o número de níveis de cada variável independente; e o número de variáveis dependentes e o nível de medição empregado para cada uma. Você também deve ser capaz de articular suas hipóteses de pesquisa e de planejar testes estatísticos adequados para suas hipóteses de pesquisa. Um computador realiza, de forma rápida e eficiente, os cálculos necessários para obter estatísticas descritivas e inferenciais. Todavia, para usar o computador efetivamente como uma ferramenta de pesquisa, você deve dar a ele instruções específicas sobre qual teste estatístico você quer fazer e quais dados devem ser usados para os cálculos do teste. Finalmente, quando o computador tiver feito os cálculos, você deve ser capaz de interpretar corretamente os resultados da análise.

Exemplo: análise de dados para um experimento comparando médias

Quantas palavras você conhece? Ou seja, qual é o tamanho do seu vocabulário? Talvez você tenha se feito essa pergunta quando se preparava para exames para a faculdade, como o SAT* ou o ACT, ou talvez ela tenha passado pela sua cabeça quando você estava se preparando para exames para escolas profissionalizantes, como o LSAT ou o GRE**, pois todos esses exames enfatizam o conhecimento do vocabulário. De maneira surpreendente, estimar o tamanho do vocabulário de uma pessoa é uma tarefa complexa (p.ex., Anglin, 1993; Miller e Wakefield, 1993). Por exemplo, surgem problemas imediatamente quando começamos a pensar sobre o que queremos dizer com uma "palavra". Será que "jogo, jogar, jogando" são uma palavra

---

* N. de R.T.: As siglas SAT e ACT se referem a Scholastic Aptitude Test e American College Testing, que são exames para admissão para a faculdade nos EUA.
** N. de R.T.: As siglas LSAT e GRE se referem a Law Scholl Admissions Test, exame de admissão para a maioria das faculdades de Direito dos EUA, e a Graduate Record Exame, outro exame de admissão para determinados cursos do Ensino Superior.

ou três? Estamos interessados em palavras altamente técnicas ou científicas, incluindo nomes de compostos químicos com seis sílabas? E as palavras inventadas, ou o nome do seu cachorro, ou a palavra que você usa para chamar seus entes queridos? Uma abordagem bastante clara é perguntar quantas palavras a pessoa conhece no dicionário. Porém, mesmo aqui, temos dificuldades, pois os dicionários variam de tamanho e alcance e, assim, os resultados variam dependendo do dicionário específico que foi usado para selecionar uma amostra de palavras. E, é claro, as estimativas do conhecimento do vocabulário variam dependendo de como se testa o conhecimento. Os testes de múltipla escolha revelam mais conhecimento do que os testes que pedem a definição escrita das palavras.

Um dos autores do seu livro estava interessado na questão do tamanho do vocabulário e fez um estudo analisando o tamanho do vocabulário de estudantes universitários e adultos idosos (ver Zechmeister, Chronis, Cull, D'Anna e Healy, 1995). Uma amostra aleatória estratificada (pela letra do alfabeto) de 191 palavras foi selecionada a partir de um dicionário da língua inglesa de tamanho modesto. Depois disso, preparou-se um teste de múltipla escolha com cinco alternativas. O significado correto da palavra aparecia juntamente com quatro iscas ou distrações, escolhidas para dificultar a discriminação do significado correto. Por exemplo, os respondentes deviam identificar o significado da palavra *chivalry* (cavalheirismo) entre as seguintes alternativas: a. *warfare* (combate), b. *herb* (erva), c. *bravery* (bravura), d. *lewdness* (lascívia), e. *courtesy* (cortesia). A amostra aleatória de palavras do dicionário foi apresentada em livretos para 26 estudantes universitários (idade média 18,5) e 26 adultos idosos (idade média 76 anos). Tomando estudos anteriores como base, esperava-se que o grupo de idosos tivesse um melhor desempenho do que o grupo mais jovem no teste do conhecimento do vocabulário.

Usaremos os dados desse estudo do tamanho do vocabulário para ilustrar os três estágios da análise dos dados.

Estágio 1: conhecer os dados

- Começamos a análise dos dados examinando os aspectos gerais dos dados e editando ou "limpando" os dados, conforme o necessário.
- É importante verificar cuidadosamente em busca de erros, como valores omitidos ou impossíveis (p.ex., números fora da faixa de uma dada escala), assim como os valores extremos ou atípicos.
- Um diagrama de caule e folha pode ser particularmente útil para visualizar as características gerais de um conjunto de dados e detectar valores extremos ou atípicos.
- Os dados podem ser sintetizados efetivamente por meios numéricos, visuais ou verbais; as boas descrições de dados geralmente usam os três modos.

Limpando os dados Começaremos analisando as características gerais e editando ou "limpando" os dados, conforme o necessário (Mosteller e Hoaglin, 1991). Verificaremos cuidadosamente os erros, como valores omitidos ou impossíveis (p.ex., números fora dos limites de uma dada escala). Podem surgir erros porque os participantes usam a escala incorretamente (p.ex., invertendo a ordem de importância) ou porque a pessoa que insere os dados no computador pula um número ou troca um dígito. Ao digitar um manuscrito, a maioria das pessoas usa um "corretor ortográfico" para identificar o maior número de erros de digitação e ortografia. Infelizmente, não existe um dispositivo semelhante para detectar erros numéricos que são inseridos no computador (ver, porém, Kaschak e Moore, 2000, para sugestões para reduzir erros). O pesquisador deve garantir que os dados estejam limpos antes de avançar.

Particularmente importante é a detecção de anomalias e erros. Como já vimos, uma anomalia às vezes indica um erro no registro dos dados, como ocorreria se o número 8 aparecesse entre dados baseados no uso de uma escala de 7 pontos, ou se um QI de 10 fosse registrado em uma amostra de estudantes universitários. Outras anomalias são valor extremo ou atípico. Um valor extremo ou atípico é um número extremo em uma formação; ele simplesmente não parece "fazer parte" do *corpus* principal de dados, mesmo que possa estar dentro do domínio de valores possíveis. Ao fazer um estudo sobre o tempo de reação, por exemplo, onde esperamos que a maioria das respostas seja menor que 1.500 mseg, podemos nos surpreender ao ver um tempo de reação de 4.000 mseg. Se quase todos os outros valores em um grande conjunto de dados forem abaixo de 1.500, um valor de 4.000 no mesmo conjunto de dados certamente pode ser visto como um valor extremo ou atípico. Ainda assim, esses valores são possíveis em estudos sobre o tempo de reação quando os sujeitos espirram, olham distraídos para o lado ou pensam erroneamente que a coleta de dados terminou e se levantam para sair. Um respondente que responde um questionário pode ler uma questão incorretamente e submeter uma resposta muito mais extrema do que qualquer outra no conjunto de dados. Infelizmente, os pesquisadores não se baseiam em uma única definição de valor extremo ou atípico, sendo usadas várias "regras básicas" (ver, por exemplo, Zechmeister e Posavac, 2003).

Quando existem anomalias em um conjunto de dados, devemos decidir se elas devem ser excluídas de análises adicionais. Aquelas anomalias que claramente possam ser consideradas erros devem ser corrigidas ou excluídas do conjunto de dados, mas, ao fazer isso, o pesquisador deve relatar a sua remoção da análise dos dados e explicar, se possível, por que a anomalia ocorreu.

No primeiro estágio da análise dos dados, também devemos procurar meios de descrever a distribuição dos escores de maneira significativa. Qual é o grau de dispersão (variabilidade)? Os dados são assimétricos ou distribuídos de forma relativamente normal? Um dos objetivos desse primeiro estágio de análise é determinar se os dados exigem uma transformação antes de continuar. Transformar dados significa um processo de "re-expressão" (Hoaglin, Mosteller e Tukey, 1983).

Exemplos de transformações relativamente simples são aqueles que expressam polegadas como pés, graus Fahrenheit como Celsius, ou correções numéricas como correções percentuais. Às vezes, também são usadas transformações estatísticas mais sofisticadas.

A melhor maneira de ter uma noção básica dos dados é construir uma imagem deles. Uma vantagem da análise de dados assistida por computador é que podemos plotar os dados de forma rápida e fácil usando diversas opções visuais (p.ex., polígonos de frequência, histogramas) e incorporar mudanças de escala (p.ex., polegadas para pés) para ver como a imagem dos dados se altera. No mínimo, experimentando com diferentes maneiras de visualizar nosso conjunto de dados, nos tornamos mais familiarizados com eles. Qual representação visual revela mais a respeito dos nossos dados? O que aprendemos sobre os nossos dados quando comparamos plotagens com definições diferentes dos eixos? O que é mais informativo: um polígono ou um histograma? Uma imagem não apenas vale mais que as 1.000 palavras proverbiais, como também pode resumir 1.000 números rapidamente. À medida que nos familiarizamos com diferentes imagens de nossos dados, descobrimos que algumas imagens são melhores que outras.

Os dados do estudo sobre o vocabulário que usamos como exemplo representam o número de significados corretos identificados, em um total possível de 191. Como os participantes que não têm conhecimento da resposta certa podem acertar por acaso em testes de múltipla escolha, aplicou-se uma medida padrão de correção para a adivinhação nas respostas individuais. Todavia, houve dois erros tipográficos nos livretos entregues ao grupo de idosos, de modo que essas questões foram excluídas da análise. Além disso, a análise dos livretos revelou que vários dos sujeitos idosos omitiram uma página enquanto trabalhavam com o livreto. Assim, o número de palavras possíveis foi reduzido para esses indivíduos. Por causa desses problemas, os dados foram transformados para porcentagens, para ponderar as diferenças no número total de respostas possíveis entre os participantes.

Depois de limpar o conjunto de dados, os pesquisadores obtiveram os dados seguintes no primeiro estágio da análise. Esses dados são expressos em termos do desempenho percentual no teste de múltipla escolha de estudantes universitários e idosos.

Universitários ($n = 26$): 59, 31, 47, 43, 54, 42, 38, 44, 48, 57, 42, 48, 30, 41, 59, 23, 62, 27, 53, 51, 39, 38, 50, 58, 56, 45.

Idosos ($n = 26$): 70, 59, 68, 68, 57, 66, 78, 78, 64, 43, 53, 83, 74, 69, 59, 44, 73, 65, 32, 60, 54, 64, 82, 62, 62, 78.

Diagrama de caule e folha Um **diagrama de caule e folha** é particularmente útil para visualizar as características gerais de um conjunto de dados e para detectar valores extremos ou atípicos (Tukey, 1977). O nome do diagrama de caule e folha advém da convenção de usar os números condutores em um arranjo numérico como "caules" e dispor os dígitos seguidores como "folhas".

O diagrama a seguir é um diagrama de caule e folha para os dados dos estudantes universitários em nosso exemplo do estudo sobre o vocabulário:

2*	3
2	7
3*	01
3	889
4*	12234
4	5788
5*	0134
5	67899
6*	2

Os números condutores são os primeiros algarismos ou os dígitos que representam a dezena (p.ex., 2-, 3-, 4-), e os seguidores são exatamente o que diz o nome, aqueles que seguem os dígitos condutores ou mais significativos; nesse exemplo, os dígitos seguidores são os dígitos das unidades (p.ex., -5,-6, -8). A representação é feita organizando-se os dígitos condutores em um arranjo vertical, começando com os menores no topo. Um dígito condutor é seguido, em ordem ascendente, por tantos dígitos seguidores quantos houver na distribuição. Cada linha da representação é um caule seguido por suas folhas (Tukey, 1977). Por exemplo, o caule 3 no exemplo acima tem três folhas, 8, 8, 9, indicando que os números 38, 38 e 39 aparecem na distribuição. Por convenção, quando muitos números são apresentados, ou quando todo o conjunto de dados contém apenas alguns dígitos condutores, usa-se um dígito condutor seguido por um asterisco (*) para indicar a primeira metade de um intervalo (ver Tukey, 1977). Por exemplo, 5* seria o caule para as folhas 0, 1, 2, 3 e 4 (i.e., os números 50-54); o dígito condutor 5 (sem o *) seria o caule para as folhas 5, 6, 7, 8 e 9 (i.e., os números 55-59). No exemplo anterior, o caule 2* tem uma folha, 3, e o caule 2 tem uma folha, 7, correspondendo aos dígitos 23 e 27, respectivamente.

Também pode haver mais de um dígito condutor. Por exemplo, se os escores variam entre 50 e 150, seria usado um dígito condutor para números menores do que 100 (8-, 9-, etc.), e dois números condutores para números iguais ou maiores do que 100 (10-, 11-, 12-, etc.).

Como se pode ver, um diagrama de caule e folha assemelha-se a um histograma visto de lado. Todavia, ele tem uma vantagem sobre o histograma, no sentido de que todos os valores são apresentados; assim, não se perdem informações específicas, como ocorre quando se forma um histograma usando classes de intervalos (Howell, 2002). A principal vantagem do diagrama de caule e folha é que ele revela de maneira clara a forma da distribuição e a presença de valores extremos ou atípicos, se houver.

Olhe cuidadosamente o diagrama de caule e folha e procure os dados de vocabulário dos 26 estudantes universitários. O que você vê? A forma geral da distribuição é "normal" (i.e., simétrica e em forma de sino) ou assimétrica (i.e., inclinada, com os escores voltados para uma direção)? Existe muita dispersão, ou os números tendem a girar em torno de um valor específico? Existem valores anômalos presentes? Sugerimos que

o diagrama de caule e folha para esses dados revela que os dados se concentram em torno das porcentagens 40 e 50, com a distribuição um pouco assimétrica no sentido negativo (observe como a "cauda" se inclina para o lado inferior, ou negativo, da distribuição). Não parece haver valores extremos ou atípicos presentes (p.ex., não existem porcentagens de um dígito ou porcentagens acima dos 60%).

Quando se comparam dois conjuntos de dados, pode ser particularmente revelador apresentar dois diagramas de caule e folha dispostos lado a lado. Considere o diagrama apresentado a seguir. Os mesmos caules são usados com dígitos seguidores em uma distribuição que aumenta da direita para a esquerda (p.ex., 997 5) e folhas na outra distribuição que aumenta (na mesma linha) da esquerda para a direita (p.ex., 5 67899). Isso indica que a primeira distribuição tinha escores de 57, 59 e 59, e a segunda tinha escores de 56, 57, 58, 59 e 59. Os diagramas de caule e folha bilaterais podem ser usados, por exemplo, para comparar as respostas a uma pergunta de questionário quando o pesquisador está comparando dois grupos que diferem em *status* socioeconômico, idade, gênero ou de algum outro modo significativo.

Um diagrama de caule e folha bilateral para as duas condições do estudo sobre o vocabulário seria algo assim:

Idosos		Estudantes universitários
	2*	3
	2	7
2	3*	01
	3	889
43	4*	12234
	4	5788
43	5*	0134
997	5	67899
44220	6*	2
98865	6	
430	7*	
888	7	
32	8*	

Observe o diagrama à esquerda, para os sujeitos idosos. Como você o caracterizaria? Os dados parecem distribuídos normalmente, embora pareça haver um escore extremo, um valor extremo ou atípico. O "32" não parece pertencer ao conjunto de dados. (Existem maneiras de operacionalizar os valores extremos ou atípicos em termos de sua distância do meio da distribuição, e alguns programas de computador fazem isso automaticamente.) Sem informações adicionais sobre a natureza do respondente (p.ex., quantidade de medicação tomada naquele dia ou possíveis problemas de leitura), os experimentadores não teriam razão para excluir esse escore do estudo. A presença desse possível valor extremo ou atípico necessariamente aumenta a quantidade de variabilidade presente nesse grupo, em relação ao que seria sem esse escore. Todavia, devemos reconhecer que alguns conjuntos de dados serão naturalmente mais variáveis do que outros. Por exemplo, os idosos nesse estudo simplesmente podem representar um grupo mais heterogêneo de indivíduos do que os da amostra de estudantes universitários. (Existe uma moral aí: ao coletar seus dados, obtenha a maior quantidade de informações relevantes sobre os seus sujeitos que for convenientemente possível. Um escore extremo deve ser tratado como um escore verdadeiro, a menos que você saiba que ele é extremo por um erro ou por circunstâncias que não estejam relacionadas com o estudo.)

Observe agora o que o diagrama de caule e folha bilateral revela sobre as distribuições. Imediatamente, vê-se que os escores dos grupos se sobrepõem até certo ponto, mas existem muitos mais escores acima de 60 no grupo dos idosos do que no grupo dos universitários. Essa "imagem" dos dados começa a confirmar a ideia de que os idosos apresentam um desempenho geral melhor do que os estudantes universitários nesse teste do tamanho do vocabulário.

Conclusão No primeiro estágio da análise dos dados – o processo de conhecer nossos dados – devemos identificar

(a) a natureza e a frequência de possíveis erros no conjunto de dados e, se houver erros presentes, se podem ser feitas correções ou se os dados devem ser descartados;

(b) valores anômalos, incluindo valores extremos ou atípicos, e, se estiverem presentes, que razões pode haver para a presença desses valores e o que se deve fazer a respeito deles (manter ou descartar);

(c) as características gerais e a forma da distribuição de números; e

(d) maneiras alternativas de expressar os dados de forma mais significativa.

Estágio 2: sintetizar os dados

- As medidas da tendência central são a média, mediana e moda.
- Medidas importantes da dispersão ou variabilidade são a amplitude e o desvio padrão.
- O erro padrão da média é o desvio padrão da distribuição amostral teórica de médias e é uma medida do quanto conseguimos estimar a média populacional.
- As medidas do tamanho do efeito são importantes porque fornecem informações sobre a intensidade da relação entre a variável independente e a variável dependente, que independe do tamanho da amostra.
- Uma medida importante do tamanho do efeito ao comparar duas médias é o d de Cohen.

Os dados podem ser sintetizados efetivamente por meios numéricos, visuais ou verbais. Geralmente, as boas descrições de dados usam os três modos. Neste capítulo, enfocaremos principalmente as maneiras de sintetizar dados numericamente, ou seja, usando estatísticas descritivas, embora apresentemos alguns gráficos. Informações sobre como desenhar gráficos para sintetizar dados também são encontradas no Capítulo 13. A descrição verbal de dados também é um tema importante do Capítulo 13 (ver especialmente as diretrizes para escrever a seção de Resultados de um artigo científico).

Os dados do estudo sobre o vocabulário serão sintetizados com o uso de medidas da tendência central, dispersão, erro padrão da média e tamanho do efeito.

Tendência central As medidas da tendência central são a média, mediana e moda. Essas **medidas da tendência central** fazem exatamente o que seu nome sugere: elas indicam o escore ao redor do qual os dados tendem a girar. A **moda** é a medida mais bruta da tendência central: ela simplesmente indica o escore mais frequente na distribuição de frequência. Se dois escores ocorrem com maior frequência na distribuição do que outros, e se esses dois escores ocorrem em locais diferentes na distribuição de frequência, diz-se que essa distribuição é bimodal (i.e., tem duas modas).

A **mediana** é definida como o ponto intermediário na distribuição de frequência. Ela é calculada classificando-se todos os escores do menor ao maior e identificando o valor que divide a distribuição em duas metades, cada uma com o mesmo número de valores. Considere o seguinte conjunto de dados: 4, 5, 6, 7, 8, 8. Para esses dados, a mediana seria 6,5. Quando temos um número médio de valores, a mediana é definida como a média dos dois números do meio [nesse caso, $(6 + 7)/2 = 6,5$]. Quando existe um número ímpar de valores, a média é, por convenção, o valor médio quando os números estão organizados em ordem ascendente ou descendente. Para o conjunto de números 4, 5, 6, 17, 18, a mediana é 6. Observe que a mediana ainda seria 6 se o maior valor fosse 180, e não 18. A mediana é a melhor medida da tendência central quando a distribuição contém escores extremos, pois ela é menos influenciada pelos escores extremos do que a média.

A **média** é a medida mais usada da tendência central e é determinada dividindo-se a soma dos escores pelo número de escores que contribuem para essa soma. A média de uma população é simbolizada como μ (a

letra grega "mu"); a média de uma amostra é indicada por M quando descrita no texto, por exemplo, na seção de Resultados. (O símbolo $\overline{X}$ [leia "X barra"] costuma ser usado em fórmulas estatísticas.) A média sempre deve ser descrita como uma medida da tendência central, a menos que existam escores extremos na distribuição. Quando as pessoas falam de um escore "médio", elas geralmente estão se referindo à média aritmética. As medidas da tendência central para os dois grupos no estudo sobre o vocabulário são

	Universitários	Idosos
Média (M)	45,58	64,04
Mediana	46,00	64,50
Moda	38, 42, 48, 59	78

Como se pode ver, o desempenho médio do grupo de universitários é bastante inferior ao do grupo de idosos. Isso confirma o que vimos no diagrama de caule e folha bilateral: o grupo de idosos teve um desempenho geral melhor, em média, do que o grupo universitário. Observe que a média e a mediana de cada grupo são semelhantes; assim, mesmo que identifiquemos um escore extremo na amostra de idosos ao olhar o diagrama de caule e folha, a presença desse escore não parece "anular" a média como medida da tendência central. Existe mais de uma moda nos dados dos universitários, cada uma aparecendo duas vezes; o escore mais frequente no grupo dos idosos é 78 e aparece apenas três vezes. Como se pode ver, a moda não é particularmente útil para sintetizar esses conjuntos pequenos de dados.

Dispersão ou variabilidade Sempre que você descrever uma medida da tendência central, ela deve ser acompanhada por uma **medida da dispersão (variabilidade)**. As medidas da tendência central indicam o valor em uma distribuição de frequência cujos escores tendem a se distribuir em torno de um "centro"; as medidas da dispersão indicam a amplitude, ou variabilidade, da distribuição.

A medida mais bruta da dispersão (o correlato da moda) é a **amplitude**. A amplitude é determinada subtraindo-se o menor escore da distribuição do maior escore. Por exemplo, em uma distribuição pequena formada pelos escores 1, 3, 5, 7, a amplitude seria igual a 7 – 1, ou 6.

A medida mais usada da dispersão (o correlato da média) é o **desvio padrão**. O desvio padrão nos diz a distância aproximada entre um escore e a média. Ele é igual à raiz quadrada da média dos desvios quadrados dos escores ao redor da média na distribuição.

Por razões que não nos interessam aqui, a média dos desvios quadrados ao redor da média envolve dividir por $N - 1$, em vez de N, de modo a proporcionar uma estimativa imparcial do desvio padrão populacional com base na amostra. O desvio padrão de uma população é simbolizado como σ (a letra grega "sigma"); o desvio padrão de uma amostra de escores é indicado como DP quando aparece no texto, mas costuma ser simbolizado como s em fórmulas estatísticas. A variância, uma medida da dispersão que é importante no cálculo de diversas estatísticas inferenciais, é o quadrado do desvio padrão, ou seja, s^2.

As medidas da variabilidade para os dois grupos no estudo do vocabulário são

	Universitários	Idosos
Amplitude	23-62	32-83
Variância (s^2)	109,45	150,44
Desvio padrão (DP ou s)	10,46	12,27

Observe que o diagrama de caule e folha apresenta maior dispersão entre os idosos; com o DP, temos um número que reflete essa característica da distribuição.

Erro padrão da média Ao calcular estatísticas inferenciais, usamos a média amostral como uma estimativa pontual da média populacional. Ou seja, usamos um valor único ($\overline{X}$) para estimar (inferir) a média populacional (μ). É importante poder determinar quanto erro existe ao se estimar μ com base em $\overline{X}$. O teorema do limite central em matemática nos diz que, se tomarmos um número infinito de amostras do mesmo tama-

nho e calcularmos $\overline{X}$ para cada uma dessas amostras, a média dessas médias amostrais ($\mu_{\overline{X}}$) será igual à média populacional (μ), e o desvio padrão da média amostral será igual ao desvio padrão populacional (σ) dividido pela raiz quadrada do tamanho amostral (N). O desvio padrão dessa distribuição amostral teórica da média é chamado de **erro padrão da média** ($\sigma_{\overline{X}}$) e é definido como

$$\sigma_{\overline{X}} = \frac{\sigma}{\sqrt{N}}$$

Geralmente, não sabemos o desvio padrão da população, de modo que o estimamos usando o desvio padrão amostral (s). Assim, podemos obter um **erro padrão estimado da média** usando a seguinte fórmula

$$s_{\overline{X}} = \frac{s}{\sqrt{N}}$$

Valores pequenos de $s_{\overline{X}}$ sugerem que temos uma boa estimativa da média populacional, e valores grandes de $s_{\overline{X}}$ sugerem que temos apenas uma estimativa bruta da média populacional. A fórmula para o erro padrão da média indica que a nossa capacidade de estimar a média populacional com base em uma amostra depende do tamanho da amostra (amostras grandes levam a estimativas melhores) e da variabilidade da população de onde a amostra foi obtida, conforme estimado pelo desvio padrão amostral (quanto menos variáveis os escores em uma população, melhor será a nossa estimativa da população). Como mostraremos mais adiante, o erro padrão da média desempenha um papel importante na construção de intervalos de confiança e costuma ser apresentado juntamente com médias amostrais em uma figura que resume os resultados de uma pesquisa.

Medidas do tamanho do efeito Quando fazemos um experimento, estamos interessados em determinar se a variável independente teve efeito e, se teve, de que tamanho foi esse efeito. O conceito de tamanho do efeito foi introduzido no Capítulo 6. As medidas do *tamanho do efeito*, ou que geralmente chamamos de medidas da "magnitude do efeito" (ver Kirk, 1996), são importantes porque fornecem informações sobre a intensidade da relação entre a variável independente e a variável dependente que independe do tamanho do efeito (ver, especialmente, Grissom e Kim, 2005).

Uma medida usada para o tamanho do efeito na pesquisa experimental quando se fazem comparações entre duas médias é o *d* de Cohen. Ela é uma razão que mede a diferença entre as médias para os níveis da variável independente, dividida pelo desvio padrão do grupo. Lembre que o desvio padrão nos diz aproximadamente a distância, em média, que os escores estão em relação a uma média grupal. É uma medida da "dispersão" dos escores ao redor da média e, no caso de um desvio padrão grupal, nos fala sobre o grau de "erro" devido a diferenças individuais (i.e., como os indivíduos variam em suas respostas). O desvio padrão serve como medida para avaliar uma diferença entre médias. Ou seja, o "tamanho" do efeito da variável independente (a diferença entre médias grupais para a variável independente) sempre é mostrado em termos da quantidade média de dispersão dos escores no experimento em questão.

A medida do tamanho do efeito, *d*, definida como a diferença entre as médias amostrais dividida pelo desvio padrão populacional, chama-se *d* de Cohen, em homenagem ao falecido estatístico Jacob Cohen (ver Cohen, 1988, para mais informações sobre o *d*).

$$d \text{ de Cohen} = \frac{\overline{X}_1 - \overline{X}_2}{\sigma}$$

O desvio padrão populacional (σ) é obtido somando a variabilidade grupal entre os grupos e dividindo pelo número total (N) de escores em ambos os grupos. Uma fórmula para o desvio padrão populacional comum usando variâncias amostrais é

$$\sigma = \sqrt{\frac{(n_1 - 1)s_1^2 + (n_2 - 1)s_2^2}{N}}$$

onde

n_1 = tamanho amostral do Grupo 1
n_2 = tamanho amostral do Grupo 2
s^2_1 = variância do Grupo 1
s^2_2 = variância do Grupo 2
$N = n_1 + n_2$

Se houver muita variabilidade dentro dos grupos (i.e., se o desvio padrão grupal for grande), o denominador para *d* será grande. Para se poder observar o efeito da variável independente, devido a essa grande variabilidade dentro dos grupos, a diferença entre os dois grupos deve ser grande. Quando a variabilidade dentro dos grupos for pequena (o denominador para *d* for pequeno), a mesma diferença entre médias refletirá um tamanho de efeito maior. Como os tamanhos de efeito são apresentados em unidades de desvio padrão, eles podem ser usados para fazer comparações significativas de tamanhos do efeito entre experimentos com variáveis dependentes diferentes. Por exemplo, o tamanho do efeito de um estudo sobre o conhecimento do vocabulário, que comparou estudantes universitários e indivíduos idosos em testes enfatizando a discriminação de significados de palavras (i.e., testes de múltipla escolha) e o tamanho de efeito de um estudo comparando o desempenho de dois grupos semelhantes usando a recordação de definições de palavras poderiam ser comparados diretamente. Essas comparações formam as bases para as *meta-análises*, que buscam sintetizar o efeito de uma determinada variável independente entre muitos estudos diferentes (ver Capítulo 6).

Existem certas diretrizes para nos ajudar a interpretar razões *d*. J. Cohen (1992) propôs uma classificação de tamanhos de efeito com três valores – pequeno, médio e grande. Ele descreve a fundamentação para a sua classificação de tamanhos de efeitos da seguinte maneira:

> Minha intenção era que o tamanho de efeito médio representasse um efeito provável de ser visível ao olho nu de um observador cuidadoso. (Observou-se, em pesquisas sobre tamanhos de efeitos, que ele se aproxima do tamanho médio

dos efeitos observados em diversos campos.) Defini o tamanho de efeito pequeno como notavelmente menor do que o médio, mas não pequeno demais a ponto de ser trivial, e defini o tamanho de efeito grande com a mesma distância acima do médio que a do pequeno abaixo dele. Embora as definições tenham sido feitas de maneira subjetiva, com alguns pequenos ajustes, essas convenções... passaram ao uso geral. (p. 156)

Cada uma das classes de tamanhos de efeito pode ser expressada em termos quantitativos; por exemplo, um efeito médio para um experimento com dois grupos é um d de 0,50; um efeito pequeno e grande são ds de 0,20 e 0,80, respectivamente. Essas expressões da magnitude do efeito são especialmente produtivas quando se comparam resultados de estudos semelhantes.

É importante observar que os pesquisadores definem a diferença padronizada entre médias de maneiras levemente diferentes (ver, por exemplo, Cohen, 1988; Kirk, 1996; Rosenthal, 1991). Qual medida do tamanho do efeito usar é decisão do pesquisador. Porém, devido às diferenças que existem na literatura da psicologia, *é muito importante identificar em um artigo científico exatamente como a medida do tamanho do efeito foi calculada.*

O tamanho de efeito para o estudo do vocabulário usando o d de Cohen é

$$d = \frac{\overline{X}_1 - \overline{X}_2}{\sigma}$$

$$= \frac{64,04 - 45,58}{\sqrt{\dfrac{(26 - 1)(150,04) + (26 - 1)(109,45)}{52}}}$$

$$= 1,65$$

Para interpretar o valor de 1,65, podemos usar a classificação de J. Cohen (1992) de tamanhos de efeito, com $d = 0,20$ para um efeito pequeno, $d = 0,50$ para um efeito médio e $d = 0,80$ para um efeito grande. Como nosso valor é maior do que 0,80, podemos concluir que a "idade" teve um efeito grande sobre o conhecimento do vocabulário.

Conclusão No segundo estágio da análise de dados, o estágio sintético, devemos identificar

(a) a tendência central (p.ex., a média) de cada condição ou grupo no estudo;

(b) medidas da dispersão (variabilidade), como a amplitude e o desvio padrão, para cada condição do estudo;

(c) o tamanho do efeito para cada uma das principais variáveis independentes; e

(d) como apresentar sínteses visuais dos dados (p.ex., figura mostrando o desempenho médio entre as condições).

Obs.: embora se possa desenhar um gráfico mostrando o desempenho médio nos dois grupos do estudo do vocabulário, geralmente não é necessário usar uma figura quando existem apenas dois grupos envolvidos. As sínteses visuais se tornam mais importantes ao sintetizar os resultados de estudos com mais de dois grupos.

Estágio 3: usar intervalos de confiança para confirmar o que os dados revelam

- Uma abordagem importante para confirmar o que os dados estão nos dizendo é construir intervalos de confiança para o parâmetro populacional, como uma média ou a diferença entre duas médias.

No terceiro estágio da análise de dados, buscamos confirmar impressões das evidências obtidas enquanto nos familiarizávamos com os dados e obtínhamos medidas sintéticas. Uma abordagem importante neste terceiro estágio é o cálculo do **intervalo de confiança para um parâmetro populacional**. Um intervalo de confiança (IC) pode ser calculado para uma média populacional única ou uma diferença em médias populacionais. Revisaremos o uso de intervalos de confiança para uma média populacional. Depois, abordaremos o uso de intervalos de confiança para a diferença entre duas médias populacionais e discutiremos a interpretação de resultados quando houver três médias ou mais.

Talvez os intervalos de confiança já lhe sejam familiares sob um nome diferente. Você já ouviu relatos nos meios de comunicação sobre resultados de levantamentos baseados em uma amostra de respondentes? E, com esses relatos, você já ouviu falar na "margem de erro"? No Quadro 11.2, revisamos o conceito de margem de erro e sua relação com o intervalo de confiança.

Intervalos de confiança para uma média única A média de uma amostra aleatória de uma população é uma estimativa pontual da média populacional. Todavia, podemos esperar variabilidade entre médias amostrais de uma situação para outra, como consequência da variação aleatória. O erro

padrão da média ($s_{\overline{X}}$) fornece informações sobre a faixa "normal" do erro amostral. Ao calcular um intervalo de confiança, especificamos uma faixa de valores que acreditamos, com um certo grau de confiança, incluir a média populacional. Como se pode suspeitar, quanto maior o intervalo que especificarmos, maior a nossa confiança de que a média será incluída; porém, intervalos maiores nos dão informações menos específicas sobre o valor exato da média populacional. Os pesquisadores chegaram a um consenso de que o intervalo de confiança de 95% e os intervalos de confiança de 99% são os melhores intervalos para usar quando se deseja estimar um intervalo da média populacional.

O intervalo de confiança gira em torno da nossa estimativa pontual ($\overline{X}$) da média populacional, e os limites do intervalo de confiança de 95% podem ser calculados usando as seguintes fórmulas:

☑ Quadro 11.2

A MARGEM DE ERRO EM RESULTADOS DE LEVANTAMENTOS

Como você aprendeu no Capítulo 5, a pesquisa de levantamento baseia-se fortemente na amostragem. Os levantamentos são usados sempre que queremos conhecer as características de uma população (p.ex., preferências, atitudes, demografia), mas muitas vezes não é prático entrevistar a população inteira. As respostas de uma amostra são usadas para descrever a população mais ampla. Amostras bem-selecionadas proporcionam boas descrições da população, mas é improvável que os resultados para uma amostra descrevam a população exatamente. Por exemplo, se a idade média em uma sala de aula com 33 estudantes universitários é 26,4 anos, é improvável que a idade média para uma amostra de 10 alunos da mesma classe seja exatamente 26,4. De maneira semelhante, se fosse verdade que 65% da população de uma cidade favorecem o prefeito atual e 35% favorecem um novo prefeito, não esperaríamos necessariamente uma divisão exata de 65:35

em uma amostra de 100 eleitores selecionados aleatoriamente da população da cidade. Espera-se um certo "deslizamento" devido à amostragem, um "erro" entre os valores da população real e as estimativas obtidas a partir da nossa amostra. Está em questão, então, o nível em que as respostas da amostra representam a população mais ampla.

É possível estimar a margem de erro entre os resultados amostrais e os valores populacionais verdadeiros. Em vez de propor uma estimativa precisa de um valor populacional (p.ex., "65% da população prefere o prefeito atual"), a margem de erro apresenta uma faixa de valores prováveis de conter o valor populacional real (p.ex., "entre 60% e 70% da população preferem o prefeito atual"). O que é essa faixa, especificamente?

A margem de erro proporciona uma estimativa da diferença entre os resultados amostrais e os valores populacionais devidos simplesmente a fatores fortuitos e aleatórios. A

☑ **Quadro 11.2 (continuação)**

margem de erro nos dá a faixa de valores que podemos esperar devido ao erro amostral – lembre que esperamos um certo nível de erro; não esperamos descrever a população exatamente. Suponhamos que se faça uma enquete com muitos eleitores, e um porta-voz da mídia apresente o seguinte relato: "Os resultados indicam que 63% dos pesquisados favorecem o atual prefeito, e podemos dizer, com 95% de confiança, que a enquete tem uma margem de erro de 5%". A margem de erro informada com o nível de confiança especificado (geralmente 95%) indica que a porcentagem da população real que favorece o prefeito atual é estimada entre 58 e 68% (5% são subtraídos e adicionados ao valor amostral de 63%). É importante lembrar, contudo, que, geralmente, não sabemos o valor populacional verdadeiro. As informações que obtemos com a amostra e a margem de erro são as seguintes: 63% da *amostra* favorecem o atual prefeito, e temos 95% de confiança de que, se toda a população fosse amostrada, entre 58% e 68% da *população* favoreceriam o atual prefeito. Isso pode ser representado em um gráfico plotando-se o valor obtido para a amostra (63%), com barras de erro representando a margem de erro. A Figura 11.1 mostra as barras de erro ao redor da estimativa amostral.

As margens de erro costumam ser incluídas nas matérias sobre pesquisas de opinião nos meios de comunicação. O objetivo dessas pesquisas é dizer, com uma "margem de erro", qual é o verdadeiro valor populacional. De maneira semelhante, o objetivo de muitos estudos científicos é dizer a margem de erro, agora chamada geralmente de intervalo de confiança, para uma estimativa de um valor populacional.

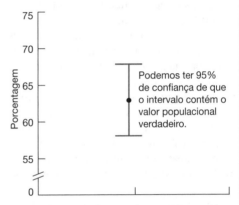

Figura 11.1 Barras de erro são usadas para representar a margem de erro para a estimativa do valor populacional.

Limite superior do intervalo de confiança de 95%: $\overline{X} + [t_{0,05}][s_{\overline{X}}]$

Limite inferior do intervalo de confiança de 95%: $\overline{X} - [t_{0,05}][s_{\overline{X}}]$

Já descrevemos os procedimentos para calcular a média amostral ($\overline{X}$) e o erro padrão estimado da média ($s_{\overline{X}}$). Os símbolos desconhecidos nas duas equações para os limites do intervalo de confiança de 95% são t e 0,05.

Discutimos o nível alfa (α) de 0,05 sucintamente no Capítulo 6. Normalmente, ele é associado a testes inferenciais de significância estatística (teste de significância da hipótese nula), e falaremos mais sobre níveis alfa no Capítulo 12. No caso de intervalos de confiança, $\alpha = (1 - \text{nível de confiança})$ é expresso como uma proporção. Assim, para o intervalo de confiança de 95%, $\alpha = (1 - 0,95) = 0,05$ e, para o intervalo de confiança de 99%, $\alpha = (1 - 0,99) = 0,01$.

A estatística t incluída na equação é definida pelo número de graus de liberdade, e a significância estatística de t pode ser determinada na Tabela A.2 no Apêndice. Para uma média amostral única, os graus de liberdade são $N - 1$. Você aprenderá mais sobre a estatística t no Capítulo 12, quando discutimos o teste de significância da hipótese nula. Por enquanto, vamos apenas nos concentrar no cálculo e interpretação de um intervalo de confiança usando as fórmulas acima.

Um exemplo ilustrará como obtemos um intervalo de confiança para uma média única. Suponhamos que você obteve uma amostra aleatória de estudantes em sua universidade e mediu a sua inteligência usando uma medida breve mas válida e fidedigna desse construto. Suponhamos que foram testados 30 estudantes ($N = 30$), e o escore médio de inteligência foi 115, com um desvio padrão amostral de 14. A população de estudantes é representada por milhares de estudantes que estudam em sua universidade. E, embora a média amostral seja uma boa estimativa pontual da média populacional (i.e., nossa melhor suposição da média populacional), devemos reconhecer que, se selecionássemos e testássemos outra amostra aleatória de 30 estudantes, a média amostral não seria exatamente 115. Haveria um certo deslizamento ou "erro", devido ao processo aleatório. Lembre-se de que o erro padrão da média é uma medida do erro na estimação.

Em vez de usar apenas uma estimativa pontual da média populacional, podemos obter um intervalo estimado, encontrando o intervalo de confiança de 95% para a média populacional usando as fórmulas apresentadas anteriormente. Primeiro, calculamos o erro padrão estimado da média:

$$s_{\overline{X}} = \frac{s}{\sqrt{N}} = \frac{14}{\sqrt{30}} = \frac{14}{5,48} = 2,55$$

A seguir, obtemos o valor crítico de t. Como eram 30 estudantes, os graus de liberdade associados à estatística t são $30 - 1$, ou 29. Usando a Tabela A.2, podemos ver que o valor de t com alfa de 0,05 e 29 graus de liberdade é 2,04. Usando as fórmulas para o intervalo de confiança, temos

Limite superior do intervalo de confiança de
95% = 115 + [2,04][2,55]
Limite inferior do intervalo de confiança de
95% = 115 − [2,04][2,55]
Limite superior = 115 + 5,20 = 120,20
Limite inferior = 115 − 5,20 = 109,80

Podemos dizer que existe uma probabilidade de 0,95 de que o intervalo de confiança de 109,80 a 120,20 contenha ("tenha capturado") a média populacional (ver o Quadro 11.3).

Quanto menor o intervalo, melhor será a nossa estimativa do intervalo para a média populacional. Podemos ver, analisando as fórmulas para os limites superiores e inferiores, que a amplitude do intervalo depende da estatística t e do erro padrão da média. Ambos os valores estão relacionados com o tamanho amostral, de modo que ambos diminuem à medida que o tamanho da amostra aumenta; todavia, o aumento no tamanho da amostra tem mais efeito sobre o erro padrão. Considere que dobrar o tamanho da amostra no exemplo acima produziria um erro padrão de 1,81 ($14/\sqrt{60}$) e, consequentemente, um intervalo de confiança muito menor. *Resumindo: aumentar o tamanho amostral melhora a estimativa do intervalo da média.*

Intervalos de confiança para uma comparação entre duas médias grupais independentes O procedimento e a lógica para construir intervalos de confiança para uma diferença entre médias são semelhantes aos usados para definir intervalos de confiança para uma média única. Como nosso interesse está na diferença entre as médias populacionais (i.e., "o efeito" da nossa variável independente), substituímos $\overline{X}_1 - \overline{X}_2$ por $\overline{X}$ e usamos o erro padrão da diferença entre as médias, em vez do erro padrão da média. O intervalo de confiança de 95% para a diferença entre duas médias populacionais é definido como

$$CI(95\%) = \left(\overline{X}_1 - \overline{X}_2\right) \pm \left(t_{0,5}\right)\left(s_{\overline{X}_1 - \overline{X}_2}\right)$$

onde t é encontrado na Tabela A.2 com graus de liberdade iguais a $[(n_1 + n_2) - 2]$ com alfa = 0,05.

O erro padrão da diferença entre as médias é calculado como

$$s_{\overline{X}_1 - \overline{X}_2} = \sqrt{\left[\frac{(n_1 - 1)s_1^2 + (n_2 - 1)s_2^2}{n_1 + n_2 - 2}\right]\left[\frac{1}{n_1} + \frac{1}{n_2}\right]}$$

☑ Quadro 11.3

INTERPRETANDO INTERVALOS DE CONFIANÇA PARA UMA MÉDIA ÚNICA: ARGOLAS E PINOS

Depois de calcular o intervalo de confiança de 0,95 para uma média populacional, podemos dizer que

as chances são de 95/100 de que o intervalo de confiança obtido contenha a média populacional verdadeira.

O intervalo de confiança contém ou não contém a média verdadeira (p.ex., Mulaik, Raju e Harshman, 1997). Uma probabilidade de 0,95 associada ao intervalo de confiança para uma média se refere à probabilidade de captar a média populacional verdadeira se construíssemos muitos intervalos de confiança com base em diferentes amostras aleatórias do mesmo tamanho. Ou seja, os intervalos de confiança ao redor da média amostral nos dizem o que aconteceria se fôssemos repetir o estudo nas mesmas condições (p.ex., estes, 1997). Em 95 de 100 replicações, esperaríamos captar a média verdadeira com nossos intervalos de confiança.

Tendo calculado o intervalo de confiança de 95% para uma média populacional, NÃO deveríamos dizer que

as chances são de 95/100 de que a média verdadeira esteja dentro desse intervalo.

Essa afirmação pode parecer idêntica à apresentada acima. Mas não é. Tenha em mente que o valor em que estamos interessados é fixo, uma constante; é uma característica ou parâmetro populacional. Os intervalos não são fixos; eles são características de dados amostrais. Os intervalos são construídos a partir de médias amostrais e medidas de dispersão, que variam de estudo para estudo e, consequentemente, os intervalos de confiança também variam.

Howell (2002) faz uma ótima analogia para nos ajudar a entender como esses fatos estão relacionados com a nossa interpretação dos intervalos de confiança. Ele sugere que pensemos no parâmetro (p.ex., a média populacional) como um pino e os intervalos de confiança como argolas. A partir dos dados amostrais, o pesquisador constrói argolas de um determinado diâmetro, que são lançadas sobre o pino. Quando se usa o intervalo de confiança de 95%, as argolas encaixam nos pinos em 95% das vezes e erram em 5% das vezes. "A afirmação de confiança é uma afirmação sobre a probabilidade de que a argola acerte o alvo; e não uma afirmação sobre a probabilidade de que o alvo (parâmetro) caia na argola" (Howell, 2002, p. 208).

Para ilustrar, vamos calcular os limites do intervalo de confiança para a diferença entre as duas médias no estudo sobre o vocabulário, que usamos como exemplo. O valor crítico de *t* para alfa, definido como 0,05, é encontrado na Tabela A.2, com graus de liberdade iguais a 26 + 26 – 2, ou 50. Podemos obter o erro padrão estimado da diferença entre duas médias calculando

$$s_{\overline{X}_1 - \overline{X}_2} = \sqrt{\left[\frac{(26-1)109{,}45}{26+26-2}\right.}$$

$$\sqrt{\left.\frac{+(26-1)150{,}44}{26+26-2}\right]\left[\frac{1}{26}+\frac{1}{26}\right]}$$

$$= 3{,}16$$

Portanto, o intervalo de confiança de 95% para a diferença entre as médias populacionais é de

$$CI(95\%) = 18{,}46 \pm (2.009)(3{,}16)$$

$$= 18{,}46 \pm 6{,}35$$

Desse modo, o limite superior é 18,46 + 6,35 = 24,81, e o limite inferior é 18,46 – 6,35 = 12,11. Assim, temos 95% de confiança de que o intervalo de 12,11 a 24,81 contém a diferença populacional percentual no teste de vocabulário, quando comparamos idosos e estudantes universitários. Observe que o valor zero (0,0) não está dentro do intervalo. Isso é importante ao se interpretarem intervalos de confiança para a diferença

☑ Quadro 11.4

INTERPRETANDO INTERVALOS DE CONFIANÇA PARA UMA DIFERENÇA ENTRE MÉDIAS: PROCURANDO O ZERO

Tendo calculado um intervalo de confiança para a diferença entre médias, podemos dizer que

> as chances são de 95/100 de que o intervalo de confiança obtido contém a diferença na média populacional ou tamanho de efeito absoluto.

A amplitude do intervalo de confiança fornece informações sobre o tamanho do efeito. Usando intervalos de confiança, obtemos informações sobre o tamanho de efeito provável de nossa variável independente. Os tamanhos de efeito obtidos variam de estudo para estudo, conforme diferem as características de amostras e procedimentos (ver, por exemplo, Grissom e Kim, 2005). O intervalo de confiança "especifica uma faixa provável de magnitude para o tamanho do efeito" (Abelson, 1997, p. 130). Ele indica que o tamanho do efeito pode ser tão pequeno quanto o valor do limite inferior ou tão grande quanto o valor do limite superior. Os pesquisadores às vezes se surpreendem em ver como pode ser grande o intervalo necessário para especificar um tamanho de efeito com um certo grau de confiança

(p.ex., Cohen, 1995). Assim, quanto menor a amplitude do intervalo de confiança, melhor teremos conseguido estimar o tamanho de efeito verdadeiro de nossa variável independente. É claro, o tamanho (amplitude) do intervalo de confiança está diretamente relacionado com o tamanho do efeito. Aumentando o tamanho do efeito, temos uma boa ideia de qual é exatamente o nosso efeito.

É importante determinar se o intervalo de confiança para uma diferença em médias contém o valor de zero. *Quando zero está contido no intervalo de confiança, devemos aceitar a possibilidade de que as duas médias populacionais não difiram.* Assim, não podemos concluir que haja um efeito da variável independente. Lembre que o intervalo de confiança nos dá uma faixa provável para o nosso efeito. Se zero estiver entre os valores prováveis, devemos admitir a nossa incerteza quanto à presença de um efeito (p.ex., Abelson, 1997). No Capítulo 12, veremos que essa situação é semelhante à observada quando se encontra um efeito não significativo usando o teste de significância da hipótese nula.

---

entre duas médias (ver Quadro 11.4). Se o valor zero estiver dentro do intervalo, zero será um valor "plausível" para a diferença verdadeira entre as duas médias (Cumming e Finch, 2005). No Capítulo 13, mostramos como explicar uma análise com base em intervalos de confiança na seção de Resultados do seu artigo.

Intervalos de confiança para uma comparação entre duas médias em um desenho de medidas repetidas Até aqui, consideramos experimentos envolvendo dois grupos independentes de sujeitos. Como você sabe, também podem ser realizados experimentos com cada sujeito participando de cada condição ou "correspondendo" aos sujeitos em alguma medida relacionada com a variável dependente (p.ex., escores

de QI, peso). Esses experimentos se chamam desenhos de grupos pareados, desenhos intrassujeitos, ou desenhos de medidas repetidas (ver Capítulo 7). Por exemplo, suponhamos que uma psicóloga cognitiva deseje comparar o desempenho de pessoas em dois quebra-cabeças diferentes. Em vez de pedir para grupos diferentes de pessoas trabalharem com cada quebra-cabeça, ela pode pedir para apenas um grupo trabalhar com os dois jogos. (Os procedimentos para apresentar materiais em um desenho de medidas repetidas são descritos no Capítulo 7.) Todos os participantes então teriam um escore em ambos os quebra-cabeças. Como você verá, a diferença entre seus escores serve como medida de interesse em um desenho de medidas repetidas.

Os procedimentos para avaliar o tamanho do efeito em um desenho de grupos pareados ou medidas repetidas são um pouco mais complexos do que os revisados para um desenho de grupos independentes (ver Cohen, 1988; e Rosenthal e Rosnow, 1991, para informações pertinentes ao cálculo de d nesses casos). Uma sugestão é calcular uma medida do tamanho do efeito como se o estudo fosse um desenho de grupos independentes e aplicar as diretrizes de Cohen (i.e., 0,20, 0,50, 0,80) como antes (p.ex., Zechmeister e Posavac, 2003).

Os intervalos de confiança também podem ser construídos para a diferença na média populacional em um desenho de medidas repetidas envolvendo duas condições. Todavia, os cálculos básicos mudam para essa situação. Especificamente, quando cada sujeito está em ambas as condições do experimento, t baseia-se nos escores da diferença (ver Capítulo 12). O escore de diferença é obtido subtraindo-se os dois escores de cada sujeito. A média dos escores de diferença ("D barra") é definida como

$$\overline{D} = \Sigma D / N$$

onde D = um escore de diferença e N é o número de escores de diferença (i.e., o número de pares de escores). Observe que $\overline{D} = \overline{X}_1 - \overline{X}_2$.

O erro padrão estimado dos escores de diferença ($s_{\overline{D}}$) é definido como

$$s_{\overline{D}} = \frac{s_D}{\sqrt{N}}, \text{ onde } S_D \text{ é o desvio padrão dos escores de diferença}$$

Os valores críticos de t são obtidos consultando-se a Tabela A.2 no Apêndice, com graus de liberdade iguais a $N - 1$. Observe que, nesse caso, N se refere ao número de participantes ou pares de escores no experimento.

O intervalo de confiança para a diferença entre duas médias em um desenho de medidas repetidas pode ser definido como

$$CI = \overline{D} \pm (t_{0.5})(s_{\overline{D}})$$

Intervalos de confiança para uma comparação entre várias médias grupais independentes Para ilustrar o uso de intervalos de confiança para analisar e interpretar os resultados quando existem mais de duas médias, consideramos um estudo sobre como os bebês "compreendem a natureza de imagens" (DeLoache, Pierroutsakos, Uttal, Rosengren e Gottlieb, 1998). Você já pensou se os bebês entendem que uma imagem de um objeto não é o mesmo que o objeto em si? DeLoache e seus colegas ficaram intrigados com pesquisas que demonstravam que bebês com apenas 5 meses parecem reconhecer a semelhança entre objetos e suas imagens, mas também parecem reconhecer que não são a mesma coisa. Todavia, essas pesquisas não correspondem aos relatos sobre o comportamento de bebês em relação a imagens, que contam que bebês e crianças pequenas tentam pegar os objetos representados em fotografias, e até vestir a fotografia de um sapato! Esses relatos anedóticos sugerem que os bebês e crianças tratam os objetos fotografados como se fossem objetos reais, apesar da representação bidimensional na fotografia. Em quatro estudos, DeLoache e colaboradores analisaram "até que nível os bebês tratariam objetos representados como se fossem objetos reais" (p. 205).

Analisaremos os resultados do quarto estudo realizado por DeLoache e colaboradores (1998). Nos três primeiros estudos, os pesquisadores observaram que

- a grande maioria dos bebês de 9 meses, ao explorar um livro ilustrado com "oito fotografias coloridas bastante realistas de objetos individuais (brinquedos comuns de plástico)", tentou agarrar o objeto representado pelo menos uma vez (a média foi de 3,7 tentativas) (Estudo 1);
- o fato de os bebês tentarem agarrar as imagens não se deu por não discriminarem entre objetos bidimensionais e tridimensionais (Estudo 2); e
- "bebês da etnia beng de famílias pobres e analfabetas de uma aldeia rural

☑ **Figura 11.2** A compreensão dos bebês sobre a natureza de imagens foi analisada observando-se como eles investigam e apontam para os objetos representados. (Pesquisa realizada pela Dra. Alma Gottlieb entre bebês beng na Costa do Marfim, em DeLoache et al., 1998.)

na nação da Costa do Marfim, no oeste africano" exploraram manualmente e agarraram as imagens (incluindo imagens de objetos comuns na comunidade beng) do mesmo modo que os bebês norte-americanos (Estudo 3) (ver Figura 11.2).

O propósito do quarto estudo era determinar como o comportamento das crianças em relação às fotografias mudava com a idade.

Foram testados três grupos: bebês de 9, 15 e 19 meses. Cada grupo era composto por 16 crianças, 8 garotos e 8 garotas. Além de observar os comportamentos das crianças de investigar as fotografias com suas mãos (agarrar e outros comportamentos investigativos), os pesquisadores codificaram momentos em que as crianças apontaram para os objetos representados. Seus resultados para os comportamentos investigativos dos bebês são mostrados na Figura 11.3.

A variável independente, a idade das crianças, é um desenho de grupos naturais com três níveis: 9 meses, 15 meses e 19 meses. Essa variável aparece no eixo horizontal (eixo x). A variável dependente era o número de comportamentos investigativos, e o número médio desses comportamentos aparece no eixo vertical (eixo y). Como se pode ver na Figura 11.3, o número médio de comportamentos investigativos é maior para os bebês de 9 meses, e muito menor para os de 15 e 19 meses. A outra informação importante na figura está nas "barras" em torno de cada média. Podemos usar essas barras para tirar conclusões sobre se houve um efeito da variável independente, a idade.

As barras em torno de cada média na Figura 11.3 representam intervalos de confiança. Como você aprendeu, os intervalos de confiança nos falam da faixa de valores que podemos esperar para um determinado valor populacional. Não podemos estimar o valor populacional exato por causa do erro amostral, mas podemos estimar uma faixa de valores prováveis. Quanto menor a faixa de valores expressados em nosso intervalo de confiança, melhor será a nossa estimativa do valor populacional. Cada uma das barras na Figura 11.3 representa um inter-

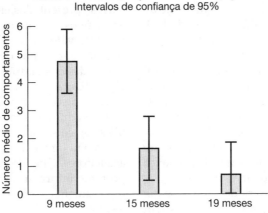

☑ **Figura 11.3** Número médio de comportamentos investigativos com intervalos de confiança de 95% para bebês de 9, 15 e 19 meses. (A partir de DeLoache, 1998; usado sob permissão.)

valo de confiança de 95%. Todavia, o cálculo desse intervalo em um estudo com grupos múltiplos difere levemente do usado quando existe apenas uma média. Especificamente, ao calcular o erro padrão estimado da média, podemos fazer uso da variância agrupada de todos os grupos que participam do estudo. Vamos ilustrar isso.

A fórmula para o intervalo de confiança de 95% é a mesma usada quando existe apenas uma média:

Limite superior do intervalo de confiança de 95%: $\overline{X} + [t_{0,5}][s_{\overline{X}}]$
Limite inferior do intervalo de confiança de 95%: $\overline{X} - [t_{0,5}][s_{\overline{X}}]$

Todavia, o cálculo de $s_{\overline{X}}$ difere do usado com uma média; o mesmo ocorre com o cálculo dos graus de liberdade para o valor crítico de t. Para estimar o erro padrão da média, podemos agrupar as variâncias dos diversos grupos para obter uma medida da variabilidade. Nesse caso, agrupamos as informações de todos os grupos que participam do estudo. Quando a comparação envolve duas ou mais médias de grupos independentes, o erro padrão estimado da média é calculado conforme a seguir. Primeiro, calculamos o desvio padrão baseado na variância agrupada[1]:

$$s_{agrupado} = \sqrt{\frac{(n_1 - 1)s_1^2 + (n_2 - 1)s_2^2 + (n_3 - 1)s_3^2 + \ldots}{(n_1 - 1) + (n_2 - 1) + (n_3 - 1) + \ldots}}$$

Quando os tamanhos das amostras são iguais, o erro padrão estimado é definido como

$$s_{\overline{X}} = \frac{s_{agrupado}}{\sqrt{n}}, \text{ onde } n = \text{tamanho da amostra para cada grupo}$$

Os graus de liberdade são calculados como $k(n-1)$, onde k é igual ao número de grupos independentes.

Olhando novamente a Figura 11.3, podemos ver que, para os bebês de 9 meses, o número médio de comportamentos investigativos para a amostra era 4,75. A expressão $[t_{0,05}][s_{\overline{X}}]$ na equação para o intervalo de confiança de 95% nessa análise é 1,14. Podemos ter 95% de confiança de que o intervalo entre 3,61 e 5,89 (4,75 ± 1,14) contém a média populacional para os bebês de 9 meses. Assim, a amostra de 16 bebês de 9 meses do estudo é usada para estimar o número médio de comportamentos investigativos que haveria se a população mais ampla de bebês de 9 meses fosse testada nessa situação. Para bebês de 15 meses, o número médio de comportamentos investigativos foi de 1,63, e podemos ter 95% de confiança de que o intervalo entre 0,49 e 2,77 (1,63 ± 1,14) contém a média populacional. A média amostral para bebês de 19 meses foi 0,69, e o intervalo de confiança tem limite inferior de 0,0 (restringido pela faixa de valores permitidos) e limite inferior de 1,83 (0,69 ± 1,14).

O Quadro 11.5 traz informações sobre como interpretar os intervalos de confiança quando existem três ou mais médias.

Uma última palavra de cautela se faz necessária ao se analisarem as "barras" em gráficos com resultados de pesquisas. As barras apresentadas em gráficos de dados em artigos científicos às vezes representam intervalos de confiança, mas também podem representar o erro padrão da média ou desvios padrão (Cumming e Finch, 2005). (Uma técnica rápida para saber intervalos de confiança de 95% é multiplicar o erro padrão da média por 2.) Para complicar as coisas ainda mais, os autores às vezes não informam o que é apresentado aos leitores. Quando existem barras, é importante informar aos leitores o que elas representam e como foram calculadas (Estes, 1997).

☑ Quadro 11.5

INTERPRETANDO INTERVALOS DE CONFIANÇA QUANDO EXISTEM TRÊS OU MAIS MÉDIAS: OS INTERVALOS SE SOBREPÕEM?

Em muitas situações de pesquisa, não estamos interessados realmente em estimar o valor específico da média populacional. Por exemplo, não estamos realmente interessados em saber o número médio de vezes que se pode esperar que um bebê de 9 meses tente pegar as imagens. Ao contrário, nos interessa conhecer o padrão de médias populacionais e comparar as relações entre elas (Loftus e Masson, 1994). Ou seja, queremos ser capazes de comparar o comportamento de grupos diferentes. Isso também pode ser feito com o uso de intervalos de confiança. Considere mais uma vez os dados do estudo de DeLoache e colaboradores.

Podemos usar nossas estimativas das médias populacionais para perguntar: os bebês dos diferentes grupos etários apresentam quantidades diferentes de comportamentos investigativos? Para responder essa pergunta, podemos analisar a sobreposição entre os intervalos de confiança de 95% na Figura 11.3. Lembre-se de que o intervalo de confiança é associado a uma probabilidade (p.ex., 0,95) de que o intervalo contenha a média populacional; a amplitude do intervalo nos diz o quão precisa é a nossa estimativa. Devemos ter em mente que os intervalos de confiança visam fornecer informações sobre o quanto estimamos um valor populacional, geralmente uma média. Os intervalos de confiança não são testes estatísticos, como o teste t e o teste F, cuja ênfase é comparar diretamente duas ou mais médias para ver se as diferenças são "estatisticamente significativas". Não obstante, como já afirmamos antes, os pesquisadores muitas vezes estão interessados no padrão das médias populacionais, e podemos usar os intervalos de confiança para nos ajudar a detectar esses padrões.

Quando os intervalos de confiança não se sobrepõem, podemos ter certeza de que as médias populacionais diferem. Intervalos não sobrepostos nos dizem que as médias populacionais estimadas pelas médias amostrais provavelmente não são iguais. Por exemplo, o intervalo de confiança de 95% para os bebês de 9 meses não se sobrepõe ao intervalo dos bebês de 15 meses. A partir disso, podemos concluir que os bebês de 9 meses diferem dos

☑ Quadro 11.5 (continuação)

de 15 no número de comportamentos investigativos ao olharem as fotografias. (Uma análise das médias amostrais mostra que os bebês de 9 meses investigam as imagens mais do que os de 15 meses.) Pode-se chegar a uma conclusão semelhante comparando os intervalos para os bebês de 15 e 19 meses. A Figura 11.3 mostra que os intervalos para esses dois grupos se sobrepõem. O que devemos concluir agora? *Se os intervalos se sobrepõem um pouco, devemos reconhecer a nossa incerteza sobre a diferença verdadeira entre as médias e postergar uma conclusão. Se os intervalos se sobrepõem de maneira que a média amostral de um grupo esteja dentro do intervalo de outro, podemos concluir que as médias populacionais não diferem* (ver Zechmeister e Posavac, 2003). Cumming e Finch (2005) fazem uma análise mais precisa da interpretação de intervalos sobrepostos com base na *proporção de sobreposição*.

Com essas diretrizes, o que podemos concluir sobre a diferença entre bebês de 15 e 19 meses observada na Figura 11.3? Como se pode ver na figura, os intervalos de confiança de 95% se sobrepõem de maneira tal que o intervalo de confiança para os bebês de 15 meses contém a média amostral dos bebês de 19 meses. Assim, podemos sugerir que as médias populacionais não diferem. Embora as médias amostrais difiram (1,63 e 0,69, respectivamente), não podemos concluir que as médias populacionais difiram (e, na pesquisa psicológica, estamos mais interessados em descrever a população do que a amostra). Por exemplo, com a sobreposição de intervalos observada na Figura 11.3, é possível que a média populacional verdadeira para os bebês de 15 meses realmente seja 0,69 (que é a média amostral dos bebês de 19 meses). Com base nas médias e intervalos de confiança apresentados na Figura 11.3, podemos concluir que os bebês de 9 meses investigam as fotografias com suas mãos mais do que os de 15 e 19 meses, e que esses grupos mais velhos não diferem na quantidade de comportamentos investigativos que apresentam. Observe que não estamos dizendo que não existe possibilidade de haver diferença entre os dois grupos maiores (populações). *Com esses dados*, não podemos dizer que existe uma diferença; todavia, os dados também não nos dizem, com certeza, que não existe diferença. Devemos esperar até que se façam mais pesquisas, talvez usando amostras maiores, para obter estimativas mais precisas das médias populacionais.

Os dados de DeLoache e colaboradores para o ato de *apontar* para as imagens são apresentados na Figura 11.4. Que conclusões você pode tirar com base nas médias e intervalos de confiança apresentados nessa figura? Os bebês de 15 meses diferem dos de 9 meses em seu comportamento de apontar? Por quê e por que não? Os bebês de 19 meses diferem dos de 15 meses? Por quê e por que não?

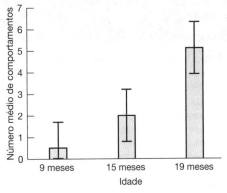

Figura 11.4 Número médio de comportamentos de apontar com intervalos de confiança de 95% para bebês de 9, 15 e 19 meses. (A partir de DeLoache et al., 1998; usado com permissão.)

Exemplo: análise de dados de um estudo correlacional

- Existe correlação quando duas medidas diferentes das mesmas pessoas, fatos ou coisas variam juntas – ou seja, quando os escores de uma variável covariam com os escores de outra.

A previsão, como vimos no Capítulo 2, é um objetivo importante do método científico. A pesquisa correlacional muitas vezes proporciona a base para essa previsão. Existe uma *correlação* quando duas medidas diferentes das mesmas pessoas, fatos ou coisas variam juntas – ou seja, quando os escores em uma variável covariam com escores de outra variável. Por exemplo, existe uma relação conhecida entre o tabagismo e as doenças pulmonares. Quanto mais os indivíduos fumam (p.ex., medido pela duração do ato de fumar), maior a probabilidade de contrair doenças pulmonares. Assim, o tabagismo e as doenças pulmonares covariam, ou andam juntos. Essa correlação também pode ser expressada nos seguintes termos: quanto menos as pessoas fumarem, menores serão suas chances de contrair uma doença pulmonar. Com base nessa correlação, podemos fazer previsões sobre as doenças cardíacas. Por exemplo, se soubermos quanto tempo um indivíduo fumou, podemos prever (até certo ponto) a sua probabilidade de desenvolver uma doença cardíaca. A natureza das nossas previsões e a confiança que temos de que podemos fazê-las dependem da direção e da intensidade da correlação.

As análises correlacionais costumam estar associadas a pesquisas com o uso de levantamentos (ver Capítulo 5). Os sujeitos respondem questionários que perguntam sobre variáveis demográficas (p.ex., idade, renda), bem como suas atitudes, opiniões e bem-estar psicológico. O pesquisador então busca mostrar como algumas respostas se relacionam entre si, ou seja, como estão

---

☑ EXERCÍCIO
UM TESTE DA SUA COMPREENSÃO SOBRE OS INTERVALOS DE CONFIANÇA

Embora se recomende informar os intervalos de confiança ao se analisarem dados, seu uso está apenas começando a aparecer em muitos periódicos de psicologia. Os intervalos de confiança compartilham alguns dos problemas de interpretação associados seguidamente aos testes de significância estatística, especificamente o teste de significância da hipótese nula. Não obstante, os intervalos de confiança podem e devem ser incorporados em nossa análise de dados. Para garantir que você os usa corretamente, apresentamos o seguinte teste da sua compreensão dessa técnica de análise.

Suponhamos que um desenho de grupos independentes tenha sido usado para analisar o efeito de uma variável independente com três níveis (A, B, C) sobre o comportamento. Quinze sujeitos foram designados aleatoriamente a cada condição, e foram determinadas medidas da tendência central e da variabilidade para cada condição. O pesquisador também construiu intervalos de confiança de 95% para cada uma das médias. Verdadeiro ou falso? O pesquisador pode, de forma razoável e com base nesse resultado, concluir que

1. A amplitude do intervalo de confiança indica o quão precisa é a estimativa das médias populacionais.
2. Se dois intervalos se sobrepõem, sabemos com certeza que as médias populacionais são iguais.
3. Existem 95% de chances de que a média populacional verdadeira fique dentro de cada intervalo.
4. Se dois intervalos não se sobrepõem, existe uma probabilidade de 95% de que as médias populacionais sejam diferentes.
5. Se dois intervalos não se sobrepõem, temos boas evidências de que as médias populacionais diferem.

correlacionadas. Será que pessoas que dizem ter autoestima baixa também têm dificuldade para namorar? Existe relação entre o tempo que as crianças passam na creche e medidas do seu vínculo com suas mães? Será que os escores no teste SAT são indicadores do sucesso após a faculdade?

A seguir, discutimos como os pesquisadores analisam e interpretam um estudo correlacional.

Estágio 1: conhecer os dados

Como, em um estudo correlacional, sempre existem dois conjuntos de escores, e como a relação entre esses escores é o interesse principal, os estágios de análise de dados são um pouco diferentes do que quando o foco do estudo é comparar médias. Para fins de ilustração, suponhamos que o pesquisador esteja interessado em correlacionar duas medidas do bem-estar psicológico obtidas de autoavaliações de estudantes universitários (ver o Capítulo 5 para uma discussão sobre dados obtidos com autoavaliação). Ambas as medidas estão na forma de escalas de avaliação de 10 pontos. A primeira baseia-se na pergunta "quanto você se preocupa com as notas?" (1 = *nada*, 10 = *muitíssimo*). A segunda medida baseia-se na pergunta "quanta dificuldade você tem para se concentrar durante os exames?" (1 = *nada*, 10 = *muitíssima*).

Limpando os dados Cada respondente fornece dois escores, e os dois conjuntos de escores devem ser conferidos cuidadosamente em busca de erros, como valores impossíveis (p.ex., números fora dos limites da escala), bem como valores extremos ou atípicos. Um diagrama de caule e folha pode ser usado para analisar os dados em cada conjunto. Quando as respostas possíveis são limitadas, como geralmente são com o uso de escalas, é menos provável que haja valores extremos ou atípicos do que quanto não existe limite para a resposta (p.ex., informar a renda anual).

Conclusão Somente quando o pesquisador tem certeza de que os dados não contêm erros ou valores que possam distorcer os resultados é que a análise deve continuar.

Estágio 2: sintetizar os dados

- As principais técnicas descritivas para dados correlacionais são construir um diagrama de dispersão e calcular um coeficiente de correlação.
- No diagrama de dispersão, determina-se a magnitude ou grau de correlação pelo quanto os pontos correspondem a uma linha reta; correlações mais fortes formam uma linha reta (tendência linear) de pontos.
- A magnitude de um coeficiente de correlação varia de –1,0 (uma relação negativa perfeita) a +1,0 (uma relação positiva perfeita); um coeficiente de correlação de 0,0 indica que não existe relação.

A síntese dos dados começa analisando-se as estatísticas descritivas para cada conjunto de escores. Depois, sintetiza-se, de forma gráfica e numérica, o grau de relação entre os conjuntos de escores.

Tendência central e variabilidade As medidas da tendência central e da variabilidade devem ser calculadas para ambos os conjuntos de escores. As médias e desvios padrão para os dois conjuntos de respostas em nosso estudo hipotético são

	Preocupação	Dificuldade de concentração
M	5,45	5,30
DP	1,93	1,98

Em um estudo correlacional, nosso principal interesse não está na diferença entre as médias, mas na relação entre os conjuntos de escores. As principais técnicas descritivas para dados correlacionais são a construção de um *diagrama de dispersão* e o cálculo de um *coeficiente de correlação*. Um **diagrama de dispersão** descreve a relação entre os dois conjuntos de escores. O coeficiente de correlação proporciona uma síntese quantitativa da relação observada no diagrama de dispersão. É importante analisar o diagrama de dispersão cuidadosamente antes de tentar interpretar um coeficiente de correlação. Primeiramente, ilustraremos a construção de diagramas de dispersão e depois mostraremos como se obtém e interpreta o coeficiente de correlação.

Desenhando um diagrama de dispersão

A natureza de uma correlação pode ser representada visualmente usando-se um diagrama de dispersão. Os escores para as duas variáveis são representados no eixo X e no eixo Y. Cada indivíduo tem um valor (ou escore) para cada variável (p.ex., avaliações de preocupação e dificuldade de concentração). O diagrama de dispersão mostra os pontos de intersecção para cada par de escores. A magnitude ou grau de correlação é vista em um diagrama de dispersão pelo quanto os pontos correspondem a uma linha reta; correlações mais fortes se parecem mais com uma linha reta de pontos. A Figura 11.5 mostra três diagramas de dispersão diferentes. A correlação é mais forte no primeiro (a) e terceiro (c) painéis do que no segundo (b), pois os pontos em (a) e (c) se aproximam mais de uma linha reta.

Pode-se enxergar a direção da correlação no diagrama de dispersão observando-se como os pontos se organizam. Quando o padrão de pontos parece avançar do canto inferior esquerdo para o canto superior direito [painel (a)], a correlação é positiva (escores baixos no eixo X com escores baixos no eixo Y e escores altos no eixo X com escores altos no eixo Y).

Suponhamos que 20 estudantes universitários responderam as duas questões que descrevemos acima. Suponhamos também que os dados foram analisados cuidadosamente em busca de erros e anomalias, e que foram considerados limpos.

Queremos descobrir se os escores em uma medida estão correlacionados (i.e., "andam juntos") com escores na segunda medida. A preocupação com as notas está relacionada com a dificuldade de concentração nos exames? Para descobrir, podemos construir um diagrama de dispersão mostrando a relação entre os escores. O diagrama de dispersão é construído desenhando-se um gráfico que mostra a intersecção entre as duas medidas de cada respondente. Os eixos no gráfico representam as duas medidas de interesse. Por convenção, a medida do comportamento que "vem primeiro" ou que é usada para prever o segundo comportamento é colocada no eixo horizontal, ou eixo X. O segundo comportamento, ou aquele que é previsto pelo primeiro, é colocado no eixo vertical, ou eixo Y. Em muitas situações, essa decisão é fácil. Se você estivesse correlacionando os níveis de álcool no sangue de voluntários e uma medida do seu desempenho em um simulador de trânsito, veríamos fa-

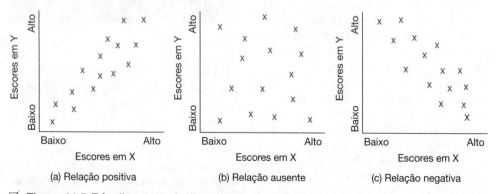

☑ **Figura 11.5** Três diagramas de dispersão ilustrando uma correlação positiva (a), ausente (b) e negativa (c) entre escores entre duas variáveis: X e Y.

cilmente que o álcool foi consumido antes, e o desempenho na simulação foi medido depois. Os níveis de álcool no sangue seriam usados para prever o desempenho em um simulador de trânsito. Em outras situações, a decisão não é tão fácil. Será que a preocupação com as notas vem antes da dificuldade de concentração em exames? Ou será que a dificuldade de concentração nos exames leva à preocupação com as notas? Acreditamos que é possível defender as duas visões.

Devemos analisar o diagrama de dispersão em busca de tendências possíveis. Mais especificamente, devemos verificar se existem evidências de uma **tendência linear** no diagrama de dispersão. De forma simples, uma tendência linear é aquela que pode ser sintetizada por uma linha reta. Como você já viu, os diagramas de dispersão (a) e (c) na Figura 11.5 mostram evidências de uma tendência linear. Também é possível não enxergar nenhuma tendência no diagrama. Nesse caso, os escores em uma medida provavelmente são tão prováveis de acompanhar escores baixos, médios ou altos na segunda medida. Se não houver nenhuma tendência discernível no gráfico, como no painel do meio na Figura 11.5, podemos concluir que não existe relação entre os conjuntos de escores. Observe que, nesse caso, não podemos usar o nosso conhecimento dos escores em uma medida para fazer previsões sobre os escores na outra.

Finalmente, também é possível enxergar uma relação no diagrama de dispersão, mas que não é linear. A Figura 11.6 apresenta dois exemplos de relações não lineares entre variáveis. Podemos considerar que essas relações são interessantes e até que mereçam ser investigadas; todavia, uma relação não linear traz sérios problemas de interpretação para o coeficiente de correlação. Consequentemente, se a tendência no diagrama de dispersão é não linear, não se deve calcular o coeficiente de correlação. Os valores extremos ou atípicos no diagrama de dispersão também trazem problemas ao se interpretar o coeficiente de correlação.

A Figura 11.7 mostra um diagrama de dispersão descrevendo a relação entre escores nas medidas de preocupação (X) e de dificuldade de concentração (Y) em nosso estudo hipotético. Como não sabemos realmente neste caso qual fator "vem antes", colocamos, de forma arbitrária, a medida da preocupação no eixo X e a medida da dificuldade de concentração no eixo Y do diagrama de dispersão na Figura 11.7. Ou seja, estamos usando a medida da preocupação para prever a medida da concentração. Você consegue ver uma tendência no diagrama de dispersão? No caso positivo, ela é linear, de um modo geral?

Calculando um coeficiente de correlação
A direção e força de uma correlação são determinadas calculando-se o *coeficiente de correlação*. O coeficiente de correlação é um índice quantitativo do quanto podemos prever um conjunto de escores (p.ex., avaliações da concentração) usando outro

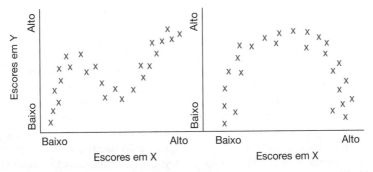

☑ **Figura 11.6** Dois exemplos de relações não lineares entre duas variáveis: X e Y.

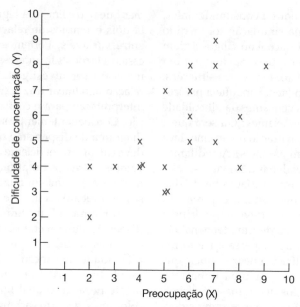

☑ **Figura 11.7** Diagrama de dispersão mostrando a relação entre escores na medida de autoavaliação sobre o grau de preocupação com as notas (X) e a medida de autoavaliação da dificuldade de concentração durante um exame (Y). Cada ponto no gráfico mostra a intersecção entre as duas medidas para cada sujeito.

conjunto de escores (p.ex., avaliações da preocupação). O coeficiente de correlação expressa a relação entre duas variáveis, em termos da direção e da magnitude dessa relação. O coeficiente de correlação mais usado é o Coeficiente de Correlação Produto-Momento de Pearson, designado como r. Pode ser calculado facilmente com uma calculadora ou um programa de computador. (Uma busca na internet pode identificar páginas que mostram métodos para calcular correlações.)

A direção de um coeficiente de correlação pode ser positiva ou negativa. Uma **correlação positiva** indica que, à medida que aumentam os valores para uma medida, também aumentam os valores da outra [ver o painel (a) na Figura 11.5]. Como vimos, as medidas do tabagismo e doenças pulmonares estão positivamente correlacionadas (mais cigarro, mais doenças pulmonares). Outra relação preditiva diz respeito às notas no Scholastic Aptitude Test (SAT): os escores no SAT e as médias gerais do primeiro semestre dos alunos estão positivamente correlacionados. Assim, podemos prever que estudantes com notas mais altas no SAT terão médias mais altas no primeiro semestre, e estudantes com notas mais baixas no SAT terão médias mais baixas no primeiro semestre. Havendo correlação, também se pode fazer a previsão "inversa". Sabendo apenas as médias gerais dos alunos no primeiro semestre, podemos "prever" quais foram suas notas no SAT antes de terem entrado para a faculdade. Estudantes com médias maiores seriam mais prováveis de ter notas maiores no SAT, e estudantes com médias mais baixas seriam prováveis de ter notas mais baixas no SAT.

Em uma **correlação negativa**, à medida que aumenta o valor de uma medida, diminui o valor da outra [ver o painel (c) na Figura 11.5]. Um levantamento nacional com formandos do ensino médio mostrou uma correlação negativa entre a quantidade de tempo gasto assistindo à televisão e o número de respostas corretas em um teste de desempenho acadêmico (Keith, Reimers, Fehrmann, Pottebaum e Aubrey, 1986). Estudantes que passaram mais tempo assistindo à televisão responderam menos questões corretamente em um teste de desempenho. E a previsão inversa? Com base nessa observação, se você soubesse que um estudante teve uma nota muito alta no teste de desempenho, você diria que ele passou "muito" tempo ou "pouco" tempo assistindo à televisão?

A relação entre as medidas da preocupação e da dificuldade de concentração observada na Figura 11.7 é positiva ou negativa?

A força (grau) de um coeficiente de correlação pode variar em valores absolutos de 0,0 a 1,00. Um valor de 0,0 indica que não existe correlação, e que não existe base para fazer previsões. A relação entre a inteligência e a doença mental, por exemplo, apresenta uma correlação de zero; não podemos prever a probabilidade de que uma pessoa se torne doente mental apenas por saber o QI da pessoa (e não podemos prever o QI da pessoa com base em sua saúde mental). Um valor de +1,00 indica uma correlação positiva perfeita, e um valor de –1,00 indica uma correlação negativa perfeita. Quando o coeficiente de correlação é +1,00 ou –1,00, todos os pontos do diagrama de dispersão se dispõem sobre uma linha reta, e podemos fazer previsões com confiança absoluta. Valores entre 0 e 1,00 indicam relações preditivas de intensidade intermediária e, portanto, temos menos capacidade de prever com confiança. Lembre-se de que o sinal da correlação significa apenas a sua direção; um coeficiente de correlação de –0,46 indica uma relação mais forte (mais preditiva) do que um de +0,20. (*Obs.*: na prática, usa-se apenas o sinal de coeficientes de correlação negativos; um coeficiente sem um sinal de mais ou menos é tratado como positivo, ou seja: +0,20 = 0,20.)

O coeficiente de correlação para a relação entre a preocupação e a dificuldade de concentração baseado nos 20 estudantes do nosso estudo hipotético é 0,62. Conforme indicado no diagrama de dispersão na Figura 11.7, escores baixos nas medidas de preocupação tendem a acompanhar escores baixos na medida de concentração, e escores altos acompanham escores altos. Podemos dizer que as duas variáveis estão positivamente relacionadas. Mais especificamente, podemos dizer que, quanto mais os estudantes se preocupam, mais prováveis eles serão de ter dificuldade para se concentrar durante exames. Porém, será que podemos dizer que a preocupação é a *causa* da dificuldade de concentração dos estudantes?

Correlação e causalidade Como você pode lembrar da nossa discussão sobre correlações nos Capítulos 4 e 5, "correlação não implica causação". Saber que duas variáveis estão correlacionadas não nos permite inferir que uma cause a outra (mesmo que uma preceda a outra no tempo). Pode ser que a preocupação com as notas cause dificuldade de concentração durante exames, ou que a experiência de ter dificuldade para se concentrar durante exames cause preocupação com as notas. Além disso, existe uma relação espúria quando uma terceira variável pode explicar a correlação positiva entre a preocupação com as notas e a dificuldade para se concentrar durante exames. Por exemplo, o número de horas trabalhando no emprego pode servir como uma terceira variável que pode explicar essa relação. À medida que aumenta o número de horas no trabalho, os estudantes podem ter mais preocupação com suas notas e mais dificuldade de concentração durante os exames.

Conclusão Pode-se usar o Coeficiente de Correlação de Pearson para sintetizar a relação entre duas variáveis. Todavia, é importante inspecionar o diagrama de dispersão das duas variáveis antes de calcular um *r* de Pearson para garantir que a relação seja sintetizada com uma linha reta, ou seja, que existe uma tendência linear. À medida que o coeficiente de correlação se aproxima de 1,00, a relação observada entre as duas variáveis no diagrama de dispersão se aproxima de uma linha reta, e aumenta a nossa capacidade de prever uma variável com base no conhecimento da outra.

Estágio 3: construir um intervalo de confiança para uma correlação

- Podemos obter uma estimativa do intervalo de confiança da correlação populacional, ρ, assim como fizemos para a média populacional, μ.

Um r de Pearson calculado a partir de uma amostra é uma estimativa da correlação na população, assim como uma média amostral é uma estimativa de uma média populacional (μ). A correlação populacional é simbolizada pela letra grega "rho" (ρ). Além disso, assim como uma média amostral está sujeita a erros amostrais ou variações de amostra para amostra, o mesmo ocorre com o coeficiente de correlação. Desse modo, em certas situações, podemos querer obter um intervalo estimado do valor populacional ρ, assim como fizemos para o valor populacional μ. Em outras palavras, podemos calcular um intervalo de confiança para ρ. Todavia, deixaremos esse tópico para livros que fazem um tratamento mais detalhado dos procedimentos estatísticos (p.ex., Zechmeister e Posavac, 2003).

Resumo

Existem três estágios distintos, mas relacionados, na análise de dados: conhecer os dados, sintetizar os dados e confirmar o que os dados revelam. No primeiro estágio, devemos nos familiarizar com os dados, analisá-los cuidadosamente, verificar erros e valores anômalos. Devemos ser particularmente sensíveis à presença de valores extremos ou atípicos, valores extremos que não parecem acompanhar os outros valores. Fazer um diagrama de caule e folha é uma boa maneira de visualizar a distribuição de números em um conjunto de dados para detectar valores extremos ou atípicos. No segundo estágio, devemos sintetizar o conjunto de dados usando estatísticas descritivas e representações visuais. As medidas da tendência central (média, mediana, moda) e medidas da dispersão ou variabilidade (amplitude e desvio padrão) são particularmente úteis nesse ponto.

Quando um estudo envolve o efeito de uma variável independente sobre uma variável dependente, é importante descrever "quanto efeito" a variável independente teve sobre a variável dependente. As medidas do tamanho do efeito são importantes quando fazemos meta-análises, que sintetizam o efeito de uma determinada variável entre muitos estudos diferentes. Uma medida importante do tamanho do efeito quando duas médias são comparadas é o d de Cohen.

No terceiro estágio da análise dos dados, confirmar o que os dados revelam, determinamos o que podemos afirmar de forma razoável com base nas evidências obtidas em nosso estudo. Existem duas abordagens complementares a esse estágio de análise: o teste de significância da hipótese nula e a construção de intervalos de confiança. Ambas as abordagens baseiam-se em estimativas da variabilidade amostral para ajudar o pesquisador a tomar decisões sobre os valores verdadeiros de parâmetros populacionais. Embora a média de uma amostra aleatória seja uma boa estimativa pontual da média populacional, haverá variação ("erro") nessa estimativa de amostra para amostra, devido a fatores aleatórios ou fortuitos. O erro padrão estimado da média avalia o quanto uma média amostral estima a média populacional. O teste de significância da hipótese nula direciona o pesquisador para a probabilidade de que os resultados obtidos se "devam ao acaso". O intervalo de confiança especifica uma faixa de valores que têm uma certa probabilidade (geralmente 95%) de conter um determinado valor populacional (p.ex., a média populacional). Os intervalos de confiança são diretamente análogos à "margem de erro" que você pode ter ouvido em reportagens nos meios de comunicação sobre resultados de pesquisas de opinião. Quanto menor o intervalo, melhor a nossa estimativa do valor populacional; aumentar o tamanho amostral melhora a estimativa do intervalo.

Os intervalos de confiança para a diferença entre duas médias fornecem evidências da diferença entre as médias populacionais representadas pelas duas médias amostrais em um estudo. A amplitude do intervalo gera informações relacionadas com o provável tamanho de efeito da variável independente. Ao construir intervalos de confiança para a diferença entre duas médias, se o intervalo contém o valor de zero, não podemos dizer que existe um efeito presente. Em outras palavras, se zero está dentro do intervalo, devemos admitir a nossa incerteza com relação ao efeito da variável. Podem ser construídos intervalos de confiança para grupos independentes e desenhos de medidas repetidas.

Quanto existem três ou mais médias, são construídos intervalos de confiança para cada média. As conclusões sobre diferenças entre médias em um estudo com grupos múltiplos dependem de se existe sobreposição entre os intervalos. Quando os intervalos não se sobrepõem, podemos ter confiança de que as médias populacionais estimadas por essas médias amostrais diferem de fato. Todavia, quando os intervalos se sobrepõem, NÃO dizemos que não existe diferença entre as médias populacionais; ao contrário, devemos admitir incerteza quanto à diferença verdadeira e esperar até que se façam mais pesquisas.

Faz-se um estudo correlacional normalmente quando o objetivo do pesquisador é o da previsão, por exemplo, ao se prever o desempenho em um teste escrito sobre a ansiedade em testes. Existe correlação quando duas medidas diferentes das mesmas pessoas, eventos ou coisas variam juntas. Assim como fazemos quando o estudo envolve uma comparação entre médias, devemos analisar e sintetizar os dados de um estudo correlacional cuidadosamente. Um diagrama de dispersão descreve a relação entre dois conjuntos de escores; um coeficiente de correlação gera uma síntese quantitativa da relação observada no diagrama de dispersão. Mais especificamente, o coeficiente de correlação descreve o quanto os dados em um diagrama de dispersão se encaixam em uma linha reta. O valor de um coeficiente de correlação pode variar de –1,00 a +1,00. O sinal do coeficiente de correlação (– ou +) indica a direção da relação; o valor absoluto do coeficiente (0,0 a 1,00) indica a magnitude da relação. Quanto mais o coeficiente de correlação se aproximar de 1,00 (positivo ou negativo), mais os pontos do diagrama de dispersão cairão sobre uma linha reta, e mais forte será a relação.

Uma correlação positiva ocorre quando os valores de uma medida aumentam à medida que aumentam os valores de uma segunda medida. Em uma correlação negativa, à medida que aumentam os valores da primeira medida, diminuem os da segunda. Saber que existe uma relação (correlação) entre duas medidas permite ao pesquisador prever os escores de uma medida com base no conhecimento dos escores da outra. Quanto mais o coeficiente de correlação se aproxima de 1,00, maior é a capacidade de prever. É importante ter em mente que a correlação, por si só, não é evidência de uma relação causal entre variáveis: correlação não implica causalidade.

Conceitos básicos

estágios da análise de dados   352
    conhecer os dados   352
    sintetizar os dados   352
    confirmar o que os dados revelam   352
diagrama de caule e folha   357
medidas da tendência central   360
    moda   360
    mediana   360
    média   360

medidas da dispersão (variabilidade)   360
    amplitude   360
    desvio padrão   361
    erro padrão da média   361
    erro padrão estimado da média   361
intervalo de confiança para um parâmetro populacional   363
diagrama de dispersão   375
tendência linear   377
correlação positiva   378
correlação negativa   378

Questões de revisão

1. Identifique os três estágios principais da análise de dados e indique que coisas específicas o pesquisador geralmente deverá fazer em cada estágio.
2. O que o pesquisador tenta fazer ao construir a "história da análise" para acompanhar os resultados de um estudo?
3. Por que o pesquisador deve ter um bom conhecimento de metodologia de pesquisa e procedimentos estatísticos para ser capaz de usar programas de computador para analisar os resultados de um estudo?
4. Construa um diagrama de caule e folha para o seguinte conjunto de números; depois, explique o que descobriu analisando os dados desse modo: 36, 42, 25, 26, 26, 21, 22, 43, 40, 69, 21, 21, 23, 31, 32, 32, 34, 37, 37, 38, 43, 20, 21, 24, 23, 42, 24, 21, 27, 29, 34, 30, 41, 25, 28.
5. Calcule a média, mediana e a moda para o seguinte conjunto de dados: 7, 7, 2, 4, 2, 4, 5, 6, 4, 5. Descreva as vantagens e desvantagens das três medidas da tendência central: média, mediana, moda.
6. Calcule o desvio padrão para o conjunto de dados na Questão 5. O que o desvio padrão, como medida da variabilidade, nos informa?
7. O que o erro padrão estimado da média diz sobre a média amostral?
8. Foi realizado um estudo para investigar uma droga nova para aumentar a memória. O estudo foi realizado com ratos. A medida dependente era o número de erros cometidos enquanto aprendiam um labirinto, depois de receberem uma injeção da droga ou uma solução salina (controle). Os ratos foram designados aleatoriamente à condição da droga para melhorar a memória ou o controle. Testou-se um total de 30 ratos, com 15 em cada grupo. A média (e o desvio padrão) para o grupo da droga foi 11,7 (4,7); a do grupo controle foi 15,1 (5,1). (Números menores significam desempenho melhor.) Qual é o tamanho do efeito nesse estudo?

9. Por que o intervalo de confiança também se chama "margem de erro"?
10. Uma amostra aleatória de 25 estudantes deu sua opinião sobre o serviço de alimentação do refeitório da faculdade. Os estudantes usaram uma escala de 7 pontos (1 = *horrível*, 7 = *ótima*) para indicar a sua opinião. A avaliação média para os 25 estudantes foi de 4,7, com um desvio padrão de 1,2.
    A. Qual é o intervalo de confiança para a média populacional?
    B. Descreva em palavras o que o intervalo de confiança nos diz sobre a média populacional.
11. Qual é o intervalo de confiança de 95% para a diferença entre as duas médias apresentadas na Questão 8?
12. Como se usam intervalos de confiança para chegar a uma conclusão sobre diferenças entre médias em um estudo com três ou mais médias?
13. Ao analisar dados representados em um diagrama de dispersão, por que é importante procurar uma tendência linear nos dados?
14. Um pesquisador investiga se existe uma relação entre o tamanho do vocabulário e o desempenho em um teste de compreensão da leitura. Quinze alunos da 6ª série fazem um teste de vocabulário e um teste de compreensão da leitura (ambos os testes são pontuados em termos da porcentagem de acertos). Os resultados para as 15 crianças escolares são (com os escores do vocabulário apresentados primeiro): 44,67; 24,33; 67,45; 75,54; 34,45; 88,79; 57,67; 44,32; 87,95; 77,67; 87,78; 54,67; 90,78; 36,55; 79,91. Desenhe um diagrama de dispersão e calcule o coeficiente de correlação para esses dados.
15. Explique por que se poderia usar a correlação que você calculou na Questão 14 para amparar a afirmação de que um aumento no tamanho do vocabulário causa aumentos na compreensão da leitura.

☑ DESAFIOS

1. Uma psicóloga cognitiva investiga o efeito de quatro condições de apresentação sobre a capacidade de retenção na memória de um trecho longo descrevendo a Batalha de Gettysburg. Vamos chamar as condições de apresentação de A, B, C e D. Sessenta e quatro ($N = 64$) estudantes universitários são designados aleatoriamente e em números iguais às quatro condições ($n = 16$). A memória foi testada depois que os estudantes ouviram o trecho ser lido uma vez em voz alta. A variável dependente é o número de unidades de ideia recordadas na recordação escrita imediata do trecho. A recordação média e o desvio padrão para cada uma das quatro apresentações são

	A	B	C	D
M	16,4	29,9	24,6	19,5
DP	4,6	7,1	5,9	6,3

A. Calcule os intervalos de confiança de 95% para as médias populacionais estimadas pelas quatro médias amostrais.
B. Interprete o padrão de intervalos de confiança, descrevendo o que podemos concluir sobre as diferenças entre as diversas médias populacionais.

2. Uma psicóloga do desenvolvimento investiga o efeito da maneira de as mães carregarem seus bebês sobre os padrões de sono dos bebês. Especificamente, a pesquisadora pede ajuda para 40 mães de recém-nascidos. A psicóloga treina 20 mães em um método de carregar os bebês, que pressiona a cabeça do recém-nascido contra o peito da mãe; as outras 20 mães não são instruídas em nenhum método particular. Todas as mães são treinadas para registrarem o número de horas que seus bebês dormem em cada período de 24 horas, mantendo registros por três meses em ambos os grupos. O período médio de sono em 24 horas para os bebês do grupo de instrução foi de 12,6 ($DP = 5,1$); no grupo sem instrução, a média foi de 10,1 ($DP = 6,3$).

A. Calcule o intervalo de confiança de 95% para a diferença entre as duas médias.
B. O que se pode dizer sobre o efeito do treinamento baseado em uma análise do intervalo de confiança para esse experimento?
C. Qual é o tamanho do efeito para o experimento? Interprete a medida do tamanho do efeito com base nas diretrizes de Cohen para efeitos pequenos, médios e grandes.

3. Um pesquisador solicita que estudantes universitários joguem um *videogame* difícil enquanto escutam música clássica e enquanto escutam *rock* pesado. Todos os 10 estudantes que participaram do experimento jogam o *videogame* por 15 minutos em cada uma das condições de música. A metade dos estudantes joga ouvindo música clássica primeiro e depois, *rock*; a outra metade joga com os tipos de música na ordem inversa (ver o Capítulo 7 para informações sobre contrabalanceamento em um desenho de medidas repetidas). A variável dependente é o número de "acertos" no jogo durante o período de 15 minutos. Os escores dos 10 estudantes são

Estudante	Clássica	*Rock* pesado
1	46	76
2	67	69
3	55	51
4	63	78
5	49	66
6	76	67
7	58	63
8	75	75
9	69	78
10	77	85

☑ DESAFIOS (CONTINUAÇÃO)

A. Calcule as médias para cada condição. Que tendência você enxerga na comparação de médias?

B. Calcule o erro padrão estimado dos escores da diferença.

C. Encontre o intervalo de confiança de 95% para a diferença entre as duas médias neste desenho de medidas repetidas.

D. Formule uma conclusão a respeito do efeito do tipo de música sobre o desempenho, com base na análise desses resultados.

4. Um psicólogo social tenta determinar a relação entre um teste escrito sobre o preconceito e atitudes das pessoas em relação ao perfil racial como impedimento ao crime. No começo do semestre, estudantes de uma classe de psicologia geral respondem seis questionários diferentes. Entre os questionários, há uma medida do preconceito. Mais adiante no semestre, os estudantes são convidados para participarem de um experimento que avalia suas atitudes em relação ao comportamento criminoso e táticas de aplicação da lei. Como parte do experimento, eles respondem um questionário sobre atitudes em relação ao perfil racial como impedimento ao crime. O pesquisador quer descobrir se os escores na medida de preconceito, obtidos antes, preverão as atitudes das pessoas em relação ao perfil racial. Escores mais altos na medida de preconceito indicam mais preconceito, e escores maiores na escala do perfil indicam maior apoio para o perfil racial. São obtidos escores nas duas medidas para 22 estudantes, conforme a seguir:

Estudante	1	2	3	4	5	6	7	8	9	10	11
Preconceito	19	15	22	12	9	19	16	21	24	13	10
Perfil	7	6	9	6	4	7	8	9	5	5	7
Estudante	12	13	14	15	16	17	18	19	20	21	22
Preconceito	12	17	23	19	23	18	11	10	19	24	22
Perfil	4	8	9	10	10	5	6	4	8	8	7

A. Desenhe um diagrama de dispersão mostrando a relação entre essas duas medidas.

B. Inspecione o diagrama de dispersão e comente a presença ou ausência de uma tendência linear nos dados.

C. Calcule o coeficiente de correlação para esses dados e comente a direção e força da relação.

D. Com base na análise correlacional, o pesquisador conclui que o pensamento preconceituoso faz as pessoas apoiarem o uso de perfis raciais por agências policiais. Comente essa conclusão com base no que sabe sobre a natureza das evidências correlacionais.

Metodologia de pesquisa em psicologia **385**

Resposta ao Exercício

Afirmações 1 e 5 são verdadeiras; 2, 3 e 4 são falsas.

Resposta ao Desafio 1

A. Comece calculando $s_{agrupado}$ para os quatro grupos, certificando-se de observar que o problema fornece o desvio padrão para cada grupo, e a fórmula para $s_{agrupado}$ usa as variâncias. Assim, cada desvio padrão deve ser elevado ao quadrado antes de multiplicar por $n - 1$. O valor de $s_{agrupado}$ é 6,04. O erro padrão estimado da média (SÍMBOLO), portanto, é 6,04/ SÍMBOLO, ou 1,51. O valor crítico de t no nível 0,05 é 2,00 (60 gl), a partir da Tabela A.2. Os intervalos de confiança para as médias são
A 16,4 ± (2,00)(1,51) = 13,38 a 19,42
B 29,9 ± (2,00)(1,51) = 26,88 a 32,92
C 24,6 ± (2,00)(1,51) = 21,58 a 27,62
D 19,5 ± (2,00)(1,51) = 16,48 a 22,52

B. (*Dica*: talvez ajude desenhar uma figura com colunas, representando o desempenho médio em cada grupo, e barras ao redor da média, correspondendo aos intervalos de confiança. Também seria interessante revisar as informações no Quadro 11.5.) Pode-se ver que o intervalo A se sobrepõe apenas com o intervalo D. Os intervalos C e D se sobrepõem. Embora o padrão observado de médias grupais seja nossa melhor estimativa das posições dos valores populacionais, os intervalos de confiança também fornecem informações sobre a precisão das nossas estimativas. Com base nesses dados, podemos concluir que a média populacional estimada pela média amostral A difere das médias populacionais representadas por B e C. Ainda não podemos tirar conclusões sobre a diferença entre A e D. Também podemos concluir que as médias populacionais B e D diferem, mas devemos admitir que não temos certeza sobre as diferenças reais entre B e C.

☑ Nota

1. A estimativa agrupada do desvio padrão populacional equivale à raiz quadrada da média dos erros ao quadrado em uma análise de variância (ANOVA) entre os grupos. Isto é, $s_{agrupado} = \sqrt{MQ_{erro}}$. Ver o Capítulo 12 para uma discussão sobre a ANOVA.

✓ 12

Análise e interpretação de dados: Parte II. Testes de significância estatística e a história da análise

Visão geral

No Capítulo 11, apresentamos os três estágios principais da análise de dados: *conhecer os dados, sintetizar os dados e confirmar o que os dados nos dizem*. No último estágio da análise de dados, avaliamos se temos evidências suficientes para fazer alguma afirmação sobre o comportamento. O que, com base nesses dados, podemos dizer sobre o comportamento? Esse estágio às vezes se chama *análise de dados confirmatória* (p.ex., Tukey, 1977). Nesse ponto, buscamos confirmação para o que os dados estão nos dizendo. No Capítulo 11, enfatizamos o uso de intervalos de confiança para confirmar o que os dados nos informam. Neste capítulo, continuamos nossa discussão da análise de dados confirmatória enfocando os testes da significância estatística, ou o que se conhece mais formalmente como *teste de significância da hipótese nula*.

O teste de significância da hipótese nula é a abordagem mais comum para a análise de dados confirmatória. Todavia, os testes da significância estatística têm recebido críticas persistentes (p.ex., Cohen, 1995; Hunter, 1997; Loftus, 1991, 1996; Meehl, 1967; Schmidt, 1996), e por boas razões. Pesquisadores os têm usado (e interpretado) de forma inadequada por décadas, ignorando todas as advertências a respeito (p.ex., Finch, Thomason e Cumming, 2002). Existem críticos que sugerem que descartemos o teste de significância da hipótese nula completamente (p.ex., Hunter, 1997; Schmidt, 1996). Por exemplo, uma abordagem alternativa concentra-se não em testar a significância, mas na probabilidade de replicar um determinado efeito. Esse parâmetro estatístico, chamado de p_{rep}, pode ser calculado sempre que for possível calcular o tamanho do efeito (ver Killeen, 2005). Todavia, a maioria dos especialistas sugere que continuemos a usar o teste de significância da hipótese nula, mas que tenhamos cautela em seu uso (p.ex., Abelson, 1995, 1997; Chow, 1988; Estes, 1997; Geenwald, Gonzalez, Harris e Guthrie, 1996; Hagen, 1997; Krueger, 2001; Mulaik, Raju e Harshman, 1997). Seja qual for o resultado desse debate na comunidade psicológica, existe um consenso quase universal sobre a necessidade (a) de entender exatamente o que o teste de significância da hipótese nula pode e não pode fazer, e (b) de aumentar o uso de métodos alternativos de análise de dados, especialmente o uso de intervalos de confiança e tamanhos de efeito. Às vezes, essas técnicas alternativas substituem o teste de significância da hipótese nula; em outras ocasiões, elas o complementam.

A seguir, apresentamos uma visão geral do teste de significância da hipótese nula. Depois, discutimos os importantes conceitos de sensibilidade experimental e poder estatístico. Em seguida, ilustramos a abordagem do teste de significância da hipótese nula usando os mesmos dados que havíamos usado no Capítulo 11 para construir intervalos de confiança para a diferença entre duas médias. Usando os mesmos dados, podemos comparar as informações obtidas para o teste de significância da hipótese nula com as fornecidas pelos intervalos de confiança. Observamos o que podemos e não podemos dizer com base no teste de significância da hipótese nula e sugerimos que as informações obtidas com testes de significância podem complementar informações obtidas com intervalos de confiança. Finalmente, fazemos algumas recomendações para quando você avaliar evidências para uma hipótese sobre duas médias e ilustramos como criar a história da análise do seu estudo.

A técnica mais comum de análise de dados confirmatória associada a estudos com mais de dois grupos é uma forma de teste de significância chamada *análise de variância* (ANOVA). A fundamentação para o uso da ANOVA, os procedimentos de cálculos associados à ANOVA e a interpretação dos resultados da ANOVA são discutidos na segunda parte deste capítulo.

Teste de significância da hipótese nula

- O teste de significância da hipótese nula é usado para determinar se as diferenças entre as médias de grupos em um experimento são maiores do que o esperado apenas por causa da variação do erro.
- O primeiro passo no teste de significância da hipótese nula é pressupor que os grupos não diferem – ou seja, que a variável independente não tem efeito (a hipótese nula).

- A teoria da probabilidade é usada para estimar a probabilidade do resultado observado no experimento, supondo-se que a hipótese nula seja verdadeira.
- Um resultado estatisticamente significativo é aquele que tem uma probabilidade pequena de ocorrer se a hipótese nula for verdadeira.
- Como as decisões sobre o resultado de um experimento baseiam-se em probabilidades, podem ocorrer erros do Tipo I (rejeitar uma hipótese nula verdadeira) ou do Tipo II (deixar de rejeitar uma hipótese nula falsa).

A inferência estatística é indutiva e indireta. É indutiva porque tiramos conclusões gerais sobre populações com base nas amostras específicas que testamos em nossos experimentos, como fazemos quando construímos intervalos de confiança. Todavia, ao contrário da abordagem que usa intervalos de confiança, essa forma de inferência estatística também é indireta, pois começa com o pressuposto da hipótese nula. A **hipótese nula (H_0)** é a suposição de que a variável independente não tem efeito. Quando fazemos essa suposição, podemos usar a teoria da probabilidade para determinar a probabilidade de obter essa diferença (ou uma diferença maior) observada em nosso experimento *SE* a hipótese nula for verdadeira. Se essa probabilidade for pequena, rejeitamos a hipótese nula e concluímos que a variável independente teve um efeito sobre a variável dependente. Os resultados que nos levam a rejeitar a hipótese nula são considerados *estatisticamente significativos*. Um resultado estatisticamente significativo significa apenas que a diferença que obtivemos em nosso experimento é maior do que se esperaria se apenas a variação do erro (i.e., o acaso) fosse responsável pelo resultado (ver Quadro 12.1).

Um resultado estatisticamente significativo é aquele que tem apenas uma probabilidade pequena de ocorrer se a hipótese nula for verdadeira. Mas quão pequeno é suficientemente

Quadro 12.1

CARA OU COROA? LANÇANDO MOEDAS E HIPÓTESES NULAS

Talvez você consiga entender o processo de inferência estatística considerando o seguinte dilema. Um amigo, com um sorriso astuto, se oferece para jogar cara ou coroa com você, para ver quem paga a refeição que vocês acabam de saborear em um restaurante. Seu amigo tem uma moeda pronta para lançar. Seria conveniente se você pudesse testar diretamente se a moeda do seu amigo é tendenciosa (pedindo para olhá-la). Contudo, para não parecer desconfiado, o melhor que você pode fazer é testar a moeda do seu amigo indiretamente, pressupondo que não seja tendenciosa e vendo se obtém resultados que difiram da divisão esperada de 50:50 entre caras e coroas. Se a moeda não apresentar a divisão 50:50 normal (depois de muitas vezes lançando a moeda), você pode suspeitar que seu amigo está tentando, por meios levemente ardilosos, fazer você pagar pela refeição. De maneira semelhante, gostaríamos de fazer um teste direto da significância estatística para um resultado obtido em nossos experimentos. O melhor que podemos fazer, porém, é comparar o resultado que obtivemos com o resultado esperado, de que não há diferença entre as frequências de caras e coroas. *A chave para entender o teste de significância da hipótese nula é reconhecer que somente podemos usar as leis da probabilidade para estimar a probabilidade de um resultado quando pressupusermos que fatores devidos ao acaso são a única causa do resultado.* Isso não é diferente de lançar a moeda do seu amigo diversas vezes para tirar sua conclusão. Você sabe que, com base apenas no acaso, a moeda deve mostrar cara em 50% das vezes, e que 50% das vezes devem dar coroa. Depois de lançar a moeda muitas vezes, qualquer coisa que difira desse resultado provável levaria a concluir que existe algo além do acaso em operação – ou seja, que a moeda do seu amigo é tendenciosa.

---

pequeno? Embora não exista uma resposta definitiva para essa importante questão, o consenso entre os membros da comunidade científica é que resultados associados a probabilidades menores do que 5 em 100 (ou 0,05) se a hipótese nula for verdadeira são considerados estatisticamente significativos. A probabilidade que usamos para indicar que um resultado é estatisticamente significativo é chamada de **nível de significância**. O nível de significância é indicado pela letra grega alfa (α). Assim, falamos do nível de significância de 0,05, que informamos como $\alpha = 0,05$.

O que nossos resultados nos dizem quando são estatisticamente significativos? A informação mais útil que obtemos é que sabemos que algo interessante aconteceu. Mais especificamente, sabemos que, quanto menor a probabilidade exata do resultado observado, maior a probabilidade de que uma replicação exata chegue a um resultado estatisticamente significativo. Contudo, devemos ter cautela com o significado dessa afirmação. Os pesquisadores às vezes dizem erroneamente que, quando ocorre um resultado com $p < 0,05$, "esse resultado será obtido 95/100 vezes em que o estudo for repetido". Isso simplesmente não é verdade. Apenas alcançar a significância estatística (i.e., $p < 0,05$) não nos fala da probabilidade de replicar os resultados. Por exemplo, um resultado pouco abaixo da probabilidade de 0,05 (e, assim, estatisticamente significativo) tem uma chance de aproximadamente 50:50 de ser estatisticamente significativo (i.e., $p < 0,05$) se replicado de maneira exata (Greenwald et al., 1996). Por outro lado, saber a probabilidade exata dos resultados não informa sobre o que acontecerá se for feita uma replicação. Quanto mais baixa a probabilidade de um resultado, maior a probabilidade de que uma replicação exata gere um resultado estatisticamente significativo ($p < 0,05$) (p.ex., Posavac, 2002). Portanto, e conforme recomendado pela American Psychological Association (APA), *sempre informe a probabilidade exata dos resultados ao fazer um teste de significância da hipótese nula.*

Rigorosamente falando, existem apenas duas conclusões possíveis quando se faz um teste de estatística inferencial: ou se *rejeita* a hipótese nula ou *não se rejeita* a hipótese nula. Observe que *não* dissemos que uma alternativa é aceitar a hipótese nula. Deixe-nos explicar.

Quando fazemos um experimento e observamos que o efeito da variável independente não é estatisticamente significativo, não rejeitamos a hipótese nula. Todavia, não devemos necessariamente aceitar a hipótese nula de que não existe diferença. Pode haver algum fator em nosso experimento que tenha nos impedido de observar um efeito da variável independente (p.ex., instruções ambíguas aos sujeitos, má operacionalização da variável independente). Como mostraremos mais adiante, uma amostra pequena demais pode ser uma razão importante para uma hipótese nula não ser rejeitada. Embora reconheçamos a impossibilidade lógica de provar que uma hipótese nula é verdadeira, também devemos ter algum método para decidir quais variáveis independentes não merecem ser investigadas. O teste de significância da hipótese nula pode ajudar nessa decisão. Um resultado que não seja estatisticamente significativo sugere que devemos ter cautela antes de concluir que a variável independente influenciou o comportamento de um modo mais que trivial. Nesse ponto, você deve buscar mais informações, por exemplo, observando o tamanho da amostra e o tamanho do efeito (ver a próxima seção, "Sensibilidade experimental e poder estatístico").

Existe um aspecto perturbador no processo de inferência estatística e no uso de probabilidades para tirar conclusões. Não importa a conclusão a que você chegar, e não importa o cuidado que você tenha para tal, sempre existe uma chance de se estar cometendo um erro. Os dois estados possíveis e as duas conclusões possíveis a que o pesquisador pode chegar são listados na Tabela 12.1. Os dois estados possíveis são que a variável independente tem ou não tem um efeito sobre o comportamento. As duas conclusões corretas possíveis que o pesquisador pode tirar são representadas pelas células superior esquerda e inferior direita da tabela. Se a variável independente tiver um efeito, o pesquisador deve rejeitar a hipótese nula; se não tiver, o pesquisador não deve rejeitar a hipótese nula.

Os dois erros potenciais (erro do Tipo I e erro do Tipo II) são representados pelas outras duas células da Tabela 12.1. Esses erros ocorrem por causa da natureza probabilística da inferência estatística. Quando decidimos que um resultado é estatisticamente significativo porque a probabilidade do resultado ocorrer segundo a hipótese nula é menor que 0,05, reconhecemos que, em 5 de cada 100 testes, o resultado poderia ocorrer mesmo que a hipótese nula fosse verdadeira. O nível de significância, portanto, representa a probabilidade de cometer um **erro do Tipo I**: rejeitar a hipótese nula quando ela é verdadeira. A probabilidade de cometer um erro do Tipo I pode ser reduzida simplesmente tornando o nível de significância mais rigoroso, talvez 0,01. O problema com essa abordagem é que ela au-

☑ **Tabela 12.1** Resultados possíveis da tomada de decisões com estatística inferencial

	Estados possíveis	
	Hipótese nula é falsa	**Hipótese nula é verdadeira**
Rejeitar hipótese nula	Decisão correta	Erro do Tipo I
Não rejeitar hipótese nula	Erro do Tipo II	Decisão correta

menta a probabilidade de cometer um **erro do Tipo II**: deixar de rejeitar a hipótese nula quando ela é falsa.

O problema dos erros do Tipo I e do Tipo II não deve nos imobilizar, mas deve nos ajudar a entender por que os pesquisadores raramente usam a palavra "provar" quando descrevem os resultados de um experimento que envolveu testes de significância estatística. Ao contrário, eles descrevem os resultados como "consistente com a hipótese", ou "confirma a hipótese" ou "corrobora a hipótese". Essas afirmações tentativas são um modo de reconhecer indiretamente que sempre existe a possibilidade de se cometer um erro do Tipo I ou um erro do Tipo II.

Sensibilidade experimental e poder estatístico

- A sensibilidade se refere à probabilidade de que um experimento detecte o efeito de uma variável independente quando, de fato, a variável independente realmente tem efeito.
- O poder se refere à probabilidade de que um teste estatístico permita que os pesquisadores rejeitem corretamente a hipótese nula da ausência de diferenças entre grupos.
- O poder de testes estatísticos é influenciado pelo nível de significância estatística, pelo tamanho do efeito do tratamento e pelo tamanho da amostra.
- A principal maneira para pesquisadores aumentarem o poder estatístico é aumentar o tamanho da amostra.
- Os desenhos de medidas repetidas provavelmente são mais sensíveis e têm mais poder estatístico do que os desenhos com grupos independentes, pois as estimativas de variação do erro provavelmente serão menores em desenhos com medidas repetidas.
- Os erros do Tipo II são mais comuns na pesquisa psicológica com teste de hipótese do que os erros do Tipo I.

- Quando os resultados não são estatisticamente significativos (i.e., $p > 0,05$), é incorreto concluir que a hipótese nula é verdadeira.

A *sensibilidade de um experimento* é a probabilidade de que ele detecte um efeito da variável independente se a variável independente, de fato, tiver um efeito (ver Capítulo 7). Diz-se que um experimento tem sensibilidade; o teste estatístico tem **poder**. O poder de um teste estatístico é a probabilidade de que a hipótese nula seja rejeitada quando é falsa. A hipótese nula é a hipótese da "não diferença" e, assim, é falsa e deve ser rejeitada quando a variável independente tiver feito diferença. Lembre que definimos o erro do Tipo II como a probabilidade de não rejeitar a hipótese nula quando ela é falsa. O poder também pode ser definido como 1 menos a probabilidade de um erro do Tipo II.

O poder nos diz o quanto é provável que "vejamos" um efeito que existe e é uma estimativa da replicabilidade do estudo. Como o poder nos fala da probabilidade de rejeitar uma hipótese nula falsa, sabemos o quanto somos prováveis de não ver um efeito real. Por exemplo, se um resultado não é significativo e o poder é de apenas 0,30, sabemos que um estudo com essas características detectará um efeito igual ao tamanho que observamos em apenas 3 em cada 10 vezes. Portanto, em 7 de cada 10 vezes que fizermos esse estudo, não veremos o efeito. Nesse caso, devemos suspender nossas conclusões até que o estudo possa ser refeito com maior poder.

O poder de um teste estatístico é determinado pela interação entre três fatores: o nível de significância estatística, o tamanho do efeito do tratamento e o tamanho da amostra (Keppel, 1991). Todavia, para finalidades práticas, o *tamanho da amostra é o principal fator que os pesquisadores usam para controlar o poder.* As diferenças no tamanho da amostra que são necessárias para detectar efeitos de tamanhos diferentes podem ser dramáticas. Por exemplo, Cohen (1988) mostra os tamanhos de amostras necessários para um expe-

Metodologia de pesquisa em psicologia **391**

rimento com um desenho de grupos independentes com uma variável independente manipulada em três níveis. É necessário um tamanho de amostra de 30 para detectar um efeito grande do tratamento; um tamanho de 76 para detectar um efeito médio e um tamanho de efeito de 464 para detectar um efeito pequeno do tratamento. Portanto, são necessárias 15 vezes mais participantes para se detectar um efeito pequeno do que para detectar um efeito grande!

O uso de medidas repetidas também pode afetar o poder das análises estatísticas que os pesquisadores empregam. Conforme descrito no Capítulo 7, os experimentos com medidas repetidas geralmente são mais sensíveis do que os experimentos com grupos independentes. Isso se dá porque as estimativas da variação do erro geralmente são menores em experimentos com medidas repetidas. A menor variação do erro leva a uma capacidade maior de detectar pequenos efeitos do tratamento em um experimento. E é exatamente isso que significa o poder de uma análise estatística – a capacidade de detectar pequenos efeitos do tratamento quando estão presentes.

Quando apresentamos o teste de significância da hipótese nula, sugerimos que cometer um erro do Tipo I é equivalente ao alfa (0,05 nesse caso). De maneira lógica,

para se cometer esse tipo de erro, a hipótese nula deve ser capaz de ser falsa. Ainda assim, os críticos argumentam que a hipótese nula definida como zero diferença "sempre é falsa" (p.ex., Cohen, 1995, p. 1000) ou, de um modo mais conservador, "raramente é verdadeira" (Hunter, 1997, p. 5). Se um efeito sempre, ou quase sempre, está presente (i.e., existe mais que zero diferença entre as médias), não podemos (ou pelo menos é improvável) cometer um erro afirmando que existe um efeito quando não existe. Seguindo essa linha de raciocínio, o único erro que somos capazes de cometer é um erro do Tipo II (ver Hunter, 1997; Schmidt e Hunter, 1997). Sugerimos que os erros do Tipo I ocorrem se a hipótese nula for considerada literalmente, ou seja, se realmente não houver diferença entre as médias populacionais ou se acreditarmos que, em certas situações, o efeito merece ser testado contra a hipótese de ausência de diferença (ver Abelson, 1997; Mulaik et al., 1997). Como pesquisadores, devemos ficar alertas para o fato de que, em certas situações, pode ser importante não concluir que um efeito está presente quando não está, pelo menos não mais do que em um grau trivial (ver Quadro 12.2).

Os erros do Tipo II são prováveis de ocorrer quando o poder é baixo, e o baixo poder tem caracterizado muitos estudos en-

---

☑ **Quadro 12.2**

PODEMOS ACEITAR A HIPÓTESE NULA?

Apesar do que dissemos até aqui, existem casos em que os pesquisadores decidem aceitar a hipótese nula (em vez de simplesmente não rejeitá-la). Yeaton e Sechrest (1986, p. 836-837) argumentam, de maneira persuasiva, que resultados de ausência de diferença são especialmente críticos na pesquisa aplicada. Considere algumas questões que eles citam para ilustrar essa visão: as crianças que são colocadas em creches são tão avançadas intelectualmente, socialmente e emocionalmente quanto as crianças que ficam em casa? Uma nova droga, mais barata e com menos

efeitos colaterais, é tão eficaz quanto o padrão existente para prevenir ataques cardíacos?

Essas questões importantes claramente ilustram situações em que aceitar a hipótese nula (ausência de efeito) envolve mais que uma questão teórica – consequências de vida e morte dependem de tirar a conclusão correta. Frick (1995) afirma que jamais aceitar a hipótese nula não é desejável ou prático para a psicologia. Pode haver ocasiões em que queiramos poder dizer com confiança que não existe nenhuma diferença (significativa) (ver também Shadish, Cook e Campbell, 2002).

contrados na literatura: *o erro mais comum na pesquisa psicológica usando teste de significância da hipótese nula é o erro do Tipo II*. Apenas porque não obtemos significância estatística não significa que não haja nenhum efeito (p.ex., Schmidt, 1996). De fato, uma razão importante para obter uma medida do tamanho do efeito é que podemos comparar o efeito obtido com o encontrado em outros estudos, independentemente de ser estatisticamente significativo ou não. Esse é o objetivo da meta-análise (ver Capítulo 6). Embora um resultado não significativo não indique ausência de efeito, se considerarmos que nosso estudo foi realizado com suficiente poder, um resultado não significativo pode indicar que o efeito é tão pequeno que não justifica a nossa preocupação.

Para determinar o poder do seu estudo *antes* de realizá-lo, você deve primeiro estimar o tamanho do efeito previsto para o experimento. Uma análise dos tamanhos dos efeitos obtidos em estudos anteriores para a variável independente de interesse deve orientar a sua estimativa. Depois de estimar o tamanho do efeito, você deve usar "tabelas de poder" para obter informações sobre o tamanho da amostra que deve usar para "enxergar" o efeito. Esses passos para fazer uma análise do poder são descritos de forma mais detalhada em vários livros de estatística (p.ex., Zechmeister e Posavac, 2003), e também é possível encontrar tabelas de poder na internet. *Quando você tem uma boa estimativa do tamanho do efeito que está testando, recomenda-se que você faça uma análise do poder antes de iniciar o projeto de pesquisa.*

As tabelas de poder também são usadas após o estudo. Quando um estudo foi concluído e o resultado não é estatisticamente significativo, o *Manual de Publicação da APA* (2010) recomenda que o poder do estudo seja informado. Desse modo, você pode comunicar a outros pesquisadores a probabilidade de detectar um efeito que houvesse. Se essa probabilidade for baixa, a comunidade científica talvez decida se abster de tirar conclusões sobre o significado dos seus resultados até que se faça uma replicação

mais poderosa do estudo. Por outro lado, um resultado sem significância estatística de um estudo com suficiente poder pode sugerir para a comunidade científica que é um efeito que não merece ser investigado.

Teste de significância da hipótese nula: comparando duas médias

- O teste inferencial apropriado ao comparar duas médias obtidas de grupos de sujeitos diferentes é o teste *t* para grupos independentes.
- Sempre se deve informar uma medida do tamanho do efeito ao usar teste de significância da hipótese nula.
- O teste inferencial apropriado ao comparar duas médias obtidas dos mesmos sujeitos (ou grupos pareados) é o teste *t* para medidas repetidas (intrassujeitos).

Ilustramos agora o uso do teste de significância da hipótese nula ao se comparar a diferença entre duas médias. Primeiro, consideramos um estudo envolvendo duas médias independentes. Os dados para esse estudo são do exemplo do estudo do vocabulário, que descrevemos no Capítulo 11. Depois, consideramos uma situação em que existem duas médias dependentes, ou seja, quando foi usado um desenho de medidas repetidas.

Grupos independentes

Lembremos que foi realizado um estudo, no qual avaliou-se o tamanho do vocabulário de estudantes universitários e de idosos. O teste inferencial adequado para essa situação é o **teste *t* para grupos independentes**. Podemos usar esse teste para avaliar a diferença entre o desempenho percentual médio de amostras de estudantes universitários e idosos em um teste de múltipla escolha. Os programas estatísticos geralmente fornecem a probabilidade real de um *t* obtido como parte do resultado, De fato, o *Manual de Publicação da APA* (2010) aconselha que a probabilidade exata seja informada.

Quando a probabilidade exata é menor do que 0,001 (p.ex., $p = 0,0004$), os programas estatísticos muitas vezes informam a probabilidade como 0,000. (Esse foi o caso da análise discutida anteriormente.) É claro que a probabilidade exata não é 0,000, mas algo abaixo de 0,001.

Portanto, para o estudo do vocabulário que vínhamos discutindo, o resultado do teste de estatística inferencial pode ser resumido como

$$t(50) = 5,84, p < 0,001$$

No Capítulo 11, mostramos como se pode calcular um tamanho de efeito, d, para uma comparação entre duas médias. *Uma medida do tamanho de efeito sempre deve ser informada quando se usa teste de significância*. Você deve lembrar que, no Capítulo 11, calculamos d para o estudo do vocabulário como 1,65. O d de Cohen também pode ser calculado a partir do resultado do teste t para grupos independentes, conforme a fórmula a seguir

$$d = \frac{2t}{\sqrt{gl}} \text{ (ver Rosenthal e Rosnow, 1991)}$$

Ou seja,

$$d = \frac{2(5,84)}{\sqrt{50}} = \frac{11,68}{7,07} = 1,65$$

Desenhos de medidas repetidas

Até este ponto, consideramos experimentos envolvendo dois grupos independentes de sujeitos. Como você sabe, também podemos fazer experimentos em que cada sujeito participa de cada condição do experimento ou usando sujeitos "pareados" em alguma medida relacionada com a variável dependente (p.ex., escores de QI, peso). Esses experimentos são chamados de grupos pareados (ver Capítulo 6), desenhos intrassujeitos ou desenhos de medidas repetidas (ver Capítulo 7). A lógica do teste de significância da hipótese nula é a mesma em um desenho de medidas repetidas do que em um desenho de grupos independentes. Todavia, o teste t que compara as duas médias

assume uma forma diferente em um desenho de medidas repetidas. Nessa situação, o teste t geralmente é chamado t de diferença direta ou **teste t para medidas repetidas (intrassujeito)**. Ao fazer uma análise assistida por computador com os sujeitos em ambas as condições do experimento, você verá que os dados são inseridos de maneira diferente do que quando são testados grupos independentes de sujeitos.

O numerador do t de medidas repetidas é a média dos escores de diferença ($\overline{D}$) e é algebricamente equivalente à diferença entre as médias amostrais (i.e., $\overline{X}_1 - \overline{X}_2$). O denominador é o erro padrão estimado dos escores da diferença (ver Capítulo 11). A significância estatística é determinada comparando o t obtido com valores críticos de t com gl igual a $N - 1$. Nesse caso, N refere-se ao número de participantes ou pares de escores no experimento. Interpreta-se o t obtido como se interpretaria o t obtido em um desenho de grupos independentes.

Conforme observado no Capítulo 11, avaliar o tamanho do efeito em um desenho de grupos pareados ou medidas repetidas é um pouco mais complexo do que para um desenho de grupos independentes (ver Cohen, 1988, e Rosenthal e Rosnow, 1991, para informações pertinentes ao cálculo de d nesses casos).

Significância estatística e significância científica ou prática

- Devemos reconhecer o fato de que a significância estatística não é o mesmo que significância científica.
- Também devemos reconhecer que a significância estatística não é o mesmo que significância prática ou clínica.

Os testes de significância estatística são uma ferramenta importante na análise de resultados de pesquisa. Todavia, devemos ter cuidado ao interpretar resultados estatisticamente significativos corretamente (ver Quadro 12.3). Também devemos ter cuidado para

☑ Quadro 12.3

O QUE NÃO DEVEMOS DIZER QUANDO UM RESULTADO É ESTATISTICAMENTE SIGNIFICATIVO ($P < 0,05$)

- Não podemos especificar a probabilidade exata para a diferença real entre as médias. Por exemplo, está errado dizer que a probabilidade é de 0,95 de que a diferença observada entre as médias reflita uma diferença média real (verdadeira) nas populações.

O resultado do teste de significância da hipótese nula revela a probabilidade de uma diferença tão grande ocorrer por acaso (conforme os dados), supondo-se que a hipótese nula seja verdadeira. Ele não nos fala de probabilidades no mundo real (p.ex., Mulaik et al., 1997). Se os resultados ocorrem com uma probabilidade menor que o nosso nível alfa escolhido (p.ex., 0,05), tudo que podemos concluir é que o resultado provavelmente não se deve ao acaso nessa situação.

- Resultados estatisticamente significativos não demonstram que a hipótese de pesquisa está correta. (Por exemplo, os dados do estudo do vocabulário não provam que os idosos tenham maior conhecimento do vocabulário do que os universitários.)

O teste de significância da hipótese nula (assim como os intervalos de confiança) não pode provar que uma hipótese de pesquisa esteja correta. Às vezes, diz-se (de maneira razoável) que um resultado estatisticamente significativo "corrobora" ou "fornece evidências para" uma hipótese, mas não pode provar, por si só, que a hipótese de pesquisa esteja correta. Existem algumas razões importantes para tal. Primeiro, o teste de significância da hipótese nula é um jogo de probabilidades; ele fornece respostas na forma de probabilidades que nunca são 1,00 (p.ex., p maior ou menor do que 0,05). Sempre há

a possibilidade de erro. Se houver "prova", é apenas prova "circunstancial". Como já vimos, a hipótese de pesquisa somente pode ser testada de forma indireta em referência à probabilidade desses dados, supondo que a hipótese nula seja verdadeira. Se a probabilidade de que nossos resultados ocorreram por acaso for muito baixa (supondo uma hipótese nula verdadeira), podemos dizer que a hipótese nula na verdade não é verdadeira; todavia, isso não significa que a nossa hipótese de pesquisa seja verdadeira. Conforme nos lembram Schmidt e Hunter (1997, p. 59), os pesquisadores que usam o teste de significância da hipótese nula "não se concentram na verdadeira hipótese científica de interesse". Além disso, as evidências do efeito de uma variável independente são tão boas quanto a metodologia que produziu o efeito. Os dados usados em testes de significância da hipótese nula podem ou não vir de um estudo livre de variáveis confundidoras ou erros experimentais. É possível que outro fator seja responsável pelo efeito observado. (Por exemplo, suponhamos que os idosos do estudo do vocabulário, mas não os estudantes universitários, tenham sido recrutados de um grupo de jogadores especializados em palavras-cruzadas.) Como já mencionamos, um tamanho de efeito grande pode ser obtido em um mau experimento. Devemos buscar evidências para uma hipótese de pesquisa analisando a metodologia do estudo, além de considerar o efeito produzido sobre a variável dependente. *Os testes de significância da hipótese nula, intervalos de confiança ou tamanhos de efeito não nos falam da solidez da metodologia de um estudo.*

não confundir um resultado estatisticamente significativo com um resultado cientificamente significativo. Se os resultados de um estudo são importantes para a comunidade científica ou não dependerá da natureza da variável em estudo (os efeitos de algumas variáveis são simplesmente mais importantes

do que os de outras), o quanto o estudo é sólido (resultados estatisticamente significativos podem ser obtidos com estudos malfeitos) e outros critérios como o tamanho do efeito (ver, por exemplo, Abelson, 1995).

De maneira semelhante, a significância prática ou clínica de um efeito do tratamento depende de fatores além da significância estatística. Entre eles, a validade externa associada ao estudo, o tamanho do efeito, e diversas considerações práticas (inclusive financeiras) associadas à implementação do tratamento. Mesmo um resultado estatisticamente significativo mostrando um tamanho de efeito grande não é garantia de sua significância prática ou clínica. Pode-se obter um tamanho de efeito muito grande como parte de um estudo que não generalize bem do laboratório para o mundo real (i.e., tenha baixa validade externa); assim, os resultados podem ser de pouco valor para o psicólogo aplicado. Além disso, um efeito de tratamento relativamente grande que não generaliza bem para situações do mundo real talvez nunca seja aplicado por ser caro demais, difícil demais de implementar, controverso demais, ou ter efeitos semelhantes demais a tratamentos existentes.

Também é possível que, com poder suficiente, um tamanho de efeito pequeno seja estatisticamente significativo. Tamanhos de efeito pequenos podem não ter importância prática fora do laboratório. Conforme descrito no Capítulo 6, a validade externa é uma questão empírica. É importante fazer o estudo em condições semelhantes àquelas em que o tratamento será usado para verificar se o resultado tem significância prática. Todavia, é improvável que façamos esses testes empíricos se o efeito for pequeno (ver, porém, Rosenthal, 1990, para exceções importantes).

Recomendações para comparar duas médias

Fazemos as seguintes recomendações para quando se avaliam dados de um estudo com o objetivo de determinar a diferença entre duas médias. Primeiro, tenha em mente o objetivo final da análise de dados: fazer um argumento baseado em nossas observações, em favor de uma determinada hipótese sobre o comportamento. Para fazer o melhor argumento possível, você deve ex-

plorar diversas alternativas para a análise de dados. Não caia na armadilha de pensar que existe uma maneira única de encontrar evidências para uma hipótese sobre o comportamento. Quando existe uma opção (e quase sempre existe), conforme recomendado pela Task Force on Statistical Inference da APA (Wilkinson et al., 1999), use a análise mais simples possível. Em segundo lugar, ao usar o teste de significância da hipótese nula, certifique-se de entender suas limitações e aquilo que o resultado do teste lhe permite dizer. Sempre informe uma medida da magnitude do efeito ao usar o teste de significância da hipótese nula, bem como uma medida do poder, especialmente quando encontrar um resultado não significativo. Embora existam situações em que a informação sobre o tamanho do efeito não é necessária – por exemplo, ao testar uma previsão teórica apenas sobre a sua direção (p.ex., Chow, 1988), essas situações são relativamente raras. Em muitas situações de pesquisa, e em quase todas as situações aplicadas, as informações sobre o tamanho do efeito são um complemento importante, e até necessário, do teste de significância da hipótese nula. Finalmente, os pesquisadores devem "perder o hábito" de se basear unicamente no teste de significância da hipótese nula e informar os intervalos de confiança para tamanhos de efeito, além de ou mesmo em vez dos valores de p associados aos resultados de testes inferenciais. O *Manual de Publicação da APA* (2010) recomenda vigorosamente o uso de intervalos de confiança.

Relatando resultados ao comparar duas médias

Estamos agora em posição de propor uma declaração de resultados que leve em conta as informações obtidas em todos os três estágios da análise de dados, as informações complementares obtidas com o uso de intervalos de confiança (Capítulo 11) e o teste de significância da hipótese nula, bem como as recomendações do *Manual de Publicação da APA* (2010) com relação ao relatório dos resultados. O Capítulo 13 traz mais informações sobre como relatar resultados usando o teste de significância da hipótese nula e um intervalo de confiança (abreviado como *IC* na seção de Resultados).

Relatório dos resultados do estudo do vocabulário
Podemos relatar os resultados da seguinte maneira:

> O desempenho médio no teste de múltipla escolha do vocabulário para estudantes universitários foi de 45,58 (DP = 10,46); a média para o grupo de idosos foi de 64,04 (DP = 12,27). Essa diferença foi estatisticamente significativa $t(50)$ = 5,84, $p < 0,001$, d = 1,65, IC 95% [12,11, 24,81]. Os participantes idosos neste estudo tiveram um vocabulário maior do que os universitários.

Comentário Estatísticas descritivas nas formas de médias e desvios padrão resumem "o que aconteceu" no experimento em função da variável independente (idade). Como a probabilidade exata foi menor que 0,001, os resultados são relatados para $p < 0,001$, mas observe que devem ser informadas probabilidades exatas quando for 0,001 ou maior. A probabilidade exata transmite informações sobre a probabilidade de uma replicação exata (Posavac, 2002). Ou seja, sabemos que os resultados são "mais confiáveis" do que se tivesse sido obtido um valor exato maior para p. Essa informação não é conhecida quando se informam apenas intervalos de confiança. A sentença que começa com "os participantes idosos neste estudo..." resume em palavras o que a análise estatística revelou. Sempre é importante dizer diretamente ao seu leitor o que a análise mostra. Isso se torna cada vez mais importante à medida que aumentam o número e a complexidade das análises realizadas e relatadas em um estudo. O tamanho de efeito (i.e., d) também é informado, conforme recomenda o Manual de Publicação da APA. Essa informação é valiosa para pesquisadores que fazem meta-análises e que desejam comparar resultados de estudos que usam variáveis semelhantes. Por outro lado, os intervalos de confiança proporcionam uma variedade de tamanhos de efeito possíveis em termos de diferenças reais entre médias, e não um valor único como o d de Cohen. Como zero não está contido no intervalo, sabemos que o resultado seria estatisticamente significativo ao nível de 0,05 (ver Capítulo 11). Todavia, como enfatiza o *Manual* da APA, os intervalos de confiança fornecem informações sobre a precisão da estimativa e a localização do efeito que não são fornecidas apenas pelo teste de significância da hipótese nula. Lembre, do Capítulo 11, que, quanto menor o intervalo de confiança, mais precisa a nossa estimativa.

Análise do poder Quando sabemos o tamanho do efeito, podemos determinar o poder estatístico de uma análise. O poder, como você deve lembrar, é a probabilidade de se obter um efeito estatisticamente significativo. Suponhamos que um estudo anterior do tamanho do vocabulário, comparando indivíduos jovens e idosos, produzisse um tamanho de efeito de 0,50, um efeito médio segundo a regra básica de Cohen (1988). Podemos usar as tabelas de poder criadas por Cohen para determinar o número de participantes necessários em um teste de diferenças entre médias para "enxergar" um efeito de tamanho 0,50 com alfa 0,05. A tabela de poder identifica o poder associado a diversos tamanhos de efeito em função do tamanho da amostra. O tamanho da amostra (em cada grupo) de um estudo de dois grupos teria que ser de aproximadamente 64 para alcançar um poder de 0,80 (para um teste bicaudal). Procurando um tamanho de efeito médio, precisaríamos de um total de 128 (64 x 2) participantes para obter significância estatística em 8 de 10 rodadas. Se os pesquisadores estivessem procurando um efeito médio, seu estudo de vocabulário teria tido poder insuficiente. Na realidade, prevendo um tamanho de efeito grande, uma amostra de tamanho 26 foi adequada para obter poder de 0,80.

Se o resultado não for estatisticamente significativo, deve-se informar uma estima-

Metodologia de pesquisa em psicologia **397**

☑ Exercício
Um teste para (sua compreensão sobre) o teste de significância da hipótese nula

Como deve estar claro agora, entender, aplicar e interpretar resultados de um teste de significância da hipótese nula não é tarefa fácil. Mesmo pesquisadores experientes ocasionalmente cometem enganos. Para ajudá-lo a evitar os erros, propomos um teste de verdadeiro ou falso baseado nas informações apresentadas por enquanto sobre o teste de significância da hipótese nula.

Suponhamos que um desenho de grupos independentes tenha sido usado para avaliar o desempenho de participantes em um grupo experimental e um grupo controle. Cada condição tinha 12 participantes, e os resultados

do teste de significância da hipótese nula com alfa definido em 0,05 revelaram $t(22) = 4,52$, $p = 0,006$. Verdadeiro ou falso? O pesquisador pode concluir, de maneira razoável e com base nesse resultado, que

1. A hipótese nula deve ser rejeitada.
2. A hipótese de pesquisa é verdadeira.
3. Os resultados têm importância científica.
4. A probabilidade de que a hipótese nula seja verdadeira é de apenas 0,006.
5. A probabilidade de encontrar significância estatística no nível 0,05 se o estudo fosse replicado é maior do que se a probabilidade exata tivesse sido 0,02.

---

tiva do poder. Se, por exemplo, usando um desenho com grupos independentes, o resultado foi $t(28) = 1,96$, $p > 0,05$, com um tamanho de efeito de 0,50, podemos determinar o poder do estudo *a posteriori*. Pressupondo grupos de mesmo tamanho no estudo, sabemos que havia 15 sujeitos em cada grupo ($gl = n_1 + n_2 - 2$, ou $28 = 15 + 15 - 2$). Uma análise do poder revelará que o poder para esse estudo é 0,26. Um resultado estatisticamente significativo seria obtido em apenas uma em cada quatro tentativas com esse tamanho de amostra e quando se deve encontrar um efeito médio (0,50). Nesse caso, os pesquisadores teriam que decidir se deveriam tirar conclusões práticas ou teóricas com base nesse resultado, ou se "são necessárias mais pesquisas". Se você decidir fazer estudos avançados em psicologia, será importante aprender mais sobre análise de poder.

Análise de dados envolvendo mais de duas condições

Por enquanto, discutimos os estágios da análise de dados no contexto de um experimento com duas condições, ou seja, dois níveis de uma variável independente. O que acontece quando temos mais de dois níveis (condições), ou, como ocorre muitas vezes em psicologia, mais de duas variáveis independentes? O procedimento estatístico usado com mais frequência para analisar os resultados de experimentos psicológicos nessas situações é a análise de variância (ANOVA).

Ilustramos como a ANOVA é usada para testar hipóteses nulas em quatro situações de pesquisa específicas: análise unifatorial de desenhos com grupos independentes; análise unifatorial para desenhos de medidas repetidas; análise bifatorial para desenhos com grupos independentes; e análise bifatorial para desenhos mistos. Recomendamos que, antes de avançar, você revise as informações apresentadas nos Capítulos 6, 7 e 8, que descrevem esses desenhos de pesquisa.

ANOVA para desenho unifatorial com grupos independentes

- A análise de variância (ANOVA) é um teste estatístico inferencial usado para determinar se uma variável independente teve um efeito estatisticamente significativo sobre uma variável dependente.

- A lógica da análise de variância baseia-se em identificar fontes de variação do erro e variação sistemática nos dados.
- O teste F é um teste estatístico que representa a razão entre a variação entre grupos e a variação dentro dos grupos nos dados.
- Os resultados da análise geral inicial de um teste F abrangente são apresentados em uma tabela síntese de análise de variância; podem-se usar comparações de duas médias para identificar fontes específicas de variação sistemática em um experimento.
- Embora a análise de variância possa ser usada para decidir se uma variável independente teve um efeito estatisticamente significativo, os pesquisadores analisam a estatística descritiva para interpretar o significado dos resultados do experimento.
- Medidas do tamanho do efeito para desenhos com grupos independentes incluem o eta quadrado (η^2) e o f de Cohen.
- Podemos fazer uma análise do poder para desenhos de grupos independentes antes de implementar o estudo, para determinar a probabilidade de encontrar um efeito estatisticamente significativo, devendo-se informar o poder sempre que forem encontrados resultados não significativos baseados no teste de significância da hipótese nula.
- Podemos fazer comparações entre duas médias para identificar fontes específicas de variação sistemática que contribuem para um teste F abrangente estatisticamente significativo.

Visão geral A inferência estatística exige um teste para determinar se o resultado de um experimento foi estatisticamente significativo ou não. O teste estatístico inferencial mais usado na análise de experimentos em psicologia é a **ANOVA**. Conforme implica seu nome, a análise de variância baseia-se em analisar diferentes fontes de variação em um experimento. Nesta seção, apresentamos brevemente como a análise de variân-

cia é usada para analisar experimentos que envolvam grupos independentes com uma variável independente, ou o que se chama de **desenho unifatorial de grupos independentes**. Embora a ANOVA seja usada para analisar os resultados de desenhos com grupos aleatórios ou grupos naturais, os pressupostos que fundamentam a ANOVA se aplicam estritamente apenas ao desenho de grupos aleatórios.

Existem duas fontes de variação em qualquer experimento com grupos aleatórios. Primeiro, pode-se esperar que haja variação dentro de cada grupo por causa de diferenças individuais entre sujeitos que foram colocados aleatoriamente em um grupo. A variação devida a diferenças individuais não pode ser eliminada, mas presume-se que ela seja equilibrada entre os grupos quando se usa divisão aleatória. Em um experimento conduzido corretamente, as diferenças entre os sujeitos dentro de cada grupo devem ser a única fonte de variação do erro. Os participantes de cada grupo devem receber instruções do mesmo modo, e o nível da variável independente ao qual foram atribuídos deve ser implementado do mesmo modo para cada membro do grupo (ver Capítulo 6).

A segunda fonte de variação no desenho com grupos aleatórios é a variação entre os grupos. Se a hipótese nula for verdadeira (não existem diferenças entre os grupos), quaisquer diferenças observadas entre as médias dos grupos podem ser atribuídas à variação do erro (p.ex., as diferentes características dos participantes nos grupos). Todavia, como vimos anteriormente, não esperamos que as médias amostrais sejam exatamente idênticas. Flutuações produzidas por erros amostrais tornam provável que as médias variem um pouco – essa é a variação do erro. Assim, a variação entre as diferentes médias grupais, quando se supõe que a hipótese nula seja verdadeira, proporciona uma segunda estimativa de variação do erro em um experimento. Se a hipótese nula for verdadeira, essa estimativa de variação do erro *entre* grupos deve ser semelhante à estimativa de variação do erro *dentro* dos grupos. Assim, o desenho com grupos aleatórios proporciona duas estimativas independentes de variação do erro, uma dentro dos grupos e outra entre os grupos.

Suponhamos agora que a hipótese nula seja falsa. Ou seja, suponhamos que a variável independente tenha tido efeito em seu experimento. Se a variável independente teve efeito, as médias para os diferentes grupos devem ser diferentes. Uma variável independente que tem efeito sobre o comportamento deve produzir diferenças sistemáticas nas médias entre os diferentes grupos do experimento. Ou seja, a variável independente deve introduzir uma fonte de variação entre os grupos do experimento – ela deve fazer os grupos variarem. Essa variação sistemática será acrescentada às diferenças na média grupal que já estão presentes por causa da variação do erro. Ou seja, a variação entre os grupos aumentará.

O teste *F* Estamos agora em posição de desenvolver um par estatístico que nos permita dizer se a variação devida à nossa variável independente é maior do que seria de esperar com base apenas na variação do erro. Esse teste se chama F; seu nome vem de Ronald Fisher, o estatístico que criou o teste. A definição conceitual do **teste *F*** é

$$F = \frac{\text{Variação entre os grupos}}{\text{Variação dentro dos grupos}} = \frac{\text{Variação do erro + variação sistemática}}{\text{Variação do erro}}$$

Se a hipótese nula for verdadeira, não existe variação sistemática entre os grupos (a variável independente não tem efeito), e o teste F resultante tem um valor esperado de 1,00 (pois a variação do erro dividida pela variação do erro seria igual a 1,00). Todavia, à medida que aumenta a variação sistemática, o valor esperado do teste F se torna maior que 1,00.

A análise de experimentos seria mais fácil se pudéssemos isolar a variação sistemática produzida pela variável independente. Infelizmente, a variação sistemática entre os grupos ocorre em um "pacote", juntamente com a variação do erro. Consequentemente, o valor do teste F às vezes pode ser maior do que 1,00, simplesmente porque nossa estimativa da variação do erro entre os grupos é maior do que a nossa estimativa da variação do erro dentro dos grupos (i.e., as duas estimativas devem ser semelhantes, mas podem diferir em decorrência de fatores fortuitos). Quanto maior que 1,00 deve ser a estatística F antes que possamos ter relativa certeza de que ele reflete a variação sistemática verdadeira devida à variável independente? Nossa discussão anterior sobre a significância estatística traz uma resposta para essa questão. Para ser estatisticamente significativo, o valor de F deve ser suficientemente grande para que sua probabilidade de ocorrer se a hipótese nula for verdadeira seja menor do que o nosso nível escolhido de significância, geralmente 0,05.

Agora, estamos prontos para aplicar os princípios do teste de significância da hipótese nula e os procedimentos da ANOVA para analisar um experimento específico.

Análise do desenho unifatorial de grupos independentes O primeiro passo para fazer um teste estatístico inferencial como o teste F é formular a pergunta de pesquisa que a análise visa responder. Geralmente, ela toma a forma de "a variável independente tem algum efeito geral sobre o desempenho?". Uma vez que a pergunta de pesquisa está clara, o próximo passo é desenvolver uma hipótese nula para a análise. O experimento que discutiremos como exemplo analisa o efeito de vários tipos de treinamento da memória sobre a retenção de memórias. Existem quatro níveis (condições) dessa variável independente e, consequentemente, quatro grupos de participantes. Cada amostra ou grupo representa uma população. A análise geral inicial do experimento se chama **teste *F* abrangente**. A hipótese nula para esses testes abrangentes é que todas as médias populacionais são iguais. Lembre que a hipótese nula pressupõe que a variável independente não tem efeito. A declaração formal de uma hipótese nula (H_0) sempre é feita em termos de características populacionais. Essas características são indicadas por letras gregas, e a média populacional é simbolizada como μ ("mu"). Podemos usar um subscrito para cada média para representar os níveis da variável independente. Nossa hipótese nula então se torna

$$H_0 := \mu_1 = \mu_2 = \mu_3 = \mu_4$$

A alternativa à hipótese nula é que uma ou mais das médias das populações não sejam iguais. Em outras palavras, a hipótese alternativa (H_1) afirma que H_0 está errada; existe diferença em algum lugar. A hipótese alternativa se torna

$$H_1 : \text{NÃO } H_0$$

Se o tipo de treinamento da memória tiver efeito sobre a retenção (i.e., se a variável independente produz variação sistemática), devemos rejeitar a hipótese nula.

Os dados apresentados na Tabela 12.2 representam o número de palavras lembradas corretamente (em um total possível de 20) em um teste de retenção em um experimento que investigou técnicas de treinamento da memória. Cinco participantes foram divididos aleatoriamente em quatro grupos (definidos pelo método de estudo que os indivíduos foram instruídos a usar para aprender as palavras em preparação para o teste de memória). O método de controle não envolvia instruções específicas, mas, nos três grupos experimentais, os participantes eram instruídos a estudar formando uma história com as palavras a lembrar (método da história), usar imaginação visual (método da imagem), ou usar rimas para lembrar as palavras (método da rima). A variável independente manipulada é "instrução", e pode ser simbolizada pela letra "A". Os níveis dessa variável independente podem ser diferenciados usando os símbolos a_1, a_2, a_3 e a_4 para os quatro grupos respectivos. O número de participantes em cada grupo é chamado de n; nesse caso, $n = 5$. O número total de indivíduos no experimento é simbolizado como N; nesse caso, $N = 20$.

Um passo importante na análise de qualquer experimento é montar uma matriz de dados, como a apresentada na Tabela 12.2. O número de respostas corretas é listado para cada pessoa em cada um dos quatro grupos, com cada participante identificado com um número individual. Para entender os resultados de um experimento, é essencial sintetizar os dados antes de analisar o resultado do ANOVA. No final da matriz de dados, são fornecidas a média, o intervalo de amplitude (escores mínimos e máximos) e o desvio padrão para cada grupo.

Antes de analisar a "significância" de qualquer teste inferencial, tente ter uma noção do que a estatística sintética está lhe dizendo. Veja se existe um "efeito" visível da

☑ **Tabela 12.2** Número de palavras lembradas em um experimento de memória

Instrução (A)							
Sujeito	Controle (a_1)	Sujeito	História (a_2)	Sujeito	Imagem (a_3)	Sujeito	Rima (a_4)
1	12	6	15	11	16	16	14
2	10	7	14	12	16	17	14
3	9	8	13	13	13	18	15
4	11	9	12	14	12	19	12
5	8	10	12	15	15	20	12
Média	10,0		13,2		14,4		13,4
Desvio padrão	1,6		1,3		1,8		1,3
Amplitude	8-12		12-15		12-16		12-15

variável independente; ou seja, veja se existe variação substancial entre as médias. Analisando as variações e desvios padrão, tenha uma ideia da variabilidade em cada grupo. (Lembre-se, quanto menos os escores variam ao redor de suas médias amostrais, maior a chance de se enxergar um efeito presente.) A amplitude, ou a diferença entre os valores mínimos e máximos, é útil para identificar efeitos de piso e teto. Será que a variabilidade entre os grupos é semelhante? É importante que a variação seja relativamente homogênea, pois grandes discrepâncias na variabilidade dentro dos grupos podem criar problemas de interpretação com o uso da ANOVA.

Nossa análise da estatística resumo revela que parece haver variação sistemática entre as médias; a maior diferença é observada entre o Controle (10,0) e o Grupo Imagem (14,4). Todas as médias experimentais são maiores do que a média do Controle. Observe que a amplitude é semelhante para todos os grupos; os desvios padrão também são razoavelmente semelhantes. Isso atesta a homogeneidade (similaridade) da variância entre os grupos. (Muitos programas de computador fornecem um teste da "homogeneidade da variância" juntamente com o resultado da ANOVA.) Além disso, uma análise dos escores mais altos em cada grupo mostra que não existem problemas com efeitos de teto nesse conjunto de dados (pois o total possível era 20).

O próximo passo em uma análise de variância é fazer os cálculos necessários para obter as estimativas da variação que formam o numerador e o denominador do teste F. Os cálculos para testes F devem ser feitos com o uso do computador. Portanto, iremos nos concentrar na interpretação dos resultados dos cálculos. Os resultados de uma análise de variância são apresentados na *Tabela Resumo da Análise de Variância* (ver Tabela 12.3).

Interpretando a Tabela Resumo da ANOVA

A tabela do teste F abrangente para o desenho de grupos independentes usado para analisar o efeito do treinamento de memória é apresentada na Tabela 12.3. Lembre que havia quatro grupos de tamanho $n = 5$ e, assim, $N = 20$. É criticamente importante que você saiba o que a Tabela Resumo da ANOVA contém. Por isso, analisaremos os componentes da tabela resumo antes de passarmos aos resultados do teste F para o experimento.

A coluna da esquerda da tabela resumo lista as duas fontes de variação descritas anteriormente. Neste caso, a variável independente do grupo de treinamento ("Grupo") é uma fonte de variação entre os grupos, e as diferenças dentro dos grupos proporcionam uma estimativa da variação do erro. A variação total no experimento é a soma da variação entre e dentro dos grupos. A terceira coluna mostra os graus de liberdade (gl). De um modo geral, o conceito estatístico de graus de liberdade é definido como o número de entradas de interesse menos 1. Como são 4 níveis da variável independente treinamento, existem 3 gl entre os grupos. Cada grupo contém 5 participantes, de modo que existem 4 gl ou (n – 1) em cada um dos quatro grupos. Como todos os 4 grupos são do mesmo tamanho, podemos determinar o gl dentro dos grupos multiplicando o gl de cada grupo pelo número de grupos (4 x 4), totalizando 16 gl. O gl total é o número de sujeitos menos 1 (N -1), ou a soma do gl entre os grupos com o gl dentro dos grupos (3 + 16 = 19).

☑ **Tabela 12.3** Tabela Resumo da Análise de Variância para um experimento sobre a memória

Fonte	Soma dos quadrados	gl	Média ao quadrado	Razão F	p
Grupo	54,55	3	18,18	7,80	0,002
Erro	37,20	16	2,33		
Total	91,75	19			

A soma dos quadrados (SQ) e a média ao quadrado (MQ) são calculadas para obter a estatística F. A MQ entre os grupos (linha 1) é uma estimativa da variação sistemática mais a variação do erro, e é calculada dividindo a SQ entre os grupos pelos gl entre os grupos ($54,55/3 = 18,18$). A MQ dentro dos grupos (linha 2) é uma estimativa da variação do erro e é calculada dividindo a SQ pelos gl dentro dos grupos ($37,20/16 = 2,33$). O teste F é calculado dividindo a MQ entre os grupos pela MQ dentro dos grupos ($18,18/2,33 = 7,80$).

Estamos prontos para usar as informações da tabela resumo para testar a significância estatística dos resultados do experimento com treinamento de memória. Talvez você já possa prever a conclusão, sabendo que, quando se pressupõe que a hipótese nula seja verdadeira (i.e., a variável independente não tem efeito), a estimativa de variação sistemática mais a variação do erro (numerador do teste F) deve ser aproximadamente igual à estimativa da variação do erro (denominador do teste F). Como vemos aqui, a estimativa de variação sistemática mais variação do erro ($18,18$) é muito maior do que a estimativa de variação do erro ($2,33$).

O valor F obtido nessa análise ($7,80$) aparece na penúltima coluna da tabela resumo. A probabilidade de obter um F de $7,80$ se a hipótese nula fosse verdadeira é mostrada na última coluna da tabela resumo ($0,002$). A probabilidade obtida de $0,002$ é menor do que o nível de significância ($\alpha = 0,05$), de modo que rejeitamos a hipótese nula e concluímos que o efeito geral do treinamento da memória é estatisticamente significativo. Os resultados do teste de significância da hipótese nula usando ANOVA seriam sintetizados em seu relatório de pesquisa como

$$F(3, 16) = 7,80, p = 0,002$$

A estatística F é identificado por seus graus de liberdade. Neste caso, existem 3 gl entre os grupos e 16 gl dentro dos grupos (i.e., 3, 16). Observe que a probabilidade exata (i.e., $0,002$) é informada, pois nos dá informações sobre a probabilidade de replicação.

O que aprendemos quando encontramos um resultado estatisticamente significativo em uma análise de variância usada para testar uma hipótese nula abrangente? De certo modo, aprendemos algo muito importante. Estamos agora em posição de dizer que manipular a variável independente gerou uma mudança no desempenho (i.e., a memória dos participantes para as palavras a serem lembradas). Em outro sentido, simplesmente saber que nosso resultado é estatisticamente significativo nos diz pouco sobre a natureza do efeito da variável independente. A estatística descritiva (em nosso exemplo, o número médio de palavras lembradas, conforme apresentado na Tabela 12.2) nos permite descrever a natureza do efeito. Observe que, somente analisando o padrão de médias grupais, é que começamos a entender o que aconteceu em nosso experimento em função da variável independente. *Nunca tente interpretar um resultado estatisticamente significativo sem se referir à estatística descritiva correspondente.*

Embora saibamos que o teste F abrangente foi estatisticamente significativo, não sabemos o grau de relação entre as variáveis independentes e dependentes e, assim, devemos calcular um tamanho de efeito para nossa variável independente. Com base apenas no teste abrangente, também somos incapazes de dizer qual das médias grupais diferiam significativamente. Felizmente, existem técnicas de análise que nos permitem localizar mais especificamente as fontes de variação sistemática em nossos experimentos. Uma abordagem que é altamente recomendada é o uso de intervalos de confiança (ver Capítulo 11). Os intervalos de confiança podem fornecer evidências do padrão de médias populacionais estimadas por nossas amostras (ver, especialmente, o Quadro 11.5). Outra técnica é a de comparar duas médias. Primeiramente, discutimos uma medida do tamanho do efeito para a ANOVA para grupos independentes, bem como a análise do poder para esse desenho, e depois voltamos nossa atenção para comparações entre duas médias.

Calculando o tamanho do efeito para desenhos com três ou mais grupos independentes

Anteriormente, mencionamos que a literatura da psicologia continha muitas medidas diferentes de magnitude de efeitos, que dependiam do desenho de pesquisa específico, do teste estatístico e de outras peculiaridades da situação de pesquisa (p.ex., Cohen, 1992; Kirk, 1996; Rosenthal e Rosnow, 1991). Quando conhecemos uma medida da magnitude do efeito, geralmente, podemos traduzi-la para outra medida comparável sem muita dificuldade. Uma classe importante de medidas da magnitude do efeito que se aplica a experimentos com mais de dois grupos baseia-se em medidas da "força da associação" (Kirk, 1996). O que essas medidas têm em comum é que elas permitem fazer estimativas da proporção da variância total explicada pelo efeito da variável independente sobre a variável dependente. Uma medida popular da força da associação é o **eta quadrado**, ou η^2. Ele é calculado facilmente com base em informações encontradas na Tabela Resumo da ANOVA (Tabela 12.3) para o teste F abrangente (embora muitos programas de computador apresentem o eta quadrado automaticamente como medida do tamanho do efeito). O eta quadrado é definido como

$$\frac{\text{Soma dos quadrados entre os grupos}}{\text{Soma total de quadrados}}$$

Em nosso exemplo (ver Tabela 12.3),

$$\text{eta quadrado } (\eta^2) = \frac{54,55}{[(54,55) + (37,20)]} = 0,59$$

O eta quadrado também pode ser calculado diretamente a partir da razão F para o efeito entre os grupos quando não tivermos a tabela da ANOVA (ver Rosenthal e Rosnow, 1991, p. 441):

$$\text{eta quadrado } (\eta^2) = \frac{(F)(gl \text{ efeito})}{[(F)(gl \text{ efeito})] + (gl \text{ erro})}$$

ou, em nosso exemplo,

$$\text{eta quadrado } (\eta^2) = \frac{(7,80)(3)}{[(7,80)(3)] + 16} = 0,59$$

Outra medida, criada por J. Cohen, para desenhos com três ou mais grupos independentes é o f (ver Cohen, 1988). É uma medida padronizada do tamanho do efeito, semelhante ao d, que, como vimos, era útil para avaliar tamanhos de efeito em um experimento com dois grupos. Todavia, ao contrário de d, que define um efeito em termos da diferença entre duas médias, o **f de Cohen** define um efeito em termos de uma medida da dispersão entre médias grupais. Tanto d quanto f expressam o efeito em relação ao (i.e., padronizado com) desvio padrão intrapopulacional. Cohen propôs diretrizes para interpretar f. Especificamente, ele sugere que efeitos pequenos, médios e grandes correspondem a valores de f de 0,10, 0,25 e 0,40. O cálculo de f não pode ser feito facilmente com as informações apresentadas na Tabela Resumo da ANOVA (Tabela 12.3), mas pode ser obtido sem muita dificuldade depois que se conhece o eta quadrado (ver Cohen, 1988), como

$$f = \sqrt{\frac{\eta^2}{1 - \eta^2}}$$

ou, em nosso exemplo,

$$f = \sqrt{\frac{0,59}{1 - 0,59}} = 1,20$$

Podemos então concluir que o treinamento da memória explicou 0,59 da variância total na variável dependente e produziu um tamanho de efeito padronizado, f, de 1,20. Com base nas diretrizes de Cohen para interpretar f (0,10, 0,25, 0,40), fica claro que o treinamento da memória teve um efeito grande sobre os escores da memória.

Avaliando o poder para desenhos com grupos independentes

Uma vez que se sabe o tamanho do efeito, podemos obter uma estimativa do poder para um determinado tamanho de amostra e graus de liberdade associados ao numerador (efeito entre os grupos) da razão F. Em nosso exemplo, definimos alfa como 0,05; o experimento foi feito com $n = 5$ e $gl = 3$ para o efeito entre os grupos (número de grupos menos 1). O tamanho de efeito, f, associado ao nosso conjunto de dados é muito grande (1,20), e não existe razão para fazer uma análise de poder para esse efeito grande, que era estatisticamente significativo.

Todavia, suponhamos que a ANOVA em nosso exemplo gerasse um F não significativo e que o tamanho do efeito fosse $f = 0,40$, um efeito ainda grande segundo as diretrizes de Cohen. Uma questão importante a responder é "qual era o poder do nosso experimento?". Qual é a probabilidade de vermos um efeito desse tamanho com um alfa de 0,05, um tamanho de amostra de $n = 5$, e $gl = 3$ para nosso efeito? Uma análise de poder revela que, nessas condições, o poder era de 0,26. Em outras palavras, a probabilidade de obter significância estatística nessa situação era de apenas 0,26. Obteríamos um resultado significativo em aproximadamente um quarto das tentativas nessas condições. O experimento seria considerado de baixo poder, e não seria razoável pensar que o teste de significância da hipótese nula não revelou um resultado significativo, pois estaríamos ignorando o fato importantíssimo de que o efeito da nossa variável independente, de fato, era grande.

Ainda que possa ser importante aprender sobre o poder *a posteriori*, particularmente quando obtemos um resultado não significativo com base no teste de significância da hipótese nula, de maneira ideal, a análise do poder deve ser feita antes do experimento, para revelar a probabilidade *a priori* de encontrar um efeito estatisticamente significativo. O pesquisador que começa um experimento sabendo que o poder é de apenas 0,26 parece estar desperdiçando tempo e recursos, pois as chances de *não* encontrar um efeito significativo são de 0,74. Portanto, vamos supor que o experimento ainda não ocorreu e que o pesquisador revisou a literatura sobre o treinamento da memória e observou que outros pesquisadores

da área costumam obter um efeito grande. Vamos supor também que o pesquisador quer que o poder seja de 0,80 no experimento. Como o poder costuma aumentar com o tamanho da amostra, ele desejará saber qual deve ser o tamanho da amostra para encontrar um efeito grande com poder 0,80. A análise do poder mostra isso, e o pesquisador deve considerar essa informação antes de fazer o experimento.

Comparando médias em experimentos com grupos múltiplos

Conforme observado, saber que "algo aconteceu" em um experimento unifatorial com grupos múltiplos não costuma ser muito interessante. Geralmente, fazemos pesquisas, ou pelo menos deveríamos, com hipóteses mais específicas em mente do que "essa variável terá um efeito" sobre a variável dependente. Os resultados do F abrangente, ou uma medida do tamanho de efeito geral, não nos dizem quais médias são significativamente diferentes de quais outras médias. Não podemos, por exemplo, olhar as quatro médias em nosso experimento da memória e dizer que a média da "imagem" é significativamente diferente da média da "história". Os resultados do F abrangente simplesmente nos dizem que existe variação entre todos os grupos, a qual é maior do que seria de esperar devido ao acaso nessa situação.

Podemos sugerir dois modos complementares de aprender mais sobre o que aconteceu em um experimento unifatorial com grupos múltiplos. Uma abordagem é analisar o padrão provável de médias populacionais, calculando intervalos de confiança de 95% para as médias estimadas em nosso experimento. Essa abordagem foi ilustrada no Capítulo 11, quando mostramos como os intervalos de confiança podem ser usados para comparar médias em um experimento com grupos múltiplos. Os intervalos de confiança podem ser usados para tomar decisões sobre as diferenças prováveis entre as médias populacionais, que são estimadas pelas médias de nossos grupos experimentais. Essas decisões são tomadas analisando se os intervalos de confiança se sobrepõem e, no caso positivo, até que grau (ver, especialmente, Quadro 11.5). Lembre que a amplitude dos intervalos de confiança fornece informações sobre a precisão de nossas estimativas.

A construção de intervalos de confiança para o experimento da memória segue o procedimento apresentado no Capítulo 11. Como a raiz quadrada da MQ_{erro} da Tabela Resumo da ANOVA é equivalente a $S_{agrupado}$, podemos definir o intervalo de confiança de 95% como

$$95\% \ IC = \overline{X} \pm \left[\sqrt{(MQ_{erro}/n)}\right](t_{crit})$$

onde t_{crit} é o valor de t com o número de graus de liberdade associados à MQ_{erro}.

Em nosso exemplo, os graus de liberdade para a MQ_{erro} são 16 (ver Tabela Resumo da ANOVA) e o t_{crit} no nível de 0,05 (teste bicaudal) é 2,12. Portanto,

$$95\% \ IC = \overline{X} \pm \left[\sqrt{(2,33/5)}\right](2,12)$$
$$= \overline{X} \pm (\sqrt{0,466})(2,12)$$
$$= \overline{X} \pm (0,683)(2,12)$$
$$= \overline{X} \pm 1,45$$

Os resultados baseados na construção de intervalos de confiança para o experimento da memória são mostrados na Figura 12.1. Você deve ser capaz de interpretar esses resultados, mas veja o Quadro 11.5 do Capítulo 11 se precisar de um lembrete.

Uma segunda abordagem usa o teste de significância da hipótese nula e concentra-se em um pequeno conjunto de comparações entre dois grupos, para especificar a fonte do efeito geral de nossa variável independente. Uma **comparação entre duas médias** permite que o pesquisador se concentre em uma determinada diferença de interesse. Essas comparações podem ser bastante sofisticadas, por exemplo, comparar a média de dois ou mais grupos em um experimento com a média de outro grupo ou a média de dois ou mais outros grupos. Todavia, na maior parte do tempo, estamos interessados na diferença entre apenas duas médias que são representadas por grupos individuais. Essas comparações entre duas médias geralmente são feitas depois que determinamos que o nosso teste F abrangente é estatisticamente significativo.

Uma abordagem para fazer comparações entre duas médias é usar um teste t; todavia, existe uma pequena modificação na maneira como t é calculado para compa-

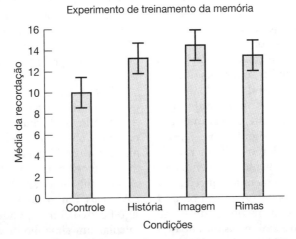

☑ **Figura 12.1** Médias e intervalos de confiança de 95% para o experimento de treinamento da memória.

rar médias em um experimento de grupos múltiplos. Especificamente, devemos usar uma estimativa da *variância agrupada*, baseada na estimativa da variação dentro dos grupos (MQ_{erro}) encontrada em nosso teste F abrangente. Ou seja, nossa estimativa da variância usa informações obtidas de *todos* os grupos em nosso experimento, e não apenas os dois grupos de interesse. Portanto, a fórmula para esse teste t é

$$t = \frac{\overline{X}_1 - \overline{X}_2}{\sqrt{[MQ_{erro}]\left[\frac{1}{n_1} + \frac{1}{n_2}\right]}}$$

O valor para a MQ_{erro} é obtido a partir da Tabela Resumo da ANOVA de nosso teste F, e os graus de liberdade para o teste t de comparação são aqueles associados à MQ_{erro} [ou $k(n-1)$, onde k = número de grupos]. Por exemplo, a MQ dentro dos grupos (erro) para a análise apresentada na Tabela 12.3 é 2,33 com 16 graus de liberdade [$4(5-1) = 16$].

Uma comparação entre duas médias que podemos fazer para o experimento da memória é comparar o desempenho médio para os grupos que fizeram treinamento da memória (combinado) e o grupo controle. A retenção média para os três grupos de treinamento da memória é 13,67 ($n = 15$), e a média para o grupo controle é 10,00 ($n = 5$). Podemos perguntar: o treinamento da memória, independentemente do tipo (i.e., história, imagem, rimas), leva a mais retenção da memória do que a ausência de treinamento de memória (controle)? A hipótese nula é que as duas médias populacionais não difiram (e as médias amostrais difiram apenas pelo acaso). Quando os valores adequados são substituídos na fórmula de t, apresentada anteriormente, observamos um efeito estatisticamente significativo, $t(16) = 4,66$, $p = 0,0003$. Assim, o treinamento da memória nesse experimento, independentemente do tipo, resultou em maior retenção da memória para as palavras, comparado com a ausência de treinamento. Pode-se ver que essa afirmação é mais específica do que a afirmação que poderíamos fazer com base no teste F abrangente, segundo o qual pode-

ríamos dizer apenas que a variação entre as quatro condições do experimento era maior do que a esperada apenas pelo acaso.

O d de Cohen pode ser calculado para comparações entre duas médias usando os resultados do teste t. A fórmula para o d de Cohen nessa situação é

$$d = \frac{2(t)}{\sqrt{gl_{erro}}}$$

Para a comparação entre os três grupos que fizeram treinamento da memória e o grupo controle, substituindo o valor de 4,66 na fórmula e com 16 gl_{erro}, o tamanho de efeito, d, é 2,33. Segundo os critérios de Cohen para tamanhos de efeito, isso pode ser interpretado como um efeito grande da instrução da memória, em relação à ausência de instrução.

Quando usamos um teste t, queremos tomar uma decisão entre rejeitar ou não rejeitar a hipótese nula com uma probabilidade específica (p.ex., $p = 0,05$). Conforme observamos anteriormente, a probabilidade exata associada ao resultado do teste de significância da hipótese nula pode ser importante ao interpretar resultados (p.ex., Posavac, 2002). Quanto menor a probabilidade exata, maior será a probabilidade de que uma replicação exata permita rejeitar a hipótese nula com $p < 0,05$ (ver Zechmeister e Posavac, 2003). No mínimo, queremos informar a menor probabilidade de significância estatística para a qual temos informações. (Os computadores fornecem de forma automática a probabilidade exata do resultado do teste.)

Os resultados da comparação t também permitem contrastar resultados com estudos anteriores, de duas maneiras. Primeiro, podemos observar se os resultados da significância estatística em nosso experimento são semelhantes aos observados em um experimento anterior. Ou seja, será que nós *replicamos* um resultado estatisticamente significativo? Em segundo lugar, podemos calcular um tamanho de efeito (p.ex., d de Cohen) para essa comparação entre duas médias, que pode ser comparado com efeitos obtidos em experimentos anteriores, talvez como parte de uma meta-análise. Nenhuma dessas comparações é fácil de fazer usando intervalos de confiança. Ou seja, ao contrário do teste de significância da hipótese nula, os intervalos de confiança não proporcionam uma probabilidade exata associada a uma diferença observada em nosso experimento, e o cálculo do tamanho do efeito pode ser realizado de forma mais direta após o teste t (ver Capítulo 11).

Em suma, sugerimos que você olhe seus dados e diferenças entre médias usando mais de uma técnica estatística, procurando evidências para "o que aconteceu" por meio de diferentes abordagens de análise de dados.

Será necessário, é claro, preparar um relatório escrito dos resultados do seu experimento. No Capítulo 13, ajudamos a fazer isso, com um exemplo de texto típico para apresentar os resultados, baseado nas recomendações do *Manual de Publicação da APA* (2010).

Análise de variância de medidas repetidas

- Os procedimentos gerais e a lógica para o teste de significância da hipótese nula usando análise de variância de medidas repetidas assemelham-se aos usados para a análise de variância de grupos independentes.
- Antes de começar a análise de variância para um desenho de medidas repetidas completo, deve-se calcular um escore resumo (p.ex., média, mediana) para cada participante de cada condição.
- Dados descritivos são calculados para sintetizar o comportamento para cada condição da variável independente entre todos os participantes.
- A principal maneira em que a análise de variância para medidas repetidas difere é na estimativa da variação do erro, ou variação residual; a variação residual é a variação que resta quando a variação sistemática devida à variável independente e aos sujeitos é removida da estimativa de variação total.

A análise de experimentos usando desenhos de medidas repetidas envolve os mesmos procedimentos gerais usados na análise de experimentos com o desenho de grupos independentes. Os princípios do teste de significância da hipótese nula são aplicados para determinar se as diferenças obtidas no experimento são maiores do que se esperaria com base apenas na variação do erro. A análise começa com uma análise geral da variância para determinar se a variável independente produziu alguma variação sistemática entre os níveis da variável independente. Se essa análise geral se mostrar estatisticamente significativa, podem-se usar intervalos de confiança e comparações entre médias para encontrar a fonte específica de variação sistemática – ou seja, para determinar quais níveis específicos diferem entre si. Já descrevemos a lógica e procedimentos para esse plano geral de análise para experimentos que envolvem desenhos de grupos independentes. Nesta seção, enfocaremos as características analíticas específicas de desenhos de medidas repetidas e descreveremos um exemplo de Tabela Resumo da ANOVA. Os dados usados para ilustrar essa análise baseiam-se no experimento de percepção temporal descrito no Capítulo 7, e talvez você queira revisar a discussão antes de continuar.

Sintetizando os dados Lembre que, em um desenho de medidas repetidas, cada participante é submetido a todas as condições do experimento. Em um desenho completo, cada participante passa por cada condição mais de uma vez; em um desenho incompleto, cada participante vivencia cada condição exatamente uma vez. No Capítulo 7, descrevemos um experimento cujos participantes estimaram a duração de quatro períodos de tempo (12, 24, 36 e 48 segundos) em um desenho de medidas repetidas completo. Por exemplo, em uma rodada, os participantes vivenciaram um período de tempo determinado aleatoriamente (p.ex., 36 segundos) e deviam estimar a sua duração.

408 Shaughnessy, Zechmeister & Zechmeister

O primeiro passo é calcular um escore para sintetizar o desempenho de cada indivíduo em cada condição. No experimento de percepção temporal, os sujeitos vivenciaram cada condição seis vezes; assim, em quatro condições do experimento, cada participante fazia 24 estimativas. Usou-se a mediana para sintetizar o desempenho de cada participante em cada uma das quatro condições. O próximo passo para sintetizar os dados é calcular estatísticas descritivas entre os participantes para cada uma das condições. As médias e desvios padrão (em parênteses) para cada condição aparecem na Tabela 12.4 (ver também Tabela 7.4).

O foco da análise era em se os participantes conseguiriam discriminar intervalos de tempo de diferentes durações. A hipótese nula para uma análise geral da variância para os dados da Tabela 12.4 é que as médias populacionais estimadas para cada intervalo são iguais. Para fazer um teste F dessa hipótese nula, precisamos de uma estimativa da variação do erro e da variação sistemática (o numerador de um teste F). A variação entre as estimativas médias entre os participantes

para os quatro períodos de tempo fornece a informação de que precisamos para o numerador. Sabemos que, se as diferentes durações afetassem sistematicamente a percepção dos participantes, as estimativas médias para os intervalos refletiriam essa variação sistemática. Para completar o teste F, também precisamos de uma estimativa apenas da variação do erro (o denominador no teste F). A fonte de variação no desenho repetido está nas diferenças nas maneiras em que as condições afetam participantes diferentes. Essa estimativa da variância se chama *variação residual*. Ver Quadro 12.4.

Interpretando a Tabela Resumo da ANOVA

A Tabela Resumo da ANOVA para essa análise é apresentada na porção inferior da Tabela 12.4. Os cálculos de uma análise de variância para medidas repetidas seriam feitos no computador, usando um programa estatístico. Porém, nosso foco agora é em interpretar os valores apresentados na tabela resumo e não em como esses valores são calculados. A Tabela 12.4 lista as quatro fontes de variação na análise de um desenho de medidas repetidas

☑ **Tabela 12.4** Matriz de dados e Tabela Resumo da Análise de Variância para um experimento com desenho de medidas repetidas

Matriz de dados				
	Duração de intervalo de tempo			
Sujeito	**12**	**24**	**36**	**48**
1	13	21	30	38
2	10	15	38	35
3	12	23	31	32
4	12	15	22	32
5	16	36	69	60
Média (*DP*)	12,6 (2,0)	22,0 (7,7)	38,0 (16,3)	39,4 (10,5)

Obs.: Cada valor na tabela representa a mediana das seis respostas do sujeito em cada nível da variável duração do intervalo de tempo.

Fonte de variação	gl	SQ	MQ	F	p
Sujeitos	4	1553,5	-	-	-
Duração do intervalo de tempo	3	2515,6	838,5	15,6	0,000
Residual (variação do erro)	12	646,9	53,9		
Total	19	4716,0			

Metodologia de pesquisa em psicologia **409**

☑ Quadro 12.4

ESTIMANDO O ERRO E A SENSIBILIDADE EM UM DESENHO DE MEDIDAS REPETIDAS

Uma característica decisiva da análise de desenhos de medidas repetidas é o modo como se estima a variação do erro. Descrevemos antes que, para o desenho de grupos aleatórios, diferenças individuais que são balanceadas entre os grupos fornecem a estimativa da variação do erro que se torna o denominador do teste *F*. Como os indivíduos participam de apenas uma condição nesses desenhos, as diferenças entre os participantes não podem ser eliminadas – podem ser apenas balanceadas. Em desenhos de medidas repetidas, por outro lado, existe variação sistemática entre os participantes. Alguns participantes sempre têm melhor desempenho nas diferentes condições, e outros sempre têm pior desempenho. Como cada indivíduo participa de todas as condições no desenho de medidas repetidas, porém, as diferenças entre os participantes contribuem no mesmo grau para o desempenho médio em cada condição. Desse modo, quaisquer diferenças entre as médias para cada condição em desenhos de medidas repetidas não pode ser resultado de diferenças sistemáticas entre os participantes. Em desenhos de medidas repetidas, contudo, as diferenças entre os participantes não são apenas balanceadas – elas são realmente eliminadas da análise. *A capacidade de eliminar a variação sistemática causada pelos participantes em desenhos de medidas repetidas torna esses desenhos mais sensíveis, de um modo geral, do que os desenhos de grupos aleatórios.*

---

com uma variável independente manipulada. Lendo a tabela resumo de baixo para cima, essas fontes são (1) variação total, (2) variação residual, (3) variação devida à duração do intervalo de tempo (a variável independente) e (4) variação devida aos sujeitos.

Como em qualquer tabela resumo, as informações mais críticas são o teste *F* para o efeito da variável independente de interesse e a probabilidade associada ao teste *F*, supondo-se que a hipótese nula seja verdadeira. O teste *F* importante na Tabela 12.4 é o da duração do intervalo de tempo. O numerador para esse teste *F* é a média ao quadrado (*MQ*) da duração do intervalo de tempo; o denominador é a *MQ* residual. Existem quatro durações, de modo que são 3 graus de liberdade (*gl*) para o numerador. Existem 12 *gl* para a variação residual. Podemos obter o *gl* para a variação residual subtraindo o *gl* para os sujeitos e para a duração do intervalo do *gl* total (19 – 4 – 3 = 12). O *F* obtido de 15,6 tem uma probabilidade de 0,0004 para a hipótese nula, que é menor do que o nível de significância de 0,05 que escolhemos como nosso critério para significância estatística. Assim, rejeitamos a hipótese nula e concluí-

mos que a duração do período era uma fonte de variação sistemática. Isso significa que podemos concluir que as estimativas dos participantes diferiam sistematicamente em função da duração do intervalo de tempo.

A Figura 12.2 mostra intervalos de confiança de 95% ao redor da média no experimento da percepção do tempo. O procedimento para construir esses intervalos é o mesmo que para o experimento com grupos independentes. Os intervalos foram construídos usando a MQ_{erro} (residual) na ANOVA geral (conforme recomendado por Loftus e Masson, 1994). Ou seja,

$$95\% \ IC = \overline{X} \pm \left[\sqrt{(MQ_{erro}/n)} \right](t_{crit})$$

onde t_{crit} é o valor de *t* com os graus de liberdade associados à MQ_{erro} (residual). A interpretação dos intervalos de confiança no desenho de medidas repetidas é a mesma que no desenho de grupos independentes (ver Capítulo 11).

Medidas do tamanho do efeito Conforme mencionado anteriormente, é uma boa ideia incluir medidas do tamanho do efeito em suas análises. Uma medida típica do tama-

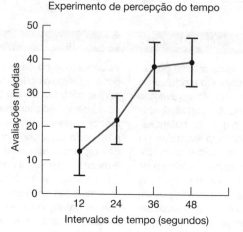

☑ **Figura 12.2** Médias e intervalos de confiança de 95% para o experimento de percepção do tempo.

nho do efeito para um desenho de medidas repetidas é a medida da força da associação chamada eta quadrado (η^2), que pode ser calculada dividindo a soma de quadrados para o efeito intrassujeitos pelas somas combinadas de quadrados do efeito intrassujeitos e residual, ou erro. Para nossa amostra,

$$\text{eta quadrado } (\eta^2) = \frac{SQ_{efeito}}{SQ_{efeito} + SQ_{erro}}$$

$$= \frac{2515,6}{2515,6 + 646,9} = 0,795$$

Isso indica a proporção da variância explicada pela variável independente. Em alguns casos, a análise de variância geral seria seguida por comparações de duas médias, como vimos no desenho de grupos independentes.

Análise de variância bifatorial para desenhos de grupos independentes

A análise de variância bifatorial para desenhos de grupos independentes é usada na análise de experimentos em que duas variáveis independentes foram manipuladas em dois ou mais níveis. A lógica de desenhos complexos com duas variáveis independentes e a base conceitual para a análise desses experimentos são descritas no Capítulo 8. No Capítulo 8, você também aprendeu a descrever efeitos principais e efeitos de interações. Neste capítulo, enfocaremos a análise computadorizada de um desenho fatorial que envolve testes F para o efeito principal de A, o efeito principal de B e o efeito da interação A x B. A análise bifatorial para grupos independentes é aplicável a experimentos em que ambas variáveis independentes são manipuladas usando um desenho de grupos aleatórios, no qual ambas as variáveis independentes representam o desenho de grupos naturais, ou em que uma variável independente representa o desenho de grupos naturais e a outra representa o desenho de grupos aleatórios. Conforme observado no Capítulo 8, a análise de um desenho complexo ocorre de forma um pouco diferente, dependendo de se o teste F abrangente revela ou não um efeito de interação. Inicialmente, consideraremos o plano de análise em que se detecta um efeito de interação.

Análise de um desenho complexo com efeito de interação

- Se a análise de variância abrangente revelar um efeito de interação estatisticamente significativo, a fonte do efeito de interação é identificada usando análises de efeitos principais simples e comparações de duas médias.

- Um efeito principal simples é o efeito de uma variável independente em um nível de uma segunda variável independente.
- Se uma variável independente tiver dois ou mais níveis, podem-se usar comparações de duas médias para analisar a fonte de um efeito principal simples, comparando as médias duas de cada vez.
- Podem ser construídos intervalos de confiança ao redor das médias grupais para obter informações sobre a precisão da estimativa das médias populacionais.

Considere um desenho complexo hipotético envolvendo duas variáveis independentes (A x B), cada uma envolvendo grupos independentes (grupos aleatórios ou grupos naturais). A variável A tem dois níveis, e a variável B tem três. Assim, o desenho é um desenho de grupos independentes 2 x 3. Os detalhes do experimento não nos dizem respeito, mas vamos supor que haja cinco participantes em cada grupo ($n = 5$; $N = 30$). A Tabela 12.5 mostra o desempenho médio para os seis grupos no exemplo. Acreditamos que, agora, você saiba como analisar uma estatística resumo para ver as tendências que estão presentes nos dados. Como você descreveria os resultados apresentados na Tabela 12.5? Um modo seria dizer que houve pouquíssima diferença entre as médias dos três níveis de B para o primeiro nível de A, ou seja, para o nível a_1. Por outro lado, as médias entre os mesmos três níveis de B mudam

um pouco para o nível a_2. Outra maneira de descrever esses resultados é usar o método de subtração que discutimos no Capítulo 8, quando apresentamos os desenhos complexos. O uso desse método ajuda a determinar se existe um efeito de interação. A análise das diferenças entre as duas médias para a_1 e a_2 em cada nível de B (b_1, b_2, b_3) mostra que as três diferenças (8,4; 3,2; 1,8) são diferentes. Isso sugere que existe um efeito de interação. Como você aprendeu no Capítulo 8, fazer gráficos com as médias também ajuda a ver a natureza desse efeito de interação. Suponhamos que um teste f abrangente tenha confirmado que o efeito de interação era estatisticamente significativo ($p < 0,05$).

Uma vez que confirmamos que existe interação entre duas variáveis independentes, devemos localizar de forma mais precisa a fonte desse efeito de interação. Existem testes estatísticos criados especificamente para rastrear a fonte de um efeito de interação significativo, chamados de efeitos principais simples e comparações de duas médias (ver Keppel, 1991), que foram discutidos brevemente no Capítulo 8. Comparações entre duas médias também foram descritas anteriormente neste capítulo.

Lembre que um *efeito principal simples* é o efeito de uma variável independente sobre um nível de uma segunda variável independente. De fato, uma definição para o efeito de interação é que os efeitos principais simples entre os níveis são diferentes. Em um desenho 2 x 3, existem cinco efeitos principais simples. Três dos efeitos principais simples são representados pelo efeito da Variável A em cada nível da Variável B. Os outros dois efeitos principais simples são representados pelo efeito da

☑ **Tabela 12.5** Desempenho médio de grupos no desenho hipotético 2 x 3

		Variável B		
		b_1	b_2	b_3
Variável A	a_1	19,0	19,0	20,0
	a_2	10,6	15,8	18,2

412 Shaughnessy, Zechmeister & Zechmeister

Variável B em cada nível da Variável A. Os conjuntos de efeitos principais simples que são escolhidos para análise dependerão do raciocínio por trás do experimento. Ou seja, pode ser mais importante para interpretar os resultados enfatizar um conjunto de efeitos principais simples mais do que outro. É claro, verificar que os efeitos principais simples são diferentes para níveis de cada variável indica um efeito de interação.

Como calculamos um efeito principal simples? Os pacotes de programas estatísticos nem sempre permitem calcular análises de efeitos principais simples e, quando permitem, podem variar nos procedimentos específicos de cálculo que são usados. Existem maneiras relativamente simples de fazer essas análises com uma calculadora (p.ex., Zechmeister e Posavac, 2003). Todavia, sugerimos o procedimento a seguir, que pode ser facilmente feito com um pacote de *software* ANOVA.

Considere o exemplo anterior. Suponhamos que queiramos analisar o efeito principal simples para o primeiro nível da Variável A, ou seja, para a_1. Existem três "grupos" (a_1b_1, a_1b_2, a_1b_3) nessa análise. Uma abordagem seria aplicar aos dados uma ANOVA simples (unidirecional) para grupos independentes. Em outras palavras, suponhamos que existam três grupos aleatórios de participantes designados a três níveis de uma variável independente. Faça essa análise e identifique na Tabela Resumo da ANOVA a média ao quadrado (MQ) entre os grupos (i.e., a MQ do efeito da sua variável). Ela é a soma dos quadrados entre os grupos, dividida por seu gl, que é o número de grupos menos 1, ou, nesse caso, $3 - 1$, e $gl = 2$. Para obter uma razão F, divida a MQ dos grupos da análise pela MQ_{erro} (dentro dos grupos), baseado no teste F geral que fez originalmente quando analisou os efeitos no desenho complexo 2 x 3. Em nosso exemplo, com 30 participantes, o gl para a MQ_{erro} no desenho 2 x 3 será 24, de modo que o F crítico será o associado a 2 e 24 graus de liberdade.

Dois dos efeitos principais simples em nosso experimento hipotético envolvem três médias (i.e., níveis a_1 e a_2 nos três níveis de B). Se uma análise estatística revela um efeito principal simples em um desses níveis, pode-se concluir que existe uma diferença entre as médias (i.e., entre as três médias naquele nível da variável A). Sendo esse o caso, o próximo passo é fazer comparações de duas médias para analisar o efeito principal simples de forma mais completa. Comparações de duas médias ajudam a determinar a natureza das diferenças entre os níveis. A análise estatística para a comparação entre duas médias usa o teste t, conforme descrito anteriormente neste capítulo. A MQ_{erro} da Tabela Resumo da ANOVA para 2 x 3 é usada na fórmula t, e o número de gl associados a esse termo (24 em nosso exemplo) é usado para encontrar o valor crítico de t no nível de 0,05.

Se estiver fazendo uma análise dos efeitos principais simples para apenas dois níveis de uma variável independente, como comparar o desempenho médio em a_1 e a_2 para os três níveis de B, você pode usar um teste t como faria para uma comparação entre duas médias. Observe que os tamanhos de efeito para seu teste t para dois grupos baseiam-se no número de participantes em cada uma das duas células que está comparando. Em nosso experimento hipotético, n = 5 para cada grupo. Finalmente, como fizemos na comparação entre duas médias discutida, você pode usar a MQ_{erro} da ANOVA 2 x 3 como o termo do erro para seu teste t. Os graus de liberdade para este teste t bigrupal será o associado à MQ_{erro} para a sua ANOVA geral. Com dois níveis, o efeito principal simples compara a diferença entre as duas médias, não sendo necessárias outras comparações.

Uma vez que o efeito de interação foi analisado minuciosamente, os pesquisadores também podem analisar o efeito principal de cada variável independente. Todavia, de um modo geral, os efeitos principais são menos interessantes quando o efeito de interação é estatisticamente significativo.

Análise sem efeito de interação

- Se uma análise de variância abrangente indica que o efeito de interação entre variáveis independentes não é estatisticamente significativo, o próximo passo é determinar se os efeitos principais das variáveis são estatisticamente significativos.
- A fonte de um efeito principal estatisticamente significativo pode ser especificada de forma mais precisa realizando-se comparações entre duas médias de cada vez e construindo intervalos de confiança.

Quando o efeito de interação não é estatisticamente significativo, o próximo passo é analisar os efeitos principais de cada variável independente. Se o efeito principal geral para uma variável independente não for estatisticamente significativo, não existe nada mais a fazer. Todavia, se o efeito principal for estatisticamente significativo, existem várias abordagens que o pesquisador pode adotar. Por exemplo, se a variável independente tiver três ou mais níveis, pode-se especificar a fonte de um efeito principal estatisticamente significativo de forma mais precisa com uma comparação de duas médias, usando testes t. Mais uma vez, outra abordagem seria construir intervalos de confiança ao redor da média grupal, conforme ilustrado no Capítulo 11 para a análise de um desenho unifatorial de grupos independentes. A diferença para o desenho complexo é que os dados para uma variável independente são combinados entre os níveis de outras variáveis independentes.

Tamanhos de efeito para desenho bifatorial com grupos independentes

Uma medida comum do tamanho do efeito para um desenho complexo usando ANOVA é o eta quadrado (η^2), ou a proporção da variância explicada, que foi discutida anteriormente no contexto de desenhos unifatoriais. Para calcular o eta quadrado, é recomendável que nos concentremos apenas no efeito de interesse (ver Rosenthal e Rosnow, 1991). Especificamente, o eta quadrado pode ser definido como

$$\eta^2 = \frac{SQ_{\text{efeito de interesse}}}{SQ_{\text{efeito de interesse}} + SQ_{\text{intra}}} \quad (\text{ver Rosenthal e Rosnow, 1991, p. 352})$$

Assim, o eta quadrado pode ser obtido para cada um dos três fatores em um desenho A x B.

Conforme observado anteriormente (ver também Rosenthal e Rosnow, 1991), quando não temos as somas dos quadrados para os efeitos, o eta quadrado pode ser calculado usando a razão F (e o gl) para cada efeito de interesse.

O papel dos intervalos de confiança na análise de desenhos complexos

A análise de um desenho complexo pode ser beneficiada com a construção de intervalos de confiança para as médias de interesse. Por exemplo, cada média em um desenho 2 x 3 pode ser acompanhada por um intervalo de confiança calculado conforme os procedimentos apresentados no Capítulo 11 e anteriormente neste capítulo. Lembre que a fórmula é

Limite superior do intervalo de confiança de 95%: $\overline{X} + [t_{0,05}][s_{\overline{X}}]$

Limite inferior do intervalo de confiança de 95%: $\overline{X} - [t_{0,05}][s_{\overline{X}}]$

Quando as amostras são de mesmo tamanho, o erro padrão estimado é definido como

$$s_{\overline{X}} = \frac{s_{\text{agrupado}}}{\sqrt{n}} \text{ onde } n = \text{tamanho da amostra para cada grupo}$$

Como a raiz quadrada da MQ_{erro} da Tabela Resumo da ANOVA equivale a S_{agrupado}, podemos definir o intervalo de confiança como

$$95\% \ IC = \overline{X} \pm (t_{0,05})\left[\sqrt{(MQ_{\text{erro}}/\sqrt{n})}\right]$$

onde $t_{0,05}$ é definido pelos graus de liberdade associados à MQ_{erro}.

A Figura 12.3 mostra os intervalos de confiança ao redor das seis médias no experimento hipotético que apresentamos anteriormente. Uma análise dos ICs nos fala da precisão das nossas estimativas. Devemos analisar a amplitude do intervalo e o padrão provável de médias *populacionais* verificando se os intervalos ao redor das médias amostrais se sobrepõem e, nesse caso, em que grau. Lembre que uma regra básica para interpretar intervalos de confiança sugere que, se os intervalos ao redor das médias não se sobrepõem, as duas médias provavelmente são estatisticamente significativas se testadas com um teste de significância da hipótese nula (ver Quadro 11.5 no Capítulo 11).

Análise de variância bifatorial para um desenho misto

A análise de variância bifatorial para um desenho misto é adequada em situações em que uma variável independente representa o desenho de grupos aleatórios ou grupos naturais, e outra variável independente representa o desenho de medidas repetidas. A primeira variável independente é chamada de fator intersujeitos (simbolizada aqui como A). A segunda variável independente é chamada de fator intrassujeitos (simbolizada aqui como B). A análise bifatorial para um desenho misto é como um híbrido entre a análise unifatorial para grupos independentes e a análise unifatorial para desenhos de medidas repetidas. Esse desenho complexo específico foi discutido no Capítulo 8, quando apresentamos os resultados de um estudo de Kaiser e colaboradores (2006) usando o teste emocional de Stroop.

Como você deve saber agora, é importante revisar as estatísticas resumo adequadas e entender as tendências nos dados antes de olhar a Tabela Resumo da ANOVA. Um resultado típico fornecido pelo computador para uma análise de variância bifatorial para um desenho misto é apresentado a seguir. Os detalhes do experimento que forneceu os dados para esta análise não nos interessam. Lembre que alguns programas de computador dividem o resultado de um desenho misto, mostrando primeiro o resultado da análise entre os grupos e depois o resultado da análise intrassujeito (que inclui o efeito da interação). Você verá que talvez precise ir até o fim da tela do computador para obter todas as informações.

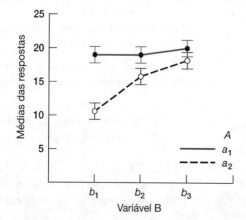

Figura 12.3 Médias das respostas em função da Variável A (a_1, a_2) e Variável B (b_1, b_2, b_3). O intervalo de confiança de 95% é mostrado ao redor de cada média.

	Intersujeitos				
Fonte	SQ	gl	MQ	F	p
Grupo	0,225	1	0,225	1,718	0,226
Erro	1,049	8	0,131		
	Intrassujeitos				
Apresentação	15,149	2	7,574	58,640	0,000
Apresentação x grupo	0,045	2	0,022	0,173	0,843
Erro	2,067	16	0,129		

A tabela resumo é dividida em duas partes. A seção "Intersujeitos" inclui a razão F para o efeito principal dos grupos. A forma dessa parte da tabela é como a de uma análise unifatorial para o desenho de grupos independentes. O erro listado nessa seção é a variação dentro dos grupos. O teste F para o efeito do grupo não foi estatisticamente significativo, pois a probabilidade obtida de 0,226 era maior do que o nível convencional de significância estatística de 0,05. A segunda parte da tabela resumo se chama "Intrassujeitos". Ela inclui o efeito principal da variável intrassujeito da frequência de apresentação ("Presente") e a interação entre a frequência de apresentação e o grupo. De um modo geral, qualquer efeito envolvendo uma variável intrassujeito (efeito principal ou efeito de interação) deve ser testado com o termo erro residual usado no desenho intrassujeito. O teste F para o efeito de interação é menor que 1, de modo que não é estatisticamente significativo. Todavia, o efeito principal da frequência de apresentação resultou em um F estatisticamente significativo. (Como na análise do desenho unifatorial intrassujeito, a análise do computador pode incluir informações adicionais além das que apresentamos aqui.)

A interpretação dos resultados de uma análise bifatorial para um desenho misto segue a lógica de qualquer desenho complexo. Todavia, ao analisar um desenho misto, deve-se ter o cuidado de usar o termo do erro adequado para análises além das listadas na tabela resumo (i.e., efeitos principais simples, comparações de duas médias). Por exemplo, se for obtido um efeito de intera-

ção significativo, recomendamos analisar os efeitos principais simples tratando cada efeito simples como uma ANOVA unifatorial naquele nível da segunda variável independente. Se, por exemplo, obtivermos um efeito significativo de interação entre o grupo e a frequência de apresentação em nosso experimento, um efeito principal simples para o grupo de tratamento envolveria aplicar uma ANOVA para medidas repetidas apenas àquele grupo (ver Keppel, 1991, para mais informações sobre essas comparações).

As estimativas do tamanho do efeito em um desenho misto também costumam usar o eta quadrado, ou seja, uma estimativa da proporção da variância explicada pela variável independente. Como você já viu, o eta quadrado é definido como a SQ do efeito dividida pela SQ do efeito mais a SQ do erro para aquele efeito.

Relatando resultados de um desenho complexo

O relatório dos resultados de um desenho complexo segue a regra geral de um relatório para uma ANOVA unifatorial, mas dedica especial atenção à natureza do efeito de interação, quando presente. Apresentamos a seguir elementos importantes do relatório dos resultados de um desenho complexo:

- descrição de variáveis e definição de níveis (condições) de cada;
- estatística resumo para células da matriz apresentada no texto, tabela, ou figura, incluindo, quando apropriado, intervalos de confiança para médias grupais;
- resultados de testes F para efeitos principais e efeito de interação com probabilidades exatas;
- medida do tamanho do efeito para cada efeito;
- informação do poder para efeitos não significativos;
- efeitos principais simples quando o efeito de interação for estatisticamente significativo;

- descrição verbal de efeito de interação estatisticamente significativo (quando presente), referindo o leitor a diferenças entre médias dos níveis das variáveis independentes;
- descrição verbal do efeito principal estatisticamente significativo (quando presente), referindo o leitor a diferenças entre médias combinadas entre os níveis das variáveis independentes;
- comparações de duas médias, quando apropriado, para esclarecer fontes de variação sistemática entre médias que contribuem para o efeito principal;
- conclusão que você deseja que o leitor tire a partir dos resultados da análise.

Outras dicas para escrever a seção de Resultados segundo as exigências do estilo da APA podem ser encontradas no Capítulo 13.

Resumo

Os testes estatísticos baseados no teste de significância da hipótese nula costumam ser usados para a análise de dados confirmatória em psicologia. O teste de significância da hipótese nula é usado para determinar se as diferenças produzidas por variáveis independentes em um experimento são maiores do que seria de esperar com base apenas na variação do erro (acaso). A hipótese nula é que a variável independente não tem efeito. Um resultado estatisticamente significativo é aquele que tem uma probabilidade pequena de ocorrer se a hipótese nula for verdadeira. Dois tipos de erros podem surgir ao usar o teste de significância da hipótese nula. Um erro do Tipo I ocorre quando o pesquisador rejeita a hipótese nula e ela é verdadeira. A probabilidade de um erro do Tipo I é equivalente a alfa, ou o nível de significância, geralmente 0,05. Um erro do Tipo II ocorre quando uma hipótese nula falsa não é rejeitada. Erros do Tipo II podem ocorrer quando o estudo não tem poder suficiente para rejeitar uma hipótese nula corretamente. A principal maneira em que os pesquisadores aumentam o poder é aumentando o tamanho da amostra. Usando tabelas

de poder, os pesquisadores podem estimar, antes de realizar o estudo, o poder necessário para rejeitar uma hipótese nula falsa e, depois que o estudo foi concluído, a probabilidade de detectar o efeito que foi encontrado. A probabilidade exata associada ao resultado de um teste estatístico deve ser informada.

O teste estatístico correto para comparar duas médias é o teste t. Quando se testa a diferença entre duas médias, também se deve informar uma medida do tamanho do efeito, como o d de Cohen. O *Manual de Publicação da APA* recomenda vigorosamente que os intervalos de confiança sejam informados juntamente com os resultados do teste de significância da hipótese nula. Ao informar os resultados do teste de significância da hipótese nula, é importante ter em mente que a significância estatística (ou intervalos de confiança não sobrepostos) não é o mesmo que significância científica ou prática. Além disso, o teste de significância da hipótese nula, intervalos de confiança ou tamanhos de efeito não nos falam da solidez da metodologia do estudo. Ou seja, nenhuma dessas medidas pode ser usada isoladamente para afirmar que a hipótese alternativa (que a variável independente causou um efeito) esteja correta. Somente depois que analisarmos cuidadosamente a metodologia usada para obter os dados para uma análise é que podemos nos arriscar a falar sobre o que influenciou o comportamento.

A análise de variância (ANOVA) é o teste estatístico apropriado quando se comparam três ou mais médias. A lógica da ANOVA baseia-se em identificar a variação do erro e fontes de variação sistemática nos dados. Constrói-se um teste F representando a variação do erro e a variação sistemática (se houver) dividida pela variação do erro. Os resultados da análise geral, chamados de teste F abrangente, são relatados na Tabela Resumo da ANOVA. Uma razão F grande proporciona evidências de que a variável independente causou um efeito. As medidas do tamanho do efeito para um desenho unifatorial de grupos independentes incluem o f de Cohen e o eta quadrado (η^2). Podem ser feitas comparações de duas médias com base nos resultados do teste F abrangente para especificar de forma mais clara as fontes de variação sistemática que contribuem para um teste F abrangente significativo. Os intervalos de confiança também podem ser usados para complementar uma ANOVA realizada com dados de um estudo de grupos múltiplos, devendo ser informados juntamente com a síntese dos resultados do teste de significância da hipótese nula.

O uso de uma ANOVA bifatorial é adequado quando o pesquisador analisa simultaneamente o efeito de duas ou mais variáveis independentes em um desenho complexo. Quando uma variável independente representa uma variável grupal independente (grupos aleatórios ou natu-rais) e a outra é uma variável intrassujeito de medidas repetidas, falamos de um desenho misto. Usa-se um teste F abrangente para avaliar os efeitos principais e o efeito de interação das variáveis. Quando um efeito de interação estatisticamente significativo é encontrado, pode-se investigar a fonte do efeito de interação realizando uma análise dos efeitos principais simples. Um efeito principal simples é o efeito de uma variável independente em apenas um nível de uma segunda variável independente. Os intervalos de confiança também podem ser usados para entender o efeito de uma variável independente em um desenho complexo. Uma medida comum do tamanho do efeito em um desenho complexo é o eta quadrado.

Conceitos básicos

hipótese nula (H_0)   387
nível de significância   388
erro do Tipo I   389
erro do Tipo II   390
poder   390
teste t para grupos independentes   392
teste t para medidas repetidas
(intrassujeito)   393

ANOVA   398
desenho unifatorial de grupos
independentes   398
teste F 399
teste F abrangente   399
eta quadrado (η^2)   403
f de Cohen   403
comparação entre duas médias   405

Questões de revisão

1. O que significa dizer que os resultados de um teste estatístico são "estatisticamente significativos"?
2. Diferencie erros do Tipo I e do Tipo II que ocorrem no teste de significância da hipótese nula.
3. Quais são os três fatores que determinam o poder de um teste estatístico? Qual é o principal fator que os pesquisadores podem usar para controlar o poder?
4. Por que um desenho de medidas repetidas é provável de ser mais sensível do que um desenho de grupos aleatórios?
5. Descreva uma vantagem e uma limitação do uso de medidas do tamanho do efeito.

6. Por que um resultado estatisticamente significativo pode não ser cientificamente ou praticamente significativo?
7. Explique sucintamente a lógica do teste F.
8. Diferencie as informações que se obtêm com um teste F abrangente e com comparações de duas médias.
9. Qual é a principal maneira em que uma ANOVA para medidas repetidas difere de uma ANOVA para grupos independentes?
10. Como um efeito principal simples difere de um efeito principal geral?

✓ DESAFIOS

1. Um pesquisador faz um experimento comparando dois métodos para ensinar crianças a ler. Um método antigo é comparado com um método novo, e o desempenho médio do método novo é melhor do que o do antigo. Os resultados são informados como $t(120) = 2,10$, $p = 0,04$ ($d = 0,34$).
   A. O resultado é estatisticamente significativo?
   B. Quantos sujeitos havia no estudo?
   C. Com base na medida do tamanho do efeito, d, o que podemos dizer sobre o tamanho do efeito encontrado no estudo?
   D. O pesquisador afirma que, com base nesse resultado, o método novo tem significância prática clara para ensinar crianças a ler e deve ser implementado imediatamente. Como você responderia a essa afirmação?
   E. O que a construção de intervalos de confiança acrescentaria à nossa compreensão desses resultados?

2. Um psicólogo social compara três tipos de mensagens sobre as atitudes de estudantes universitários em relação à guerra contra o terrorismo. Noventa ($N = 90$) estudantes são divididos aleatoriamente em números iguais a três condições de comunicação. Uma medida escrita da atitude é usada para avaliar as atitudes dos estudantes em relação à guerra, depois que são expostos às mensagens. Usa-se uma ANOVA para determinar o efeito das três mensagens sobre as atitudes dos estudantes. Eis a Tabela Resumo da ANOVA:

Fonte	Soma dos quadrados	gl	Média ao quadrado	F	p
Comunicação	180,10	2	90,05	17,87	0,000
Erro	438,50	87	5,04		

   A. O resultado é estatisticamente significativo? Por quê ou por que não?
   B. Qual medida do tamanho do efeito pode ser calculada facilmente a partir desses resultados? Qual é o valor dessa medida?
   C. Como comparações de duas médias podem contribuir para a interpretação desses resultados?
   D. Embora a média grupal não seja fornecida, é possível calcular a amplitude do intervalo de confiança para a média com base na estimativa da variância agrupada. Qual é a amplitude do intervalo de confiança para a média nesse estudo?

3. Um psicólogo do desenvolvimento administra dois tipos de testes de raciocínio crítico a crianças da 4ª, 6ª e 8ª séries. São testadas 28 crianças em cada nível; 14 receberam uma forma (A ou B) do teste. A medida dependente é a porcentagem de acertos nos testes. A média da porcentagem de acertos para as crianças em cada nível e para os dois testes é apresentada a seguir:

Teste	4ª	6ª	8ª
Forma A	38,14	63,64	80,21
Forma B	52,29	68,64	80,93

Eis a Tabela Resumo da ANOVA para esse experimento:

Fonte	Soma dos quadrados	gl	Média ao quadrado	F	p
Série	17698,95	2	8849,48	96,72	0,000
Teste	920,05	1	920,05	10,06	0,002
Série × Teste	658,67	2	329,33	3,60	0,032
Erro	7136,29	78	91,49		

   A. Desenhe um gráfico mostrando os resultados médios para esse experimento. Com base em sua análise do gráfico, você suspeitaria de um efeito de interação estatisticamente significativo entre as variáveis? Explique sua opinião.
   B. Quais efeitos são estatisticamente significativos? Descreva cada um dos efeitos estatisticamente significativos.

Metodologia de pesquisa em psicologia **419**

☑ DESAFIOS (CONTINUAÇÃO)

C. Quais são os valores de eta quadrado para os efeitos principais da série e do teste?

D. Que outras análises se podem fazer para determinar a fonte do efeito de interação?

E. Qual é o efeito principal simples do Teste para cada Série?

F. Calcule os intervalos de confiança para as seis médias do experimento, e desenhe-os ao redor das médias em seu gráfico de resultados.

Resposta ao Exercício

Afirmações 1 e 5 são verdadeiras; 2, 3 e 4 são falsas.

Resposta ao Desafio 1

A. Sim. A probabilidade obtida com esse resultado, supondo que a hipótese nula seja verdadeira, é menor do que 0,05, o nível de significância convencional.

B. Os graus de liberdade (gl) são informados como 120. Para um teste t para grupos independentes, $gl = n_1 + n_2 - 2$. Assim, devem ter participado 122 sujeitos.

C. As diretrizes de Cohen sugerem que um tamanho de efeito de 0,20 é um efeito pequeno, 0,50 é um efeito médio e 0,80 é um efeito grande. Um tamanho de efeito de 0,34 fica entre um efeito pequeno e um efeito médio.

D. Os resultados do teste de significância da hipótese nula não falam diretamente da significância prática. Se o método novo for mais caro, demorado para implementar ou exigir recursos (p.ex., novos materiais de leitura) que não estejam disponíveis imediatamente, a significância prática desse resultado (pelo menos a curto prazo) provavelmente será pequena. Esse pode ser especialmente o caso, pois o tamanho do efeito não é grande. Ademais, o fato de que $p = 0,04$ sugere que a probabilidade de replicar esse resultado estatisticamente significativo no nível de 0,05 não é muito elevada. Finalmente, devemos analisar cuidadosamente a metodologia do estudo para determinar que ele foi sólido, livre de variáveis confundidoras e erros do pesquisador.

E. Construir um intervalo de confiança para a diferença entre as duas médias populacionais forneceria evidências do tamanho da diferença entre esses métodos e indicaria (com base em uma análise da amplitude do intervalo) a precisão da estimativa da diferença entre duas médias populacionais.

13

Comunicação em psicologia

Introdução

A pesquisa científica é uma atividade pública. Uma hipótese inteligente, um desenho de pesquisa bem elaborado, procedimentos meticulosos para a coleta de dados, resultados confiáveis e uma interpretação teórica criteriosa dos resultados não terão utilidade para a comunidade científica se não forem tornados públicos. Como sugere um autor de maneira enfática, "até que seus resultados tenham passado pelo doloroso processo de publicação, preferencialmente em uma revista indexada de alto padrão, a pesquisa científica não passa de brincadeira. A publicação é uma parte indispensável da ciência" (Bartholomew, 1982, p. 233). Bartholomew expressa uma preferência por uma revista "indexada" porque elas envolvem o processo de *revisão por pares*. Os manuscritos submetidos são revisados por outros pesquisadores ("pares"), que são especialistas no campo específico da pesquisa abordada no artigo sob revisão. Esses revisores decidem se a pesquisa é metodologicamente sólida e se ela faz uma contribuição substancial para a disciplina da psicologia. As revisões são então submetidas a um pesquisador sênior,

que atua como editor da revista. É trabalho do editor decidir quais artigos merecem ser publicados. A revisão por pares é o principal método de controle de qualidade para a pesquisa psicológica publicada.

Existem dezenas de revistas em que os pesquisadores podem publicar seus resultados. *Psychological Science, Memory & Cognition, Child Development, Journal of Personality and Social Psychology, Psychological Science in the Public Interest* e *Journal of Clinical and Consulting Psychology* são apenas algumas das tantas existentes. Conforme mencionamos, os editores dessas revistas tomam a decisão final sobre quais manuscritos serão publicados. Suas decisões baseiam-se (a) na qualidade da pesquisa e (b) na efetividade de sua apresentação no manuscrito escrito, conforme avaliada pelo editor e os revisores. Assim, o conteúdo e o estilo são importantes. Os editores procuram a melhor pesquisa, descrita de forma clara, e estabelecem critérios rigorosos para aceitação. Geralmente, *apenas um em cada três manuscritos submetidos às mais de duas dúzias de periódicos da APA é aceito para publicação* (p.ex., American Psychological Association, 2006).

Além de julgar o manuscrito pelo seu estilo e conteúdo, o editor da revista deve decidir se o que foi submetido é adequado para a sua revista. Estudos sobre experimentos com a memória não costumam ser publicados em uma revista que enfatize a pesquisa sobre o desenvolvimento infantil. Existem muitas fontes disponíveis para publicação, além das patrocinadas pela APA e a APS. Todavia, para começar a ter uma noção do que existe por aí, você pode revisar as descrições de revistas publicadas pelas organizações: www.apa.org/pubs/journals e www.psichologicalscience.org/journals/.

A revisão editorial e o processo de publicação podem levar muito tempo. Até um ano (e às vezes ainda mais) pode se passar entre o momento em que o artigo é submetido e quando aparece finalmente na revista. A revisão do manuscrito pode levar vários meses antes que se tome a decisão de aceitar o artigo. Também são necessários vários meses para o processo de publicação entre o momento em que o artigo é aceito e quando é realmente publicado na revista. Para proporcionar um meio mais rápido de publicar resultados de pesquisas, as sociedades profissionais, como a American Psychological Association, a Association for Psychological Science, a Psychonomic Society, a Society for Research in Child Development, e sociedades regionais como a Eastern, Midwestern, Southeastern e a Western Psychological Association patrocinam conferências onde os pesquisadores fazem apresentações orais sucintas ou apresentam pôsteres descrevendo seu trabalho recente. Essas conferências são uma oportunidade para uma discussão oportuna e debate entre pesquisadores interessados nas mesmas questões de pesquisa. Podem ser discutidas pesquisas que estão "no prelo" (i.e., esperando a conclusão do processo de publicação), dando aos participantes da conferência uma visão prévia de resultados de pesquisas importantes, mas ainda por serem publicados.

Os pesquisadores muitas vezes devem obter apoio financeiro na forma de uma bolsa de uma agência governamental ou privada para executarem suas pesquisas. As bolsas são dadas com base em uma re-

visão competitiva de projetos de pesquisa. Os projetos de pesquisa geralmente são exigidos de estudantes de pós-graduação que preparam sua tese ou dissertação de mestrado. Um comitê docente então revisa o projeto, antes que a pesquisa comece. Do mesmo modo, alunos de graduação também podem ter que fazer um projeto de pesquisa como parte de uma disciplina de metodologia de pesquisa ou laboratório de psicologia. Finalmente, pesquisadores em todos os níveis sabem que os Comitês de Revisão Institucional exigem projetos de pesquisa para avaliar a natureza ética da pesquisa proposta em uma instituição (ver Capítulo 3). Os projetos de pesquisa devem ter um estilo e formato levemente diferentes de um artigo científico que relata os resultados de um estudo concluído. Mais adiante neste capítulo, fazemos algumas sugestões sobre como preparar um projeto de pesquisa.

Dicas para a preparação do manuscrito
A principal fonte para a escrita científica em psicologia é o *Manual de Publicação da APA* (2010), atualmente em sua 6ª edição. Editores e autores usam esse manual para garantir um estilo coerente entre os muitos periódicos diferentes existentes em psicologia. O manual é um recurso valioso para quase qualquer dúvida relacionada com o estilo e o formato de um manuscrito de pesquisa a ser publicado em um periódico psicológico. Ele contém informações sobre o conteúdo e a organização do texto; a expressão de ideias e como reduzir vieses na linguagem; como apresentar resultados em tabelas e figuras; o formato da lista de referências, incluindo como referenciar meios eletrônicos; e políticas relacionadas com a aceitação e a produção do manuscrito, incluindo diretrizes para a submissão eletrônica de manuscritos. O manual também discute questões éticas na escrita científica (ver nossa discussão a respeito no Capítulo 3). Todavia, a APA reconhece que o estilo editorial e a tecnologia de editoração não são estáticos. Qualquer pessoa que queira preparar um manuscrito segundo as diretrizes da APA

> também deve consultar o seu *website* (www.apastyle.org), que traz atualizações do *Manual de Publicação* e as últimas alterações no estilo da APA e em suas políticas e procedimentos: www.apastyle.org.
> O *website* da APA traz um tutorial gratuito sobre o estilo básico da APA, incluindo a apresentação de um exemplo de manuscrito, e uma seção de perguntas e respostas frequentes.

O que os artigos científicos, apresentações orais e projetos de pesquisa têm a ver com você? Se você está na pós-graduação em psicologia, é provável que tenha que descrever sua pesquisa usando os três tipos de comunicação científica. Mesmo que não esteja atrás de uma carreira profissional em psicologia, os princípios dos bons relatórios de pesquisa escritos e orais se aplicam a uma ampla variedade de situações de trabalho. Por exemplo, um memorando para o gerente do seu departamento descrevendo os resultados de uma liquidação recente podem ter quase o mesmo formato que um pequeno artigo científico. Como uma preocupação mais imediata, talvez você tenha que preparar um projeto de pesquisa e escrever ou apresentar um artigo científico em sua disciplina de metodologia de pesquisa. Este capítulo ajudará a fazer isso corretamente.

Este capítulo visa principalmente ajudar você a começar a preparar manuscritos e não pretende ser um substituto para o *Manual de Publicação da APA* (2010). Apresentamos uma interpretação do *Manual* segundo os autores e recomendamos que você consulte a última edição do *Manual* e o *website* para conferir o estilo mais atualizado e definitivo da APA.

A internet e a pesquisa

O acesso à internet já se tornou uma ferramenta indispensável para os psicólogos que fazem pesquisa, especialmente pela comunicação via correio eletrônico (*e-mail*). Para muitos pesquisadores, o *e-mail* é seu principal meio de comunicação com colegas, editores, colaboradores de pesquisa, diretores de agências financiadoras, e outros profissionais. Tem uma dúvida sobre um artigo que acaba de ler? Pergunte ao autor, enviando uma mensagem por *e-mail*. O *e-mail* é simples, eficiente e conveniente. O primeiro autor do seu livro, por exemplo, pode ser encontrado enviando um *e-mail* para John J. Shaughnessy (Hope College) no endereço shaughnessy@hope.edu.

Também existe uma página na internet dedicada a este livro, que pode ser acessada para obter recursos para estudantes (p.ex., *quizzes*) e para professores (p.ex., apresentações em PowerPoint). Visite a página do livro em www.grupoa.com.br.

A internet também serve a estudantes e psicólogos profissionais em muitas outras maneiras importantes, incluindo grupos de discussão, bancos de dados, periódicos eletrônicos e pesquisas originais.

Os *grupos de discussão*, chamados "Listservs", permitem que indivíduos interessados discutam questões psicológicas com interesses compartilhados. O grupo consiste em uma "lista" de "assinantes" que desejam contribuir para uma discussão contínua. Os membros da lista recebem imediatamente qualquer mensagem enviada por um assinante. Existem centenas de Listservs na internet, que conectam pesquisadores ao redor do mundo, os quais discutem uma ampla variedade de temas, incluindo vícios diversos, religião e estudos femininos. Alguns Listservs são abertos a todos que desejarem fazer parte da discussão, incluindo aqueles que queiram apenas participar passivamente ("espiar"). Outros Listservs são abertos apenas a indivíduos com certas credenciais (p.ex., membros de uma determinada divisão da APA). A APA e a APS também patrocinam grupos de discussão para estudantes, que podem ser acessados pelos endereços www.apa.org/apags/ e www.psychologicalscience.org/apssc/.

Os *bancos de dados* na internet são exatamente isso: arquivos de dados eletrônicos que são armazenados na internet e que podem ser acessados por meios eletrônicos. Existem bancos de dados relacionados com a medicina, alcoolismo e pesquisas de opinião, para citar alguns. Os bancos de dados são particularmente úteis ao se fazer pesquisa arquivística (ver Capítulo 4) e análises de séries temporais (Capítulo 10). Os grandes bancos de dados, que disponibilizam dados para centenas de variáveis e grandes números de participantes, se tornaram importantes para muitos pesquisadores que procuram respostas para perguntas de pesquisa em psicologia (p.ex., na psicologia clínica, social e do desenvolvimento). O acesso eletrônico a bancos de dados libera os pesquisadores aos custos e ao tempo necessários para coletar dados que podem já estar disponíveis, eliminando assim o desperdício da duplicação dos esforços de pesquisadores e sujeitos de pesquisa.

As *revistas eletrônicas* estão se tornando comuns, e a submissão eletrônica de manuscritos hoje é a norma para revistas e conferências. A ampla disponibilidade de acesso à internet e ao *e-mail* facilitou o processo de revisão, de modo que a submissão de manuscritos, revisões e o *feedback* editorial aos autores podem ser feitos por meio da internet. Além disso, algumas revistas são oferecidas exclusivamente na forma eletrônica. Os assinantes recebem artigos em suas caixas de correio eletrônico, e os leitores podem submeter seus comentários sobre os artigos eletronicamente. *Current Research in Social Psychology* e *Prevention and Treatment* são exemplos de revistas eletrônicas. Independentemente de estar submetendo manuscritos a revistas eletrônicas ou impressas, os autores que desejam publicar em revistas respeitadas devem esperar a revisão de sua pesquisa por seus pares.

Pesquisas originais, como você viu em capítulos anteriores, também podem ser feitas eletronicamente (ver, por exemplo, Azar, 1994a, 1994b; Birnbaum, 2000; Kardas e Milford, 1996; Kelley-Milburn e Mil-

burn, 1995). Para repetir um comentário feito no Capítulo 1: a internet permite praticamente qualquer tipo de pesquisa psicológica que use o computador como equipamento e seres humanos como sujeitos (Krantz e Dalal, 2000; ver, especialmente, Kraut et al., 2004, para informações úteis sobre como fazer pesquisas virtuais). O grau de utilidade que a internet terá para você em planejar e implementar pesquisas dependerá de suas necessidades específicas e da sua capacidade de usar a internet. Se você está apenas começando, recomendamos o guia de Fraley, *How to Conduct Behavioral Research Over the Internet* (2004; New York: Guilford Press).

Diretrizes para a escrita eficaz

Aprender a escrever bem é como aprender a nadar, dirigir ou tocar piano. É improvável que a melhora resulte simplesmente de ler sobre como se deve fazer. Seguir conselhos especializados, porém, pode ajudar uma pessoa a começar com o pé direito. Portanto, uma das chaves para escrever bem é buscar *feedback* crítico com "instrutores" de escrita – professores, amigos, editores, e até você mesmo. Lee Cronbach (1992), autor de diversos dos artigos mais citados no *Psychological Bulletin*, sintetiza bem essas ideias.

> Meu conselho deve ser como a legendária receita para coelho ensopado, que começa com "primeiro, pegue o coelho". Em primeiro lugar, tenha uma mensagem que mereça ser divulgada. Depois disso, o que conta é ter cuidado ao escrever.... Retrabalhe qualquer sentença que não flua, qualquer sentença cuja ênfase não fique clara em uma leitura à primeira vista, e qualquer sentença cuja compreensão não seja instantânea para o leitor mais conhecedor, o autor da sentença. Na melhor hipótese, a escrita técnica pode aspirar a virtudes literárias – uma mudança de ritmo, de uma tese abstrata para um exemplo memorável, do apressado para o calmo, do trivial para o poético. (p. 391)

A boa escrita, como a boa direção, deve ser defensiva. Saiba que tudo que puder ser mal-entendido será! Para evitar esses acidentes de escrita, temos as seguintes dicas a considerar *antes* de começar a escrever.

- **CONHEÇA SEU PÚBLICO.** Se partir do pressuposto de que seus leitores sabem mais do que realmente sabem, você os deixará confusos. Se você subestimar os seus leitores, correrá o risco de aborrecê-los com detalhes desnecessários. Ambos os riscos aumentam a probabilidade de que o que você escreveu não venha a ser lido. Porém, se você deve errar, é melhor subestimar os leitores. Por exemplo, ao preparar um artigo em uma classe de psicologia, você deve supor que o público visado é o seu professor. Escrever para o professor pode levar você a deixar muita coisa fora do artigo, pois, afinal, você pressupõe que o professor já sabe tudo aquilo. Provavelmente, seria melhor considerar os colegas de outra turma da disciplina de metodologia como seu público. Isso pode fazer você incluir mais detalhes do que seria necessário, mas seria mais fácil para o professor ajudar você a aprender a editar o material que não é essencial do que incluir o material que omitiu. Seja qual for o seu público escolhido, certifique-se de fazer a escolha antes de começar a escrever, e tenha seu público em mente a cada passo do caminho.
- **IDENTIFIQUE SEU PROPÓSITO.** Os artigos científicos se enquadram na categoria geral da escrita expositiva. O *Webster's Dictionary* define exposição como o "discurso que visa transmitir informações ou explicar o que é difícil de entender". Os principais propósitos de um artigo científico são descrever e convencer. Você deve primeiro descrever o que fez e o que descobriu e, depois, convencer o leitor de que a sua interpretação desses resultados é adequada.

- **ESCREVA COM CLAREZA.** A base da boa escrita expositiva é a clareza de raciocínio e expressão. Conforme comenta Cronbach (1992), "o que conta é ter cuidado ao escrever". Você deve trabalhar e retrabalhar as sentenças para chegar a um fluxo lógico e livre em suas ideias. Conforme afirma o *Manual de Publicação da APA*, "o objetivo principal da publicação científica é a comunicação clara".
- **SEJA CONCISO.** Se você somente diz aquilo que deve ser dito, alcançará a economia de expressão. Palavras curtas e sentenças curtas são mais fáceis para os leitores entenderem. A melhor maneira de eliminar a verbosidade é editando seu próprio texto em rascunhos sucessivos e pedindo que outras pessoas editem esboços do seu artigo.
- **SEJA PRECISO.** Ter precisão no uso da linguagem significa escolher a palavra certa para o que se quer dizer. Isso exige escolher palavras que signifiquem exatamente o que você pretende que elas signifiquem. Por exemplo, em psicologia científica, *crença* não é o mesmo que *atitude*; *sensações* não são a mesma coisa que *sentimentos*.
- **SIGA REGRAS GRAMATICAIS.** A adesão a regras gramaticais é absolutamente necessária para a boa escrita, pois o oposto distrai o leitor e pode introduzir ambiguidade. Também causa uma má impressão sua, como autor, e, como consequência, pode servir para prejudicar a sua credibilidade (e seu argumento) com o leitor.
- **ESCREVA COM IMPARCIALIDADE.** Como autor, você deve tentar escolher palavras e usar construções que reconheçam as pessoas de maneira imparcial e sem preconceitos. A American Psychological Association apresenta sua política para preconceitos na linguagem que os autores usam (*Manual de Publicação da APA*, 2010, p. 71-77):

Os textos científicos devem ser isentos de avaliações implícitas ou irrelevantes sobre o grupo ou grupos estudados. Como editora, a APA aceita as escolhas de palavras dos autores, a menos que tais escolhas não sejam precisas, claras e gramaticais. Como organização, a APA está comprometida com a ciência e com o tratamento imparcial de indivíduos e grupos, e essa política exige que os autores que escrevem para as publicações da APA evitem perpetuar atitudes depreciativas e pressupostos preconceituosos sobre as pessoas em seus textos. Construções que possam implicar preconceitos de gênero, orientação sexual, grupo racial ou étnico, deficiências ou idade são inaceitáveis.

O *Manual de Publicação da APA* (2010) traz informações importantes para ajudar você a produzir comunicação isenta de preconceitos. Eis uma introdução sucinta baseada nas diretrizes encontradas no *Manual* (ver também www.apastyle.org):

a) Descreva pessoas no nível adequado de especificidade. Por exemplo, a expressão *homens e mulheres* é mais adequada do que o termo genérico *homem* para se referir a humanos adultos. "Sino-americanos" ou "mexicano-americanos" seria uma referência mais específica para sujeitos de pesquisa do que asiático-americanos ou hispano-americanos.

b) Tenha sensibilidade aos rótulos ao se referir a pessoas, por exemplo, os termos usados em referência à identidade racial ou étnica das pessoas. A melhor maneira de seguir essa diretriz é tentar não rotular as pessoas sempre que possível e usar palavras que preservem a individualidade dos participantes. Por exemplo, ao invés de falar sobre *os amnésticos* ou *dementes*, uma opção melhor é se referir a "pacientes amnésticos" ou "pacientes de um grupo de demência". Um rótulo que é percebido pelo grupo rotulado como pejorativo nunca deve ser usado. Ao tentar seguir essa diretriz, é importante lembrar que as preferências para rotular grupos de indivíduos mudam com o tempo, e que as pessoas em um grupo não têm uma opinião consensual em relação ao rótulo preferido. Por exemplo, embora certas pessoas nativas da América do Norte possam preferir ser chamadas de "nativos norte-americanos", outras preferem "índios", e outras ainda talvez queiram ser chamadas pelo nome do seu grupo específico, por exemplo, navajo, ou, de um modo ainda mais apropriado, usando a sua língua nativa, *diné*, em vez de navajo, por exemplo.

c) Escreva sobre as pessoas de um modo que identifique claramente os participantes do seu estudo. Uma maneira de fazer isso é descrever os participantes usando termos mais descritivos, como *estudantes universitários* ou *crianças*, do que o termo mais impessoal *sujeitos*. A voz ativa é melhor do que a voz passiva para reconhecer a participação. Por exemplo, "os estudantes preencheram o questionário" é preferível a "o questionário foi administrado aos estudantes".

- **ESCREVA UM TEXTO INTERESSANTE.** A escrita científica não precisa ser tediosa! De forma clara, os autores científicos não têm a licença conferida a um romancista ou ensaísta, e este não é o local para exibir o que aprendeu na disciplina de "escrita criativa". Todavia, você deve fazer um esforço para escrever de um modo que interesse o leitor no que você fez, o que descobriu e o que concluiu. Conforme diz Cronbach, "a escrita técnica pode aspirar a virtudes literárias". Uma maneira de tentar alcançar um tom adequado ao escrever seus artigos é tentar contar uma boa história sobre a sua pesquisa. A boa pesquisa propicia boas histórias, e histórias bem-contadas são boas para promover a pesquisa.

Em suas preparações para escrever um artigo científico, sugerimos que você leia artigos que relatem pesquisas em uma área da psicologia que lhe interesse. Todavia, você somente desenvolverá as habilidades necessárias para escrever artigos escrevendo os seus.

Estrutura de um artigo científico

A estrutura de um artigo científico tem propósitos complementares para o autor e o leitor. Ela proporciona uma organização que o autor pode usar para apresentar uma descrição clara da pesquisa e uma interpretação convincente dos resultados. O leitor de um artigo pode esperar encontrar certas informações em cada seção. Se quiser saber como o experimento foi feito, você deve olhar a seção de Metodologia; se quiser informações sobre a análise dos dados do estudo, deve procurar a seção de Resultados. Um artigo científico consiste das seguintes seções:

> Folha de rosto (com nota do autor)
> Resumo e *abstract*
> **Introdução** ⎫
> **Metodologia** ⎬ **Corpo**
> **Resultados** ⎪ **principal**
> **Discussão** ⎭ **do artigo**
> Referências
> Notas (se houver)
> Tabelas e figuras
> Apêndices (se houver)

> **Dicas sobre o formato do manuscrito**
> Para aprender sobre o tipo de fonte, espaçamento, margens, construção de parágrafos, numeração de páginas, uso adequado de cabeçalhos e subtítulos, assim como outros aspectos do formato do manuscrito, você pode visitar www.apastyle.org ou usar o *Manual de Publicação da APA*. Veja também o "exemplo de artigo" nessas duas fontes, para verificar como deve ser a estrutura do seu manuscrito completo.

Folha de rosto

A primeira página de um artigo científico traz o título. Ela indica do que trata a pesquisa (i.e., o título), quem fez a pesquisa (i.e., os autores), onde a pesquisa foi feita (i.e., a afiliação dos autores), um breve cabeçalho para indicar aos leitores do que trata o artigo (o "cabeçalho") e uma nota do autor. A nota do autor identifica a afiliação profissional e informações de contato do autor, além de listar agradecimentos.

O título talvez seja o aspecto mais crítico do seu artigo, pois é a parte mais provável de ser lida! Identificando variáveis ou questões teóricas fundamentais, o título deve indicar claramente o tema central do artigo. Evite palavras desnecessárias como "Estudo laboratorial..." ou "Investigação sobre...".

> **Dicas para escrever o título** Um formato comum para o título de um artigo científico é "[A variável dependente] em função da [variável independente]". Por exemplo, "Tempo de resolução de anagramas em função da dificuldade do problema" seria um bom título. O título não deve ser apenas informativo, como deve ser breve. Mais importante, certifique-se de que o seu título descreve o conteúdo da sua pesquisa da maneira mais específica possível.

Abaixo do título, vêm os nomes dos autores e a instituição de cada autor. Discutimos os critérios para autoria no Capítulo 3; somente aqueles que cumprem esses critérios devem ser listados como autores de um artigo científico. Outras pessoas que contribuíram para a pesquisa são citadas em uma nota do autor.

Abstract/Resumo

O *abstract* é uma síntese concisa, escrita em um parágrafo, sobre o conteúdo e propósito do artigo científico. As regras sobre os limites de palavras para o *abstract* diferem entre revistas científicas. Consulte o *Manual de Publicação da APA* para essas diretrizes. Geralmente, o *abstract* de um estudo empírico identifica os seguintes elementos:

(a) o problema sob investigação;
(b) o método, incluindo testes e o aparato utilizado, procedimentos de coleta de dados e características pertinentes dos participantes;
(c) os principais resultados; e
(d) as conclusões e implicações dos resultados.

O *abstract*, em outras palavras, deve enfatizar os pontos críticos levantados nas seções de Introdução, Método, Resultados e Discussão do artigo. Um *abstract* bem escrito pode ter uma grande influência na probabilidade do resto do artigo ser lido. Os *abstracts* são usados por serviços de informação para indexar e recuperar artigos e, portanto, o autor deve incluir palavras-chave relacionadas com o estudo. O *Manual de Publicação da APA* descreve de forma mais completa os elementos críticos de um *abstract* para estudos empíricos, e também como devem diferir os abstracts para revisões bibliográficas, meta-análises, artigos teóricos, artigos metodológicos e estudos de caso.

Dicas sobre como escrever um *abstract*
Escrever um bom *abstract* pode ser um desafio. A melhor maneira de vencer esse desafio é escrevê-lo por último. Escrevendo o *abstract* depois de escrever o resto do texto, você será capaz de *abstrair*, ou parafrasear, as suas próprias palavras com mais facilidade.

Introdução

Objetivos da introdução A Introdução tem três objetivos principais:

1. Introduzir o problema estudado e indicar por que é importante estudá-lo.
2. Resumir brevemente a literatura relevante relacionada com o estudo e descrever as implicações teóricas do estudo.
3. Descrever o propósito, a fundamentação teórica e o desenho do estudo com um desenvolvimento lógico das previsões ou hipóteses que orientam a pesquisa.

A ordem em que você aborda esses objetivos em seu artigo pode variar, mas esta que apresentamos aqui é a mais comum.

Como mencionado, a Introdução compreende uma síntese de estudos científicos afetos ao tema. Essa revisão não visa proporcionar uma revisão exaustiva da literatura. Ao contrário, você deve selecionar cuidadosamente os estudos relacionados de forma mais direta com a sua pesquisa. Sintetizando esses estudos selecionados, você deve enfatizar os detalhes de trabalhos anteriores que mais ajudem o leitor a entender o que você fez e por que. Você deve reconhecer as contribuições de outros pesquisadores para o seu entendimento do problema. É claro que, se você citar diretamente o trabalho de outra pessoa, deve usar aspas (ver Capítulo 3 para orientações sobre como citar o trabalho de outrem).

Geralmente, pode-se fazer referência ao trabalho de outros pesquisadores de duas maneiras. Você deve indicar a referência dos autores do artigo que está citando por seus sobrenomes, com o ano em que o artigo foi publicado entre parênteses imediatamente após os nomes, ou fazer uma referência geral ao trabalho, seguida pelos nomes e ano de publicação entre parênteses. Por exemplo, se citar um estudo de Lorna Hernandez Jarvis e Patricia V. Roehling, publicado em 2007, escreva "Jarvis e Roehling (2007) observaram que..." ou "Pesquisas recentes (Jarvis e Roehling, 2007) mostram que...". As informações bibliográficas completas, incluindo o título do periódico, número do volume e as páginas específicas, devem aparecer na seção de Referências. Não se usam notas de rodapé para citar referências em um artigo científico em psicologia. Sugerimos que você revise, no Capítulo 3, a discussão sobre questões éticas relacionadas com a citação de referências para o seu trabalho (ver a subseção "Publicação de pesquisas psicológicas").

Em suma, o problema sob investigação, os resultados de pesquisas afins e a fundamentação teórica e o desenho do seu estudo devem ser apresentados de forma clara e interessante.

Dicas para escrever a introdução Para escrever uma introdução eficaz, *antes* de começar a escrever, certifique-se de articular para si mesmo exatamente o que fez e por que. Uma das melhores maneiras de se "testar" é tentar descrever oralmente, para alguém que não conheça o seu trabalho, o propósito do seu estudo, sua relação com outros estudos nessa área (p.ex., como seu estudo difere do que já se sabe), as implicações teóricas, e o que você esperava encontrar. É provável que você descubra que o ouvinte tem questões e, respondendo a elas, talvez você reconheça o que precisa ficar claro ao escrever a sua introdução.

Revisando a literatura psicológica Independentemente do seu tema ou pergunta de pesquisa, é certo que chegará um momento em que você precisará revisar a literatura psicológica. Por exemplo, mesmo que possa ter uma ideia para um experimento, você deve determinar se o experimento já foi feito. Ou você pode ter lido um artigo descrevendo um estudo no qual gostaria de fundamentar o experimento; assim, para escrever a introdução, é importante conhecer outros estudos afins. À medida que aprende mais sobre essa área de investigação, você pode observar que a sua ideia inicial para o estudo talvez precise ser modificada. Uma fonte importante de leituras adicionais é a seção de Referências de artigos relacionados com o seu tema.

O principal banco de dados virtual para revisar a literatura psicológica é o PsycINFO. O PsycINFO pode ser acessado por intermédio de bancos de dados virtuais, como *FirstSearch* e *InfoTrac*. Informe-se com a sua biblioteca local para saber quais serviços *online* estão disponíveis para você. Um banco de dados eletrônico possibilita verificar os títulos e abstracts de artigos contidos no banco de dados e identificar todos aqueles que contenham determinadas palavras-chave. A abordagem mais efetiva para esse tipo de busca é usar palavras-chave cruzadas, que devam estar presentes antes que o computador "indique" um artigo. Por exemplo,

uma estudante estava interessada em fazer uma pesquisa para determinar a incidência de estupros e outras agressões sexuais em encontros (i.e., *date rapes*). A estudante usou a palavra-chave RAPE e o prefixo DAT para orientar sua busca, escolhendo o prefixo DAT para encontrar variações, como DATE, DATES e DATING.

Depois de pesquisar vastos bancos de dados diversas vezes com palavras-chave diferentes, você talvez desenvolva uma confiança indevida de que identificou "tudo que existe sobre o tema". Todavia, é possível que *informações pertinentes tenham sido perdidas em uma determinada busca em um banco de dados eletrônicos*. As palavras-chave também podem ser enganosas. O prefixo DAT identificou todos os estudos usando a palavra DATA, de modo que muitas das referências da estudante forneciam dados (DATA) sobre o estupro – mas não apenas no contexto de um encontro (DATE). Quando os bancos de dados eletrônicos são usados adequadamente, as vantagens de pesquisar a literatura psicológica usando o PsycINFO compensam em muito as suas desvantagens.

Metodologia

A segunda seção mais importante do corpo de um texto científico é a seção de Metodologia. Escrever a seção de Metodologia pode ser um desafio. Pode até parecer fácil, pois tudo que você tem a fazer é descrever exatamente o que fez, mas, para você ter uma noção do quanto isso pode ser difícil, tente escrever um parágrafo claro e interessante descrevendo como amarra os sapatos.

Dicas para escrever a seção de Metodologia A chave para escrever uma boa seção de Metodologia é a organização. Felizmente, a estrutura dessa seção é tão consistente entre os artigos científicos que algumas poucas subseções básicas proporcionam o padrão de organização que você precisa para a maioria dos artigos científicos. Todavia, devemos abordar a pergunta que estudantes que escrevem seu primeiro artigo fazem com

Metodologia de pesquisa em psicologia **429**

> mais frequência: "quanto de detalhe devo incluir?". A qualidade do seu artigo será afetada negativamente se você incluir detalhes demais ou de menos. O fato de que usou um "lápis n.º 2" para registrar os resultados claramente é um detalhe excessivo! Uma boa regra geral é: inclua informações suficientes para que um pesquisador interessado possa replicar o seu estudo. Ler a seção de Metodologia de artigos científicos pode ajudar nessa tarefa escrita. Ver também o *Manual de Publicação*, para um apoio para escrever a seção de Metodologia.

Na seção de Metodologia, você descreverá o número e a natureza dos participantes (sujeitos) envolvidos em seu estudo, os materiais, instrumentação ou aparelhos específicos que foram usados, além de descrever exatamente como realizou o estudo (i.e., seu "procedimento"). Esses tipos de informações geralmente são apresentados em subseções diferentes (p.ex., Participantes, Materiais, Procedimento) e é importante que você revise as diretrizes da APA para o conteúdo dessas subseções. Também é uma boa ideia ler as seções de Metodologia de artigos publicados em revistas para ter uma noção do que deve ser incluído nessas subseções.

Resultados

De muitas maneiras, essa é a parte mais interessante de um artigo, pois a seção de Resultados contém o clímax do artigo científico – os resultados do estudo. Para muitos estudantes, porém, a excitação de descrever o clímax é prejudicada pela preocupação com a necessidade de relatar informações estatísticas na seção de Resultados. A melhor maneira de aliviar essa preocupação, é claro, é desenvolver o mesmo domínio dos conceitos estatísticos que você tem de outros conceitos. Um primeiro passo importante é adotar uma estrutura organizacional simples para orientá-lo ao escrever a seção de Resultados (ver Tabela 13.1).

Você deve usar a seção de Resultados para responder as perguntas que levantou

em sua introdução. Todavia, o princípio orientador da seção de Resultados é "atenha-se aos fatos, apenas aos fatos". Você terá a oportunidade de ir além dos fatos quando chegar à seção de Discussão.

Informações estatísticas Os dados brutos do seu estudo (p.ex., escores individuais) não devem ser incluídos na seção de Resultados. Ao contrário, você deve usar estatísticas resumo (p.ex., média, desvio padrão) e informar os resultados de todos os testes estatísticos inferenciais relacionados com a sua hipótese (favoráveis e desfavoráveis!). Para estudos complexos, o uso de tabelas e figuras costuma ser importante. A seção de Resultados estabelece o alicerce para as condições que você apresentar na seção de Discussão. É na seção da Discussão, e não na seção dos Resultados, que as implicações do seu estudo devem ser mencionadas. Como já dissemos: na seção de Resultados, atenha-se aos fatos, e apenas aos fatos!

> **Dicas para escrever uma boa seção de Resultados** Sugerimos que você siga estes passos ao escrever sua seção de Resultados.
>
> - *Passo 1.* O parágrafo da seção de Resultados começa declarando o propósito da análise. As razões para fazer uma análise devem ser informadas sucintamente; muitas vezes, não é necessário mais do que uma frase. No parágrafo do exemplo, o propósito da análise é "analisar a retenção em função das instruções dadas durante o estudo".
> - *Passo 2.* O segundo passo para escrever um parágrafo da seção de Resultados é identificar a estatística descritiva (p.ex., média, mediana, frequência total) que será usada para sintetizar os resultados de uma determinada variável dependente. No exemplo, os pesquisadores usaram os números médios de palavras lembradas ao sintetizar os resultados.
> - *Passo 3.* O terceiro passo é apresentar uma síntese dessa estatística descritiva entre as condições. As medidas da tendência central devem ser acompanhadas

430 Shaughnessy, Zechmeister & Zechmeister

☑ **Tabela 13.1** Estrutura de um parágrafo típico da seção de resultados

1. Descreva o propósito da análise.
2. Identifique a estatística descritiva a ser usada para sintetizar os resultados.
3. Apresente uma síntese dessa estatística para as diferentes condições no próprio texto, em uma tabela ou em uma figura.
4. Se usar uma tabela ou figura, indique os principais resultados em que o leitor deve se concentrar.
5. Apresente as razões e os resultados de intervalos de confiança, tamanhos de efeito e testes estatísticos inferenciais.
6. Descreva a conclusão baseada em cada teste, mas não discuta implicações. Elas devem vir na seção de Discussão.

Exemplo de parágrafo

Para analisar a retenção em função das instruções dadas durante o estudo, foi determinado o número de palavras que cada participante lembrou em cada condição de instrução. As palavras foram contadas como corretas somente se correspondessem a uma palavra da lista. Erros ortográficos foram aceitos, se a ortografia fosse semelhante à da palavra-alvo. Os números médios de palavras lembradas (com os desvios padrão correspondentes) foram: 15,6 (1,44); 15,2 (1,15); e 10,1 (1,00) na condição de imagens bizarras, na condição de imagens comuns e na condição de controle, respectivamente. Os intervalos de confiança de 95% foram: imagens bizarras [13,18, 18,02]; imagens comuns [12,78, 17,62]; controle [7,68, 12,52]. De um modo geral, as diferenças médias foram estatisticamente significativas, $F(2, 72) = 162,84$, $p < 0,001$, $EQM = 1,47$, $\eta^2 = 0,82$. Comparações entre os intervalos de confiança revelaram que ambas as condições de imagens diferiram da condição de controle, mas que as duas condições de imagens não diferiram entre si. Como conclusão, a retenção pelos participantes instruídos a usar imagens foi maior do que a dos sujeitos que não receberam instruções específicas, mas a retenção não diferiu para os dois tipos de instruções sobre as imagens.

por medidas correspondentes da variabilidade, como informar o desvio padrão juntamente com cada média. Também é bastante recomendável informar uma medida do tamanho do efeito. Se houver apenas duas ou três condições em seu experimento, essa síntese deve ser apresentada no próprio texto. Se você tiver mais dados para resumir, deve apresentar seus resultados em uma tabela ou figura (gráfico). Descreveremos os procedimentos para construir tabelas e figuras mais adiante nesta seção.

• *Passo 4*. A tabela ou figura não deve ser considerada suficiente por si só. Seu leitor precisará de ajuda para obter o máximo possível de informações de uma tabela ou figura. Você está na melhor posição para dar essa ajuda, pois é a pessoa mais familiarizada com os resultados. Você deve direcionar a atenção dos leitores para os pontos mais importantes dos dados na tabela ou figura, concentrando-

-se especialmente naqueles aspectos dos resultados que são condizentes (ou discrepantes) com as hipóteses que propôs na introdução. Geralmente, não se apresentam os mesmos dados em uma tabela e uma figura. Independentemente de qual escolher, certifique-se de enfatizar no próprio texto os resultados críticos que a tabela ou figura revelar.

• *Passo 5*. O quinto passo ao escrever um parágrafo da seção de Resultados é apresentar os resultados de testes estatísticos inferenciais. As informações sempre devem ser apresentadas juntamente com qualquer teste estatístico inferencial: o nome do teste (geralmente indicado por um símbolo como t, r ou F); os graus de liberdade para o teste (apresentados em parênteses depois da identificação do teste); e o valor do parâmetro que obteve; a probabilidade exata do resultado do teste (a menos que o valor de p seja menor que 0,001, como no exemplo); e medidas do tamanho do efeito. Você também deve incluir o erro quadrático médio (*EQM*), conforme ilustrado na Tabela 13.1 (ver o exemplo de parágrafo). O *EQM* (o denominador da razão *F*) permite que leitores interessados calculem outras estatísticas a partir dos seus resultados e facilita a realização de meta-análises subsequentes. Conforme discutido nos Capítulos 11 e 12, recomenda-se informar também os intervalos de confiança. Mais uma vez, veja o exemplo de parágrafo para maneiras como essas informações são incorporadas na seção de Resultados.

* *Passo final*. O último passo ao escrever um parágrafo da seção de Resultados é apresentar uma conclusão breve a partir de cada teste que você descreveu. Por exemplo, considere um estudo em que o número médio correto é 10 para o grupo experimental e 5 para o grupo controle, e os intervalos de confiança para essas duas médias não se sobrepõem. Uma conclusão apropriada seria: "o grupo controle teve desempenho inferior ao do grupo experimental". Neste exemplo simples, a conclusão pode parecer óbvia, mas é essencial apresentar uma declaração da conclusão, especialmente para análises complexas.

Cada parágrafo da seção de Resultados segue a estrutura apresentada na Tabela 13.1. A ideia não é sobrecarregar o leitor com estatísticas. O desafio é selecionar os resultados que são mais críticos, certificando-se de informar todos os dados pertinentes às questões levantadas em sua introdução. Antes de concluir a nossa discussão da seção de Resultados, descreveremos brevemente os procedimentos básicos para construir tabelas e figuras.

Apresentando dados em tabelas As tabelas são um meio eficaz e eficiente de apresentar grandes quantidades de dados de maneira concisa. A tabela deve complementar e não repetir informações apresentadas no texto do artigo, mas deve estar bem-integrada ao texto. As tabelas em um artigo científico são numeradas consecutivamente. Numerar as tabelas facilita se referir a elas

no texto por seus números. Cada tabela também deve ter um breve título explicativo, e as colunas e linhas da tabela devem ser rotuladas de forma clara. As entradas de dados na tabela devem ser informadas todas no mesmo grau de precisão (i.e., todos os valores devem ter o mesmo número de casas decimais), e os valores devem ser alinhados da mesma forma com os títulos das linhas e colunas correspondentes. Você pode verificar, no *Manual de Publicação*, as várias maneiras de construir tabelas segundo as exigências estilísticas da APA (ver especialmente o Capítulo 5 do *Manual*).

Apresentando dados em figuras As figuras, como as tabelas, são um modo conciso de apresentar grandes quantidades de informações. Uma figura tem dois eixos principais: o eixo horizontal, ou eixo x, e o eixo vertical, ou eixo y. Geralmente, os níveis da variável independente são plotados no eixo x, e os da variável dependente são plotados no eixo y. Quando existem duas ou mais variáveis independentes, os níveis da segunda e outras variáveis independentes servem como rótulos para os dados apresentados na figura ou são indicados na legenda. Na Figura 13.1, os valores da variável dependente (número médio lembrado) são plotados no eixo y, e os níveis da variável independente (posição serial) são indicados no eixo x. Os níveis da segunda variável independente (ativada [A] ou não ativada [NA]) rotulam os dados nas figuras, e os níveis da terceira variável independente (instruções) servem como subtítulos para cada um dos dois painéis separados da figura.

Dois tipos gerais de figuras costumam ser usados em psicologia: gráficos de linhas e gráficos de barras. O tipo mais comum é o gráfico de linhas, como o mostrado na Figura 13.1. Quando a variável independente plotada no eixo x é uma variável escalar nominal, porém, costuma-se usar um gráfico de barras. Por exemplo, se você estivesse plotando a média aritmética (variável dependente) de estudantes matriculados em diferentes cursos acadêmicos (variável independente), você poderia usar um gráfico de barras. Um exemplo de gráfico de barras é apresentado na Figura 13.2. Existem maneiras alternativas de construir apresentações gráficas úteis, e você deve consultar o capítulo no *Manual de Publicação* (Capítulo 5) para ver as diversas opções. Todas as figuras devem ser desenhadas de forma clara e rotuladas adequadamente para que os leitores possam entender exatamente o que está representado.

Discussão

A seção de Discussão, ao contrário da seção de Resultados, contém "mais do que apenas os fatos". Chegou o momento de expor as implicações da sua pesquisa, enfatizar os resultados específicos que corroborem a sua hipótese e comentar criticamente os resultados que não a corroborem. Em outras palavras, faça uma síntese final para o júri de leitores.

A Discussão começa com uma declaração sucinta dos resultados essenciais. Esse resumo não deve repetir as estatísticas descritivas, e não se refere necessariamente às análises estatísticas dos resultados. Você deve comparar e contrastar seus resultados com os de outros pesquisadores da área, especialmente com aqueles que citou anteriormente na introdução. Seja "honesto" com seu leitor e admita quaisquer deficiências em seu desenho ou análise, que possam levar a interpretações diferentes. Uma maneira de identificar limitações ou problemas é tentar prever as críticas que outras pessoas possam fazer ao seu estudo. Se os seus resultados não forem condizentes com as suas hipóteses originais, você deve sugerir uma explicação para essas discrepâncias.

Tenha o cuidado de manter as afirmações que fizer na discussão coerentes com os dados apresentados nos Resultados. Por exemplo, não se deve dizer que um grupo teve desempenho superior ao do outro se a diferença entre as médias para os grupos não for confiável – pelo menos não sem qualificar o que se quer dizer com "superior".

Se apropriado, conclua a Discussão propondo pesquisas adicionais que devam ser feitas em relação ao problema que está investigando. Tente ser específico quanto à pesquisa que deve ser feita e por que ela deve ser realizada. Ou seja, certifique-se de explicar o que a nova pesquisa deve revelar que ainda não sabemos. O leitor não aprenderá muita coisa se você disser: "seria interessante fazer esse experimento com participantes mais jovens". Ele entenderá melhor se você explicar como espera que os resultados difiram com participantes mais jovens e o que você concluiria se os resultados do experimento proposto saíssem conforme o esperado.

> **Dicas para escrever a seção de Discussão**
> Um esboço da seção de Discussão pode ser mais ou menos assim:
> - Uma breve revisão do problema e suas hipóteses (expectativas).
> - Um resumo dos principais resultados que corroboram (ou não) a sua hipótese.
> - Comparação com resultados obtidos por outros pesquisadores nessa área.
> - Comentários sobre as limitações do seu estudo (e sempre existem algumas!).
> - Sugestões para pesquisas futuras (seja específico!).
> - Comentários sobre a importância dos resultados e, se apropriado, possíveis implicações práticas.

Referências

Geralmente, são encontrados quatro tipos de referências na maioria dos artigos científicos: artigos de revistas, livros, capítulos de livros e fontes da internet. A Tabela 13.2 ilustra como essas referências devem ser citadas na seção de Referências de um manuscrito. As regras específicas de formatação para informar essas referências e outros tipos conforme o estilo da APA podem ser revisadas consultando o *Manual de Publicação*. O tutorial gratuito encontrado no endereço www.apastyle.org também pode ajudar a formatar as referências.

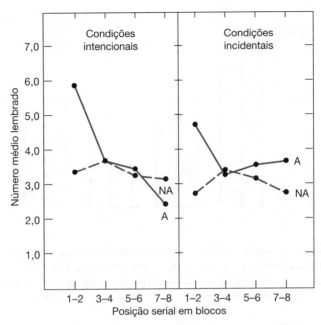

☑ **Figura 13.1** Número médio de palavras lembradas (em 10 possíveis) em função da posição serial em blocos, ativação (A = ativada; NA = não ativada) e condição instrucional.

A rápida disseminação das publicações eletrônicas tem levado à necessidade de "identificadores" eletrônicos para informações obtidas na internet. Por exemplo, qualquer pessoa que use a internet conhece os URLs (*uniform resource locators*). Eles geralmente começam com http:// e são seguidos pelo nome de um servidor (muitas vezes precedido por www.), um caminho e o título do documento. Por exemplo, o URL para uma fonte muito útil para pesquisas relevantes sobre temas psicológicos ("Library Research in Psychology") é: http://www.apa.org/education/undergrad/library-research.aspx. Se você citar informações obtidas na internet, é importante que forneça informações específicas para localizar a fonte.

Uma forma mais recente de identificador eletrônico é um identificador de objetos digitais (DOI). O DOI é uma sigla alfanumérica que identifica o conteúdo e a localização eletrônica de um artigo ou outra fonte de informações encontradas na internet. O DOI costuma ser encontrado na folha de rosto de um artigo publicado. As diretrizes estilísticas da APA indicam que, sempre que existe um DOI, você deve incluí-lo em sua citação na seção de Referências. Uma maneira fácil de usar o DOI é adicioná-lo após http://dx.doi.org/ ao pesquisar. Assim, o artigo apresentado na Tabela 13.2 com o identificador 10.1037/0003-066X.60.6.581 pode ser encontrado usando o endereço http://dx.doi.org/10.1037/0003-066X.60.6.581 em seu mecanismo de busca. Tente usar esse DOI e ver se encontra a referência para Hyde (2005). Mais uma vez, indicamos o *Manual de Publicação* para uma discussão mais completa das fontes eletrônicas e formatos recomendados para as referências.

Você economizará aos seus leitores muitos problemas se seguir seus formatos de referência minuciosamente e revisar sua lista de referências com cuidado. As referências são listadas em ordem alfabética, pelo sobrenome do primeiro autor de cada artigo.

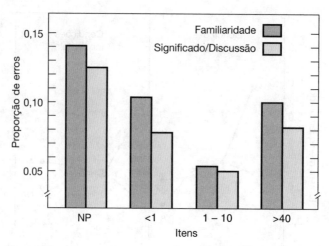

☑ **Figura 13.2** Proporção de erros de reconhecimento cometidos por dois grupos de estudantes universitários após avaliarem itens verbais para familiaridade ou significado. Os itens eram não palavras (NP) e palavras que apareciam menos de 1 vez, de 1 a 10 vezes, e mais de 40 vezes por milhão na contagem de Thorndike-Lorge.

Notas

As notas são raras em artigos científicos, e mais raras ainda em relatórios de pesquisa de estudantes. Quando aparecem, devem ser numeradas consecutivamente no texto e colocadas em uma página separada após a seção de Referências.

Apêndices

Os apêndices são raros em artigos científicos publicados, mas são um pouco mais comuns em artigos acadêmicos de estudantes. Quando faz parte de um artigo publicado, cada apêndice começa em uma página separada do texto, e aparecem ao final do artigo, após as referências. (*Obs.*: os professores podem exigir que você submeta um apêndice com os seus dados brutos, as planilhas para a análise estatística, ou a folha impressa com as análises feitas no computador. O apêndice também pode ser usado para incluir uma cópia literal das instruções dadas aos participantes ou uma lista dos materiais usados no experimento.) Cada apêndice é identificado por uma letra (A, B, C e assim por diante), e qualquer referência ao apêndice no corpo do texto deve ser feita usando-se essa letra. Por exemplo, você pode escrever: "as instruções completas podem ser encontradas no Apêndice A".

Dicas para submeter seu manuscrito ao editor de uma revista O *Manual de Publicação* traz informações importantes sobre o processo de publicação, incluindo descrições de políticas editoriais, responsabilidades, uma lista de verificação para o manuscrito, um exemplo de carta para o editor e a ficha de adesão aos princípios éticos da APA, que pode ser solicitada ao submeter manuscritos aos periódicos da APA. (As Tabelas 1, 2 e 3 no Apêndice do *Manual* contêm informações amplas recomendadas para manuscritos relatando a coleta de dados originais. Uma revisão desses elementos críticos ajudará até os pesquisadores mais experientes a identificar o que pode estar faltando em seu artigo.)

Apresentações orais

Os psicólogos pesquisadores participam regularmente de convenções profissionais, nas quais apresentam descrições orais sucintas

Metodologia de pesquisa em psicologia 435

☑ **Tabela 13.2** Exemplo de formato para citações de referências

Artigo de revista científica sem DOI
Loftus, E. F., & Burns, T. E. (1982). Mental Shock can produce retrograde amnesia. *Memory & Cognition, 10,* 318-323.
Artigo de revista científica com DOI
Hyde, J. S. (2005). The gender similarities hypothesis. *American Psychologist, 60,* 581-592. doi: 10.1037/0003-066X.60.6.581
Livro
Posavac, E. J., & Carey, R. G. (2007). *Program Evaluation* (7th. Ed.). Englewood Cliffs, NJ: Prentice Hall.
Capítulo de livro organizado
Weiss, J. M. (1977). Psychological and behavioral influencies on gastrointestinal lesions in animal models, In J. D. Maser & M. E. P. Seligman (Eds.), *Psychopathology: Experimental models* (pp. 232-269). San Francisco: W. H. Freeman.
Artigo científico ou documento técnico obtido pela internet
Lenhart, A. Madden, M., & Hitlin, P. (2005). *Teens and technology: Youth are leading the transition to a fully wired and mobile nation.* Recuperado do endereço http://www.pewinternet.org/pdfs/ PIP_Teens_Tech_July2005web.pdf

de suas pesquisas. De maneira semelhante, os estudantes podem fazer apresentações orais de suas pesquisas na sala de aula ou em um simpósio departamental de pesquisa envolvendo alunos de várias turmas diferentes ou em conferências de pesquisa na graduação. Todas essas situações compartilham uma característica – o tempo permitido para a apresentação geralmente não é de mais de 10 a 15 minutos. Nesse período de tempo, é impossível fazer a descrição detalhada que é incluída em um artigo científico.

Uma boa apresentação oral mostra uma síntese sucinta do problema, a metodologia, os principais resultados e as conclusões. De muitas maneiras, é como um resumo expandido do estudo. Os pesquisadores muitas vezes disponibilizam cópias escritas do seu estudo, que contêm mais detalhes do que poderiam ser fornecidos na apresentação oral. Isso livra o apresentador para se ater aos pontos fundamentais do estudo e não se prender aos detalhes mínimos do método ou das análises. Resista à tentação de informar resultados estatísticos específicos ("o valor de F da ANOVA foi 4,67"). Simplesmente diga que "foi obtida uma diferença significativa" ou que "as condições diferiam confiavelmente". Os ouvintes podem procurar detalhes específicos em seu texto escrito.

Dicas para fazer apresentações orais eficazes O fato de ser uma apresentação "oral" não significa que você não deva preparar uma versão escrita completa. Tenha o cuidado, contudo, de escrever como falaria e não, por exemplo, como escreveria um artigo científico. Use sentenças simples e marque os locais onde gostaria de fazer uma pausa ou se referir a um material de apoio visual. A maioria das pessoas fala mais rápido quando fica nervosa, portanto, usar sinais para pausas em suas páginas lembrarão de falar em um ritmo moderado e pausar ocasionalmente. A versão escrita que você usar para falar não precisa (e talvez não deva) ser a mesma que o material escrito para distribuir para a plateia. Você decide se deve memorizar a sua apresentação antes de fazê-la, talvez com ajuda de *slides* do PowerPoint, ou se a lerá. Devido aos limites rígidos de tempo, a sua apresentação somente deve mencionar os destaques do estudo. Quando estiver satisfeito com a

> sua apresentação escrita, o próximo passo é ensaiá-la em voz alta para si mesmo, de modo que esteja familiarizado com o que deve dizer e consiga se manter dentro do limite de tempo. Então, você deverá praticar a sua fala perante uma plateia crítica (mas solidária). Pergunte aos membros da sua plateia de prática o que não entenderam ou gostariam que fosse esclarecido. Será que conseguiram acompanhar o que você disse que fez e descobriu? Você falou em um tom de voz suficientemente alto? O material visual (se houver) era claro e eficaz? Eles conseguiriam repetir os pontos principais? Você se manteve dentro do limite de tempo permitido? Finalmente, ao fazer a apresentação perante uma plateia "real", certifique--se de deixar um tempo para perguntas.

Projetos de pesquisa

Na última seção deste capítulo, discutimos a escrita novamente – mas, desta vez, a escrita de projetos de pesquisa. Conforme mencionamos no começo do capítulo, os pesquisadores muitas vezes devem procurar apoio financeiro para suas pesquisas, submetendo propostas de bolsas a agências privadas ou governamentais. Estudantes em classes de metodologia de pesquisa também precisam submeter projetos descrevendo pesquisas que possam fazer. Mesmo que não seja necessário um projeto escrito, somente um pesquisador imprudente prepararia um projeto de pesquisa sem uma consideração cuidadosa da literatura relacionada, possíveis problemas práticos, análises estatísticas factíveis dos dados, e a eventual interpretação dos resultados esperados. Essa consideração prévia cuidadosa ajudará você a desenvolver um projeto de pesquisa que seja exequível e que possa ser analisado e interpretado adequadamente.

O propósito do projeto de pesquisa é garantir um desenho de pesquisa factível que, quando implementado, gere um resultado empírico interpretável e de significativo mérito científico. Nenhum projeto de pesquisa, não importa o quanto seja bem-preparado, pode garantir

resultados importantes. Os pesquisadores aprendem, no começo de suas carreiras, sobre a Lei de Murphy. Em essência, a Lei de Murphy diz que "qualquer coisa que possa dar errado, dará". Não obstante, é importante preparar um projeto de pesquisa, nem que seja para evitar os problemas que forem evitáveis na pesquisa.

Um projeto de pesquisa escrito segue o formato geral de um artigo científico, mas os subtítulos das diversas seções são levemente diferentes. O projeto deve conter as seguintes seções principais:

> Introdução
> Metodologia
> Resultados esperados e plano proposto para análise de dados
> Conclusões
> Referências
> Apêndice
> Informações para o Comitê de Revisão Institucional

O projeto de pesquisa não contém resumo e *abstract*. A introdução do projeto de pesquisa provavelmente conterá uma revisão mais ampla da literatura relevante do que é necessária para um artigo científico. A declaração do problema de pesquisa e o desenvolvimento lógico de hipóteses em um projeto de pesquisa são os mesmos exigidos para um artigo científico. De maneira semelhante, a seção de Metodologia no projeto deve ser o mais semelhante possível à que acompanhará a pesquisa concluída.

A seção do projeto intitulada "Resultados esperados e plano proposto para análise de dados" deve conter uma breve discussão dos resultados previstos para a pesquisa. Na maioria dos casos, não se saberá a natureza exata dos resultados. Todavia, você sempre terá uma ideia (na forma de uma hipótese ou prognóstico) do resultado da pesquisa. A seção de Resultados esperados pode conter tabelas ou figuras dos resultados que você espera que ocorram. Os resultados esperados que são mais importantes para o projeto devem ser enfatizados. Uma proposta para um plano de

Metodologia de pesquisa em psicologia **437**

análise de dados para os resultados esperados deve vir nessa seção. Por exemplo, se você está propondo um desenho complexo, deve indicar quais efeitos estará testando e quais testes estatísticos usará. Também devem ser mencionadas alternativas razoáveis aos resultados esperados, bem como problemas possíveis de interpretação que surgirão se os resultados se desviarem da hipótese de pesquisa. O corpo de um projeto de pesquisa termina com a seção de Conclusões que apresenta uma declaração breve das conclusões e implicações baseadas nos resultados esperados.

A seção de Referências deve ter exatamente a mesma forma que você submeteria com o artigo final. Um apêndice deve concluir o projeto de pesquisa, contendo uma lista de todos os materiais que serão usados para fazer o estudo. Por exemplo, se você está fazendo um experimento envolvendo a memória dos estudantes para listas de palavras, o apêndice deve conter o seguinte: listas de palavras verdadeiras com randomizações feitas, o tipo de aparato utilizado para a apresentação, instruções aos participantes para todas as condições e randomizações de condições.

Finalmente, o projeto de pesquisa deve incluir material a ser submetido a um Comitê de Revisão Institucional (IRB) ou um comitê semelhante criado para revisar a ética da pesquisa proposta (ver Capítulo 3). Sua instituição, sem dúvida, tem formulários padronizados que devem ser submetidos com a sua proposta.

Referências

Abelson, R. P. (1995). *Statistics as principled argument.* Hillsdale, NJ: Erlbaum.

Abelson, R. P. (1997). On the surprising longevity of flogged horses: Why there is a case for the significance test. *Psychological Science, 8,* 12-15.

Adler, T. (1991, December). Outright fraud rare, but not poor science. *APA Monitor,* 11.

Allison, M. G., & Aylton, T. (1980). Behavioral coaching in the development of skills in football, gymnastics, and tennis. *Journal of Applied Behavior Analysis, 23,* 297-314.

Allport, G. W. (1961). *Pattern in growth and personality.* New York: Holt, Rinehart and Winston.

Altmann, J. (1974). Observational study of behavior: Sampling methods. *Behavior, 48,* 1-41.

Ambady, N., & Rosenthal, R. (1993). Half a minute: Predicting teacher evaluations from thin slices of nonverbal behavior and physical attractiveness. *Journal of Personality and Social Psychology, 64,* 431-441.

American Psychiatric Association. (2000). *Diagnostic and statistical manual of mental disorders* (4th ed., Text Revision). Washington, DC: Author.

American Psychological Association. (2002). Ethical principles of psychologists and code of conduct. *American Psychologist, 57,*1060-1073.

American Psychological Association. (2006). Summary report of journal operations, 2005. *American Psychologist, 61,* 559-560.

American Psychological Association. (2010). *Publication manual* (6th ed). Washington, DC: Author.

Anderson, C. A., Berkowitz, L., Donnerstein, E., Huesmann, L. R., Johnson, J. D., Linz, D., Malamuth, N. M., & Wartella, E. (2003). The influence of media violence on youth. *Psychological Science in the Public Interest, 4,* 81-110.

Anderson, C. A., & Bushman, B. J. (1997). External validity of "trivial" experiments: The case of laboratory aggression. *Review of General Psychology, 1,* 19-41.

Anderson, C. R. (1976). Coping behaviors as intervening mechanisms in the inverted-U stress-performance relationship. *Journal of Applied Psychology, 61,* 30-34.

Anderson, J. R. (1990). *The adaptive character of thought.* Hillsdale, NJ: Erlbaum.

Anderson, J. R. (1993). *Rules of the mind.* Hillsdale, NJ: Erlbaum.

Anderson, J. R., & Milson, J. R. (1989). Human memory: An adaptive perspective. *Psychological Review, 96,* 703-719.

Anderson, K. J., & Revelle, W. (1982). Impulsivity, caffeine, and proofreading: A test of the Easterbrook hypothesis. *Journal of Experimental Psychology: Human Perception and Performance, 8,* 614-624.

Anglin, J. M. (1993). Vocabulary development: A morphological analysis. *Monographs of the Society for Research in Child Development, 58* (10, Serial No. 238).

Arnett, J. J. (2008). The neglected 95%: Why American psychology needs to become less American. *American Psychologist, 63,* 602-614. doi: 10.1037/0003-066x.63.7.602

Atkinson, R. C. (1968). Computerized instruction and the learning process. *American Psychologist, 23,* 225-239.

440 Referências

Atkinson, R. C., & Shiffrin, R. M. (1968). Human memory: A proposed system and its control processes. In K. W. Spence & J. T. Spence (Eds.), *The psychology of learning and motivation* (Vol. 2, pp. 89-195). New York: Academic Press.

Azar, B. (1994a, August). Computers create global research lab. *APA Monitor*, 1, 16.

Azar, B. (1994b, August). Research made easier by computer-networks. *APA Monitor*, 16.

Bagemihl, B. (2000). *Biological exuberance: Animal homosexuality and natural diversity.* New York, New York: St. Martin's Press.

Baker, T. B., McFall, R. M., & Shoham, V. (2009). Current status and future prospectos of clinical psychology: Toward a scientifically principled approach to mental and behavioral health care. *Psychological Science in the Public Interest, 9*, 67-103. doi: 10.1011/j.1539-6053.2009.011036.x

Banaji, M. R., & Crowder, R. G. (1989). The bankruptcy of everyday memory. *American Psychologist, 44*, 1185-1193.

Bard, K. A., Myowa-Yamakoshi, M., Tomonaga, M., Tanaka, M., Costall, A., & Matsuzawa, T. (2005). Group differences in the mutual gaze of chimpanzees (Pall Troglodytes). *Developmental Psychology, 41*, 616-624.

Barker, R. G., Wright, H. F., Schoggen, M. F., & Barker, L. S. (1978). Day in the life of Mary.Ennis. In R. G. Barker et al. (Eds.), Habitats, environments, and human behavior (pp. 51-98). San Francisco: Jossey-Bass.

Baron, R. M., & Kenny, D. A. (1986). The moderator-mediator variable distinction in social psychological research: Conceptual, strategic, and statistical considerations. *Journal of Personality and Social Psychology, 51*, 1173-1182.

Bartholomew, G. A. (1982). Scientific innovation and creativity: A zoologist's point of view. *American Zoologist, 22*, 227-335.

Bartlett, M. Y., & DeSteno, D. (2006). Gratitude and prosocial behavior: Helping when it costs you. *Psychological Science, 17*, 319-325.

Baumeister, R. F., Vohs, K. F., & Funder, D. C. (2007). Psychology as the science of self-reports and finger movements: Whatever happened to actual behavior? *Perspectives on Psychological Science, 2*, 396-403. doi: 10.1111/j.1754-6916.2007.00051.x

Baumrind, D. (1985). Research using intentional deception: Ethical issues revisited. *American Psychologist, 40*, 165-174.

Becker-Blease, K. A., & Freyd, J. J. (2006). Research participants telling the truth about their lives: The ethics of asking and not asking about abuse. *American Psychologist, 61*, 218-226.

Behnke, S. (2003). Academic and clinical training under APA's new ethics code. *Monitor on Psychology, 34*, 64.

Berdahl, J. L., & Moore, C. (2006). Workplace harassment: Double jeopardy for minority women. *Journal of Applied Psychology, 91*, 426-436.

Berk, R. A., Boruch, R. F., Chambers, D. L., Rossi, P. H., & Witte, A. D. (1987). Social policy experimentation: A position paper. In D. S. Cordray & M. W. Lipsey (Eds.), *Evaluation Studies Review Annual* (Vol. 11, pp. 630-672). Newbury Park, CA: Sage.

Bickman, L. (1976). Observational methods. In C. Selltiz, L. S. Wrightsman, & S. W. Cook (Eds.), *Research methods in social relations* (pp. 251-290). New York: Holt, Rinehart and Winston.

Birnbaum, M. H. (2000). Decision making in the lab and on the Web. In M. H. Birnbaum (Ed.), *Psychological experiments on the Internet* (pp. 3-34). San Diego, CA: Academic Press.

Blanchard, F. A., Crandall, C. S., Brigham, J. C., & Vaughn, L. A. (1994). Condemning and condoning racism: A social context approach to interracial settings. *Journal of Applied Psychology, 79*, 993-997.

Blanck, P. D., Bellack, A. S., Rosnow, R. L., Rotheram-Bonus, M. J., & Schooler, N. R. (1992). Scientific rewards and conflicts of ethical choices in human subjects research. *American Psychologist, 47*, 959-965.

Bolgar, H. (1965). The case study method. In B. B. Wolman (Ed.), *Handbook of clinical psychology* (pp. 28-39). New York: McGraw-Hill.

Boring, E. G. (1954). The nature and history of experimental control. *American Journal of Psychology, 67*, 573-589.

Brandt, R. M. (1972). *Studying behavior in natural settings.* New York: Holt, Rinehart and Winston: University Press of America, 1981.

Broder, A. (1998). Deception can be acceptable. *American Psychologist, 53*, 805-806.

Brown, R, & Kulik, J. (1977). Flashbulb memories. *Cognition, 5*, 73-99.

Bryant, A. N., & Astin, H. A. (2006). *The spiritual struggles of college students.* Manuscript under editorial review.

Buchanan, T. (2000). Potential of the Internet for personality research. In M. H. Birnbaum (Ed.), *Psychological experiments on the Internet* (pp.121-139). San Diego, CA: Academic Press.

Burger, J. M. (2009). Replicating Milgram: Would people still obey today? *American Psychologist, 64*, 1-11. doi: 10.1037/a0010932

Bushman, B. J. (2005). Violence and sex in television programs do not sell products in advertisements. *Psychological Science, 16*, 702-708.

Bushman, B. J., & Cantor, J. (2003). Media ratings for violence and sex: Implications for policymakers and parents. *American Psychologist, 58*, 130-141.

Campbell, D. T. (1969). Reforms as experiments. *American Psychologist, 24*, 409-429.

Campbell, D. T., & Stanley J. C. (1966). *Experimental and quasi-experimental designs for research*. Chicago: Rand McNally.

Candland, D. K. (1993). *Feral children and clever animals*. New York: Oxford University Press.

Carnagey, N. L., & Anderson, C. A. (2005). The effects of reward and punishment in violent video games on aggressive affect, cognition, and behavior. *Psychological Science, 16*, 882-889.

Ceci, S. J. (1993). Cognitive and social factors in children's testimony. Master lecture presented at the American Psychological Association Convention.

Chastain, G., & Landrum, R. E. (199). *Protecting human subjects: Departmental subject pools and institutional review boards*. Washington, DC: American Psychological Association.

Chernoff, N. N. (2002, December). Nobel Prize winner pushes economic theory despite hurdles. *APS Observer, 15*, 9-10.

Chow, S. L. (1988). Significance test or effect size? *Psychological Bulletin, 103*, 105-110.

Christensen, L. (1988). Deception in psychological research: When is its use justified? *Personality and Social Psychology Bulletin, 14*, 664-675.

Clark, H. H., & Schober, M. F. (1992). Asking questions and influencing answers. In J. M. Tanur (Ed.), *Questions about questions: Inquiries into the cognitive bases of surveys*. New York: Russell Sage Foundation.

Cohen, J. (1988). *Statistical power analysis for the behavioral sciences* (2nd ed.). Hillsdale, NJ: Erlbaum.

Cohen, J. (1990). Things I have learned (so far). *American Psychologist, 45*, 1304-1312.

Cohen, J. (1992). A power primer. *Psychological Bulletin, 112*, 155-159.

Cohen, J. (1995). The earth is round (p <.05). *American Psychologist, 49*, 997-1003.

Cook, T. D., & Campbell, D. T. (1979). *Quasi-experimentation: Design and analysis issues for field settings*. Chicago: Rand McNally

Coon, D. J. (1992). Testing the limits of sense and science: American experimental psychologists combat spiritualism, 1880-1920. *American Psychologist, 47*, 143-151.

Cordaro, L., & Ison, J. R. (1963). Psychology of the scientist: X. Observer bias in classical conditioning of the planarian. *Psychological Reports, 13*, 787-789.

Cronbach, L. J. (1992). Four Psychological Bulletin articles in perspective. *Psychological Bulletin, 12*, 389-392.

Crossen, C. (1994). *Tainted truth: The manipulation of fact in America*. New York: Simon & Schuster.

Cumming, G., Fidler, F., Leonard, M., Kalinowski, P., Christiansen, A., Kleinig, A., Lo, J., McMenamin, N., & Wilson, S. (2007). Statistical reform in psychology: Is anything changing? *Psychological Science, 18*, 230-232.

Cumming, G., & Finch, S. (2005). Inference by eye: Confidence intervals and how to read pictures of data. *American Psychologist, 60*, 170-180.

Curtiss, S. R. (1977). *Genie: A psycholinguistic study of a modern-day "wild child."* New York: Academic Press.

Dallam, S. J., Gleaves, D. H., Cepeda-Benito, A., Silberg, J. L., Kraemer, H. C., & Spiegel, D. (2001). The effects of child sexual abuse: Comment on Rind, Tromovitch, and Bauserman (1998). *Psychological Bulletin, 127*, 715-733.

Dawes, R. M. (1991, June). *Problems with a psychology of college sophomores*. Artigo apresentado na Third Annual Convention of the American Psychological Society, Washington, DC.

DeLoache, J. S., Pierroutsakos, S. L., Uttal, D. H., Rosengren, K. S., & Gottlieb, A. (1998). Grasping the nature of pictures. *Psychological Science, 9*, 205-210.

Dickie, J. R. (1987). Interrelationships within the mother-father-infant triad. In P. W. Berman & F. A. Pedersen (Eds.), *Men's transitions to parenthood: Longitudinal studies of early family experience* (pp. 113-143). Hillsdale, NJ: Erlbaum.

Diener, E. (2009). Introduction to special issue on the next big questions in psychology. *Perspectives on Psychological Science, 4*, 325. doi: 10.1111/j.1745.6924.2009.0133.x

Diener, E., & Crandall, R. (1978). *Ethics in social and behavioral research*. Chicago: The University of Chicago Press.

Dittmar, H., Halliwell, E., & Ive, S. (2006). Does Barbie make girls want to be thin? The effect of experimental exposure to images of dolls on the body image of 5- to 8-year-old girls. *Developmental Psychology, 42*, 283-292.

Dolan, C. A., Sherwood, A., & Light, K. C. (1992). Cognitive coping strategies and blood pressure responses to real-life stress in healthy young men. *Health Psychology, 11*, 233-240.

Eberhardt, J. L., Davies, P. G., Purdie-Vaughns, V. J., & Johnson, S. L. (2006). Looking death-worthy: Perceived stereotypicality of Black defendants predicted capital sentencing outcomes. *Psychological Science, 17*, 383-386.

Eibl-Eibesfeldt, 1. (1975). *Ethology: The biology of behavior*. New York: Holt, Rinehart and Winston.

Ekman, P. (1994). Strong evidence for universals in facial expressions: A reply to Russell's mistaken critique. *Psychological Bulletin, 115*, 268-287.

Endersby, J. W., & Towle, M. J. (1996). Tailgate partisanship: Political and social expression through bumper stickers. *The Social Science Journal, 33*, 307-319.

Entwisle, D. R., & Astone, N. M. (1994). Some practical guidelines for measuring youth's race/ethni-

442 Referências

city and socioeconomic status. *Child Development, 65*, 1521-1540.

Epley, N., & Huff, C. (1998). Suspicion, affective response, and educational benefit as a result of deception in psychology research. *Personality and Social Psychology Bulletin, 24*, 759-768.

Epstein, S. (1979). The stability of behavior: On predicting most of the people much of the time. *Journal of Personality and Social Psychology, 37*, 1097-1126.

Ericsson, K. A., & Charness, N. (1994). Expert performance: Its structure and acquisition. *American Psychologist, 49*, 725-747.

Estes, W. K. (1997). On the communication of information by displays of standard errors and confidence intervals. *Psychonomic Bulletin & Review, 4*, 330-341.

Evans, G. W., Gonnella, C., Marcynyszyn, L. A., Gentile, L., & Salpekar, N. (2(105). The role of chaos in poverty and children's socioemotional adjustment. *Psychological Science, 16*, 560-565.

Evans, R., & Donnerstein, E. (1974). Some implications for psychological research of early *versus* late term participation by college students. *Journal of Research in Personality, 8*,102-109.

Feeney, D. M. (1987). Human rights and animal welfare. *American Psychologist, 42*, 593-599.

Festinger, L., Riecken, H., & Schachter, S. (1956). *When prophecy fails*. Minneapolis: University of Minnesota Press.

Fidler, F., Thomason, N., Cumming, G., Finch, S., & Leeman, J. (2004). Editors can lead researchers to confidence intervals, but can't make them think. *Psychological Science, 15*, 119-126.

Finch, S., Thomason, N., & Cumming, G. (2002). Past and future American Psychological Association guidelines for statistical practice. *Theory & Psychology, 12*, 825-853.

Fine, M. A., & Kurdek, L. A. (1993). Reflections on determining authorship credit and authorship order on faculty-student collaborations. *American Psychologist, 48*, 1141-1147.

Fisher, C. B., & Fryberg, D. (1994). Participant partners: College students weigh the costs and benefits of deceptive research. *American Psychologist, 49*, 417-427.

Fossey, D. (1981). Imperiled giants of the forest. *National Geographic, 159*, 501-523.

Fossey, D. (1983). *Gorillas in the mist*. Boston: Houghton-Mifflin.

Fowler, R. D. (1992). Report of the chief executive officer: A year of building for the future. *American Psychologist, 47*, 876-883.

Fraley, R. C. (2004). *How to conduct behavioral research over the Internet*. New York: Guilford Press.

Frick, R. W. (1995). Accepting the null hypothesis. *Memory & Cognition, 23*, 132-138.

Friedman, H. S., Tucker, J. S., Schwartz, J. E., Tomlinson-Keasy, C., Martin, L. R., Wingard, D. L., & Criqui, M. H. (1995). Psychosocial and behavioral predictors of longevity: The aging and death of the "Termites." *American Psychologist, 50*, 69-78.

Friedman, M. P., & Wilson, R. W. (1975). Application of unobtrusive measures to the study of textbook usage by college students. *Journal of Applied Psychology, 60*, 659-662.

Gabrieli, J. D. E., Fleischman, D. A., Keane, M. M., Reminger, S. L., & Morrell, F. (1995). Double dissociation between memory systems underlying explicit and implicit memory in the human brain. *Psychological Science, 6*, 76-82.

Gena, A., Krantz, P. J., McClannahan, L. E., & Poulson, C. L. (1996). Training and generalization of affective behavior displayed by youth with autism. *Journal of Applied Behavioral Analysis, 29*, 291-304.

Gigerenzer, G. (2004). Dread risk, September 11, and fatal traffic accidents. *Psychological Science, 15*, 286-287.

Gigerenzer, G., Krauss, S., & Vitouch, O. (2004). The null ritual: What you always wanted to know about significance testing but were afraid to ask. In D. Kaplan (Ed.), *The Sage handbook of quantitative methodology for the social sciences* (pp. 391-408). Thousand Oaks, CA: Sage.

Gilman, R., Connor, N., & Haney, M. (2005). A school-based application of modified habit reversal for Tourette syndrome via a translator: A case study. *Behavior Modification, 29*, 823-838.

Glaser, J., Dixit, J., & Green, D. P. (2002). Studying hate crime with the Internet: What makes racists advocate racial violence? *Journal of Social Issues, 58*, 177-193.

Goodall, J. (1987). A plea for the chimpanzees. *American Scientist, 75*, 574-577.

Gordon, R. T., Schtaz, C. B., Myers, L. J., Kosty, M., Gonczy, C., Kroener, J.,... Zaayer, J. (2008). The use of canines in the detection of human cancers. *Journal of Alternative Complementary Medicine, 14*, 61-67. doi: 10.1089/acm.2006.6408

Gosling, S. D., Vazire, S., Srivastava, S., & John, O. P. (2004). Should we trust Web-based studies? A comparative analysis of six preconceptions about Internet questionnaires. *American Psychologist, 59*, 93-104.

Greenwald, A. G., Gonzalez, R., Harris, R. J., & Guthrie, D. (1996). Effect sizes and p values: What should be reported and what should be replicated? *Psychophysiology, 33*, 175-183.

Griskevicius, V., Tybur, J. M., & Van den Bergh, B. (2010). Going green to be seen: Status, reputation, and conspicuous conservation. *Journal of*

Personality and Social Psychology, 98, 392-404. doi: 10.1037/a0017346

Grissom, R. J., & Kim, J. J. (2005). *Effect sizes for research: A broad practical approach.* Mahwah, NJ: Erlbaum.

Hagen, R. L. (1997). In praise of the null hypothesis statistical test. *American Psychologist, 52,* 15-24.

Haggbloom, S. J., Warruck, R., Warnick, J. E., Jones, V. K., Yarbrough, G. L., Russell, T. M., et al. (2002). The 100 most eminent psychologists of the 20th century. *Review of General Psychology, 6,* 139-152.

Halpern, A. R., & Bower, G. H. (1982). Musical expertise and melodic structure in memory for musical notation. *American Journal of Psychology, 95,* 31-50.

Hansen, C. J., Stevens, L. C., & Coast, J. R. (2001). Exercise duration and mood state: How much is enough to feel better? *Health psychology, 20,* 267-275. doi: 10.1037/0278-6133.20.4.267

Harlow, H. F., & Harlow, M. K. (1966). Learning to love. *American Scientist, 54,* 244-272.

Hard, T. L., & Frost, R. O. (1999). Cognitive-behavioral treatment of compulsive hoarding: A multiple-baseline experimental case study. *Behaviour Research and Therapy, 37,* 451-461.

Hartup, W. W. (1974). Aggression in childhood: Development perspectives. *American Psychologist, 29,* 336-341.

Heatherton, T. F., Mahamedi, F., Striepe, M., Field, A. E., & Keel, P. (1997). A 10-year longitudinal study of body weight, dieting, and eating disorder symptoms. *Journal of Abnormal Psychology, 106,* 117-125.

Heatherton, T. F., Nichols, P., Mahamedi, F., & Keel, P. K. (1995). Body weight, dieting, and eating disorder symptoms among college students 1982 to 1992. *American Journal of Psychiatry, 152,* 1623-1629.

Heatherton, T. F., & Sargent, J. D. (2009). Does watching smoking in movies promote teenage smoking? *Current Directions in Psychological Science, 18,* 63-67. doi: 10.1111/j.1467-8721.2009.01610.x

Hersen, M., & Barlow, D. H. (1976). *Single-case experimental designs: Strategies for studying behavior change.* New York: Pergamon Press.

Hertzog, C., Kramer, A. F., Wilson, R. S., & Lindenberger, U. (2008). Enrichement effects on adult cognitive development: Can the functional capacity of older adults be preserved and enhanced? *Psychological Science in the Public Interest, 9,* 1-65. doi: 10.1111/j.1539-6053.2009.01034.x

Hilts, P. J. (1995). *Memory's ghost: The nature of memory and the strange tale of Mr. M.* New York: Simon & Schuster.

Hippler, H. J., & Schwarz, N. (1987). Response effects in surveys. In H. J. Hippler, N. Schwarz, & S. Sudman (Eds.), *Social information processing and survey methodology* (pp. 102-122). New York: Springer-Verlag.

Hoaglin, D. C., Mosteller, F., & Tukey, J. W. (Eds.). (1983). *Understanding robust and exploratory data analysis.* New York: Wiley.

Hoaglin, D. C., Mosteller, F., & Tukey, J. W. (Eds.). (1991). *Fundamentals of exploratory, analysis of variance.* New York: Wiley

Holden, C. (1987). Animal regulations: So far, so good. *Science, 238,* 880-882.

Holmbeck, G. N. (1997). Toward terminological, conceptual, and statistical clarity in the study of mediators and moderators: Examples from the child-clinical and pediatric psychology literatures. *Journal of Consulting and Clinical Psychology, 65,* 599-610.

Holsti, O. R. (1969). *Content analysis for the social sciences.* Reading, MA: Addison-Wesley

Horton, S. V. (1987). Reduction of disruptive mealtime behavior by facial screening. *Behavior Modification, 11,* 53-64.

Howell, D. C. (2002). *Statistical methods for psychology* (5th ed.). Belmont, CA: Wadsworth.

Hunt, M. (1997). *How science takes stock: The story of meta-analysis.* New York: Russell Sage Foundation.

Hunter, J. E. (1997). Needed: A ban on the significance test. *Psychological Science, 8,* 3-7.

Hyman, I. E., Boss, S. M., Wise, B. M., McKenzie, K. E., & Caggiano, J. M. (2009). Did you see the unicycling clown? Inattentional blindness while walking and talking on a cell phone. *Applied Cognitive Psychology,* publicação online no *site* da Wiley InterScience (www.interscience.wiley.com). doi: I0I002/acp.1638

Johnson, D. (1990). Animal rights and human lives: Time for scientists to right the balance. *Psychological Science, 1,* 213-214.

Judd, C. M., Smith, E. R., & Kidder, L. H. (1991). *Research methods in social relations* (6th ed.). Fort Worth, TX: Holt, Rinehart and Winston.

Kagan, J., Reznick, J. S., & Snidman, N. (1988). Biological bases of childhood shyness. *Science, 240,* 167-171.

Kahneman, D. (2003). A perspective on judgment and choice: Mapping bounded rationality. *American Psychologist, 58,* 697-720.

Kahneman, D., & Tversky, A. (1973). On the psychology of prediction. *Psychological Review, 80,* 237-251.

Kaiser, C. R., Vick, S. B., & Major, B. (2006). Prejudice expectations moderate presconscious attention to cues that are threatening to social identity. *Psychological Science, 17,* 332-338.

444 Referências

Kardas, E. P., & Milford, T. M. (1996). *Using the Internet for social science research and practice.* Belmorit, CA: Wadsworth.

Kaschak, M. P., & Moore, C. F. (2000). On the documentation of statistical analyses in the "Clicky-Box" era. *American Psychologist, 55,* 1511-1512.

Kassin, S. M., Goldstein, C. C., & Savitsky, K. (2003). Behavioral confirmation in the interrogation room: On the dangers of presuming guilt. *Law and Human Behavior, 27,* 187 203.

Kassin, S. M., & Kiechel, K. L. (1996). The social psychology of false confessions: Compliance, internalization, and confabulation. *Psychological Science, 7,* 125-128.

Kazdin, A. E. (1978). Methodological and interpretive problems of single-case experimental designs. *Journal of Consulting and Clinical Psychology, 46,* 629-642.

Kazdin, A. E. (1980). *Behavior modification in applied settings* (rev ed.). Homewood, IL: Dorsey Press.

Kazdin, A. E. (1982). Single-case experimental designs. In P. C. Kendall & J. N. Butcher (Eds.), *Handbook of research methods in clinical psychology* (pp. 416-490). New York: Wiley.

Kazdin, A. E. (2001). *Research designs in clinical psychology* (4th ed.) Boston: Allyn and Bacon.

Kazdin, A. E., & Erickson, L. M. (1975). Developing responsiveness to instructions in severely and profoundly retarded residents. *Journal of Behavior Therapy and Experimental Psychiatry, 6,* 17-21.

Keel, P. K., Baxter, M. G., Heatherton, T. F., & Joiner, T. E., Jr. (2007). A 20-year longitudinal study of body weight, dieting, and eating disorders symptoms. *Journal of Abnormal Psychology, 116,* 422-432. doi: 10.1037/0021-843x.116.2.422

Keith, T. Z., Reimers, T. M., Fehrmann, P. G., Pottebaum, S. M., & Aubrey, L. W. (1986). Parental involvement, homework, and TV time: Direct and indirect effects on high school achievement. *Journal of Educational Psychology, 78,* 373-380.

Keller, F. S. (1937). The definition of psychology. New York: Appleton-Century-Crofts.

Kelley-Milburn, D., & Milburn, M. A. (1995). Cyberpsych: Resources for psychologists on the Internet. *Psychological Science, 6,* 203-211.

Kelman, H. C. (1967). Human use of human subjects: The problem of deception in social psychological experiments. *Psychological Bulletin, 67,* 1-11.

Kelman, H. C. (1972). The rights of the subject in social research: An analysis in terms of relative power and legitimacy. *American Psychologist, 27,* 989-1016.

Kenny, D. A. (1979). *Correlation and causality.* New York: Wiley

Keppel, G. (1991). *Design and analysis: A researcher's handbook* (3rd ed.). Englewood Cliffs, NJ: Prentice-Hall.

Kidd, S. A. (2002). The role of qualitative research in psychological journals. *Psychological Methods, 7,* 126-138.

Kidd, S. A., & Kral, M. J. (2002). Suicide and prostitution among street youth: A qualitative analysis. *Adolescence, 37,* 411-430.

Killeen, P. R. (2005). An alternative to null-hypothesis significance tests. *Psychological Science, 26,* 345-353.

Kimble, G. A. (1989). Psychology from the standpoint of a generalist. *American Psychologist, 44,* 491-499.

Kimmel, A. J. (1996). *Ethical issues in behavioral research: A survey.* Cambridge, MA: Blackwell.

Kimmel, A. J. (1998). In defense of deception. *American Psychologist, 53,* 803-805.

Kirk, R. E. (1996). Practical significance: A concept whose time has come. *Educational and Psychological Measurement, 56,* 746-759.

Kirkham, G. L. (1975). Doc cop. *Human Behavior, 4,* 16-23.

Kirsch, I. (1978). Teaching clients to be their own therapists: A case-study illustration. *Psychotherapy: Theory, Research and Practice, 15,* 302-305.

Kirsch, I., & Sapirstein, G. (1998). Listening to Prozac but hearing placebo: A meta-analysis of antidepressant medication. *Prevention & Treatment,* 1(2). doi: 10.1037/1522-3736.1.1.12a, prevention/volume1/pre0010002a.html.

Klinesmith, J., Kasser, T., & McAndrew, F. T. (2006). Guns, testosterone, and aggression: An experimental test of a meditational hypothesis. *Psychological Science, 27,* 568-571.

Kohlberg, L. (Ed.). (1981). *The philosophy of moral development: Essays on moral development* (Vol. 1). San Francisco: Harper & Row.

Kohlberg, L. (Ed.). (1984). *The philosophy of moral development: Essays on moral development* (Vol. 11). San Francisco: Harper & Row.

Krantz, J. H., & Dalal, R. (2000). Validity of Web-based psychological research. In M. H. Birnbaum (Ed.), *Psychological experiments on the Internet* (pp. 35-60). San Diego, CA: Academic Press.

Kratochwill, T. R., & Brody, G. H. (1978). Single subject designs: A perspective on the controversy over employing statistical inference and implications for research and training in behavior modification. *Behavior Modification, 2,* 291-307.

Kratochwill, T. R., & Levin, J. R. (Eds.). (1992). *Single-case research designs and analysis: New directions for psychology and education.* Mahwah, NJ: Erlbaum.

Kratochwill, T. R., & Martens, B. K. (1994). Applied behavior analysis and school psychology. *Journal of Applied Behavior Analysis, 27,* 3-5.

Kraut, R., Olson, J., Banaji, M. R., Bruckman, A., Cohen, J., & Couper, M. (2004). Psychological research online: Report of Board of Scientific Affairs' Advisory Group on the conduct of research on the Internet. *American Psychologist, 59*, 105-117.

Krueger, J. (2001). Null hypothesis significance testing: On the survival of a flawed method. *American Psychologist, 56*, 16-26.

Kruglanski, A. W., Crenshaw, M. Post, J. M., & Victoroff, J. (2007). What should this fight be called? Metaphors of counterterrorism and their implications. *Psychological Science in the Public Interest, 8*, 97-133. doi: 10.1111/j.1539.2008.00035.x

Kubany, E. S. (1997). Application of cognitive therapy for trauma-related guilt (CT TRG) with a Vietnam veteran troubled by multiple sources of guilt. *Cognitive and Behavioral Practice, 4*, 213-244.

LaFrance, M., & Mayo, C. (1976). Racial differences in gaze behavior during conversations: Two systematic observational studies. *Journal of Personality and Social Psychology, 33*, 547-552.

Lakatos, I. (1978). *The methodology of scientific research*. London: Cambridge University Press.

Lambert, N. M., Clark, M. S., Durtschi, J., Fincham, F. D., & Graham, S. M. (2010). Benefits of expressing gratitude: Expressing gratitudes to a partner changes one's view of the relationship. *Psychological Science, 21*, 574-580. doi: 10.1177/09567976103644003

Langer, E. J. (1989). *Mindfulness*. Reading, MA: Addison-Wesley.

Langer, E. J. (1997). *The power of mindful learning*. Reading, MA: Addison-Wesley.

Langer, E. J., & Piper, A. I. (1987). The prevention of mindlessness. *Journal of Personality and Social Psychology, 53*, 280-287.

Langer, E. J., & Rodin, J. (1976). The effects of choice and enhanced personal responsibility for the aged: A field experiment in an institutional setting. *Journal of Personality and Social Psychology, 34*, 191-198.

Larson, R. (1989). Beeping children and adolescents: A method for studying time use and daily experience. *Journal of Youth and Adolescence, 28*, 511-530.

Larson, R. W, Richards, M. H., Moneta, G., Holmbeck, G., & Duckett, E. (1996). Changes in adolescents' daily interactions with their families from ages 10 to 18: Disengagement and transformation. *Developmental Psychology, 32*, 744-754.

Latané, B., & Darley, J. M. (1970). *The unresponsive bystander: Why doesn't he help?* New York: Appleton-Century-Crofts.

Leary, A., & Katz, L. F. (2005). Observations of aggressive children during peer provocation and with a best friend. *Developmental Psychology, 41*, 124-134.

LeBlanc, P. (2001, September). "And mice." (Or tips for dealing with the animal subjects review board). *APS Observer, 14*, 21-22.

Lee, S. W. S., Schwatrz, N., Taubman, D., & Hou, M. (2010). Sneezinf in times of a flu pandemic: Public sneezing increases perception of unrelated risks and shifts preferences for federal spending. *Psychological Science, 21*, 375-377. doi: 10.1177/0956797609359876

Lenhart, A., Madden, M., & Hitlin, P. (2005). *Teens and technology: Youth are leading tire transition to a fully wired and mobile nation*. Recuperado de http://www.pewinternet. org/pdfs/PIP_Teens_Tech_July2005web.pdf.

Levine, R. V. (1990). The pace of life. *American Scientist, 78*, 450-459.

Levitt, S. D., & Dubner, S. J. (2005). *Freakonomics: A rogue economist explores the hidden side of everything*. New York: HarperCollins.

Levitt, S. D., & Dubner, S. J. (2009). *SuperFreakonomics: Global cooling, patriotic prostitutes, and why suicide bombers should buy life insurance*. New York: HarperCollins.

Li, M., Vietri, J., Galvani, A. P., & Chapman, G. B. (2010). How do people value life? *Psychological Science, 21*, 163-167. doi: 10.1177/0956797609357707

Locke, T. P., Johnson, G. M., Kirigin-Ramp, K., Atwater, J. D., & Gerrard, M. (1986). An evaluation of a juvenile education program in a state penitentiary. *Evaluation Review, 10*, 281-298.

Loftus, E. F. (agosto 2003). Loftus: The need to defend scientific freedom. *APS Observer, 16*, 1, 32.

Loftus, G. R. (1991). On the tyranny of hypothesis testing in the social sciences. *Contemporary Psychology, 36*, 102-105.

Loftus, G. R. (1996). Psychology will be a much better science when we change the way we analyze data. *Current Directions in Psychological Science, 5*, 161-171.

Loftus, G. R., & Masson, M. E. J. (1994). Using confidence intervals in within-subject designs. *Psychonomic Bulletin & Review, 1*, 476-490.

Lovaas, O. L, Newsom, C., & Hickman, C. (1987). Self-stimulatory behavior and perceptual reinforcement. *Journal of Applied Behavior Analysis, 20*, 45-b8.

Lucas, R. E. (2005). Time does not heal all wounds: A longitudinal study of reaction and adaptation to divorce. *Psychological Science, 16*, 945-950.

Lucas, R. E., Diener, E., & Suh, E. (1996). Discriminant validity of well-being measures. *Journal of Personality and Social Psychology, 71*, 616-628.

Ludwig, T. E., Jeeves, M. A., Norman, W. D., & DeWitt, R. (1993). The bilateral field advantage on a letter-matching task. *Cortex, 29*, 691-713.

MacCoun, R. (2002, December). Why a psychologist won the Nobel Prize in economics. *APS Observer, 15*, 1, 8.

446 Referências

Madigan, C. M. (1995, March 19). *Hearing it right: Small turnout spoke.* Chicago Tribune, pp. 1-2.

Maestripieri, D., & Carroll, K. A. (1998). Child abuse and neglect: Usefulness of the animal data. *Psychological Bulletin, 123,* 211-223.

Marx, M. H. (1963). The general nature of theory construction. In M. H. Marx (Ed.), *Theories in contemporary psychology* (pp. 4-46). New York: Macmillan.

Matsumoto, D., & Willingham, B. (2006). The thrill of victory and the agony of defeat: Spontaneous expressions of medal winners of the 2004 Athens Olympic Games. *Journal of Personality and Social Psychology, 97,* 568-581.

McCallum, D. M. (2001, May/June). "Of men..." (Or how to obtain approval from the human subjects review board). *APS Observer, 14,* 28-29, 35.

McCarthy, D. E., Piasecki, T., M., Fiore, M. C., & Baker, T. B. (2006). Life before and after, quitting smoking: An electronic diary study. *Journal of Abnormal Psychology, 115,* 454-466.

McCullough, M., Jezierski, T., broffman, M., Hubbard, A., Turner, K., & Janecki, T. (2006). Diagnostic accuracy of canine scent detection in early and late-stage lung and breast cancers. *Integrative Canmcer Therapies, 5,* 30-39. doi: I0.1177/1534735405285096

McGrew, W. C. (1972). *An ethological study of children's behavior.* New York: Academic Press.

McGuire, W. J. (1997). Creative hypothesis generating in psychology: Some useful heuristics. *Annual Review of Psychology, 48,* 1-30.

Medvec, V. H., Madey, S. F., & Gilovich, T. (1995). When less is more: Counterfactual thinking and satisfaction among Olympic medalists. *Journal of Personality and Social Psychology, 69,* 603-610.

Meehl, P. E. (1967). Theory-testing in psychology and physics: A methodological paradox. *Philosophy of Science, 34,* 103-115.

Meehl, P. E. (1978). Theoretical risks and tabular asterisks: Sir Karl, Sir Ronald, and the slow progress of soft psychology. *Journal of Consulting and Clinical Psychology, 46,* 806-834.

Meehl, P. E. (1990a). Appraising and amending theories: The strategy of Lakatosian defense and two principles that warrant it. *Psychological Inquiry, 1,* 108-141.

Meehl, P. E. (1990b). Why summaries of research on psychological theories are often uninterpretable. *Psychological Reports, 66,* 195-244 (Monograph Supplement 1-V66).

Michielutte, R., Shelton, B., Paskett, E. D., Tatum, C. M., & Velez, R. (2000). Use of an interrupted time-series design to evaluate a cancer screening program. *Health Education Research, 15,* 615-623.

Miles, M. B., & Huberman, A. M. (1994). *Qualitative data analysis* (2nd ed.). Thousand Oaks, CA: Sage.

Milgram, S. (1974). *Obedience to authority.* New York: Harper & Row.

Milgram, S. (1977, October). *Subject reaction: The neglected factor in the ethics of experimentation.* Hastings Center Report.

Milgram, S., Liberty, H. J., Toledo, R., & Wackenhut, J. (1986). Response to intrusion into waiting lines. *Journal of Personality and Social Psychology, 51,* 683-689.

Miller, G. A., & Wakefield, P. C. (1993). On Anglin's analysis of vocabulary growth. *Monographs of the Society for Research in Child Development, 58* (10, Serial No. 238).

Miller, J. D. (1986, May). *Some new measures of scientific illiteracy.* Artigo apresentado na reunião da American Association for the Advancement of Science, Philadelphia.

Miller, N. E. (1985). The value of behavioral research on animals. *American Psychologist, 40,* 423-440.

Mooallem, J. (2010, April 4). The love that dare not squawk its name: Inside the science of same-sex animal pairings. *The New York Times Magazine, pp. 26-35, 44, 46.*

Mook, D. G. (1983). In defense of external invalidity. *American Psychologist, 38,* 379-387.

Mosteller, F., & Hoaghn, D. C. (1991). Preliminary examination of data. In D. C. Hoaghn, F. Mosteller, & J. W. Tukey (Eds.), *Fundamentals of exploratory analysis of variance* (pp. 40-49). New York: Wiley.

Mulaik, S. A., Raju, N. S., & Harshman, R. A. (1997). There is a time and place for significance testing. In L. L. Harlow, S. A. Mulaik, & J. H. Steiger (Eds.), *What if there were no significance tests?* (pp. 65-115). Mahwah, NJ: Erlbaum.

Musch, J., & Reips, U. (2000). A brief history of Web experimenting. In M. H. Birnbaum (Ed.), *Psychological experiments on the Internet* (pp. 61-87). San Diego, CA: Academic Press.

Myers, D. G., & Diener, E. (1995). Who is happy? *Psychological Science, 6,* 10-19.

National Research Council. (1996). *Guide for the care and use of laboratory animals.* A report of the Institute of Laboratory Animal Resources committee. Washington, DC: National Academy Press.

Neisser, U. (1967). *Cognitive psychology.* New York: Appleton-Century-Crofts.

Neisser, U., & Harsch, N. (1992). Phantom flashbulbs: False recollections of hearing the news about Challenger. In E. Winograd & U. Neisser (Eds.), *Affect and accuracy in recall: Studies of "flashbulb memories"* (pp. 9-31). New York: Cambridge University Press.

Newburger, E. C. (2001, September, U.S. Census Bureau). *Home computers and Internet use in the*

United States: August 2000. Recuperado 1º de junho de 2004, do endereço http://www.census.gov/prod/200lpLibs/p23-207.pdf

Newhagen, J. E., & Ancell, M. (1995). The expression of emotion and social status in the language of bumper stickers. *Journal of Language and Social Psychology, 14,* 312-323.

Nosek, B. A., Banaji, M. R., & Greenwald, A. G. (2002). E-Research: Ethics, security, design, and control in psychological research on the Internet. *Journal of Social Issues, 58,* 161-176.

Novak, M. A. (1991, July). "Psychologists care deeply" about animals. *APA Monitor, 4.*

Ondersma, S. J., Chaffin, M., Berliner, L., Cordon, I., Goodman, G. S., & Barnett, D. (2001). Sex with children is abuse: Comment on Rind, Tromovitch, and Bauserman (1998). *Psychological Bulletin, 227,* 707-714.

Orne, M. T. (1962). On the social psychology of the psychological experiment: With particular reference to demand characteristics and their implications. *American Psychologist, 17,* 776-783.

Ortmann, A., & Hertwig, R. (1997). Is deception necessary? *American Psychologist, 52,* 746-747.

Ortmann, A., & Hertwig, R. (1998). The question remains: Is deception acceptable? *American Psychologist, 53,* 806-807.

Park, C. L., Armeli, S., & Tennen, H. (2004). Appraisal-coping goodness of fit: A daily Internet study. *Personality and Social Psychology Bulletin, 30,* 558-569.

Parry, H. J., & Crossley, H. M. (1950). Validity of responses to survey questions. *Public Opinion Quarterly, 14,* 61-80.

Parsons, H. M. (1974). What happened at Hawthorne? *Science, 283,* 922-932.

Parsonson, B. S., & Baer, D. M. (1992). The visual analysis of data, and current research into the stimuli controlling it. In T. R. Kratochwill & J. R. Levin (Eds.), *Single-case research design and analysis* (pp. 15-40). Hillsdale, NJ: Erlbaum.

Pashler, H., McDaniel, M., Rohrer, D., & Bjork, R. (2008). Learning styles: Concepts and evidence. *Psychological Science int the Public Interest, 9,* 105-109. doi: 10.1111/j.1539-6053.2009.01038.x

Pease, A., & Pease, B. (2004). *The definitive book of body language.* New York: Bantam Dell.

Pennebaker, J. W. (1989). Confession, inhibition, and disease. In L. Berkowitz (Ed.), *Advances in experimental social psychology* (Vol. 22, pp. 211-244). New York: Academic Press.

Pennebaker, J. W., & Francis, M. E. (1996). Cognitive, emotional, and language processes in disclosure. *Cognition and Emotion, 20,* 601-626.

Piaget, J. (1965). *The child's conception of number.* New York: Norton.

Pickren, W. E. (2003). An elusive honor: Psychology, behavior, and the Nobel Prize. *American Psychologist, 58,* 721-722.

Pingitore, R., Dugoni, B. L., Tindale, R. S., & Spring, B. (1994). Bias against overweight job applicants in a simulated employment interview. *Journal of Applied Psychology, 79,* 909-917.

Popper, K. R. (1959). *The logic of scientific discovery.* New York: Basic Books.

Popper, K. R. (1976). *Unended guest.* Glasgow: Fontana /Collins.

Posavac, E. J. (2002). Using p values to estimate the probability of a statistically significant replication. *Understanding Statistics, 1,* 101-112.

Posavac, E. J. (2011). *Program evaluation* (8th ed.). Englewood Cliffs, NJ: Prentice-Hall.

Poulton, E. C. (1973). Unwanted range effects from using within-subject experimental designs. *Psychological Bulletin, 80,* 113-121.

Poulton, E. C. (1975). Range effects in experiments on people. *American Journal of Psychology, 88,* 3-32.

Poulton, E. C. (1982). Influential companions. Effects of one strategy on another in the within-subjects designs of cognitive psychology. *Psychological Bulletin, 91,* 673-690.

Poulton, E. C., & Freeman, P. R. (1966). Unwanted asymmetrical transfer effects with balanced experimental designs. *Psychological Bulletin, 66,* 1-8.

Pryor, J. H., Hurtado, S., DeAngelo, L., Patuki Blake, L., & Tran, S. (2009). *The American freshman: National norms fall 2009.* Los Angeles: Higher Education Research Institute, UCLA.

Raehels, J. (1986). *The elements of moral philosophy.* New York: McGraw-Hill.

Rasinski, K. A., Willis, G. B., Baldwin, A. K., Yeh, W., & Lee, L. (1999). Methods of data collection, perceptions of risks and losses, and motivation to give truthful answers to sensitive survey questions. *Applied Cognitive Psychology, 13,* 465-484.

Rauscher, F. H., Shaw, G. L., & Ky, K. N. (1993). Music and spatial task performance. *Nature, 365,* 611.

Richardson, D. R., Pegalis, L., & Britton, B. (1992). A technique for enhancing the value of research participation. *Contemporary Social Psychology, 16,* 11-13.

Richardson, J. & Parnell, P. (2005). *And Tango makes three.* Simon Schuster.

Rimm, D. C., & Masters, J. C. (1979). *Behavior therapy: Techniques and empirical findings* (2nd ed.). New York: Academic Press.

Rind, B., & Tromovich, P. (2007). National samples, sexual abuse in childhood, and adjustment in adulthood: A commentary on Najman, Dunne, Purdie, Boyle, and Coxeter (2005). *Archives of Sexual Behavior, 36,* 101-106, doi: 10.1007/s10508-006-9058-y

448 Referências

Rind, B., Tromovitch, P., & Bauserman, R. (1998). A meta-analytic examination of assumed properties of child sexual abuse using college samples. *Psychological Bulletin*, 124, 22-53.

Rind, B., Tromovitch, P., & Bauserman, R. (2001). The validity and appropriateness of methods, analyses, and conclusions in Rind et al. (1998): A rebuttal of victimological critique from Ondersma et al. (2001) and Dallam et al. (2001). *Psychological Bulletin*, 127, 734-758.

Robins, R. W., Gosling, S. D., & Craik, K. H. (1999). An empirical analysis of trends in psychology. *American Psychologist*, 54, 117-128.

Roethlisberger, F. J. (1977). *The elusive phenomena: An autobiographical account of my work in the field of organized behavior at the Harvard Business School*. Cambridge, MA: Division of Research, Graduate School of Business Administration (distributed by Harvard University Press).

Rogers, A. (1999). *Barbie culture*. Thousand Oaks, CA: Sage.

Rosenfeld, A. (1981). Animal rights vs. human health. *Science*, 81, 18, 22.

Rosenhan, D. L. (1973). On being sane in insane places. *Science*, 179, 250-258.

Rosenthal, R. (1963). On the social psychology of the psychological experiment: The experimenter's hypothesis as unintended determinant of experimental results. *American Scientist*, 51, 268-283.

Rosenthal, R. (1966). *Experimenter effects in behavioral research*. New York: AppletonCentury-Crofts.

Rosenthal, R. (1976). *Experimenter effects in behavioral research*. (Enlarged ed.). New York: Irvington.

Rosenthal, R. (1990). How are we doing in soft psychology? *American Psychologist*, 45, 775-777.

Rosenthal, R. (1991). *Meta-analytic procedures for social research* (Rev. ed.). Newbury Park, CA: Sage.

Rosenthal, R. (1994a). Interpersonal expectancy effects: A 30-year perspective. *Current Directions in Psychological Science*, 3, 176-179.

Rosenthal, R. (1994b). Science and ethics in conducting, analyzing, and reporting psychological research. *Psychological Science*, 5, 127-134.

Rosenthal, R., & Rosnow, R. L. (1991). *Essentials of behavioral research: Methods and data analysis* (2nd ed.). New York: McGraw-Hill.

Rozin, P., Kabnick, K., Pete, E., Fischler, C., & Shields, C. (2003). The ecology of eating: Smaller portion sizes in France than in the United States help explain the French paradox. *Psychological Science*, 14, 450-454.

Sackeim, H. A., Gur, R. C., & Saucy M. C. (1978). Emotions are expressed more intensely on the left side of the face. *Science*, 202, 434-436.

Sacks, O. (1985). *The man who mistook his wife for a hat and other clinical tales*. New York: Harper & Row.

Sacks, O. (1995). *An anthropologist on Mars*. New York: Knopf.

Sacks, O. (2007). *Musicophilia: Tales of music and the brain*. New York: A. A. Knopf.

Salomon, G. (1987). Basic and applied research in psychology: Reciprocity between two worlds. *International Journal of Psychology*, 22, 441-146.

Sax, L. J., Astin, A. W., Lindholm, J. A., Korn, W. S., Saenz, V. B., & Mahoney, K. M. (2003). *The American freshman: National norms for fall 2003*. Los Angeles: Higher Education Research Institute, UCLA.

Schacter, D. L. (1996). *Searching for memory*. New York: Basic Books.

Schmidt, F. L. (1996). Statistical significance testing and cumulative knowledge in psychology: Implications for training of researchers. *Psychological Methods*, 1, 115-129.

Schmidt, F. L., & Hunter, J. E. (1997). Eight common but false objections to the discontinuation of significance testing in the analysis of research data. In L. L. Harlow, S. A. Mulaik, & J. H. Steiger (Eds.), *What if there were no significance tests?* (pp. 37-64). Mahwah, NJ: Erlbaum.

Schmidt, W. C. (1997). World-Wide-Web survey research: Benefits, potential problems, and solutions. *Behavior Research Methods, Instruments, & Computers*, 29, 274-279.

Schoeneman, T. J., & Rubanowitz, D. E. (1985). Attributions in the advice columns: Actors and observers, causes and reasons. *Personality and Social Psychology Bulletin*, 22, 315-325.

Schuman, H., Presser, S., & Ludwig, J. (1981). Context effects of survey responses to questions about abortion. *Public Opinion Quarterly*, 45, 216-223.

Schwartz, P. (2010, January/February). Love, American style, *The AARP Magazine*.

Scoville, W. B., & Milner, B. (1957). Loss of recent memory after bilateral hippocampal lesions. *Journal of Neurology, Neurosurgery, and Psychiatry*, 20, 11-19.

Seale, C. (Ed.). (1999). *The quality of qualitative research*. London: Sage.

Seligman, M. E. P., Steen, T. A., Park, N., & Peterson, C. (2005). Positive psychology progress: Empirical validation of interventions. *American Psychologist*, 60, 410-421.

Shadish, W. R., Cook, T. D., & Campbell, D. T. (2002). *Experimental and quasi-experimental designs for generalized causal inference*. Boston: Houghton Mifflin.

Shapiro, K. J. (1998). *Animal models of human psychology: Critique of science, ethics, and policy*. Seattle, WA: Hogrefe & Huber.

Sharpe, D., Adair, J. G., & Roese, N. J. (1992). Twenty years of deception research: A decline in subjects' trust? *Personality and Social Psychology Bulletin, 18*, 585-590.

Shiffman, S., & Paty, J. (2006). Smoking patterns and dependence: Contrasting chippers and heavy smokers. *Journal of Abnormal Psychology, 115*, 509-523.

Sieber, J. E., Iannuzzo, R., & Rodriguez, B. (1995). Deception methods in psychology: Have they changed in 23 years? *Ethics & Behavior, 5*, 67-85.

Simmons, R. A., Gordon, P. C., & Chambless, D. L. (2005). Pronouns in marital interaction: What do "you" and "I" say about marital health? *Psychological Science, 16*, 932-936.

Simon, H. A. (1992). What is an "explanation" of behavior? *Psychological Science, 3*, 150-161

Singer, P. (1990). The significance of animal suffering. *Behavioral and Brain Sciences, 13*, 9-12.

Skinner, B. F. (1966). Operant behavior. In W. K. Honig (Ed.), *Operant behavior: Areas of research and application* (pp.12-32). New York: Appleton-Century-Crofts.

Skitka, L. J., & Sargis, E. G. (2005). Social psychological research and the Internet: The promise and the perils of a new methodological frontier. In Y. Amichai-Hamburger (Ed.), *The social net: The social psychology of the Internet*. New York: Oxford University Press.

Smith, J. A., Harré, R., & Van Langenhove, L. (1995). Idiography and the case study. In J. A. Smith, R. Harre, & L. Van Langenhove (Eds.), *Rethinking psychology* (pp. 59-69). Thousand Oaks, CA: Sage.

Smith, T. W. (1981). Qualifications to generalized absolutes: "Approval of hitting" questions on the GSS. *Public Opinion Quarterly, 45*, 224-230.

Sokal, M. M. (1992). Origins and early years of the American Psychological Association, 1890-1906. *American Psychologist, 47*, 111-122.

Spitz, R. A. (1965). *The first year of life*. New York: International Universities Press.

Spitzer, R. L. (1976). More on pseudoscience in science and the case for psychiatric diagnosis. *Archives of General Psychiatry, 33*, 459-470.

Sternberg, R. J. (1986). A triangular theory of love. *Psychological Review, 93*, 119-135.

Sternberg, R. J. (1997, September). What do students still most need to learn about research in psychology? *APS Observer, 14*, 19.

Stemberg, R. J., & Williams, W. M. (1997). Does the Graduate Record Examination predict meaningful success in the graduate training of psychologists? A case study. *American Psychologist, 52*, 630-641.

Strauss, A., & Corbin, J. (1990). *Basics of qualitative research*. Newbury Park, CA: Sage.

Sue, S. (1999). Science, ethnicity and bias. *American Psychologist, 54*, 1070-1077.

Surwit, R. S., & Williams, P. G. (1996). Animal models provide insight into psychosomatic factors in diabetes. *Psychosomatic Medicine, 58*, 582-589.

Susskind, J. E. (2003). Children's perception of gender-based illusory correlations: Enhancing preexisting relationships between gender and behavior. *Sex Roles, 48*, 483-494.

Talarico, J. M., & Rubin, D. C. (2003). Confidence, not consistency, characterizes flashbulb memories. *Psychological Science, 14*, 455-461.

Tassinary, L. G., & Hansen, K. A. (1998). A critical test of the waist-to-hip-ratio hypothesis of female physical attractiveness. *Psychological Science, 9*, 150-155.

Taylor, K. M., & Shepperd, J. A. (1996). Probing suspicion among participants in deception research. *American Psychologist, 51*, 886-887.

Thioux, M., Stark, D. E., Klaiman, C., & Schultz, R. T. (2006). The day of the week when you were born in 700 ms: Calendar computation in an autistic savant. *Journal of Experimental Psychology: Human Perception and Performance, 32*, 1155-1168.

Thomas, L. (1992). *The fragile species*. New York: Charles Scribner's Sons.

Thompson, T. L. (1982). Gaze toward and avoidance of the handicapped: A field experiment. *Journal of Nonverbal Behavior, 6*, 188-196.

Tucker, J. S., Friedman, H. S., Schwartz, J. E., Criqui, M. H., Tomlinson-Keasey, C., Wingrad, D. L., & Martin, L. R. (1997). Parental divorce: Effects on individual behavior and longevity. *Journal of Personality and Social Psychology, 73*, 381-391.

Tukey, J. W. (1977). *Exploratory data analysis*. Reading, MA: Addison-Wesley.

Tversky, A., & Kahneman, D. (1974). Judgment under uncertainty: Heuristics and biases. *Science, 185*, 1124-1131.

Ulrich, R. E. (1991). Animal rights, animal wrongs and the question of balance. *Psychological Science, 2*, 197-201.

Ulrich, R. E. (1992). Animal research: A reflective analysis. *Psychological Science, 3*, 384-386.

Underwood, B. J., & Shaughnessy, J. J. (1975). *Experimentation in psychology*. New York: Wiley: Robert E. Krieger, 1983.

U.S. Census Bureau. (2000). DP-4. Profile of selected housing characteristics: 2000. Recuperado em 5 de agosto de 2004, do endereço http://factfinder.census.gov/

Valentino, K., Cicchetti, D., Toth, S. L., & Rogosch, F. A. (2006). Mother-child play and emerging social behaviors among infants from maltreating families. *Developmental Psychology, 42*, 474-485.

van Baaren, R. B., Holland, R. W., Kawakami, K., & van Knippenberg, A. (2004). Mimicry and prosocial behavior. *Psychological Science, 15*, 71-74.

450 Referências

VanderStoep, S. W., & Shaughnessy, J. J. (1997). Taking a course in research methods improves reasoning about real-life events. *Teaching of Psychology, 24*, 122-124.

Watson, J. B. [1914] (1967). *Behavior: An introduction to comparative psychology*. New York: Holt, Rinehart and Winston.

Webb, E. J., Campbell, D. T., Schwartz, R. D., Sechrest, L., & Grove, J. B. (1981). *Nonreactive measures in the social sciences* (2nd ed.). Boston: Houghton-Mifflin.

Weiner, B. (1975). "On being sane in insane places": A process (attributional) analysis and critique. *Journal of Abnormal Psychology, 84*, 433-441.

Weisz, J. R., Jensen-Doss, A., & Hawley, K. M. (2006). Evidence-based youth psychotherapies *versus* usual clinical care. *American Psychologist, 61*, 671-689.

West, S. G. (2010). Alternatives to randomized experiments. *Current Directions in Psychological Science, 18*, 299-304. doi: 10.1111/j.1467-8721.2009.01656.x

Whitlock, J. L., Powers, J. L., & Eckenrode, J. (2006). The virtual cutting edge: The Internet and adolescent self-jury. *Developmental Psychology, 42*, 407-417.

Wilkinson, L., & Task Force on Statistical Inference. (1999). Statistical methods in psychology journals. *American Psychologist, 54*, 598-604.

Willis, C. M., Church, S. M., Guest, C. M., Cook, W. A., McCarthy, N., Bransbury, A. J., et al. (2004). Olfactory detection of human bladder cancer by dogs: Proof of principle study. *British Medical Journal, 329*, 712-716.

Wilson, G. T. (1978). On the much discussed nature of the term "behavior therapy." *Behavior Therapy, 9*, 89-98.

Winer, B. J., Brown, D. R., & Michels, K. M. (1991). *Statistical principles in experimental design* (3rd ed.). New York: McGraw-Hill.

Yeaton, W. H., & Sechrest, L. (1986). Use and misuse of no-difference findings in eliminating threats to validity. *Evaluation Review, 20*, 836-852.

Zechmeister, E. B., Chronis, A. M., Cull, W. L., D'Anna, C. A., & Healy, N. A. (1995). Growth of a functionally important lexicon. *Journal of Reading Behavior, 27*, 201-212.

Zechmeister, E. B., & Posavac, E. J. (2003). *Data analysis and interpretation in the behavioral sciences*. Belmont, CA: Wadsworth.

Zechmeister, J. S., Zechmeister, E. B., & Shaughnessy, J. J. (2001). *Essentials of research methods in psychology*, New York: McGraw-Hill.

Zimbardo, P. G. (2004). Does psychology make a significant difference in our lives? *American Psychologist, 59*, 339-351.

Zuk, M. (2003). *Sexual selections: What we can and can't learn about sex from animals*. Berkeley, CA: University of California Press.

Apêndice

☑ **Tabela A.1** Tabela de números aleatórios*

Col. Line	(1)	(2)	(3)	(4)	(5)	(6)	(7)	(8)	(9)	(10)	(11)	(12)	(13)	(14)
1	10480	15011	01536	02011	81647	91646	69179	14194	62590	36207	20969	99570	91291	90700
2	22368	46573	25595	85393	30995	89198	27982	53402	93965	34095	52666	19174	39615	99505
3	24130	48360	22527	97265	76393	64809	15179	24830	49340	32081	30680	19655	63348	58629
4	42167	93093	06243	61680	07856	16376	39440	53537	71341	57004	00849	74917	97758	16379
5	37570	39975	81837	16656	06121	91782	60468	81305	49684	60672	14110	06927	01263	54613
6	77921	06907	11008	42751	27756	53498	18602	70659	90655	15053	21916	81825	44394	42880
7	99562	72905	56420	69994	98872	31016	71194	18738	44013	48840	63213	21069	10634	12952
8	96301	91977	65463	07972	18876	20922	94595	56869	69014	60045	18425	84903	42508	32307
9	89579	14342	63661	10281	17453	18103	57740	84378	25331	12566	58678	44947	05585	56941
10	85475	36857	53342	53988	53060	59533	38867	62300	08158	17983	16439	11458	18593	64952
11	28918	69578	88231	33276	70997	79936	56865	05859	90106	31595	01547	85590	91610	78188
12	63553	40961	48235	03427	49626	69445	18663	72695	52180	20847	12234	90511	33703	90322
13	09429	93969	52636	92737	88974	33488	36320	17617	30015	08272	84115	27156	30613	74952
14	10365	61129	87529	85689	48237	52267	67689	93394	01511	26358	85104	20285	29975	89868
15	07119	97336	71048	08178	77233	13916	47564	81506	97735	85977	29372	74461	28551	90707
16	51085	12765	51821	51259	77452	16308	60756	92144	49442	53900	70960	63990	75601	40719
17	02368	21382	52404	60268	89368	19885	55322	44819	01188	65255	64835	44919	05944	55157
18	01011	54092	33362	94904	31273	04146	18594	29852	71585	85030	51132	01915	92747	64951
19	52162	53916	46369	58586	23216	14513	83149	98736	23495	64350	94738	17752	35156	35749
20	07056	97628	33787	09998	42698	06691	76988	13602	51851	46104	88916	19509	25625	58104
21	48663	91245	85828	14346	09172	30168	90229	04734	59193	22178	30421	61666	99904	32812
22	54164	58492	22421	74103	47070	25306	76468	26384	58151	06646	21524	15227	96909	44592
23	32639	32363	05597	24200	13363	38005	94342	28728	35806	06912	17012	64161	18296	22851
24	29334	27001	87637	87308	58731	00256	45834	15298	46557	41135	10367	07684	36188	18510
25	02488	33062	28834	07351	19731	92420	60952	61280	50001	67658	32586	86679	50720	94953
26	81525	72295	04839	96423	24878	82651	66566	14778	76797	14780	13300	87074	79666	95725
27	29676	20591	68086	26432	46901	20849	89768	81536	86645	12659	92259	57102	80428	25280

(continua)

452 Apêndice

☑ **Tabela A.1** Tabela de números aleatórios* (*continuação*)

Col. Line	(1)	(2)	(3)	(4)	(5)	(6)	(7)	(8)	(9)	(10)	(11)	(12)	(13)	(14)
28	00742	57392	39064	66432	84673	40027	32832	61362	98947	96067	64760	64584	96096	98253
29	05366	04213	25669	26422	44407	44048	37937	63904	45766	66134	75470	66520	34693	90449
30	91921	26418	64117	94305	26766	25940	39972	22209	71500	64568	91402	42416	07844	69618
31	00582	04711	87917	77341	42206	35126	74087	99547	81817	42607	43808	76655	62028	76630
32	00725	69884	62797	56170	86324	88072	76222	36086	84637	93161	76038	65855	77919	88006
33	69011	65795	95876	55293	18988	27354	26575	08625	40801	59920	29841	80150	12777	48501
34	25976	57948	29888	88604	67917	48708	18912	82271	65424	69774	33611	54262	85963	03547
35	09763	83473	93577	12908	30883	18317	28290	35797	05998	41688	34952	37888	38917	88050
36	91567	42595	27958	30134	04024	86385	29880	99730	55536	84855	29080	09250	79656	73211
37	17955	56349	90999	49127	20044	59931	06115	20542	18059	02008	73708	83517	36103	42791
38	46503	18584	18845	49618	02304	51038	20655	58727	28168	15475	56942	53389	20562	87338
39	92157	89634	94824	78171	84610	82834	09922	25417	44137	48413	25555	21246	35509	20468
40	14577	62765	35605	81263	39667	47358	56873	56307	61607	49518	89696	20103	77490	18062
41	98427	07523	33362	64270	01638	92477	66969	98420	04880	45585	46565	04102	46880	45709
42	34914	63976	88720	82765	34476	17032	87589	40836	32427	70002	70663	88863	77775	69348
43	70060	28277	39475	46473	23219	53416	94970	25832	69975	94884	19661	72828	00102	66794
44	53976	54914	06990	67245	68350	82948	11398	42878	80287	88267	47363	46634	06541	97809
45	76072	29515	40980	07391	58745	25774	22987	80059	39911	96189	41151	14222	60697	59583
46	90725	52210	83974	29992	65831	38857	50490	83765	55657	14361	31720	57375	56228	41546
47	64364	67412	33339	31926	14883	24413	59744	92351	97473	89286	35931	04110	23726	51900
48	08962	00358	31662	25388	61642	34072	81249	35648	56891	69352	48373	45578	78547	81788
49	95012	68379	93526	70765	10592	04542	76463	54328	02349	17247	28865	14777	62730	92277
50	15664	10493	20492	38391	91132	21999	59516	81652	27195	48223	46751	22923	32261	85653

*Fonte: Table of 105,000 Random Decimal Digits, Statement no. 4914, File no. 261-A, Interstate Commerce Commission. Washington, D. C. May 1949.

Apêndice 453

☑ **Tabela A.2** Valores selecionados em uma distribuição de t^*

Instruções para uso: Para encontrar um valor de t, localize a linha na coluna da esquerda da tabela correspondente ao número de graus de liberdade (gl) associado ao erro padrão da média, e selecione o valor de t listado para sua escolha de α (adirecional). O valor fornecido na coluna rotulada como $\alpha = 0,05$ é usado no cálculo do intervalo de confiança de 95%, e o valor fornecido na coluna rotulada como $\alpha = 0,01$ é usado para calcular o intervalo de confiança de 99%.

gl	$\alpha = 0,05$	$\alpha = 0,01$	gl	$\alpha = 0,05$	$\alpha = 0,01$
1	12,71	63,66	18	2,10	2,88
2	4,30	9,92	19	2,09	2,86
3	3,18	5,84	20	2,09	2,84
4	2,78	4,60	21	2,08	2,83
5	2,57	4,03	22	2,07	2,82
6	2,45	3,71	23	2,07	2,81
7	2,36	3,50	24	2,06	2,80
8	2,31	3,36	25	2,06	2,79
9	2,26	3,25	26	2,06	2,78
10	2,23	3,17	27	2,05	2,77
11	2,20	3,11	28	2,05	2,76
12	2,18	3,06	29	2,04	2,76
13	2,16	3,01	30	2,04	2,75
14	2,14	2,98	40	2,02	2,70
15	2,13	2,95	60	2,00	2,66
16	2,12	2,92	120	1,98	2,62
17	2,11	2,90	Infinito	1,96	2,58

*Esta tabela foi adaptada da Tabela 12 de *Biometrika Tables for Statiticians*, vol. 1 (3rd ed.), New York: Cambridge University Press, 1970, organizado por E. S. Pearson e H. O. Hartley, sob permissão dos *Trustees* da *Biometrika*.

454 Apêndice

☑ Tabela A.3 Valores críticos da distribuição de F^*

Instruções para uso: Para encontrar um valor crítico de F, localize na tabela a célula formada pela intersecção entre a linha que contém os graus de liberdade associados ao denominador da razão F e a coluna que contém os graus de liberdade associados ao numerador da razão F. os números listados em negrito são os valores críticos de F com $\alpha = 0,05$; os números listados em letras normais são os valores críticos de F com $\alpha = 0,01$. Como exemplo, suponhamos que você adotou o nível de significância de 5% e deseja avaliar a significância de um F com $gl_{num} = 2$ e $gl_{denom} = 12$. A partir da tabela, verificamos que o valor crítico de $F(2, 12) = 3,89$ com $\alpha = 0,05$. Se o valor obtido para F for equivalente ou exceder esse valor crítico, rejeitamos a hipótese nula; se o valor obtido para F for menor do que esse valor crítico, não rejeitamos a hipótese nula.

						Graus de liberdade para numerador											
	1	2	3	4	5	6	7	8	9	10	12	15	20	24	30	40	60	Infinito
1	**161**	**200**	**216**	**225**	**230**	**234**	**237**	**239**	**241**	**242**	**244**	**246**	**248**	**249**	**250**	**251**	**252**	**254**
	4052	4999	5403	5625	5764	5859	5928	5981	6022	6056	6106	6157	6209	6325	6261	6287	6313	6366
2	**18,5**	**19,0**	**19,2**	**19,2**	**19,3**	**19,3**	**19,4**	**19,4**	**19,4**	**19,4**	**19,4**	**19,4**	**19,4**	**19,4**	**19,5**	**19,5**	**19,5**	**19,5**
	98,5	99,0	99,2	99,2	99,3	99,3	99,4	99,4	99,4	99,4	99,4	99,4	99,4	99,5	99,5	99,5	99,5	99,5
3	**10,1**	**9,55**	**9,28**	**9,12**	**9,01**	**8,94**	**8,89**	**8,85**	**8,81**	**8,79**	**8,74**	**8,70**	**8,66**	**8,64**	**8,62**	**8,59**	**8,57**	**8,53**
	34,1	30,8	29,5	28,7	28,2	27,9	27,7	27,5	27,4	27,2	27,0	26,9	26,7	26,6	26,5	26,4	26,3	26,1
4	**7,71**	**6,94**	**6,59**	**6,39**	**6,26**	**6,16**	**6,09**	**6,04**	**6,00**	**5,96**	**5,91**	**5,86**	**5,80**	**5,77**	**5,75**	**5,72**	**5,69**	**5,63**
	21,2	18,0	16,7	16,0	15,5	15,2	15,0	14,8	14,7	14,6	14,4	14,2	14,0	13,9	13,8	13,8	13,6	13,5
5	**6,61**	**5,79**	**5,41**	**5,19**	**5,05**	**4,95**	**4,88**	**4,82**	**4,77**	**4,74**	**4,68**	**4,62**	**4,56**	**4,53**	**4,50**	**4,46**	**4,43**	**4,26**
	16,3	13,3	12,1	11,4	11,0	10,7	10,5	10,3	10,2	10,0	9,89	9,72	9,55	9,47	9,38	9,29	9,20	9,02
6	**5,99**	**5,14**	**4,76**	**4,53**	**4,39**	**4,28**	**4,21**	**4,15**	**4,10**	**4,06**	**4,00**	**3,94**	**3,87**	**3,84**	**3,81**	**3,77**	**3,74**	**3,67**
	13,8	10,9	9,78	9,15	8,75	8,47	8,26	8,10	7,98	7,87	7,72	7,56	7,40	7,31	7,23	7,14	7,06	6,88
7	**5,59**	**4,74**	**4,35**	**4,12**	**3,97**	**3,87**	**3,79**	**3,73**	**3,68**	**3,64**	**3,57**	**3,51**	**3,44**	**3,41**	**3,38**	**3,34**	**3,30**	**3,23**
	12,2	9,55	8,45	7,85	7,46	7,19	6,99	6,84	6,72	6,62	6,47	6,31	6,16	6,07	5,99	5,91	5,82	5,65
8	**5,32**	**4,46**	**4,07**	**3,84**	**3,69**	**3,58**	**3,50**	**3,44**	**3,39**	**3,35**	**3,28**	**3,22**	**3,15**	**3,12**	**3,08**	**3,04**	**3,01**	**2,93**
	11,3	8,65	7,59	7,01	6,63	6,37	6,18	6,03	5,91	5,81	5,67	5,52	5,36	5,28	5,20	5,12	5,03	4,86
9	**5,12**	**4,26**	**3,86**	**3,63**	**3,48**	**3,37**	**3,29**	**3,23**	**3,18**	**3,14**	**3,07**	**3,01**	**2,94**	**2,90**	**2,86**	**2,83**	**2,79**	**2,71**
	10,6	8,02	6,99	6,42	6,06	5,80	5,61	5,47	5,35	5,26	5,11	4,96	4,81	4,73	4,65	4,57	4,48	4,31
10	**4,96**	**4,10**	**3,71**	**3,48**	**3,33**	**3,22**	**3,14**	**3,07**	**3,02**	**2,98**	**2,91**	**2,85**	**2,77**	**2,74**	**2,70**	**2,66**	**2,62**	**2,54**
	10,0	7,56	6,55	5,99	5,64	5,39	5,20	5,06	4,94	4,85	4,71	4,56	4,41	4,33	4,25	4,17	4,08	3,91
11	**4,84**	**3,98**	**3,59**	**3,36**	**3,20**	**3,09**	**3,01**	**2,95**	**2,90**	**2,85**	**2,79**	**2,72**	**2,65**	**2,61**	**2,57**	**2,53**	**2,49**	**2,40**
	9,65	7,21	6,22	5,67	5,32	5,07	4,89	4,74	4,63	4,54	4,40	4,25	4,10	4,02	3,94	3,86	3,78	3,60
12	**4,75**	**3,89**	**3,49**	**3,26**	**3,11**	**3,00**	**2,91**	**2,85**	**2,80**	**2,75**	**2,69**	**2,62**	**2,54**	**2,51**	**2,47**	**2,43**	**2,38**	**2,30**
	9,33	6,93	5,95	5,41	5,06	4,82	4,64	4,50	4,39	4,30	4,16	4,01	3,86	3,78	3,70	3,62	3,54	3,36
13	**4,67**	**3,81**	**3,41**	**3,18**	**3,03**	**2,92**	**2,83**	**2,77**	**2,71**	**2,67**	**2,60**	**2,53**	**2,46**	**2,42**	**2,38**	**2,34**	**2,30**	**2,21**
	9,07	6,70	5,74	5,21	4,86	4,62	4,44	4,30	4,19	4,10	3,96	3,82	3,66	3,59	3,51	3,43	3,34	3,17
14	**4,60**	**3,74**	**3,34**	**3,11**	**2,96**	**2,85**	**2,76**	**2,70**	**2,65**	**2,60**	**2,53**	**2,46**	**2,39**	**2,35**	**2,31**	**2,27**	**2,22**	**2,13**
	8,86	6,51	5,56	5,04	4,69	4,46	4,28	4,14	4,03	3,94	3,80	3,66	3,51	3,43	3,35	3,27	3,18	3,00
15	**4,54**	**3,68**	**3,29**	**3,06**	**2,90**	**2,79**	**2,71**	**2,64**	**2,59**	**2,54**	**2,48**	**2,40**	**2,33**	**2,29**	**2,25**	**2,20**	**2,16**	**2,07**
	8,68	6,36	5,42	4,89	4,56	4,32	4,14	4,00	3,89	3,80	3,67	3,52	3,37	3,29	3,21	3,13	3,05	2,87
16	**4,49**	**3,63**	**3,24**	**3,01**	**2,85**	**2,74**	**2,66**	**2,59**	**2,54**	**2,49**	**2,42**	**2,35**	**2,28**	**2,24**	**2,19**	**2,15**	**2,11**	**2,01**
	8,53	6,23	5,29	4,77	4,44	4,20	4,03	3,89	3,78	3,69	3,55	3,41	3,26	3,18	3,10	3,02	2,93	2,75
17	**4,45**	**3,59**	**3,20**	**2,96**	**2,81**	**2,70**	**2,61**	**2,55**	**2,49**	**2,45**	**2,38**	**2,31**	**2,23**	**2,19**	**2,15**	**2,10**	**2,06**	**1,96**
	8,40	6,11	5,18	4,67	4,34	4,10	3,93	3,79	3,68	3,59	3,46	3,31	3,16	3,08	3,00	2,92	2,83	2,65
18	**4,41**	**3,55**	**3,16**	**2,93**	**2,77**	**2,66**	**2,58**	**2,51**	**2,46**	**2,41**	**2,34**	**2,27**	**2,19**	**2,15**	**2,11**	**2,06**	**2,02**	**1,92**
	8,29	6,01	5,09	4,58	4,25	4,01	3,84	3,71	3,60	3,51	3,37	3,23	3,08	3,00	2,92	2,84	2,75	2,57
19	**4,38**	**3,52**	**3,13**	**2,90**	**2,74**	**2,63**	**2,54**	**2,48**	**2,42**	**2,38**	**2,31**	**2,23**	**2,16**	**2,11**	**2,07**	**2,03**	**1,98**	**1,88**
	8,18	5,93	5,01	4,50	4,17	3,94	3,77	3,63	3,52	3,43	3,30	3,15	3,00	2,92	2,84	2,76	2,67	2,49
20	**4,35**	**3,49**	**3,10**	**2,87**	**2,71**	**2,60**	**2,51**	**2,45**	**2,39**	**2,35**	**2,28**	**2,20**	**2,12**	**2,08**	**2,04**	**1,99**	**1,95**	**1,84**
	8,10	5,85	4,94	4,43	4,10	3,87	3,70	3,56	3,46	3,37	3,23	3,09	2,94	2,86	2,78	2,69	2,61	2,42
22	**4,30**	**3,44**	**3,05**	**2,82**	**2,66**	**2,55**	**2,46**	**2,40**	**2,34**	**2,30**	**2,23**	**2,15**	**2,07**	**2,03**	**1,98**	**1,94**	**1,89**	**1,78**
	7,95	5,72	4,82	4,31	3,99	3,76	3,59	3,45	3,35	3,26	3,12	2,98	2,83	2,75	2,67	2,58	2,50	2,31

(continua)

☑ **Tabela A.3**   Valores críticos da distribuição de F^* *(continuação)*

		Graus de liberdade para numerador																
		1	2	3	4	5	6	7	8	9	10	12	15	20	24	30	40	60	Infinito
24	4,26	3,40	3,01	2,78	2,62	2,51	2,42	2,36	2,30	2,25	2,18	2,11	2,03	1,98	1,94	1,89	1,84	1,73
	7,82	5,61	4,72	4,22	3,90	3,67	3,50	3,36	3,26	3,17	3,03	2,89	2,74	2,66	2,58	2,49	2,40	2,21
26	4,23	3,37	2,98	2,74	2,59	2,47	2,39	2,32	2,27	2,22	2,15	2,07	1,99	1,95	1,90	1,85	1,80	1,69
	7,72	5,53	4,64	4,14	3,82	3,59	3,42	3,29	3,18	3,09	2,96	2,81	2,66	2,58	2,50	2,42	2,33	2,13
28	4,20	3,34	2,95	2,71	2,56	2,45	2,36	2,29	2,24	2,19	2,12	2,04	1,96	1,91	1,87	1,82	1,77	1,65
	7,64	5,45	4,57	4,07	3,75	3,53	3,36	3,23	3,12	3,03	2,90	2,75	2,60	2,52	2,44	2,35	2,26	2,06
30	4,17	3,32	2,92	2,69	2,53	2,42	2,33	2,27	2,21	2,16	2,09	2,01	1,93	1,89	1,84	1,79	1,74	1,62
	7,56	5,39	4,51	4,02	3,70	3,47	3,30	3,17	3,07	2,98	2,84	2,70	2,55	2,47	2,39	2,30	2,21	2,01
40	4,08	3,23	2,84	2,61	2,45	2,34	2,25	2,18	2,12	2,08	2,00	1,92	1,84	1,79	1,74	1,69	1,64	1,51
	7,31	5,18	4,31	3,83	3,51	3,29	3,12	2,99	2,89	2,80	2,66	2,52	2,37	2,29	2,20	2,11	2,02	1,80
60	4,00	3,15	2,76	2,53	2,37	2,25	2,17	2,10	2,04	1,99	1,92	1,84	1,75	1,7	1,65	1,59	1,53	1,39
	7,06	4,98	4,13	3,65	3,34	3,12	2,95	2,82	2,72	2,63	2,50	2,35	2,20	2,12	2,03	1,94	1,84	1,60
120	3,92	3,07	2,68	2,45	2,29	2,17	2,09	2,02	1,96	1,91	1,83	1,75	1,66	1,61	1,55	1,50	1,43	1,25
	6,85	4,79	3,95	3,48	3,17	2,96	2,79	2,66	2,56	2,47	2,34	2,19	2,03	1,95	1,86	1,76	1,66	1,38
Infi-nito	3,84	3,00	2,60	2,37	2,21	2,10	2,01	1,94	1,88	1,83	1,75	1,67	1,57	1,52	1,46	1,39	1,32	1,00
	6,63	4,61	3,78	3,32	3,02	2,80	2,64	2,51	2,41	2,32	2,18	2,04	1,88	1,79	1,70	1,59	1,47	1,00

Graus de liberdade para denominador

*Esta tabela foi resumida da Tabela 18 de *Biometrika Tables for Statiticians*, vol. 1 (3rd ed.), New York: Cambridge University Press, 1970, organizado por E. S. Pearson e H. O. Hartley, sob permissão dos *Trustees* da *Biometrika*.

Créditos

Capítulo 1

Figura 1.1a: © Imagery Majestic/Cutcaster RF; 1.1b: Bananastocj RF; Quadro 1.1: © Cortesia da Princeton University; Figura 1.2a: © Bettman/Corbis; 1.2b: Cortesia da National Library of Medicine; 1.2c: © Historicus, Inc. RF; Figura 1.3a: © Kim Steele/Getty RF; 1.3b e c: © Corbis RF.

Capítulo 2

Figura 2.1 (superior e inferior): Cortesia de Thomas A. Sebeok, Distinguished Professor Emeritus, Indiana University, Bloomington; Quadro 2.1: © J. S. Zechmeister; Figura 2.2: © PhotoLink/Getty RF; Figura 2.3a: The Museum of Questionable Medical Devices, www.museumofquackery.com; 2.3b: © Corbis RF; Figura 2.4: © David Buffington/Getty RF; Figura 2.5: da Figura 3, página 453 de Levine, R. V. (1990), The pace of life, *American Scientist*, 78, 450-459. © 1990 by Sigma Xi, The Scientific Research Society, Inc. Ilustração de Michael Szpir. Usada sob permissão do editor e autor.

Capítulo 3

Figura 3.1a: © E. B. Zechmeister; 3.1b © Dynamic Graphics/Jupiter Images RF; 3.1c: © E. B. Zechmeister; 3.1d: © Corbis RF; Figura 3.2; © Corbis RF; Figura 3.3: Greg Gobson/AP/Wide World Photos; Figura 3.4: © Digital Vision RF; Figura 3.5: Fotografia de Eugene & Jeanne Zechmeister tirada por um transeunte simpático; Figura 3.6: © 1968 Stanley Miligram. Do filme Obedience, distribuído por Pennsylvania State Media Sales. Figura 3.7: Ryan McVay/Getty RF; Figura 3.8a: © E. B. Zechmeister; 3.8b: J. J. Shaughnessy.

Capítulo 4

Figura 4.2: © Brand X/Getty RF; Figura 4.3: © Ira E. Hyman, Jr., Western Washington University. Usado sob permissão do autor; Figura 4.4: © Farrell Grehan/Corbis; Figura 4.5: © Brand X Pictures/Punchstock RF; Tabela 4.3: de Dickie, J. R. & Gerber, S. C. (1980), Training in social competence: The effect on mothers, fathers, and infants, *Child Development*, 51, 1248-1251. Materiais fornecidos por Jane Dickie, Psychology Department, Hope College, Holland, MI 49423; Tabela 4.4: da Tabela 2, p. 550, de LaFrance, M., & Mayo, C. (1976), Racial differences in gaze behavior during conversations: Two systematic observational studies, *Journal of Personality and Social Psychology*; 33, 547-552. © 1976 by American Psychological Association. Reimpresso sob permissão do editor e do autor. Figura 4.6: © Jim Sugar/Corbis.

Capítulo 5

Figura 5.2: © BananaStock RF; Figura 5.3: da Figura 7, p. 7, de Sax, L. J., Austin, A. W., Lindholm, J. A., Kom, W. S., Saenz, V. B., & Mahoney, K. M. (2003). *The American freshman: National norms for fall 2003.* Los Angeles: Higher Education Research Institute, UCLA. © UC Requests, usado sob permissão do editor; Figura 5.4: © Duncan Smith/Getty RF; Figura 5.5: © Ryan McVay/Getty RF; Tabela 5.1: adaptada da Tabela 3, p. 621, de Lucas, R. E., Diener, E., & Suh, E. (1996). Discriminant validity of well-being measures. *Journal of Personality and Social Psychology*, 71, 616-628. ©1996 American Psychological Association, adaptado sob permissão do editor e autor; Figura 5.6: © Ingram Publishing/AGE Fotostock.

458 Créditos

Capítulo 6

Figura 6.1: © Indiapicture/Alamy Images; Figura 6.2: © Henny Ray Abrams/AFP/Getty Images; Figura 6.3: © Corbis RF; Tabela 6.1: adaptada da Tabela 2, p. 885, de Carnagey, N. L., & Anderson, C. A. (2005). The effects of reward and punishment in violent video games on aggressive affect, cognition, and behavior, *Psychological Science, 16*, 882-889. © 2005 American Psychological Society, adaptado sob permissão da Sage Publications e do autor; Figura 6.4: © Brand X Pictures RF; Figura 6.5: © Photodisc/Getty RF.

Capítulo 7

Figura 7.1: © Ryna McVay/Getty RF; Figura 7.2: da Figura 1, p. 434, de Sackeim, H. A., Gur, R. C., & Saucy, M. C. (1978). Emotions are expressed more intensely on the left side of the face. *Science, 202*, 434-436. © American Association for the Advancement of Science, reimpresso sob permissão do editor e do autor.

Capítulo 8

Figura 8.5: adaptada da Tabela 2, p. 913, de Pingitore, R., Dugoni, B. L., Tindale, R. S., & Spring, B. (1994). Bias against overweight job applicants in a simulated employment interview. *Journal of Applied Psychology, 79*, 909-917. ©1994 American Psychological Association, adaptado sob permissão do editor e do autor; Tabela 9.5: adaptada de dados apresentados na p. 336 de Kaiser, C. R., Vick, S. B., & Major, B. (2006). Prejudice expectations moderate preconscious attention to cues that are threatening to social identity. *Psychological Science, 17*, 332-338. © 2006 Association for Psychological Science, adaptado sob permissão da Sage Publications e do autor.

Capítulo 9

Ilustração de estudo de caso © 1978 Division of Psychotherapy (29), American Psychological Association, adaptada sob permissão do editor e do autor. A citação oficial que deve ser usada para referenciar esse material é Kirsch, I. (1978). Teaching clients, to be their own therapists: A case study illustration. *Psychotherapy: Theory, Research & Practice, 15*, 302-305. O uso dessa informação não acarreta endosso do editor; Figura 9.1a: © Nina Leen/Getty; 9.1b: © Bettmann/Corbis; Figura 9.2: © LWA-Darn Tardif/Corbis; Figura 9.3, adaptada da Figura 1, p. 60, de Horton, S. V. (1987). Reduction of disruptive mealtime behavior be facial screenings. *Behavior Modification, 11*, 5.3-6.4 © 1987 Sage Publications, Inc., adaptado sob permissão do editor e do autor; Figura 9.4: da Figura 1, p.301, de Allison, M.G.,& Aileen, T.

(1980). Behavioral coaching for the development of skills in football, gymnastics, and tennis. *Journal of Applied Behavioral Analysis, 13*, 297-304. © 1980 Experimental Analysis of Behavior, Inc., reimpresso sob permissão do editor e do autor.

Capítulo 10

Figura 10.1: © Children's Television Workshop/Hulton Archives/Getty Images; Figura 10.2: © Mikael Karlsson/Arresting Images RF; Figura 10.3: © Ryan McVay/Getty RF; Figura 10.5: da Figura 5, p. 416, de Campbell, D. T. (1969). Reforms as experiments. *American Psychologist, 24*, 109-129. © 1969 American Psychological Association, reimpresso sob permissão do editor e do autor; Figura 10.6: adaptada da Figura 1, p. 287, de Gigerenzer, G. (2004). Dread risk, September 11 and fatal traffic accidents. *Psychological Science, 15*, 286-287, e dados fornecidos pelo autor, © 2004 American Psychological Society, adaptado sob permissão da Sage Publications e do autor; Figura 10.7: baseada na Figura 2, p. 444 de Salomon, G. (1987). Basic and applied research in psychology: Reciprocity with between two worlds. *International Journal of Psychology, 22*, 441-446. Reimpresso sob permissão da International Union of Psychological Science and Psychology Press (http://www.psy-press.co.UK/journals.asp) e do autor.

Capítulo 11

Figura 11.2a e b: © Fotografia de Alma Gottlieb da Figura 2 de DeLoache, J. S., Pierroutsakos, S. J., Uttal, D. H., Rosengren, K. S., & Gottlieb, A. (1998). Grasping the nature of pictures. *Psychological Science, 9*, 205-210. Fotografia cortesia de Judy DeLoache; Figuras 11.3 e 11.4: baseadas em dados fornecidos por Judy LeLoache e adaptadas da Figura 3 de DeLoache et al. (1998), *Psychological Science, 9*, 205-210 © 1998 American Psychological Society, adaptado sob permissão da Sage Publications e do autor.

Capítulo 13

Citações da p. 65 ("Writing Style"), p. 70-71 ("Reducing Bias in language"), texto ou conteúdo parafraseado baseado nas p. 71-77 ("General Guidelines for Reducing Bias") e Capítulo 2 ("Manuscript Structure and Content"), seções Abstract, Introduction, Method, Results, e Discussion, p. 25-36 do *Publication Manual of the American Psychological Association, 6th edition* (2010), Washington, DC. Copyright © American Psychological Association. Reproduzido e adaptado sob permissão. A citação oficial que deve ser usada para referenciar esse material é:

American Psychological Association (2010). *Publication Manual* (6th ed.) Washington, DC: Author.

Glossário

Abordagem empírica Abordagem para adquirir conhecimento que enfatiza a observação direta e a experimentação como modo de responder perguntas.

Abordagem idiográfica Estudo intensivo de um indivíduo, com ênfase na singularidade e legitimidade individuais.

Abordagem multimétodos Abordagem de teste de hipóteses que procura evidências coletando dados pelo uso de vários procedimentos de pesquisa e medidas diferentes do comportamento; o reconhecimento do fato de que qualquer observação do comportamento é suscetível a erros no processo de medição.

Abordagem nomotética Abordagem de pesquisa que busca estabelecer generalizações ou leis amplas que se apliquem a grandes grupos (populações) de indivíduos; enfatiza-se o desempenho médio (ou típico) de um grupo.

Alfa Ver **Nível de significância**.

Ameaças à validade interna Causas possíveis de um fenômeno que devem ser controladas para que se possa fazer uma inferência clara de causa e efeito.

Amostra Qualquer coisa menor do que todos os casos de interesse; na pesquisa de levantamento, um subconjunto da população tirado da base amostral.

Amostragem aleatória Ver **Amostragem aleatória simples (seleção aleatória)**.

Amostragem aleatória estratificada Tipo de amostragem probabilística em que a população é dividida em subpopulações chamadas de estratos, e são tiradas amostras aleatórias de cada um desses estratos.

Amostragem aleatória simples (seleção aleatória) Tipo de amostragem probabilística em que cada amostra possível de um tamanho especificado tem igual chance de ser selecionada.

Amostragem não probabilística Procedimento amostral em que não existe modo de estimar a probabilidade de cada elemento ser incluído na amostra; um tipo comum é a amostragem de conveniência.

Amostragem probabilística Procedimento amostral em que se pode especificar a probabilidade de cada elemento da população ser incluído na amostra.

Amostragem situacional Seleção aleatória ou sistemática de situações em que se fazem observações com o objetivo de obter representatividade entre circunstâncias, locais e condições.

Amostragem temporal Seleção de períodos de observação, seja de forma sistemática ou aleatória, com o objetivo de obter uma amostra representativa do comportamento.

Amplitude A diferença entre o número mais alto e o mais baixo em uma distribuição.

Análise de conteúdo Variedade de técnicas para fazer inferências identificando objetivamente características específicas de mensagens, geralmente comunicações escritas, mas podendo ser qualquer forma de mensagem; usada amplamente na análise de dados arquivísticos.

460 Glossário

ANOVA A análise de variância, ou ANOVA, é o teste inferencial mais usado para analisar uma hipótese nula ao comparar mais de duas médias em um estudo unifatorial ou em estudos com mais de um fator (i.e., variável independente). O teste ANOVA baseia-se em analisar fontes diferentes de variação em um experimento.

Avaliação de programas Pesquisa que visa determinar se uma mudança proposta por uma instituição, agência governamental ou outra unidade da sociedade é necessária e provável de ter o efeito planejado e, quando implementada, de ter o efeito desejado a um custo razoável.

Características de demanda Pistas e outras informações usadas pelos participantes para orientar seu comportamento em um estudo psicológico, levando-os a fazer o que acreditam que o observador (experimentador) espera que façam.

Codificação Passo inicial na redução dos dados, especialmente com registros narrativos, na qual unidades de comportamento ou eventos específicos são identificados e classificados de acordo com critérios específicos.

Coeficiente de correlação Estatística que indica o quanto duas medidas variam juntas; o tamanho absoluto varia de 0,0 (ausência de correlação) a 1,00 (correlação perfeita); a direção da covariação é indicada pelo sinal do coeficiente, com o mais (+) indicando que as medidas covariam na mesma direção, e o menos (-) indicando que as variáveis variam em direções opostas.

Comparação entre duas médias Técnica estatística que pode ser aplicada (geralmente obtendo-se um teste F abrangente estatisticamente significativo) para localizar a fonte específica de variação sistemática em um experimento, comparando duas médias de cada vez.

Confirmar o que os dados revelam No terceiro estágio da análise dos dados, o pesquisador determina o que os dados nos dizem sobre o comportamento. São usadas técnicas estatísticas para refutar o argumento de que os resultados se devem simplesmente ao "acaso".

Confusão Ocorre quando a variável independente de interesse covaria sistematicamente com uma segunda variável independente involuntária.

Conhecer os dados No primeiro estágio da análise de dados, o pesquisador inspeciona os dados em busca de erros e valores extremos atípicos e geralmente se familiariza com as características gerais dos dados.

Consentimento informado Disposição expressa explicitamente de participar de um projeto de pesquisa com base na compreensão clara da natureza da pesquisa, das consequências de não participar, e de todos os fatores que possamos esperar que influenciem a disposição de participar.

Construto Conceito ou ideia usados em teorias psicológicas para explicar o comportamento ou processos mentais; exemplos incluem a agressividade, depressão, inteligência, memória e personalidade.

Contaminação Ocorre quando existe comunicação de informações sobre o experimento entre grupos de participantes.

Contrabalanceamento Técnica de controle para distribuir (balancear) efeitos da prática entre as condições de um desenho de medidas repetidas. A maneira como o contrabalanceamento ocorre depende do desenho usado, se é de medidas repetidas completo ou incompleto.

Controle Componente fundamental do método científico, no qual se isolam os efeitos de diversos fatores possivelmente responsáveis por um fenômeno; três tipos básicos de controle são manipular, manter as condições constantes e balanceamento.

Correlação Ocorre quando duas medidas diferentes das mesmas pessoas, eventos ou coisas variam juntas; a presença de uma correlação possibilita prever valores em uma variável, conhecendo-se os valores da outra.

Correlação negativa Relação entre duas variáveis, na qual os valores para uma medida aumentam à medida que diminuem os valores da outra.

Correlação positiva Relação entre duas variáveis, na qual os valores para uma medida aumentam à medida que aumentam os valores da outra.

d de Cohen Medida frequente do tamanho do efeito, na qual a diferença em médias para uma condição é dividida pela variabilidade média dos escores dos participantes (desvio padrão dentro dos grupos). Com base nas diretrizes de Cohen, valores de d de 0,20, 0,50 e 0,80 representam efeitos pequenos, médios e grandes, respectivamente, para uma variável independente.

Debriefing Processo realizado após uma sessão de pesquisa, no qual os participantes são informados sobre a fundamentação para a pesquisa de que participaram, sobre a necessidade de algum engano, e sobre a sua contribuição específica para a pesquisa.

Definição operacional Procedimento pelo qual um conceito é definido unicamente em termos dos procedimentos observáveis usados para produzi-lo e medi-lo.

Glossário **461**

Depósito seletivo Viés que resulta da maneira como os traços físicos são dispostos e da maneira como as fontes arquivísticas são produzidas, editadas ou alteradas, à medida que são estabelecidas; quando presente, o viés limita seriamente a generalização de resultados da pesquisa.

Desejabilidade social Pressões sobre respondentes de um levantamento para responder da maneira como pensam que deveriam responder, segundo o que é mais aceitável socialmente, e não de acordo com o que realmente acreditam.

Desenho ABAB (desenho de reversão) Desenho experimental de sujeito único, no qual um estágio basal inicial (A) é seguido por um estágio de tratamento (B), retorno ao modo basal (A) e outro estágio de tratamento (B); o pesquisador observa se o comportamento muda com a introdução do tratamento, reverte quando o tratamento é removido e melhora novamente quando o tratamento é reintroduzido.

Desenho com amostras independentes sucessivas Desenho de pesquisa de levantamento, no qual se usa uma série de levantamentos transversais com as mesmas perguntas a cada amostra consecutiva de respondentes.

Desenho de grupos naturais Tipo de desenho de grupos independentes cujas condições representam os níveis selecionados de uma variável independente de ocorrência natural, por exemplo, a variável de diferenças individuais idade.

Desenho complexo Experimento em que duas ou mais variáveis independentes são estudadas simultaneamente.

Desenho de grupo controle não equivalente Procedimento quase-experimental em que se faz uma comparação entre grupos controle e de tratamento que foram estabelecidos com outra base que não a designação aleatória dos participantes aos grupos.

Desenho de grupo controle não equivalente com séries temporais (Ver também **Desenho de séries temporais interrompidas simples.**) Procedimento quase-experimental que aumenta a validade de um desenho de séries temporais com a inclusão de um grupo controle não equivalente; os grupos de tratamento e comparação são observados por um período de tempo antes e depois do tratamento.

Desenho de grupos aleatórios Tipo mais comum de desenho de grupos independentes, no qual os sujeitos são designados aleatoriamente a cada grupo, de modo que os grupos são considerados comparáveis no começo do experimento.

Desenho de grupos independentes Cada grupo separado de sujeitos no experimento representa uma condição diferente, definida pelo nível da variável independente.

Desenho de grupos pareados Tipo de desenho de grupos independentes em que o pesquisador forma grupos comparáveis combinando os sujeitos em uma tarefa pré-teste e depois designa aleatoriamente os membros desses conjuntos de sujeitos pareados às condições do experimento.

Desenho de medidas basais múltiplas (entre indivíduos, entre comportamentos, entre situações) Desenho experimental de sujeito único em que o efeito do tratamento é demonstrado mostrando que comportamentos em mais de uma base mudam como consequência da introdução de um tratamento; são estabelecidas bases múltiplas para diferentes indivíduos, diferentes comportamentos no mesmo indivíduo, ou para o mesmo indivíduo em situações diferentes.

Desenho de reversão Ver **Desenho ABAB (desenho de reversão).**

Desenho de séries temporais interrompidas Ver **Desenho de séries temporais interrompidas simples** e **Desenho de grupo controle não equivalente com séries temporais.**

Desenho de séries temporais interrompidas simples Procedimento quase-experimental, no qual mudanças em uma variável dependente são observadas por um período de tempo antes e depois de um tratamento ser introduzido.

Desenho fatorial Ver **Desenho complexo.**

Desenho longitudinal Desenho de pesquisa em que a mesma amostra de respondentes é entrevistada (estudada) mais de uma vez.

Desenho transversal Desenho de pesquisa de levantamento que usa uma ou mais amostras da população e coleta informações das amostras em um único momento.

Desenho unifatorial de grupos independentes Experimento que envolve grupos independentes com uma variável independente.

Desenhos de medidas repetidas Desenhos de pesquisa em que cada sujeito participa de todas as condições do experimento (i.e., a medição é repetida com o mesmo sujeito).

Desenhos do tipo *N* = 1 Ver **Experimento de sujeito único.**

Desgaste dos sujeitos Ameaça à validade interna que ocorre quando o experimento perde sujeitos, por exemplo, quando os sujeitos abandonam o projeto de pesquisa. A perda de participantes

462 Glossário

muda a natureza de um grupo em relação ao estabelecido antes da introdução do tratamento – por exemplo, destruindo a equivalência de grupos que haviam sido estabelecidos por designação aleatória.

Designação aleatória Técnica mais comum para formar grupos como parte de um desenho de grupos independentes; o objetivo é estabelecer grupos equivalentes balanceando as diferenças individuais.

Desvio padrão A medida mais usada da dispersão, que indica aproximadamente o quanto os escores médios diferem da média aritmética.

Diagrama de caule e folha Técnica para visualizar as características gerais de um conjunto de dados e informações específicas, criando dígitos principais como "caules" e dígitos secundários como "folhas".

Diagrama de dispersão Gráfico que mostra a relação entre duas variáveis indicando a intersecção de duas medidas obtidas da mesma pessoa, coisa ou evento.

Efeito de interação Quando o efeito de uma variável independente difere dependendo do nível de uma segunda variável independente.

Efeito de piso Ver **Efeito de teto (e piso).**

Efeito de teto (e piso) Problema de medição em que o pesquisador não consegue mensurar os efeitos de uma variável independente ou um possível efeito de interação porque o desempenho alcançou o máximo (ou o mínimo) em uma condição do experimento.

Efeito Hawthorne Ver **Efeitos da novidade.**

Efeito principal Efeito geral de uma variável independente em um desenho complexo.

Efeito principal simples Efeito de uma variável independente em um nível de uma segunda variável independente em um desenho complexo.

Efeitos da novidade Ameaças à validade interna de um estudo que ocorrem quando o comportamento das pessoas muda simplesmente porque uma inovação (p.ex., um tratamento) gera excitação, energia e entusiasmo; o efeito Hawthorne é um caso especial de efeitos da novidade.

Efeitos da prática Mudanças que os participantes sofrem com testes repetidos. Os efeitos da prática são a soma de fatores positivos (p.ex., a familiaridade com uma tarefa) e negativos (p.ex., tédio) associados à medição repetida.

Efeitos do experimentador Expectativas dos experimentadores que podem levá-los a tratar os sujeitos de maneira diferente em grupos diferentes ou a registrar dados de maneira tendenciosa.

Engano Reter informações intencionalmente de um sujeito de pesquisa a respeito de diferentes aspectos do projeto de pesquisa ou apresentar informações incorretas sobre a pesquisa aos participantes.

Erro do Tipo I Probabilidade de rejeitar a hipótese nula quando é verdadeira, igual ao nível de significância, ou alfa.

Erro do Tipo II Probabilidade de não rejeitar a hipótese nula quando é falsa.

Erro padrão da média O desvio padrão da distribuição amostral de médias.

Erro padrão estimado da média Uma estimativa do erro padrão verdadeiro obtido dividindo-se o desvio padrão da amostra pela raiz quadrada do tamanho da amostra.

Escala de medição Um de quatro níveis de medição física e psicológica: nominal (categorizar), ordinal (classificar), intervalar (especificar a distância entre estímulos) e racional (com um ponto zero absoluto).

Estágio basal Primeiro estágio de um experimento com sujeito único, no qual se faz um registro do comportamento do indivíduo antes de qualquer intervenção.

Estágios da análise de dados Três estágios da análise de dados são conhecer os dados, sintetizar os dados e confirmar o que os dados revelam.

Estatisticamente significativo Quando a probabilidade de uma diferença obtida em um experimento é menor do que se esperaria se apenas a variação do erro fosse responsável pela diferença, diz-se que a diferença é estatisticamente significativa.

Estudo de caso Descrição e análise intensivas de um indivíduo único.

Eta quadrado (η^2) Medida da intensidade da associação (ou tamanho do efeito) baseada na proporção da variância explicada pelo efeito da variável independente sobre a variável dependente.

Etnocentrismo Tentativa de entender o comportamento de indivíduos em culturas diferentes com base unicamente em experiências da própria cultura.

Experimento Situação de pesquisa controlada, na qual os cientistas manipulam um ou mais fatores e observam os efeitos dessa manipulação sobre o comportamento.

Experimento de campo Procedimento em que uma ou mais variáveis independentes são manipuladas por um observador em um ambiente natural para determinar o efeito sobre o comportamento.

Glossário **463**

Experimento de sujeito único Procedimento que se concentra na mudança comportamental em um indivíduo contrastando sistematicamente as condições do indivíduo, enquanto se monitora o comportamento continuamente.

f de Cohen Medida do tamanho do efeito quando existem mais de duas médias, que define um efeito relativo ao grau de dispersão entre as médias grupais. Com base nas diretrizes de Cohen, um valor de f de 0,10, 0,25 e 0,40 define um efeito pequeno, médio e grande, respectivamente.

Fidedignidade entre observadores Grau em que dois observadores independentes concordam.

Fidedignidade/confiabilidade Uma medida é fidedigna/confiável quando é consistente.

Grupo controle com placebo Procedimento pelo qual uma substância que se parece com uma droga ou outra substância ativa, mas que na verdade é uma substância inerte, ou inativa, é administrada aos participantes.

Hipótese Uma tentativa de explicar um fenômeno.

Hipótese nula (H_0) Suposição usada como primeiro passo na inferência estatística, na qual se diz que a variável independente não teve efeito.

Histórico A ocorrência de um evento que não o tratamento, que possa ameaçar a validade interna se produzir mudanças no comportamento dos sujeitos da pesquisa.

Inferência causal Identificação da causa ou causas de um fenômeno, estabelecendo a covariação de causas e efeitos, uma relação de ordem temporal, com a causa precedendo o efeito, e a eliminação de causas alternativas plausíveis.

Instrumentação Podem ocorrer alterações ao longo do tempo não apenas nos participantes de um experimento, mas também nos instrumentos usados para medir o seu desempenho. Essas mudanças devidas à instrumentação podem ameaçar a validade interna se não puderem ser separadas do efeito do tratamento.

Intervalo de confiança Indica a faixa de valores que podemos esperar conter um valor populacional com um grau especificado de confiança (p.ex., 95%).

Intervalo de confiança para um parâmetro populacional Faixa de valores ao redor de uma estatística amostral (p.ex., média amostral) com uma probabilidade especificada (p.ex., 95) de que o parâmetro populacional (p.ex., média populacional) esteja compreendido dentro do intervalo.

Maturação A mudança associada à passagem do tempo se chama maturação. As mudanças que os participantes sofrem em um experimento que se

devem à maturação e não ao tratamento podem ameaçar a validade interna.

Média A média aritmética, ou apenas média, é determinada dividindo-se a soma dos escores pelo número de escores que contribuem para aquela soma. A média é a medida mais usada da tendência central.

Mediana O ponto médio em uma distribuição, acima e abaixo do qual se localiza a metade dos escores.

Medidas da dispersão (variabilidade) Medidas como a amplitude e o desvio padrão que descrevem o grau de dispersão dos números em uma distribuição.

Medidas da tendência central Medidas, como a média, mediana e moda, que identificam um escore ao redor do qual os dados tendem a girar.

Medidas não obstrutivas (não reativas) Medidas do comportamento que eliminam o problema da reatividade porque as observações são feitas de maneira tal que a presença do observador não é detectada pelos indivíduos em observação.

Meta-análise Análise de resultados de vários (às vezes, muitos) experimentos independentes que investigam a mesma área de pesquisa; a medida usada em uma meta-análise geralmente é o tamanho do efeito.

Método científico Abordagem ao conhecimento que enfatiza processos empíricos em vez de processos intuitivos, hipóteses testáveis e a observação controlada e sistemática de fenômenos definidos operacionalmente, coleta de dados usando instrumentos acurados e precisos, medidas válidas e fidedignas e a publicação objetiva dos resultados; os cientistas tendem a ser críticos e, mais importante, céticos.

Moda O escore que aparece com mais frequência na distribuição.

Nível de significância Probabilidade, ao testar a hipótese nula, que é usada para indicar se um resultado é estatisticamente significativo. O nível de significância, ou alfa, é igual à probabilidade de um erro do Tipo I.

Observação estruturada Variedade de métodos observacionais com intervenção, nos quais o grau de controle costuma ser menor do que em experimentos de campo; usada com frequência por psicólogos clínicos e do desenvolvimento para fazer avaliações comportamentais.

Observação naturalística Observação de um comportamento em um ambiente mais ou menos natural sem qualquer tentativa de intervir.

Observação participante Observação do comportamento por uma pessoa que também tem um

464 Glossário

papel ativo e significativo na situação ou contexto em que se registra o comportamento.

Perda mecânica de sujeitos Ocorre quando o sujeito não conclui o experimento por falha de equipamentos ou por erro do experimentador.

Perda seletiva de sujeitos Ocorre quando sujeitos são perdidos de forma diferencial entre as condições do experimento como resultado de alguma característica de cada sujeito que está relacionada com o resultado do estudo.

Pesquisa aplicada Pesquisa que busca conhecimento para melhorar determinada situação. Ver também **Pesquisa básica.**

Pesquisa básica Pesquisa que busca conhecimento para aumentar a compreensão do comportamento e processos mentais e para testar teorias. Ver também **Pesquisa aplicada.**

Pesquisa correlacional Pesquisa para identificar relações preditivas entre variáveis de ocorrência natural.

Pesquisa de *n* pequeno Ver **Experimento de sujeito único.**

Plágio Apresentação das ideias ou trabalho de outrem sem identificar a fonte de forma clara.

Poder Probabilidade em um teste estatístico de que uma hipótese nula falsa seja rejeitada; o poder está relacionado com o nível de significância selecionado, o tamanho do efeito do tratamento e o tamanho da amostra.

População Conjunto de todos os casos de interesse.

Privacidade O direito que os indivíduos têm de decidir como informações a seu respeito serão comunicadas a outras pessoas.

Procedimento duplo-cego Quando o participante e o observador não sabem (são cegos) qual tratamento está sendo administrado.

Quase-experimentos Procedimentos que lembram as características de experimentos verdadeiros, por exemplo, que usam um tipo de intervenção ou tratamento e uma comparação, mas sem o grau de controle encontrado em experimentos verdadeiros.

Questionário Conjunto de questões predeterminadas para todos os respondentes, que serve como o principal instrumento de pesquisa em um levantamento.

Randomização em bloco A técnica mais comum para a designação aleatória no desenho de grupos aleatórios; cada bloco contém uma ordem aleatória das condições, e existem tantos blocos quantos sujeitos em cada condição do experimento.

Razão risco/benefício Avaliação subjetiva do risco para um sujeito de pesquisa em relação ao benefício dos resultados da pesquisa proposta para o indivíduo e a sociedade.

Reatividade Influência que um observador tem no comportamento em observação; o comportamento influenciado pelo observador não pode ser representativo do comportamento que ocorre quando não existe observador presente.

Redução de dados Processo na análise de dados comportamentais pelos quais os resultados são organizados de maneira significativa, preparando-se sínteses dos resultados importantes.

Registros arquivísticos Fonte de evidências baseada em registros ou documentos que relatam as atividades de indivíduos, instituições, governos e outros grupos; usados como alternativa ou em conjunto com outros métodos de pesquisa.

Registros narrativos Registro que visa proporcionar uma reprodução mais ou menos fiel do comportamento, como ocorreu originalmente.

Regressão (à média) A regressão estatística pode ocorrer quando indivíduos foram selecionados para participar de um experimento por causa dos seus escores "extremos". A regressão estatística é uma ameaça à validade interna, pois se espera que indivíduos selecionados de grupos extremos tenham escores menos extremos em um segundo teste (o "pós-teste") *sem nenhum tratamento*, simplesmente devido à regressão estatística.

Relação espúria Ocorre quando evidências indicam falsamente que duas ou mais variáveis são associadas.

Replicação Repetir os procedimentos exatos usados em um experimento para determinar se os mesmos resultados são obtidos.

Representatividade Uma amostra é representativa no nível em que tem a mesma distribuição de características que a população da qual foi selecionada; nossa capacidade de generalizar da amostra para a população depende essencialmente da representatividade.

Risco mínimo Diz-se que um sujeito de pesquisa sofre risco mínimo quando a probabilidade e a magnitude de danos ou desconforto previstos na pesquisa não são maiores do que se encontram normalmente na vida cotidiana ou durante a realização de tarefas de rotina.

Seleção A seleção é a ameaça à validade interna que ocorre quando, desde o começo de um estudo, existem diferenças entre os tipos de indivíduos em um grupo e os de outro grupo do experimento.

Glossário **465**

Sensibilidade Em um experimento, refere-se à probabilidade de que o efeito de uma variável independente seja detectado quando a variável tem um efeito de fato; a sensibilidade é maior no mesmo nível em que a variação do erro for reduzida (p.ex., mantendo as variáveis constantes em vez de equilibrá-las).

Sintetizar os dados Neste segundo estágio de análise de dados, o pesquisador usa estatísticas descritivas e materiais gráficos para sintetizar as informações em um conjunto de dados, descrevendo tendências e padrões nos dados.

Sobrevivência seletiva Viés que resulta da maneira como os traços físicos e arquivísticos sobrevivem ao longo do tempo; quando presente, o viés limita seriamente a validade externa de resultados da pesquisa.

Tamanho do efeito Índice da intensidade da relação entre a variável independente e a variável dependente, que independe do tamanho da amostra.

Tendência central Ver **Medidas da tendência central**.

Tendência linear Tendência nos dados que é sintetizada corretamente por uma linha reta.

Teoria Conjunto de proposições organizado de forma lógica, que serve para definir eventos, descrever relações entre eventos e explicar a ocorrência desses eventos; as teorias científicas orientam a pesquisa e organizam o conhecimento empírico.

Testagem Fazer um teste geralmente tem um efeito sobre testes subsequentes. A testagem pode ameaçar a validade interna se não for possível separar o efeito do tratamento do efeito da testagem.

Teste de significância da hipótese nula Procedimento de inferência estatística usado para decidir se uma variável teve efeito em um estudo. O teste da hipótese nula começa com o pressuposto de que a variável não tem efeito (ver **hipótese nula**), e a teoria da probabilidade é usada para determinar a probabilidade de que o efeito (p.ex., uma diferença média entre condições) observado em um estudo ocorreria simplesmente pela variação do erro ("acaso"). Se a probabilidade do efeito observado for pequena (ver **nível de significância**), supondo que a hipótese nula seja verdadeira, inferimos que a variável produziu um efeito confiável (ver **estatisticamente significativo**).

Teste F Na análise de variância, ou ANOVA, a razão de variação entre os grupos e dentro dos grupos, ou variação do erro.

Teste F abrangente Análise geral inicial baseada na ANOVA.

Teste t para grupos independentes Teste inferencial para comparar duas médias de grupos diferentes de sujeitos.

Teste t para medidas repetidas (intrassujeito) Teste inferencial para comparar duas médias do mesmo grupo de sujeitos ou de dois grupos de sujeitos "pareados" em uma medida relacionada com a variável dependente.

Traços físicos Fontes de evidências baseadas nos remanescentes, fragmentos e produtos de comportamentos passados; usados como alternativa ou em conjunto com outros métodos de pesquisa.

Transferência diferencial Problema potencial em desenhos de medidas repetidas quando o desempenho em uma condição difere dependendo da condição que a antecede.

Validade A "veracidade" de uma medida; uma medida válida é aquela que mede o que diz medir.

Validade externa Nível em que os resultados de um estudo podem ser generalizados para diferentes populações, situações e condições.

Validade interna Grau em que as diferenças no desempenho podem ser atribuídas de forma clara ao efeito de uma variável independente, ao contrário do efeito de alguma outra variável (não controlada); um estudo internamente válido está livre de confusão.

Variabilidade Ver **Medidas da dispersão** (variabilidade).

Variável de diferenças individuais Uma característica ou traço que varia entre os indivíduos, como nível de depressão, idade, inteligência, gênero. Como essa variável é formada a partir de grupos preexistentes (i.e., ocorre "naturalmente"), a variável de diferenças individuais pode ser chamada de variável de grupos naturais. Outro termo usado às vezes como sinônimo para variável de diferenças individuais é variável do sujeito.

Variável dependente Medida do comportamento que o pesquisador usa para avaliar o efeito da variável independente (se houver).

Variável independente Fator para o qual o pesquisador manipula pelo menos dois níveis para determinar seu efeito no comportamento.

Variável independente relevante Variável independente que influencia o comportamento, seja de forma direta, produzindo um efeito principal, ou indiretamente, resultando em um efeito de interação em combinação com uma segunda variável independente.

466 Glossário

Viés da taxa de resposta Ameaça à representatividade de uma amostra que ocorre quando alguns participantes selecionados para responder a um levantamento deixam sistematicamente de concluí-lo (p.ex., por não terminarem um questionário longo ou não aceitarem participar de uma enquete telefônica).

Viés de seleção Ameaça à representatividade de uma amostra que ocorre quando os procedimentos usados para selecionar uma amostra resultam em super ou sub-representação de um segmento significativo da população.

Viés do entrevistador Ocorre quando o entrevistador tenta ajustar a formulação de uma questão para encaixá-la no respondente ou registra apenas porções selecionadas das respostas.

Viés do observador Erros sistemáticos de observação costumam resultar das expectativas do observador com relação aos resultados do estudo (i.e., efeitos da expectativa).

Índice onomástico

Abelson, R. P., 211-212, 352-355, 368-369, 386-387, 391, 393-395
Adair, J. G., 87-88
Adler, T, 29-30
Allison, M. G., 304-308
Allport, G. W., 58-59, 294-295
Altmann, J., 143-144
Ambady, N., 60-62
American Psychiatric Association, 55-58
American Psychological Association (APA), x-xii, 25, 27-31, 73-74, 88, 90, 94-100, 388-389, 392-397, 407, 416, 420-422, 255-256, 431, 433-435
Ancell, M., 121-122
Anderson, C. A., 20-23, 211-214, 222-223
Anderson, C. R., 79-81
Anderson, J. R., 64-65
Anderson, K. J., 281-282
Anglin, J. M., 355-356
Aristóteles, 23-24
Armeli, S., 131-132
Ascione, F. R., 111, 113
Association for Psychological Science (APS), 25, 27-28, 32-33, 73-74, 164-165, 420-422
Astin, A. W., 166-169
Astin, H. A., 177-178
Astone, N. M., 173, 174
Atkinson, R. C., 293-294, 320-321
Atwater, J. D., 344-345
Aubrey, L. W., 378-379
Ayllon, T., 304-308
Azar, B., 423

Baer, D. M., 310-311
Bagemihl, B., 112-113
Baker, T. B., xi, 32-33, 131-132
Baldwin, A. K., 161-162
Banaji, M. R., 74-75, 77-81, 83-84, 92-93, 112-113, 141-142, 163-165, 222-223, 423
Bard, K. A., 109-110
Barker, L. S., 131-132
Barker, R. G., 131-132
Barlow, D. H., 290-291, 296, 301-302, 304-305, 308-309
Baron, R. M., 185-186
Bartholomew, G. A., 420-421
Bartlett, M. Y., 50-51
Baumeister, R. F., 106-107
Baumrind, D., 87-89
Bauserman, R., 25, 27-28
Baxter, M. G., 169-173
Becker-Blease, K. A., 78-79
Begley, S., ix-x
Behnke, S., 97
Bellack, A. S., 80-81, 90-93
Bentham, J., 95-96
Berdahl, J. L., 160-161
Berk, R. A., 343-344
Berkowitz, L., 20-23
Berliner, L., 28
Bickman, L., 110
Birnbaum, M. H., 164-165, 423
Bjork, R., 20-21
Blanchard, F. A., 141-142
Blanck, P. D., 80-81, 90-93

468 Índice onomástico

Bolgar, H., 290-291, 296
Boring, E. G., 46
Boruch, R. F., 343-344
Boss, S. M., 116-117, 127-130
Bower, G. H., 279-282
Brandt, R. M., 126-130
Bransbury, A. J., 48
Brigham, J. C.,141-142
Britton, B., 91-92
Bröder, A., 89, 158
Brody, G. H., 301-302
Broffman, M., 48
Brossart, D. F., 298-299
Brown, D. R., 247-248
Brown, R., 64-65
Bruckman, A., 74-75, 77-81, 83-84, 92-93, 112-113, 141-142, 163-165, 423
Bryant, A. N., 177-178
Buchanan, T., 163-164
Burger, J. M., 87-88
Bushman, B. J., 45-46, 222-223, 242-243

Caggiano, J. M., 116-117, 127-130
Campbell, D. T., 67-68, 119-124, 139-140, 321-322, 324-329, 332-341, 343-344, 391
Candland, D. K., 111, 113
Cantor, J., 45-46
Carey, B., 294-295
Carnagey, N. L., 211-214
Carroll, K. A., 93-94
Ceci, S. J., 220-222, 259-260
Centers for Disease Control, 244-245
Cepeda-Benito, A., 28
Chaffin, M., 28
Chambers, D. L., 343-344
Chambless, D. L.,133-134
Chapman, G. B., 179-180
Charness, N., 288-289
Chastain, G., 76
Chernoff, N. N., 25-26
Chow, S. L., 386-387, 395-396
Christensen, L., 89, 90
Christiansen, A., xii
Chronis, A. M., 355-356
Church, S. M., 48
Cicchetti, D., 117, 125-126, 143-144
Clark, H. H., 179-180
Clark, M. S., 151-152
Coast, J. R., 244-246
Cohen, J., 74-75, 77-81, 83-84, 92-93, 112-113, 141-142, 163-165, 214-216, 353-354, 361-363, 368-369, 386-387, 390-391, 393-398, 402-404, 406-407, 423
Connor, N., 288-289
Cook, T. D., 67-68, 321-322, 324-327, 332-340, 346-347, 391
Cook, W. A., 48

Coon, D. J., 23-24
Corbin, J., 59-60, 132-133
Cordaro, L.,142-143
Cordon, I., 28
Costal, A., 109-110
Couper, M., 74-75, 77-81, 83-84, 92-93, 112-113, 141-142, 163-165
Craik, K. H., 24-25
Crandall, C. S., 141-142
Crandall, R., 73-74, 84-85, 99-100, 140-141
Crenshaw, M., 20-21
Cronbach, L. J., 423-424
Crossen, C., 151-152, 156-157
Crossley, A. M., 183-184
Crowder, R. G., 222-223
Cull, W. L., 355-356
Cumming, G., xiii, 366-368, 372-373, 386-387
Curtiss, S. R., 111, 113

Dalal, R., 164-165, 423
Dallam, S. J., 28
D'Anna, C. A., 355-356
Darley, J. M., 118-119, 183-184
Darwin, Charles, 24-25
Davies, P. G., 133-134
Dawes, R. M., 220-223
DeAngelo, L., 166-169
DeLoache, J. S., 369-373
Descartes, 23-24
DeSteno, D., 50-51
DeWitt, R., 236-237
Dickie, J. R.,128-131
Diener, E., 35-36, 73-74, 84-85, 99-100, 140-141, 151-152, 176-177, 184-185
Dittmar, H., 41-42, 199-204
Dixit, J., 114, 140-141
Dolan, C. A., 131-132
Donnerstein, E., 20-23, 206-207
Dubner, J., 123-124
Duckett, E., 108-109
Dugoni, B. L., 267-269

Ebbinghaus, H., 288-289
Eberhardt, J. L., 133-134
Eckenrode, J., 112-113, 134-135, 141-142
Eible-Eibesfeldt, I., 112-113
Einstein, A., 25-26
Ekman, P., 106-107
Endersby, J. W., 121-122
Entwisle, D. R., 173-174
Epley, N., 88, 90
Epstein, S., 175-176
Erickson, L. M., 308-309, 311-312
Ericsson, K. A., 288-289
Estes, W. K., 366-367, 374, 386-387
Evans, G. W., 185-187
Evans, R., 206-207

Fechner, T., 23-24, 288-289
Feeney, D. M., 94-95
Fehrmann, P. G., 378-379
Festinger, L., 115-116, 139-140
Fiddler, F., xii
Field, A. E., 169-173
Finch, S., xii, 366-368, 372-373, 386-387
Fincham, F. D., 151-152
Fine, M. A., 95-97, 104
Fiore, M. C., 131-132
Fischler, C., 121-123
Fisher, C. B., 77, 89
Fleischman, D. A., 288-289
Fossey, D., 140-141
Fowler, R. D., 94-95
Fraley, R. C., 163-164, 423
Francis, M. E., 37-38, 34-35
Freeman, P. R., 250-252
Freud, S., 25, 27, 55-56
Freyd, J. J., 78-79
Frick, R. W., 391
Friedman, H. S., 123-124, 133-134
Friedman, M. P., 120-121
Frost, R. O., 307-309
Fryberg, D., 77, 89
Funder, D. C., 106-107

Gabrieli, J. D. E., 288-289
Galileu, 24-25
Galvani, A., P., 179-180
Gena, A., 306-308
Gentile, L., 185-187
Gerrard, M., 344-345
Gigerenzer, G., xii, 41-42, 337-340
Gilman, R., 288-289
Gilovich, T., 53-54
Glaser, J., 114, 140-141
Gleaves, D. H., 28
Goldstein, C. C., 259-265, 276-277
Gonczy, C., 48
Gonnella, C., 185-187
Gonzalez, R., 386-389
Goodall, J., 94-95
Goodman, G. S., 28
Goodman, S. H., 173-174
Gordon, P. C., 133-134
Gordon, R. T., 48
Gosling, S. D., 24-25, 28
Gottlieb, A., 369-373
Graham, S. M., 151-152
Green, D. P., 114, 140-141
Greenwald, A. G., 74-75, 77-78, 92-93, 386-389
Griskevicius, V., 53-55
Grissom, R. J., 361-362, 368-369
Grove, J. B., 119-124, 139-140
Gur, R. C., 238-242

Hagen, R. L., 386-387
Haggbloom, S. J., 25-26
Halliwell, E., 41-42, 295-300
Halpern, A. R., 279-282
Haney, M., 288-289
Hansen, C. J., 244-246
Hansen, K. A.,128-130
Harlow, H. F., 111, 113
Harlow, M. K., 111, 113
Harre, R., 289-290
Harris, R. J., 386-389
Harsch, N., 65-66
Harshman, R. A., 366-367, 386-387, 391, 394-395
Hartl, T. L., 307-309
Hartup, W. W., 112-113, 125-127, 137-138
Hawley, K. M., 215-216
Healy, N. A., 355-356
Heatherton, T. F., 151-152, 169-170, 172-173
Hersen, M., 290-291, 296, 301-302, 304-305, 308-309
Hertwig, R., 89
Hertzog, C., 20-21
Hickman, C., 299-300
Hilts, P. J., 293-294
Hippler, H. J., 163-164
Hitlin, P., 165-167
Hoaglin, D. C., 353-354, 356-357
H. M. (ver Molaison, H. G.)
Holden, C., 76-77, 94-95
Holland, R. W., 41-42
Holmbeck, G. N., 108-109, 185-186
Holsti, O. R., 132-134
Horton, S. V., 302-304
Hou, M., 221-222
Howell, D. C., 357-358, 366-367
Hubbard, A., 48
Huberman, A. M., 132-133
Huesmann, L. R., 20-23
Huff, C., 88, 90
Hume, D., 95-96
Hunt, M., 214-216
Hunter, J. E., 353-354, 386-387, 391, 394-395
Hurtado, S., 166-169
Hyman, I. E., 116-117, 127-130

Iannuzzo, R., 89
Ison, J. R., 142-143
Ive, S., 41-42, 199-204

James, W., 25-27
Janecki, T., 48
Jeeves, M. A., 236-237
Jensen-Doss, A., 215-216
Jezierski, T., 48
John, O. P., 28
Johnson, D., 93-94
Johnson, G. M., 344-345
Johnson, J. D., 20-23

470 Índice onomástico

Johnson, S. L., 133-134
Joiner, T. E., 169-173
Jones, V. K., 25-26
Judd, C. M., 136-137, 183-184, 214-216, 317-318

Kabnick, K., 121-123
Kahneman, D., xii-xiii, 25-26, 45-46
Kaiser, C. R., 270-276, 414-415
Kalinowski, P., xii
Kandel, E., 294-295
Kardas, E. P., 423
Kaschak, M. P., 356-357
Kasser, T., 30-31
Kassin, S. M., 87-88, 91-92, 97-98, 259-265, 276-277
Kawakami, K., 41-42
Kazdin, A. E., 290-291, 293-294, 300-302, 304-305, 308-312
Keane, M. M., 288-289
Keel, P. K., 169-173
Keith, T. Z., 378-379
Keller, F. S., 23-24
Kelley-Milburn, D., 423
Kelman, H. C., 83-84, 89-91
Kenny, D. A., 185-186
Keppel, G., 261-262, 390, 411-412, 415
Kidd, S. A., 59-60
Kidder, L. H., 136-137, 183-184, 214-216, 317-318
Kiechel, K. L., 87-88, 91-92, 97-98
Killeen, P. R., xii, 386-387
Kim, J. J., 361-362, 368-369
Kimble, G. A., 55-56, 66-67
Kimmel, A. J., 83-84, 89-88, 90
Kirigin-Ramp, K., 247-249
Kirk, R. E., 361-363, 402-403
Kirkham, G. L., 114
Kirsch, I., 210, 290-293, 296-297
Klaiman, C., 288-289
Kleinig, A., xii
Klinesmith, J., 30-31
Kohlberg, L., 29-30
Korn, W. S., 166-169
Kosty, M., 48
Kraemer, H. C., 28
Kral, M., 59-60
Kramer, A. D. I., 112-113
Kramer, A. F., 20-21
Krantz, J. H., 28, 164-165, 423
Krantz, P. J., 306-308
Kratochwill, T. R., 298-302
Krauss, S., xii
Kraut, T. R., 74-75, 77-81, 83-84, 92-93, 112-113, 141-142, 163-165, 423
Kroenër, J., 48
Krueger, J., 386-387
Kruglanski, A. W., 20-21
Kubany, E. S., 288-290, 292-293

Kulik, J., 64-65
Kurdek, L. A., 95-97, 104
Ky, K. N., 34-35

LaFrance, M., 109-110, 135-138
Lakatos, I., 66-67
Lambert, N. M., 151-152
Landrum R. E., 76
Langer, E. J., xi, 330-337, 342-343
Larson, R. W., 108-109, 131-132, 138-139
Latane, B., 118-119, 183-184
LeBlanc, P., 77
Lee, L., 161-162
Lee, S. W. S., 221-222
Leeman, J., xii
Lenhart, A., 165-167
Leonard, M., xii
Levin, D. T., 298-299
Levine, R. V., 57-59, 61-62
Levitt, S. D., 123-124
Li, M., 179-180
Liberty, H. J.,118-119
Light, K. O., 131-132
Lindenberger, U., 20-21
Lindholm, J. A., 166-169
Lo, J., xii
Locke, 23-24
Locke, T. P., 344-345
Loftus, E. F., 28
Loftus, G. R., 353-354, 371-372, 386-387
Lorenz, K., 25-26
Lovaas, O. I., 299-300
Lucas, R. E., 169-170, 176-177
Ludwig, J., 182
Ludwig, T. E., 236-237

MacCoun, R., 25-26
Madden, M., 165-167
Madey, S. F., 53-54
Madigan, C. M., 154-155
Maesiripieri, D., 93-94
Mahamedi, F., 169-173
Mahoney, K. M., 166-169
Major, B., 270-276, 414-415
Malamuth, N. M., 20-23
Marcynyszyn, L. A., 185-187
Martens, B. K., 300-302
Martin, L. R., 123-124, 133-134
Marx, M. H., 42-43, 46, 49-50, 54-55, 65-68
Masson, M. E. J., 371-372
Masters, J. C., 296
Matsumoto, D., 110
Matuszawa, T., 109-110
Mayo, C., 109-110, 135-138
McAndrew, F. T., 30-31
McCallum, D. M., 77
McCarthy, D. E., 131-132

Índice onomástico   471

McCarthy, N., 48
McClannahan, L. E., 306-308
McCulloch, M., 48
McDaniel, M., 20-21
McFall, R. M., xi, 32-33
McGrew, W. C., 132-133
McGuire, W. J., 37-38
McKenzie, K. E., 116-117, 127-130
McMenamin, N., xii
Medvic, V. H., 53-54
Meehl, P. E., 66-68, 386-387
Michels, K. M., 247-248
Michielutte, R., 339-340
Milburn, M., 423
Miles, M. B., 59-60, 132-133
Milford, T. M., 423
Milgram, S., 87-90, 103-104, 118-119
Mill, J. S., 95-96
Miller, G. A., 355-356
Miller, J. D., 31-33
Miller, N. E., 93-94
Milner, B., 293-294
Milson, J. R., 64-65
Molaison, H. G., 293-295
Moneta, G., 108-109
Mooallem, J., 112-113
Mook, D. G., 219-220, 222-223, 318-319
Moore, C., 160-161
Moore, C. F., 356-357
Morrell, F., 288-289
Mosteller, F., 353-354, 356-357
Mulaik, S. A., 366-367, 386-387, 391, 394-395
Musch, J., 28
Myers, D. G., 151-152, 184-185
Myers, L. J., 48
Myowa-Yamakoshi, M., 109-110

National Research Council, 94-95
Neisser, U., 24-25, 65-66
Newburger, E. C.,28,164-165
Newhagen, J. E., 121-122
Newsom, C., 299-300
Nichols, P., 170-171
Norman, W. D., 236-237
Nosek, B. A., 74-75, 77-78, 92-93
Novak, M. A., 94-95

Office for Human Research Protections, 84-85
Olson, J., 74-75, 77-81, 83-84, 92-93, 112-113, 141-142, 163-165, 423
Ondersma, S. J., 28
Orne, M. T., 92-93, 138-139, 210
Ortmann, A., 89

Park, C. L., 131-132
Park, N., 50-51
Parker, R. I., 298-299

Parnell, P., 111, 113
Parry, H. J., 183-184
Parsons, H. M., 326
Parsonson, B. S., 310-311
Pashler, H., 20-21
Paskett, E. D., 339-340
Patuki-Blake, L., 166-169
Paty, J., 131-132
Pavlov, I., 25-26
Pease, A., 106-107
Pease, B., 106-107
Pegalis, L., 91-92
Pennebaker, J. W., 37-38, 196-198
Pete, E., 121-123
Peterson, C., 50-51
Piaget, J., 117-118
Piasecki, T. M., 131-132
Pickren, W. E., 25-26
Pierroutsakos, S. L., 369-373
Pingitore, R., 267-269
Piper, A. I., 342-343
Popper, K. R., 64-67
Posavac, E. J., 183, 340-342, 356-357, 368-369, 372-373, 379-380, 388-389, 392, 406-407, 411-412
Post., J. M., 20-21
Pottebaum, S. M., 378-379
Poulson, C. L., 306-308
Poulton, E. C., 250-252
Powers, J. L., 112-113, 134-135, 141-142
Presser, S., 182
Pryor, J. H., 166-169
Purdie-Vaughns, V. J., 133-134

Rachels, J., 95-96
Raju, N. S., 366-367, 386-387, 391, 394-395
Rasisnki, K. A., 161-162
Rauscher, F. H., 34-35
Reimers, T. M., 378-379
Reips, U., 28
Reminger, S. L., 288-289
Revelle, W., 281-282
Richards, M. H., 108-109
Richardson, D. R., 91-92
Richardson, J., 111, 113
Riecken, H., 115-116, 139-140
Rimm, D. C., 296
Rind, B., 25, 27-28
Robins, R. W., 24-25
Rodin, J., xi, 330-337, 342-343
Rodriguez, B., 89
Roese, N. J., 91-92
Roethlisberger, F. J., 326
Rogers, A., 199-200
Rogosh, F. A., 117, 125-126, 143-144
Rohrer, D., 20-21
Rosenfeld, A., 93-94

472 Índice onomástico

Rosengren, K. S., 369-373
Rosenhan, D. L., xi, 114-116, 138-139, 142-144
Rosenthal, R., 77, 142-143, 210, 362-363, 368-369, 392-395, 402-403, 413-414
Rosnow, R. L., 80-81, 90-93, 368-369, 392-395, 402-403, 413-414
Rossi, P. H., 343-344
Rotheram-Borus, M. J., 80-81, 90-93
Rozin, P., 121-123
Rubanowitz, D. E., 124-125
Rubin, D. C., 65-66
Russell, T. M., 25-26

Sackeim, H. A., 238-242
Sacks, O., 289-290, 293-294, 296
Saenz, V. B., 166-169
Salomon, G., 342-343
Salpekar, N., 185-187
Sapirstein, G., 210
Sergeant, J. D., 150-151
Sargis, E. G., 87-88, 90, 141-142, 163-165
Saucy, M. C., 238-242
Savitsky, K., 259-265, 276-277
Sax, L. J., 166-169
Schachter, S., 115-116, 139-140
Schacter, D. L., 294-295
Schlesinger, L., 25, 27-28
Schmidt, F. L., 353-354, 386-387, 391-392, 394-395
Schmidt, W. C., 164-165
Schober, M. F.,179-180
Schoeneman, T. J., 124-125
Schoggen, M. F., 131-132
Schooler, N. R., 80-81, 90-93
Schultz, R. T., 288-289
Schuman, H., 182
Schwartz, J. E., 123-124, 133-134
Schwartz, P., 150-151
Schwartz, R. D., 119-124, 139-140
Schwarz, N., 163-164, 221-222
Scoville, W. B., 293-294
Seale, C., 59-60
Sechrest, L., 119-124, 139-140, 391
Seligman, M. E. P., 50-51
Shadish, W. R., 321-322, 324-327, 333-340, 391
Shapiro, K. J., 94-95
Sharpe, D., 87-88
Shaughnessy, J. J., 57-58, 64-66, 97-98, 138-139, 153-155, 223-224, 252, 279-280, 329-330, 422
Shaw, G. L.,34-35
Shelton, B., 339-340
Shepperd, J. A., 82-83
Sherwood, A., 131-132
Shields, C., 121-123
Shiffman, S., 131-132
Shiffrin, R. M., 293-294
Shoham, V., xi, 32-33

Sieber, J. E., 89
Silberg, J. L., 28
Simmons, R. A., 133-134
Simon, H. A., 25-26, 64-65
Singer, P., 95-96
Skinner, B. F., 25, 27, 297-299, 311-312
Skitka, L. J., 87-88, 90, 141-142, 163-165
Smith, E. R., 136-137, 183-184, 214-216, 317-318
Smith, J. A., 289-290
Smith, T. W., 182
Smith, V., 25-26
Sokal, M. M., 23-24
Sperry, R. W., 25-26
Spiegel, D., 28
Spitz, R. A., 111, 113
Spitzer, R. L., 115-116
Spring, B., 267-269
Srivastava, S., 28
Stanley, J. C., 321-322, 327-329, 333-334, 339-340
Stark, D. E., 288-289
Steen, T. A., 50-51
Sternberg, R. J., 36-37, 59-60, 64-65, 219
Stevens, L. C., 244-246
Strauss, A., 59-60, 132-133
Striepe, M., 169-173
Sue, S., 220-223
Suh, E., 176-177
Surwit, R. S., 93-94
Susskind, J. E., 45-46

Talarico, J. M., 65-66
Tassinary, L. G., 128-130
Tatum, C. M., 339-340
Taubman, D., 221-222
Taylor, K. M., 82-83
Tennen, H., 131-132
Thioux, M., 288-289
Thomas, L., 197-198
Thomason, N., xii, 386-387
Thompson, T. L., 127-128
Tinbergen, N., 25-26
Tindale, R. S., 267-269
Toledo, R., 118-119
Tomlinson-Keasy, C., 123-124, 133-134
Tomonaga, M., 109-110
Toth, S. L., 117, 125-126, 143-144
Towle, M. J., 121-122
Tran, S., 166-169
Tromovitch, P., 25, 27-28
Tucker, J. S., 123-124, 133-134
Tukey, J. W., 353-354, 356-358, 386-387
Turner, K., 48
Tversky, A., 25-26, 45-46
Tybur, J. M., 53-55

Ulrich, R. E., 94-96

Underwood, B. J., 65-66, 138-139, 223-224, 252, 279-280
U.S. Census Bureau, 162-163
Uttal, D. H., 369-373

Valentino, K., 120-121, 125-126, 143-144
Van Baaren, R. B., 41-42
Van den Bergh, B., 53-55
VanderStope, S. W., 329-330
van Knippenberg, A., 41-42
Van Langenhove, L., 289-290
Vaughn, L. A., 141-142
Vazire, S., 28
Velez, R., 339-340
Vick, S. B., 270-276, 414-415
Victoroff, J., 20-21
Vietri, J., 179-180
Vila Sésamo, 318-320
Vitouch, O., xii
Vohs, K. D., 106-107
von Békésy, G., 25-26
von Frisch, K., 25-26
von Helmholtz, H., 23-24

Wackenhut, J.,118-119
Wakefield, P. C., 355-356
Warnick, J. E., 25-26
Warnick, R., 25-26
Wartella, E., 20-23
Watson, J. B., 24-25, 46
Webb, E. J., 119-124, 139-140

Weiner, B., 115-116
Weisz, J. R., 215-216
West, S. G., 321-322
Whitlock, J. L., 112-113, 134-135, 141-142
Wilkinson, L., xii, 395-396
Williams, P. G., 93-94
Williams, W. M., 59-60
Willingham, B., 110
Willis, C. M., 48
Willis, G. B., 161-162
Wilson, G. T., 299-300
Wilson, R. S., 20-21
Wilson, R. W., 120-121
Wilson. S., xii
Winer, B. J., 247-248
Wingard, D. L., 123-124, 133-134
Wise, B. M., 116-117, 127-130
Witte, A. D., 343-344
Wright, H. F., 131-132
Wundt, W., 23-24

Yarbrough, G. L., 25-26
Yeaton, W. H., 391
Yeh, W., 161-162

Zaayer, J., 48
Zechmeister, E. B., 57-58, 64-65, 97-98, 153-155, 183, 355-357, 368-369, 372-373, 379-380, 406-407, 411-412
Zechmeister, J. S., 57-58, 64-65, 97-98, 153-155
Zimbardo, P. G., xi, 63-64
Zuk, M., 112-113

Índice remissivo

Abordagem
  empírica, 24-25, 45-49
  idiográfica, 58-59, 389-390. *Ver também* Estudo de caso (método)
  multimétodos (no teste de hipótese), 37-39, 186-187, 196-197
  nomotética, 56-59, 294-295
Acurácia de instrumentos de medição, 51-54
  observação, 48-50
  questionários, 174
Adaptação (dessensibilização, habituação), 138-141
Alcance da teoria, 64-65
Alfa. *Ver* Nível de significância
Ameaça da seleção de sujeitos à validade interna. *Ver* Ameaça à validade interna, seleção
Ameaças à validade interna. *Ver também* Técnicas de controle
  contaminação, 324-325, 335-336
  definição, 205-206, 321-322
  desgaste (perda) de sujeitos, 207-210, 323
  efeitos aditivos com a seleção, 323-324
  efeitos da novidade, 324-326, 335-337
  efeitos da prática e, 238-240
  experimentos verdadeiros e, 320-324
  história local, 334-335
  histórico, 321-322
  instrumentação, 322-323
  maturação, 321-322
  regressão, 322-323
  seleção, 323
  testagem, 321-323
  testando grupos intactos, 205-206
American Psychiatric Association, 55-58

American Psychological Association (APA)
  código de ética da, 29-31, 73-100
  Comitê sobre Pesquisa com Animais e Ética (CARE), 94-95
  história da, 25, 27
  Manual de Publicação, 98-99, 392-393, 395-397, 407, 421-422, 424-429, 431, 433-435
  website, 25, 27-28, 73-74, 98-99, 420-421, 432-433
Amostra (definição), 153-155. *Ver também* Amostragem
Amostragem
  aleatória (simples), 156-158
  aleatória estratificada, 157, 159-160
  conveniência, 156
  elemento, 153-155, 157-159
  eventos, 108-109
  modelo, 153-155, 157-159
  não probabilística, 156-157
  pesquisa de levantamento e, 153-160, 163-164
  pesquisas pela internet e, 163-166
  população e, 153-155, 217-218
  probabilística, 156-160
  representatividade e, 107-108, 154-160, 162-163, 167-169, 171-172
  sistemática, 107-108, 158
  situacional, 108-110
  sucessiva não comparável, 167-169
  sujeito, 109-110
  temporal, 107-109
  tendenciosa, 154-157, 160-165
  termos básicos da, 153-155
Amplitude, 360-361. *Ver também* Estatísticas descritivas; Variabilidade (medidas)

476 Índice remissivo

Análise comportamental aplicada, 289-290, 297-300
Análise de caminho, 185-187
Análise de conteúdo
    definição, 132-133
    passos na, 133-135
Análise de dados, 131-138, 210-220, 352-419. *Ver também* Análise de Variância (ANOVA, Teste *F*); Teste qui-quadrado de contingência; Intervalos de confiança; Correlação; Estatísticas descritivas; Teste de significância da hipótese nula; Teste *t*
    assistida por computador, 354-355, 401
    estágios, 212-213, 352-374, 386-387
    ilustração para um experimento, 355-374
Análise de Variância (ANOVA, Teste *F*)
    bifatorial para desenho de grupos independentes e, 409-414
    definição, 397-400
    desenhos complexos e, 274-275, 409-415
    desenhos de grupos independentes e, 397-403, 409-415
    desenhos de medidas repetidas e, 407-410
    desenhos mistos e, 413-415
    desenhos unifatoriais de grupos independentes e, 397-403
    efeito principal, 258-259, 261-265, 273-275, 412-413
    efeito principal simples, 413-414
    efeitos de interação e, 274-275, 410-414
    hipótese nula, 399-400
    lógica da, 397-400
    média ao quadrado, 402, 405-406, 430-431
    poder e, 403-405
    significância estatística e, 401-403, 408-409, 414-415
    soma dos quadrados e, 402, 409-410, 413-415
    tabela de valores críticos de *F*, 454-455
    tabela resumo, 401-402, 408-409, 414-415
    tamanho de efeito e, 402-404, 406-407, 409-410, 413-415
    teste *F* abrangente, 217-218, 399-403
Análise experimental do comportamento, 289-290, 297-299
Anotações de campo, 126-127
ANOVA. *Ver* Análise de Variância (ANOVA, Teste *F*)
Aplicação como objetivo do método científico, 55-57, 63-64, 340-345
Apresentações orais, 434-436
Artigo científico. *Ver* Escrita científica
Association for Psychological Science (APS), 25, 27-28, 73-74, 420-421
    website, 25, 27-28, 420-421
Avaliação de programas, 316-317, 340-345

Balanceamento. *Ver também* Contrabalanceamento
    desenhos de grupos independentes e, 198-199, 201-204

desenhos de medidas repetidas e, 238-248
designação aleatória e, 198-199, 203-207, 216-217
efeitos da prática e, 238-248
randomização em bloco, 203-207, 241-242
validade interna e, 198-199
variáveis externas e, 198-199, 206-207
Bancos de dados eletrônicos, 422
Barras de erro, 364-365, 372-374
Behaviorismo, 24-25, 27

Calibração (instrumentos), 51-52
Características de demanda
    controlando, 138-141
    definição, 138-139, 210
    experimentos duplos-cegos e, 210-211
    grupos controle com placebo e, 210
CARE (Comitê sobre Pesquisa com Animais e Ética), 94-95, *Ver também* Risco (aos participantes)
Causas alternativas plausíveis, 62-63, 198-199, 201-202, 296
Cego (experimentador, observador), 143-144, 210-211
Ceticismo (de cientistas), 31-33, 45-46
Checklists, 128-131
Codificação
    definição, 132-133
    redução de dados e, 132-133
    registros narrativos e, 132-133
    respostas a questões, 183
Código de Nuremberg, 76
Coeficiente de correlação, 137-138, 150-151, 183, 375-379. *Ver também* Correlação
Coeficiente de Correlação Produto-Momento de Pearson, 137-138, 183, 376-379. *Ver também* Correlação
Combinação (desenho) fatorial, 258-259. *Ver também* Desenhos complexos
Comitê de Revisão Institucional (IRB), 74-77, 83-85
Comitê Institucional sobre o Uso e Cuidado de Animais (IACUC), 74-77, 94-95
Comparação entre duas médias, 217-218, 374, 392, 394-398, 405-406. *Ver também* Intervalos de confiança; Teste *t*
Comportamento. *Ver* Análise comportamental aplicada; Estágio basal; Análise experimental do comportamento; Medição (do comportamento); Registrando o comportamento; Amostragem correspondência entre informado e real, 183-185
    medidas de autoavaliação e, 175-178, 183-184
Compreensão como objetivo do método científico. *Ver* Explicação como objetivo do método científico
Computadores. *Ver também* Pesquisa pela internet
    análise de dados e, 354-355
    desenvolvimento da psicologia e, 24-25
    pesquisa de levantamento e, 163-166
    revolução do computador, 24-25

Índice remissivo **477**

Comunicação em psicologia, 50-52, 353-355, 420-437. *Ver também* Publicando resultados (e método científico); Artigo científico
Comunicação entre grupos experimentais, 324-325
Conceito, 49-52. *Ver também* Construto
Concordância percentual (de observadores), 137-138
Condição de controle, 48-49, 198-199
Condição experimental (tratamento), 48-49, 198-199
Confidencialidade, 81-87
Confirmar o que os dados revelam, 211-212, 352-354, 363-374, 386-387
Confusão. *Ver também* Causas alternativas plausíveis; Ameaças à validade interna
  ameaça à validade interna e, 320-322
  definição, 63, 198-199
  desenhos de grupos independentes e, 203-204
  desenhos de grupos naturais e, 226-227
  desenhos de medidas repetidas e, 237-240
  validade interna e, 198-199, 320-324
  variáveis externas e, 206-207
Conhecendo os dados, 211-212, 352-360, 375
Consentimento informado, 80-93
  definição, 81-89
  dicas sobre como obter, 86-87
Consistência, 53-54. *Ver também* Fidedignidade
Construto
  definição, 50-51
  definição operacional de, 50-52
  método científico e, 49-52
  validade de, 175-178
Contaminação (ameaça à validade interna), 324-325, 335-336
Contexto cultural e social da psicologia, 25, 27-30
Contexto moral da ciência, 29-31
Contexto sociocultural da ciência, 25, 27-30
Contrabalanceamento, 238-248
  ABBA, 242-244
  definição, 238-240
  desenho completo *versus* incompleto, 238-240
  ordem inicial aleatória com rotação, 246-248
  ordens selecionadas, 246-248
  Quadrado Latino, 246-248
  randomização em bloco, 241-242
  todas as ordens possíveis, 245-247
Contrabalanceamento ABBA, 238-242
Controle, 46-49, 198-199, 318-319, 324. *Ver também* Condição de controle; Técnicas de controle
Controle com placebo, 210-211
Correlação
  antecipação e, 59-62, 137-138, 150-151
  causalidade e, 61-63, 184-187, 379-380
  coeficiente, 137-138, 150-151, 183
  dados nominais e, 183
  definição, 60-61, 137-138, 374
  diagrama de dispersão e, 375-380

fidedignidade do observador e, 137-138
ilusória, 45-46
intervalo de confiança para, 379-380
método científico e, 59-62
negativa, 137-138, 376-379
pesquisa de levantamento e, 150-151
positiva, 137-138, 376-379
Produto-Momento de Pearson, 137-138, 183, 376-379
relações espúrias e, 185-186
tendência linear e, 376-378
Covariação de variáveis (e inferências causais), 61-63, 137-138, 198-199. *Ver também* Correlação
Crédito em publicações, 95-97, 427
Cúmplice, 116, 118-119

d (tamanho do efeito). *Ver d* de Cohen
D barra (média de escores de diferença), 369-370, 393-395
d de Cohen, 214-216, 361-363, 392-393, 406-407
  definição, 214-216
Dados arquivísticos (registros)
  análise de conteúdo, 132-135
  avaliação de programas e, 341-342
  codificação, 132-135
  definição, 122-123
  depósito seletivo, 123-124
  desenho de séries temporais interrompidas e, 337-338
  estudos de caso e, 289-290
  fundamentação, 122-123
  problemas e limitações de, 123-125
  registros contínuos, 119-120, 122-123
  registros episódicos, 119-120, 122-123
  sobrevivência seletiva, 124-125
  tipos de, 122-124
  tratamento natural e, 122-124
Dados categóricos. *Ver* Escala nominal
Debriefing (de participantes), 30-31, 92-93
Definição operacional
  comunicação e, 51-52
  críticas da, 51-52
  definição, 50-52
  significado da, 50-52
Depósito seletivo (registros arquivísticos), 122-125
Descrição como objetivo do método científico, 55-60
Desejabilidade social, 183-184
Desenho ABAB (desenho de reversão), 301-305
  questões éticas, 304-305
  questões metodológicas, 303-305
Desenho de amostras independentes sucessivas (pesquisa de levantamento), 166-169
Desenho de grupo controle não equivalente
  características de, 328-329
  definição, 328-330

478 Índice remissivo

exemplo, 329-337
fontes de invalidade, 332-337
validade externa e, 336-337
Desenho de grupo controle não equivalente com séries temporais, 340-341
Desenho de grupos aleatórios. *Ver também* Desenho de grupos independentes
análise de, 210-219, 268-275, 355-374, 387-393, 397-407, 409-414
definição, 198-199
desenho complexo e, 268-275
exemplo de, 199-204
grupos independentes e, 198-204
validade externa e, 219-224
validade interna e, 198-199, 317-318
Desenho de grupos independentes, 196-230
análise de, 397-403, 409-415
bifatorial, 258-283, 409-414
complexo, 258-283, 409-415
definição, 199
desenho misto e, 413-415
grupos aleatórios, 199
grupos intactos e, 205-206
grupos naturais, 225-228
grupos pareados, 223-226
poder para, 403-405
tamanho do efeito em, 213-214
teste *t*, 217-218, 392-393
unifatorial, 398-399
Desenho de grupos naturais
definição, 226-227
desenho complexo e, 279-282
efeito de interação e, 278-282
grupos independentes e, 225-228
inferências causais e, 226-227, 279-282
variável de diferenças individuais e, 225-226
Desenho de grupos pareados, 223-226
Desenho de medidas basais múltiplas
entre comportamentos, 306-308
entre indivíduos (sujeitos), 304-308
entre situações, 306-308
generalizando, 308-310
questões metodológicas, 308-312
variações, 330-334
Desenho de reversão, 302-303. *Ver também* Desenho ABAB (desenho de reversão)
Desenho de séries temporais interrompidas
com grupo controle não equivalente, 340-341
simples, 337-340
validade externa, 340
validade interna, 339-340
Desenho longitudinal (pesquisa de levantamento), 169-173
Desenho misto, 413-415
Desenho pré-teste/pós-teste de grupo único, 327-328

Desenho unifatorial de grupos independentes, 398-399. *Ver também* Desenhos experimentais
Desenhos complexos (fatoriais), 258-283
análise de, 268-275, 413-414
ausência de interação e, 273-275, 412-413
bifatorial, 259-260, 409-415
combinação fatorial, 258-259
definição, 258-259
descrição, 258-365
desenho misto, 413-415
efeito de interação e, 258-259, 266-267, 274-282, 410-414
efeito principal e, 258-259, 261, 266-265, 267, 273-275, 412-413
efeito principal simples e, 272-273, 411-413
exemplo de, 259-261
publicando resultados de 415-416
teste de teorias e, 274-276, 278-282
trifatorial, 267-269
Desenhos de medidas repetidas
análise de, 247-249, 368-447
completos, 238-244
definição, 235-236
incompletos, 238-240, 243-248
medidas repetidas e, 237-238
razões para usar, 235-238
sensibilidade de, 236-237, 391, 408-409
tamanho de efeito e, 249-250
teste *t* para, 250-252
transferência diferencial, problema da, 250-252
variação do erro, 250-252
Desenhos de $N = 1$. *Ver* Desenhos experimentais, sujeito único (*n* pequeno)
Desenhos experimentais
complexos, 258-283
fatoriais, 258-259
grupos aleatórios, 198-204
grupos independentes, 196-230
grupos naturais, 225-228
grupos pareados, 223-226
grupos unifatoriais independentes, 199-206, 397-407
intrassujeitos. *Ver* Medidas repetidas (intrassujeitos)
medidas repetidas, 235-255
mistos, 413-415
quase-experimentos, 317-318, 327
sujeito único (*n* pequeno), 297-312
Desenhos intrassujeitos. *Ver* Desenhos de medidas repetidas
Desenhos transversais (pesquisa de levantamento), 165-167
Desenhos/métodos de pesquisa (tipos de)
análise comportamental aplicada, 289-290, 297-300
análise experimental do comportamento, 289-290, 297-299

Índice remissivo **479**

aplicada, 63-64
caso único, 288-289
correlacional, 150-151
descritiva, 106-193
desenhos de grupos independentes, 196-230
desenhos de grupos naturais, 225-228
desenhos de grupos pareados, 223-226
desenhos experimentais complexos, 258-282
desenhos mistos, 413-415
estudo de caso, 289-298
experimental, 196-283
experimento de campo, 118-119
internet e, 28, 163-166
laboratório *versus* situações naturais, 318-319
medidas repetidas, 235-252
não obstrutiva (não reativa), 118-125
observacional, 106-144
pesquisa básica, 63-64
pesquisa de levantamento, 165-173
psicofísica, 237-238, 288-289
quase-experimental, 327-341
sujeito único (*n* pequeno), 297-302
Desgaste (perda) de sujeitos
desenho longitudinal e, 171-173
mecânico, 207
seletivo, 207-210
Designação aleatória
balanceamento e, 198-199, 201-207, 216-217
definição, 199
desenho de grupos aleatórios e, 199-206, 216-217
estatísticas inferenciais e, 216-217, 398-399
experimentos verdadeiros e, 317-318
grupos intactos de, 205-207
quase-experimentos e, 317-321
randomização em bloco e, 203-207, 216-217
situações naturais e, 318-320
validade interna e, 198-199, 201-204
Dessensibilização, 137-138
Desvio padrão. *Ver também* Medidas da dispersão (variabilidade)
cálculo do, 360-361
d de Cohen e, 361-363
definição, 135-136, 213-214, 360-265
erro padrão estimado da média e, 361
Diagrama de caule e folha, 357-359
Diagrama de dispersão, 375-376. *Ver também* Correlação
Diário da internet, 131-132
Diferenças individuais (variável do sujeito)
definição, 48, 225-226
desenho de grupos naturais e, 225-228
desenhos de medidas repetidas e, 238-239
Discagem de números aleatórios, 162-163
Dispersão de escores. *Ver* Medidas da dispersão (variabilidade)

Distribuição *f*, valores críticos de, 454-455
Duplo-cego (procedimento), 210-211

Efeito da história local, 334-335
Efeito de interação
análise de, 269-273, 410-413
bidirecional, 263-264, 267-268
definição, 263-264
descrição, 264-268, 270-273
desenhos de grupos naturais e, 278-282
desenhos mistos e, 415
efeito principal simples e, 411-413
efeitos de teto (e piso) e, 277-279
interpretação, 262-268, 270-273
método de subtração e, 265, 267
teste de teorias e, 274-276, 278-282
tridirecional, 267-269
validade externa e, 276-278
variáveis relevantes e, 277-278
Efeito de perturbação como ameaça à validade interna, 324-325
Efeito de teto (e piso), 278-279
Efeito Hawthorne, 326. *Ver também* Efeitos da novidade (ameaças à validade interna)
Efeito principal
definição, 261
desenhos complexos e, 258-259, 261-265, 273-275, 412-413
interpretação, 261-263, 266-265, 267, 412-413
simples, 272-273, 411-412
Efeitos aditivos com seleção (como ameaças à validade interna), 323-324
histórico e, 323-324
instrumentação e, 324
maturação e, 323
Efeitos da antecipação, 243-244
Efeitos da novidade (ameaças à validade interna), 324-326, 335-337
Efeitos da prática (desenhos de medidas repetidas)
balanceando, 238-248
contrabalanceando, 238-240
controlando, 238-248
definição, 238-240
efeitos da antecipação e, 243-244
transferência diferencial e, 250-252
Efeitos de expectativa (do experimentador/observador), 142-143, 335-336
Efeitos do estágio de prática. *Ver* Efeitos da prática (desenhos de medidas repetidas)
Efeitos do experimentador (observador), 142-143, 210-211, 335-336. *Ver também* Reatividade
Elemento (na pesquisa de levantamento), 410-411
Eliminação de causas alternativas plausíveis, 61-63. *Ver também* Inferência causal (relação); Controle; Validade interna; Causas alternativas plausíveis; Experimento verdadeiro

480 Índice remissivo

Engano (de participantes), 30-31, 86-93
Entrevista pessoal, 161-162
Entrevistas. *Ver* Entrevista pessoal; Pesquisa de levantamento
Erro do Tipo I, 219-220, 389-390
Erro do Tipo II, 219-220, 389-390
Erro padrão da média
  cálculo do, 361
  definição, 361
  tamanho da amostra e, 361
Erro padrão estimado da média, 361. *Ver também* Erro padrão da média
Escala, 237-238
  de avaliação, 128-131. *Ver também* Medição (do comportamento)
  de medição, 127-131. *Ver também* Medição (do comportamento)
  de razão (medida), 127-131
  intervalares, 127-131, 183
  nominal, 127-130, 183
  ordinal (medida), 127-131
Escore extremo. *Ver* Valores extremos ou atípicos
Escores de diferença, 368-370
Escrita, diretrizes eficazes para, 423-426. *Ver também* Artigo científico
Escrita científica, 420-426. *Ver também* Publicando resultados (e método científico)
  dicas sobre como escrever, 426-433
  diretrizes para a escrita eficaz, 423-426
  estrutura do artigo, 425-426
  Manual de Publicação da APA. Ver American Psychological Association (APA)
  questões éticas, 95-98, 434-435
  referências (citação), 97-98, 427, 429-435
Estágio basal, 299-302, 309-311
Estágio de tratamento *versus* estágio basal, 299-302
Estágios da análise de dados, 211-212, 352-375, 386-387
Estatisticamente significativo (definição), 217-220, 394-395
Estatísticas
  descritivas, 134-138, 213-214, 247-250. *Ver também* Tendência central (definição); Medidas da dispersão (variabilidade); Síntese dos dados
  inferenciais, 216-218, 387-388. *Ver também* Teste de significância da hipótese nula
Estudo de caso (método)
  características, 288-292
  desvantagens, 295-297
  exemplo, 290-292
  teoria e, 290, 292-295
  testemunhos e, 297-298
  vantagens, 290, 292-296
Eta quadrado (η^2), 249-250, 402-404, 409-410, 413-414
  definição, 249-250, 402-403

Etnocentrismo, 29-30
Etologia, 25-26, 112-113
Evidências (científicas), 20-24, 44-56. *Ver também* Abordagem multimétodos (no teste de hipótese)
Experimento. *Ver também* Desenhos experimentais
  análise de, 210-220, 352-374, 386-416
  da sociedade, 343-344
  de campo, 118, 141-142
  definição, 47
  inferência causal e, 61-63, 198-199
  laboratório *versus* ambiente natural, 318-321, 331-333, 386-416
  lógica do, 61-63, 197-199
  quase-experimento, 317-318, 327-341
  sensibilidade de, 390
  sujeito único (*n* pequeno), 297-312
  validade externa de, 219-224, 327
  validade interna de, 61-63, 198-199, 205-211
  verdadeiro, 198-199, 317-327
  verdadeiro *versus* quase-experimento, 327-328
Experimento de campo, 118-119, 220-222
  definição, 118
Experimento de sujeito único (*n* pequeno)
  análise, 298-299
  características, 300-302
  controle e, 297-298
  definição, 300-302
  desenho ABAB, 301-305
  desenhos de bases múltiplas, 304-310
  estágio basal, 300-302
  manipulação da variável independente, 299-300
  problemas e limitações de, 309-312
  questões metodológicas, 303-305, 308-312
  validade externa e, 310-312
  vantagens, 301-302
  versus desenhos de grupos múltiplos, 288-289, 300-302
Experimento verdadeiro, 198-199, 317-327. *Ver também* Experimento
Explicação como objetivo do método científico, 55-57, 61-63. *Ver também* Inferência causal (relação); Métodos experimentais

f (tamanho de efeito). *Ver f* de Cohen
f de Cohen, 402-404
Facebook, 112-113
Fidedignidade
  definição, 53-54
  entre observadores, 136-137
  experimental, 53-54, 211-212
  instrumento, 53-54
  medição e, 53-54
  medidas de autoavaliação e, 175-178
  observador, 136-138
  replicação e, 211-212
  teste-reteste, 175-176

Fidedignidade de teste-reteste, 175-176
Fidedignidade do observador
  artigos científicos e, 49-50
  definição, 136-137
  medidas da, 137-138
Fidedignidade entre observadores, 136-137. *Ver também* Fidedignidade do observador
Figuras. *Ver* Gráficos
Frequência (medida do comportamento), 126-131, 298-304, 306-308
Frequência relativa, 134-135

Generalização de resultados de pesquisa, 63. *Ver também* Validade externa
Gerar mudança como objetivo do método científico. *Ver* Aplicação como objetivo do método científico
Gráficos
  barras, 265, 267, 371-373, 431-434
  construindo, 431, 433
  linhas, 265-267, 274-275, 282-283, 410, 414, 423, 431-433
Graus de liberdade (*gl*), 420, 428-429
Grupo controle de lista de espera, 320-321
Grupos intactos, testando, 205-206. *Ver também* Ameaças à validade interna

Habituação (adaptação), 140-141
Hipótese nula (H_0) (definição), 217-218, 387-388, 399-400. *Ver também* Teste de significância da hipótese nula.
Hipóteses. *Ver também* Teste de significância da hipótese nula
  abordagem multimétodos e, 37-39, 196-197
  circulares, 55-56
  definição, 37-38, 53-56
  desenvolvendo, 37-38
  nula, 217-218, 387-388, 391
  teorias científicas e, 54-55
  testabilidade, 54-56
Histórico (ameaça à validade interna), 321-322

IACUC. *Ver* Comitê Institucional sobre o Uso e Cuidado de Animais (IACUC)
Identificador de objeto digital (doi), 432-435
Inferência causal (relação)
  causas alternativas plausíveis, 61-62, 198-199, 201-202, 296
  condições para, 61-63
  correlação e, 61-63, 184-187, 379-380
  definição, 61-62
  desenhos de grupos naturais e, 226-227, 278-282
  estudos de caso e, 290-291, 295-296
  experimentos e, 62-63, 196-199
  método científico e, 61-63
  validade interna e, 198-199
Instrumentação (como ameaça à validade interna), 322-323

Instrumentos, 51-53. *Ver também* Questionário (levantamento), Escalas de avaliação
  acurácia, 51-53
  calibração, 51-52
  fidedignidade, 51-52
  método científico e, 51-54
  precisão, 52
Integridade científica. *Ver* Questões éticas na pesquisa psicológica
Intervalos de confiança
  APA sobre, 430-431
  correlação e, 379-380
  definição, 218, 363-364
  desenhos complexos e, 413-414
  desenhos de grupos independentes e, 218-219, 366-374
  desenhos de medidas repetidas e, 250-252, 408-410, 417-419
  duas médias de grupos independentes e, 366-368
  duas médias em desenho de medidas repetidas e, 366-370
  informando, 430-431
  interpretação de, 218-219, 366-369, 371-373
  mais de duas médias independentes, 218-219, 369-374, 404-407
  média única e, 363-367
  significância estatística e, 218-219, 368-369, 371-373
  tamanho de efeito e, 368-369
Intervenção. *Ver* Condição experimental (tratamento); Variáveis (tipos), independentes; Manipulação (de variável independente); Tratamento natural
Intuição, papel da, na ciência, 45-46, 64-65
IRB. *Ver* Comitê de Revisão Institucional (IRB)

Levantamento
  por correio, 159-162
  por telefone, 162-164
  pela internet, 163-166
Limpando os dados, 356-357. *Ver também* Conhecendo os dados

Manipulação (de variável independente), 47-48, 198-202, 297-298. *Ver também* Inferência causal (relação); Experimento verdadeiro
Mantendo condições constantes, 198-199, 201-202. *Ver também* Técnicas de controle; Validade interna
Manual da Publicação da APA. Ver American Psychological Association (APA)
Manual Diagnóstico e Estatístico de Transtornos Mentais (DSM-IV-TR), 55-58
Margem de erro, 364-365
Maturação (como ameaça à validade interna), 321-322
Média (média aritmética), 135-137, 213-214, 360-361

Média (medida da tendência central). *Ver* Média (média aritmética)

Mediana, 359-361. *Ver também* Tendência central (definição)

Medição (do comportamento). *Ver também* Registrando o comportamento
 autoavaliação, 175-178
 avaliação, 128-131
 checklists, 128-131
 dados arquivísticos, 122-123
 eletrônica, 130-132
 escalas, 127-131
 fidedignidade da, 53-54
 física *versus* psicológica, 52-54
 frequência relativa, 134-135
 método científico e, 53-56
 não obtrutiva (não reativa), 118-125
 não reativa (não obtrutiva), 118-125
 produtos, 119-122
 psicológica, 52-54
 qualitativa, 59-60
 quantitativa, 59-60
 questionários, 175-176
 reatividade e, 111, 113
 tendência central, 359-360
 traços de uso, 119-120
 traços físicos, 119-122
 validade de 53-54
 variabilidade, 135-136, 360-361
 variável dependente e, 48, 197-199

Medidas da dispersão (variabilidade), 135, 360. *Ver também* Amplitude; Desvio padrão

Medidas da tendência central, 386. *Ver também* Tendência central (definição)

Medidas de autoavaliação, 175-178. *Ver também* Questionário (levantamento)

Medidas do comportamento. *Ver* Questionário (levantamento); Medidas não obtrutivas (não reativas)

Medidas não obtrutivas (não reativas)
 dados arquivísticos, 122-125
 definição, 119-120
 observação indireta e, 118-120
 produtos, 119-122
 questões éticas, 141-142
 reatividade, 119-120, 138-141
 tipos, 119-120
 traços de uso, 119-121
 traços físicos, 119-122
 validade de, 121-122

Medidas não reativas. *Ver* Reatividade; Medidas não obtrutivas (não reativas)

Medidas repetidas (intrassujeitos)
 teste *t*, 250-252

Meta-análise, 214-216, 362-363, 430-431

Método científico
 abordagem (geral), 20-23, 44-46
 abordagem empírica e, 20-25, 45-46
 abordagem idiográfica e, 58-59
 abordagem nomotética e, 58-59
 abordagens não científicas *versus* científicas, 44-56, 106-107
 análise qualitativa *versus* quantitativa, 58-60
 atitude dos cientistas e, 31-34, 45-46
 características do, 20-25, 44-56
 conceitos e, 49-52
 construção e teste de teorias, 20-21, 63-68
 contexto do, 23-31
 controle e, 46-49
 definição, 21-23, 44-56
 intuição e, 44-46
 objetivos do, 55-64
 psicologia clínica e, 50-52
 psicologia e (*ver também* Psicologia científica), 20-35, 44-69
 teste de hipótese, 37-38, 53-56

Método de subtração, 265, 267-268

Metodologia de grupo, 57-59, 288-289, 294-295. *Ver também* Desenhos complexos (fatoriais); Desenho de grupos independentes; Desenho misto; Abordagem nomotética; Desenhos de medidas repetidas

Métodos (de pesquisa) descritivos, 105-193. *Ver também* Observação; Pesquisa de levantamento

Métodos experimentais, 195-286. *Ver também* Desenhos experimentais

Métodos psicofísicos (psicofísica), 237-289

Mídia, resultados de pesquisas na, 33-35

Moda, 359-360. *Ver também* Tendência central (definição)

Modelo amostral na pesquisa de levantamento, 153-155

Nível de significância, 217-218, 365-366, 387-388. *Ver também* Estatísticas inferenciais; Teste de significância da hipótese nula; Significância estatística

Números aleatórios, tabela de, 451-452

O Esperto Hans, 46-48

Observação
 acompanhamento eletrônico, 130-132
 amostragem e, 107-110
 análise de dados de, 131-138
 características de demanda e, 138-139
 cega, 143-144, 210-211
 científica *versus* não científica, 46-49, 106-107
 controle e, 46-49
 direta *versus* indireta, 109-110
 estruturada, 116-118, 141-142
 experimentos de campo, 118-119
 fidedignidade de, 136-138
 influência do observador, 138-141
 internet e, 131-132

Índice remissivo 483

intervenção e, 110-111, 113-119
métodos, classificação de, 109-110
não obstrutiva (não reativa), 109-110, 119-125
naturalística, 110-113
objetivos, 106-107
questões éticas, 84-87, 111-113, 140-142
reatividade e, 111, 113, 118-120, 138-141
viés e, 114-116, 142-144
Observação participante
definição, 111, 113
oculta *versus* explícita, 111, 113-116
questões éticas, 111, 113, 140-142
reatividade e, 138-139
Observador (influência do). *Ver* Características de demanda; Efeitos de expectativas (experimentador/observador); Viés do observador (experimentador); Reatividade
Ordem aleatória de início com rotação (contrabalanceamento), 246-248
Ordens selecionadas (contrabalanceamento), 246-248

Parâmetro, 363-364, 366-367
Parcimônia (regra da), 67-68
Perda mecânica de sujeitos, 225-227
Perda seletiva de sujeitos, 207-210. *Ver também* Desgaste (perda) de sujeitos
Pergunta-filtro (levantamento), 182
Periódicos (de psicologia). *Ver também* Comunicação em psicologia
citando informações de, 95-97, 427, 432-435
eletrônicas, 423
pesquisando, 428
taxa de rejeição, 420-421
Pesquisa (processo)
abordagem multimétodos, 37-39, 186-187, 196-197
aplicada *versus* básica, 63-64, 318-320, 342-436
avaliando artigos científicos, 33-36, 48-50
iniciando, 34-39
intuição e, 45-46, 64-65
passos da, 37, 39
pensando como pesquisador, 31-34
qualitativa *versus* quantitativa, 58-60
Pesquisa aplicada
definição, 63-64
versus pesquisa básica, 63-64, 318-319, 342-345
Pesquisa básica
definição, 63-64
versus aplicada, 63-64, 318-319, 342-345
Pesquisa com *n* pequeno. *Ver* Experimento de sujeito único (*n* pequeno)
Pesquisa correlacional, 150-151. *Ver também* Correlação
análise de dados, 374-380
levantamentos, 184-187
Pesquisa de caso único
características, 289-292

desenhos experimentais de sujeito único (*n* pequeno), 297-312
método do estudo de caso, 288-300
versus metodologia de grupo, 288-289
Pesquisa de levantamento
características da, 150-153
construção de questionário e, 177-183
desejabilidade social e, 183-184
desenho de amostras independentes sucessivas, 166-169
desenho longitudinal, 169-173
desenho transversal, 165-167
desenhos, 165-173
discagem de números aleatórios, 162-163
entrevistas pessoais, 161-162
entrevistas telefônicas, 162-164
fidedignidade da, 175-178
levantamentos pela internet, 163-166
levantamentos por correio, 159-161
margem de erro e, 364-365
métodos, 159-166
pesquisa correlacional e, 150-151, 184-187
questionário como instrumento, 172-175
questões éticas, 151-153, 164-165
reatividade e, 183-185
técnicas amostrais, 152-160
usos da, 150-153
viés na, 154-157, 160-165, 171-173, 183-185
Pesquisa pela internet
bancos de dados, 422-423, 428
citando informações de, 432-435
grupos de discussão, 112-113, 133-135
levantamentos e, 163-166
potencial de, 28
psicologia científica e, 28
questões éticas e, 28, 73-75, 77-78, 92-93, 140-142
registrando o comportamento e, 131-132
revistas eletrônicas, 423
website para, 28
Pesquisa qualitativa
análise de conteúdo e, 132-135
análise de dados, 131-135
codificação e, 132-135
definição, 59-60, 132-133
redução de dados, 132-133
registros narrativos, 125-127
versus pesquisa quantitativa, 58-60, 125-127, 131-132
Pesquisa quantitativa. *Ver também* Análise de dados
análise de dados, 132-135
definição, 58-59
medidas do comportamento, 127-132
versus pesquisa qualitativa, 58-60, 134-138
Pesquisa transcultural
etnocentrismo e, 29-30
levantamentos pela internet e, 164-165

484 Índice remissivo

Plágio, 97-98
Poder (estatístico)
definição, 390
desenhos de grupos independentes e, 403-405
fatores que afetam, 390
informando, 392, 396-397
sensibilidade experimental e, 390
tamanho da amostra e, 390
teste de significância da hipótese nula e, 391-394
Ponto zero, 128-129
População
amostra *versus* população, 153-157, 159, 217-218
amostragem e, 153-155
definição, 153-154
parâmetro, 363-364, 366-367
pesquisa de levantamento e, 153-155
Precisão da medição. *Ver também* Medição (do comportamento)
instrumentos de, 51-53
previsão e, 67-68
teorias e, 67-68
Prêmio Nobel, 25-26
Previsão como objetivo do método científico, 55-57, 59-62, 67-68, 150-187, 374. *Ver também* Correlação
Privacidade, 84-87
Produtos (medidas não obstrutivas), 119-122
Projetos de pesquisa, 436-437
Psicologia científica
características da, 20-23, 31-35, 44-56
contexto histórico, 23-25, 27-28
contexto moral, 29-31
contexto sociocultural (*Zeitgeist*), 25, 27-30
evidências e, 31-35
Prêmio Nobel e, 25-46
Psicologia clínica, 32-33
Psicologia cognitiva, 24-25
PsychINFO, 428
Publicação (de resultados), 95-98, 420-421, 434-435
Publicando resultados (e método científico), 48-50, 95-98, 388-389, 428-432, 434. *Ver também* Escrita científica
APA sobre, 392-398, 407, 421-422, 424-429, 431, 433-435

Quadrado Latino (contrabalanceamento), 246-248
Quase-experimentos
análise de, 339-340
definição, 327
grupo controle não equivalente, 327-337
grupo controle não equivalente com série temporal, 340-341
séries temporais interrompidas (simples), 337-340
validade externa e, 336-337, 340
validade interna e, 324-327, 332-337, 339-340
versus experimentos verdadeiros, 317-318
Questão carregada (levantamento), 181-182

Questão dupla (levantamento), 180-181
Questionário (levantamento)
acurácia e precisão de, 174
análise de respostas, 182-183
autoavaliações e, 175-178
construindo passos, 177-183
fidedignidade de, 175-178
formulação de questões em 179-182
formulação eficaz de questões (diretrizes), 179-182
ordem de questões, 181-183
validade de, 175-178
Questões éticas na pesquisa psicológica, 29-31, 73-110
ao usar a internet, 75-76
Código de ética da APA. 29-31, 73-110
Comitê sobre Pesquisa com Animais e Ética (CARE), 94-95
consentimento informado, 80-93
debriefing, 90-93
desenhos de sujeito único e, 304-305
engano, 30-31, 87-91
internet e, 28, 73-75, 77-78
levantamentos e, 151-153
medidas não obstrutivas, 141-142
observação e, 140-142
observação estruturada e, 141-142
observação participante oculta e, 111, 113, 140-141
passos para adesão à ética, 97-99
pesquisa com animais e, 29-31, 76, 92-96
plágio, 97-98
privacidade, 84-87
publicando resultados e, 95-98
razão risco/benefício, 77-78
revisão institucional, 74-77
risco, 77-81
risco mínimo, 78-79
tomada de decisões, 74-75, 97-99

Randomização em bloco
definição, 203, 205
desenhos de grupos independentes e, 203-207
desenhos de medidas repetidas e, 241-242
vantagens da, 203, 205-207, 241-242
Razão risco/benefício, 77-78
Reatividade. *Ver também* Observação; Métodos não obstrutivos (não reativos)
controle para, 119-120, 138-141
definição, 111, 113
Redução de dados, 132-133. *Ver também* Codificação; Estatísticas descritivas; Registrando o comportamento
Registrando o comportamento. *Ver também* Medição (do comportamento)
anotações de campo, 126-127
classificação de métodos, 110

frequência, 126-131, 298-304, 306-308
frequência relativa, 134-135
objetivos, 125-126
registros abrangentes, 125-127
registros eletrônicos, 130-132
registros narrativos, 125-127
registros qualitativos, 131-135
registros quantitativos, 134-138
registros selecionados, 126-128
Registro narrativo
    análise, 132-133
    anotações de campo, 126-127
    aumentando a qualidade de, 126-127
    codificação, 132-135
    considerações, 132-134
    definição, 125-126
    exemplo, 125-127
Registros contínuos (dados arquivísticos), 122-123
Registros episódicos (dados arquivísticos), 122-123
Regra da parcimônia, 67-68
Regressão (à média)
    ameaça à validade interna, 322-323
    definição, 322-323
Regressão estatística. *Ver* Regressão (à média)
Relação de ordem temporal (e inferências causais), 61-63, 198-199, 203-204
Relações espúrias (entre variáveis), 124-125, 185-186, 379-380. *Ver também* Inferência causal (relação)
Relatos verbais, 175-178
Replicação
    conceitual, 222-224
    definição, 211-212
    parcial, 222-223
    validade externa e, 222-224, 297, 327
Representatividade (de amostra)
    amostra de conveniência e, 156-157
    amostragem aleatória, 156-160
    amostragem de eventos e, 108-109
    amostragem probabilística e, 156-158
    amostragem situacional, 108-110
    amostragem temporal e, 107-109
    definição, 107-108, 154-155
    pesquisa de levantamento e, 152-153, 167-169
    validade externa e, 107-108, 327
Resultados, análise de. *Ver* Análise de dados
Resultados, publicando. *Ver* Artigo científico
Revisão pelos pares, 420-421
Revistas eletrônicas, 423
Risco (aos participantes)
    consentimento informado e, 80-87
    determinando, 77-81
    engano e, 88, 90-91
    lidando com, 79-81
    mínimo, 78-81
    razão risco/benefício, 77-78

tipos de, 77-79
tomada de decisões éticas e, 95-99
Risco mínimo, 78-81. *Ver também* Risco (aos participantes)

Seleção (ameaça à validade interna), 323. *Ver também* Efeitos aditivos com a seleção (como ameaças à validade interna)
Sensibilidade (experimental), 236-237, 390, 408-409
Significância
    científica, 393-395
    estatística, 393-395. *Ver também* Significância estatística
    prática, 393-395
Significância estatística. *Ver também* Teste de significância da hipótese nula
    alfa e, 217-218, 387-388
    definição, 217-218, 387-388
    interpretação de, 219-220, 387-390, 394-395, 402, 406-407
    nível de significância, 217-218, 387-388
    poder e, 390-392
    significância científica ou prática e, 393-395
    testes da, 217-219. *Ver* Testes específicos
    valores críticos, 217-218, 393-395
Síntese dos dados, 211-212, 352-357, 359-364, 375-380
Sobrevivência seletiva (registros arquivísticos), 123-125
Soma dos quadrados. *Ver* Análise de Variância (ANOVA, Teste F)

Tabela Resumo da ANOVA, 401-402, 408, 414-415
    definição, 401
    estatística F, 402-406
    estatística t, 365-366, 393-395, 405-406
    poder e, 396-397
    valores críticos e, 365-366, 393-395
Tamanho (magnitude) do efeito (medidas)
    análise de poder e, 393-397
    d de Cohen, 214-216, 361-363, 393-395, 406-407
    definição, 213-214, 361-362
    desenho bifatorial de grupos independentes, 413-414
    desenhos de grupos independentes e, 213-214, 402-404
    desenhos de medidas repetidas e, 249-250, 368-369, 409-410
    eta quadrado (η^2), 249-250, 402-404, 409-410, 413-414
    f de Cohen, 402-404
    informando, 362-363, 395-397
    meta-análise e, 214-216, 362-363
Tamanho da amostra. *Ver também* Graus de liberdade (gl)
    internet e, 163-164
    poder e, 390

486 Índice remissivo

Técnicas de controle
  balanceamento, 198-199, 201-204
  contrabalanceamento, 238-248
  controle com placebo, 210-211
  experimento com sujeito único (*n* pequeno) e, 297-298
  manipulação e, 46, 144-145, 198-199
  manter condições constantes, 199-204
  procedimento duplo-cego, 210-211
  randomização em bloco, 206-207
Tendência central (definição), 359-360. *Ver também* Média; Mediana; Moda
Tendência linear, 376-377. *Ver também* Correlação
Teoria
  alcance, 64-65
  características de, 64-65
  científica, 63-68
  confirmação de, 66-67
  definição, 64-66
  desenvolvimento de, 64-65, 278-282
  efeitos de interação e, 274-276, 278-282
  estudo de caso e, 290, 292-295
  experimentos e, 196-198, 278-282
  funções de, 64-66
  hipóteses e, 54-55
  refutando, 67-68
  testando, 66-68, 274-276. *Ver também* Análise de dados
  variáveis intervenientes e, 65-67
Testagem (ameaça à validade interna), 321-322
Testando grupos intactos, 205-206
Teste de significância da hipótese nula. *Ver também* Análise de Variância (ANOVA Teste *F*), Teste qui--quadrado de contingência; Teste *F*; Teste *t*
  abordagem de análise de dados, 217-218, 386-390
  alfa e, 217-218, 387-388
  comparando duas médias, 392-398, 405-407
  definição, 217-218
  desenho misto, 413-415
  desenhos de medidas repetidas e, 250-252, 392-395, 407-410
  erros e, 219-220, 389-390
  grupos independentes e, 392-398, 409-414
  informando resultados de, 395-397
  interpretando resultados de, 391
  nível de significância, 217-218, 391
  poder e, 390-392, 396-398
  significância estatística e, 217-218, 387-388
  tamanho de efeito e, 392-393
  valores críticos e, 217-218
Teste *F* (definição), 398-400. *Ver também* Análise de Variância (ANOVA, Teste *F*)
Teste qui-quadrado de contingência, 183, 339-340
Teste *t*
  comparação entre duas médias e, 217-218, 374, 392, 405-406

  grupos independentes, para, 217-218, 392-393
  medidas repetidas, para, 250-252, 392-395
  tabela de valores críticos, 453
Testemunhos, avaliando, 297-298
Testes da significância estatística. *Ver* Teste de significância da hipótese nula. *Ver também* Testes estatísticos
Testes estatísticos. *Ver* Estatísticas inferenciais; Teste de significância da hipótese nula
Todas as ordens possíveis (contrabalanceamento), 245-247
Traços de uso (medidas não obstrutivas),
  controlado (uso planejado), 120-121
  controlados *versus* naturais, 120-121
  natural, 120-121
  tipos, 119-121
Traços físicos
  definição, 119-120
  fundamentação para uso, 119-122
  medidas não obstrutivas e, 119-120
  produtos, 119-122
  tipos de, 119-120
  uso, 119-122
  validade de, 121-122
Transferência diferencial, problema da, 250-252
Transformação de dados, 356-357
Tratamento. *Ver* Condição experimental (tratamento); Variável independente; Manipulação (de variável independente); Tratamento natural
Tratamento natural, 122-124

Utilitarismo, 95-96

Validade (tipos)
  construto, 50-51, 175-178
  convergente, 175-178, 196-197. *Ver também* Abordagem multimétodos (no teste de hipótese)
  definição, 53-54
  discriminante, 175-178
Validade externa, 107-108, 219-220, 222-223, 327
  ameaças à, 326-327
  amostragem e, 107-108
  dados arquivísticos e, 122-123
  definição, 107-108, 219-220
  desenho de grupos controle não equivalentes, de, 336-337
  desenho de séries temporais interrompidas, de, 340
  desenho experimental de caso único (*n* pequeno) e, 309-310
  estabelecendo, 219-224
  estudo de caso e, 297
  estudos laboratoriais e, 318-319
  experimentos, de, 219-224
  interações e, 276-279
  observação naturalística e, 112-113
  replicação e, 222-223, 327, 336-337

Validade interna, 198-199, 205-206, 321-324. *Ver também* Confusão; Técnicas de controle; Ameaças à validade interna
  ameaças à, 205-206, 238-240, 320-324
  controle com placebo, 210-211
  definição, 198-199, 205-206, 321-322
  desgaste (perda) de sujeitos e, 207-210, 243-244, 369-370
  estimando, 336-337
  experimentos, de, 198-199, 205-211, 320-324
  experimentos duplos-cegos e, 210-211
  experimentos verdadeiros *versus* quase-experimentos e, 320-328
  grupos intactos e, 205-206
  quase-experimentos, de, 327-328
  variáveis externas e, 206-207
Valor crítico. *Ver* Significância estatística
Valores extremos ou atípicos, 356-357
Variabilidade (medidas). *Ver* Variação do erro; Medidas da dispersão
Variação
  do erro, 216-217, 236-237, 250-252, 398-400, 408-409
  residual, 408
  sistemática, fontes de, 269-270. *Ver também* Análise de Variância (ANOVA, Teste *F*)
Variáveis (tipos)
  demográficas, 173-174
  dependentes, 48-49, 62, 198-199. *Ver também* Medição (do comportamento)
  diferenças individuais, 48, 225-226
  externas, 206-207
  grupos naturais. *Ver* Variáveis (tipos), diferenças individuais
  independentes, 48, 62, 198-199, 317-318
  independentes irrelevantes, 276-278
  independentes relevantes, 276-278
  intervenientes, 65-67

  manipuladas, 48-49
  mediadoras, 185-186
  moderadoras, 185-186
  pareadas, 224-226
  selecionadas, 48, 225-226
  sujeito. *Ver* Variáveis (tipos), diferenças individuais
Variável independente
  confusão e, 63, 198-199, 320-324
  definição, 48
  diferenças individuais, 48, 225-226
  experimento de sujeito único (*n* pequeno) e, 299-300
  grupos naturais e, 225-228
  manipulação de, 47-48, 198-202, 297-298
  relevante *versus* irrelevante, 276-278
  selecionada, 48, 225-226
Variável independente selecionada, 48. *Ver também* Desenhos de grupos naturais
Viés
  da taxa de resposta, 160-161
  dados arquivísticos e, 123-125
  de resposta, 181-182
  de seleção, 154-155. *Ver também* Amostra (definição)
  do entrevistador, 159-160
  do observador (experimentador)
  controlando, 143-144
  definição, 142-143, 210
  efeitos de expectativas, 142-143
  estudos de caso e, 296-297

Web. Ver Pesquisa pela internet
World Wide Web (www). *Ver* Pesquisa pela internet

Zeitgeist, 25, 27-30